微分積分

吉田伸生 著

新井仁之／小林俊行／斎藤　毅／吉田朋広　編

共立出版

刊行にあたって

　数学の歴史は人類の知性の歴史とともにはじまり，その蓄積には膨大なものがあります．その一方で，数学は現在もとどまることなく発展し続け，その適用範囲を広げながら，内容を深化させています．「数学探検」，「数学の魅力」，「数学の輝き」の3部からなる本講座で，興味や準備に応じて，数学の現時点での諸相をぜひじっくりと味わってください．

　数学には果てしない広がりがあり，一つ一つのテーマも奥深いものです．本講座では，多彩な話題をカバーし，それでいて体系的にもしっかりとしたものを，豪華な執筆陣に書いていただきます．十分な時間をかけてそれをゆったりと満喫し，現在の数学の姿，世界をお楽しみください．

「数学探検」

　数学の入り口を，興味に応じて自由に探検できる出会いの場です．定番の教科書で基礎知識を順に学習するのだけが数学の学び方ではありません．予備知識がそれほどなくても十分に楽しめる多彩なテーマが数学にはあります．

　数学に興味はあっても基礎知識を積み上げていくのは重荷に感じられるでしょうか？　そんな方にも数学の世界を発見できるよう，大学での数学の従来のカリキュラムにはとらわれず，予備知識が少なくても到達できる数学のおもしろいテーマを沢山とりあげました．そのような話題には実に多様なものがあります．時間に制約されず，興味をもったトピックを，ときには寄り道もしながら，数学を自由に探検してください．数学以外の分野での活躍をめざす人に役立ちそうな話題も意識してとりあげました．

　本格的に数学を勉強したい方には，基礎知識をしっかりと学ぶための本も用意しました．本格的な数学特有の考え方，ことばの使い方にもなじめるように高校数学から大学数学への橋渡しを重視してあります．興味と目的に応じて，数学の世界を探検してください．

編集委員

序

出発点と目標

本書は大学の理科系学部生を対象とした微分積分学入門である．極限の厳密な定義から出発し，一変数の微積分を丁寧に解説した後，多変数の微積分の基礎まで進む．本書の全体的な方針は次のように要約できる：

- 抽象的な概念や定理が出てくるごとに，それらの意味を，具体例を通じ一歩一歩踏み固めながら進む．また，練習問題を通じ，読者自らが頭と手を動かし，概念や定理の使い方に慣れ親しめるようにする．

また，本書の特徴として次の点を挙げる：

- 厳密性，一般性をできるだけ確保すると同時に，抽象論に偏らず，できるだけ早い段階で具体例，特に指数関数，三角関数などの代表的初等関数を導入し，それらを丁寧に論じる．

厳密な論理の美しさがわかりやすく伝わるように工夫すると同時に，応用分野との関連，微積分学の歴史にも適宜触れる．初学者から教員まで，様々な目的で本書を手にとられる方々が，それぞれの立場で楽しんで頂ける本にしたい．

本書の使い方

予備知識：基本的には集合や論理に関する基本的用語のみを仮定する．一部の練習問題や多変数の微積分（第13章以降）には，線形代数の基礎的知識を仮定する．

(⋆) 印について：本書の内容を「骨格」に相当する必修部分と，「肉づけ」に相当

するより進んだ内容とに区分し，後者には($\star$)印をつけた．($\star$)印なしの項目のみで，ちょうど大学の理系学部一年生における通年講義が完成する．一方，($\star$)印の項目を積極的に取り入れれば，二年生以降の「続論」，「特論」にふさわしい内容となる．

証明について：証明は，できるだけ論理の流れを追いやすいように，かつ細部も丁寧に述べ，いわゆる「行間」を作らないよう努めた．さらに，多くの式変形や評価に，その根拠を式の番号などで説明した．例えば $A \stackrel{(1.24)}{=} B$ と書いてあれば，$A = B$ となる理由を (1.24) 式に求めることができることを意味する．また，「証明終わり」は，\(^□^)/ で表す．

「問」について：本書には多くの練習問題（「問」）を収めた．易しいものから，少し手ごわいものまで様々である．($\star$)印なしの問題は比較的標準的，($\star$)印付きのものは，やや発展的である．

謝辞：本書出版に際し，共立出版社の赤城圭氏（当時），大谷早紀氏にお世話になりました．感謝申し上げます．

目　次

第1章　準備　　1
1.1　論理・集合・写像　　1
1.2　数　　4
1.3　いくつかの等式・不等式　　10
1.4　関数　　12

第2章　連続公理・上限・下限　　15
2.1　連続公理とアルキメデス性　　15
2.2　上限・下限の性質　　19
2.3　関数の上限・下限　　21

第3章　極限と連続 I　　24
3.1　極限とは？　　24
3.2　順序・演算と極限　　27
3.3　閉集合　　34
3.4　中間値定理　　37
3.5　単調列定理と区間縮小法　　44

第 4 章　多変数・複素変数の関数　　50

- 4.1　$\mathbb{R}^d$ と $\mathbb{C}$ *50*
- 4.2　点列・複素数列 *56*
- 4.3　関数の極限 *59*
- 4.4　関数の連続性 *62*

第 5 章　級数　　65

- 5.1　定義と基本的性質 *65*
- 5.2　絶対収束・条件収束 *69*
- 5.3　級数の収束判定 *70*
- 5.4　べき級数 *74*

第 6 章　初等関数　　80

- 6.1　指数・対数関数 *80*
- 6.2　正数の複素数べき *88*
- 6.3　凸性 *91*
- 6.4　双曲・三角関数 *97*
- 6.5　円周率と三角関数 *102*
- 6.6　正接 *113*
- 6.7　逆三角関数 *115*
- 6.8　($\star$) 対数の主値 *122*

第 7 章　極限と連続 II——微分への準備　　125

- 7.1　最大・最小値存在定理 I（一変数関数）........... *125*
- 7.2　($\star$) ボルツァーノ・ワイエルシュトラスの定理 I（一次元）と定理 7.1.1 の証明 *126*
- 7.3　($\star$) 片側極限・片側連続性 *128*

第 8 章　一変数関数の微分　　　　　　　　　　　　　　　　　　　　*133*

- 8.1　一変数関数の微分 *133*
- 8.2　高階微分 *142*
- 8.3　平均値定理 *145*
- 8.4　微分による関数の増減判定 *150*
- 8.5　逆関数の微分 *155*
- 8.6　原始関数 *158*
- 8.7　(⋆) べき級数の微分 *168*
- 8.8　(⋆) 一般二項展開 *175*
- 8.9　(⋆) 片側微分 *179*

第 9 章　(⋆) 極限と連続 III——積分への準備　　　　　　　　　　　　*182*

- 9.1　閉集合 *182*
- 9.2　最大・最小値存在定理 II（多変数関数）................ *183*
- 9.3　ボルツァーノ・ワイエルシュトラスの定理 II（多次元）と定理 9.2.1 の証明 *185*
- 9.4　一様連続性 *187*

第 10 章　積分の基礎　　　　　　　　　　　　　　　　　　　　　　　*192*

- 10.1　積分の定義（一次元）............................... *193*
- 10.2　積分の定義（多次元）............................... *199*
- 10.3　積分の性質 *204*
- 10.4　連続関数の積分 *209*
- 10.5　(⋆) ダルブーの定理・ダルブーの可積分条件 *212*
- 10.6　(⋆) ダルブーの定理・ダルブーの可積分条件を用いたいくつかの証明 *219*

第 11 章　微積分の基本公式とその応用　223

- 11.1　不定積分 …………………………………… 223
- 11.2　原始関数と不定積分 …………………………………… 226
- 11.3　置換積分・部分積分 …………………………………… 229
- 11.4　テイラーの定理 …………………………………… 238

第 12 章　広義積分　242

- 12.1　広義積分とは？ …………………………………… 242
- 12.2　広義積分の収束判定 …………………………………… 251
- 12.3　置換積分と部分積分 …………………………………… 260
- 12.4　ガンマ関数・ベータ関数 I …………………………………… 267
- 12.5　(⋆) ガンマ関数・ベータ関数 II …………………………………… 270

第 13 章　多変数関数の微分　279

- 13.1　全微分と偏微分 …………………………………… 280
- 13.2　連鎖律 …………………………………… 291
- 13.3　高階の偏微分 …………………………………… 298
- 13.4　極値点・臨界点 …………………………………… 311
- 13.5　二次形式 …………………………………… 313
- 13.6　ヘッシアンによる極大・極小の判定 …………………………………… 318
- 13.7　(⋆) 条件付き極値問題 I …………………………………… 323
- 13.8　(⋆) 条件付き極値問題 II …………………………………… 328

第 14 章　(⋆) 逆関数・陰関数　336

- 14.1　逆関数定理 …………………………………… 336
- 14.2　陰関数定理 …………………………………… 339
- 14.3　逆関数定理・陰関数定理の証明 …………………………………… 345

第15章　多変数関数の積分　　352

15.1 逐次積分 352
15.2 体積確定集合 I 357
15.3 (⋆) 体積確定集合 II 362
15.4 断面による逐次積分 367
15.5 変数変換公式とその応用 376
15.6 (⋆) 変数変換公式（定理 15.5.1）の証明 384
15.7 多変数関数の広義積分 390
15.8 広義積分に対する変数変換公式 397

第16章　(⋆) 収束の一様性　　400

16.1 一様収束と局所一様収束 400
16.2 関数項級数 406
16.3 関数列の微分・積分 412
16.4 径数付き積分 417
16.5 関数列の広義積分 421

A　(⋆) 付録　　429

A.1 上極限・下極限 429
A.2 コーシーの収束条件 430

問の略解　　436

記号表　　473

参考文献　　475

索引　　476

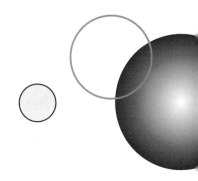

第1章

準備

1.1 論理・集合・写像

論理・集合・写像に関する若干の用語・記号について簡単に説明する．

定義 1.1.1（**論理記号**）　命題 P, Q に対し

▶ $P \Longrightarrow Q$ は「P が成立するなら Q も成立する」を意味し，$Q \Longleftarrow P$ も同義である．

▶ $P \Longleftrightarrow Q$ は「$P \Longrightarrow Q$ かつ $P \Longleftarrow Q$」を意味する．

▶ $\forall$ は「全ての」を意味する．例えば，$\forall x, \ldots$ は「全ての x に対し $\ldots$ が成立する」を意味する．

▶ $\exists$ は「存在する」を意味する．例えば，$\exists x, \ldots$ は「$\ldots$ をみたす x が存在する」を意味する．

▶ $\exists 1$ は「ただ一つ存在する」を意味する．例えば，$\exists 1 x, \ldots$ は「$\ldots$ をみたす x がただ一つ存在する」を意味する．

なお，しばしば次の記号も用いる：

▶ $P \stackrel{\text{def}}{\Longleftrightarrow} Q$ は「P という新たな記号，あるいは概念を Q によって定義する」を意味し，$P \stackrel{\text{def}}{=} Q$ も同義である．

✔**注** 数学の命題を記述する際，$\forall, \exists, \exists 1$ 等の論理記号は，言葉よりも簡潔なため，本書でもよく用いる．音楽を本格的に学ぶためには，音符の読み書きが不可欠であるように，数学を学ぶためには，論理記号の読み書きが不可欠である．

定義 1.1.2（**集合とその演算**） 集合とその演算に関しては，高校の教科書とほぼ同じ記号を用いる．例えば

▶ 集合 X, Y に対し集合 $X \cup Y, X \cap Y, X \setminus Y$ を以下のように定める：

$$X \cup Y = \{z \,;\, z \in X \text{ または } z \in Y\}, \quad X \cap Y = \{z \,;\, z \in X \text{ かつ } z \in Y\},$$
$$X \setminus Y = \{z \,;\, z \in X \text{ かつ } z \notin Y\}.$$

また，空集合は $\emptyset$ と記す．

✔**注** 高校の教科書には，集合 X の補集合を $\overline{X}$ と記しているものもあるが，本書では，補集合の意味でこの記号を用いることはない．

定義 1.1.3（**写像**） X, Y を集合とする．

▶ ある規則 f により，任意の $x \in X$ に対し Y の元 $f(x)$ が一つ定まるとき，この規則 f を X から Y への**写像**という．f が X から Y への写像であることを次のように記す：

$$f : X \to Y.$$

また，x に $f(x)$ が対応することを次のように記す（矢印の左端に短い縦線がある）：

$$x \mapsto f(x).$$

▶ 写像 $f : X \longrightarrow Y, A \subset X$ に対し，次の $f(A) \subset Y$ を，f による A の**像**と呼ぶ：

$$f(A) \stackrel{\text{def}}{=} \{f(x) \,;\, x \in A\}. \tag{1.1}$$

また，$B \subset Y$ に対し，次の $f^{-1}(B) \subset X$ を，f による B の**逆像**と呼ぶ：

$$f^{-1}(B) \stackrel{\text{def}}{=} \{x \in X \,;\, f(x) \in B\}. \tag{1.2}$$

▶ $f(X) = Y$ なら f は**全射**であるという（下記 (1.4) 参照）：
▶ 次が成立するとき，f は**単射**，または**一対一**であるという：

$$x, x' \in X,\ f(x) = f(x') \implies x = x'.$$

▶ f が全射かつ単射なら f は**全単射**であるという（下記 (1.5) 参照）：
▶ f が単射，$y \in f(X)$ なら $y = f(x)$ をみたす $x \in X$ が唯一存在する．このとき，$x = f^{-1}(y)$ と記し，次の写像を f の**逆写像**と呼ぶ：

$$f^{-1} : f(X) \longrightarrow X\ (y \mapsto f^{-1}(y)).$$

▶ Z を集合，$g : Y \longrightarrow Z$ を写像とする．次の写像を f と g の**合成**と呼び，$g \circ f$ と記す：

$$g \circ f : X \longrightarrow Z\ (x \mapsto g(f(x))).$$

✔ **注** 　上記 $f(A)$ の定義 (1.1) より，

$$y \in f(A) \iff \exists x \in A,\ y = f(x). \tag{1.3}$$

したがって，

$$f\ が全射 \iff \forall y \in Y,\ \exists x \in X,\ y = f(x), \tag{1.4}$$

$$f\ が全単射 \iff \forall y \in Y,\ \exists 1 x \in X,\ y = f(x). \tag{1.5}$$

◆**例 1.1.4** **(a)** 　$X = \{x_1, x_2, x_3\},\ Y = \{y_1, y_2\}$,

$$f(x_1) = y_1,\ f(x_2) = f(x_3) = y_2$$

と定めれば，$f : X \to Y$ は全射だが単射でない．

(b) 　$X = \{x_1, x_2\},\ Y = \{y_1, y_2, y_3\}$,

$$f(x_1) = y_1,\ f(x_2) = y_2$$

と定めれば，$f : X \to Y$ は単射だが全射でない．

(c) $X = \{x_1, x_2, x_3\}$, $Y = \{y_1, y_2, y_3\}$,

$$f(x_j) = y_j, \quad j = 1, 2, 3$$

と定めれば，$f: X \to Y$ は全単射である．また，f の逆写像は：

$$f^{-1}(y_j) = x_j, \quad j = 1, 2, 3.$$

定義 1.1.5 （**直積**）▶ d を正整数，$A_1, \ldots, A_d$ を集合とする．$A_1, \ldots, A_d$ から，この順序で要素 $a_j \in A_j$ $(j = 1, \ldots, d)$ を取り出して並べたものを次のように記す：

$$(a_1, \ldots, a_d) \text{ または } (a_j)_{j=1}^d.$$

また，それら全体の集合：

$$A_1 \times \cdots \times A_d \stackrel{\text{def}}{=} \{(a_1, \ldots, a_d) \, ; \, a_j \in A_j, \, j = 1, \ldots, d\} \quad (1.6)$$

を $A_1, \ldots, A_d$ の**直積**と呼ぶ．上記 a_j を**第 j 座標**あるいは**第 j 成分**と呼ぶ．特に $A_j = A$ $(j = 1, \ldots, d)$ の場合の直積は A^d とも書く：

$$A^d \stackrel{\text{def}}{=} \{(a_1, \ldots, a_d) \, ; \, a_j \in A, \, j = 1, \ldots, d\}. \quad (1.7)$$

✔**注** $A_1 \times \cdots \times A_d$ を定義 1.1.5 の通り，$X \subset A_1 \times \cdots \times A_d$，$f$ を X から集合 Y への写像とする．このとき，$(a_1, \ldots, a_d) \in X$ に対する $f((a_1, \ldots, a_d))$ は $f(a_1, \ldots, a_d)$ と略記することが多い．

問 1.1.1 X, Y を集合，$A, B \subset X$，また $f: X \to Y$ を写像とする．以下を示せ．
(i) $f(A \cup B) = f(A) \cup f(B)$. (ii) $f(A \cap B) \subset f(A) \cap f(B)$. 特に f が単射なら $\subset$ を $=$ にできる．(iii) $f(A \setminus B) \supset f(A) \setminus f(B)$. 特に f が単射なら $\supset$ を $=$ にできる．

1.2 数

本書の出発点として，我々は「実数全体の集合」が存在し，そこでは通常の四則演算と不等号に関する規則がそのまま通用することを容認する．一方，我々が容認するのは，あくまでも四則演算と不等号に関する規則のみであり，それ

以外の操作は今のところ容認しない．例えば，「平方根をとる」といった操作は四則演算と不等号に含まれないので，今後改めて議論する．四則演算と不等号に関する規則に加え，実数全体の集合に「連続公理」(命題 2.1.1 参照) を仮定することが解析学の出発点となる．

定義 1.2.1 ▶ 実数全体の集合を $\mathbb{R}$ で表し，$\mathbb{R}$ の部分集合 $\mathbb{N}, \mathbb{Z}, \mathbb{Q}$ を以下のように定める：

$$\mathbb{N} = \{0, 1, 2, \ldots\}, \quad (\textbf{自然数全体})$$
$$\mathbb{Z} = \{a - b \,;\, a, b \in \mathbb{N}\}, \quad (\textbf{整数全体})$$
$$\mathbb{Q} = \{a/b \,;\, a \in \mathbb{Z}, b \in \mathbb{N}, b \neq 0\}. \quad (\textbf{有理数全体})$$

▶ 実数 a を $a > 0, a < 0$ に応じてそれぞれ**正数**，**負数**と呼ぶ．

▶ 実数 a に対し，その**絶対値** $|a|$ を次のように定める：

$$|a| = \begin{cases} a, & a \geq 0, \\ -a, & a \leq 0. \end{cases}$$

✔**注** 自然数 $\mathbb{N}$ を $\{1, 2, \ldots\}$ とする流儀もあるが，本書では 0 も含める．

定義 1.2.2 集合 $\mathbb{R}$ に新たに 2 点 $+\infty, -\infty$ を付け加えた次の集合を**補完数直線**と呼ぶ：

$$\overline{\mathbb{R}} \stackrel{\mathrm{def}}{=} \mathbb{R} \cup \{-\infty, +\infty\}.$$

▶ $\pm\infty$ に関する順序関係を次のように定める：

$$a \in \mathbb{R} \cup \{-\infty\} \text{ なら } a < +\infty,$$
$$a \in \mathbb{R} \cup \{+\infty\} \text{ なら } -\infty < a.$$

$+\infty$ を**正の無限大**，$-\infty$ を**負の無限大**と呼ぶ．$+\infty$ をしばしば ∞ と略記する．

▶ $\pm\infty$ に関する演算規則を次のように定める：

$$a \in \mathbb{R} \cup \{+\infty\} \text{ なら } a + \infty = \infty + a = \infty,$$

$a \in \mathbb{R} \cup \{-\infty\}$ なら $a - \infty = a + (-\infty) = -\infty + a = -\infty$,

$0 < a \leq +\infty$ なら $\begin{cases} a\infty = \infty a = \infty, \\ (-a)\infty = \infty(-a) = a(-\infty) = (-\infty)a = -\infty, \end{cases}$

$a \in \mathbb{R}$ なら $a/\infty = a/(-\infty) = 0$.

なお, 上記の「$0 < a \leq +\infty$」は,「a が正実数, あるいは $a = +\infty$」を意味する. このような表記を以後しばしば用いる.

✔ **注**　$\infty - \infty, 0\infty, \infty/\infty$ 等は定義していない.

定義 1.2.3　$a, b \in \overline{\mathbb{R}}, a \leq b$ とするとき,

$$(a, b) \stackrel{\text{def}}{=} \{x \in \mathbb{R} \,;\, a < x < b\}, \tag{1.8}$$

$$[a, b] \stackrel{\text{def}}{=} \{x \in \overline{\mathbb{R}} \,;\, a \leq x \leq b\}. \tag{1.9}$$

(a, b) を**開区間**, $[a, b] \cap \mathbb{R}$ を**閉区間**と呼ぶ. さらに,

$$[a, b) \stackrel{\text{def}}{=} \{x \in \overline{\mathbb{R}} \,;\, a \leq x < b\}, \tag{1.10}$$

$$(a, b] \stackrel{\text{def}}{=} \{x \in \overline{\mathbb{R}} \,;\, a < x \leq b\}. \tag{1.11}$$

上記集合 (1.8)–(1.11) を総称し**区間**と呼び, a を**下端**, b を**上端**と呼ぶ. また, $I \subset \mathbb{R}$ が (1.8)–(1.11) のいずれかであるとき,

$$\mathring{I} \stackrel{\text{def}}{=} (a, b), \quad \overline{I} \stackrel{\text{def}}{=} [a, b] \cap \mathbb{R}. \tag{1.12}$$

次の補題は簡単だが, 時々使うので準備しておこう:

補題 1.2.4　$a, b \in \overline{\mathbb{R}}, a < b$ なら $(a, b) \neq \emptyset$.

証明 x を次のようにとれば $x \in (a, b)$:

$$x = \begin{cases} 任意の実数, & (a = -\infty, b = \infty \text{ なら}), \\ a + 1, & (-\infty < a, b = \infty \text{ なら}), \\ b - 1, & (a = -\infty, b < \infty \text{ なら}), \\ (a + b)/2, & (-\infty < a, b < \infty \text{ なら}). \end{cases}$$

よって上記いずれの場合も $(a, b) \neq \emptyset$. \\(^□^)/

定義 1.2.5 ▶ 集合 A が, $= \emptyset$, または次の条件をみたすとき A を**有限集合**と呼ぶ:

$$n \in \mathbb{N} \setminus \{0\}, \text{ および } \{1, 2, \ldots, n\} \text{ から } A \text{ への全単射が存在する.} \quad (1.13)$$

またこのとき, (1.13) の n を $\sharp A$ と記す.

▶ $\mathbb{N} \setminus \{0\}$ から集合 A への単射が存在するとき, A を**無限集合**と呼ぶ.

✔注 有限集合であることと, 無限集合であることは, 互いに否定命題である (問 1.2.1).

◆**例 1.2.6** $a, b \in \mathbb{Q}, a \leq b$ なら, $\mathbb{Z} \cap (-\infty, a) \neq \emptyset, \mathbb{Z} \cap (b, \infty) \neq \emptyset$, また, $\mathbb{Z} \cap [a, b]$ は有限集合である.

証明 $a, b \in \mathbb{Q}, a \leq b$ より $a = k/m, b = \ell/m$ $(k, \ell, m \in \mathbb{Z}, k \leq \ell, m \geq 1)$ と表せる. このとき, $-|k| \leq a \leq b \leq |\ell|$. よって $-|k| - 1 \in \mathbb{Z} \cap (-\infty, a)$, $|\ell| + 1 \in \mathbb{Z} \cap (b, \infty)$. 次に $p \in \mathbb{Z} \cap (-\infty, a), q \in \mathbb{Z} \cap (b, \infty)$ を任意とするとき, $x \mapsto x + p - 1$ は $\{1, 2, \ldots, q - p + 1\}$ から $\mathbb{Z} \cap [p, q]$ への全単射である. よって, $\mathbb{Z} \cap [p, q]$ は有限集合, したがって, その部分集合 $\mathbb{Z} \cap [a, b]$ も有限集合である (問 1.2.1 参照). \\(^□^)/

✔注 例 1.2.6 で, $a, b \in \mathbb{R}$ の場合は例 2.1.3 を参照されたい.

定義 1.2.7 $A \subset \overline{\mathbb{R}}, m \in \overline{\mathbb{R}}$ とする:

▶ $A \subset [-\infty, m]$ なら m は A の**上界**であるという．

▶ $A \subset [m, \infty]$ なら m は A の**下界**（かかい）であるという．

▶ $m \in A \subset [-\infty, m]$ なら m を A の**最大値**と呼び，$\max A$ と記す．

▶ $m \in A \subset [m, \infty]$ なら m を A の**最小値**と呼び，$\min A$ と記す．

▶ A が実数値の上界（下界）をもつとき，A は**上に**（**下に**）**有界**という．A が上にも下にも有界なら，A は**有界**であるという．

✔**注** $A \subset \overline{\mathbb{R}}$ とする．$A = \emptyset$ なら，$\max A, \min A$ ともに存在しない．$A \neq \emptyset$ でも最大・最小値が存在するとは限らない（例 1.2.9 参照）．また定義 1.2.7 では，上限・下限（2.1 節）の定義と整合させるため $A \subset \mathbb{R}$ と限らず，より一般に $A \subset \overline{\mathbb{R}}$ に対し最大・最小値を定義した．その結果，最大・最小値は $\pm\infty$ となることがある．実際，

$$\max A = \begin{cases} \infty \iff \infty \in A, \\ -\infty \iff A = \{-\infty\}, \end{cases} \quad \min A = \begin{cases} -\infty \iff -\infty \in A, \\ \infty \iff A = \{\infty\}. \end{cases}$$

上記以外の場合，特に $A \subset \mathbb{R}$ に対し，$\max A, \min A$ がもし存在すれば，実数値である．

◆**例 1.2.8**（**有限集合の最大・最小値**） $A \subset \overline{\mathbb{R}}$ が有限集合，$\neq \emptyset$ なら $\max A$, $\min A$ が存在する（$\sharp A$ に関する帰納法で容易にわかる）．$A = \{a_1, \ldots, a_n\}$ に対し，しばしば次の記号を用いる：

$$a_1 \vee a_2 \vee \cdots \vee a_n \stackrel{\text{def}}{=} \max A, \quad a_1 \wedge a_2 \wedge \cdots \wedge a_n \stackrel{\text{def}}{=} \min A. \tag{1.14}$$

◆**例 1.2.9**（**区間の上界・下界**） $-\infty \leq a < b \leq \infty$, $(a,b) \subset I \subset [a,b]$ なら，

$$\begin{aligned} x \text{ が } I \text{ の上界} &\iff b \leq x, \\ x \text{ が } I \text{ の下界} &\iff x \leq a. \end{aligned} \tag{1.15}$$

したがって，

$$\begin{aligned} \max I \text{ が存在する} &\iff \max I = b \iff b \in I, \\ \min I \text{ が存在する} &\iff \min I = a \iff a \in I. \end{aligned} \tag{1.16}$$

証明 (1.15): 上界について示すが，下界でも同様である．

$\Rightarrow$: 仮定より $(a,b) \subset I \subset [-\infty, x]$. よって $b \leq x$.

$\Leftarrow$: $b \leq x$ なら $I \subset [a,b] \subset [-\infty, x]$. ゆえに x は I の上界である．

(1.16): $\max I$ について示す ($\min I$ でも同様). それには次の二つを言えばよい：

(1) $\max I$ が存在 $\iff \max I = b$.

(2) $\max I = b \iff b \in I$.

(1): $\Leftarrow$ は明らかである．$\Rightarrow$ を示す．$m = \max I$ とすると，$m \in I \subset [a,b]$ より $m \leq b$. 一方，m は I の上界だから (1.15) より $b \leq m$. 以上から $b = m$.

(2): $\Rightarrow$ は最大値の定義より明らかである．$\Leftarrow$ を示す．(1.15) より b は I の上界．したがって $b \in I$ なら，最大値の定義より $b = \max I$. \\(^□^)/

次の例 1.2.10 は，例 2.1.4（後述）への地ならしである．

◆例 1.2.10 **(a)** $b \in \mathbb{Q}, \emptyset \neq A \subset \mathbb{Z}$ とする．$A \subset (-\infty, b]$ なら $\max A$ が存在する．また，$A \subset [b, \infty)$ なら $\min A$ が存在する．

(b) 任意の $b \in \mathbb{Q}$ に対し，$b \in [m, m+1)$ をみたす $m \in \mathbb{Z}$ がただ一つ存在する．

証明 (a): 前半を示すが，後半の証明も同様である．$A \neq \emptyset$ より $a \in A$ を一つ選ぶ．このとき，$\mathbb{Z} \cap [a,b]$ は有限集合（例 1.2.6），したがってその部分集合 $A \cap [a,b]$ も有限集合である（問 1.2.1）．さらに $a \in A \cap [a,b]$ より $A \cap [a,b] \neq \emptyset$. ゆえに $m = \max(A \cap [a,b])$ が存在する（例 1.2.8）．このとき，$m \in A$ だから，任意の $x \in A$ に対し $x \leq m$ なら $m = \max A$ である．ところが $x \in A \cap [a,b]$ なら，$x \stackrel{m の定義}{\leq} m$. また，$x \in A \cap (-\infty, a)$ なら，$x < a \stackrel{m の定義}{\leq} m$. 以上から $m = \max A$.

(b): 例 1.2.6 より $A \stackrel{\text{def}}{=} \mathbb{Z} \cap (-\infty, b] \neq \emptyset$. よって (a) より $m \stackrel{\text{def}}{=} \max A$ が存在する．$m \in A$ より $m \in \mathbb{Z}, m \leq b$. さらに，$m+1$ は A に属さない整数だから A の定義より $b < m+1$. 以上より，$m = \max A$ が条件をみたす．一方，$m, n \in \mathbb{Z}, m \neq n$ なら $[m, m+1) \cap [n, n+1) = \emptyset$. よって，条件をみたす m は高々一つである． \\(^□^)/

✔**注** 例 1.2.10 で,$b \in \mathbb{R}$ の場合は例 2.1.4 を参照されたい.

問 1.2.1 以下を示せ:(i) 有限集合の部分集合は有限集合である.(ii) A は有限集合でない $\iff A$ は無限集合である.

問 1.2.2 ($\star$) 任意の $A \subset \overline{\mathbb{R}}$ に対し,その上界全体を $U(A)$ と記す.このとき,$\max(\overline{\mathbb{R}} \setminus U(A))$ が存在しないこと示せ.[ヒント:$\max A$ の有無で場合分けする.]

問 1.2.3 $x, d \in \mathbb{Z}, d \geq 1$ に対し $0 \leq x - qd < d$ なる $q \in \mathbb{Z}$ が唯一存在する(**剰余定理**).これを,例 1.2.10 を応用して示せ.

1.3 いくつかの等式・不等式

以下で述べる等式・不等式は高校で既習だが,今後もよく使うので,念のため復習する.

命題 1.3.1 $x, y \in \mathbb{R}, n = 1, 2, \ldots$ とするとき,

$$x^n - y^n = (x - y) \sum_{k=0}^{n-1} x^k y^{n-1-k}. \tag{1.17}$$

特に,

(a) $|x|, |y| \leq r$ なら,

$$|x^n - y^n| \leq n r^{n-1} |x - y|. \tag{1.18}$$

(b) $n \geq 2, 0 \leq y < x$ なら,

$$ny^{n-1}(x - y) < x^n - y^n < nx^{n-1}(x - y). \tag{1.19}$$

(c) 任意の $x \in [0, \infty)$ に対し,

$$1 + (x - 1)n \leq x^n. \tag{1.20}$$

また,等号は $x = 1$,または $n = 1$ のときに限り成立する.

証明 (1.17): $p(x, y) \stackrel{\text{def}}{=} \sum_{k=0}^{n-1} x^k y^{n-1-k}$ に対し

$$xp(x, y) = \sum_{k=0}^{n-2} x^{k+1} y^{n-1-k} + \underbrace{x^n}_{k=n-1 \text{ の項}}, \quad yp(x, y) = \underbrace{y^n}_{k=0 \text{ の項}} + \sum_{k=1}^{n-1} x^k y^{n-k}.$$

両者の差をとれば $\sum$ の部分どうしが相殺し，(1.17) を得る．
(1.18):
$$\left|\sum_{k=0}^{n-1} x^k y^{n-1-k}\right| \leq \sum_{k=0}^{n-1} \underbrace{|x|^k |y|^{n-1-k}}_{\leq r^{n-1}} \leq n r^{n-1}.$$

これと (1.17) より (1.18) を得る．
(1.19) の右側：(1.17) の右辺の $\sum_{k=0}^{n-1}$ の中で y を x におきかえればよい．その際等号が成立するのは $x = y$，または $n = 1$ の場合のみである．
(1.19) の左側：上と同様．
(1.20): $x = 1$，または $n = 1$ のときは自明に等号が成立する．以下 $x \neq 1$ かつ $n \geq 2$ とする．(1.19) の左側で $y = 1$ とおけば $x > 1$ に対する (1.20) を得る．また，(1.19) の右側で，記号 x, y を入れ替えてから $y = 1$ とおけば $x < 1$ に対する (1.20) を得る． \\(^□^)/

系 1.3.2　$n \geq 2$ が偶数なら，$x, y \in \mathbb{R}, y < x$ に対し (1.19) が成立する．また，$n \geq 3$ が奇数なら，$x < y \leq 0$ に対し (1.19) が成立する．

証明　「$n \geq 2$ が偶数かつ $y < x \leq 0$」，および「$n \geq 3$ が奇数かつ $x < y \leq 0$」の場合は，$-x, -y \geq 0$ に対し命題 1.3.1 (b) を適用することで，(1.19) を得る．残るは $n \geq 2$ が偶数かつ $y < 0 < x$ の場合であり，このとき，(1.19) は次のように書き直せる：

(1) $\qquad -n|y|^{n-1}(x+|y|) < x^n - y^n < nx^{n-1}(x+|y|).$

$|y| = x$ なら (1) は明らかなので $|y| \neq x$ とする．今，$r = x/|y| \neq 1$ に対し
$$-n(r+1) < n(r-1) \overset{(1.20)}{<} r^n - 1.$$

上式両辺に $|y|^n$ を掛けて (1) の左側を得る．また，$s = |y|/x \neq 1$ に対し
$$1 - s^n \overset{(1.20)}{<} -n(s-1) < n(s+1).$$

上式両辺に x^n を掛けて (1) の右側を得る． \\(^□^)/

$n, k \in \mathbb{N}$ $(k \leq n)$ に対し**階乗** $n!$, **二項係数** $\binom{n}{k}$ を次のように定める：

$$0! = 1, \quad n! = n(n-1)\cdots 1 \ (n \geq 1), \tag{1.21}$$

$$\binom{n}{k} = \frac{n(n-1)\cdots(n-k+1)}{k!} = \frac{n!}{k!(n-k)!}. \tag{1.22}$$

次の恒等式は容易に確認できる（問 1.3.1）：

$$\binom{n}{k} + \binom{n}{k+1} = \binom{n+1}{k+1}. \tag{1.23}$$

命題 1.3.3 $x, y \in \mathbb{R}, n \in \mathbb{N}$ とするとき,

$$(x+y)^n = \sum_{k=0}^{n} \binom{n}{k} x^k y^{n-k}. \tag{1.24}$$

証明 n についての帰納法による. $n = 0$ なら (1.24) は明らか. また, ある n で (1.24) が成立するなら,

$$x(x+y)^n = \sum_{k=0}^{n} \binom{n}{k} x^{k+1} y^{n-k} = x^{n+1} + \sum_{k=1}^{n} \binom{n}{k-1} x^k y^{n+1-k},$$

$$y(x+y)^n = \sum_{k=0}^{n} \binom{n}{k} x^k y^{n+1-k} = \sum_{k=1}^{n} \binom{n}{k} x^k y^{n+1-k} + y^{n+1}.$$

上式の辺々を加え, (1.23) を用いると, (1.24) で n を $n+1$ におきかえたものが得られる. \(^□^)/

問 1.3.1 (1.23) をたしかめよ.

1.4 関数

定義 1.4.1 (**関数とその演算・有界性**) D を集合とする.

▶ 写像 $f : D \to \mathbb{R}$ を**関数**と呼ぶ.

▶ $c \in \mathbb{R}$ とする. 関数 $f, g : D \longrightarrow \mathbb{R}$ に対し関数 $cf, f+g, fg$ を次のように定める：

$$(cf)(x) = cf(x), \quad (f+g)(x) = f(x) + g(x), \quad (fg)(x) = f(x)g(x), \quad x \in D.$$

また，$D_g \stackrel{\text{def}}{=} \{x \in D \,;\, g(x) \neq 0\}$ に対し関数 $f/g : D_g \to \mathbb{R}$ を次のように定める：
$$(f/g)(x) = f(x)/g(x), \quad x \in D_g.$$

▶ $A \subset D$ とする．集合 $f(A)$ が有界なら，f は A 上**有界**という．また，A 上上に（下に）**有界**の意味も同様とする．f が D 上有界なら，単に f は有界という．D で上に（下に）有界な場合も同様とする．また，

$$\max_A f \stackrel{\text{def}}{=} \max f(A), \quad \min_A f \stackrel{\text{def}}{=} \min f(A). \tag{1.25}$$

$\max_A f$ を $\max_{x \in A} f(x)$，また，$\min_A f$ を $\min_{x \in A} f(x)$ と記すこともある．

✔**注** 定義 1.2.7 で述べたのと同様，(1.25) の最大・最小値が存在するとは限らない．

◆**例 1.4.2（有理式）** ▶ 次のように表される関数 $f : \mathbb{R} \to \mathbb{R}$ を**単項式**と呼ぶ：
$$f(x) = cx^n, \quad (c \in \mathbb{R}, n \in \mathbb{N}).$$
また，単項式の有限和で表される関数を**多項式**と呼ぶ．

▶ 次のように表される関数を**有理式**と呼ぶ：
$$h(x) = f(x)/g(x) \quad (f, g \text{ は多項式}),$$
ただし h の定義域は $D = \{x \in \mathbb{R} \,;\, g(x) \neq 0\}$ とする．

定義 1.4.3（**関数の単調性**） $D \subset \mathbb{R}, f : D \longrightarrow \mathbb{R}$ とする．

▶ 次の条件がみたされるとき，f は**非減少**，または**単調増加**（略して「↗」）という：
$$x, y \in D, \ x < y \implies f(x) \leq f(y).$$
さらに，次の条件がみたされるとき，f は**狭義単調増加**（略して「狭義↗」）という：
$$x, y \in D, \ x < y \implies f(x) < f(y).$$

▶ $-f$ が非減少なら，f は**非増加**，または**単調減少**といい，「f は ↘」と略す．また，$-f$ が狭義単調増加なら f を**狭義単調減少**（略して「狭義 ↘」）という．

▶ ↗ 関数と ↘ 関数を総称して**単調関数**と呼ぶ．

簡単な命題を述べる：

命題 1.4.4 $D \subset \mathbb{R}$, $f : D \to \mathbb{R}$ を狭義 ↗ とする．このとき，f は単射かつ，逆関数 f^{-1} は狭義 ↗ である．

証明 単射性は明らか．さらに，$y, z \in f(D)$ に対し $y < z \Rightarrow f^{-1}(y) < f^{-1}(z)$ を言えばよいが，その対偶を示す．実際，$f^{-1}(y) \geq f^{-1}(z)$ とすると，

$$y = f \circ f^{-1}(y) \overset{f \text{ が} \nearrow}{\geq} f \circ f^{-1}(z) = z.$$

\(^□^)/

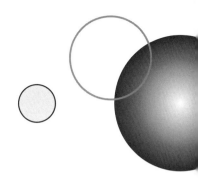

第2章

連続公理・上限・下限

2.1 連続公理とアルキメデス性

連続公理（命題 2.1.1）の必要性を示唆するために，以下のような一見明らかな命題を提起しよう：

(a) 与えられた実数 x に対し，$x < n$ となる自然数 n が存在する．

(b) 方程式 $x^2 = 2$ は実数解をもつ．

実はこれらの証明にも連続公理を要する（例 2.1.3，例 3.4.8 参照）．

命題 2.1.1（**連続公理・上限・下限**） $A \subset \overline{\mathbb{R}}$ の上界全体を $U(A)$，下界全体 $L(A)$ と記すとき，以下の命題は同値である：

(AC1) 任意の $A \subset \overline{\mathbb{R}}$ に対し，次をみたす $m \in \overline{\mathbb{R}}$ が存在する：

$$U(A) = [m, \infty]. \tag{2.1}$$

(AC2) 任意の $A \subset \overline{\mathbb{R}}$ に対し，次をみたす $m \in \overline{\mathbb{R}}$ が存在する：

$$L(A) = [-\infty, m]. \tag{2.2}$$

(AC3) $\emptyset \neq A \subset \mathbb{R}$，かつ A が上に有界なら，(2.1) をみたす $m \in \mathbb{R}$ が存在する．

(AC4) $\emptyset \neq A \subset \mathbb{R}$, かつ A が下に有界なら, (2.2) をみたす $m \in \mathbb{R}$ が存在する.

▶ 上の各条件を**連続公理**と呼ぶ.

▶ $A \subset \overline{\mathbb{R}}$ に対し (2.1) をみたす m を A の**上限**と呼び, $\sup A$ と記す.

▶ $A \subset \overline{\mathbb{R}}$ に対し (2.2) をみたす m を A の**下限**と呼び, $\inf A$ と記す.

命題 2.1.1 の証明は本節末の補足で述べる.

> 以後, 我々は連続公理を実数のもつ性質として仮定する.

連続公理は, 実数に「切れ目がない」ことを表現する一つの方法であり, 見かけ上異なる同値命題が多数存在する. これらについては, 問 2.1.1, 問 2.1.3, 補題 3.4.4, 命題 3.5.5 を参照されたい.

まず, 上限・下限の簡単な例を挙げる:

◆**例 2.1.2**(区間の上限・下限) $-\infty \leq a < b \leq \infty$, $(a,b) \subset I \subset [a,b]$ とする. このとき, $\sup I = b$, $\inf I = a$.

証明 $U(I) \stackrel{(1.15)}{=} [b,\infty]$, $L(I) \stackrel{(1.15)}{=} [-\infty,a]$. これと, 上限・下限の定義より結論を得る. \(^□^)/

次の事実は自明に見えるが, 厳密な証明には連続公理を要する:

◆**例 2.1.3**(アルキメデス性) $a,b \in \mathbb{R}$, $a \leq b$ なら, $\mathbb{Z} \cap (-\infty,a) \neq \emptyset$, $\mathbb{Z} \cap (b,\infty) \neq \emptyset$. また, $\mathbb{Z} \cap [a,b]$ は有限集合である.

証明 $\mathbb{Z} \cap (b,\infty) \neq \emptyset$ を, 背理法で示す. $\mathbb{Z} \cap (b,\infty) = \emptyset$ なら $\mathbb{Z}$ は上に有界である. 一方, $\mathbb{Z} \neq \emptyset$ なので, (AC3) より $\exists m \in \mathbb{R}$, $U(\mathbb{Z}) = [m,\infty]$. このとき, $m-1 < m$ より $m-1 \notin U(\mathbb{Z})$. したがって $\exists n \in \mathbb{Z}$, $m-1 < n$. この n に対し $m < n+1 \in \mathbb{Z}$. これは $m \in U(\mathbb{Z})$ に反する. $\mathbb{Z} \cap (-\infty,a) \neq \emptyset$ も (AC4) を用いた背理法で同様に示せる. $\mathbb{Z} \cap [a,b]$ が有限集合であることは, 例 1.2.6

の場合と同様に示せる. \(^□^)/

◆**例 2.1.4** (a) $\emptyset \neq A \subset \mathbb{Z}$ とする. このとき, A が上に有界なら $\max A$ が存在する. また A が下に有界なら $\min A$ が存在する.

(b) (**実数の整数部分**) 任意の $b \in \mathbb{R}$ に対し, $b \in [m, m+1)$ をみたす $m \in \mathbb{Z}$ がただ一つ存在する. この m を $\lfloor b \rfloor$ と記し, b の**整数部分**と呼ぶ[1].

証明 (a): 前半を示す (後半も同様). A は上に有界だから, $\exists m \in \mathbb{R}, A \subset [-\infty, m]$. さらに, アルキメデス性より, $\exists n \in \mathbb{Z}, m \leq n$. このとき, $A \subset [-\infty, n]$. これと例 1.2.10 より $\max A$ が存在する.
(b): 例 1.2.10 (b) の証明より, $A \stackrel{\text{def}}{=} \mathbb{Z} \cap (-\infty, b]$ に $\max A$ が存在することを言えばよい. ところが $A \subset (-\infty, b]$ より, A は上に有界. また, アルキメデス性より $A \neq \emptyset$. 以上と (a) より $\max A$ が存在する. \(^□^)/

定義 2.1.5 $D \subset \mathbb{R}$ とする. 任意の実数 $a < b$ に対し $(a, b) \cap D \neq \emptyset$ なら, D は $\mathbb{R}$ で**稠密** (ちゅうみつ) という.

「稠密」を感覚的にいうと, 「隙間なく詰まっている」ことを表す. 例えば $\mathbb{R}$ 自身は $\mathbb{R}$ で稠密である (補題 1.2.4).

◆**例 2.1.6 (有理数の稠密性)** $\mathbb{Q}$ は $\mathbb{R}$ で稠密である.
証明 実数 $a < b$ に対しアルキメデス性より, $(b-a)^{-1} < n$, すなわち $na + 1 < nb$ をみたす $n \in \mathbb{N} \setminus \{0\}$ が存在する. さらに例 2.1.4 より $na \in [m, m+1)$ をみたす $m \in \mathbb{Z}$ が存在し, この m に対し,

$$na < m + 1 \leq na + 1 < nb.$$

よって, $(m+1)/n \in (a, b) \cap \mathbb{Q}$. \(^□^)/

問 2.1.1 ($\star$) 「(AC1) $\iff$ 任意の $A \subset \overline{\mathbb{R}}$ に対し $U(A)$ は区間である」を示せ. [ヒント: 問 1.2.2.]

---

[1] $\lfloor b \rfloor$ の代わりにガウスの記号 $[b]$ を使うこともある. $b \in \mathbb{Q}$ の場合は例 1.2.10 参照.

問 2.1.2 ($\star$) $B, B' \subset \mathbb{R}$ が共に空でなく，$\mathbb{R} = B \cup B'$，および条件：$b \in B$, $b' \in B' \Rightarrow b < b'$ をみたすとき，(B, B') の対を，$\mathbb{R}$ の**切断**と呼ぶ．$\mathbb{R}$ の切断 (B, B') が任意に与えられたとし，以下を示せ．(i) B は上に有界，B' は下に有界である．(ii) (i) と連続公理から $\sup B$, $\inf B'$ が共に存在し，実数値だが，両者は等しい．(iii) $m = \sup B = \inf B'$ とおくと，$B = (-\infty, m]$（したがって $B' = (m, \infty)$），または $B = (-\infty, m)$（したがって $B' = [m, \infty)$）のいずれかである．

問 2.1.3 ($\star$) 命題：「$\mathbb{R}$ の切断 (B, B') が任意に与えられたとき，$\max B$, $\min B'$ のいずれか一方のみが存在する」を**デデキントの公理**という．連続公理からデデキントの公理が導かれる（問 2.1.2）．この問いでは，逆にデデキントの公理から連続公理を導く．そのために，$\emptyset \neq A \subset \mathbb{R}$ かつ A が上に有界とし，以下を示せ．(i) $\max(\mathbb{R} \setminus U(A))$ は存在しない．(ii) $m = \sup A$ が存在し，$m \in \mathbb{R}$．[ヒント：$B \stackrel{\text{def}}{=} \mathbb{R} \setminus U(A)$, $B' \stackrel{\text{def}}{=} U(A) \cap \mathbb{R}$ の対は $\mathbb{R}$ の切断である．]

2.1 節への補足：以下，命題 2.1.1 を示す．そのために簡単な補題を用意する：

補題 2.1.7 $A, B \subset \overline{\mathbb{R}}$ に対し，
$$U(A \cup B) = U(A) \cap U(B), \quad L(A \cup B) = L(A) \cap L(B). \tag{2.3}$$

さらに，$-A = \{-a \,;\, a \in A\}$ とするとき，
$$-U(A) = L(-A), \quad -L(A) = U(-A). \tag{2.4}$$

証明 (2.3) は $U(A), L(A)$ の定義から明らかである．同じく，$U(A), L(A)$ の定義より，
$$m \in U(A) \Longleftrightarrow -m \in L(-A),$$
$$m \in L(A) \Longleftrightarrow -m \in U(-A).$$
これより (2.4) を得る． \\(^□^)/

命題 2.1.1 の証明 (AC1) $\Leftrightarrow$ (AC2): $A \subset \overline{\mathbb{R}}$, $m \in \overline{\mathbb{R}}$ に対し
$$U(A) = [m, \infty] \Longleftrightarrow -U(A) = [-\infty, -m]$$
$$\stackrel{(2.4)}{\Longleftrightarrow} L(-A) = [-\infty, -m],$$

$$L(A) = [-\infty, m] \iff -L(A) = [-m, \infty]$$
$$\overset{(2.4)}{\iff} U(-A) = [-m, \infty].$$

したがって，(AC1), (AC2) の一方を仮定すれば，他方が従う．
以下の証明に先立ち，次に注意する：

(1) A が上に非有界 $\iff U(A) = \{\infty\}$
$\iff m = \infty$ に対し (2.1) が成立，
$A = \emptyset, \{-\infty\} \iff U(A) = \overline{\mathbb{R}}$
$\iff m = -\infty$ に対し (2.1) が成立．

(AC1) $\Rightarrow$ (AC3)：(AC1) より任意の $A \subset \overline{\mathbb{R}}$ に対し (2.1) をみたす $m \in \overline{\mathbb{R}}$ が存在する．ところが $\emptyset \neq A \subset \mathbb{R}$，$A$ は上に有界とすると，A は (1) のどちらにも該当しない．よって $m \in \mathbb{R}$．

(AC3) $\Rightarrow$ (AC1)：(1) より，$A \subset \overline{\mathbb{R}}$ が上に有界かつ $A \neq \emptyset, \{-\infty\}$ の場合に示せばよい．このとき，A は上に有界だから，$A \subset [-\infty, \infty)$．加えて，$A \neq \emptyset, \{-\infty\}$ だから $A \cap \mathbb{R} \neq \emptyset$．また，$A \cap \mathbb{R}$ は上に有界である．よって (AC3) より，

(2) $\exists m \in \mathbb{R}, U(A \cap \mathbb{R}) = [m, \infty]$．

$A \not\ni -\infty$ なら，$A \cap \mathbb{R} = A$ と (2) より，(2.1) を得る．$A \ni -\infty$ なら，$A = \{-\infty\} \cup (A \cap \mathbb{R})$．これと，$U(\{-\infty\}) = \overline{\mathbb{R}}$ に注意し，次のように (2.1) を得る：

$$U(A) = U(\{-\infty\} \cup (A \cap \mathbb{R})) \overset{(2.3)}{=} U(\{-\infty\}) \cap U(A \cap \mathbb{R}) = U(A \cap \mathbb{R}) \overset{(2)}{=} [m, \infty].$$

(AC2) $\Leftrightarrow$ (AC4)：(AC1) $\Leftrightarrow$ (AC3) と同様． \(^□^)/

2.2 上限・下限の性質

上限・下限は以下の性質をもつ．

命題 2.2.1 (上限・下限の基本性質) $A \subset \overline{\mathbb{R}}$ とするとき，

$$b \in \overline{\mathbb{R}} \text{ に対し,} \begin{cases} \sup A \leq b \iff b \text{ は } A \text{ の上界,} \\ b \leq \inf A \iff b \text{ は } A \text{ の下界.} \end{cases} \tag{2.5}$$

$$b \in \mathbb{R} \text{ に対し,} \begin{cases} b < \sup A \iff \exists a \in A, b < a, \\ \inf A < b \iff \exists a \in A, a < b. \end{cases} \tag{2.6}$$

$$\begin{cases} \sup A < +\infty \iff A \text{ は上に有界,} \\ \inf A > -\infty \iff A \text{ は下に有界.} \end{cases} \tag{2.7}$$

$$A \neq \emptyset \text{ なら } \inf A \leq \sup A. \tag{2.8}$$

証明 (2.5): (2.1), (2.2) より明らか.
(2.6): $b \in \mathbb{R}$ の場合に (2.5) の対偶をとればよい.
(2.7): (2.5) による.
(2.8): $a \in A$ を一つ選べば,$\inf A \leq a \leq \sup A$. \\(^□^)/

次の命題からわかるように,上限・下限はそれぞれ最大・最小値の一般化である:

命題 2.2.2 (**最大値と上限,最小値と下限の関係**) $\emptyset \neq A \subset \overline{\mathbb{R}}, m \in \overline{\mathbb{R}}$ とするとき,

(a) $\max A = m \iff \sup A = m \in A.$

(b) $\min A = m \iff \inf A = m \in A.$

証明 (a) の ($\Rightarrow$): max の定義より,$m \in A$. また,$\sup A \overset{(2.1)}{\in} U(A)$. よって $m \leq \sup A$. 一方,同じく max の定義より,$m \in U(A)$. よって,$\sup A \overset{(2.1)}{\leq} m$. 以上より $\sup A = m \in A$.
(a) の ($\Leftarrow$): $m \overset{(2.1)}{\in} U(A)$. これと $m \in A$ より $m = \max A$.
(b): (a) と同様である. \\(^□^)/

上限・下限は次の双対性をもつ:

命題 2.2.3 (**上限・下限の双対性**) $A \subset \overline{\mathbb{R}}, m \in \overline{\mathbb{R}}, -A = \{-a \, ; \, a \in A\}$

とするとき,

$$m = \sup A \iff -m = \inf(-A), \qquad (2.9)$$

$$m = \inf A \iff -m = \sup(-A). \qquad (2.10)$$

証明 (2.9):

$$m = \sup A \overset{(2.1)}{\iff} U(A) = [m, \infty]$$
$$\overset{(2.4)}{\iff} L(-A) = [-\infty, -m] \overset{(2.2)}{\iff} -m = \inf(-A).$$

(2.10) の証明も同様である. \(^□^)/

問 2.2.1 $A \subset \overline{\mathbb{R}}, \gamma \in \mathbb{R} \setminus \{0\}, \beta \in \mathbb{R}$ に対し,$\gamma A + \beta = \{\gamma a + \beta \,;\, a \in A\}$ とする.$\gamma \in (0, \infty)$ に対し以下を示せ:$\sup(\gamma A + \beta) = \gamma \sup A + \beta$, $\inf(\gamma A + \beta) = \gamma \inf A + \beta$, $\sup(-\gamma A + \beta) = -\gamma \inf A + \beta$, $\inf(-\gamma A + \beta) = -\gamma \sup A + \beta$.

問 2.2.2 $\emptyset \ne A \subset (0, \infty]$ に対し,以下を示せ:$\sup\{1/a \,;\, a \in A\} = 1/\inf A$, $\inf\{1/a \,;\, a \in A\} = 1/\sup A$. ただし $1/0 = \infty$ とする.

問 2.2.3 $A_1, A_2 \subset \overline{\mathbb{R}}$ に対し $\sup(A_1 \cup A_2) = \sup A_1 \vee \sup A_2$, $\inf(A_1 \cup A_2) = \inf A_1 \wedge \inf A_2$ を示せ.

2.3 関数の上限・下限

定義 2.3.1 D を集合,$f : D \longrightarrow \overline{\mathbb{R}}, A \subset D$ とする.このとき,

$$\sup_A f \overset{\text{def}}{=} \sup f(A), \quad \inf_A f \overset{\text{def}}{=} \inf f(A). \qquad (2.11)$$

$\sup_A f$ を $\sup_{x \in A} f(x)$,また,$\inf_A f$ を $\inf_{x \in A} f(x)$ と記すこともある.

関数に対する上限,下限の性質は,集合に対するそれらの性質から容易に導くことができる.

命題 2.3.2 (関数の上限・下限の基本性質) A を集合,$f : A \longrightarrow \overline{\mathbb{R}}, b \in \overline{\mathbb{R}}$

とするとき,

$$\left.\begin{array}{rcl}\sup_A f \leq b & \Longleftrightarrow & \text{全ての } a \in A \text{ に対し } f(a) \leq b, \\ \inf_A f \geq b & \Longleftrightarrow & \text{全ての } a \in A \text{ に対し } f(a) \geq b.\end{array}\right\} \quad (2.12)$$

$$\left.\begin{array}{rcl}f \text{ が } A \text{ で上に有界} & \Longleftrightarrow & \sup_A f < \infty, \\ f \text{ が } A \text{ で下に有界} & \Longleftrightarrow & \inf_A f > -\infty, \\ f \text{ が } A \text{ で有界} & \Longleftrightarrow & \sup_A |f| < \infty.\end{array}\right\} \quad (2.13)$$

$$A \neq \emptyset \text{ なら } \inf_A f \leq \sup_A f. \quad (2.14)$$

証明 命題 2.2.1 に帰着する. \(^□^)/

問 2.3.1 A を集合, $f : A \longrightarrow \overline{\mathbb{R}}$, $\gamma \in (0, \infty)$, $\beta \in \mathbb{R}$ とする. 以下を示せ:
$\sup_A(\gamma f + \beta) = \gamma \sup_A f + \beta$, $\inf_A(\gamma f + \beta) = \gamma \inf_A f + \beta$, $\sup_A(-\gamma f + \beta) = -\gamma \inf_A f + \beta$, $\inf_A(-\gamma f + \beta) = -\gamma \sup_A f + \beta$.

問 2.3.2 A, B を集合, $f : A \longrightarrow \overline{\mathbb{R}}$, $g : B \longrightarrow \overline{\mathbb{R}}$ とする. 以下を示せ:
(i) 全ての $a \in A$ に対し $f(a) \leq g(b)$ なる $b \in B$ が存在すれば, $\sup_A f \leq \sup_B g$.
(ii) 全ての $a \in A$ に対し $f(a) \geq g(b)$ なる $b \in B$ が存在すれば, $\inf_B g \leq \inf_A f$.
(iii) $A \subset B$ なら $\inf_B g \leq \inf_A g \leq \sup_A g \leq \sup_B g$.
(iv) $A = B$ かつ全ての a で $f(a) \leq g(a)$ なら $\inf_A f \leq \inf_A g$, $\sup_A f \leq \sup_A g$.

問 2.3.3 A を空でない集合, $f, g : A \longrightarrow \mathbb{R}$ とする. 次を示せ:
$\inf_A f + \inf_A g \leq \inf_A(f + g) \leq \sup_A(f + g) \leq \sup_A f + \sup_A g$.

問 2.3.4 (⋆) (**予選決勝法**) B を集合, 各 $b \in B$ に対し $A_b \subset \overline{\mathbb{R}}$ とする. このとき, 次を示せ: $\sup\left(\bigcup_{b \in B} A_b\right) = \sup_{b \in B} \sup A_b$, $\inf\left(\bigcup_{b \in B} A_b\right) = \inf_{b \in B} \inf A_b$.

問 2.3.5 (⋆) A, B を集合, $f : A \times B \longrightarrow \overline{\mathbb{R}}$ とする. このとき, 以下を示せ:
(i) (**sup どうしは可換**) $\sup_{(a,b) \in A \times B} f(a, b) = \sup_{b \in B} \sup_{a \in A} f(a, b) = \sup_{a \in A} \sup_{b \in B} f(a, b)$.
(ii) (**inf どうしは可換**) $\inf_{(a,b) \in A \times B} f(a, b) = \inf_{b \in B} \inf_{a \in A} f(a, b) = \inf_{a \in A} \inf_{b \in B} f(a, b)$.
(iii) (**sup inf ≤ inf sup**) $\sup_{a \in A} \inf_{b \in B} f(a, b) \leq \inf_{b \in B} \sup_{a \in A} f(a, b)$.

問 2.3.6 $\{0, 1\} \subset A \subset B \subset \mathbb{R}$ とする. 次を示せ:
$\sup_{a \in A} \inf_{b \in B} |a - b| < \inf_{b \in B} \sup_{a \in A} |a - b|$.

問 2.3.7 問 2.3.5 で (a_0, b_0) が f の鞍点,すなわち条件:$f(a, b_0) \leq f(a_0, b_0) \leq f(a_0, b)$ ($\forall a \in A$, $\forall b \in B$) をみたすとき,次を示せ:
$$\sup_{a \in A} \inf_{b \in B} f(a, b) = \inf_{b \in B} \sup_{a \in A} f(a, b) = f(a_0, b_0).$$

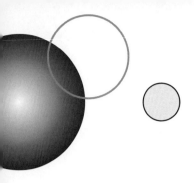

第3章

極限と連続 I

3.1 極限とは？

$n = 1, 2, \ldots$ に対し n が大きくなるとき，$1/n$ は「限りなく 0 に近づく」ことは感覚的に受け入れられる．「限りなく 0 に近づく」という言葉を（$1/n$ が正であることを考慮して）「どんな正の数より小さくなる」と言い換えると数学的意味がはっきりする．

定義 3.1.1（**数列とその収束**）　▶ $\mathbb{N}$ を定義域とする実数値関数 $n \mapsto a_n$ を**数列**，あるいは**実数列**と呼び，数列を次のように記す：

$$(a_n)_{n=0}^{\infty}, \ (a_n)_{n \geq 0}, \ \text{あるいは単に } a_n.$$

▶ $a \in \mathbb{R}$ と数列 a_n について次が成り立つとき，a_n は a に**収束**するという：

$$\text{任意の } \varepsilon > 0 \text{ に対し } n_1 \in \mathbb{N} \text{ が存在し，} n \geq n_1 \text{ なら } |a_n - a| < \varepsilon. \tag{3.1}$$

このとき，次のように記す：

$$\lim_{n \to \infty} a_n = a, \ a_n \longrightarrow a, \ \text{または } a_n \xrightarrow{n \to \infty} a. \tag{3.2}$$

また，a を a_n の**極限**と呼ぶ．

a_n ($n = 0, 1, 2, \ldots$) を折れ線グラフで表すことにより，(3.1) を，次のような概念図を通じて理解することもできる：

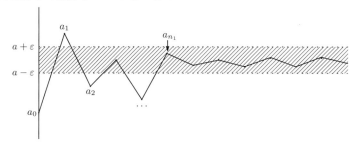

[a_{n_1} 以降の折れ線は，その後決して斜線部 ($a \pm \varepsilon$) から出ない]

一方，(3.1) を論理記号で書くと，次のようになる：

$$\forall \varepsilon > 0, \ \exists n_1 \in \mathbb{N}, \ \forall n \geq n_1, \ |a_n - a| < \varepsilon. \tag{3.3}$$

✔**注 1**　数列 a_n の定義域は $\mathbb{N}$ 全体でなく，適当な $n_0 = 1, 2, \ldots$ に対し $\mathbb{N} \cap [n_0, \infty)$ を定義域とすることもある．

✔**注 2**　(3.1) の「任意の $\varepsilon > 0$」には「$\varepsilon > 0$ がどんなに小さくても」という気持ちを込めている．このように，文字 ε は「小さい」という気持ちを込めて使うことが多い．

定義 3.1.2（**数列の発散**）　a_n を数列とする．

▶ 次が成り立つとき，a_n は ∞ に**発散**するという：

$$\text{任意の } M > 0 \text{ に対し } n_1 \in \mathbb{N} \text{ が存在し，} n \geq n_1 \text{ なら } a_n > M. \tag{3.4}$$

▶ 次が成り立つとき，a_n は $-\infty$ に**発散**するという：

$$\text{任意の } M > 0 \text{ に対し } n_1 \in \mathbb{N} \text{ が存在し，} n \geq n_1 \text{ なら } a_n < -M. \tag{3.5}$$

a_n が $\pm\infty$ に発散することを，a_n の**極限**は $\pm\infty$ であるともいい，このとき，記号 (3.2) を $a = \pm\infty$ に対しても用いる．

✔**注1** (3.4), (3.5) の「任意の $M > 0$」には，(3.1) の $\varepsilon > 0$ とは逆に，「$M > 0$ がどんなに大きくても」という気持ちを込めている．(3.4) を，「小さい」という気持ちを込める文字 ε を使って，次のような書き方をしても，もちろん同じ意味になる：

$$\text{任意の } \varepsilon > 0 \text{ に対し } n_1 \in \mathbb{N} \text{ が存在し，} n \geq n_1 \text{ なら } a_n > \tfrac{1}{\varepsilon}. \qquad (3.6)$$

(3.4) は (3.6) の形で用いることもある．

✔**注2** 任意の $a \in \overline{\mathbb{R}}, m \in \mathbb{N}$ に対し，明らかに，

$$\lim_{n\to\infty} a_n = a \iff \lim_{n\to\infty} a_{m+n} = a.$$

したがって，数列の極限の有無，その値は最初の有限個の項の如何に関わらない．

以下，感覚的には明らかな極限の例をいくつか挙げる．これらは将来述べるより高度な極限計算の基礎となると同時に，定義をきちんと適用し，論理的に証明を書き下す練習にもなる．

◆**例 3.1.3** a_n を正数列とするとき，

(a) $a_n \longrightarrow \infty \iff 1/a_n \longrightarrow 0 \iff -1/a_n \longrightarrow 0$.

(b) $c > 0$ かつ有限個の n を除き $a_n \geq cn$ なら $a_n \longrightarrow \infty, 1/a_n \longrightarrow 0$.

(c) $p = 1, 2, \ldots$ に対し $n^p \longrightarrow \infty, 1/n^p \longrightarrow 0$.

証明 (a):

$$a_n > \frac{1}{\varepsilon} \iff \left|\frac{1}{a_n}\right| < \varepsilon \iff \left|-\frac{1}{a_n}\right| < \varepsilon.$$

(3.4) と (3.6) は同じであることに注意すると，上の変形と，極限の定義 (3.1)，(3.4) より (a) を得る．

(b): (a) より，$a_n \to \infty$ を言えば十分．今，$\varepsilon > 0$ を任意とする．このとき，アルキメデス性（例 2.1.3）より，

(1) $\quad\exists n_1 \in \mathbb{N}, \forall n \geq n_1, n > \tfrac{1}{c\varepsilon}.$

一方，仮定より，

(2) $\quad\exists n_2 \in \mathbb{N}, \forall n \geq n_2, a_n \geq cn.$

したがって $n \geq n_1 \vee n_2$ に対し，$a_n \overset{(2)}{\geq} cn \overset{(1)}{\geq} \frac{1}{\varepsilon}$. (3.4) と (3.6) は同じなので，$a_n \longrightarrow \infty$.

(c): $n^p \geq n$ と (b) による． \\(^□^)/

◆**例 3.1.4** $a \in \mathbb{R}, a_n \in \mathbb{Z}, a_n \longrightarrow a$ なら，ある $n_1 \in \mathbb{N}$ に対し，$n \geq n_1 \implies a_n = a$.

証明 $\forall \varepsilon > 0, \exists n_1 \in \mathbb{N}, n \geq n_1, a_n \in (a-\varepsilon, a+\varepsilon)$. 特に $\varepsilon \leq 1/2$ とすると $(a-\varepsilon, a+\varepsilon) \subset (a-1/2, a+1/2]$．また，例 2.1.4 (b) の証明より，$(a-1/2, a+1/2]$ はただ一つの整数を含む．そこで，その整数を b とすると $n \geq n_1$ で $a_n = b$. これと $a_n \to a$ より，$b = a$ を得る． \\(^□^)/

問 3.1.1 $a_n \in \mathbb{R}, a \in \overline{\mathbb{R}}, a_n \longrightarrow a$ とする．このとき，$a \in \mathbb{R}$ なら $|a_n| \longrightarrow |a|$. また，$a = \pm\infty$ なら $|a_n| \longrightarrow \infty$ を示せ．

問 3.1.2 数列 $a_n = (-1)^n$ は極限をもたないことを示せ．

3.2　順序・演算と極限

3.2 節を通じ，$a, b, c \in \overline{\mathbb{R}}$, a_n, b_n, c_n は実数列とする．

命題 3.2.1 （極限は順序を保存する） $a_n \to a, b_n \to b$ とするとき，

$$\text{無限個の } n \text{ に対し } a_n \leq b_n \implies a \leq b.$$

証明 背理法による．$b < a$ なら，$\exists c \in \mathbb{R}, b < c < a$（補題 1.2.4）．このとき，

$$a_n \to a \text{ より } \exists n_1 \in \mathbb{N}, \forall n \geq n_1, c < a_n,$$
$$b_n \to b \text{ より } \exists n_2 \in \mathbb{N}, \forall n \geq n_2, b_n < c.$$

したがって $\forall n \geq n_1 \vee n_2, b_n < c < a_n$. これは仮定に反する． \\(^□^)/

系 3.2.2 (**極限の一意性**) 数列 a_n に対し極限 $a \in \overline{\mathbb{R}}$ は高々一つである.

証明 $a, b \in \overline{\mathbb{R}}, a_n \to a, a_n \to b$ とすると,命題 3.2.1 から $a \leq b$ かつ $a \geq b$.
\(^□^)/

命題 3.2.3 (**はさみうちの原理**) **(a)** $a \in \mathbb{R}$, かつ有限個の n を除き $a_n \leq b_n \leq c_n$ とする. このとき,
$$a_n \to a, \ c_n \to a \implies b_n \to a.$$

(b) 有限個の n を除き $a_n \leq b_n$ とする. このとき,
$$a_n \longrightarrow \infty \implies b_n \longrightarrow \infty,$$
$$a_n \longrightarrow -\infty \impliedby b_n \longrightarrow -\infty.$$

証明 (a): $\varepsilon > 0$ を任意とする. $(a-\varepsilon, a+\varepsilon)$ は区間だから,

(1) $x, y \in (a-\varepsilon, a+\varepsilon), \ x \leq y \implies [x, y] \subset (a-\varepsilon, a+\varepsilon)$.

また,

(2) $a_n \to a$ より $\exists n_1 \in \mathbb{N}, \forall n \geq n_1, a_n \in (a-\varepsilon, a+\varepsilon)$,

(3) $c_n \to a$ より $\exists n_2 \in \mathbb{N}, \forall n \geq n_2, c_n \in (a-\varepsilon, a+\varepsilon)$,

(4) 仮定より $\exists n_3 \in \mathbb{N}, \forall n \geq n_3, b_n \in [a_n, c_n]$.

そこで $\forall n \geq n_1 \vee n_2 \vee n_3$ とすると, $b_n \stackrel{(4)}{\in} [a_n, c_n] \stackrel{(1)-(3)}{\subset} (a-\varepsilon, a+\varepsilon)$. これと極限の定義 (3.1) より $b_n \to u$.

(b): (a) と同様. \(^□^)/

命題 3.2.4 (**収束列は有界**) $a_n \longrightarrow a$ とする.

(a) $a \neq -\infty$ なら a_n は下に有界である.

(b) $a \neq +\infty$ なら a_n は上に有界である.

(c) $a \in \mathbb{R}$ なら a_n は有界である.

証明 (a): 仮定より，

(1) $\exists b \in \mathbb{R}, \exists \ell \in \mathbb{N}, \forall n \geq \ell, b < a_n$

(実際，$a \in \mathbb{R}$なら (3.1) で $\varepsilon = 1$ とし，$b = a - 1$ とできる．また $a = \infty$ なら (3.4) で $M = 1$ とし，$b = 1$ とできる)．一方，$n = 0, 1, \ldots, \ell - 1$ に対し，

(2) $c \stackrel{\text{def}}{=} \min\{a_0, a_1, \ldots, a_{\ell-1}\} \leq a_n$.

(1), (2) より全ての n に対し

$$b \wedge c \leq a_n.$$

したがって，a_n は下に有界．

(b): (a) と同様．

(c): (a), (b) からわかる． \(^□^)/

命題 3.2.5 (**演算の連続性**) $a_n \longrightarrow a$, $b_n \longrightarrow b$ とするとき，

$$\{a, b\} \neq \{\infty, -\infty\} \text{ なら } a_n + b_n \longrightarrow a + b. \tag{3.7}$$

$$\{|a|, |b|\} \neq \{0, \infty\} \text{ なら } a_n b_n \longrightarrow ab. \tag{3.8}$$

また $a > 0$ なら，十分大きな全ての n に対し $a_n > 0$．したがってそれらの n に対し $1/a_n$ が定まり，かつ，

$$1/a_n \longrightarrow 1/a. \tag{3.9}$$

証明 $a, b \in \mathbb{R}$ の場合が本質なので，ここではその場合のみ考える ($|a| = \infty$ または $|b| = \infty$ の場合は本節末の補足参照)．$\varepsilon > 0$ を任意とする．仮定より，

(1) $\exists n_1 \in \mathbb{N}, \forall n \geq n_1, |a_n - a| < \varepsilon$,

(2) $\exists n_2 \in \mathbb{N}, \forall n \geq n_2, |b_n - b| < \varepsilon$.

(3.7): 必要なら n_1, n_2 をさらに大きくとることで，(1), (2) は，ε を $\varepsilon/2$ におきかえても成立する．そこで，$\forall n \geq n_1 \vee n_2$ に対し

$$|(a_n + b_n) - (a + b)| \leq |a_n - a| + |b_n - b| < \varepsilon/2 + \varepsilon/2 = \varepsilon.$$

これより結論を得る.

(3.8): b_n は収束するから有界 (命題 3.2.4). そこで $M \in (0,\infty)$ を $|b_n|$ の上界とする. このとき, 必要なら n_1 をさらに大きくとることで, (1) は ε を $\frac{\varepsilon}{2M}$ におきかえても成立する. また, 必要なら n_2 をさらに大きくとることで, (2) は ε を $\frac{\varepsilon}{2(|a|+1)}$ におきかえても成立する. $\forall n \geq n_1 \vee n_2$ に対し,

$$|a_n b_n - ab| \leq |(a_n - a)b_n| + |a(b_n - b)|$$
$$< \frac{\varepsilon}{2M} \cdot M + |a| \cdot \frac{\varepsilon}{2(|a|+1)} < \varepsilon.$$

これより結論をうる.

(3.9): 必要なら n_1 をさらに大きくとることで, (1) は ε を $\frac{\varepsilon a^2}{2}$ におきかえても成立する. また,

$$\exists n_3 \in \mathbb{N}, \forall n \geq n_3, \tfrac{a}{2} < a_n.$$

よって $\forall n \geq n_1 \vee n_3$ に対し

$$\left|\frac{1}{a_n} - \frac{1}{a}\right| = \frac{1}{a_n a} \cdot |a_n - a| < \frac{2}{a^2} \cdot \frac{\varepsilon a^2}{2} = \varepsilon.$$

これより結論をうる. \(^□^)/

◢例 3.2.6　$p, q = 0, 1, \ldots$ に対し A_n, B_n を次のように定める:

$$A_n = \sum_{j=0}^{p} a_j n^j, \quad a_0, \ldots, a_{p-1} \in \mathbb{R}, \ a_p > 0,$$
$$B_n = \sum_{j=0}^{q} b_j n^j, \quad b_0, \ldots, b_{q-1} \in \mathbb{R}, \ b_q > 0.$$

このとき,

$$\frac{A_n}{B_n} \longrightarrow \begin{cases} \infty, & p > q \text{ のとき,} \\ \frac{a_p}{b_p}, & p = q \text{ のとき,} \\ 0, & p < q \text{ のとき.} \end{cases}$$

証明 $0 \leq j \leq p-1$ なら，$p-j \geq 1$ により $\frac{a_j}{n^{p-j}} \longrightarrow 0$ (例 3.1.3). ゆえに，

$$\frac{A_n}{n^p} = a_p + \sum_{j=0}^{p-1} \frac{a_j}{n^{p-j}} \xrightarrow{(3.7)} a_p, \quad \text{同様に} \quad \frac{B_n}{n^q} \longrightarrow b_q.$$

したがって

$$\frac{A_n/n^p}{B_n/n^q} \xrightarrow{(3.8),(3.9)} \frac{a_p}{b_q}.$$

以上から

$$\frac{A_n}{B_n} = n^{p-q} \cdot \frac{A_n/n^p}{B_n/n^q} \xrightarrow{(3.8)} \begin{cases} \infty, & p > q \text{ のとき}, \\ \frac{a_p}{b_p}, & p = q \text{ のとき}, \\ 0, & p < q \text{ のとき}. \end{cases}$$

\(^□^)/

次の例は，指数的な発散が多項式的発散より速いことを意味する：

◆例 3.2.7 $r > 1, p = 0, 1, \ldots$ に対し $\frac{r^n}{n^p} \longrightarrow \infty$.

証明 $n \geq p+1$ とする．このとき，

(1) $\displaystyle\binom{n}{p+1} = \frac{n(n-1)\cdots(n-p)}{(p+1)!} = \frac{n^{p+1}}{(p+1)!} + \sum_{j=1}^{p} a_j n^j,$

ここで，$a_1, \ldots, a_p \in \mathbb{R}$. また，$s = r - 1 > 0$ とすると，

(2) $\displaystyle\frac{r^n}{n^p} = \frac{(1+s)^n}{n^p} \stackrel{(1.24)}{=} \frac{1}{n^p} \sum_{k=0}^{n} \binom{n}{k} s^k > \frac{1}{n^p} \binom{n}{p+1} s^{p+1}.$

ここで最後の不等式は，$\sum_{k=0}^{n}$ のうち，$k = p+1$ の項のみを拾って得た．(1), (2) および例 3.2.6 より結論を得る． \(^□^)/

次の例では極限の厳密な定義や，命題 3.2.4 が威力を発揮する：

◆例 3.2.8（チェザロ平均の極限） 実数列 a_n, b_n に対し，

$$s_n \stackrel{\text{def}}{=} \sum_{j=1}^{n} a_j (b_j - b_{j-1}).$$

$a \in \mathbb{R}$, $0 = b_0 < b_1 < \cdots < b_n \to \infty$ のとき,
$$a_n \to a \quad \Rightarrow \quad \frac{s_n}{b_n} \to a.$$
特に, $b_n = n$ なら上記 s_n/b_n を a_n の**チェザロ平均**という.

証明 $\varepsilon > 0$ を任意とする. 仮定より,

(1) $\quad \exists n_1 \in \mathbb{N}, \forall n \geq n_1, |a_n - a| < \varepsilon/2.$

また, $b_n = \sum_{j=1}^n (b_j - b_{j-1})$ より,

(2) $\quad a = \dfrac{1}{b_n} \sum_{j=1}^n (b_j - b_{j-1}) a.$

そこで $n \geq n_1$ に対し,

$$\left|\frac{s_n}{b_n} - a\right| \stackrel{(2)}{=} \left|\frac{1}{b_n} \sum_{j=1}^n (b_j - b_{j-1})(a_j - a)\right| \leq \frac{1}{b_n} \sum_{j=1}^n (b_j - b_{j-1})|a_j - a|$$
$$= (3) + (4),$$

ただし

$$(3) = \frac{1}{b_n} \sum_{j=1}^{n_1 - 1} (b_j - b_{j-1})|a_j - a|, \quad (4) = \frac{1}{b_n} \sum_{j=n_1}^n (b_j - b_{j-1})|a_j - a|.$$

今, a_n は収束するから有界 (命題 3.2.4), したがって $a_n - a$ も有界である. そこで $C \in [0, \infty)$ を $|a_n - a|$ の上界とすると,

$$(3) \leq \frac{1}{b_n} \sum_{j=1}^{n_1 - 1} (b_j - b_{j-1}) C = \frac{b_{n_1 - 1} C}{b_n}.$$

n_1 は固定されているので, 上式と $b_n \to \infty$ より $(3) \stackrel{n \to \infty}{\to} 0.$ したがって,

(5) $\quad \exists n_2 \in \mathbb{N}, \forall n \geq n_2, (3) < \varepsilon/2.$

一方,

(6) $\quad (4) \stackrel{(1)}{\leq} \dfrac{1}{b_n} \sum_{j=n_1}^n (b_j - b_{j-1}) \dfrac{\varepsilon}{2} = \dfrac{b_n - b_{n_1 - 1}}{b_n} \dfrac{\varepsilon}{2} \leq \dfrac{\varepsilon}{2}.$

以上より, $n \geq n_1 \vee n_2$ なら $\left|\frac{s_n}{b_n} - a\right| \stackrel{(5),(6)}{<} \varepsilon$. ゆえに $\frac{s_n}{b_n} \to a$. \(^□^)/

問 3.2.1 a_n は実数列, $\frac{1}{n} a_n \stackrel{n \to \infty}{\Longrightarrow} 0$ とする. $\frac{1}{n} \max_{1 \leq j \leq n} a_j \stackrel{n \to \infty}{\Longrightarrow} 0$ を示せ.

問 3.2.2 例 3.2.8で, $a_n \not\to a \in \mathbb{R}$ だが $s_n/b_n \longrightarrow a$ となる例を挙げよ.

問 3.2.3 実数列 a_n, b_n に対し, $s_n = \sum_{j=1}^n a_j(b_j - b_{j-1})$, $t_n = \sum_{j=1}^{n-1}(a_j - a_{j+1})b_j$ とする. 以下を示せ：(i) $s_n = t_n + a_n b_n - a_1 b_0$. (ii) $a \in \mathbb{R}$, $0 = b_0 < b_1 < \cdots < b_n \to \infty$ のとき, 「$a_n \to a \iff s_n/b_n \to a$ かつ $t_n/b_n \to 0$」. 特に, 「$a_n \to a \implies t_n/b_n \to 0$」を**クロネッカーの補題**という.

問 3.2.4 $(\star)$ $a_n \to a \in \overline{\mathbb{R}}$ とする. 任意の $m \in \mathbb{N}$ に対し, $\inf_{n \geq m} a_n \leq a \leq \sup_{n \geq m} a_n$ を示せ.

問 3.2.5 $(\star)$ $D \subset \mathbb{R}$ を $\mathbb{R}$ で稠密とする. このとき, 任意の $a \in \overline{\mathbb{R}}$ に対し D に値をとる数列 a_n であり $a_n \longrightarrow a$ なるものが存在することを示せ.

$(\star)$ 補足：命題 3.2.5 の証明（続き）

$a = \infty$ なら, 任意の $\varepsilon > 0$ に対し,

(3) $\exists n_3 \in \mathbb{N}, \forall n \geq n_3, a_n > \frac{1}{\varepsilon}$

となることに注意する.

(3.7) ($|a| = \infty$ または $|b| = \infty$ の場合)：例えば $a = \infty$ とする. このとき $b \neq -\infty$. したがって b_n は下に有界 (命題 3.2.4). そこで $c \in \mathbb{R}$ を b_n の下界とすると, 任意の $n \in \mathbb{N}$ に対し,

$$a_n + c \leq a_n + b_n.$$

また (3) は $1/\varepsilon$ を $\frac{1}{\varepsilon} - c$ におきかえても成立する. したがって $\forall n \geq n_3$ で

$$\frac{1}{\varepsilon} \stackrel{(3)}{<} a_n + c \leq a_n + b_n.$$

以上から $a_n + b_n \to \infty$. その他の場合も同様.

(3.8) ($|a| = \infty$ または $|b| = \infty$ の場合)：$|a| = \infty$ なら $|b| \neq 0$. 例えば $a = \infty$, $b > 0$ とする. このとき (3) は ε を $b\varepsilon/2$ におきかえても成立する. また,

$$\exists n_4 \in \mathbb{N}, \forall n \geq n_4, \tfrac{b}{2} < b_n.$$

よって $\forall n \geq n_3 \vee n_4$ に対し

$$a_n b_n > \frac{2}{b\varepsilon} \cdot \frac{b}{2} = \frac{1}{\varepsilon}.$$

ゆえに $a_n b_n \longrightarrow \infty$. 他の場合も同様.

(3.9) ($|a| = \infty$ の場合)：例えば $a = \infty$ とすると (3) より $n \geq n_3$ に対し $0 < a_n^{-1} < \varepsilon$. $a = -\infty$ の場合も同様. \(^□^)/

3.3 閉集合

新しい言葉を用意する：

定義 3.3.1 (**閉集合**) $A \subset \mathbb{R}$ とする.

▶ 次のような $x \in \mathbb{R}$ 全体の集合を $\overline{A}$ と記し，A の**閉包**と呼ぶ：

数列 a_n で，全ての $n \in \mathbb{N}$ に対し $a_n \in A$, かつ $a_n \to x$ となるものが存在する.

▶ $A = \overline{A}$ なら A は**閉**であるという.

✔ **注** 一般に $A \subset \overline{A}$. 実際，任意の $a \in A$ に対し $a_n \equiv a$ とすれば，$a_n \in A$ かつ $a_n \to a$.

補題 3.3.2 $\emptyset \neq A \subset \mathbb{R}$ とする. このとき，数列 $a_n, b_n \in A$ で，次のようなものが存在する：

$$a_n \longrightarrow \sup A, \quad b_n \longrightarrow \inf A.$$

したがって，$\sup A \in \mathbb{R}$ なら $\sup A \in \overline{A}$, また，$\inf A \in \mathbb{R}$ なら $\inf A \in \overline{A}$.

証明 a_n の存在を示す (b_n も同様). $m = \sup A$ とし，実数列 m_n を次のようにとる：

$$m_n < m \; (\forall n \in \mathbb{N}) \text{ かつ } m_n \longrightarrow m.$$

実際，$m = \infty$ なら $m_n = n$, $m < \infty$ なら $m_n = m - n^{-1}$ とすればよい. このとき，$m = \sup A$ より任意の $n \in \mathbb{N}$ に対し $m_n \notin U(A)$. したがって

$m_n < a_n \leq m$ をみたす $a_n \in A$ が存在する．このとき，はさみうちの原理から $a_n \longrightarrow m$. \\(^□^)/

◆ **例 3.3.3**（区間） $-\infty \leq a < b \leq \infty$, $(a,b) \subset I \subset [a,b] \cap \mathbb{R}$, $\overline{I}$ を I の閉包とする．このとき[1]，
$$\overline{I} = [a,b] \cap \mathbb{R}.$$
特に，
$$I \text{ が閉区間} \iff I \text{ が閉集合}.$$

証明 ($\subset$): 閉包の定義より，任意の $x \in \overline{I}$ に対し $x_n \in I$, かつ $x_n \to x$ なる数列 x_n が存在し，$x \in \mathbb{R}$. このとき $x_n \in [a,b]$ かつ極限は順序を保つから $x \in [a,b]$. よって $x \in [a,b] \cap \mathbb{R}$.
($\supset$): $[a,b] \cap \mathbb{R} \subset (a,b) \cup (\{a,b\} \cap \mathbb{R})$. 今, $(a,b) \subset I \subset \overline{I}$. 一方, $x \in \{a,b\} \cap \mathbb{R}$ なら $a = \inf I$, $b = \sup I$（例 2.1.2）と補題 3.3.2 より $x \in \overline{I}$. \\(^□^)/

次の命題（命題 3.3.4）は，今後，中間値定理（定理 3.4.5）の証明，最大・最小値存在定理（定理 7.1.1）の証明に用いる．また，この命題は連続公理と同値である（本節末の補足参照）：

命題 3.3.4 $\emptyset \neq F \subset \mathbb{R}$, F は閉とする．
(a) F が上に有界なら $\max F$ が存在する．
(b) F が下に有界なら $\min F$ が存在する．

証明 (a): 連続公理 (AC3) より $m \stackrel{\text{def}}{=} \sup F \in \mathbb{R}$. これと補題 3.3.2 より, $m \in \overline{F} = F$. 一方, $m \in U(F)$. したがって $m = \max F$.
(b): (a) と同様． \\(^□^)/

次の命題（命題 3.3.5）は中間値定理（定理 3.4.5）の証明に応用される．また，この命題は連続公理と同値である（命題 3.5.5）．

---
[1] この等号により，記号 $\overline{I}$ は定義 1.2.3 に従っても，定義 3.3.1 に従っても，同じ意味になる．

命題 3.3.5 (区間の連結性) $I \subset \mathbb{R}$ を区間とするとき，

$$A, B \subset \mathbb{R}, \ A \neq \emptyset, \ B \neq \emptyset, \ I = A \cup B$$
$$\Longrightarrow \overline{A} \cap B \neq \emptyset \ \text{または} \ A \cap \overline{B} \neq \emptyset.$$

証明 $A \cap B \neq \emptyset$ の場合は示すべきことがないので，$A \cap B = \emptyset$ とする．$A, B \neq \emptyset$ より A, B から一つずつ元をとり，$a \in A, b \in B$ とする．このとき $A \cap B = \emptyset$ より，$a \neq b$. 以下，$a < b$ の場合を考えるが，$b < a$ でも同様である．$A \cap [a, b]$ は上に有界かつ a を含むので $\emptyset$ でない．したがって (AC3) より $m \stackrel{\text{def}}{=} \sup(A \cap [a, b]) \in \mathbb{R}$. このとき，

(1) $m \in \overline{A} \cap [a, b]$.

実際，$m \stackrel{\text{補題 3.3.2}}{\in} \overline{A \cap [a, b]} \stackrel{\text{問 3.3.1}}{\subset} \overline{A} \cap [a, b]$. また，

(2) $m \in \overline{B}$.

(2) を認めると，(1), (2) と $m \in [a, b] \subset I = A \cup B$ より結論を得る．以下，(2) を示す．$m \in [a, b]$ だが，$m = b$ なら $m \in B$. そこで $m \in [a, b)$ とする．このとき，

(3) $\exists n_1 \in \mathbb{N}, \forall n \geq n_1, m_n \stackrel{\text{def}}{=} m + \frac{1}{n} \in [a, b]$.

一方，$\sup(A \cap [a, b]) = m < m_n$ より，

(4) 任意の $n = 1, 2, \ldots$ に対し $m_n \notin A \cap [a, b]$.

(3), (4) より $n \geq n_1$ に対し $m_n \in [a, b] \setminus A \subset B$. ゆえに $m = \lim_{n \to \infty} m_n \in \overline{B}$. これで (2) が言えた． \\(^□^)/

問 3.3.1 $A, B \subset \mathbb{R}$ に対し以下を示せ：(i) $\overline{A}$ は閉．(ii) $A \subset B$ なら $\overline{A} \subset \overline{B}$. (iii) $\overline{A \cup B} = \overline{A} \cup \overline{B}$. (iv) $\overline{A \cap B} \subset \overline{A} \cap \overline{B}$. また，$\overline{A \cap B} \neq \overline{A} \cap \overline{B}$ となる例を挙げよ．(v) A, B が閉なら，$A \cup B, A \cap B$ も閉．

3.3 節への補足：我々は連続公理から命題 3.3.4 を導いた．ここでは逆に命題 3.3.4 から連続公理を導く．(AC3) を導くために，$A \subset \mathbb{R}$ が空でなく，上に有界とする．このとき，A は上に有界だから $U(A) \cap \mathbb{R} \neq \emptyset$. また，$A$ の任意の元は $U(A)$ の下界だから $U(A) \cap \mathbb{R}$ は下に有界である．さらに，$U(A) \cap \mathbb{R}$ は閉

集合である．実際，$x_n \in U(A) \cap \mathbb{R}$ かつ $x_n \to x$ とすると，$\forall a \in A, \forall n \in \mathbb{N}$ に対し $a \leq x_n$ より $a \leq x$．よって $x \in U(A) \cap \mathbb{R}$．以上と命題 3.3.4 (b) より $m \stackrel{\text{def}}{=} \min(U(A) \cap \mathbb{R})$ が存在し，実数である．このとき，$U(A) \cap \mathbb{R}$ は m 以上の全ての実数を含むから，$U(A) \cap \mathbb{R} = [m, \infty)$．したがって $U(A) = [m, \infty]$．

3.4 中間値定理

区間を定義域とする一変数関数に対し「連続」という概念を定義する．連続関数は，直感的にいうと「グラフに切れ目がない関数」である．

定義 3.4.1 $I \subset \mathbb{R}$ を区間，$f: I \to \mathbb{R}$ とする．
▶ $a \in I$ に対し次の条件がみたされるとき，f は a で**連続**であるという：I 内の数列 a_n に対し，

$$a_n \longrightarrow a \implies f(a_n) \longrightarrow f(a). \tag{3.10}$$

f が全ての $a \in I$ で連続なら，f は**連続**であるといい，I で定義された実数値連続関数全体の集合を次の記号で表す：

$$C(I), \text{ あるいはより正確に, } C(I \to \mathbb{R}).$$

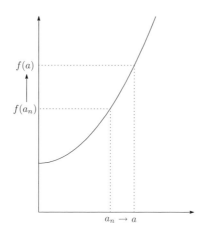

より一般の連続関数は定義 4.4.1 で定義する．記号 $C(I)$ の定義より，

$$\lceil f \in C(I) \rfloor \text{ と，} \lceil f : I \to \mathbb{R} \text{ が連続} \rfloor$$

は同義である．前者の表現は，わざわざ「連続関数全体」などという仰々しい集合を持ち出した上で，「f がその要素である」ということになる．その意味で後者の表現の方が手っとり早いが，記法的な簡潔さゆえか，前者の表現が多用される傾向にある．

◆**例 3.4.2**（**有理式**）　$f, g : \mathbb{R} \to \mathbb{R}$ を多項式，区間 $I \subset \mathbb{R}$ 上で $g \neq 0$ とする．このとき，有理式 $h = f/g : I \to \mathbb{R}$ は連続である．

証明　$f(x) = x$ の連続性は明らか．次に命題 3.2.5 を繰り返し用いて，順次，多項式，有理式の連続性を得る．　\(^□^)/

以下，連続関数に対する中間値定理（定理 3.4.5）を示し，その応用を述べる．そのために補題を準備する．

補題 3.4.3　$I \subset \mathbb{R}$ が閉区間，$F \subset \mathbb{R}$ が閉集合，$f \in C(I)$ なら，次の集合は閉である：

$$A \stackrel{\text{def}}{=} \{x \in I \, ; \, f(x) \in F\}.$$

証明　$a_n \in A, a_n \to x$ とする．$a_n \in I$ かつ I は閉区間なので $x \in I$．また，f は連続，F は閉，$f(a_n) \in F$ なので，

$$f(x) = \lim_{n \to \infty} f(a_n) \in F.$$

ゆえに $x \in A$．　\(^□^)/

補題 3.4.4　$A \subset \overline{\mathbb{R}}$ が次の性質をもつなら，A は区間である：

$$a_1, a_2 \in A, \, a_1 < a_2 \implies (a_1, a_2) \subset A. \tag{3.11}$$

この補題は一見自明なので，認めて先に進んでも差し支えない．実は補題 3.4.4 は連続公理（命題 2.1.1）と同値である．これについては本節末の補足で述べる．

次に述べる中間値定理（定理 3.4.5）は，連続関数のグラフに「切れ目」がないことから直感的に自然である．中間値定理（定理 3.4.5）は今後，円周率の定義（命題 6.5.2），積分の第一平均値定理（命題 10.4.4），陰関数定理（定理 14.2.4）などに応用される．

定理 3.4.5（**中間値定理**）　$I \subset \mathbb{R}$ は区間，$f \in C(I \to \mathbb{R})$, $a, b \in I$, $f(a) < s < f(b)$ とする．このとき，$s = f(c)$ をみたす $c \in (a \wedge b, a \vee b)$ が存在する．特に $f(I)$ は区間である．

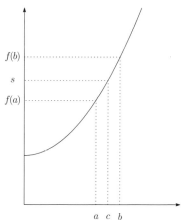

証明　$(-\infty, s]$, $[s, \infty)$, $J \stackrel{\text{def}}{=} [a \wedge b, a \vee b]$ は閉区間なので，

$$A \stackrel{\text{def}}{=} \{x \in J \,;\, f(x) \in (-\infty, s]\}, \quad B \stackrel{\text{def}}{=} \{x \in J \,;\, f(x) \in [s, \infty)\}$$

は共に閉である（補題 3.4.3）．また $J = A \cup B$．さらに $A \ni a$, $B \ni b$ より $A, B \neq \emptyset$．以上と命題 3.3.5 より $A \cap B \neq \emptyset$．そこで，$c \in A \cap B$ とすると，

$$a \wedge b \le c \le a \vee b \text{ かつ } s = f(c).$$

さらに, $f(c) = s \neq f(a), f(b)$ だから $c \neq a, b$. ゆえに $a \wedge b < c < a \vee b$. よって c は所期のものである. また, 以上から, 集合 $f(I)$ は性質 (3.11) をもつ. よって補題 3.4.4 より $f(I)$ は区間である. \(^□^)/

19 世紀の始め頃までは, 連続関数の概念が未確立だったため, 中間値定理 (定理 3.4.5) も, 明確には認識されていなかった, あるいは自明と考えられていた. チェコの数学者ボルツァーノは, その先駆的論文で連続関数の概念, および定理 3.4.5 の証明を発表した (1817 年). しかし, この仕事はその後半世紀もの間あまり知られることがなく, コーシーはボルツァーノと独立に連続関数を定義し, 定理 3.4.5 を示した (1821 年).

次の例で述べる事柄は直感的には明らかだが, 中間値定理の鮮やかな応用により厳密な証明が与えられる:

◆**例 3.4.6** $-\infty < a < b < \infty$, $f \in C([a,b] \to \mathbb{R})$, $f(a) < f(b)$ とする. このとき,

$$f \text{ が単射} \iff f \text{ は狭義 } \nearrow.$$

証明 $\Leftarrow$ は命題 1.4.4 による. $\Rightarrow$ を背理法で示すために次を仮定する：

$$a \leq \exists x < \exists y \leq b, \ f(y) \leq f(x).$$

このとき単射性より $f(y) < f(x)$. そこで $t \in [0,1]$ に対し,

$$x(t) \stackrel{\text{def}}{=} (1-t)x + ta, \ y(t) \stackrel{\text{def}}{=} (1-t)y + tb,$$
$$g(t) \stackrel{\text{def}}{=} f(y(t)) - f(x(t)).$$

このとき, $g : [0,1] \to \mathbb{R}$ は連続,

$$g(0) = f(y) - f(x) < 0 < f(b) - f(a) = g(1).$$

ゆえに, 中間値定理 (定理 3.4.5) より $\exists c \in (0,1), g(c) = 0$. このとき,

$$a \leq x(c) \leq x < y \leq y(c) \leq b, \ f(x(c)) = f(y(c)).$$

これは f の単射性に反する. \(^□^)/

次に連続関数に対する逆関数定理（定理 3.4.7）を示す．定理 3.4.7 は今後，非負べき根（例 3.4.8），対数関数（命題 6.1.5），逆三角関数（6.7 節）などの具体例に適用される．

定理 3.4.7（**連続関数の逆関数**） $I \subset \mathbb{R}$ は区間，$f : I \to \mathbb{R}$ は単調とするとき，

(a) $f : I \to \mathbb{R}$ が連続 $\iff f(I)$ は区間．

(b) $f : I \to \mathbb{R}$ が連続かつ狭義 ↗（狭義 ↘）なら $f^{-1} : f(I) \to I$ は連続かつ狭義 ↗（狭義 ↘）．

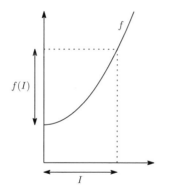
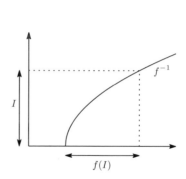

証明 f は ↗ とする（↘ でも同様）．

(a): ⇒: 中間値定理（定理 3.4.5）による．

⇐: $a, a_n \in I, a_n \to a$ とする．任意の $\varepsilon > 0$ に対し，次の (1) かつ (2) を言う:

(1) $\exists n_1 \in \mathbb{N}, \forall n \geq n_1, f(a) - \varepsilon/2 \leq f(a_n)$.

(2) $\exists n_2 \in \mathbb{N}, \forall n \geq n_2, f(a_n) \leq f(a) + \varepsilon/2$.

(1), (2) が言えれば，$n_3 \stackrel{\text{def}}{=} n_1 \vee n_2$ に対し，

$$\forall n \geq n_3, |f(a_n) - f(a)| < \varepsilon.$$

よって $f(a_n) \to f(a)$. 以下, (1) を示す（(2) の証明も同様である）. (1) は, 次をみたす $n \in \mathbb{N}$ が有限個しかないことと同値である:

(3) $f(a_n) < f(a) - \varepsilon/2$.

(3) を仮定すると，$f(a_n) < f(a) - \varepsilon/2 < f(a)$．これと $f(I)$ が区間であることから $f(a) - \varepsilon/2 \in f(I)$．ゆえに $\exists b \in I, f(a) - \varepsilon/2 = f(b)$．このとき，$b$ の選び方から，b は n に依存しない．また，$f(a_n) < f(b) < f(a)$．これと f が ↗ であることから，

(4) $a_n < b < a$.

$a_n \to a$ より (4) をみたす n は有限個しかない．したがって (3) をみたす n は有限個しかない．よって (1) が成立する．

(b)：(a) より $J \stackrel{\text{def}}{=} f(I)$ は区間である．また，命題 1.4.4 より逆写像 $f^{-1} : J \longrightarrow I$ が存在し，狭義 ↗．さらに，$f^{-1}(J) = I$ は区間である．よって (a) より f^{-1} は連続である． \(^□^)/

定理 3.4.7 を応用して，非負べき根の存在と連続性が導ける：

◆**例 3.4.8（非負べき根）** $m \in \mathbb{N} \setminus \{0\}$ とする．

▶ 次の関数は連続かつ狭義 ↗ である：

$$f : [0, \infty) \longrightarrow [0, \infty), \quad f(x) = x^m.$$

そこで，その逆関数（定理 3.4.7 より連続かつ狭義 ↗）を次のように記す：

$$x^{1/m} \stackrel{\text{def}}{=} f^{-1}(x).$$

$x^{1/m}$ を x の**非負 m 乗根**と呼び，$\sqrt[m]{x}$ とも記す．また，$\sqrt[2]{x}$ は $\sqrt{x}$ と記す．

次に，非負べき根の連続性（例 3.4.8）の応用例（例 3.4.9）を挙げる．例 3.4.9 は後に，例 11.3.5 の証明で用いる．

◆**例 3.4.9** a_n, b_n を正数列，$a, b > 0$ とするとき，

$$a_n \longrightarrow a, \ b_n \longrightarrow b \iff a_n b_n \longrightarrow ab, \ \frac{a_n}{b_n} \longrightarrow \frac{a}{b}.$$

3.4 中間値定理

証明 ⇒: 演算の連続性(命題 3.2.5)による.

⇐: $p_n \stackrel{\text{def}}{=} a_n b_n \to ab$, $q_n \stackrel{\text{def}}{=} \frac{a_n}{b_n} \to \frac{a}{b}$. したがって $x \mapsto \sqrt{x}$ の連続性(例 3.4.8)より

$$a_n = \sqrt{p_n q_n} \longrightarrow \sqrt{ab \cdot \frac{a}{b}} = a, \quad b_n = \sqrt{\frac{p_n}{q_n}} \longrightarrow \sqrt{ab \cdot \frac{b}{a}} = b.$$

\(^□^)/

問 3.4.1 $I \subset \mathbb{R}$ は区間, $a \in I$, $f, g : I \to \mathbb{R}$. f は ↗, g は a で連続とする. さらに次の条件が成り立てば, f は a で連続であることを示せ:

$$f(x) - g(x) \begin{cases} \geq 0, & x \leq a, \\ \leq 0, & a \leq x. \end{cases}$$

問 3.4.2 $f : \mathbb{R} \to \mathbb{R}$ が連続かつ, $f(a_n) \longrightarrow \infty$, $f(b_n) \longrightarrow -\infty$ をみたす数列 a_n, b_n が存在すると仮定する. このとき, f は全射であることを示せ(特に, 奇数次の多項式は, 少なくとも一つ実根をもつ).

問 3.4.3 $f : [0,1] \to [0,1]$ が連続なとき, $f(c) = c$ をみたす $c \in [0,1]$ の存在を示せ.

問 3.4.4 $f \in C(\mathbb{R})$ が最大値または最小値をもつとする. このとき, 任意の $a \in \mathbb{R}$ に対し $f(a+b) = f(b)$ をみたす $b \in \mathbb{R}$ の存在を示せ.

問 3.4.5 $a > 0$, $b, c \in \mathbb{R}$, $f(x) = ax^2 + bx + c$, $S = \{x \in \mathbb{R} \, ; \, f(x) = 0\}$ とする. 以下を示せ: $S \neq \emptyset$ と $b^2 - 4ac \geq 0$ は同値であり, $b^2 - 4ac \geq 0$ なら, $S = \{s_-, s_+\}$, ただし $s_\pm = \frac{-b \pm \sqrt{b^2 - 4ac}}{2a}$. また, $x \notin [s_-, s_+]$ なら $f(x) > 0$, $x \in (s_-, s_+)$ なら $f(x) < 0$.

問 3.4.6 以下を示せ. (i) $a \in (0, \infty)$ に対し $a^{1/n} \to 1$. (ii) $a \in [0, \infty)$, $a_n > 0$ に対し $a_{n+1}/a_n \to a \implies a_n^{1/n} \to a$. (iii) ($\star$) $a_n \geq 0$ に対し $\left(\sum_{j=1}^n a_j^n\right)^{1/n} \to \sup_{n \geq 1} a_n$.

問 3.4.7 ($\star$) (**無理数の稠密性**) 以下を示せ: (i) $\sqrt{2} \notin \mathbb{Q}$. (ii) $x, y \in \mathbb{Q}$, $y \neq 0$ なら $x + y\sqrt{2} \notin \mathbb{Q}$. (iii) $\mathbb{R} \setminus \mathbb{Q}$ は $\mathbb{R}$ で稠密. [ヒント: $x \in \mathbb{Q}$ なら (ii) より $x_n \stackrel{\text{def}}{=} x + \sqrt{2}/n \in \mathbb{R} \setminus \mathbb{Q}$.]

(★) 補足：「連続公理 ⇔ 補題 3.4.4」を示す．
⇒: $\ell = \inf A$, $r = \sup A$ とし，次を言えばよい：

$$(\ell, r) \subset A \subset [\ell, r].$$

ℓ, r の定め方から，$A \subset [\ell, r]$．そこで $(\ell, r) \subset A$ を言うため $x \in (\ell, r)$ とする．このとき，$a_1 < x < a_2$ をみたす $a_1, a_2 \in A$ が存在する ((2.6))．よって (3.11) より $x \in A$．

⇐: 任意の $A \subset \overline{\mathbb{R}}$ に対し，$U(A)$ は性質 (3.11) をもつ．ゆえに $U(A)$ は区間である（補題 3.4.4）．これより (AC1) が従う（問 2.1.1）．　　　\(^□^)/

3.5　単調列定理と区間縮小法

次の定理は大変基本的であり，級数の絶対収束や非負項級数の収束を論じる際にも重要な役割を果たす：

定理 3.5.1（**単調列定理**）　単調な実数列 a_n に対し $m \overset{\text{def}}{=} \lim_{n \to \infty} a_n$ が存在する．さらに，

(a)　a_n が ↗ なら，

$$\text{任意の } n \in \mathbb{N} \text{ に対し } a_n \leq m, \tag{3.12}$$

$$m < \infty \iff a_n \text{ が上に有界}. \tag{3.13}$$

(b)　a_n が ↘ なら，

$$\text{任意の } n \in \mathbb{N} \text{ に対し } m \leq a_n, \tag{3.14}$$

$$m > -\infty \iff a_n \text{ が下に有界}. \tag{3.15}$$

証明　a_n が ↗ の場合を示す（↘ でも同様）．$A = \{a_n\,;\,n \in \mathbb{N}\}$, $m = \sup A$ とすると，上限の定義（命題 2.1.1）から (3.12), (3.13) が成立する．そこで $a_n \to m$ を示す．$m \in \mathbb{R}$ の場合を述べるが $m = \infty$ でも同様である．$\forall \varepsilon > 0$ に対し $m - \varepsilon \notin U(A)$ だから $\exists n_1 \in \mathbb{N}$, $m - \varepsilon < a_{n_1}$．単調性から $\forall n \geq n_1$ で

$m - \varepsilon < a_n$. これと (3.12) より,

$$\forall n \geq n_1, \ m - \varepsilon < a_n < m + \varepsilon.$$

したがって $a_n \to m$. \(^□^)/

定理 3.5.1 は特に「有界かつ単調な数列は収束する」ことを述べていて, 直感的にも受け入れやすい. 実際, 19 世紀始め頃までの数学者 (例えばコーシー) はこの事実を証明を要しない「自明な性質」とみなしていた. もっとも, その時代には実数の厳密な定義がなかったので, 証明のしようがなかった. 現代では, 実数の定義も整備され, 定理 3.5.1 も上のように厳密に証明できる.

次に単調列定理の応用として区間縮小法を述べる. 区間縮小法は今後, ボルツァーノ・ワイエルシュトラスの定理 (定理 7.2.2) の証明に用いられる.

系 3.5.2 (**区間縮小法**) 実数列 a_n, b_n について次の条件を仮定する:

任意の $n \in \mathbb{N}$ に対し $a_n \leq b_n$, a_n は ↗, b_n は ↘, かつ $b_n - a_n \to 0$.

このとき, 次のような $m \in \mathbb{R}$ が存在する:

$$a_n \longrightarrow m, \ b_n \longrightarrow m,$$
$$\text{任意の } n \in \mathbb{N} \text{ に対し } a_n \leq m \leq b_n.$$

証明 仮定と,

(1) $a_0 \leq a_n \leq b_n \leq b_0$

より, a_n は ↗ かつ上に有界, b_n は ↘ かつ下に有界. したがって, 単調列定理より $m, m' \in \mathbb{R}$ が存在し,

$$a_n \longrightarrow m, \ b_n \longrightarrow m',$$
$$\text{任意の } n \in \mathbb{N} \text{ に対し } a_n \leq m, m' \leq b_n.$$

さらに, $a_n = b_n + (a_n - b_n)$ と演算の連続性 (命題 3.2.5) より, $m = m'$.

\(^□^)/

◆**例 3.5.3** $I \subset \mathbb{R}$ は区間，$a \in I, f : I \to I$ は連続かつ ↗．さらに次の条件を仮定する：

(1) $\qquad f(a) = a, \quad f(x) \begin{cases} > x, & x \in I, x < a, \\ < x, & x \in I, a < x. \end{cases}$

このとき，$a_n \in I\ (n \in \mathbb{N})$ が漸化式 $a_{n+1} = f(a_n)$ をみたすなら，$a_n \to a$．

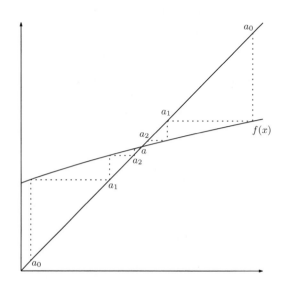

証明 まず，以下を示す：

(2) $\quad a \in I, a_0 \leq a \Rightarrow a_n \leq a_{n+1} \wedge a.$

帰納法による．仮定から $a_0 \leq a$．また，(1) より $a_0 \leq f(a_0) = a_1$．ゆえに (2) は $n = 0$ で正しい．次に (2) が n まで正しいとする．このとき，f は ↗ だから

$$a_{n+1} = f(a_n) \leq f(a_{n+1}) \wedge f(a) = a_{n+2} \wedge a.$$

以上で (2) が示せた．同様に，

(3) $\quad a \in I, a \leq a_0 \Rightarrow a_{n+1} \vee a \leq a_n.$

(2), (3) より a_n は ↗ かつ上に有界，あるいは ↘ かつ下に有界である．以上と定理 3.5.1 より a_n は，ある $b \in [a_0 \wedge a, a_0 \vee a] \subset I$ に収束する．また，f は連

続なので,
$$f(b) = \lim_{n\to\infty} f(a_n) = \lim_{n\to\infty} a_{n+1} = b.$$
これと (1) より $b = a$. \(^□^)/

◆**例 3.5.4**（算術幾何平均） $a, b \geq 0$ の関数 $f(a,b), g(a,b)$ が次の条件をみたすとする：

(a) $0 \leq a \leq b \Rightarrow a \leq f(a,b) \leq g(a,b) \leq b \wedge \left(f(a,b) + \frac{b-a}{2}\right)$.

さらに, $0 < a < b$ に対し, 正数列 a_n, b_n を次の漸化式で定める：

$$a_0 = a, \ b_0 = b, \ a_{n+1} = f(a_n, b_n), \ b_{n+1} = g(a_n, b_n) \ (n \in \mathbb{N}).$$

このとき, ある $m \in [a,b]$ が存在し, $a_n \to m, b_n \to m$.

証明 条件 (a) と帰納法より $a_n \leq b_n \ (n \in \mathbb{N})$. また, 任意の $n \in \mathbb{N}$ に対し,

(1) $a_{n+1} - a_n = f(a_n, b_n) - a_n \stackrel{(a)}{\geq} 0, \ b_n - b_{n+1} = b_n - g(a_n, b_n) \stackrel{(a)}{\geq} 0.$

(2) $b_{n+1} - a_{n+1} = g(a_n, b_n) - f(a_n, b_n) \stackrel{(a)}{\leq} \frac{b_n - a_n}{2}.$

(1), (2), および区間縮小法（系 3.5.2）より, 結論を得る. \(^□^)/

特に $f(a,b) = \sqrt{ab}, g(a,b) = \frac{a+b}{2}$ が例 3.5.4 の条件 (a) をみたすことは容易に確かめられる. このときの $m = m(a,b)$ を, a, b の**算術幾何平均**という. 算術幾何平均は積分を用いて具体的に表すこともできる（例 12.3.7, 問 12.3.9 参照）.

問 3.5.1 $b, c > 0, f(x) = \sqrt{2bx + c}$ とする. $a_n > 0 \ (n \in \mathbb{N})$ が $a_{n+1} = f(a_n)$ をみたすとき, $a_n \to b + \sqrt{b^2 + c}$ を示せ. [ヒント：例 3.5.3.]

問 3.5.2 $(\star)$ $I \subset \mathbb{R}$ は閉区間, $f : I \to \mathbb{R}$ は有界かつ $\searrow$, $x_n \in I \ (n \in \mathbb{N})$ は $x_{n+1} = f(x_n)$ をみたすとする. 以下を示せ：(i) x_{2n}, x_{2n+1} は共に収束し, 極限は I に属する. [ヒント：$g = f \circ f$ は $\nearrow$.] (ii) f が連続かつ $s = f \circ f(s)$ をみたす $s \in I$ が唯一なら, $x_n \longrightarrow s$. (iii) $I = [0, \infty), f(x) = 1/(ax + b) \ (a, b > 0)$ のとき, x_n の収束を示し, その極限を求めよ.

問 3.5.3（調和幾何平均） $0 < a < b$ に対し, 正数列 α_n, β_n を次の漸化式で定

める：

$$\alpha_0 = a, \ \beta_0 = b, \ \alpha_{n+1} = \frac{2\alpha_n \beta_n}{\alpha_n + \beta_n}, \ \beta_{n+1} = \sqrt{\alpha_n \beta_n} \ (n \in \mathbb{N}).$$

以下を示せ：(i) ある $\mu \in [a,b]$ が存在し，$\alpha_n \to \mu, \ \beta_n \to \mu$. $\mu = \mu(a,b)$ を，a,b の**調和幾何平均**という．(ii) a,b の算術幾何平均（例 3.5.4）を $m(a,b)$ とするとき，$m(b^{-1}, a^{-1}) = \mu(a,b)^{-1}$, $m(a,b)\mu(a,b) = ab$. ［ヒント：$\alpha_n^{-1}, \beta_n^{-1}$ のみたす漸化式に着目．また，$c > 0$ に対し $m(ca, cb) = cm(a,b)$. ］

補足：これまでに登場した基本的命題について，それらの論理関係を考える．

命題 3.5.5 $(\star)$ 以下の命題は同値である：

(a) 連続公理（命題 2.1.1）

(b) 単調列定理（定理 3.5.1）

(c) 区間縮小法（系 3.5.2）かつ $\lim_{n \to \infty} n = \infty$

(d) 区間の連結性（命題 3.3.5）

証明 (a) $\Rightarrow$ (b)：定理 3.5.1 の証明による．

(b) $\Rightarrow$ (c)：区間縮小法については系 3.5.2 の証明による．次に単調列定理から $\lim_{n \to \infty} n = \infty$ を示す．n は ↗ 数列だから $\ell \stackrel{\text{def}}{=} \lim_{n \to \infty} n$ が存在し，

(1) 任意の $n \in \mathbb{N}$ に対し $n \leq \ell$.

今，$\ell < \infty$ を仮定する．このとき，

$$\exists n_0 \in \mathbb{N}, \forall n \geq n_0, \ell - 1 < n.$$

特に $\ell < n_0 + 1$. これは (1) に矛盾する．

(c) $\Rightarrow$ (d)：$A \cap B \neq \emptyset$ の場合は示すべきことがないので，$A \cap B = \emptyset$ とする．$A, B \neq \emptyset$ より A, B から一つずつ元をとり，$a \in A, b \in B$ とする．このとき $A \cap B = \emptyset$ より，$a \neq b$. 以下，$a < b$ の場合を考えるが，$b < a$ でも同様である．

(2) $a_n \in A, \ b_n \in B, \ a_n < b_n$

をみたす区間の列:

$$[a_n, b_n], \quad n = 0, 1, \ldots$$

を以下の手順で定める:まず,$[a_0, b_0] = [a, b]$. a_n, b_n が (2) をみたすとき,$a_n, b_n \in I$ かつ I は区間なので

$$c_n \stackrel{\text{def}}{=} (a_n + b_n)/2 \in I = A \cup B.$$

そこで,

$$[a_{n+1}, b_{n+1}] \stackrel{\text{def}}{=} \begin{cases} [a_n, c_n], & c_n \in B \text{ なら,} \\ [c_n, b_n], & c_n \in A \text{ なら.} \end{cases}$$

このとき,

$a_n \leq b_n \ (n = 0, 1, \ldots)$, a_n は ↗, b_n は ↘, $b_n - a_n = 2^{-n}(b-a) \longrightarrow 0$.

したがって,区間縮小法(系 3.5.2)より $c \in [a, b] \subset I$ が存在し,

(3) $a_n \longrightarrow c, \ b_n \longrightarrow c$.

(2), (3) より $c \in \overline{A} \cap \overline{B}$. さらに $c \in [a, b] \subset I = A \cup B$ より結論を得る.

(d) ⇒ (a): 命題 3.3.4 を示せば連続公理も従う(3.3 節末の補足参照).そこで $F \subset \mathbb{R}$ は空でなく,上に有界かつ閉とする.今,$F \neq \emptyset$ より $A \stackrel{\text{def}}{=} \mathbb{R} \setminus U(F) \neq \emptyset$. また,$F$ は上に有界なので $B \stackrel{\text{def}}{=} \mathbb{R} \cap U(F) \neq \emptyset$. さらに B は閉,$\mathbb{R} = A \cup B$. 以上と命題 3.3.5 より $\exists m \in \mathbb{R}, \ m \in \overline{A} \cap B$ ($A \cap \overline{B} = A \cap B = \emptyset$ に注意).以下 $m = \max F$ を示す.$m \in U(F)$ だから $m \in F$ を言えばよい.ところが $m \in \overline{A}$ より,

(4) $\exists a_n \in A = \mathbb{R} \setminus U(F), \ a_n \longrightarrow m$.

一方,$a_n \notin U(F)$ かつ,$m \in U(F)$ より,

(5) $\exists x_n \in F, \ a_n < x_n \leq m$.

(4), (5) より $x_n \to m$. F は閉なので $m \in F$. \(^□^)/

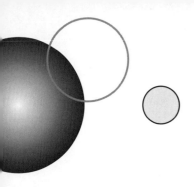

第4章

多変数・複素変数の関数

4.1 $\mathbb{R}^d$ と $\mathbb{C}$

定義 4.1.1（**実多次元空間**） d を正整数とする．d 個の実数 $x_1,\ldots,x_d$ を並べたものを
$$x = (x_j)_{j=1}^d = (x_1,\ldots,x_d),$$
また，それら全体の集合を $\mathbb{R}^d$ と記す．$\mathbb{R}^d$ を**実 d 次元空間**と呼び，その元を d **次元実ベクトル**，あるいは単に**点**と呼ぶ．特に次の点を**原点**と呼ぶ．
$$0 \stackrel{\text{def}}{=} (0,\ldots,0) \in \mathbb{R}^d.$$
また，
$$e_i = (\underbrace{0,\ldots,0,1}_{i},0,\ldots,0) \in \mathbb{R}^d, \ \ i=1,\ldots,d \tag{4.1}$$
とし，$e_1,\ldots,e_d$ を**標準基底**と呼ぶ．

$\mathbb{R}^1$ は $\mathbb{R}$ に他ならない．また，$\mathbb{R}^2$ は平面，$\mathbb{R}^3$ は（三次元）空間を表す．また，任意の d に対し，$\mathbb{R}^d$ は直積（定義 1.1.5）の特別な場合である．

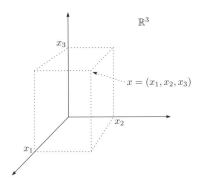

定義 4.1.2 ($\mathbb{R}^d$ における演算・内積・ノルム) ▶ $c \in \mathbb{R}$ および $\mathbb{R}^d$ の元 $x = (x_j)_{j=1}^d, y = (y_j)_{j=1}^d$ に対し,

$$cx \stackrel{\text{def}}{=} (cx_j)_{j=1}^d, \quad x+y \stackrel{\text{def}}{=} (x_j+y_j)_{j=1}^d, \quad x-y \stackrel{\text{def}}{=} (x_j-y_j)_{j=1}^d. \quad (4.2)$$

また,

$$x \cdot y \stackrel{\text{def}}{=} x_1 y_1 + \cdots + x_d y_d, \quad |x| \stackrel{\text{def}}{=} \sqrt{x \cdot x} = \sqrt{x_1^2 + \cdots + x_d^2}. \quad (4.3)$$

$x \cdot y$ を**内積**, $|x|$ を**ユークリッドノルム**, あるいは**長さ**と呼ぶ (平方根は例 3.4.8 で定めた). また, $x \cdot y = 0$ なら x, y は**直交**するという.

▶ 上記の演算と内積を考え併せたときの $\mathbb{R}^d$ を d 次元**ユークリッド空間**と呼ぶ.

ユークリッドノルム・内積について, 以下の (不) 等式が基本的である:

命題 4.1.3 記号は定義 4.1.2 の通りとする. このとき $x, y \in \mathbb{R}^d, c \in \mathbb{R}$ に対し,

$$|cx| = |c||x|, \quad (4.4)$$

$$|x+y|^2 = |x|^2 + 2x \cdot y + |y|^2, \quad (4.5)$$

$$x \cdot y \leq |x||y|, \quad (\text{等号} \iff |y|x = |x|y). \quad (4.6)$$

$$|x+y| \leq |x| + |y|, \quad (\text{等号} \iff |y|x = |x|y). \quad (4.7)$$

$$|x_1| \vee \cdots \vee |x_d| \leq |x| \leq |x_1| + \cdots + |x_d|. \quad (4.8)$$

証明 (4.4): $|cx|^2 = c^2(x_1^2 + \cdots + x_d^2)$ で，両辺の平方根をとればよい．
(4.5): $(x_j + y_j)^2 = x_j^2 + 2x_j y_j + y_j^2$ の辺々を $j = 1, \ldots, d$ について加えればよい．
(4.6): $x = 0$，または $y = 0$ なら示すべき式は，自明に成立するので $x \neq 0$ かつ $y \neq 0$，したがって $|x||y| > 0$ としてよい．このとき

$$0 \leq |||y|x - |x|y||^2 \stackrel{(4.4)}{=} \stackrel{(4.5)}{=} |x|^2|y|^2 - 2|x||y|x \cdot y + |x|^2|y|^2 = 2|x||y|(|x||y| - x \cdot y).$$

上式から (4.6)，および等号成立条件を得る．
(4.7): $\quad |x + y| \stackrel{(4.5)}{=} \left(|x|^2 + 2x \cdot y + |y|^2\right)^{1/2}$
$\stackrel{(4.6)}{\leq} \left(|x|^2 + 2|x||y| + |y|^2\right)^{1/2} = |x| + |y|.$

さらに上の証明から，(4.7) の等号成立は (4.6) の等号成立と同値である．
(4.8):

$$x_1^2 \vee \cdots \vee x_d^2 \leq x_1^2 + \cdots + x_d^2$$
$$\leq x_1^2 + \cdots + x_d^2 + 2 \sum_{1 \leq i < j \leq d} |x_i x_j| = (|x_1| + \cdots + |x_d|)^2.$$

平方根をとって結論を得る． \(^□^)/

✔**注** (4.6) で y の代わりに $-y$ とすると，$-x \cdot y \leq |x||y|$．これと (4.6) を併せると

$$|x \cdot y| \leq |x||y|. \tag{4.9}$$

(4.6)，または (4.9) を**コーシー・シュワルツの不等式**と呼ぶ．また，(4.7) を**三角不等式**と呼ぶ．

◆**例 4.1.4（直交射影）** 空間 $\mathbb{R}^3$ において，点 $x \in \mathbb{R}^3$ から平面 H におろした垂線の足を m とすると，$|x - m|$ は x と H の距離であり，$x - m$ と H は直交する．この事実は一般の次元でも次のように成立する：$x \in \mathbb{R}^d$, $m \in H \stackrel{\text{def}}{=} \{h \in \mathbb{R}^d \,;\, h \cdot u = k\}$ $(u \in \mathbb{R}^d, |u| = 1, k \in \mathbb{R})$ とするとき，次の命題 (a), (b) は同値である：

(a) $|x - m| = \min_{h \in H} |x - h|$,

(b) 任意の $h, h' \in H$ に対し $(x - m) \cdot (h - h') = 0$.

さらに性質 (a), (b) をみたす $m \in H$ は唯一存在し，$m = x + (k - u \cdot x)u$ で与えられる．この m を，点 x の H への直交射影と呼ぶ．

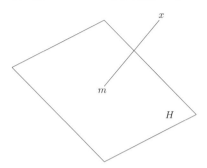

証明　(a) $\Rightarrow$ (b): $h \neq h'$（したがって $|h - h'| \neq 0$）と仮定してよい．$t \in \mathbb{R}$ に対し，

$$f(t) \stackrel{\text{def}}{=} |x - m - t(h - h')|^2$$
$$\stackrel{(4.5)}{=} |x - m|^2 - 2t(x - m) \cdot (h - h') + t^2|h - h'|^2.$$

上式一行目と (a) より，$f(t)$ は $t = 0$ で最小である．一方，上式二行目より，$f(t)$ が最小なのは $t = (x - m) \cdot (h - h')/|h - h'|^2$ のときに限る．ゆえに $(x - m) \cdot (h - h') = 0$.

(a) $\Leftarrow$ (b): $h \in H$ に対し，

$$\textbf{(1)} \quad \begin{cases} |x - h|^2 &= |(x - m) - (h - m)|^2 \\ &\stackrel{(4.5)}{=} |x - m|^2 - 2(x - m) \cdot (h - m) + |h - m|^2 \\ &\stackrel{(b)}{=} |x - m|^2 + |h - m|^2 \geq |x - m|^2. \end{cases}$$

なお，上式最後の不等号で，等号成立と $h = m$ は同値である．以上より，(a) $\Leftrightarrow$ (b).

$m = x + (k - u \cdot x)u$ は (b) をみたす．したがって (a) もみたす．一方，性質 (a) をみたす $m \in H$ の一意性は次のようにしてわかる．「(a) $\Rightarrow$ (b)」証明中の $f(t)$ で，特に $h \in H, h \neq m = h'$ とする．「(a) $\Rightarrow$ (b)」の証明より，$f(t)$ は $t = 0$ で唯一の最小値 $|x - m|^2$ をとるので，$|x - h|^2 = f(1) > |x - m|^2$. ゆえに h は (a) をみたさない． \(^□^)/

$\mathbb{R}^d$ の部分集合に対しても，有界性の概念が自然に定義される：

命題 4.1.5 (**有界性**) $A \subset \mathbb{R}^d$ に対し以下の命題は同値である：

(a) $\forall j = 1, \ldots, d$ に対し $\{x_j \, ; \, x \in A\}$ が有界．

(b) $\{|x| \, ; \, x \in A\}$ が有界．

(c) $\{|x - y| \, ; \, x, y \in A\}$ が有界．

上記 (a)–(c) のいずれか（したがって全て）が成立するとき A は**有界**であるという．

証明 (a) $\Leftrightarrow$ (b): $|x_1| \vee \cdots \vee |x_d| \overset{(4.8)}{\leq} |x| \overset{(4.8)}{\leq} |x_1| + \cdots + |x_d|$ による．
(b) $\Rightarrow$ (c): $|x - y| \overset{(4.7)}{\leq} |x| + |y|$ による．
(b) $\Leftarrow$ (c): M を $\{|x - y| \, ; \, x, y \in A\}$ の上界とする．一点 $a \in A$ を一つ固定すると任意の $x \in A$ に対し，$|x| \overset{(4.7)}{\leq} |x - a| + |a| \leq M + |a| < \infty$． \(^□^)/

✔**注** 集合 $A \subset \mathbb{R}^d$ に対し，その**直径**を次のように定める：

$$\mathrm{diam}(A) \overset{\mathrm{def}}{=} \sup\{|x - y| \, ; \, x, y \in A\}. \tag{4.10}$$

命題 4.1.5 より A の有界性と $\mathrm{diam}(A) < \infty$ は同値である．

定義 4.1.6 (**複素数**) ▶ $\mathbf{i} \overset{\mathrm{def}}{=} (0, 1) \in \mathbb{R}^2$ とし，$\mathbb{R}^2$ の元 $x = (x_1, x_2)$ を，

$$x = x_1 + \mathbf{i} x_2 \tag{4.11}$$

という記号で書くとき，これを**複素数**と呼び，複素数全体を $\mathbb{C}$ と記す．(4.11) のように表示された $x \in \mathbb{C}$ に対し，以下の記号・用語を定める：

$$\mathrm{Re}\, x \overset{\mathrm{def}}{=} x_1, \quad \mathrm{Im}\, x \overset{\mathrm{def}}{=} x_2 \quad (x \text{ の}\mathbf{実部・虚部}), \tag{4.12}$$

$$\overline{x} \overset{\mathrm{def}}{=} x_1 - \mathbf{i} x_2 \quad (x \text{ の}\mathbf{共役}), \tag{4.13}$$

$$|x| \overset{\mathrm{def}}{=} \sqrt{x_1^2 + x_2^2}, \quad (x \text{ の}\mathbf{長さ}). \tag{4.14}$$

▶ 集合：
$$\{x_1 + \mathbf{i}0\,;\, x_1 \in \mathbb{R}\}, \quad \{0 + \mathbf{i}x_2\,;\, x_2 \in \mathbb{R}\}$$
をそれぞれ**実軸**，**虚軸**と呼ぶ．実軸上の点 $x_1 + \mathbf{i}0$ と実数 x_1 を同一視し $\mathbb{R} \subset \mathbb{C}$ とみなす．これに伴い，$x_1 + \mathbf{i}0$ は x_1 と記す．また，$0 + \mathbf{i}x_2$ は $\mathbf{i}x_2$ と書く．

▶ $x = x_1 + \mathbf{i}x_2, y = y_1 + \mathbf{i}y_2 \in \mathbb{C}$ に対し，それらの加減乗除を以下のように定める：

$$x + y \stackrel{\text{def}}{=} (x_1 + y_1) + \mathbf{i}(x_2 + y_2), \quad x - y \stackrel{\text{def}}{=} (x_1 - y_1) + \mathbf{i}(x_2 - y_2), \quad (4.15)$$

$$xy \stackrel{\text{def}}{=} (x_1 y_1 - x_2 y_2) + \mathbf{i}(x_1 y_2 + y_1 x_2), \quad \frac{x}{y} \stackrel{\text{def}}{=} \frac{x\overline{y}}{|y|^2}, \quad (4.16)$$

ただし $\frac{x}{y}$ は $y \neq 0$ の場合に限り定義する．特に $x_2 = y_2 = 0$ の場合，演算 (4.15)–(4.16) は，実数 x_1, y_1 に対する通常の加減乗除に他ならない．

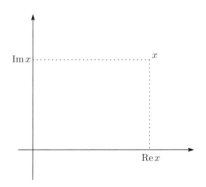

定義 4.1.6 はハミルトンの流儀に従った．虚数単位を i と書くのはオイラー以来の伝統である．本書では添字などに使う i と紛れないように太字 $\mathbf{i}$ にした．

定義 4.1.6 から次の命題がわかる：

命題 4.1.7 $x, y \in \mathbb{C}$ に対し，

(a) $\operatorname{Re} x = \frac{x + \overline{x}}{2},\ \operatorname{Im} x = \frac{x - \overline{x}}{2\mathbf{i}}$,

(b) $\overline{x + y} = \overline{x} + \overline{y}, \overline{xy} = \overline{x}\,\overline{y}$,

(c) $|xy| = |x||y|$,

(e) $x \neq 0$ なら $\overline{1/x} = 1/\overline{x}$, $|1/x| = 1/|x|$.

証明 単純計算なので省略する. \(^□^)/

複素数の四則演算や絶対値の性質は，実数の場合の自然な拡張なので，複素数の場合にも実数の場合と同様な等式・不等式が成り立つ例は多い．例えば命題 1.3.1，命題 1.3.3 は複素数の場合にもそのまま一般化される.

命題 4.1.8 $x, y \in \mathbb{C}$, $n = 1, 2, \ldots$ とするとき,

$$x^n - y^n = (x-y) \sum_{k=0}^{n-1} x^k y^{n-1-k}, \tag{4.17}$$

$$(x+y)^n = \sum_{k=0}^{n} \binom{n}{k} x^k y^{n-k}. \tag{4.18}$$

また, $|x|, |y| \leq r$ なら,

$$|x^n - y^n| \leq n r^{n-1} |x-y|. \tag{4.19}$$

証明 $x, y \in \mathbb{R}$ の場合（命題 1.3.1，命題 1.3.3）と同様である. \(^□^)/

問 4.1.1 $x, y \in \mathbb{R}^d$ に対し次を示せ：$|x+y|^2 + |x-y|^2 = 2|x|^2 + 2|y|^2$（中線定理）.

問 4.1.2 $a_0, \ldots, a_n \in \mathbb{C}$ ($a_n \neq 0$) とし，複素多項式 $f(z) = a_0 + a_1 z + \cdots + a_n z^n$ ($z \in \mathbb{C}$) を考える．任意の $a \in \mathbb{C}$ に対し次のような自然数 $m \geq 1$, および複素多項式 $g(z)$ の存在を示せ：$g(a) \neq 0$, かつ任意の $z \in \mathbb{C}$ に対し $f(z) = f(a) + (z-a)^m g(z)$.

4.2 点列・複素数列

数列とその収束の概念は次のような自然な形で多次元に一般化される：

定義 4.2.1（**点列とその収束・有界性**）▶ $\mathbb{N}$ から $\mathbb{R}^d$ への写像 $n \mapsto a_n$ を

点列と呼ぶ．実数列の場合同様，点列を次のように記す：

$$(a_n)_{n=0}^\infty,\ (a_n)_{n\geq 0},\ \text{あるいは単に}\ a_n.$$

▶ $a \in \mathbb{R}^d$ に対し，

$$\text{点列 } a_n \text{ は } a \text{ に }\textbf{収束}\text{する} \overset{\text{def}}{\Longleftrightarrow} \lim_{n\to\infty}|a_n - a| = 0.$$

またこのとき，数列の場合と同様に次のように記す：

$$\lim_{n\to\infty} a_n = a,\ a_n \longrightarrow a,\ \text{または}\ a_n \overset{n\to\infty}{\longrightarrow} a.$$

▶ 集合 $\{a_n\,;\,n \in \mathbb{N}\}$ が有界なら点列 a_n は**有界**であるという．

✔**注1** 定義 4.2.1 には，a_n が複素数値の場合も（$d=2$ の場合として）含めて考える．このとき，a_n を**複素数列**と呼ぶ．

✔**注2** 点列 a_n の定義域は $\mathbb{N}$ 全体でなく，適当な $n_0 = 1, 2, \ldots$ に対し $\mathbb{N} \cap [n_0, \infty)$ を定義域とすることもある．

◆**例 4.2.2** $z \in \mathbb{C}$ に対し $|z| < 1$ なら $z^n \longrightarrow 0$．実際，$|z^n| = |z|^n \longrightarrow 0$．

以後，$a, b \in \mathbb{R}^d$, a_n, b_n を $\mathbb{R}^d$ の点列とする．

命題 4.2.3 (**点列の収束・有界性は座標ごとに見ればよい**) $a = (a_j)_{j=1}^d$，また，各 n に対し $a_n = (a_{n,j})_{j=1}^d$ と記す．このとき，

$$a_n \to a \iff \text{全ての } j = 1, \ldots, d \text{ に対し } a_{n,j} \overset{n\to\infty}{\to} a_j. \tag{4.20}$$

$$a_n \text{ が有界} \iff \text{全ての } j = 1, \ldots, d \text{ に対し } (a_{n,j})_{n=0}^\infty \text{ が有界}. \tag{4.21}$$

特に複素数列に対し

$$a_n \to a \iff \operatorname{Re} a_n \to \operatorname{Re} a \text{ かつ } \operatorname{Im} a_n \to \operatorname{Im} a \iff \overline{a_n} \to \overline{a}. \tag{4.22}$$

$$a_n \text{ が有界} \iff \operatorname{Re} a_n, \operatorname{Im} a_n \text{ が共に有界}. \tag{4.23}$$

証明 (4.20): (4.8) より,

$$\max_{1\leq j\leq d}|a_{n,j}-a_j| \leq |a_n-a| \leq \sum_{1\leq j\leq d}|a_{n,j}-a_j|.$$

上式左側から $\Rightarrow$, 上式右側から $\Leftarrow$ がわかる.
(4.21): 命題 4.1.5 による. \(^□^)/

実数列の場合（命題 3.2.4）同様, 収束点列は有界である：

系 4.2.4 (**収束列は有界**) $\mathbb{R}^d, \mathbb{C}$ において収束点列は有界である.

証明 命題 4.2.3 より, 実数列の場合（命題 3.2.4）に帰着する. \(^□^)/

命題 4.2.5 (**演算の連続性**) $a_n \longrightarrow a, b_n \longrightarrow b$ とするとき,

$$a_n+b_n \longrightarrow a+b, \quad a_n \cdot b_n \longrightarrow a \cdot b.$$

特に複素数列の場合,

$$a_n b_n \longrightarrow ab, \quad a_n/b_n \longrightarrow a/b.$$

ただし, 後者では $b_n \neq 0, b \neq 0$ を仮定する.

証明 命題 4.2.3 を用い, 座標ごとに考えれば数列の場合（命題 3.2.5）に帰着する. または, 命題 3.2.5 の証明を $\mathbb{R}^d$ の絶対値を用いて繰り返すことによっても証明できる. \(^□^)/

問 4.2.1 $z \in \mathbb{C}, n \in \mathbb{N}$ に対し, $(1-z)\prod_{j=1}^n(1+z^{2^{j-1}}) = 1-z^{2^n}$, さらに $|z|<1$ のとき, $\prod_{j=1}^n(1+z^{2^{j-1}}) \xrightarrow{n\to\infty} 1/(1-z)$ を示せ.

問 4.2.2 $a_0,\ldots,a_m \in \mathbb{C}$ $(a_m \neq 0)$ とし, 複素多項式 $f(z) = a_0+a_1z+\cdots+a_m z^m$ $(z \in \mathbb{C})$ を考える. このとき, $|z_n| \to \infty$ なら $|f(z_n)| \to \infty$ を示せ.

4.3 関数の極限

例えば関数 $f(x) = x^2$ で「変数 x が $a \in \overline{\mathbb{R}}$ に近づけば，値 x^2 は a^2 に近づく（ただし $(\pm\infty)^2 = \infty$）」ことは，感覚的に受け入れられる．このように，「関数 f の変数 x がある値 a に近づくとき，$f(x)$ もある値 ℓ に近づく」ということを一般的に定義しよう．

定義 4.3.1（関数の極限） 記号を次のように定める：

$$A \subset D \subset \mathbb{R}^d, \ f : D \longrightarrow \mathbb{R}^k \ (d, k \geq 1),$$

$$a \in \begin{cases} \overline{\mathbb{R}}, & d = 1 \\ \mathbb{R}^d, & d \geq 2 \end{cases}, \ \ell \in \begin{cases} \overline{\mathbb{R}}, & k = 1 \\ \mathbb{R}^k, & k \geq 2 \end{cases}$$

▶ 次の条件が成り立てば，f は点 a で A からの**極限** ℓ をもつという：

$$A \text{ 内の点列 } a_n \text{ に対し } a_n \to a \text{ なら } f(a_n) \to \ell.$$

また，このことを次のように記す：

$$\lim_{\substack{x \to a \\ x \in A}} f(x) = \ell \quad \text{あるいは} \quad f(x) \xrightarrow[x \in A]{x \to a} \ell.$$

特に $A = D$ なら f は点 a で**極限** ℓ をもつといい，次のように記す：

$$\lim_{x \to a} f(x) = \ell \quad \text{あるいは} \quad f(x) \xrightarrow{x \to a} \ell.$$

✔ **注** f が複素変数，あるいは複素数値の場合も上の定義に含まれる（$d = 2$，あるいは $k = 2$）．以下で述べるように，関数の極限も数列の極限と同様の性質をもつ．

命題 4.3.2

$$A \subset D \subset \mathbb{R}^d, \ f_i : D \longrightarrow \mathbb{R}^k, \ f_i(x) \xrightarrow[x \in A]{x \to a} \ell_i, \ (d, k \geq 1, i = 1, 2)$$

ここで，

$$a \in \begin{cases} \overline{\mathbb{R}}, & d = 1 \\ \mathbb{R}^d, & d \geq 2 \end{cases}, \ \ell_1, \ell_2 \in \begin{cases} \overline{\mathbb{R}}, & k = 1 \\ \mathbb{R}^k, & k \geq 2 \end{cases}$$

とする．このとき，

(a) （演算の連続性）

$$\ell_1, \ell_2 \in \mathbb{R}^k \text{ なら } f_1(x) + f_2(x) \xrightarrow[x \in A]{x \to a} \ell_1 + \ell_2 \tag{4.24}$$

$$f_i, \ell_i \text{ が複素数値なら } f_1(x) f_2(x) \xrightarrow[x \in A]{x \to a} \ell_1 \ell_2 \tag{4.25}$$

$$f_1 \text{ が } \mathbb{C} \setminus \{0\} \text{ に値をとり, } \ell_1 \in \mathbb{C} \setminus \{0\} \text{ なら } \frac{1}{f_1(x)} \xrightarrow[x \in A]{x \to a} \frac{1}{\ell_1}. \tag{4.26}$$

特に $k = 1$ のとき，より一般に $\{\ell_1, \ell_2\} \neq \{\infty, -\infty\}$ なら (4.24) の結論が成立，$\{|\ell_1|, |\ell_2|\} \neq \{0, \infty\}$ なら (4.25) の結論が成立する．

(b) （**極限は順序を保つ**） $k = 1$, A 上で $f_1 \leq f_2$ なら $\ell_1 \leq \ell_2$．

(c) （**はさみうちの原理**） $k = 1$, $\ell_1 = \ell_2 \in \overline{\mathbb{R}}$ かつ，

$$f : D \longrightarrow \mathbb{R}, \quad A \text{ 上で } f_1 \leq f \leq f_2$$

なら，$f(x) \xrightarrow[x \in A]{x \to a} \ell_1$．

証明 A 内の点列 a_n であり $a_n \to a$ なるものを任意にとる．このとき，点列 $f_i(a_n), f(a_n)$ を考えることにより，示すべきことは点列に関する命題（命題 3.2.1, 命題 3.2.3, 命題 3.2.5, 命題 4.2.5）に帰着する． \(^□^)/

命題 4.3.3 （**合成関数の極限**） 記号は定義 4.3.1 の通りとし，さらに以下を仮定する：

(a) $f(x) \xrightarrow[x \in A]{x \to a} \ell$

(b) $g : f(D) \longrightarrow \mathbb{R}^m$, $g(y) \xrightarrow{y \to \ell} \ell' \in \begin{cases} \overline{\mathbb{R}}, & m = 1 \\ \mathbb{R}^m, & m \geq 2 \end{cases}$.

このとき，

$$g \circ f(x) \xrightarrow[x \in A]{x \to a} \ell'.$$

証明 A 内の点列 a_n であり $a_n \to a$ なるものを任意にとる．このとき，仮定 (a) より $f(a_n) \longrightarrow \ell$．したがって仮定 (b) より $g \circ f(a_n) \longrightarrow \ell'$． \(^□^)/

収束点列は有界だった（命題 4.2.3）．関数の極限の場合，これに対応するのが次の事実である：

4.3 関数の極限

命題 4.3.4 記号は定義 4.3.1 の通り，$f(x) \xrightarrow[x \in A]{x \to a} \ell \in \mathbb{R}^k$ とする．このとき，ある $\delta > 0$ が存在し，f は集合 $A \cap B_d(a, \delta)$ 上で有界となる．ここで，

$$B_d(a, \delta) = \begin{cases} \{x \in \mathbb{R}^d \; ; |x - a| < \delta\}, & a \in \mathbb{R}^d, \\ (1/\delta, \infty), & d = 1, a = \infty, \\ (-\infty, -1/\delta), & d = 1, a = -\infty. \end{cases} \quad (4.27)$$

$B_d(a, \delta)$ を a の δ **近傍**という．

証明 背理法による．結論を否定すると，任意の $n = 1, 2, \ldots$ に対し，f は $A \cap B_d(a, 1/n)$ 上で非有界である．したがって次のような点列 a_n が存在する：

$$a_n \in A \cap B_d(a, 1/n), \quad |f(a_n)| \geq n.$$

この $a_n \in A$ について，$a_n \to a$ かつ $f(a_n) \not\to \ell$．これは仮定に反する．
\(^□^)/

4.3 節への補足：

命題 4.3.5 (**定義 4.3.1 の言い換え**) 記号は定義 4.3.1 の通りとするとき，次の条件は同値である．

(a) $f(x) \xrightarrow[x \in A]{x \to a} \ell$.

(b) 任意の $\varepsilon > 0$ に対し，次のような $\delta > 0$ が存在する：

$$x \in A \cap B_d(a, \delta) \implies f(x) \in B_k(\ell, \varepsilon).$$

ここで $B_d(a, \delta)$ は (4.27) で定め，$B_k(\ell, \varepsilon)$ も同様に定める．

✔ **注** 上記 (b) は "ε-δ 論法" と呼ばれる極限の定義である．

証明 (a) $\Longrightarrow$ (b): 対偶を示す．(b) を否定すると，

$$\exists \varepsilon > 0, \ \forall \delta > 0, \ A_\delta \stackrel{\text{def}}{=} \{x \in A \cap B_d(a,\delta) \,;\, f(x) \notin B_k(\ell, \varepsilon)\} \neq \emptyset.$$

そこで $a_n \in A_{1/n}$ とすると $a_n \in B_d(a, 1/n)$ より $a_n \to a$．一方，$f(a_n) \notin B_k(\ell, \varepsilon)$ より $f(a_n) \not\to \ell$．よって (a) が否定された．

(a) $\Longleftarrow$ (b): $a_n \in A, a_n \to a$ とする．$\varepsilon > 0$ を任意とし，これに対し (b) の $\delta > 0$ を選ぶ．$a_n \to a$ より，有限個の n を除き $a_n \in B_d(a, \delta)$．すると (b) から，有限個の n を除き $f(a_n) \in B_k(\ell, \varepsilon)$．これは $f(a_n) \longrightarrow \ell$ を示す．\\(^□^)/

4.4 関数の連続性

区間 $I \subset \mathbb{R}$ で定義された実数値連続関数は定義 3.4.1 で定義した．次に，ベクトル値多変数関数の場合も含むように連続関数の概念を一般化する：

定義 4.4.1（関数の連続性）

$$D \subset \mathbb{R}^d, \ f : D \longrightarrow \mathbb{R}^k, \ (d, k \geq 1)$$

とする．

▶ $a \in D$ に対し，
$$f(x) \stackrel{x \to a}{\longrightarrow} f(a) \tag{4.28}$$
なら，f は点 a で**連続**であるという．

▶ f が全ての $a \in D$ で連続なら f は D で**連続**であるという．特に D のとり方が了解ずみの場合は，単に**連続**ともいう．

▶ D を定義域とする $\mathbb{R}^k$ 値関数で D 上連続なもの全体の集合を $C(D)$，あるいはより正確に $C(D \to \mathbb{R}^k)$ と記す．

✔注　定義 4.4.1 は f が複素変数や複素数値の場合も，$d = 2, k = 2$ の場合として含む）．また，(4.28) は次のように言い換えることができる（定義 4.3.1 参照）．

$$D \text{ 内の点列 } a_n \text{ に対し，} a_n \to a \text{ なら } f(a_n) \to f(a).$$

4.4 関数の連続性

命題 4.4.2 $a \in D \subset \mathbb{R}^d$ とする.

(a) $f_i : D \to \mathbb{R}^k$ $(i=1,2)$ が共に a で連続なら, $f_1 + f_2$ も a で連続である.

(b) $f_i : D \to \mathbb{C}$ $(i=1,2)$ が共に a で連続と仮定する. このとき, $f_1 f_2$ も a で連続である. さらに $f_2(a) \neq 0$ なら f_1/f_2 も a で連続である.

(c) (合成関数の連続性) $f : D \longrightarrow \mathbb{R}^k$, $g : f(D) \longrightarrow \mathbb{R}^m$ とする. このとき, f が a で連続, かつ g が $f(a)$ で連続なら $g \circ f$ は a で連続である.

証明 (a), (b) は命題 4.3.2, (c) は命題 4.3.3 に帰着する. \\(^□^)/

◆**例 4.4.3**(多変数有理式) ▶ $n_1, \ldots, n_d \in \mathbb{N}, c \in \mathbb{C}$ とする. 次の形に表せる関数 $f : \mathbb{R}^d \longrightarrow \mathbb{C}$ を**単項式**と呼ぶ:

$$f(x) = c x_1^{n_1} \cdots x_d^{n_d}.$$

さらに, 単項式の有限和で表される関数を**多項式**と呼ぶ.

▶ 多項式 f, g に対し $D = \{x \in \mathbb{R}^d \,;\, g(x) \neq 0\}$ を定義域とする関数:

$$h(x) = f(x)/g(x)$$

を**有理式**と呼ぶ. このとき, $h \in C(D \to \mathbb{C})$.

証明 $x = (x_i)_{i=1}^d \in \mathbb{R}^d$ に対し, $x \mapsto x_i$ は連続である (命題 4.2.3). 次に命題 4.4.2(a) を繰り返し用いることにより, 多項式, 有理式の連続性を得る. \\(^□^)/

問 4.4.1 $q : \mathbb{R}^d \to [0, \infty)$ が以下の条件 (1)–(3) をみたすとき, q を**ノルム**という:
(1) $c \in \mathbb{R}, x \in \mathbb{R}^d$ に対し $q(cx) = |c| q(x)$.
(2) $x, y \in \mathbb{R}^d$ に対し $q(x+y) \leq q(x) + q(y)$.
(3) $q(x) = 0 \Rightarrow x = 0$.
条件 (1), (2) から, $q \in C(\mathbb{R}^d)$ を示せ.

問 4.4.2 $f : \mathbb{R}^d \longrightarrow \mathbb{R}$, $\alpha \in \mathbb{R}$ とする. 任意の $t > 0$, $x \in \mathbb{R}^d$ に対し $f(tx) = t^\alpha f(x)$ であるとき, f は α **次同次**という. α 次同次関数 f に対し以下を示せ: (i)

$\alpha > 0$ かつ $f(x)$ が $|x| = 1$ の範囲で有界なら, f は原点で連続である. (ii) $\alpha = 0$ かつ f が定数でない, あるいは $\alpha < 0$ かつ $f \not\equiv 0$ なら, $\lim_{x \to 0} f(x)$ は存在しない (したがって f は $x = 0$ で不連続).

問 4.4.3 $n_1, \ldots, n_d \in \mathbb{N}$, $r > 0$ とし, $f : \mathbb{R}^d \to \mathbb{R}$ を $f(x) = x_1^{n_1} \cdots x_d^{n_d}/|x|^r$ $(x \neq 0)$, $f(0) = 0$ と定める. f は $n_1 + \cdots + n_d > r$ なら連続, $n_1 + \cdots + n_d \leq r$ なら不連続 ($x = 0$ が唯一の不連続点) であることを示せ.

問 4.4.4 ($\star$) $x \in \mathbb{Q}, x \in \mathbb{R} \setminus \mathbb{Q}$ に応じて $f(x) = 1, 0$ と定めるとき, $f : \mathbb{R} \to \mathbb{R}$ は全ての点で不連続であることを示せ.

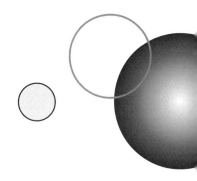

第5章

級数

5.1 定義と基本的性質

定義 5.1.1　$a_n \in \mathbb{C}$ $(n \in \mathbb{N})$ とする.

▶ 次の形の数列 s_n を, a_n を一般項とする**級数**, あるいは a_n の**部分和**と呼ぶ:

$$s_n = \sum_{j=0}^{n} a_j. \tag{5.1}$$

▶ (5.1) に対し次の極限が存在すれば s を**級数の和**と呼ぶ:

$$s = \lim_{n \to \infty} s_n. \tag{5.2}$$

また, s を次のように記す:

$$\sum_{n=0}^{\infty} a_n. \tag{5.3}$$

s_n が収束するとき, 級数 (5.1) は**収束**するという. 一方 a_n が実数値かつ s_n が発散するとき, 級数 (5.1) は**発散**するという.

✔**注1**　「級数」は本来数列 (5.1) の呼び名であり, その極限 (5.3) と区別すべきだが, 級数自体を記号 (5.3) で表すことが習慣化している. 以下, 本書でもその習慣に従うことにする.

✔ **注 2** 数列 a_n に対し, a_n を一般項とする級数も数列である. 一方, 任意の数列 a_n は $a_n = a_0 + \sum_{j=1}^{n}(a_j - a_{j-1})$ と書くことで, 級数として表示される. この意味では, 「数列」と「級数」は同じものに対する別の見方ともいえる.

命題 5.1.2 (**収束級数の必要条件**) 級数 (5.1) の収束を仮定する. このとき,

$$p_n \in \mathbb{N}, \quad q_n \in \mathbb{N} \cup \{\infty\}, \quad p_n \leq q_n, \quad n = 0, 1, 2, \ldots, \quad p_n \longrightarrow \infty$$

なら,

$$\sum_{j=p_n}^{q_n} a_j \overset{n \to \infty}{\longrightarrow} 0. \tag{5.4}$$

特に, $p_n = q_n = n$, および $p_n = n, q_n \equiv \infty$ の場合の (5.4) より,

$$a_n \longrightarrow 0, \quad \sum_{j=n}^{\infty} a_j \overset{n \to \infty}{\longrightarrow} 0. \tag{5.5}$$

証明 $n = \infty$ の場合も含め $s_n = \sum_{j=0}^{n} a_j$ と書くと, $s_{p_n - 1} \longrightarrow s_\infty, s_{q_n} \longrightarrow s_\infty$ より,

$$\sum_{j=p_n}^{q_n} a_j = s_{q_n} - s_{p_n - 1} \longrightarrow s_\infty - s_\infty = 0.$$

\\(^□^)/

◈ **例 5.1.3** (**指数級数**) $z \in \mathbb{C}$ に対し,

$$\sum_{n=0}^{\infty} z^n \text{ は } \begin{cases} |z| < 1 \text{ なら収束し} = \dfrac{1}{1-z}, \\ |z| \geq 1 \text{ なら収束しない}. \end{cases} \tag{5.6}$$

証明

$$1 - z^n \overset{(4.17)}{=} (1-z) \sum_{j=0}^{n-1} z^j.$$

$|z| < 1$ のとき, 上式と $z^n \to 0$ (例 4.2.2) より結論を得る. $|z| \geq 1$ のとき, $|z^n| = |z|^n \geq 1$. よって命題 5.1.2 の条件がみたされず, 収束しない. \\(^□^)/

級数のうち,一般項が非負のもの(非負項級数)は基本的である.この場合は,単調列定理(定理 3.5.1)より ∞ を許す極限は常に存在する.

命題 5.1.4 (**非負項級数の収束と有界性は同値**) 級数 (5.1) において $a_n \geq 0$ なら極限 (5.2) が存在し,$s \in [0, \infty]$. さらに以下の命題は同値である:

(a) s_n が有界.

(b) $s < \infty$, つまり $\sum_{n=0}^{\infty} a_n$ が収束する.

証明 数列 s_n は ↗ なので単調列定理(定理 3.5.1)より極限 s をもつ.(a)–(b) の同値性も定理 3.5.1 による. \(^□^)/

命題 5.1.5 (**級数がもついくつかの性質**) 複素数列 a_n, b_n に対し,次の級数の収束を仮定する:

$$A = \sum_{n=0}^{\infty} a_n, \quad B = \sum_{n=0}^{\infty} b_n.$$

このとき,

$$c_1, c_2 \in \mathbb{C} \text{ に対し},\ \sum_{n=0}^{\infty}(c_1 a_n + c_2 b_n) \text{ が収束し},\ = c_1 A + c_2 B \quad (\textbf{線形性}), \tag{5.7}$$

$$\sum_{n=0}^{\infty} \overline{a_n} \text{ が収束し},\ = \overline{A}, \tag{5.8}$$

$$|A| \leq \sum_{n=0}^{\infty} |a_n| \quad (\textbf{三角不等式}), \tag{5.9}$$

$$a_n, b_n \in \mathbb{R},\ a_n \leq b_n\ (\forall n \in \mathbb{N}),\ a_n \not\equiv b_n \Rightarrow A < B \quad (\textbf{強単調性}). \tag{5.10}$$

✔ **注** 命題 5.1.4 より (5.9) 右辺の級数の和は存在し,$[0, \infty]$ に値をとる.

証明 (5.7)–(5.9): 有限和に対し,

$$\sum_{n=0}^{N}(c_1 a_n + c_2 b_n) = c_1 \sum_{n=0}^{N} a_n + c_2 \sum_{n=0}^{N} b_n,$$

$$\sum_{n=0}^{N} \overline{a_n} = \overline{\sum_{n=0}^{N} a_n}, \quad \left|\sum_{n=0}^{N} a_n\right| \le \sum_{n=0}^{N} |a_n|.$$

$N \to \infty$ の極限をとると,極限が順序を保つこと(命題 3.2.1)と演算の連続性(命題 4.2.5)から結論を得る.

(5.10): 仮定より $a_m < b_m$ をみたす $m \in \mathbb{N}$ が存在し,

$$B - A = \sum_{n=0}^{\infty}(b_n - a_n) \ge b_m - a_m > 0.$$

\(^□^)/

系 5.1.6 複素数列 a_n に対し,

$$\sum_{n=0}^{\infty} a_n \text{ が収束} \iff \sum_{n=0}^{\infty} \mathrm{Re}\, a_n, \sum_{n=0}^{\infty} \mathrm{Im}\, a_n \text{ が共に収束} \quad (5.11)$$

$$\implies \sum_{n=0}^{\infty} a_n = \sum_{n=0}^{\infty} \mathrm{Re}\, a_n + \mathbf{i} \sum_{n=0}^{\infty} \mathrm{Im}\, a_n. \quad (5.12)$$

証明 (5.11):

(1) $\qquad a_n = \mathrm{Re}\, a_n + \mathbf{i}\, \mathrm{Im}\, a_n, \quad \overline{a_n} = \mathrm{Re}\, a_n - \mathbf{i}\, \mathrm{Im}\, a_n.$

また命題 4.1.7 より,

(2) $\qquad \mathrm{Re}\, a_n = \dfrac{a_n + \overline{a_n}}{2}, \quad \mathrm{Im}\, a_n = \dfrac{a_n - \overline{a_n}}{2\mathbf{i}}.$

したがって,

$$\sum_{n=0}^{\infty} a_n \text{ が収束} \overset{(5.8)}{\iff} \sum_{n=0}^{\infty} a_n, \sum_{n=0}^{\infty} \overline{a_n} \text{ が収束}$$

$$\overset{(1)-(2),\,(5.7)}{\iff} \sum_{n=0}^{\infty} \mathrm{Re}\, a_n, \sum_{n=0}^{\infty} \mathrm{Im}\, a_n \text{ が収束}.$$

(5.12): (1) と (5.7) による. \(^□^)/

問 5.1.1 数列 $a_n, b_n \in \mathbb{C}$ が $a_n b_n \to 0$ をみたし,級数:$s = \sum_{n=1}^{\infty} a_n(b_n - b_{n-1})$, $t = \sum_{n=1}^{\infty}(a_n - a_{n+1})b_n$ の一方が収束するとする.このとき,s, t は共に収束し, $a_1 b_0 + s = t$ をみたすことを示せ.

5.2 絶対収束・条件収束

定義 5.2.1(**絶対収束・条件収束**) 級数 $\sum_{n=0}^{\infty} a_n$ を考える.

▶ $\sum_{n=0}^{\infty} |a_n| < \infty$ なら $\sum_{n=0}^{\infty} a_n$ は**絶対収束**するという.次に述べる命題 5.2.2 より,絶対収束する級数は収束する.

▶ $\sum_{n=0}^{\infty} a_n$ が収束し,かつ $\sum_{n=0}^{\infty} |a_n| = \infty$ なら $\sum_{n=0}^{\infty} a_n$ は**条件収束**するという.

命題 5.2.2(**絶対収束 $\Rightarrow$ 収束**) $m \in \mathbb{N}$, $a_n \in \mathbb{C}$, $b_n \geq 0$ とする.

(a) $|a_n| \leq b_n \ (n \geq m)$, $\sum_{n=0}^{\infty} b_n < \infty \implies \sum_{n=0}^{\infty} a_n, \sum_{n=0}^{\infty} |a_n|$ は共に収束する.

(b) $\sum_{n=0}^{\infty} |a_n| < \infty \implies \sum_{n=0}^{\infty} a_n$ が収束.

証明 (a) (i) <u>a_n が実数値の場合</u>:$a_n^{\pm} \stackrel{\text{def}}{=} (|a_n| \pm a_n)/2 \geq 0$ に対し,

$$\sum_{j=m}^{n} a_j^{\pm} \leq \sum_{j=m}^{n} |a_j| \leq \sum_{j=m}^{n} |b_j| \leq \sum_{j=m}^{\infty} |b_j| < \infty.$$

したがって,

$$\sum_{j=0}^{n} a_j^{\pm} = \sum_{j=0}^{m-1} a_j^{\pm} + \sum_{j=m}^{n} a_j^{\pm}$$

は有界である.非負項級数の収束と有界性は同値(命題 5.1.4)だから,

(1) $\quad \sum_{n=0}^{\infty} a_n^{\pm}$ は収束する.

また,

(2) $\quad a_n = a_n^+ - a_n^-, \quad |a_n| = a_n^+ + a_n^-.$

(1)–(2) と命題 5.1.5 より $\sum_{n=0}^{\infty} a_n, \sum_{n=0}^{\infty} |a_n|$ は収束する.

(ii) a_n が複素数値の場合：$\operatorname{Re} a_n, \operatorname{Im} a_n, |a_n|$ は実数値，

$$\left. \begin{array}{c} |\operatorname{Re} a_n| \\ |\operatorname{Im} a_n| \end{array} \right\} \leq |a_n| \leq b_n.$$

以上と (i) より，次の級数は全て収束する：

$$\sum_{n=0}^{\infty} \operatorname{Re} a_n, \quad \sum_{n=0}^{\infty} \operatorname{Im} a_n, \quad \sum_{n=0}^{\infty} |a_n|.$$

これと系 5.1.6 より $\sum_{n=0}^{\infty} a_n, \sum_{n=0}^{\infty} |a_n|$ は共に収束する.

(b): (a) の特別な場合 ($b_n = |a_n|$) である. \(^□^)/

命題 5.2.2 の証明では命題 5.1.4 が重要な役割を演じた．その命題 5.1.4 は単調列定理（定理 3.5.1）の応用だったことを思い出すと，単調列定理の重要性が再認識される．

問 5.2.1 次の命題 (a), (b) について命題 5.2.2 では (a) ⇒ (b) を示した．逆に (b) ⇒ (a) を示せ：(a) 上に有界な非減少数列は収束する．(b) 絶対収束級数は収束する．

5.3 級数の収束判定

具体的に与えられた非負項級数の収束を判定する方法をいくつか述べる．

命題 5.3.1（非負項級数の収束判定）　$m \in \mathbb{N}, a_n, b_n \geq 0$ とする．以下の各場合，$\sum_{n=0}^{\infty} a_n$ は収束する.

(a) （指数級数との比較）$r \in [0, 1), a_{n+1} \leq r a_n \ (n \geq m)$.

(b) （階差級数との比較）$a_n \leq b_n - b_{n+1} \ (n \geq m)$.

証明　非負項級数の収束と有界性は同値（命題 5.1.4）なので，$s_n \overset{\mathrm{def}}{=} \sum_{j=0}^{n} a_j$ の有界性を言えばよい．

(a): 仮定より $j \geq m$ に対し，$a_j \leq r a_{j-1} \leq \cdots \leq r^{j-m} a_m$. よって $n \geq m$

なら，
$$s_n = s_{m-1} + \sum_{j=m}^n a_j \leq s_{m-1} + a_m \sum_{j=m}^n r^{j-m} \stackrel{(5.6)}{\leq} s_{m-1} + \frac{a_m}{1-r}.$$

上式から s_n は有界である．

(b): 仮定より $j \geq m$ なら，$a_j \leq b_j - b_{j+1}$. よって $n \geq m$ なら，
$$s_n = s_{m-1} + \sum_{j=m}^n a_j \leq s_{m-1} + \underbrace{\sum_{j=m}^n (b_j - b_{j+1})}_{=b_m - b_{n+1}} \leq s_{m-1} + b_m.$$

上式から s_n は有界である． \\(^□^)/

◆**例 5.3.2**
$$\sum_{n=1}^\infty \frac{1}{n^p} \begin{cases} = \infty, & p = 1, \\ < \infty, & p = 2, 3, \ldots. \end{cases}$$

証明 $\underline{p=1\text{ のとき}}$：$s_n \stackrel{\text{def}}{=} \sum_{j=1}^n \frac{1}{j}$ は非負項級数だから，収束するか，さもなくば $+\infty$ に発散する（命題 5.1.4）．一方，
$$s_{2n} - s_n = \sum_{j=n+1}^{2n} \frac{1}{j} \geq \sum_{j=n+1}^{2n} \frac{1}{2n} = n \cdot \frac{1}{2n} = \frac{1}{2}.$$

ゆえに s_n は収束級数の必要条件（命題 5.1.2）をみたさず，収束しない．したがって発散する．

$\underline{p \geq 2\text{ のとき}}$：$n + 1 \leq 2n$ より，
$$\frac{1}{n} - \frac{1}{n+1} = \frac{1}{n(n+1)} \geq \frac{1}{2n^2} \geq \frac{1}{2n^p}.$$

したがって階差級数との比較（命題 5.3.1）より結論を得る． \\(^□^)/

次に条件収束級数にも適用できる収束判定法（命題 5.3.5）を述べるが，そのために補題を準備する．数列の収束・非収束を判定する際，次の補題を用い，偶数項・奇数項に分けると便利な場合がある（例えば，命題 5.3.5，例 11.3.5）．

補題 5.3.3 (偶数項・奇数項ごとの収束判定) $a, a_n \in \mathbb{C}$ ($n = 0, 1, \ldots$) に対し次の条件 (a), (b) は同値である：

(a) $a_n \to a$,

(b) $a_{2n} \to a$, かつ $a_{2n+1} \to a$.

証明 (a) $\Rightarrow$ (b): $\varepsilon > 0$ を任意とする．仮定より，

$$\exists n_1 \in \mathbb{N}, \, \forall n \geq n_1, \, |a_n - a| < \varepsilon.$$

このとき，ところが $\forall n$ に対し $n \leq 2n \leq 2n+1$ だから，

$$\forall n \geq n_1, \, |a_{2n} - a| < \varepsilon, \, |a_{2n+1} - a| < \varepsilon.$$

これと定義 4.2.1 より，$a_{2n} \to a$, かつ $a_{2n+1} \to a$.

(a) $\Leftarrow$ (b): $\varepsilon > 0$ を任意とする．仮定より，

(1) $\begin{cases} \exists k_1 \in \mathbb{N}, \, \forall k \geq k_1, \, |a_{2k} - a| < \varepsilon, \\ \exists k_2 \in \mathbb{N}, \, \forall k \geq k_2, \, |a_{2k+1} - a| < \varepsilon. \end{cases}$

今，$n \geq 2k_1 \vee (2k_2 + 1)$ とする．n が偶数なら $n = 2k$ ($k \geq k_1$) と表せ，n が奇数なら $n = 2k + 1$ ($k \geq k_2$) と表される．したがって (1) より $|a_n - a| < \varepsilon$. これと定義 4.2.1 より $a_n \to a$. \\(^□^)/

✔ **注** 補題 5.3.3 で，a_n が実数列の場合は $a = \pm\infty$ の場合も含め (a), (b) が同値であることが，上の証明と同様にしてわかる．

補題 5.3.4 $a_n \in \mathbb{C}, a_n \to 0$ とし，次の三級数を考える：

$$\sum_{n=0}^{\infty} a_n, \, \sum_{n=0}^{\infty} (a_{2n} + a_{2n+1}), \, a_0 + \sum_{n=1}^{\infty} (a_{2n-1} + a_{2n}).$$

これのうち一つが収束すれば，他も収束し，値は等しい．

証明 $s_n = \sum_{j=0}^{n} a_j$ に対し，

(1) $s_{2n+1} = \sum_{j=0}^{n}(a_{2j} + a_{2j+1}), \ s_{2n} = a_0 + \sum_{j=1}^{n}(a_{2j-1} + a_{2j})$

したがって，$s \in \mathbb{C}$ に対し次を言えばよい：

(2) $s_n \to s \iff s_{2n+1} \to s \iff s_{2n} \to s.$

$s_{2n+1} = s_{2n} + a_{2n+1}$，かつ $a_{2n+1} \longrightarrow 0$ より，(2) の二つ目の同値性を得る．(2) の二つ目の同値性と，偶数項・奇数項ごとの収束判定（補題 5.3.3）より (2) の一つ目の同値性を得る． \(^□^)/

命題 5.3.5（**交代級数収束定理**） $a_n \in \mathbb{R} \ (n \in \mathbb{N})$ が次の仮定をみたせば $\sum_{n=0}^{\infty} a_n$ は収束する：

$$a_n = (-1)^n |a_n|, \ |a_n| \geq |a_{n+1}| \ (\forall n \in \mathbb{N}), \ a_n \to 0.$$

証明 補題 5.3.4 より，$s_{2n+1} = \sum_{j=0}^{n}(a_{2j} + a_{2j+1})$ が収束すれば十分．仮定より，

$$a_{2j} + a_{2j+1} \geq 0 \ (j \geq 0), \ a_{2j-1} + a_{2j} \leq 0 \ (j \geq 1).$$

したがって，

(1) s_{2n+1} は ↗,

(2) $s_{2n+1} = a_0 + \sum_{j=1}^{n}(a_{2j-1} + a_{2j}) + a_{2n+1} \leq a_0.$

(1), (2) と単調列定理（定理 3.5.1）より s_{2n+1} は収束する． \(^□^)/

◆例 5.3.6 $\sum_{n=1}^{\infty} \frac{(-1)^{n-1}}{n^p}$ は $p=1$ なら条件収束，$p \geq 2$ なら絶対収束する．

証明 $\underline{p=1 \text{ のとき}}$：命題 5.3.5 より収束する．また，例 5.3.2 より絶対収束しない．

$\underline{p \geq 2 \text{ のとき}}$：例 5.3.2 より絶対収束する． \(^□^)/

問 5.3.1 a_n は命題 5.3.5 の通り，$n \leq m \leq \infty$ とする．次を示せ：
$\sum_{j=n}^{m} a_j \in \begin{cases} [0, a_n] & (n \text{ が偶数}), \\ [a_n, 0] & (n \text{ が奇数}). \end{cases}$

問 5.3.2 複素数列 x_n に対する以下の条件に対し (a) $\Rightarrow$ (b) $\Rightarrow$ (c) を示せ：(a): $r \in [0, 1)$ かつ有限個の n を除き, $|x_{n+1} - x_n| \leq r|x_n - x_{n-1}|$. (b): $\sum_{n=0}^{\infty} |x_{n+1} - x_n| < \infty$. (c): x_n は収束する.

問 5.3.3 ($\star$) $f : \mathbb{C} \longrightarrow \mathbb{C}$ とする. ある $r \in [0, 1)$ が次をみたすとき, f を**縮小写像**と呼ぶ：任意の $x, y \in \mathbb{C}$ に対し $|f(x) - f(y)| \leq r|x - y|$. f が縮小写像なら, $f(x) = x$ をみたす点 $x \in \mathbb{C}$ がただ一つ存在することを示せ. ［存在証明のヒント： $x_0 \in \mathbb{C}$ を任意とし, $x_n \in \mathbb{C}$, $n = 1, 2, \ldots$ を $x_n = f(x_{n-1})$ と定める. このとき, x_n が 問 5.3.2 の条件をみたすこと, さらに $x = \lim_{n \to \infty} x_n$ が不動点となることを示す.］

5.4 べき級数

$a_n \in \mathbb{C}$ ($n \in \mathbb{N}$), $x \in \mathbb{C}$ に対し次の形の級数を**べき級数**という：

$$f(x) = \sum_{n=0}^{\infty} a_n x^n. \tag{5.13}$$

指数関数をはじめとする初等関数は, べき級数で書き表せる. したがって, べき級数の性質を理解することは, 初等関数を理解する上でも有用である.

命題 5.4.1 (べき級数の収束判定) $r \in (0, \infty]$ とする. 次が成立すれば, べき級数 (5.13) は $|x| < r$ の範囲で絶対収束する：

$$\frac{|a_{n+1}|}{|a_n|} \xrightarrow{n \to \infty} \frac{1}{r}. \tag{5.14}$$

証明 $b_n = |a_n x^n|$ に対し $\sum_{n=0}^{\infty} b_n < \infty$ ならよい（命題 5.2.2）. $\frac{|x|}{r} < 1$ より $\frac{|x|}{r} < \rho < 1$ をみたす ρ をとれる. このとき,

$$\frac{b_{n+1}}{b_n} = \frac{|a_{n+1}||x|}{|a_n|} \xrightarrow{n \to \infty} \frac{|x|}{r} < \rho.$$

ゆえに有限個の n を除き, $b_{n+1}/b_n < \rho$. よって指数級数との比較（命題 5.3.1）より結論を得る. \(^□^)/

◆例 5.4.2 以下の a_n, r に対し (5.14) が成立する：

(a) $p \in \mathbb{Z}$, $a_n = n^p$, $r = 1$.

(b) $a_n = \frac{1}{n!}$, $r = \infty$.

証明 (a): $\left|\dfrac{a_{n+1}}{a_n}\right| = \left(\dfrac{n+1}{n}\right)^p \xrightarrow{n \to \infty} 1 = \dfrac{1}{1}$.

(b): $\left|\dfrac{a_{n+1}}{a_n}\right| = \dfrac{1}{n+1} \xrightarrow{n \to \infty} 0 = \dfrac{1}{\infty}$. \(^□^)/

◆**例 5.4.3 (超幾何級数)** $\alpha, \beta, \gamma \in \mathbb{C}$, $-\gamma \notin \mathbb{N}$ とし, c_n を次の漸化式で定める:

(1) $\quad c_0 = 1, \quad (\gamma + n)c_{n+1} = (\alpha + n)(\beta + n)c_n, \ n \geq 0$.

このとき, 次の $f(x)$ は $\{-\alpha, -\beta\} \cap \mathbb{N} \neq \emptyset$ なら多項式, また, $\{-\alpha, -\beta\} \cap \mathbb{N} = \emptyset$ なら $|x| < 1$ で絶対収束する:

$$f(x) = \sum_{n=0}^{\infty} \frac{c_n}{n!} x^n \quad (超幾何級数).$$

証明 $\{-\alpha, -\beta\} \cap \mathbb{N} \neq \emptyset$ なら有限個の n を除き $c_n = 0$ なので $f(x)$ は多項式である. 一方 $\{-\alpha, -\beta\} \cap \mathbb{N} = \emptyset$ なら,

$$\frac{c_{n+1}/(n+1)!}{c_n/n!} \stackrel{(1)}{=} \frac{(\alpha+n)(\beta+n)}{(\gamma+n)(n+1)} \xrightarrow{n \to \infty} 1.$$

ゆえに (5.14) が $r = 1$ で成立する. 以上と命題 5.4.1 より結論を得る. \(^□^)/

✔**注** 超幾何級数の簡単な具体例については問 5.4.3 を参照されたい. 超幾何級数は, 他にもいくつかの初等関数と関係がある (問 8.7.2, 問 8.8.3 参照).

命題 5.4.4 (**べき級数の連続性 I**) $0 < r < \infty$, $a_n \in \mathbb{C}$ に対し次を仮定する:

$$\sum_{n=0}^{\infty} |a_n| r^n < \infty.$$

このとき, (5.13) のべき級数 $f(x)$ は $|x| \leq r$ の範囲で絶対収束し, かつこの範囲の x について連続である.

証明[1] $|x| \leq r$ とする. $|a_n x^n| \leq |a_n| r^n$ より,べき級数 (5.13) は絶対収束する.また, f の連続性を示すために次に注意する: $f_N(x) = \sum_{n=0}^{N} a_n x^n$, $\delta_N = \sum_{n=N+1}^{\infty} |a_n| r^n$ とするとき,

$$|f(x) - f_N(x)| = \left| \sum_{n=N+1}^{\infty} a_n x^n \right| \stackrel{(5.9)}{\leq} \delta_N \stackrel{N \to \infty}{\longrightarrow} 0. \tag{5.15}$$

($\delta_N \stackrel{N \to \infty}{\longrightarrow} 0$ は仮定と命題 5.1.2 による).次に, $g_N(x) = f(x) - f_N(x)$, また $x_m \to x$, $|x|, |x_m| \leq r$ とする.このとき, $f(x) = f_N(x) + g_N(x)$, $|g_N(x)| \leq \delta_N$ ($|x| \leq r$) より,

(1) $\begin{cases} |f(x) - f(x_m)| & \leq & |f_N(x) - f_N(x_m)| + |g_N(x) - g_N(x_m)| \\ & \leq & |f_N(x) - f_N(x_m)| + 2\delta_N. \end{cases}$

今, $\varepsilon > 0$ を任意とする. $\delta_N \to 0$ より, $\delta_N < \varepsilon/4$ なる N をとれる.この N に対し f_N は多項式,したがって連続である.ゆえに,

(2) $\exists m_0 \in \mathbb{N}, \forall m \geq m_0, |f_N(x) - f_N(x_m)| < \varepsilon/2$.

以上から, $m \geq m_0$ なら,

$$|f(x) - f(x_m)| \stackrel{(1),(2)}{\leq} \varepsilon/2 + 2 \cdot \varepsilon/4 = \varepsilon.$$

したがって, $|f(x) - f(x_m)| \stackrel{m \to \infty}{\longrightarrow} 0$. \\(^□^)/

系 5.4.5 $0 < r_0 \leq \infty$ に対し,べき級数 (5.13) が $|x| < r_0$ の範囲で絶対収束するなら, $f(x)$ は $|x| < r_0$ の範囲で連続である.

証明 任意の $r < r_0$ に対し, $f(x)$ が $|x| \leq r$ の範囲で連続なら十分である.ところが, $f(x)$ は $|x| \leq r$ の範囲で絶対収束するので,命題 5.4.4 より結論を得る. \\(^□^)/

べき級数 (5.13) が必ずしも絶対収束しない場合でも, $f(x)$ が収束し,連続となる場合がある.例えば次の命題はいくつかの初等関数のべき級数展開に適用できる (例 8.7.4, 例 8.7.5).

---

[1] 一様収束に関する一般論 (定理 16.1.6, 定理 16.2.3) を用いてもよいが,ここでは初等的に示す.

命題 5.4.6 ($\star$) (べき級数の連続性 II) a_n は非負↘数列で,$a_n \longrightarrow 0$ とする.このとき,(5.13) のべき級数 $f(x)$ は $|x| \leq 1$,$x \neq 1$ の範囲で収束し,かつこの範囲の x について連続である.

証明 $\varepsilon > 0$ を任意とし,$f(x)$ が $|x| \leq 1$ かつ $|x-1| \geq \varepsilon$ の範囲で収束し,この範囲の x について連続であることを言えばよい.そこで以下,x はこの範囲とする.このとき,

(1) $g_n(x) \stackrel{\text{def}}{=} 1 + x + \cdots + x^n = \dfrac{1 - x^{n+1}}{1 - x}$ に対し $|g_n(x)| \leq \dfrac{2}{\varepsilon}$.

よって,$N \geq 0$ に対し,

(2) $\displaystyle\sum_{n=N+1}^{\infty} (a_n - a_{n+1})|g_n(x)| \stackrel{(1)}{\leq} \frac{2}{\varepsilon} \sum_{n=N+1}^{\infty} (a_n - a_{n+1}) = \frac{2a_{N+1}}{\varepsilon}.$

さらに,$x^n = g_n(x) - g_{n-1}(x)$ に注意すると,$M > N$ に対し,

(3) $\begin{cases} \displaystyle\sum_{n=N+1}^{M} a_n x^n = \sum_{n=N+1}^{M} a_n g_n(x) - \sum_{n=N+1}^{M} a_n g_{n-1}(x) \\ \qquad = a_M g_M(x) + \displaystyle\sum_{n=N+1}^{M-1} (a_n - a_{n+1}) g_n(x) - a_{N+1} g_N(x). \end{cases}$

(2) と命題 5.2.2 より,(3) の最右辺第二項は $M \to \infty$ で収束する.そこで,(3) で $M \to \infty$ とすると,

(4) $\displaystyle\sum_{n=N+1}^{\infty} a_n x^n = \sum_{n=N+1}^{\infty} (a_n - a_{n+1}) g_n(x) - a_{N+1} g_N(x).$

特に,$f(x)$ の収束を得る.また,

$$\left| f(x) - \sum_{n=0}^{N} a_n x^n \right| = \left| \sum_{n=N+1}^{\infty} a_n x^n \right|$$
$$\stackrel{(4)}{\leq} \sum_{n=N+1}^{\infty} (a_n - a_{n+1})|g_n(x)| + a_{N+1}|g_N(x)|$$
$$\stackrel{(1),(2)}{\leq} \frac{4a_{N+1}}{\varepsilon} \stackrel{N \to \infty}{\longrightarrow} 0. \tag{5.16}$$

命題 5.4.4 の証明で (5.15) を用い,$f(x)$ の連続性を示したが,ここでも全く同様に,(5.16) から $f(x)$ の連続性を得る. \(^□^)/

命題 5.4.7（**係数の一意性**）　べき級数 (5.13) が $|x| < r$ $(0 < r \leq \infty)$ の範囲で絶対収束するとする．このとき，

(a)　$|x| < r$ の範囲で $f(x) = 0$ なら，$a_n \equiv 0$ $(n \in \mathbb{N})$．

(b)　より一般に，次の条件をみたす点列 $x_m \in \mathbb{C}$ が存在するなら，$a_n \equiv 0$ $(n \in \mathbb{N})$：

$$0 < |x_m| < r,\ f(x_m) = 0\ (m \in \mathbb{N}),\ x_m \xrightarrow{m \to \infty} 0. \tag{5.17}$$

証明　(b) を示せば十分．$f(x)$ は $|x| < r$ の範囲で連続（系 5.4.5）だから，

$$a_0 = f(0) = \lim_{m \to \infty} f(x_m) = 0.$$

したがって，

$$f(x) = x f_1(x),\ \ ただし\ \ f_1(x) = \sum_{n=0}^{\infty} a_{n+1} x^n = a_1 + a_2 x + \cdots$$

$f_1(x)$ が $|x| < r$ の範囲で絶対収束することは容易にわかる．ゆえに $f_1(x)$ は $|x| < r$ の範囲で連続である（系 5.4.5）．また，$x_m \neq 0$ より，

$$f_1(x_m) = \frac{f(x_m)}{x_m} = 0,\ \forall m \in \mathbb{N}.$$

したがって，

$$a_1 = f_1(0) = \lim_{m \to \infty} f_1(x_m) = 0.$$

以下，同様にこの手順を繰り返し $a_n = 0$ $(n = 2, 3, \ldots)$ を得る．　　\(^□^)/

命題 5.4.8（**べき級数の偶部・奇部・共役**）　べき級数 (5.13) について，

(a)　$f(\pm x)$ が共に収束するとき，

$$\frac{f(x) + f(-x)}{2} = \sum_{n=0}^{\infty} a_{2n} x^{2n},\ \ \frac{f(x) - f(-x)}{2} = \sum_{n=0}^{\infty} a_{2n+1} x^{2n+1}. \tag{5.18}$$

(b)　a_n が実数列かつ，$f(x)$ が収束するとき，$f(\overline{x})$ も収束し，$\overline{f(x)} = f(\overline{x})$．

証明 (a):
$$f(x) + f(-x) \stackrel{(5.7)}{=} \sum_{n=0}^{\infty} a_n(1+(-1)^n)x^n = 2\sum_{n=0}^{\infty} a_{2n} x^{2n}.$$

となり，(5.18) の一方を得る．他方も同様である．

(b): 命題 5.1.5, (5.8) による． \(^□^)/

問 5.4.1 べき級数 (5.13) に対し次の (i), (ii), (iii) のいずれかを仮定すれば，$f(x)$ は $|x| < r$ の範囲で絶対収束することを示せ：(i) $a_{2n+1} = 0$ $(n \in \mathbb{N})$ かつ $|a_{2n+2}/a_{2n}| \stackrel{n\to\infty}{\longrightarrow} 1/r^2$. (ii) $a_{2n} = 0$ $(n \in \mathbb{N})$ かつ $|a_{2n+1}/a_{2n-1}| \stackrel{n\to\infty}{\longrightarrow} 1/r^2$. (iii) $|a_{n+2}/a_n| \stackrel{n\to\infty}{\longrightarrow} 1/r^2$.

問 5.4.2 べき級数 (5.13) に対し以下を示せ．(i) $x \in \mathbb{C}$, $0 \le r < |x|$, かつ $f(x)$ が収束するなら，$\sum_{n=0}^{\infty} |a_n| r^n < \infty$. (ii) ($\star$) $x \in \mathbb{C}$, $r_0 \stackrel{\text{def}}{=} \sup\{r \ge 0 \,;\, \sum_{n=0}^{\infty} |a_n| r^n < \infty\}$ に対し，$|x| < r_0$ なら $f(x)$ は絶対収束し，$|x| > r_0$ なら $f(x)$ は収束しない．この r_0 を $f(x)$ の**収束半径**と呼ぶ．

問 5.4.3 超幾何級数（例 5.4.3）を $f_{\alpha,\beta,\gamma}$ と記す．以下を示せ：
(i) $f_{1,\gamma,\gamma}(x) = \frac{1}{1-x}$ $(x \in (-1,1))$. (ii) $f_{-m,\gamma,\gamma}(x) = (1-x)^m$ $(x \in \mathbb{R},\, m \in \mathbb{N} \setminus \{0\})$.

問 5.4.4 べき級数 (5.13) が $|x| < r$ $(0 < r \le \infty)$ の範囲で絶対収束するとき，以下を示せ：(i) f が偶関数 $\Leftrightarrow$ $a_{2n+1} = 0$ $(n \in \mathbb{N})$. (ii) f が奇関数 $\Leftrightarrow$ $a_{2n} = 0$ $(n \in \mathbb{N})$.

問 5.4.5 ($\star$) (5.13) のべき級数 $f(x)$ に対し $f(1)$ の収束を仮定する．以下を示せ：
(i) $f(x)$ は $|x| < 1$ の範囲で絶対収束し，この範囲で連続である．(ii) $f_N(x) = \sum_{n=0}^{N} a_n x^n$ $(N \ge 1)$ とすると，

$$|f(x) - f_N(x)| \le 2 \sup_{n \ge N} |f(1) - f_n(1)|, \quad x \in [0,1]. \tag{5.19}$$

[ヒント：命題 5.4.6 の証明では $x^n = g_n(x) - g_{n-1}(x)$ に着目した．ここでは $a_n = (f_n(1) - f(1)) - (f_{n-1}(1) - f(1))$ に着目する．] (iii) $f \in C([0,1])$ (**アーベルの定理**).

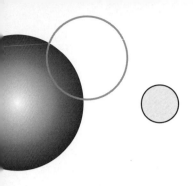

第6章

初等関数

　指数，対数，三角比といった概念は古くから「計算手段」として知られていた．18世紀，スイスの数学者オイラーはこれらを初めて「関数」として捉えただけでなく，複素変数へも拡張した．初等関数に関する記号の中にはオイラーの足跡が数多くうかがえる．関数を $f(x)$ と表記したのも彼が最初で，その他，足し算の $\sum$，虚数単位 $\mathbf{i}$，自然対数の底 e，$\sin$，$\cos$ 等の記号も彼が最初に用いたと言われる．また，指数関数と三角関数の関係を示すオイラーの等式 (6.38) は複素関数論の発展を促した．

6.1　指数・対数関数

　指数関数は高校の教科書では e^x と書かれ，「e を x 乗したもの」と理解していたが，ここでは別の方法（べき級数）を用い指数関数を定義する．これは複素変数の場合も含む統一的な方法である．これにより，指数関数を用いて三角関数を定義することができる（命題 6.4.2）．

命題 6.1.1（**指数関数**）　次の級数は，全ての $x \in \mathbb{C}$ に対し絶対収束する：

$$\exp x \stackrel{\text{def}}{=} \sum_{n=0}^{\infty} \frac{x^n}{n!}. \tag{6.1}$$

また，次の関数は連続である：

$$x \mapsto \exp x \quad (\mathbb{C} \longrightarrow \mathbb{C}). \tag{6.2}$$

関数 (6.2) を**指数関数**と呼ぶ．

証明 例 5.4.2 より級数 (6.1) は全ての $x \in \mathbb{C}$ に対し絶対収束する．したがって系 5.4.5 より関数 (6.2) は連続である． \(^□^)/

✔**注** exp は exponential（指数）の略である．

なお，次の正数を**自然対数の底**と呼ぶ：

$$e \overset{\text{def}}{=} \exp(1) = 2.71828\ldots$$

$\exp x$ が e^x（自然対数の底 e の x 乗）に等しいことは，命題 6.2.1 で述べる．

指数関数をより詳しく調べるために，絶対収束級数に関する一般論を準備する．この一般論は指数法則（命題 6.1.3）の証明に応用される：

命題 6.1.2 （級数の積）　$a_n, b_n \in \mathbb{C}$, $c_n \overset{\text{def}}{=} \sum_{j=0}^{n} a_j b_{n-j}$ に対し以下の級数を考える：

$$A = \sum_{n=0}^{\infty} a_n, \ B = \sum_{n=0}^{\infty} b_n, \ C = \sum_{n=0}^{\infty} c_n.$$

このとき，A, B が共に絶対収束すれば C も絶対収束し，$C = AB$ が成立する．

命題 6.1.2 の証明は本節末の補足で述べる．

次に指数関数の主な性質を述べる．中でも指数法則が基本的役割を果たす．

命題 6.1.3 （指数関数の性質 I）　$x, y \in \mathbb{C}$ に対し，

$$\exp(x+y) = \exp x \exp y \quad \text{（指数法則）}, \tag{6.3}$$

$$\overline{\exp x} = \exp \overline{x}, \tag{6.4}$$

$$\exp x \neq 0,\ \text{特に}\ x \in \mathbb{R}\ \text{なら}\ \exp x > 0, \tag{6.5}$$

$$|\exp x| = \exp(\operatorname{Re} x). \tag{6.6}$$

証明 (6.3): $a_n = \frac{x^n}{n!}, b_n = \frac{y^n}{n!}$ とすると,

(1) $c_n \stackrel{\text{def}}{=} \sum_{j=0}^{n} a_j b_{n-j} = \frac{1}{n!} \sum_{j=0}^{n} \frac{n!}{j!(n-j)!} x^j y^{n-j} \stackrel{(4.18)}{=} \frac{1}{n!}(x+y)^n.$

したがって,

$$\exp(x+y) \stackrel{(1)}{=} \sum_{n=0}^{\infty} c_n \stackrel{\text{命題 6.1.2}}{=} \sum_{n=0}^{\infty} a_n \sum_{n=0}^{\infty} b_n \stackrel{(6.1)}{=} \exp x \exp y.$$

(6.4): 命題 5.4.8 (b) を (6.1) に適用.

(6.5): $x \in \mathbb{C}$ に対し,

$$1 \stackrel{(6.1)}{=} \exp 0 \stackrel{(6.3)}{=} \exp(-x)\exp x, \quad \text{よって}\ \exp x \neq 0.$$

さらに $x \in \mathbb{R}$ なら $\exp \frac{x}{2} \in \mathbb{R} \setminus \{0\}$. ゆえに $\exp x \stackrel{(6.3)}{=} (\exp \frac{x}{2})^2 > 0.$

(6.6):

$$\begin{aligned}
|\exp x|^2 &= \exp x\, \overline{\exp x} \stackrel{(6.4)}{=} \exp x \exp \overline{x} \\
&\stackrel{(6.3)}{=} \exp(x+\overline{x}) = \exp(2\operatorname{Re} x) \\
&\stackrel{(6.3)}{=} (\exp(\operatorname{Re} x))^2.
\end{aligned}$$

また, (6.5) より $\exp(\operatorname{Re} x) > 0$. これと上式より (6.6) を得る. \(^□^)/

(6.5) より, $x \in \mathbb{R}$ なら $\exp x > 0$. そこで次に, 実変数の指数関数:

$$\exp : \mathbb{R} \longrightarrow (0, \infty) \tag{6.7}$$

について考える:

命題 6.1.4 (**指数関数の性質 II**) 関数 (6.7) は連続な全射，狭義 ↗ である．
さらに，

$$x, y \in \mathbb{R}, \ x > y \implies 0 < \exp y < \frac{\exp x - \exp y}{x - y} < \exp x, \ (\textbf{変化率の評価}).$$
(6.8)

$$\exp x \longrightarrow \begin{cases} \infty, & (x \to \infty), \\ 0, & (x \to -\infty). \end{cases}$$
(6.9)

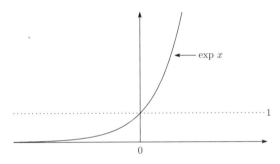

証明 関数 (6.7) の連続性は，(6.2) の連続性からわかる．次に (6.8), (6.9) を示す．

(6.8): まず $y \geq 0$ とする．(1.19) より，

$$ny^{n-1}(x-y) \leq x^n - y^n \leq nx^{n-1}(x-y) \quad (\text{等号は } n=1 \text{ のときのみ成立}).$$

辺々に $\frac{1}{n!}$ を掛け，$n = 1, 2, \ldots$ で加えると，(5.10) より結論を得る．$y < 0$ のとき，$x' = x + |y|, y' = y + |y|$ に対し $x' > y' \geq 0, x' - y' = x - y$．したがって，$y \geq 0$ の場合の (6.8) より，

$$\exp y' < \frac{\exp x' - \exp y'}{x - y} < \exp x'.$$

両辺に $\exp(-|y|)$ を掛けて指数法則を用いれば (6.8) を得る．

(6.9): $\underline{x \to \infty \text{ の場合}}$: $x > 0$ としてよい．すると

$$\exp x \overset{(6.1)}{>} 1 + x \longrightarrow \infty \ (x \to \infty).$$

$\underline{x \to -\infty \text{ の場合}}$: $-x \longrightarrow \infty$ なので，

$$\exp x \overset{(6.3)}{=} 1/\exp(-x) \longrightarrow 0 \ (x \to -\infty).$$

関数 (6.7) が狭義 ↗ であることは，(6.8) からわかる．また，全射であることは，(6.9) と中間値定理（定理 3.4.5）からわかる． \(^□^)/

命題 6.1.5 (**対数関数とその性質**) 関数 (6.7) は連続な全射かつ狭義 ↗ である（命題 6.1.4）．そこで，その逆関数を次のように記し，**対数**関数と呼ぶ：

$$\log : (0, \infty) \longrightarrow \mathbb{R}. \tag{6.10}$$

このとき，関数 (6.10) は連続な全射，狭義 ↗ であり，

$$\exp \log x = x, \quad \forall x > 0, \tag{6.11}$$

$$\log \exp x = x, \quad \forall x \in \mathbb{R}. \tag{6.12}$$

(6.12) より特に，$\log 1 = 0, \log e = 1$．さらに，以下が成立する：

$$\log(xy) = \log x + \log y, \quad x, y > 0, \tag{6.13}$$

$$0 < y < x \implies \frac{1}{x} < \frac{\log x - \log y}{x - y} < \frac{1}{y}, \quad (\textbf{変化率の評価}), \tag{6.14}$$

$$\log x \longrightarrow \begin{cases} \infty, & (x \to \infty), \\ -\infty, & (x \to 0). \end{cases} \tag{6.15}$$

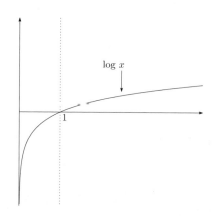

証明 連続関数の逆関数定理（定理 3.4.7）より，関数 (6.10) は連続な全射かつ狭義 ↗ である．(6.7), (6.10) は互いに逆関数だから (6.11), (6.12) が成立する．

(6.13):

$$\exp(\log(xy)) \stackrel{(6.11)}{=} xy \stackrel{(6.11)}{=} \exp(\log x)\exp(\log y) \stackrel{(6.3)}{=} \exp(\log x + \log y).$$

上式と，(6.7) の単射性から結論を得る．

(6.14): $x_0 \stackrel{\text{def}}{=} \log x$, $y_0 \stackrel{\text{def}}{=} \log y$ に対し，$x = \exp x_0$, $y = \exp y_0$. また，$\log$ は狭義 ↗ だから $x_0 > y_0$. したがって，

$$\begin{aligned} x - y &= \exp x_0 - \exp y_0 \\ &\stackrel{(6.8)}{<} (x_0 - y_0)\exp x_0 = (\log x - \log y)x. \end{aligned}$$

これで (6.14) の左側を得た．右側も同様．

(6.15): (6.10) が全射かつ ↗ であることによる． \(^□^)/

最後に指数関数の多項式近似と，その速さについて述べる：

命題 6.1.6 (**指数関数の近似列**) $x \in \mathbb{C}$ に対し，

$$s_n(x) = \sum_{m=0}^n \frac{x^m}{m!}, \quad e_n(x) = \left(1 + \frac{x}{n}\right)^n$$

とする．これらについて以下が成立する：

$$|\exp x - s_n(x)| \leq \frac{|x|^{n+1}\exp|x|}{(n+1)!}, \tag{6.16}$$

$$|\exp x - e_n(x)| \leq \frac{|x|^2 \exp|x|}{2n}. \tag{6.17}$$

証明 (6.16):

$$|\exp x - s_n(x)| = \left|\sum_{m=n+1}^\infty \frac{x^m}{m!}\right| \stackrel{(5.9)}{\leq} \sum_{m=n+1}^\infty \frac{|x|^m}{m!} = |x|^{n+1} \sum_{m=0}^\infty \frac{|x|^m}{(n+m+1)!}.$$

ここで，

$$(n+m+1)! = \underbrace{(n+m+1)}_{\geq m+1}\underbrace{(n+m)}_{\geq m}\cdots\underbrace{(n+2)}_{\geq 2}\cdot(n+1)! \geq (m+1)!\cdot(n+1)!.$$

したがって，
$$|\exp x - s_n(x)| \leq \frac{|x|^{n+1}}{(n+1)!} \underbrace{\sum_{m=0}^{\infty} \frac{|x|^m}{(m+1)!}}_{\leq \exp|x|}.$$

(6.17): まず次に注意する：

(1) $z \in \mathbb{C}$ に対し $|1+z| \leq 1+|z| \leq \exp|z|$.

(2) $\left|\exp \frac{x}{n} - 1 - \frac{x}{n}\right| \stackrel{(6.16)}{\leq} \frac{|x|^2}{2n^2} \exp\left(\frac{|x|}{n}\right)$.

さらに，$\exp x \stackrel{(6.3)}{=} \left(\exp \frac{x}{n}\right)^n$. したがって，

$$
\begin{aligned}
|\exp x - e_n(x)| &= \left|\left(\exp \frac{x}{n}\right)^n - \left(1 + \frac{x}{n}\right)^n\right| \\
&\stackrel{(4.19),\,(1)}{\leq} n \exp\left(\frac{n-1}{n}|x|\right) \left|\exp \frac{x}{n} - 1 - \frac{x}{n}\right| \\
&\stackrel{(2)}{\leq} \frac{|x|^2 \exp|x|}{2n}.
\end{aligned}
$$

\(^□^)/

✔注　テイラーの定理 (定理 11.4.1) より，(6.16) の精密化が得られる (例 11.4.3 参照).

問 6.1.1　数列 $\gamma_n = \sum_{k=1}^{n} \frac{1}{k} - \log n$ は，極限 $\gamma \in (0,1)$ をもつことを示せ (γ を**オイラーの定数**と呼ぶ). [ヒント：次を順次示す：(i) $n \geq 1$ に対し $\frac{1}{n+1} \leq \log(n+1) - \log n \leq \frac{1}{n}$. (ii) $n \geq 1$ に対し $0 \leq \gamma_n - \gamma_{n+1} \leq \frac{1}{n} - \frac{1}{n+1}$.]

問 6.1.2　$a_n > -1$, $p_n = \prod_{j=0}^{n}(1+a_j)$ とする．$p_n \to p \in \mathbb{R} \setminus \{0\}$ なら，極限 p を**無限積**といい，$p = \prod_{n=0}^{\infty}(1+a_n)$ と書く．これについて次の三命題を考える：
(a) $\sum_{n=0}^{\infty} |a_n| < \infty$.
(b) $\sum_{n=0}^{\infty} |\log(1+a_n)| < \infty$.
(c) p_n が 0 でない値に収束する．
以下を示せ：(i) (a) $\Leftrightarrow$ (b) $\Rightarrow$ (c). [ヒント：$-1/2 \leq x \leq 1$ なら $|x|/2 \leq |\log(1+x)| \leq 2|x|$] (ii) 特に $a_n \geq 0$ なら (b) $\Leftrightarrow$ (c).

問 6.1.3　$\lim_{n \to \infty} \frac{n}{(n!)^{1/n}}$ を求めよ．[ヒント：$\left(1+\frac{1}{n}\right)^n \longrightarrow e$.]

問 6.1.4　(★)　$e \notin \mathbb{Q}$ を示せ．[ヒント：$e = p/q$ $(p, q \in \mathbb{N})$ と仮定すると (6.16) で $x = 1$ とし，$|pn! - qs_n(1)n!| \leq qe/(n+1)$.]

問 6.1.5 ($\star$) $x \geq 0$ に対し次を示せ：$\exp x - e_n(x) \geq \frac{x^2}{2n}$．［この不等式と (6.16) を比べると，$s_n(x)$ による $\exp x$ の近似は，$e_n(x)$ による近似に比べてはるかに速いことがわかる．］

問 6.1.6 ($\star$) 記号は命題 6.1.6 の通りとする．以下を示せ：$x, x_n \in \mathbb{C}$, $x_n \longrightarrow x$ なら，$s_n(x_n) \longrightarrow \exp x$, $e_n(x_n) \longrightarrow \exp x$．

6.1 節への補足：($\star$) 命題 6.1.2 の証明 $j_n = \lfloor \frac{n}{2} \rfloor$, $k_n = n - j_n$ と定めると $j_n \to \infty$, $k_n \to \infty$．

$$\delta_n \stackrel{\text{def}}{=} \sum_{\ell=0}^{n} c_\ell - \sum_{j=0}^{j_n} a_j \sum_{k=0}^{k_n} b_k = \sum_{\substack{j,k \geq 0 \\ j+k \leq n}} a_j b_k - \underbrace{\sum_{j=0}^{j_n} a_j \sum_{k=0}^{k_n} b_k}_{(1)}$$

とし，$\delta_n \to 0$ を言う．$j + k \leq n$ をみたす $j, k \geq 0$ を次のように三分割する：

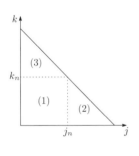

(1) $j \leq j_n, k \leq k_n$,

(2) $j_n < j$,

(3) $j \leq j_n, k_n < k$.

このとき，

$$\delta_n = \underbrace{\sum_{j=j_n+1}^{n} a_j \sum_{k=0}^{n-j} b_k}_{(2)} + \underbrace{\sum_{j=0}^{j_n} a_j \sum_{k=k_n+1}^{n-j} b_k}_{(3)}.$$

上式で，

$$|(2)| \leq \sum_{j=j_n+1}^{n} |a_j| \sum_{k=0}^{n-j} |b_k| \leq \sum_{j=j_n+1}^{n} |a_j| \sum_{k=0}^{\infty} |b_k| \stackrel{\text{命題 5.1.2}}{\longrightarrow} 0,$$

$$|(3)| \leq \sum_{j=0}^{j_n} |a_j| \sum_{k=k_n+1}^{n-j} |b_k| \leq \sum_{j=0}^{\infty} |a_j| \sum_{k=k_n+1}^{n} |b_k| \stackrel{\text{命題 5.1.2}}{\longrightarrow} 0.$$

以上より $\delta_n \to 0$．したがって，

(4) C が収束し，$C = AB$．

今, a_n, b_n の代わりに $|a_n|, |b_n|$ に対し (4) を適用すると,

$$\sum_{n=0}^{\infty}\left(\sum_{j=0}^{n}|a_j||b_{n-j}|\right) = \left(\sum_{n=0}^{\infty}|a_n|\right)\left(\sum_{n=0}^{\infty}|b_n|\right) < \infty.$$

$|c_n| \leq \sum_{j=0}^{n}|a_j||b_{n-j}|$ と上式から C の絶対収束を得る. \(^□^)/

6.2 正数の複素数べき

命題 6.2.1 (正数の複素数べき) $a \in (0, \infty)$, $x \in \mathbb{C}$ に対し,

$$a^x \stackrel{\text{def}}{=} \exp(x \log a). \tag{6.18}$$

このとき, 以下が成立する:

(a) $x, y \in \mathbb{C}$ に対し, $a^{x+y} = a^x a^y$ (**指数法則**). さらに,

$$\overline{a^x} = a^{\overline{x}}, \quad |a^x| = a^{\operatorname{Re} x}. \tag{6.19}$$

(b) (**変化率の評価**) $0 < a < b$ とする.

$$\begin{aligned} x \in \mathbb{R} \setminus [0,1] \text{ なら} \quad & xa^{x-1} < \tfrac{b^x - a^x}{b-a} < xb^{x-1}, \\ x \in (0,1) \text{ なら} \quad & xa^{x-1} > \tfrac{b^x - a^x}{b-a} > xb^{x-1}. \end{aligned} \tag{6.20}$$

また, $y < x$, $a \neq 1$ なら,

$$a^y \log a < \frac{a^x - a^y}{x - y} < a^x \log a. \tag{6.21}$$

✔**注** 自然対数の底 e に対し $\log e = 1$. よって (6.18) より $e^x = \exp x$.

命題 6.2.1 の証明 (a): 指数関数に対する結果 (命題 6.1.3) に帰着する.
(b)[1]: (6.20) は次の不等式 (1) に帰着する : $c > 0$ に対し,

(1) $\begin{cases} x \in \mathbb{R} \setminus [0,1] \text{ なら} \quad x(e^c - 1) < \ e^{cx} - 1 \ < xe^{c(x-1)}(e^c - 1), \\ x \in (0,1) \text{ なら} \quad x(e^c - 1) > \ e^{cx} - 1 \ > xe^{c(x-1)}(e^c - 1). \end{cases}$

---

[1]微分法における平均値の定理を用いると, より見通しのよい証明ができる (例 8.3.2 参照).

実際, (1) に $c = \log(b/a)$ を代入し, 両辺に a^x を掛ければ (6.20) を得る. 一方, (1) は次のようにして示される. $x > 1$ なら $x = y + 1$ $(y > 0)$ と書いて,

$$(右辺) - (中辺) = (y+1)e^{cy}(e^c - 1) - e^{c(y+1)} + 1$$
$$= e^{cy}(y(\underbrace{e^c - 1}_{>c}) + e^c - 1) - e^{c(y+1)} + 1$$
$$> cye^{cy} - (e^{cy} - 1) \overset{(6.8)}{>} 0.$$

$$(中辺) - (左辺) = \underbrace{e^{c+cy}}_{>e^c(1+cy)} - 1 - (y+1)(e^c - 1) > y(ce^c - (e^c - 1)) \overset{(6.8)}{>} 0.$$

$0 < x < 1$ なら $1/x > 1$. そこで, $x > 1$ に対する (1) で, x を $1/x$ に, c を cx におきかえると,

$$\frac{1}{x}(e^{cx} - 1) < e^c - 1 < \frac{1}{x}e^{c(1-x)}(e^{cx} - 1).$$

上式より $0 < x < 1$ に対する (1) を得る. $x < 0$ なら $y = -x > 0$ に対し (1) を適用し,

$$e^{cy} - 1 \begin{cases} < y(e^{c(y-1)} \vee 1)(e^c - 1) \leq ye^{cy}(e^c - 1), \\ > y(e^{c(y-1)} \wedge 1)(e^c - 1) \geq ye^{-c}(e^c - 1). \end{cases}$$

上式両辺に $-e^{-cy}$ を掛ければ $x < 0$ に対する (1) を得る.
(6.21) で $a > 1$ の場合:$y \log a < x \log a$ なので,

$$a^x - a^y = \exp(x \log a) - \exp(y \log a)$$
$$\overset{(6.8)}{<} (x \log a - y \log a)\underbrace{\exp(x \log a)}_{=a^x} = (x - y)a^x \log a.$$

これで (6.21) の右半分を得る. 左半分も同様である.
(6.21) で $0 < a < 1$ の場合:$a > 1$ の場合に対する結果から,

$$(x - y)(1/a)^y \log(1/a) < (1/a)^x - (1/a)^y < (x - y)(1/a)^x \log(1/a).$$

上式両辺に a^{x+y} を掛けて整理すれば, (6.21) を得る. \(^□^)/

系 6.2.2 $p > 0$ とする.

(a) $0^p = 0$ と定めると, $x \mapsto x^p$ ($[0, \infty) \to [0, \infty)$) は連続な全射, 狭義 ↗ である.

(b) $x \mapsto x^{-p}$ ($(0, \infty) \to (0, \infty)$) は連続な全射, 狭義 ↘ である.

証明 $x^{\pm p} = \exp(\pm p \log x)$ より, (a), (b) の連続性・狭義単調性を得る.

\(^□^)/

次の例の極限は頻繁に応用される：

◆例 6.2.3 $p, q, x > 0$ とするとき,

(a) $x^p e^{-qx} \xrightarrow{x \to \infty} 0$.

(b) $x^{-p} \log x \xrightarrow{x \to \infty} 0$, $x^p \log x \xrightarrow{x \to 0} 0$.

証明 (a) $m \in \mathbb{N} \cap (p, \infty)$ とする. 系 6.2.2 より $x^{p-m} \to 0$. また, $\frac{(qx)^m}{m!} \leq e^{qx}$ より,
$$0 \leq x^p e^{-qx} \leq x^p \frac{m!}{(qx)^m} = m! q^{-m} x^{p-m}.$$
よって, はさみうちの原理より $x^p e^{-qx} \to 0$.

(b) $y = \log x$ とすると,

$x \to \infty$ (したがって $y \to \infty$) のとき $x^{-p} \log x = \exp(-py) y \xrightarrow{(a)} 0$,

$x \to 0$ (したがって $y \to -\infty$) のとき

$$|x^p \log x| = \exp(py)|y| \stackrel{y < 0 \text{としてよい}}{=} \exp(-p|y|)|y| \xrightarrow{(a)} 0.$$

\(^□^)/

◆例 6.2.4
$$\sum_{n=1}^{\infty} \frac{1}{n^p} \begin{cases} = \infty, & 0 \leq p \leq 1, \\ < \infty, & p > 1. \end{cases}$$

証明 $0 \leq p \leq 1$ のとき：$\frac{1}{n^p} \geq \frac{1}{n}$ より $p=1$ の場合（例 5.3.2）に帰着する．
$p \geq 2$ のとき：$\frac{1}{n^p} \leq \frac{1}{n^2}$ より $p=2$ の場合（例 5.3.2）に帰着する．
$1 < p < 2$ のとき：

(1) $\frac{1}{n} - \frac{1}{n+1} = \frac{1}{n(n+1)} \geq \frac{1}{2n^2}$.

(6.20) で $a = \frac{1}{n+1}, b = \frac{1}{n}, x = p-1 \in (0,1)$ の場合を適用し，

$$\left(\frac{1}{n}\right)^{p-1} - \left(\frac{1}{n+1}\right)^{p-1} \stackrel{(6.20)}{\geq} (p-1)\left(\frac{1}{n}\right)^{p-2}\left(\frac{1}{n} - \frac{1}{n+1}\right) \stackrel{(1)}{\geq} \frac{p-1}{2}\frac{1}{n^p}.$$

したがって階差級数との比較（命題 5.3.1）より，$\sum \frac{1}{n^p}$ は収束する．\(^□^)/

問 6.2.1 $a > 0, x \in \mathbb{R}, y \in \mathbb{C}$ に対し $(a^x)^y = a^{xy}$ を示せ．

問 6.2.2 $x < 1, x \geq 1$ に応じて $n^{xn}/n! \longrightarrow 0, \infty$ を示せ．

問 6.2.3 $0 < x \to 0$ のとき，次の関数の極限を求めよ：$x^x, x^{1/x}, x^{x^x}$.

問 6.2.4 以下の極限を求めよ：(i) $f(x) = \sum_{j=0}^{p} a_j x^j$, $g(x) = \sum_{j=0}^{q} b_j x^j$ ($a_p > 0$, $b_q > 0$) のとき，$\lim_{x \to \infty} \frac{f(x)}{g(x)}$. (ii) $p \in \mathbb{R}$ のとき，$\lim_{x \to \infty}\{(x+1)^p - x^p\}$.

問 6.2.5 ($\star$) 以下を示せ：(i) $f \in C(\mathbb{R} \longrightarrow \mathbb{R})$ が全ての $x, x' \in \mathbb{R}$ に対し $f(x+x') = f(x) + f(x')$ をみたすなら $f(x) = f(1)x$. (ii) $g \in C(\mathbb{R} \longrightarrow (0, \infty))$ が全ての $x, x' \in \mathbb{R}$ に対し $g(x+x') = g(x)g(x')$ をみたすなら $g(x) = g(1)^x$.

問 6.2.6 a_n が有界複素数列，$s \in \mathbb{C}, \mathrm{Re}\, s > 1$ のとき，$\sum_{n=1}^{\infty} \frac{a_n}{n^s}$ の絶対収束を示せ．この級数を**ディリクレ級数**，特に $a_n \equiv 1$ の場合を**リーマンのゼータ関数**という．

問 6.2.7 $a_n = n^p r^n$ ($p \geq 0, 0 < r < 1$) とする．以下を示せ．(i) $\sum_{n=0}^{\infty} a_n < \infty$.
(ii) ある定数 $C \in (0, \infty)$ が存在し，全ての $n = 1, 2, \ldots$ に対し $\sum_{j=n}^{\infty} a_j \leq C a_n$ が成立する．

6.3 凸性

指数関数，対数関数などの初等関数の性質（特に不等式）を調べる際には凸性（あるいは凹性）に着目すると見通しがよくなることがある．そこで，本節では凸関数，凹関数の一般論と，その初等関数への応用の一端を紹介する．

定義 6.3.1 (**凸性**) $I \subset \mathbb{R}$ を区間とする．

▶ $f : I \longrightarrow \mathbb{R}$ が次の性質をみたすとき，f は**凸**であるという：

$$x, y \in I,\ \alpha, \beta > 0,\ \alpha + \beta = 1 \text{ なら } f(\alpha x + \beta y) \leq \alpha f(x) + \beta f(y). \quad (6.22)$$

また，(6.22) の等号成立が，$x = y$ の場合に限るとき，f を**狭義凸**であるという．

▶ $-f$ が凸なら f は**凹**であるという．また，$-f$ が狭義凸なら f は**狭義凹**であるという．

✔ **注**　凸，凹のことを，それぞれ「下に凸」，「上に凸」ということもある．

(6.22) は f のグラフの 2 点を線分で結ぶとき，その 2 点間において，グラフが線分より下にある（下に向かって膨らんでいる）ことを意味する．

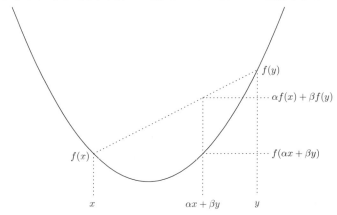

次に（狭義）凸性の判定法の一つを述べる．この判定法は，いくつかの初等関数の凸性（あるいは凹性）判定に応用される（例 6.3.3 参照）：

命題 6.3.2　I は区間，$f : I \longrightarrow \mathbb{R}$ とする．

(a) 次の条件をみたす $g : \mathring{I} \to \mathbb{R}$ が存在すれば，f は狭義凸である：

$$\frac{f(x) - f(y)}{x - y} \begin{cases} > g(y) & (y < x,\ x \in I,\ y \in \mathring{I}\ \text{なら}), \\ < g(x) & (y < x,\ x \in \mathring{I},\ y \in I\ \text{なら}). \end{cases} \quad (6.23)$$

(b) 次の条件をみたす $g: \overset{\circ}{I} \to \mathbb{R}$ が存在すれば, f は凸である:

$$\frac{f(x)-f(y)}{x-y} \begin{cases} \geq g(y) & (y<x, x\in I, y\in \overset{\circ}{I} \text{なら}), \\ \leq g(x) & (y<x, x\in \overset{\circ}{I}, y\in I \text{なら}). \end{cases} \quad (6.24)$$

証明 (a) を示す ((b) の証明も同様である). $x,y\in I$, $y<x$, $z=\alpha x+\beta y$ ($\alpha,\beta>0$, $\alpha+\beta=1$) とする. このとき, $z\in \overset{\circ}{I}$. また, $z<x$ より,

(1) $\qquad f(x)-f(z) \overset{(6.23)}{>} (x-z)g(z) = \beta(x-y)g(z).$

また, $y<z$ より,

$$f(z)-f(y) \overset{(6.23)}{<} (z-y)g(z) = \alpha(x-y)g(z).$$

したがって,

(2) $\qquad f(y)-f(z) > -\alpha(x-y)g(z).$

$\alpha\times(1)$ と $\beta\times(2)$ を辺々加え, $\alpha f(x)+\beta f(y)-f(z)>0$ を得る. \\(^□^)/

◆**例 6.3.3** **(a)** $f(x)=x^n$ ($n=1,2,\ldots$) について, $n=1$ なら f は $\mathbb{R}$ 上凸かつ凹. また, 偶数 $n\geq 2$ に対し f は $\mathbb{R}$ 上狭義凸. さらに奇数 $n\geq 3$ に対し f は $[0,\infty)$ 上で狭義凸, $(-\infty,0]$ 上で狭義凹である.

(b) $\exp: \mathbb{R} \to (0,\infty)$ は狭義凸である.

(c) $\log: (0,\infty) \to \mathbb{R}$ は狭義凹である.

(d) $p>0$ に対し, $x\mapsto x^p$ ($[0,\infty)\to[0,\infty)$) は $0<p<1$ なら狭義凹, $p>1$ なら狭義凸である. また, $x\mapsto x^{-p}$ ($(0,\infty)\to(0,\infty)$) は狭義凸である.

証明 (a): $n=1$ の場合は明らか ((6.22) は等号). $g(x)=nx^{n-1}$ とする. (1.19), および系 1.3.2 より, 偶数 $n\geq 2$ に対し f,g は $\mathbb{R}$ 上で (6.23) をみたし, 奇数 $n\geq 3$ に対し f,g は $[0,\infty)$ 上 (6.23) をみたす. また, 奇数 $n\geq 3$ に対し f,g は $(-\infty,0]$ 上 (6.23) と逆向きの不等式をみたす. 以上と命題 6.3.2 より結論を得る.

(b): (6.8) と命題 6.3.2 による．
(c): (6.14) と命題 6.3.2 による．
(d): (6.20) と命題 6.3.2 による． \(^□^)/

命題 6.3.4 (変化率による凸性の特徴づけ) I は区間，$f: I \longrightarrow \mathbb{R}$ とするとき，以下の条件 (a1)–(d1) は全て同値である：

(a1) f は凸．

(b1) $x, y, z \in I, x < z < y$ なら $\dfrac{f(z) - f(x)}{z - x} \leq \dfrac{f(y) - f(z)}{y - z}$．

(c1) $x, y, z \in I, x < z < y$ なら $\dfrac{f(z) - f(x)}{z - x} \leq \dfrac{f(y) - f(x)}{y - x}$．

(d1) $x, y, z \in I, x < z < y$ なら $\dfrac{f(y) - f(x)}{y - x} \leq \dfrac{f(y) - f(z)}{y - z}$．

さらに以下の条件 (a2)–(d2) は全て同値である：

(a2) f は狭義凸．

(b2) $x, y, z \in I, x < z < y$ なら $\dfrac{f(z) - f(x)}{z - x} < \dfrac{f(y) - f(z)}{y - z}$．

(c2) $x, y, z \in I, x < z < y$ なら $\dfrac{f(z) - f(x)}{z - x} < \dfrac{f(y) - f(x)}{y - x}$．

(d2) $x, y, z \in I, x < z < y$ なら $\dfrac{f(y) - f(x)}{y - x} < \dfrac{f(y) - f(z)}{y - z}$．

証明 (a1) $\Leftrightarrow$ (b1): $\alpha, \beta > 0, \alpha + \beta = 1, x, y, z \in I$ を任意とする．簡単な式変形より，

(1) $f(z) \leq \alpha f(x) + \beta f(y) \iff f(z) - f(x) \leq \dfrac{\beta}{\alpha}(f(y) - f(z))$．

(a1) $\Rightarrow$ (b1): $x < z < y$ とすると，$\alpha = \frac{y-z}{y-x}, \beta = \frac{z-x}{y-x}$ に対し，$z = \alpha x + \beta y$, $\frac{\beta}{\alpha} = \frac{z-x}{y-z}$．ゆえに (a1) から (1) 左側が言え，(1) より (b1) を得る．

(a1) $\Leftarrow$ (b1): α, β, x, y $(x < y)$ が与えられたとし，$z = \alpha x + \beta y$ とすると，$\alpha = \frac{y-z}{y-x}, \beta = \frac{z-x}{y-x}$．ゆえに (b1) から (1) 右側が言え，(1) より (a1) を得る．

(a1) $\Leftrightarrow$ (c1), (a1) $\Leftrightarrow$ (d1) も上と同様に示せる．さらに (a2)–(d2) の同値性も同様に示せる． \(^□^)/

◆例 6.3.5 $c \in \mathbb{R} \setminus \{0\}$ に対し, $f(x) = (1+cx)^{1/x}$ ($c > 0$ なら $x \in (0, \infty)$, $c < 0$ なら $x \in (0, 1/|c|)$) は狭義 ↘ である.

証明 簡単のため $c > 0$ の場合を考えるが, $c < 0$ でも同様である. $g(x) = \log(1+cx)$ に対し $f(x) = e^{g(x)/x}$. したがって, $g(x)/x$ が狭義 ↘ ならよい. ところが $\log x$ ($x > 0$) は狭義凹 (例 6.3.3). よって $g(x)$ ($x \geq 0$) も狭義凹 (問 6.3.1). したがって, $g(x)/x = \frac{g(x)-g(0)}{x}$ ($x > 0$) は狭義 ↘ である (命題 6.3.4). \(^□^)/

凸関数に対し, 性質 (6.22) は次のように一般化された形で成立する:

命題 6.3.6 I が区間, $f: I \longrightarrow \mathbb{R}$ が凸, $n \geq 2$, $x_1, \ldots, x_n \in I$, $p_1, \ldots, p_n \in (0,1)$, $p_1 + \cdots + p_n = 1$ なら,

$$f\left(\sum_{j=1}^{n} p_j x_j\right) \leq \sum_{j=1}^{n} p_j f(x_j). \tag{6.25}$$

特に f が狭義凸なら, 上式での等号は $x_1 = \cdots = x_n$ の場合に限る.

証明 $n=2$ に対する (6.25) は, 凸関数の定義そのものである. 今, $n-1$ ($n \geq 3$) まで (6.25) が正しいとする. $q = p_{n-1} + p_n$, $q_{n-1} = p_{n-1}/q$, $q_n = p_n/q$ とすると,

(1) $p_1 + \cdots + p_{n-2} + q = 1$, $\sum_{j=1}^{n} p_j x_j = \sum_{j=1}^{n-2} p_j x_j + q(q_{n-1} x_{n-1} + q_n x_n)$.

(2) $q_{n-1} > 0$, $q_n > 0$, $q_{n-1} + q_n = 1$.

したがって,

$$f\left(\sum_{j=1}^{n} p_j x_j\right) \stackrel{(1)}{\leq} \sum_{j=1}^{n-2} p_j f(x_j) + qf(q_{n-1}x_{n-1} + q_n x_n)$$

$$\stackrel{(2)}{\leq} \sum_{j=1}^{n-2} p_j f(x_j) + qq_{n-1}f(x_{n-1}) + qq_n f(x_n) = \sum_{j=1}^{n} p_j f(x_j).$$

特に f が狭義凸なら，上式各段階での等号成立条件から，(6.25) の等号は $x_1 = \cdots = x_n$ の場合に限る． \(^□^)/

問 6.3.1 $I \subset \mathbb{R}$ を区間，$f : I \to \mathbb{R}$, $c_1, c_2 \in \mathbb{R}$, $c_1 \neq 0$, $J = \{x \in \mathbb{R} \,;\, c_1 x + c_2 \in I\}$ とし，$g : J \to \mathbb{R}$ を $g(x) = f(c_1 x + c_2)$ $(x \in J)$ と定める．このとき，次を示せ：(i) f が凸なら g も凸である．(ii) f が狭義凸なら g も狭義凸である．

問 6.3.2 $-\infty < a < b < \infty$, $f : [a, b] \to \mathbb{R}$ を凸とする．$\max_{[a,b]} f = f(a) \vee f(b)$ を示せ．

問 6.3.3 $f : [0, \infty) \to \mathbb{R}$ を凸とする．$f(x+y) + f(0) \geq f(x) + f(y)$, $x, y \geq 0$ を示せ．

問 6.3.4 $I \subset \mathbb{R}$ を区間，$f, g : I \to \mathbb{R}$ は凸とする．以下を示せ．(i) $f + g$ は凸．(ii) f, g が共に非負とし，次の条件が成立すれば，fg も凸．

$$\text{全ての } x, y \in I \text{ に対し } (f(x) - f(y))(g(x) - g(y)) \geq 0. \tag{6.26}$$

特に (6.26) の等号成立が $x = y$ に限る場合は，fg は狭義凸．

問 6.3.5 $I, J \subset \mathbb{R}$ を区間，$f : I \to J$ を全単射，狭義 ↗, $f^{-1} : J \to I$ をその逆関数とする．このとき以下を示せ：(i) f が狭義凸なら f^{-1} は狭義凹．(ii) f が凸なら f^{-1} は凹．

問 6.3.6 (ヤングの不等式) $a_1, \ldots, a_n \geq 0$, $p_1, \ldots, p_n \in (0, 1)$, $p_1 + \cdots + p_n = 1$ とする．次を示せ：$a_1^{p_1} \cdots a_n^{p_n} \leq p_1 a_1 + \cdots + p_n a_n$（等号成立 $\iff a_1 = \cdots = a_n$）．[ヒント：指数関数の狭義凸性（例 6.3.3）と命題 6.3.6.]

問 6.3.7 $x, y \in \mathbb{R}^d$, $p, q \in (1, \infty)$, $\frac{1}{p} + \frac{1}{q} = 1$, $\|x\|_p = (|x_1|^p + \cdots + |x_d|^p)^{1/p}$ ($\|y\|_q$ も同様) とする．このとき，以下を示せ：
(i) $x \cdot y \leq \|x\|_p^p / p + \|y\|_q^q / q$（等号成立 $\iff x_j y_j \geq 0$, $|x_j|^p = |y_j|^q$, $j = 1, \ldots, d$）．
[ヒント：問 6.3.6 より $x_j y_j \leq |x_j|^p / p + |y_j|^q / q$．]
(ii) $x \cdot y \leq \|x\|_p \|y\|_q$（等号成立 $\iff x_j y_j \geq 0$, $\|y\|_q |x_j|^p = \|x\|_p |y_j|^q$, $j = 1, \ldots, d$). $\tag{6.27}$

✔ **注** (6.27) で y の代わりに $-y$ とすると，$-x \cdot y \leq \|x\|_p \|y\|_q$．したがって，

$$|x \cdot y| \leq \|x\|_p \|y\|_q. \tag{6.28}$$

(6.27), または (6.28) を**ヘルダーの不等式**と呼ぶ．

6.4 双曲・三角関数

命題 6.4.1 (**双曲関数**) $x \in \mathbb{C}$ に対し,

$$\begin{aligned}
\operatorname{ch} x &\stackrel{\text{def}}{=} \frac{\exp(x) + \exp(-x)}{2} \quad (\textbf{双曲余弦}), \\
\operatorname{sh} x &\stackrel{\text{def}}{=} \frac{\exp(x) - \exp(-x)}{2} \quad (\textbf{双曲正弦}).
\end{aligned} \tag{6.29}$$

このとき,

(a) $\operatorname{ch} : \mathbb{C} \to \mathbb{C}$ は偶関数, $\operatorname{sh} : \mathbb{C} \to \mathbb{C}$ は奇関数で共に連続である. また, $x, y \in \mathbb{C}$ に対し,

$$\operatorname{ch} x = \sum_{n=0}^{\infty} \frac{x^{2n}}{(2n)!}, \quad \operatorname{sh} x = \sum_{n=0}^{\infty} \frac{x^{2n+1}}{(2n+1)!}, \quad (\textbf{べき級数表示}) \tag{6.30}$$

$$\begin{aligned}
\operatorname{ch}(x+y) &= \operatorname{ch} x \operatorname{ch} y + \operatorname{sh} x \operatorname{sh} y, \\
\operatorname{sh}(x+y) &= \operatorname{ch} x \operatorname{sh} y + \operatorname{ch} y \operatorname{sh} x.
\end{aligned} \quad (\textbf{加法定理}) \tag{6.31}$$

(b) $\operatorname{ch} : \mathbb{R} \longrightarrow \mathbb{R}$ は $[0, \infty)$ 上で狭義 ↗, $(-\infty, 0]$ 上で狭義 ↘ である. また, $\operatorname{sh} : \mathbb{R} \longrightarrow \mathbb{R}$ は狭義 ↗ である. さらに,

$$\operatorname{ch} x \longrightarrow \infty, \ (x \to \pm\infty), \quad \operatorname{sh} x \longrightarrow \begin{cases} \infty, & (x \to \infty), \\ -\infty, & (x \to -\infty). \end{cases} \tag{6.32}$$

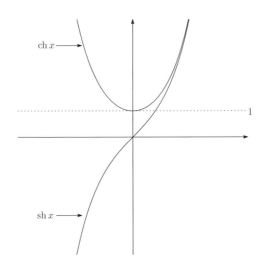

証明 (a): (6.29) より，ch, sh は，それぞれ偶関数，奇関数である．それらの連続性は $\exp: \mathbb{C} \to \mathbb{C}$ の連続性（命題 6.1.1）による．
(6.30): 命題 5.4.8 と (6.1) による．
(6.31): 指数関数の指数法則を用い，容易に示せる．
(b): 単調性は (6.30) による．(6.32) は $\exp x$ の $x \to \pm\infty$ の極限 (6.9) による．
$$\backslash(\char`\^\Box\char`\^)/$$

✔**注** ch, sh はそれぞれ cosine hyperbolic, sine hyperbolic の略で，cosh, sinh と書くこともある．(6.29) から，

$$\exp x = \mathrm{ch}\, x + \mathrm{sh}\, x. \tag{6.33}$$

また，(6.31) 第一式で $y = -x$ として，

$$\mathrm{ch}^2 x - \mathrm{sh}^2 x = 1. \tag{6.34}$$

特に $t \in \mathbb{R}$ なら $(x, y) = (\mathrm{ch}\, t, \mathrm{sh}\, t)$ は双曲線：$x^2 - y^2 = 1$ 上の点である．

命題 6.4.2 （三角関数）$x \in \mathbb{C}$ に対し，

$$\begin{aligned} \cos x &\stackrel{\mathrm{def}}{=} \mathrm{ch}\,(\mathbf{i}x) = \frac{\exp(\mathbf{i}x) + \exp(-\mathbf{i}x)}{2} \quad \text{（余弦）}, \\ \sin x &\stackrel{\mathrm{def}}{=} \mathrm{sh}\,(\mathbf{i}x)/\mathbf{i} = \frac{\exp(\mathbf{i}x) - \exp(-\mathbf{i}x)}{2\mathbf{i}} \quad \text{（正弦）}. \end{aligned} \tag{6.35}$$

$\cos: \mathbb{C} \to \mathbb{C}$ は偶関数，$\sin: \mathbb{C} \to \mathbb{C}$ は奇関数で共に連続である．また $x, y \in \mathbb{C}$ に対し，

$$\begin{aligned} \cos x &= \sum_{n=0}^{\infty} \frac{(\mathbf{i}x)^{2n}}{(2n)!} = \sum_{n=0}^{\infty} \frac{(-1)^n x^{2n}}{(2n)!}, \\ \sin x &= \frac{1}{\mathbf{i}} \sum_{n=0}^{\infty} \frac{(\mathbf{i}x)^{2n+1}}{(2n+1)!} = \sum_{n=0}^{\infty} \frac{(-1)^n x^{2n+1}}{(2n+1)!}. \end{aligned} \quad \text{（べき級数表示）} \tag{6.36}$$

$$\begin{aligned} \cos(x+y) &= \cos x \, \cos y - \sin x \, \sin y, \\ \sin(x+y) &= \cos x \, \sin y + \cos y \, \sin x. \end{aligned} \quad \text{（加法定理）} \tag{6.37}$$

6.4 双曲・三角関数

証明 定義から，双曲関数に対する結果に帰着する． \(^□^)/

✔ **注** (6.35) から，
$$\exp \mathbf{i}x = \cos x + \mathbf{i}\sin x \quad (\textbf{オイラーの等式}). \tag{6.38}$$

(6.36) のうち，cos の (sin の) べき級数は，exp のべき級数の偶数項（奇数項）のみを取り出して，符号を $+, -, +, -, \ldots$ と変えたものである．また，(6.37) 第一式で $x = -y$ とすると，
$$\cos^2 x + \sin^2 x = 1, \quad x \in \mathbb{C}. \tag{6.39}$$

特に $x \in \mathbb{R}$ なら $(\cos x, \sin x)$ は単位円周上にある．

(6.38) を利用して，次の評価式が得られる：

◼ **例 6.4.3** $z, w \in \mathbb{C}$ に対し，$|\exp z - \exp w| \le |z-w| \exp(\operatorname{Re} z \vee \operatorname{Re} w)$．

証明[2] まず $w=0$ の場合を示す．$z = x + \mathbf{i}y$ $(x, y \in \mathbb{R})$ と書く．

(1) $\cos y \overset{\text{問 6.4.5}}{\ge} 1 - \frac{y^2}{2}$．

これを用い，

(2) $\operatorname{Re}(\exp z) = \exp x \operatorname{Re}(\exp(\mathbf{i}y)) \overset{(6.38)}{=} \exp x \cos y \overset{(1)}{\ge} \left(1 - \frac{y^2}{2}\right) \exp x$.

一方，

(3) $|\exp x - 1| \le |x| \exp(x \vee 0)$．

実際，x の符号で場合分けして (6.8) を適用すると (3) を得る．以上から，

$$\begin{aligned}
|\exp z - 1|^2 &= |\exp z|^2 - 2\operatorname{Re}(\exp z) + 1 \\
&\overset{(6.6),\,(2)}{\le} \exp(2x) - 2\exp x + 1 + y^2 \exp x \\
&= (\exp x - 1)^2 + y^2 \exp x \\
&\overset{(3)}{\le} (x^2 + y^2)\exp(2(x \vee 0)) = |z|^2 \exp(2(\operatorname{Re} z \vee 0)).
\end{aligned}$$

---
[2] 微積分の基本公式を応用した別証明は例 11.2.3 を参照されたい．

以上で $w = 0$ の場合を得る. $w \neq 0$ なら,

$$|\exp z - \exp w| \stackrel{(6.6)}{=} |\exp(z-w) - 1| \exp(\operatorname{Re} w)$$
$$\leq |z-w| \exp((\operatorname{Re} z - \operatorname{Re} w) \vee 0 + \operatorname{Re} w).$$

上式と $(\operatorname{Re} z - \operatorname{Re} w) \vee 0 + \operatorname{Re} w = \operatorname{Re} z \vee \operatorname{Re} w$ より結論を得る. \(^□^)/

◨例 **6.4.4**（正弦・余弦の倍角公式） $n \in \mathbb{N}, y \in \mathbb{C}$ に対し：

$$T_n(y) \stackrel{\text{def}}{=} \sum_{0 \leq k \leq n/2} (-1)^k \binom{n}{2k} y^{n-2k} (1-y^2)^k,$$
$$V_n(y) \stackrel{\text{def}}{=} \sum_{0 \leq k \leq (n-1)/2} (-1)^k \binom{n}{2k+1} y^{n-2k-1} (1-y^2)^k,$$

特に T_n, V_n を第一種, 第二種の**チェビシェフ多項式**という. $x \in \mathbb{C}$ に対し：

$$\cos nx = T_n(\cos x), \quad \sin nx = \sin x V_n(\cos x).$$

証明 $f_{n,k}(x) \stackrel{\text{def}}{=} \cos^{n-k} x \sin^k x$ に対し,

(1) $\exp(\mathbf{i}nx) = (\cos x + \mathbf{i} \sin x)^n = \sum_{k=0}^{n} \mathbf{i}^k \binom{n}{k} f_{n,k}(x),$

(2) $f_{n,k}(-x) = (-1)^k f_{n,k}(x),$

(3) $f_{n,2k}(x) = \cos^{n-2k} x (1 - \cos^2 x)^k,$

(4) $f_{n,2k+1}(x) = \sin x \cos^{n-2k-1} x (1 - \cos^2 x)^k,$

したがって,

$\cos nx \stackrel{(6.35),(1),(2)}{=} \sum_{0 \leq k \leq n/2} (-1)^k \binom{n}{2k} f_{n,2k}(x) \stackrel{(3)}{=} T_n(\cos x),$

$\sin nx \stackrel{(6.35),(1),(2)}{=} \sum_{0 \leq k \leq (n-1)/2} (-1)^k \binom{n}{2k+1} f_{n,2k+1}(x) \stackrel{(4)}{=} \sin x V_n(\cos x).$

\(^□^)/

6.4 双曲・三角関数

◆**例 6.4.5**（フーリエ級数） $\theta \in \mathbb{R}, c_n \in \mathbb{C}, (n \in \mathbb{Z})$ とする．次の級数が収束するとき，これをフーリエ級数という：

$$f(\theta) = \sum_{n=-\infty}^{\infty} c_n e^{\mathbf{i}n\theta}. \tag{6.40}$$

特に，次の条件の下で，フーリエ級数は任意の $\theta \in \mathbb{R}$ に対し絶対収束し，$f \in C(\mathbb{R})$：

$$\sum_{n=-\infty}^{\infty} |c_n| < \infty. \tag{6.41}$$

証明 $|c_n e^{\mathbf{i}n\theta}| = |c_n|$ と (6.41) より級数 (6.40) は絶対収束する．今，$z \in \mathbb{C}$, $|z| \le 1$,

$$g_+(z) = \sum_{n=1}^{\infty} c_n z^n, \quad g_-(z) = \sum_{n=1}^{\infty} c_{-n} z^n$$

とする．仮定より，$g_\pm(z)$ は $|z| \le 1$ の範囲で絶対収束する．ゆえに命題 5.4.4 より，この範囲で連続である．さらに，$f(\theta) = c_0 + g_+(e^{\mathbf{i}\theta}) + g_-(e^{-\mathbf{i}\theta})$ より $f \in C(\mathbb{R})$． \(^□^)/

✔**注** (6.38) より，(6.40) は次のように書き直せる：

$$f(\theta) = c_0 + \sum_{n=1}^{\infty}(a_n \cos(n\theta) + b_n \sin(n\theta)), \quad \text{ただし} \quad \begin{cases} a_n = c_n + c_{-n}, \\ b_n = \mathbf{i}(c_n - c_{-n}). \end{cases} \tag{6.42}$$

フーリエ級数の具体例は，問 6.4.3，例 8.7.7 の他，第 16 章でも多く登場する．

問 6.4.1 cos, sin は複素変数の関数として有界か？

問 6.4.2 $\cos x \ne 1$ のとき以下を示せ：

$$\sum_{k=0}^{n} \cos kx = \frac{1}{2} + \frac{\cos nx - \cos(n+1)x}{2(1-\cos x)},$$

$$\sum_{k=0}^{n} \sin kx = \frac{\sin x + \sin nx - \sin(n+1)x}{2(1-\cos x)}.$$

問 6.4.3 $0 \le r < 1, x \in \mathbb{R}$ に対し次を示せ：

$$\frac{1 - r\cos x}{1 - 2r\cos x + r^2} = \sum_{n=0}^{\infty} r^n \cos nx, \quad \frac{r \sin x}{1 - 2r \cos x + r^2} = \sum_{n=1}^{\infty} r^n \sin nx.$$

問 6.4.4 $x \in \mathbb{C} \setminus \{0\}$, $x \to 0$ とする．べき級数の連続性（系 5.4.5）と exp, sin, cos のべき級数表示を用い，以下の関数の極限を求めよ：$(e^x - 1)/x$, $\sin x/x$, $(1 - \cos x)/x^2$.

問 6.4.5 $n \in \mathbb{N}$, $x \in \mathbb{R}$, $r_n(x) = \frac{x^n}{n!}$ とする．以下を示せ：

$$\cos x - \sum_{j=0}^{n} \frac{(-1)^j x^{2j}}{(2j)!} \in \begin{cases} (-r_{2n+2}(x), 0), & (n \text{ が偶数}), \\ (0, r_{2n+2}(x)), & (n \text{ が奇数}). \end{cases}$$

また，$x \geq 0$ なら，

$$\sin x - \sum_{j=0}^{n} \frac{(-1)^j x^{2j+1}}{(2j+1)!} \in \begin{cases} (-r_{2n+3}(x), 0), & (n \text{ が偶数}), \\ (0, r_{2n+3}(x)), & (n \text{ が奇数}). \end{cases}$$

問 6.4.6 ($\star$) $n \in \mathbb{N}$, $x \in \mathbb{C}$ に対し次を示せ：

$$\sin nx = \begin{cases} \cos x S_n(\sin x), & (n \text{ が偶数}), \\ S_n(\sin x), & (n \text{ が奇数}), \end{cases}$$

ただし，$y \in \mathbb{C}$ に対し

$$S_{2n}(y) \stackrel{\text{def}}{=} \sum_{k=0}^{n-1} (-1)^k \binom{2n}{2k+1} (1-y^2)^{n-1-k} y^{2k+1},$$

$$S_{2n+1}(y) \stackrel{\text{def}}{=} \sum_{k=0}^{n} (-1)^k \binom{2n+1}{2k+1} (1-y^2)^{n-k} y^{2k+1}.$$

6.5 円周率と三角関数

円周率 $\pi = 3.14159\ldots$ は幾何学的には (円周の長さ)/(直径) と定義され，これが円の大きさに依らないことは，既にユークリッドが『原論』に記した．記号 π は，英国の数学者ウィリアム ジョーンズが最初に用い，その後オイラーがその普及に貢献した．

我々は以下の命題 6.5.2 で改めて円周率を定義する．そのために補題を用意する：

補題 6.5.1 (a) $\cos$ は $[0, \sqrt{6}]$ 上で狭義 $\searrow$，かつ $\cos\sqrt{3} < 0$.
(b) $x \in (0, \sqrt{6})$ に対し $\sin x > 0$.

証明 $f_n(x) = n(n-1)x^{n-2} - x^n$ $(n \geq 2)$ とし，以下に注意する：

(1) $x \in (0, \sqrt{n(n-1)})$ なら $f_n(x) > 0$.

(2) $n \geq 3$ なら f_n は $[0, \sqrt{(n-1)(n-2)}]$ 上 ↗.

$f_n(x) = x^{n-2}(n(n-1) - x^2)$ より (1) を得る．(2) を言うため $0 \leq y < x \leq \sqrt{(n-1)(n-2)}$ とする．このとき，

(3) $x^n - y^n = (x^{n-2})^{\frac{n}{n-2}} - (y^{n-2})^{\frac{n}{n-2}} \stackrel{(6.20)}{<} \frac{n}{n-2}x^2(x^{n-2} - y^{n-2})$.

ゆえに，

$$f_n(x) - f_n(y) = n(n-1)(x^{n-2} - y^{n-2}) - (x^n - y^n)$$
$$\stackrel{(3)}{>} n(n-1)(x^{n-2} - y^{n-2})\left(1 - \frac{x^2}{(n-1)(n-2)}\right) \geq 0.$$

(a):

$$\cos x \stackrel{(6.36)}{=} 1 - \sum_{n=1}^{\infty} \frac{(-1)^{n-1}x^{2n}}{(2n)!}$$
$$\stackrel{\text{補題 5.3.4}}{=} 1 - \sum_{n=1}^{\infty}\left(\frac{x^{4n-2}}{(4n-2)!} - \frac{x^{4n}}{(4n)!}\right) = 1 - \sum_{n=1}^{\infty} \frac{f_{4n}(x)}{(4n)!}.$$

(2) より，f_{4n} $(n \geq 1)$ は $[0, \sqrt{6}]$ 上狭義 ↗．したがって上式より $\cos$ は $[0, \sqrt{6}]$ 上狭義 ↘ である．また，(1) より $x \in (0, \sqrt{56})$ で $f_{4n}(x) > 0$ $(n \geq 2)$．したがって，

$$\cos x < 1 - \frac{f_4(x)}{4!} = 1 - \frac{x^2}{2} + \frac{x^4}{24}.$$

上式で特に $x = \sqrt{3}$ とすると，右辺 $= -1/8 < 0$.

(b):

$$\sin x \stackrel{(6.36)}{=} \sum_{n=0}^{\infty} \frac{(-1)^n x^{2n+1}}{(2n+1)!}$$
$$\stackrel{\text{補題 5.3.4}}{=} \sum_{n=0}^{\infty}\left(\frac{x^{4n+1}}{(4n+1)!} - \frac{x^{4n+3}}{(4n+3)!}\right) = \sum_{n=0}^{\infty} \frac{f_{4n+3}(x)}{(4n+3)!}.$$

$x \in (0, \sqrt{6})$ なら (1) より $f_{4n+3}(x) > 0$ $(n \geq 0)$，ゆえに上式より $\sin x > 0$.

\(^□^)/

命題 6.5.2 (円周率とその性質)　**(a)** 次のような $\pi \in (0, 2\sqrt{3})$ が存在し，π を円周率と呼ぶ：

$$x \in [0, \tfrac{\pi}{2}) \text{ なら } \cos x > 0, \text{ かつ } \cos \tfrac{\pi}{2} = 0. \tag{6.43}$$

(b) $x \in (0, \tfrac{\pi}{2}]$ なら $\sin x > 0$, $\sin \tfrac{\pi}{2} = 1$. また，$\cos : [0, \tfrac{\pi}{2}] \to \mathbb{R}$ は狭義 ↘，$\sin : [0, \tfrac{\pi}{2}] \to \mathbb{R}$ は狭義 ↗ である．

(c) $z \in \mathbb{C}, m, n \in \mathbb{Z}$ に対し，

$$\left(\cos\left(z + \frac{n\pi}{2}\right), \sin\left(z + \frac{n\pi}{2}\right)\right) = \begin{cases} (\cos z, \sin z), & n = 4m, \\ (-\sin z, \cos z), & n = 4m+1, \\ -(\cos z, \sin z), & n = 4m+2, \\ (\sin z, -\cos z), & n = 4m+3. \end{cases} \tag{6.44}$$

特に，

$$\cos(z + 2\pi) = \cos z, \quad \sin(z + 2\pi) = \sin z. \tag{6.45}$$

証明[3]　(a): $\cos 0 \overset{(6.35)}{=} 1$, $\cos \sqrt{3} \overset{\text{補題 6.5.1}}{<} 0$. よって $\cos$ の連続性 (命題 6.4.2) と中間値定理 (定理 3.4.5) より，$\cos c = 0$ をみたす $c \in (0, \sqrt{3})$ が存在する．また，$\cos$ は $[0, \sqrt{6}]$ 上で狭義 ↘ である．そこで $\pi = 2c$ とすると，π は (6.43) をみたす．

(b): $0 < \pi/2 < \sqrt{3} < \sqrt{6}$ と補題 6.5.1 より $\cos : [0, \tfrac{\pi}{2}] \to \mathbb{R}$ は狭義 ↘．また，$x \in (0, \tfrac{\pi}{2}]$ なら $\sin x > 0$ より，$x \in [0, \tfrac{\pi}{2}]$ で $\sin x = \sqrt{1 - \cos^2 x}$. よって $\sin : [0, \tfrac{\pi}{2}] \to \mathbb{R}$ は狭義 ↗, $\sin \tfrac{\pi}{2} = 1$.

(c): (a), (b) より $(\cos \tfrac{\pi}{2}, \sin \tfrac{\pi}{2}) = (0, 1)$. これと，加法定理 (6.37) より，

$$\cos\left(z + \tfrac{\pi}{2}\right) = \cos z \underbrace{\cos \tfrac{\pi}{2}}_{=0} - \sin z \underbrace{\sin \tfrac{\pi}{2}}_{=1},$$

$$\sin\left(z + \tfrac{\pi}{2}\right) = \sin z \underbrace{\cos \tfrac{\pi}{2}}_{=0} + \cos z \underbrace{\sin \tfrac{\pi}{2}}_{=1}.$$

---

[3] [Rud, pp. 182–183] に微分法を援用した別証明がある．

これで $n = 1$ に対する (6.44) を得た．同様に $n = -1$ に対する (6.44) を得る．さらに $n = \pm 1$ に対する (6.44) を繰り返し用い，一般の $n \in \mathbb{Z}$ に対する (6.44) を得る． \(^□^)/

命題 6.5.2 から実変数三角関数の増減がわかる：

系 6.5.3（**三角関数の増減**） $\cos, \sin$ の区間 $[0, 2\pi]$ での増減は次の表の通りとなる．

x	0	↗	$\pi/2$	↗	π	↗	$3\pi/2$	↗	2π
$\cos x$	1	狭義 ↘	0	狭義 ↘	-1	狭義 ↗	0	狭義 ↗	1
$\sin x$	0	狭義 ↗	1	狭義 ↘	0	狭義 ↘	-1	狭義 ↗	0

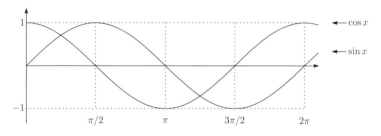

証明 命題 6.5.2 より $\cos : [0, \frac{\pi}{2}] \to [0, 1]$ は全射，狭義 ↘, $\sin : [0, \frac{\pi}{2}] \to [0, 1]$ は全射，狭義 ↗ である．以上で $[0, \frac{\pi}{2}]$ 上の増減を得る．(6.44) より，$[0, \frac{\pi}{2}]$ 上の増減から $[\frac{m\pi}{2}, \frac{(m+1)\pi}{2}]$ ($m = 1, 2, 3$) での増減もわかる． \(^□^)/

複素変数の指数関数に命題 6.5.2, 系 6.5.3 を応用し，次の系を得る：

系 6.5.4 $z, w \in \mathbb{C}$ に対し，

$$\exp z = \exp w \iff z - w \in 2\pi \mathbf{i} \mathbb{Z}.$$

証明 $\exp z = \exp w \overset{(6.3)}{\iff} \exp(z - w) = 1$．そこで，$z - w$ を改めて z と書くことにより $w = 0$ の場合に帰着する．以下，$x = \operatorname{Re} z, y = \operatorname{Im} z$ とする．
$\Longrightarrow$：$\exp z = 1$ なら $\exp x \overset{(6.6)}{=} |\exp z| = 1$，よって $x = 0$（命題 6.1.4）．また

$\cos y \stackrel{(6.38)}{=} \mathrm{Re}(\exp(\mathbf{i}y)) \stackrel{x=0}{=} \mathrm{Re}(\exp z) = 1$. これと命題 6.5.2, 系 6.5.3 より $y \in 2\pi\mathbb{Z}$. 以上より $z = x + \mathbf{i}y = \mathbf{i}y \in 2\pi\mathbf{i}\mathbb{Z}$.
$\Longleftarrow$：$z = 2\pi\mathbf{i}n$ $(n \in \mathbb{Z})$ なら,

$$\exp z = \exp(2\pi\mathbf{i}n) \stackrel{(6.38)}{=} \cos(2\pi n) + \mathbf{i}\sin(2\pi n) \stackrel{(6.45)}{=} 1.$$

\\(^□^)/

次の系は，例えば正接・双曲正接の定義（命題 6.6.1, 問 6.6.1）にも必要である：

系 6.5.5 （双曲・三角関数の零点） $z \in \mathbb{C}$ に対し，

$$\mathrm{ch}\, z = 0 \iff z \in \frac{\pi\mathbf{i}}{2} + \pi\mathbf{i}\mathbb{Z},$$
$$\cos z = 0 \iff z \in \frac{\pi}{2} + \pi\mathbb{Z},$$
$$\mathrm{sh}\, z = 0 \iff z \in \pi\mathbf{i}\mathbb{Z},$$
$$\sin z = 0 \iff z \in \pi\mathbb{Z}.$$

証明 $\mathrm{ch}\, z$ については次のようにしてわかる：

$$\mathrm{ch}\, z = 0 \iff \exp z + \exp(-z) = 0 \iff \exp(2z) = -1$$
$$\iff \exp(2z) = \exp(\mathbf{i}\pi) \stackrel{\text{系 6.5.4}}{\iff} 2z \in \pi\mathbf{i} + 2\pi\mathbf{i}\mathbb{Z}.$$

$\cos z$ については，$\cos z = \mathrm{ch}\,(\mathbf{i}z)$ より，$\mathrm{ch}\, z$ に帰着する．$\mathrm{sh}\, z, \sin z$ も同様である． \\(^□^)/

我々は正弦・余弦関数を，指数関数を用いて解析的に定義した（命題 6.4.2）．一方，正弦・余弦関数の幾何学的意味は，単位円周上の点の座標を，座標軸との角度（＝弧長）を変数とした関数として表すことである．次の命題により，解析的定義と幾何学的意味づけが融合される：

命題 6.5.6 （円周の径数づけ）

$$\mathbb{S} = \{(u, v) \in \mathbb{R}^2\ ;\ u^2 + v^2 = 1\}, \quad \mathbb{T} = \{z \in \mathbb{C}\ ;\ |z| = 1\},$$

さらに $c \in \mathbb{R}$ とするとき,以下の写像は共に全単射である:

$$x \mapsto (\cos x, \sin x) : \quad [c-\pi, c+\pi] \longrightarrow \mathbb{S}. \tag{6.46}$$

$$x \mapsto \exp(\mathrm{i}x) : \quad [c-\pi, c+\pi] \longrightarrow \mathbb{T}. \tag{6.47}$$

証明 オイラーの等式 (6.38) より (6.46), (6.47) は本質的に同じ写像である.したがって (6.47) について言えればよい.

(1) (6.47) は単射である.

$c - \pi \le y \le z < c + \pi$, $\exp(\mathrm{i}y) = \exp(\mathrm{i}z)$ と仮定すると,系 6.5.4 より,$z - y \in 2\pi\mathbb{Z}$. ところが $0 \le z - y < 2\pi$ より $z - y = 0$, すなわち $y = z$.

(2) $x \mapsto \cos x : [0, \pi] \to [-1, 1]$ は全射である.

$\cos 0 = 1$. また,系 6.5.3 より $\cos \pi = -1$. よって $\cos$ の連続性(命題 6.4.2)と中間値定理(定理 3.4.5)より結論を得る.

(3) $c = 0$ に対し (6.47) は全射である.

(6.45) より $\exp(\mathrm{i}\pi) = \exp(-\mathrm{i}\pi)$. したがって $c = 0$ に対し (6.47) の定義域 $[-\pi, \pi)$ を $[-\pi, \pi]$ に拡げても値域は変わらないので,拡げて考える.$z \in \mathbb{T}$ を任意,$u = \mathrm{Re}\, z$, $v = \mathrm{Im}\, z$ とする.$u \in [-1, 1]$ と (2) より $u = \cos x$ なる $x \in [0, \pi]$ が存在し,

$$|v| = \sqrt{1 - u^2} = \sqrt{1 - \cos^2 x} = \sin x.$$

したがって $\pm v \ge 0$ なら,$v = \pm \sin x$(複号同順).ゆえに,

$$z = u + \mathrm{i}v = \cos x \pm \mathrm{i}\sin x = \exp(\pm \mathrm{i}x).$$

$\pm x \in [-\pi, \pi]$ より,所期の全射性を得る.

(4) (6.47) は全射である.

$\{\exp(\mathrm{i}x) \,;\, x \in [-\pi, \pi)\} \stackrel{(3)}{=} \mathbb{T}$. また,明らかに $\{\exp(\mathrm{i}c)z \,;\, z \in \mathbb{T}\} = \mathbb{T}$. よって

$$\{\exp(\mathrm{i}x) \,;\, x \in [c-\pi, c+\pi)\} = \{\exp(\mathrm{i}c)\exp(\mathrm{i}x) \,;\, x \in [-\pi, \pi)\}$$
$$= \{\exp(\mathrm{i}c)z \,;\, z \in \mathbb{T}\} = \mathbb{T}.$$

\(^□^)/

系 6.5.7（**平面極座標**） $c \in \mathbb{R}$ とするとき，以下の写像は共に全単射である：

$$(r, \theta) \mapsto (r\cos\theta, r\sin\theta) : (0, \infty) \times [c-\pi, c+\pi) \longrightarrow \mathbb{R}^2 \setminus \{0\},$$

$$(r, \theta) \mapsto r\exp(\mathbf{i}\theta) : (0, \infty) \times [c-\pi, c+\pi) \longrightarrow \mathbb{C} \setminus \{0\}.$$

証明 命題 6.5.6 の場合と同様に，二行目の写像について言えばよい．この写像を f と書く．$z \in \mathbb{C} \setminus \{0\}$ を任意，$r = |z|$ とするとき，$\frac{z}{r} \in \mathbb{T}$．ゆえに命題 6.5.6 より，$\frac{z}{r} = \exp(\mathbf{i}\theta)$，すなわち $z = r\exp(\mathbf{i}\theta)$ をみたす $\theta \in [c-\pi, c+\pi)$ が存在する．したがって f は全射である．一方，$(r, \theta) \in (0, \infty) \times [c-\pi, c+\pi)$，$r\exp(\mathbf{i}\theta) = z$ なら，両辺の絶対値をとり，$r = |z|$．また，両辺を r で割ると $\exp(\mathbf{i}\theta) = z/|z|$ となり，これをみたす $\theta \in [c-\pi, c+\pi)$ は唯一である（命題 6.5.6）．したがって f は単射である． \(^□^)/

系 6.5.7 より，$\mathbb{R}^2$ の点 (x, y) を原点からの距離 r と，x 軸の正の向きとの角度 θ の組 (r, θ) で表せる（原点は $r = 0$ に対応する）．

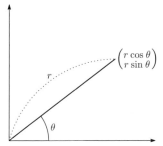

これを $\mathbb{R}^2$ の点の**極座標**表示という．京都やニューヨークのように幹線道路が格子状の街が直交座標系とすれば，パリの市街地（特に北西部）は凱旋門を中心に放射状に幹線道路が伸びているから，凱旋門を原点とした極座標系である．

命題 6.5.6 の応用例を挙げる：

◆**例 6.5.8**（**アストロイド**） $a > 0$ を定数とし，半径 a の円 A と，それに内接する半径 $a/4$ の円 B を考える：

$$A = \{(x, y) \in \mathbb{R}^2 ; x^2 + y^2 = a^2\},$$

$$B = \{(x,y) \in \mathbb{R}^2 \,;\, (x-3a/4)^2 + y^2 = (a/4)^2\}.$$

A と B の接点 $(0,a)$ に印をつけた後，B を A の内側に沿って転がすと，最初に印をつけた点は下図のような曲線を描く．

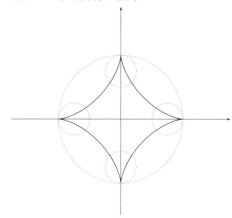

円周 B の中心は，原点を中心とした半径 $3a/4$ の円周上を動く．この速度を 1 とする．このとき，B 自身は，その中心に対して角速度 -3 で回転する．したがって，最初につけた印の，時刻 t での位置は次のように表せる：

$$f(t) = \begin{pmatrix} x(t) \\ y(t) \end{pmatrix} = \frac{3a}{4}\begin{pmatrix} \cos t \\ \sin t \end{pmatrix} + \frac{a}{4}\begin{pmatrix} \cos 3t \\ -\sin 3t \end{pmatrix}. \tag{6.48}$$

この曲線をアステロイドという．アステロイドは次のように表せる：

$$C = \{(x,y) \in \mathbb{R}^2 \,;\, |x|^{2/3} + |y|^{2/3} = a^{2/3}\}.$$

証明 次を示せばよい：

$$C = C' \stackrel{\mathrm{def}}{=} \{f(t) \,;\, t \in \mathbb{R}\}.$$

まず，$C' \subset C$ を示す．

(1) $\begin{cases} a\cos^3 t & \stackrel{(6.35)}{=} \quad \frac{a}{8}(e^{\mathrm{i}t} + e^{-\mathrm{i}t})^3 \\ & = \quad \frac{a}{8}(e^{3\mathrm{i}t} + 3e^{\mathrm{i}t} + 3e^{-\mathrm{i}t} + e^{-3\mathrm{i}t}) \stackrel{(6.48)}{=} x(t), \\ a\sin^3 t & \stackrel{(6.35)}{=} \quad -\frac{a}{8\mathrm{i}}(e^{\mathrm{i}t} - e^{-\mathrm{i}t})^3 \\ & = \quad -\frac{a}{8\mathrm{i}}(e^{3\mathrm{i}t} - 3e^{\mathrm{i}t} + 3e^{-\mathrm{i}t} - e^{-3\mathrm{i}t}) \stackrel{(6.48)}{=} y(t). \end{cases}$

よって，
$$|x(t)|^{2/3} + |y(t)|^{2/3} \stackrel{(6.39)}{=} a^{2/3}, \quad \text{したがって } C' \subset C.$$

次に $C \subset C'$ を示す．$(x,y) \in C$ とすると，点：
$$(u,v) \stackrel{\text{def}}{=} (|x|^{-2/3}x, |y|^{-2/3}y)$$

に対し $u^2 + v^2 = a^{2/3}$．したがって次のような $t \in \mathbb{R}$ が存在する（命題 6.5.6）：
$$(u,v) = a^{1/3}(\cos t, \sin t).$$

このとき，
$$x = u^3 = a\cos^3 \stackrel{(1)}{=} x(t),$$
$$y = v^3 = a\sin^3 \stackrel{(1)}{=} y(t).$$

よって $C \subset C'$. \(^□^)/

◆**例 6.5.9**（**レムニスケイト**） $a, p > 0$ を定数とし，$L \subset \mathbb{R}^2$ を次のように定める：
$$L = \{(x,y) \in \mathbb{R}^2 \,;\, (x^2+y^2)^{p+1} = 2a^{2p}(x^2-y^2)\}.$$

特に $p = 1$ のとき，L をレムニスケイトといい，概形は下図の通りである：

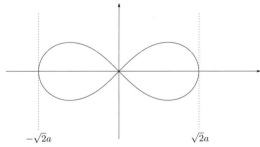

(x,y) から $(0, \pm a)$ までの距離を $\ell_{\pm}$ と記すとき，レムニスケイトの定義式は $\ell_+ \ell_- = a^2$ と同値であることが，簡単な計算で確かめられる．一方，任意の $a, p > 0$ に対し L は次のように表せる：
$$L = \{a(2\cos 2\theta)^{\frac{1}{2p}}(\cos\theta, \sin\theta) \,;\, \theta \in [-\tfrac{\pi}{4}, \tfrac{\pi}{4}] \cup [\tfrac{3\pi}{4}, \tfrac{5\pi}{4}]\}.$$

証明 示すべき式の右辺を M とし，まず $L \supset M$ を示す．$(x,y) \in M$ なら次のような θ が存在する：

(1) $(x,y) = a(2\cos 2\theta)^{\frac{1}{2p}}(\cos\theta, \sin\theta)$, $\theta \in [-\frac{\pi}{4}, \frac{\pi}{4}] \cup [\frac{3\pi}{4}, \frac{5\pi}{4}]$.

このとき，
$$x^2 + y^2 \stackrel{(1)}{=} a^2(2\cos 2\theta)^{\frac{1}{p}},$$

したがって，

(2) $(x^2+y^2)^{p+1} = a^{2p+2}(2\cos 2\theta)^{1+\frac{1}{p}}$.

一方，

(3) $\begin{cases} 2a^{2p}(x^2-y^2) & \stackrel{(1)}{=} & 2a^{2p+2}(2\cos 2\theta)^{\frac{1}{p}}(\cos^2\theta - \sin^2\theta) \\ & \stackrel{(6.37)}{=} & a^{2p+2}(2\cos 2\theta)^{1+\frac{1}{p}}. \end{cases}$

(2), (3) を見比べて $(x,y) \in L$ を得る．

次に $L \subset M$ を示す．$(x,y) \in L$ なら L の定義式より $|y| \le |x|$. したがって，次のような θ が存在する：

(4) $\dfrac{1}{\sqrt{x^2+y^2}}(x,y) = (\cos\theta, \sin\theta)$, $\theta \in [-\frac{\pi}{4}, \frac{\pi}{4}] \cup [\frac{3\pi}{4}, \frac{5\pi}{4}]$.

このとき，

(5) $\begin{cases} 2a^{2p}\cos 2\theta & \stackrel{(6.37)}{=} & 2a^{2p}(\cos^2\theta - \sin^2\theta) \\ & \stackrel{(4)}{=} & 2a^{2p}\dfrac{x^2-y^2}{x^2+y^2} \stackrel{(x,y)\in L}{=} (x^2+y^2)^p. \end{cases}$

したがって，

$$(x,y) = \sqrt{x^2+y^2}\dfrac{1}{\sqrt{x^2+y^2}}(x,y) \stackrel{(4),(5)}{=} a(2\cos 2\theta)^{\frac{1}{2p}}(\cos\theta, \sin\theta) \in M.$$

\(^□^)/

問 6.5.1 $p \in \mathbb{N} \setminus \{0\}$, $\omega = \exp(2\pi \mathbf{i}/p)$ とする．以下を示せ：(i) $\sum_{j=0}^{p-1} \omega^{nj}$ は n が p の倍数なら $=p$, それ以外なら $=0$. (ii) 任意の $x \in \mathbb{C}$ に対し $\sum_{n=0}^{\infty} \dfrac{x^{np}}{(np)!} = \dfrac{1}{p}\sum_{j=0}^{p-1} \exp(\omega^j x)$.

問 6.5.2 $c \in \mathbb{R}$ を任意とする．$z \mapsto \exp z$ は，$\{z \in \mathbb{C} \,;\, \mathrm{Im}\, z \in [c-\pi, c+\pi)\}$ から $\mathbb{C} \setminus \{0\}$ への全単射であることを示せ．

問 **6.5.3** ($\star$) 数列 E_n ($n \geq 0$) を, $E_0 = 1$, $\sum_{k=0}^{n} \frac{(-1)^k E_k}{(2n-2k)!(2k)!} = 0$ ($n \geq 1$) で帰納的に定める. 以下を示せ：(i) $|E_n| \leq (2n)! r^{-2n}$ ($\forall n \geq 1$), ただし $r > 0$ は $\operatorname{ch} r = 2$ の解とする[4]. (ii) $z \in \mathbb{C}$, $|z| < r$ なら $\frac{1}{\operatorname{ch} z} = \sum_{n=0}^{\infty} (-1)^n \frac{E_n z^{2n}}{(2n)!}$, $\frac{1}{\cos z} = \sum_{n=0}^{\infty} \frac{E_n z^{2n}}{(2n)!}$. [ヒント：命題 6.1.2. E_n は**オイラー数**と呼ばれ, 正の奇数であることが知られている. 例えば, $E_1 = 1$, $E_2 = 5$, $E_3 = 61$, $E_4 = 1385$, $E_5 = 50521, \ldots$]

問 **6.5.4** (**カーディオイド**) $a > 0$ とする. 曲線：$f(t) = a(1 + 2\cos t + \cos 2t, 2\sin t + \sin 2t)$ ($t \in \mathbb{R}$) をカーディオイドという. 以下を示せ. (i) $f(t) = 2a(1 + \cos t)(\cos t, \sin t)$. (ii) $x, y \in \mathbb{R}$, $x^2 + y^2 - 2ax = -2a\sqrt{x^2 + y^2} \Rightarrow x = y = 0$. (iii) $C_0 \stackrel{\text{def}}{=} \{f(t) \,;\, t \in [0, 2\pi]\}$, $C_1 \stackrel{\text{def}}{=} \{(x,y) \in \mathbb{R}^2 \,;\, x^2 + y^2 - 2ax = 2a\sqrt{x^2 + y^2}\}$, $C_2 \stackrel{\text{def}}{=} \{(x,y) \in \mathbb{R}^2 \,;\, (x^2 + y^2 - 2ax)^2 = 4a^2(x^2 + y^2)\}$ は全て等しい.

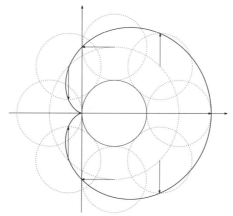

カーディオイドは次のように解釈できる. まず, A, B は共に半径 a の円周で, それぞれの中心は $(0, a)$, $(0, 3a)$ とし, B 上の点 $(0, 4a)$ に印をつける. 次に円周 B を円周 A に沿って左回りに, 角速度 2 で転がすと, 円周 B の中心は, $(0, a)$ を中心とした半径 $2a$ の円周上を角速度 1 で動く. B 自身が角速度 2 で回転するので, $f(t)$ は, 最初につけた印の時刻 t での位置を表す. (i) より $f(t)$ の原点からの距離は $1 + \cos t$ で, x 軸の正の向きに対し角 t をなす.

問 **6.5.5** (**デカルトの正葉線**) $a > 0$, $-\frac{\pi}{4} < \theta < \frac{3\pi}{4}$,
$$h(\theta) = \frac{3a \cos\theta \sin\theta}{\cos^3\theta + \sin^3\theta}, \ \ x(\theta) = h(\theta)\cos\theta, \ y(\theta) = h(\theta)\sin\theta$$

---

[4] $r = \log(2 + \sqrt{3}) = 1.3169\ldots$. 複素解析から (ii) の展開は $0 < |z| < \pi/2$ で正しいことがわかる.

とし，曲線 $f(\theta) = (x(\theta), y(\theta))$ を考える．$f(\theta)$ をデカルトの正葉線といい，その形は下図の通りである．

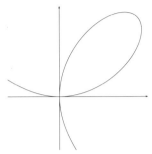

以下を示せ：(i) $\left\{f(\theta) \,;\, -\frac{\pi}{4} < \theta < \frac{3\pi}{4}\right\} = \{(x,y) \in \mathbb{R}^2 \,;\, x^3 + y^3 = 3axy\}$ (ii) 直線 $x + y = -a$ は次の意味で $f(\theta)$ の漸近線である：$\theta \to -\frac{\pi}{4}$，および $\theta \to \frac{3\pi}{4}$ のとき，$x(\theta) + y(\theta) \to -a$．

6.6　正接

命題 6.6.1 （正接）　$z \in \mathbb{C} \setminus \left(\frac{\pi}{2} + \pi\mathbb{Z}\right)$ に対し，

$$\tan z \stackrel{\text{def}}{=} \frac{\sin z}{\cos z} \quad \text{（正接）}$$

($z \in \mathbb{C} \setminus \left(\frac{\pi}{2} + \pi\mathbb{Z}\right)$ なら系 6.5.5 より $\cos z \neq 0$)．このとき，

(a)　$\tan$ は $\left(-\frac{\pi}{2}, \frac{\pi}{2}\right)$ 上狭義 ↗ である．

(b)　$x \to \pm\frac{\pi}{2} \Rightarrow \tan x \to \pm\infty$　（複号同順）．

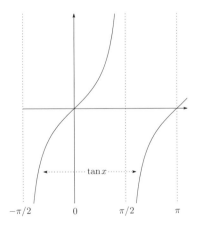

証明 系 6.5.3 の増減表による. \(^□^)/

◆**例 6.6.2**（**正接の加法定理**）　$x, y \in \mathbb{C} \setminus (\frac{\pi}{2} + \pi\mathbb{Z})$ のとき,

(a)　$\tan x \tan y = 1 \iff x + y \in \frac{\pi}{2} + \pi\mathbb{Z}$.

(b)　$x + y \notin \frac{\pi}{2} + \pi\mathbb{Z}$ なら $\tan(x+y) = \dfrac{\tan x + \tan y}{1 - \tan x \tan y}$.

証明　(a)

$$\tan x \tan y = 1 \iff \sin x \sin y = \cos x \cos y$$
$$\stackrel{(6.37)}{\iff} \cos(x+y) = 0 \stackrel{\text{系 6.5.5}}{\iff} x + y \in \frac{\pi}{2} + \pi\mathbb{Z}.$$

(b)

$$\tan(x+y) = \frac{\sin(x+y)}{\cos(x+y)} \stackrel{(6.37)}{=} \frac{\cos x \sin y + \sin x \cos y}{\cos x \cos y - \sin x \sin y} = \frac{\tan x + \tan y}{1 - \tan x \tan y}.$$

\(^□^)/

問 6.6.1　次の関数 th を**双曲正接**関数と呼ぶ:

$$\operatorname{th} z = \frac{\operatorname{sh} z}{\operatorname{ch} z}, \quad z \in \mathbb{C} \setminus \left(\frac{\pi \mathbf{i}}{2} + \pi \mathbf{i} \mathbb{Z}\right).$$

（系 6.5.5 より，上の z に対し $\operatorname{ch} z \neq 0$）．以下を示せ：(i) th は $\mathbb{R}$ 上狭義 ↗. (ii) $x \to \pm \infty \Rightarrow \operatorname{th} x \to \pm 1$（複号同順）．

問 6.6.2　次を示せ：$\frac{1}{\operatorname{th} z} = 1 + \frac{2}{e^{2z}-1}$, $\frac{1}{\operatorname{sh} z} = \frac{1}{\operatorname{th}(z/2)} - \frac{1}{\operatorname{th} z}$, $\operatorname{th} z = \frac{2}{\operatorname{th} 2z} - \frac{1}{\operatorname{th} z}$.

問 6.6.3（⋆）　数列 $(\beta_n)_{n \geq 0}$ を $\beta_0 = 1$, $\sum_{k=0}^{n} \frac{\beta_k}{(n+1-k)!k!} = 0 \ (n \geq 1)$ で帰納的に定める．以下を示せ：(i) $|\beta_n| \leq n! r^{-n} \ (\forall n \geq 1)$. ただし $r > 0$ は $e^r = 1 + 2r$ の解とする[5]. (ii) $z \in \mathbb{C}$, $0 < |z| < r$ なら $\frac{z}{\exp z - 1} = \sum_{n=0}^{\infty} \frac{\beta_n z^n}{n!}$. ［ヒント：命題 6.1.2.］(iii) $\beta_{2n+1} = 0 \ (\forall n \geq 1)$. ［ヒント：$\sum_{n=2}^{\infty} \beta_n z^n / n!$ は偶関数.］ $B_n = (-1)^{n-1} \beta_{2n} \ (n \geq 1)$ は**ベルヌーイ数**と呼ばれ，正数であることが知られている．ベルヌーイ数は初等関数の展開や，$\zeta(2k) \ (k = 1, 2, \ldots,$ 問 6.2.6 参照) の計算，自然数のべき乗和の表示など，色々なところに顔を出す面白い数である．$B_1, \ldots, B_5$ の値は $1/6, 1/30, 1/42, 1/30, 5/66$．ベルヌーイ数はヤコブ ベルヌーイが発見したと言われるが，実は日本の関孝和はこれに先んじていた．

---

[5] $r = 1.256\ldots$. 複素解析から (ii) の展開は $0 < |z| < 2\pi$ で正しいことがわかる．

問 **6.6.4** ($\star$) $z \in \mathbb{C}, r > 0$ を $e^r = 1 + 2r$ の解とする．問 6.6.2, 問 6.6.3 の結果を用い，以下を示せ[6]：
(i) $0 < |z| < r$ に対し $\frac{1}{\operatorname{th} z} = \frac{1}{z} + \sum_{n=1}^{\infty} \frac{(-1)^{n-1} 2^{2n} B_n z^{2n-1}}{(2n)!}$.
(ii) $0 < |z| < r$ に対し $\frac{1}{\operatorname{sh} z} = \frac{1}{z} + 2 \sum_{n=1}^{\infty} \frac{(-1)^n (2^{2n-1} - 1) B_n z^{2n-1}}{(2n)!}$.
(iii) $0 < |z| < r/2$ に対し $\operatorname{th} z = \sum_{n=1}^{\infty} \frac{(-1)^{n-1} 2^{2n} (2^{2n} - 1) B_n z^{2n-1}}{(2n)!}$.

✔注 $\sin z = \frac{1}{\mathbf{i}} \operatorname{sh}(\mathbf{i} z), \tan z = \frac{1}{\mathbf{i}} \operatorname{th}(\mathbf{i} z)$ から $\frac{1}{\tan}, \frac{1}{\sin}, \tan$ についても問 6.6.4 と同様の級数表示が得られる．

問 **6.6.5** ($\star$) (正接の倍角公式) $y \in \mathbb{C}, n \in \mathbb{N}, n \geq 2$ に対し，

$$P_n(y) = \sum_{0 \leq k \leq \frac{n-1}{2}} (-1)^k \binom{n}{2k+1} y^{2k+1}, \quad Q_n(y) = \sum_{0 \leq k \leq \frac{n}{2}} (-1)^k \binom{n}{2k} y^{2k}$$

とする．$x \in \mathbb{C} \setminus (\frac{\pi}{2} + \pi \mathbb{Z})$ に対し，例 6.4.4, 問 6.4.6 の結果を用い，以下を示せ：
(i) $x \in \{\frac{2k+1}{2n} \pi \ ; \ k \in \mathbb{Z}\} \iff Q_n(\tan x) = 0$. (ii) $Q_n(\tan x) \neq 0$ なら $\tan nx = P_n(\tan x) / Q_n(\tan x)$.

補足：本書では用いないが，他書等で次の記号を見かけるかもしれない．覚えなくてもよいが，必要に応じて参照されたい．

$$\cot z = \frac{1}{\tan z}, \quad \sec z = \frac{1}{\cos z}, \quad \operatorname{cosec} z = \frac{1}{\sin z}$$

(それぞれ，右辺の分母が 0 でないときのみ定義する：系 6.5.5 参照)．同様に，

$$\coth z = \frac{1}{\operatorname{th} z}, \quad \operatorname{sech} z = \frac{1}{\operatorname{ch} z}, \quad \operatorname{cosech} z = \frac{1}{\operatorname{sh} z}$$

(それぞれ，右辺の分母が 0 でないときのみ定義する：系 6.5.5, 問 6.6.1 参照)．

6.7 逆三角関数

正弦・余弦関数の幾何学的意味は，単位円周上の点の座標を，座標軸との角度 (＝弧長) を変数とした関数として表すことである．例えば，正弦関数は弧長 θ に対し円周上の点の y 座標 (正弦) を対応させる関数だが，これは $\theta \in [-\frac{\pi}{2}, \frac{\pi}{2}]$

---
[6] 問 6.6.3 の脚注で述べた理由より，この問の式は r を 2π でおきかえても正しい．

で全単射だから，この範囲では逆に，円周上の点の y 座標（正弦）に弧長（arc length）を対応させる関数を考えることができる．それが逆正弦関数 (Arcsin) である：

命題 6.7.1 (逆正弦・逆余弦) **(a1)** $\sin : [-\frac{\pi}{2}, \frac{\pi}{2}] \to [-1, 1]$ は連続な全射，狭義 ↗（系 6.5.3）である．そこで，その逆関数を**逆正弦**関数と呼び，Arcsin と記す．このとき，Arcsin $: [-1, 1] \to [-\frac{\pi}{2}, \frac{\pi}{2}]$ は連続な全射，狭義 ↗ である．

(a2) $y \in [-1, 1]$, $\theta \in [-\frac{\pi}{2}, \frac{\pi}{2}]$ に対し $\sin(\text{Arcsin } y) = y$, $\text{Arcsin}(\sin \theta) = \theta$.

(b1) $\cos : [0, \pi] \longrightarrow [-1, 1]$ は連続な全射，狭義 ↘（系 6.5.3）．そこで，その逆関数を**逆余弦**関数と呼び，Arccos と記す．このとき，Arccos $: [-1, 1] \longrightarrow [0, \pi]$ は連続な全射，狭義 ↘ であり，$y \in [-1, 1]$ に対し次が成立する：

$$\text{Arcsin } y + \text{Arccos } y = \frac{\pi}{2} \quad (\textbf{余角公式}). \tag{6.49}$$

(b2) $y \in [-1, 1]$, $\theta \in [0, \pi]$ に対し $\cos(\text{Arccos } y) = y$, $\text{Arccos}(\cos \theta) = \theta$.

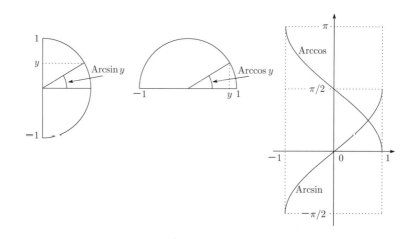

証明 (a1), (b1): (6.49) 以外は連続関数の逆関数定理（定理 3.4.7）による．
$\theta \stackrel{\text{def}}{=} \operatorname{Arcsin} y \in [-\frac{\pi}{2}, \frac{\pi}{2}]$ より $\pi/2 - \theta \in [0, \pi]$．さらに，

$$\cos(\pi/2 - \theta) \stackrel{(6.37)}{=} \sin\theta = y = \cos(\operatorname{Arccos} y).$$

ゆえに, $\cos: [0, \pi] \longrightarrow [-1, +1]$ の単射性より (6.49) を得る．
(a2), (b2): (a1), (b1) の帰結である．\(^□^)/

命題 6.7.2 (逆正接) $\tan: (-\frac{\pi}{2}, \frac{\pi}{2}) \to \mathbb{R}$ は連続な全射，狭義 ↗（命題 6.6.1）．そこで，その逆関数を**逆正接**関数と呼び，Arctan と記す．このとき，$\operatorname{Arctan}: \mathbb{R} \longrightarrow (-\frac{\pi}{2}, \frac{\pi}{2})$ は連続な全射，狭義 ↗ である．したがって，

$$y \longrightarrow \pm\infty \implies \operatorname{Arctan} y \longrightarrow \pm\frac{\pi}{2} \quad (\text{複号同順}).$$

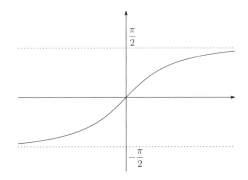

証明 狭義単調関数の逆関数定理（定理 3.4.7）による．\(^□^)/

◆例 6.7.3 $y > -1$ に対し，$\operatorname{Arctan} y + \operatorname{Arctan} \frac{1-y}{1+y} = \frac{\pi}{4}$.

証明 $\theta \stackrel{\text{def}}{=} \operatorname{Arctan} y > -\frac{\pi}{4}$ に対し，

$$\tan(\tfrac{\pi}{4} - \theta) \stackrel{\text{例 6.6.2}}{=} \frac{1-y}{1+y}.$$

これで両辺の Arctan をとればよい．\(^□^)/

◆**例 6.7.4**　一般に $t \in \mathbb{R}$ に対し $\operatorname{sgn}(t) = \pm 1, 0$ を次のように定める[7]：

$$\operatorname{sgn}(t) = \begin{cases} 1, & (t > 0), \\ 0, & (t = 0), \\ -1, & (t < 0). \end{cases} \tag{6.50}$$

$(0,0) \neq (x,y) \in [0,\infty) \times \mathbb{R}$ とするとき，

$$\operatorname{Arcsin} \frac{y}{\sqrt{x^2+y^2}} = \operatorname{sgn}(y) \operatorname{Arccos} \frac{x}{\sqrt{x^2+y^2}}. \tag{6.51}$$

特に $x > 0$ なら，上式は共に $\operatorname{Arctan} \frac{y}{x}$ に等しい．

✔**注**　(6.51) の両辺は，x 軸の正の向きに対し (x,y) がなす角を表す．これに注意すると，例 6.7.4 の内容は図形上では明白である．

証明　$\theta \stackrel{\text{def}}{=} \operatorname{sgn}(y) \operatorname{Arccos} \frac{x}{\sqrt{x^2+y^2}} \in [-\pi/2, \pi/2]$ に対し，

$$\operatorname{sgn}(\theta) = \operatorname{sgn}(y), \quad |\theta| = \operatorname{Arccos} \frac{x}{\sqrt{x^2+y^2}}.$$

よって，

$$\sin\theta = \operatorname{sgn}(\theta) \sin|\theta| = \operatorname{sgn}(y) \sqrt{1 - \cos^2|\theta|} = \frac{y}{\sqrt{x^2+y^2}},$$

ゆえに $\theta = \operatorname{Arcsin} \frac{y}{\sqrt{x^2+y^2}}$．特に $x > 0$ なら，$|\theta| < \pi/2$，

$$\tan\theta = \operatorname{sgn}(\theta) \tan|\theta| = \operatorname{sgn}(y) \frac{\sqrt{1-\cos^2|\theta|}}{\cos|\theta|} = \frac{y}{x}.$$

ゆえに $\theta = \operatorname{Arctan} \frac{y}{x}$．　　　　　　　　　　　　　　　\(^⊔^)/

点 $(x,y) \in \mathbb{R}^2 \setminus \{(0,0)\}$ が x 軸の正の向きに対し (x,y) がなす角 θ を「偏角」と呼び，特に，θ を $[-\pi, \pi)$ の範囲で表すことにより[8]，$+2\pi m$ $(m \in \mathbb{Z})$ の不確定要素を除く場合に「偏角の主値」と呼ぶ．次の命題 6.7.5 でこれを正確に述べる．

---

[7] sgn は signature（符号）の略である．
[8] $[-\pi, \pi)$ の代わりに $(-\pi, \pi]$, $[0, 2\pi)$, $(0, 2\pi]$ の範囲で表すこともある．

命題 6.7.5 (偏角の主値)

$$(r,\theta) \mapsto (r\cos\theta, r\sin\theta)\,;\, (0,\infty) \times [-\pi,\pi) \longrightarrow \mathbb{R}^2 \setminus \{(0,0)\}$$

は全単射である (系 6.5.7). そこで, その逆写像を次のように記す:

$$(x,y) \mapsto (\sqrt{x^2+y^2}, \arg(x,y))\,;\, \mathbb{R}^2 \setminus \{(0,0)\} \longrightarrow (0,\infty) \times [-\pi,\pi).$$

$\arg(x,y) \in [-\pi,\pi)$ を**偏角**の**主値**と呼ぶ:このとき,

$$\arg(x,y) = \begin{cases} \mathrm{Arccos}\,\dfrac{x}{\sqrt{x^2+y^2}}, & (x \in \mathbb{R}, y > 0), \\ -\mathrm{Arccos}\,\dfrac{x}{\sqrt{x^2+y^2}}, & (x \in \mathbb{R}, y \leq 0, (x,y) \neq 0), \\ \mathrm{Arcsin}\,\dfrac{y}{\sqrt{x^2+y^2}}, & (x \geq 0, y \in \mathbb{R}, (x,y) \neq 0), \\ \mathrm{Arctan}\,\dfrac{y}{x}, & (x > 0, y \in \mathbb{R}). \end{cases} \quad (6.52)$$

さらに,

(a) $(x,y) \in \mathbb{R}^2 \setminus \{(0,0)\}$ なら

$$(x,y) = \sqrt{x^2+y^2}(\cos(\arg(x,y)), \sin(\arg(x,y))).$$

(b) $(x,y) = r(\cos\theta, \sin\theta)\,(r>0,\,\theta \in \mathbb{R})$ なら, $\theta \in \arg(x,y) + 2\pi\mathbb{Z}$, 特に $\theta \in [-\pi,\pi)$ なら $\theta = \arg(x,y)$.

(c) $\arg$ は $\mathbb{R}^2 \setminus \{(x,0) \in \mathbb{R}^2\,;\, x \leq 0\}$ 上で連続である.

(d) $x_0 < 0$ とするとき, $\arg(x_0, 0) = -\pi$. 一方,

$$y > 0,\, (x,y) \longrightarrow (x_0, 0)\, \text{なら}\, \arg(x,y) \longrightarrow \pi. \quad (6.53)$$

特に, $\arg$ は $(x_0, 0)$ で不連続である.

✔**注** $\arg(x,y)$ は (x,y) が x 軸の正の向きに対しなす角を表すので, (6.52), (6.53) は図形上では明白である (例 6.7.4 参照). (6.52) 第一式は, 上半平面 ($y>0$) での偏角を一つの式で表せる点で便利である. 一方, (6.52) 第三・四式は, 右半平面 ($x>0$) での偏角を一つの式で表せる点で便利である.

証明 (6.52): $(x,y) \in \mathbb{R}^2 \setminus \{(0,0)\}$ に対し $r = \sqrt{x^2+y^2}$, $(u,v) = (x,y)/r$, また $\theta \stackrel{\text{def}}{=} \operatorname{Arccos} u \in [0,\pi]$ とする。$y > 0$ (すなわち $v > 0$) なら，$|u| < 1$ より $\theta \in (0,\pi)$. また，$\sin\theta \geq 0$ に注意して，

$$r\cos\theta = ru = x,$$
$$r\sin\theta \stackrel{(\sin\theta \geq 0)}{=} r\sqrt{1-\cos^2\theta} = r\sqrt{1-u^2} \stackrel{v \geq 0}{=} rv = y.$$

これと arg の定義より $\arg(x,y) = \theta$. これで (6.52) 第一式を得る。一方，$y \leq 0$ (すなわち $v \leq 0$) なら，$-\theta \in [-\pi, 0]$, また，

$$r\cos(-\theta) = r\cos\theta = ru = x,$$
$$r\sin(-\theta) = -r\sin\theta \stackrel{(\sin\theta \geq 0)}{=} -r\sqrt{1-\cos^2\theta} = -r\sqrt{1-u^2} \stackrel{(v \geq 0)}{=} rv = y.$$

これと arg の定義より $\arg(x,y) = -\theta$. これで (6.52) 第二式を得る。以上と例 6.7.4 より，(6.52) 第三・四式も従う。

(a): arg の定義から明らかである。
(b): $\theta \in [-\pi, \pi)$ なら arg の定義から明らかである。一方，$\theta \notin [-\pi, \pi)$ なら，$\theta + 2\pi m \in [-\pi, \pi)$ をみたす $m \in \mathbb{Z}$ に対し，

$$(x,y) = r(\cos(\theta + 2\pi m), \sin(\theta + 2\pi m)).$$

よって $\arg(x,y) = \theta + 2\pi m$.
(c): (6.52) 第一・二・三式より，arg はそれぞれ，次の範囲で連続である：

$$\{(x,y) \in \mathbb{R}^2 \,;\, y > 0\}, \quad \{(x,y) \in \mathbb{R}^2 \,;\, y < 0\}, \quad \{(x,y) \in \mathbb{R}^2 \,;\, x > 0\},$$

したがって，arg は $\mathbb{R}^2 \setminus \{(x,0) \in \mathbb{R}^2 \,;\, x \leq 0\}$ で連続である。
(d): $x_0 < 0$ とするとき，$\arg(x_0, 0) \stackrel{(6.52)\text{ 第二式}}{=} -\operatorname{Arccos}(-1) = \pi$. 一方，$y > 0$, $(x,y) \longrightarrow (x_0, 0)$ なら $x/\sqrt{x^2+y^2} \longrightarrow -1$. ゆえに，

$$\arg(x,y) \stackrel{(6.52)\text{ 第一式}}{=} \operatorname{Arccos} \frac{x}{\sqrt{x^2+y^2}} \longrightarrow \operatorname{Arccos}(-1) = \pi.$$

\(^□^)/

6.7 逆三角関数

問 6.7.1 $-\frac{1}{\sqrt{2}} \leq y \leq 1$ とする．$x \stackrel{\text{def}}{=} \frac{\sqrt{1-y^2}-y}{\sqrt{2}} \in [-1, 1]$, Arcsin $x+$ Arcsin $y = \frac{\pi}{4}$ を示せ．

問 6.7.2 次を示せ：

$$\theta_1, \theta_2 \geq 0, \; \theta_1 + \theta_2 < \frac{\pi}{2}, \; x = \frac{\sin\theta_1}{\cos\theta_2}, \; y = \frac{\sin\theta_2}{\cos\theta_1}$$

$$\iff 0 \leq x, y < 1, \; \theta_1 = \text{Arctan}\left(x\sqrt{\frac{1-y^2}{1-x^2}}\right), \; \theta_2 = \text{Arctan}\left(y\sqrt{\frac{1-x^2}{1-y^2}}\right).$$

問 6.7.3 ($\star$) 以下を示せ：(i) T_n, V_n を第一種，第二種のチェビシェフ多項式（例 6.4.4），$x \in \mathbb{R}$, $|x| \leq 1$ とすると，

$$T_n(x) = \cos(n \, \text{Arccos} \, x), \quad \sqrt{1-x^2} \, V_n(x) = \sin(n \, \text{Arccos} \, x).$$

(ii) S_n を問 6.4.6 の多項式，$y \in \mathbb{R}$, $|y| \leq \sin\frac{\pi}{2n}$ とすると，

$$n\text{Arcsin} \, y = \begin{cases} \text{Arcsin} \, (\sqrt{1-y^2} \, S_n(y)) & (n \text{ が偶数}), \\ \text{Arcsin} \, S_n(y) & (n \text{ が奇数}). \end{cases}$$

(iii) P_n, Q_n を問 6.6.5 の多項式，$y \in \mathbb{R}$, $|y| < \tan\frac{\pi}{2n}$ とすると，

$$Q_n(y) \neq 0, \; n \, \text{Arctan} \, y = \text{Arctan} \frac{P_n(y)}{Q_n(y)}.$$

問 6.7.4 ($\star$) $-\tan\frac{\pi}{16} < y < \tan\frac{\pi}{8}$ に対し次を示せ：

$$4 \, \text{Arctan} \, y + \text{Arctan} \, \frac{y^4 + 4y^3 - 6y^2 - 4y + 1}{y^4 - 4y^3 - 6y^2 + 4y + 1} = \frac{\pi}{4}.$$

問 6.7.5 ($\star$)（逆正弦の和）

$$S \stackrel{\text{def}}{=} \text{Arcsin} \, x + \text{Arcsin} \, y, \quad x, y \in [-1, 1],$$
$$D_0 \stackrel{\text{def}}{=} \{(x, y) \in [-1, 1]^2 \; ; \; x^2 + y^2 \leq 1 \text{ または } xy \leq 0\},$$
$$D_1 \stackrel{\text{def}}{=} \{(x, y) \in [0, 1]^2 \; ; \; x^2 + y^2 \geq 1\},$$
$$D_{-1} \stackrel{\text{def}}{=} \{(x, y) \in [-1, 0]^2 \; ; \; x^2 + y^2 \geq 1\}.$$

このとき，$m = 0, \pm 1$ に対し以下を示せ．

(i) $(x, y) \in \begin{cases} D_0 & \iff \; |S| \leq \frac{\pi}{2}, \\ D_1 & \iff \; \frac{\pi}{2} \leq S \leq \pi, \\ D_{-1} & \iff \; -\pi \leq S \leq -\frac{\pi}{2}. \end{cases}$

(ii) $S = \begin{cases} \frac{\pi}{2} & \iff x, y \geq 0, \ x^2 + y^2 = 1, \\ -\frac{\pi}{2} & \iff x, y \leq 0, \ x^2 + y^2 = 1. \end{cases}$

(iii) $(x, y) \in D_m$ に対し $S = m\pi + (-1)^m \mathrm{Arcsin}\,(x\sqrt{1-y^2} + y\sqrt{1-x^2})$.

問 6.7.6 ($\star$)（逆正接の和）

$$S \stackrel{\mathrm{def}}{=} \mathrm{Arctan}\,x + \mathrm{Arctan}\,y, \quad x, y \in \mathbb{R},$$

$$D_m \stackrel{\mathrm{def}}{=} \begin{cases} \{(x,y) \in \mathbb{R}^2 \ ;\ xy < 1\} & (m = 0), \\ \{(x,y) \in (0,\infty)^2 \ ;\ xy > 1\} & (m = 1), \\ \{(x,y) \in (-\infty,0)^2 \ ;\ xy > 1\} & (m = -1). \end{cases}$$

このとき，以下を示せ：(i) $S = \begin{cases} \frac{\pi}{2} & \iff x, y > 0, xy = 1, \\ -\frac{\pi}{2} & \iff x, y < 0, xy = 1. \end{cases}$ (ii) $m = 0, \pm 1$ に対し，$(x,y) \in D_m \iff S \in m\pi + (-\frac{\pi}{2}, \frac{\pi}{2}) \implies S = m\pi + \mathrm{Arctan}\left(\frac{x+y}{1-xy}\right)$.

6.8 ($\star$) 対数の主値

命題 6.7.5 で，$(x,y) \in \mathbb{R}^2 \setminus \{(0,0)\}$ に対する偏角の主値 $\arg(x,y)$ を定義した．$\mathbb{C}$ を複素平面とみなすことで，複素数 z に対しても，次のように偏角の主値が定義される：

命題 6.8.1（**偏角の主値**） $z = x + \mathbf{i}y \in \mathbb{C} \setminus \{0\}$ $(x, y \in \mathbb{R})$ に対し $\arg z \stackrel{\mathrm{def}}{=} \arg(x,y) \in [-\pi, \pi)$ を**偏角**の**主値**と呼ぶ．このとき，

(a) $z \in \mathbb{C} \setminus \{0\}$ なら $z = |z|\exp(\mathbf{i}\arg z)$.

(b) $z = r\exp(\mathbf{i}\theta)$ $(r > 0, \theta \in \mathbb{R})$ なら，$\theta \in \arg z + 2\pi\mathbb{Z}$，特に $\theta \in [-\pi, \pi)$ なら $\theta = \arg z$.

(c) $z \mapsto \arg z$ は $z \in \mathbb{C} \setminus (-\infty, 0]$ で連続，$z \in (-\infty, 0)$ では不連続である．

証明 命題 6.7.5 を翻訳したものである． \(^□^)/

命題 6.8.1 より，$\arg z$ は z と正の実軸との角度を表す．特に，次の性質も命題 6.8.1 からわかる：

系 6.8.2 $z \in \mathbb{C} \setminus (-\infty, 0]$ なら,

$$\operatorname{sgn}(\arg z) = \operatorname{sgn}(\operatorname{Im} z), \quad \arg \overline{z} = -\arg z, \quad ((6.50) \text{ 参照}).$$

次に,対数の主値という概念を導入する.「主値」と呼ぶ理由は,その虚部 (arg) から $+2\pi m$ ($m \in \mathbb{Z}$) の不確定要素を除くことによる.これにより,$z \mapsto \exp z$ の定義域を $\operatorname{Im} z \in [-\pi, \pi)$ に制限するとき,対数の主値はその逆関数を与える:

命題 6.8.3 (**対数の主値**) $z \in \mathbb{C} \setminus \{0\}$ に対し $\operatorname{Log} z$ を次のように定め,対数の**主値**と呼ぶ:

$$\operatorname{Log} z = \log |z| + \mathbf{i} \arg z. \tag{6.54}$$

このとき,

(a) $z \in \mathbb{C} \setminus \{0\}$ なら $\exp(\operatorname{Log} z) = z$.

(b) $r \exp(\mathbf{i}\theta) = z$ ($r > 0, \theta \in \mathbb{R}$) なら,

$$\log r + \mathbf{i}\theta \in \operatorname{Log} z + 2\pi \mathbf{i} \mathbb{Z},$$

特に $\theta \in [-\pi, \pi)$ なら $\log r + \mathbf{i}\theta = \operatorname{Log} z$.

(c) $\operatorname{Log} z$ は $z \in \mathbb{C} \setminus (-\infty, 0]$ で連続,$z \in (-\infty, 0)$ では不連続である.

証明 (a): $\exp(\operatorname{Log} z) \stackrel{(6.54)}{=} |z| \exp(\mathbf{i} \arg z) \stackrel{\text{命題 6.8.1}}{=} |z|(z/|z|) = z$.
(b): $\operatorname{Log} z \stackrel{(6.54)}{=} \log r + \mathbf{i} \arg(r \exp(\mathbf{i}\theta))$. ゆえに命題 6.8.1(b) より結論を得る.
(c): (6.54) において $\log |z|$ は $\mathbb{C} \setminus \{0\}$ で連続である.ゆえに命題 6.8.1(c) より結論を得る. \(^□^)/

✔**注** 命題 6.8.3 で Log を $\mathbb{C} \setminus \{0\}$ で定義したが,$(-\infty, 0)$ 上不連続である.そこではじめから $(-\infty, 0)$ も Log の定義域から除く流儀もある(例えば [杉浦]).

◆**例 6.8.4** 逆三角関数を,対数の主値を用いて表すことができる.例えば

$x \in [-1, 1]$ に対し,
$$\mathrm{Arcsin}\, x = \frac{1}{\mathbf{i}} \mathrm{Log}\, (\sqrt{1-x^2} + \mathbf{i}x).$$

証明 $\mathrm{Arcsin}\, x \in [-\pi/2, \pi/2]$ より $\cos(\mathrm{Arcsin}\, x) = \sqrt{1-x^2}$. したがって,
$$\begin{aligned}e^{\mathbf{i}\mathrm{Arcsin}\, x} &= \cos(\mathrm{Arcsin}\, x) + \mathbf{i}\sin(\mathrm{Arcsin}\, x) \\ &= \sqrt{1-x^2} + \mathbf{i}x \in \mathbb{C} \setminus (-\infty, 0].\end{aligned}$$

上式両辺の Log をとれば結論を得る (命題 6.8.3 (b)). \(^□^)/

問 6.8.1 $x \in \mathbb{R}$ に対し, 次を示せ: $\mathrm{Arctan}\, x = \frac{1}{2\mathbf{i}}\mathrm{Log}\left(\frac{1+\mathbf{i}x}{1-\mathbf{i}x}\right)$.

問 6.8.2 $z, w \in \mathbb{C} \setminus \{0\}$ に対し, 以下を示せ: (i) $\mathrm{Log}\,(zw) = \mathrm{Log}\, z + \mathrm{Log}\, w \iff \arg z + \arg w \in [-\pi, \pi)$. (ii) $\mathrm{Re}\, z > 0, \mathrm{Re}\, w \geq 0$ なら (i) の条件がみたされる. (iii) $z, w \notin (-\infty, 0], \mathrm{Im}\, z\, \mathrm{Im}\, w \leq 0$ なら (i) の条件がみたされる.

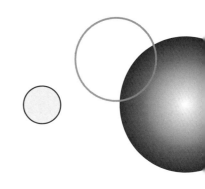

第7章

極限と連続 II——微分への準備

本章では,第8章で用いる,極限,連続性に関する事柄を準備する.7.1 節で述べる最大・最小値存在定理 I(定理 7.1.1)は,平均値定理(定理 8.3.1)の証明に用いる.7.2 節では,ボルツァーノ・ワイエルシュトラスの定理 I(定理 7.2.2)を述べ,それを用い,定理 7.1.1 を示す.7.3 節の内容は 8.9 節で用いる.

7.1 最大・最小値存在定理 I(一変数関数)

有界な閉集合で定義された連続関数に対する最大・最小値存在定理(定理 7.1.1)を述べる.例えば,微分に関する平均値定理(定理 8.3.1)は定理 7.1.1 から導かれる.

定理 7.1.1(**最大・最小値存在定理 I**) $A \subset \mathbb{R}$ は有界な閉集合,$f \in C(A \to \mathbb{R})$ とする.このとき,
- (a) $f(A)$ は有界な閉集合である.
- (b) $\max_A f$, $\min_A f$ が存在する.

定理 7.1.1 の証明は 7.2 節で述べる.

ワイエルシュトラスは 1874 年にベルリンで行った講義で,最大・最小値存在定理 I(定理 7.1.1)を述べている.定理 7.1.1,あるいは,より一般に定理

9.2.1 をワイエルシュトラスの定理と呼ぶこともある．

問 7.1.1 定理 7.1.1 の仮定で，A が有界であること，閉であることは共に不可欠である．それを確かめるために次のような $A \subset \mathbb{R}$, $f \in C(A \to \mathbb{R})$ の例を挙げよ：
(i) A は閉，$f(A) = (0, \infty)$. (ii) A は有界，$f(A) = (0, \infty)$.

問 7.1.2 $f \in C(\mathbb{R} \to \mathbb{R})$ に対し，次の (a), (b) が同値であることを示せ：(a) f は最小値をもつ．(b) $a \in \mathbb{R}, r > 0$ であり，「$|x - a| \geq r \Rightarrow f(a) \leq f(x)$」なるものが存在する．[特に $f(x) \xrightarrow{|x| \to \infty} \infty$ なら，上記 (b)（したがって (a)）が成立する．]

問 7.1.3 $T > 0$, $f \in C(\mathbb{R} \to \mathbb{R})$, 任意の $x \in \mathbb{R}$ に対し $f(x + T) = f(x)$ とする．このとき，f は最大・最小値をもつことを示せ．

7.2 (⋆) ボルツァーノ・ワイエルシュトラスの定理 I（一次元）と定理 7.1.1 の証明

定義 7.2.1（**部分列**） a_n を $\mathbb{R}^d$ の点列とする．自然数列 $k(0) < k(1) < \cdots$ を用いて $a_{k(n)}$ と表される点列を，a_n の**部分列**という．

次の定理 7.2.2 から，有界閉集合上の連続関数が，最大・最小値をもつこと（定理 7.1.1）が導ける．

定理 7.2.2（ボルツァーノ・ワイエルシュトラスの定理 I） $A \subset \mathbb{R}$ に対し，以下の条件を考える：

(b1) A は有界．

(b2) A 内の任意の数列が収束部分列をもつ（その極限は A の点でなくてもよい）．

(c1) A は有界かつ閉．

(c2) A 内の任意の点列が，A の点に収束する部分列をもつ（このとき A は**コンパクト**であるという）．

このとき，(b1) は (b2) と同値，(c1) は (c2) と同値である．

✔注 定理 7.2.2 より，$\mathbb{R}$ においてコンパクト性と「有界かつ閉」は同じで，両者を区別する必要はない．「コンパクト集合」は「有界閉集合」の別名で，特に性質 (c2) を強調したいときに使う．

証明 (b1) $\Rightarrow$ (b2): この部分が，定理 7.2.2 の最も本質的部分であり，区間縮小法（系 3.5.2）を用いて示す（別証明は問 7.2.3 を参照されたい）．仮定から $A \subset [\ell, r]$ をみたす $\ell, r \in \mathbb{R}$ が存在する．$a_k \in A$ $(k = 0, 1, 2, \ldots)$ を任意とし，a_k が収束部分列を含むことを言う．そのために，区間 $[\ell_n, r_n]$, $n = 0, 1, \ldots$ を以下のように定める：$[\ell_0, r_0] = [\ell, r]$. さらに $m_n = (\ell_n + r_n)/2$ に対し，

$$[\ell_{n+1}, r_{n+1}] = \begin{cases} [\ell_n, m_n], & a_k \in [\ell_n, m_n] \text{ となる } k \text{ が無限個あるとき,} \\ [m_n, r_n], & a_k \in [\ell_n, m_n] \text{ となる } k \text{ が有限個であるとき.} \end{cases}$$

このとき，任意の $n \in \mathbb{N}$ に対し，$a_k \in [\ell_n, r_n]$ となる k が無限個存在する．特に，$a_{k(1)} \in [\ell_1, r_1]$ となる $k(1) \geq 1$ を任意に選ぶとき，この $k(1)$ に対し $k(2) > k(1)$ を $a_{k(2)} \in [\ell_2, r_2]$ となるように選ぶことができる．これを繰り返せば，自然数列 $0 = k(0) < k(1) < \cdots$ を

(1) $\quad a_{k(n)} \in [\ell_n, r_n], \quad \forall n \in \mathbb{N}$

となるように選ぶことができる．一方，

$$\ell_n \text{ は } \nearrow, \quad r_n \text{ は } \searrow, \quad r_n - \ell_n = 2^{-n}(r - \ell) \stackrel{n \to \infty}{\longrightarrow} 0.$$

したがって，区間縮小法（系 3.5.2）より $m \in [\ell, r]$ が存在し

(2) $\quad \ell_n \longrightarrow m, \quad r_n \longrightarrow m.$

さらに，(1)–(2) とはさみうちの原理より $a_{k(n)} \stackrel{n \to \infty}{\longrightarrow} m$. 以上より $a_{k(n)}$ が所期の収束部分列である．

(b2) $\Rightarrow$ (b1): 対偶を示すために，A が非有界と仮定する．このとき，任意の $n \in \mathbb{N}$ に対し $n < |a_n|$ をみたす $a_n \in A$ が存在する．a_n の任意の部分列 $a_{k(n)}$ は $k(n) \leq |a_{k(n)}|$ をみたすから収束しない．

(c1) $\Rightarrow$ (c2): A が有界なら，(b1) $\stackrel{既知}{\Rightarrow}$ (b2) より，A 内の任意の数列が収束部分列をもつ．一方，A は閉だから，その極限は A に属する．

(c2) $\Rightarrow$ (c1): (c2) を仮定する．このとき，(c2) $\stackrel{明らか}{\Rightarrow}$ (b2) $\stackrel{既知}{\Rightarrow}$ (b1) より A は有界である．A が閉であることを言うため，$a_n \in A$ かつ $a_n \stackrel{n \to \infty}{\longrightarrow} x \in \mathbb{R}$ とする．(c2) より，a_n の部分列 $a_{k(n)}$ および $a \in A$ が存在し，$a_{k(n)} \stackrel{n \to \infty}{\longrightarrow} a \in A$. 一方，$a_{k(n)}$ は a_n の部分列だから $a_{k(n)} \stackrel{n \to \infty}{\longrightarrow} x$. よって $x = a \in A$. 以上より A は閉である． \\(^□^)/

チェコの数学者ボルツァーノは 1817 年に発表した論文の中で定理 7.2.2 の原型を述べた．この仕事は半世紀もの間ほとんど知られていなかったが，1870 年頃にはワイエルシュトラスによる再証明を通じて重要性が認識され始めた[1]．

定理 7.1.1 の証明　(a)：定理 7.2.2 より $f(A)$ がコンパクトならよい．$f(A)$ 内の任意の点列は $f(a_n)$ ($a_n \in A$) と表せる．$f(a_n)$ が $f(A)$ の点に収束する部分列をもつことを言う．A は有界かつ閉なのでコンパクトである (定理 7.2.2)．よって a_n の部分列 $a_{k(n)}$，および $a \in A$ で $a_{k(n)} \overset{n \to \infty}{\longrightarrow} a$ なるものが存在する．すると，f の連続性より，

$$f(a_{k(n)}) \overset{n \to \infty}{\longrightarrow} f(a) \in f(A).$$

以上より $f(a_{k(n)})$ が所期の収束部分列である．
(b)：(a) より $f(A)$ は有界かつ閉．ゆえに命題 3.3.4 より結論を得る．\(^□^)/

問 7.2.1　$A = \{a_n\}_{n \in \mathbb{N}} \subset \mathbb{R}$, $a_n \overset{n \to \infty}{\longrightarrow} a \in \mathbb{R}$ とする．以下を示せ．(i) $b_n \in A$ ($n \in \mathbb{N}$), $b_n \overset{n \to \infty}{\longrightarrow} b$ なら $b \in A \cup \{a\}$. (ii) $\overline{A} = A \cup \{a\}$. (iii) $A \cup \{a\}$ はコンパクトである．

問 7.2.2 ($\star$)　任意の実数列は，単調部分列を含むことを示せ．[ヒント：$a_n \in \mathbb{R}$ に対し $K = \{k \in \mathbb{N}\,;\,$任意の $n > k$ に対し $a_k < a_n\}$ とし，以下を示す：(i) K が無限集合なら，a_n は狭義 ↗ 部分列を含む．(ii) K が有限集合なら，a_n は ↘ 部分列を含む．]

問 7.2.3 ($\star$)　定理 7.2.2, (b1) $\Rightarrow$ (b2) を，問 7.2.2 の結果と単調列定理を用いて証明せよ．

7.3　($\star$) 片側極限・片側連続性

$-\infty \le a < b \le \infty$, $f : (a, b) \to \mathbb{R}$ とする．$x \to c \in [a, b]$ における $f(x)$ の極限を考える際，x が c の左側から近づく場合（左極限）と，右側から近づく場合（右極限）それぞれを個別に見る考え方を述べる．後に扱う左微分，右微分もこの考え方に基づく．

---

[1] この部分の歴史について次の文献を参考にした：Dugac, P, Elément d'analyse de Karl Weierstrass, *Archive for History of Exact Sciences* **10**, 1973, 41–176.

定義 7.3.1（**片側極限・片側連続性**）　$-\infty \le a < b \le \infty$, $(a,b) \subset I \subset [a,b] \cap \mathbb{R}$, $f : I \to \mathbb{R}$ とする．

▶ $c \in (a,b]$ に対し次の極限が存在するとき，これを f の c における**左極限**と呼ぶ：
$$f(c-) \stackrel{\text{def}}{=} \lim_{\substack{x \to c \\ x < c}} f(x) \in \overline{\mathbb{R}}. \tag{7.1}$$

▶ $c \in [a,b)$ に対し次の極限が存在するとき，これを f の c における**右極限**と呼ぶ：
$$f(c+) \stackrel{\text{def}}{=} \lim_{\substack{x \to c \\ x > c}} f(x) \in \overline{\mathbb{R}}. \tag{7.2}$$

▶ $c \in I \setminus \{a\}$, $f(c-) = f(c)$ なら，f は c で**左連続**であるという．また，全ての $c \in I \setminus \{a\}$ に対し $f(c-) = f(c)$ なら，f は I で左連続であるという．

▶ $c \in I \setminus \{b\}$, $f(c+) = f(c)$ なら，f は c で**右連続**であるという．また，全ての $c \in I \setminus \{b\}$ に対し $f(c+) = f(c)$ なら，f は I で右連続であるという．

✔**注**　(7.1) で $c = b$ なら，$f(b-) = \lim_{\substack{x \to b \\ x \ne b}} f(x)$．特に $b \in I$ なら，f の b における連続性と左連続性は同一概念である．同様に (7.2) で $c = a$ なら，$f(a+) = \lim_{\substack{x \to a \\ x \ne a}} f(x)$．特に $a \in I$ なら，f の a における連続性と右連続性は同一概念である．

◉**例 7.3.2**（**区間の定義関数**）　$c \in \mathbb{R}$ とする．このとき，

(a)　$\mathbf{1}_{(c,\infty)}$ は全ての点で左連続だが，点 c で右連続でない．

(b)　$\mathbf{1}_{[c,\infty)}$ は全ての点で右連続だが，点 c で左連続でない．

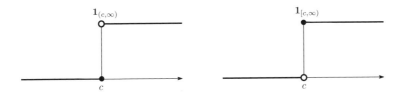

次の命題は，後に，微分と片側微分を関係づける（命題 8.9.2）際にも応用される．

命題 7.3.3（**極限と片側極限の関係**） 記号は定義 7.3.1 の通りとする. $c \in (a,b)$, $\ell \in \overline{\mathbb{R}}$ に対し,

$$\lim_{\substack{x \to c \\ x \neq c}} f(x) = \ell \iff f(c+) = f(c-) = \ell. \tag{7.3}$$

特に,

$$f \text{ が } c \text{ で連続} \iff f(c+) = f(c-) = f(c). \tag{7.4}$$

証明 (7.3): $\implies$ は定義から明らかなので, $\impliedby$ を示す. $c, x_n \in (a,b)$, $x_n \neq c$, $x_n \stackrel{n\to\infty}{\longrightarrow} c$ と仮定し, $f(x_n) \stackrel{n\to\infty}{\longrightarrow} \ell$ を言う. そのために, $P, Q \subset \mathbb{N}$ を次のように定める:

$$P = \{n \in \mathbb{N} \,;\, x_n < c\}, \quad Q = \{n \in \mathbb{N} \,;\, x_n > c\}.$$

このとき, $\mathbb{N} = P \cup Q$. P が有限集合の場合, $\exists n_1, \forall n \geq n_1, n \in Q$. したがって, この場合は $f(c+) = \ell$ より, $f(x_n) \stackrel{n\to\infty}{\longrightarrow} \ell$. Q が有限集合の場合も同様に, $f(x_n) \stackrel{n\to\infty}{\longrightarrow} \ell$. そこで以下, P, Q は共に無限集合, $P = \{p(0) < p(1) < \cdots\}$, $Q = \{q(0) < q(1) < \cdots\}$ とする. また, 以下では簡単のため, $\ell \in \mathbb{R}$ とするが, $\ell = \pm\infty$ でも議論は同様である. $\varepsilon > 0$ を任意とするとき, $f(c-) = \ell$ より,

(1)　　　$\exists k_1 \in \mathbb{N}, \forall k \geq k_1, |f(x_{p(k)}) - \ell| < \varepsilon$.

同様に, $f(c+) = \ell$ より,

(2)　　　$\exists k_2 \in \mathbb{N}, \forall k \geq k_2, |f(x_{q(k)}) - \ell| < \varepsilon$.

$n \in \mathbb{N}$, $n \geq p(k_1) \vee q(k_2)$ なら, $n = p(k)$ ($k \geq k_1$), または $n = q(k)$ ($k \geq k_2$) と表せる. したがって, (1), (2) より,

$$|f(x_n) - \ell| < \varepsilon.$$

(7.4): (7.3) で, $\ell = f(c)$ の場合である. \(^□^)/

次に述べる命題は, 単調列定理（定理 3.5.1）の類似であり, 今後, 例えば命題 12.2.1 の証明等に応用される:

命題 7.3.4（**単調関数は片側極限をもつ**） $-\infty \leq a < b \leq \infty$, $f : (a,b) \to \mathbb{R}$ は単調とする．このとき，

(a) $a < c \leq b$ なら $f(c-) \in \overline{\mathbb{R}}$ が存在する．

(b) $a \leq c < b$ なら $f(c+) \in \overline{\mathbb{R}}$ が存在する．

証明 次を示せばよい：

(a) $a < c \leq b$ のとき，$f(c-) = \begin{cases} \sup\limits_{a<x<c} f(x), & f \text{ が} \nearrow \text{なら}, \\ \inf\limits_{a<x<c} f(x), & f \text{ が} \searrow \text{なら}. \end{cases}$

(b) $a \leq c < b$ のとき，$f(c+) = \begin{cases} \inf\limits_{c<x<b} f(x), & f \text{ が} \nearrow \text{なら}, \\ \sup\limits_{c<x<b} f(x), & f \text{ が} \searrow \text{なら}. \end{cases}$

(a) で f が $\nearrow$ な場合を示す（他も同様）．$a < c_n < c$, $c_n \to c$ とし，次を言えばよい：

(1) $\lim\limits_{n\to\infty} f(c_n) = \sup\limits_{a<x<c} f(x)$.

f の単調性より，

$$\forall \ell \in \mathbb{N}, \exists m \in \mathbb{N}, \forall n \geq m, f(c_\ell) \leq f(c_n).$$

したがって，単調列定理（定理 3.5.1）の証明より，

$$\lim_{n\to\infty} f(c_n) = \underbrace{\sup_n f(c_n)}_{s \text{ とおく}.} \leq \underbrace{\sup_{a<x<c} f(x)}_{t \text{ とおく}.}.$$

ところが，$s < t$ と仮定すると，t の上限としての性質から $s < f(y)$ をみたす $y \in (a, c)$ が存在する．このとき，全ての n に対し $f(c_n) < f(y)$，したがって全ての n に対し，$c_n < y < c$. これは，$c_n \to c$ に反する．以上より $s = t$.

\(^□^)/

問 7.3.1 $c \in \mathbb{R}$ に対し $(1 + cx)^{1/x} \xrightarrow{x \to 0} e^c$ を示せ．

問 7.3.2 命題 7.3.4 において，$(a,b) \ni x \mapsto f(x-)$ は左連続，$(a,b) \ni x \mapsto f(x+)$ は右連続であることを示せ．

問 7.3.3　$-\infty \leq a < b \leq \infty$, $f : (a,b) \to \mathbb{R}$ とする．f が右連続かつ上に有界なら，関数 $g(x) = \sup_{a < y \leq x} f(y)$ $(x \in (a,b))$ も右連続かつ上に有界であることを示せ．

問 7.3.4 ($\star$)　記号は定義 7.3.1 の通りとし，全ての $c \in (a,b]$ に対し $f(c-)$ が存在し有限，かつ全ての $c \in [a,b)$ に対し $f(c+)$ が存在し有限とする．このとき，f は有界であることを示せ．[ヒント：f が (a,b) 上有界なら十分．そこで，$s = \sup\{x \in (a,b]\,;\,f$ は (a,x) 上有界$\}$ とし，以下を順次示す：(i) $a < s$, (ii) f は (a,s) 上有界，(iii) $s = b$．]

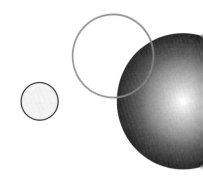

第8章

一変数関数の微分

曲線に接線をひく問題は，古くから考えられていた．例えばアルキメデスは，紀元前3世紀に螺旋（現代風に書くと $f(t) = t(\cos t, \sin t), t \geq 0$）の接線を求めている．17世紀になると，デカルトやフェルマー達が，接線・法線を一般にどう定義するか？を盛んに議論した．特にフェルマーは $y = f(x)$ の接線の傾きを $(y の変動)/(x の変動)$ において x の変動が 0 に近づくときの値と捉え，その考えを極値（点）を求める問題にも応用した．フェルマーの考え方は，現代の微分法に近く，後にニュートンにも影響を与えた．ライプニッツは $(y の微小変動)/(x の微小変動)$ を書き表すために dy/dx という記号を用いた．また，ニュートンは，同じものを $\dot{y}$ と記した．これらの記号は現在でも微分係数や導関数の記号として受け継がれている．

8.1 一変数関数の微分

定義 8.1.1（一変数関数の微分）　$I \subset \mathbb{R}$ を区間，$f : I \to \mathbb{R}, a \in I$ とする．

▶ 次の極限 $f'(a) \in [-\infty, \infty]$ が存在すれば，それを a での**微（分）係数**と呼ぶ：

$$f'(a) = \lim_{\substack{x \to a \\ x \neq a, x \in I}} \frac{f(x) - f(a)}{x - a}. \tag{8.1}$$

▶ 極限 $f'(a)$ が存在し有限なら，f は a で**可微分**であるという．

▶ f が全ての $x \in I$ で可微分なら，f は I で**可微分**であるといい，I で可微分

な $f : I \to \mathbb{R}$ 全体の集合を $D(I)$, あるいは, より正確に $D(I \to \mathbb{R})$ と記す.

▶ $f \in D(I)$ に対し, 次の関数が定まり, これを f の**導関数**と呼ぶ:

$$f' : I \longrightarrow \mathbb{R} \; (x \mapsto f'(x)). \tag{8.2}$$

微分係数, あるいは導関数を求めることを, **微分**するという.

✔ **注 1** 定義 8.1.1 は $f : I \to \mathbb{R}^k$ の場合 (特に $k = 2$ として $f : I \to \mathbb{C}$ の場合) にも自然に拡張される:f の各座標成分 f_j $(j = 1, \ldots, k)$ が x で可微分なら, f は x で可微分といい, $f'(x) \overset{\text{def}}{=} (f'_j(x))_{j=1}^k$ を x での微分係数という. 以下, f の I での可微分性や, 導関数:$f' : I \longrightarrow \mathbb{R}^k$ も同様に定義される.

✔ **注 2** 導関数 f' を次のように記すこともある:

$$(f(x))', \; \frac{d}{dx}f, \; \frac{df}{dx}.$$

ただし, ここでの x は一般的な変数を代表する記号で, 特定の値 a に対する $f'(a)$ は, $(f(a))'$, $\frac{d}{da}f$, $\frac{df}{da}$ ではなく, $(f(x))'|_{x=a}$, $\frac{d}{dx}f(a)$, $\frac{df}{dx}(a)$, $\frac{d}{dx}f|_{x=a}$, $\frac{df}{dx}|_{x=a}$ などと記すのが普通である.

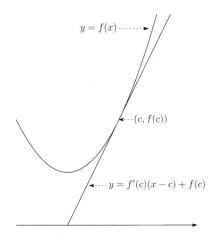

定義 8.1.1 の $f'(x)$ は, 幾何的には, グラフ上の点 $(x, f(x))$ における接線の勾配を表す. また, x を「時刻」と解釈すると, $f'(x)$ は動点 $f(x)$ の時刻 x にお

ける速度を表す.

◆例 8.1.2（単項式・指数関数・対数関数の微分） (a) $n \in \mathbb{N}, n \geq 1, x \in \mathbb{R}$ なら $(x^n)' = nx^{n-1}$.

(b) $c \in \mathbb{C}, x \in \mathbb{R}$ なら $(\exp(cx))' = c \exp(cx)$.

(c) $a \in (0, \infty), x \in \mathbb{R}$ なら $(a^x)' = a^x \log a$.

(d) $x \in (0, \infty)$ なら $(\log x)' = 1/x$.

証明 以下, (a)–(d) を通じ $y \neq x, y \to x$ とする.

(a): $\dfrac{x^n - y^n}{x - y} \stackrel{\text{命題 1.3.1}}{=} \sum_{k=0}^{n-1} x^k y^{n-1-k} \to nx^{n-1}$.

(b): $h \stackrel{\text{def}}{=} y - x \to 0$. また,

(1) $\quad\begin{cases} \exp(cy) - \exp(cx) &= \exp(cx)(\exp(ch) - 1) \\ &= \exp(cx)(ch + r(ch)), \end{cases}$

ただし $r(z) = \exp z - z - 1 \ (z \in \mathbb{C})$. 命題 6.1.6 より,

$$|r(z)| \leq \frac{|z|^2}{2} \exp(|z|).$$

したがって,

(2) $\quad \left| \dfrac{r(ch)}{h} \right| \leq \dfrac{|c|^2 h}{2} \exp(|ch|) \longrightarrow 0.$

以上より,

$$\frac{\exp(cy) - \exp(cx)}{y - x} \stackrel{(1)}{=} \exp(cx) \left(c + \frac{r(ch)}{h} \right) \stackrel{(2)}{\longrightarrow} c \exp(cx).$$

(c): (b) で $c = \log a$ とする.

(d): $x, y \in (0, \infty), y \neq x$ なら $\log x - \log y$ の評価（命題 6.1.5）より,

$$\frac{1}{x} \wedge \frac{1}{y} \leq \frac{\log x - \log y}{x - y} \leq \frac{1}{x} \vee \frac{1}{y}.$$

上式で $y \longrightarrow x$ とすると, (右辺) $\longrightarrow \frac{1}{x}$, (左辺) $\longrightarrow \frac{1}{x}$. \\(^□^)/

✔注 例 8.1.2 (c) は, (6.20) を用い, 例 8.1.2 (d) と同様に示すこともできる.

関数 f が x において可微分であることは，x における接線が定まることを意味するが，それは，f が x において連続であることをも意味する：

命題 8.1.3（**可微分点は連続点**） $I \subset \mathbb{R}$ は区間，$f : I \to \mathbb{R}^k$ が $x \in I$ で可微分なら，f は x で連続である．

証明 $I \setminus \{x\} \ni y \to x$ で $\frac{f(y)-f(x)}{y-x}$ は収束するので $f(y) - f(x) = \frac{f(y)-f(x)}{y-x}(y-x) \to 0$. \(^□^)/

一方，次の例で見るように，命題 8.1.3 の逆は正しくない：

◆**例 8.1.4**（**可微分でない連続関数の例**） **(a)** グラフに角がある場合：$f(x) = |x|$ は $x = 0$ で微分不可能．
(b) 微分が発散する場合：$f(x) = x^p$, $(x \geq 0,\ 0 < p < 1)$ は $x = 0$ で微分不可能．

証明 (a): $y > 0$, $y < 0$ に応じて $\frac{f(y)-f(0)}{y-0} = \frac{|y|}{y} = 1, -1$. よって極限 $f'(0)$ は存在しない．
(b): $y > 0$ に対し $\frac{f(y)-f(0)}{y-0} = \frac{y^p}{y} = y^{p-1} \longrightarrow \infty$, $(y \longrightarrow 0)$. \(^□^)/

命題 8.1.5 $I \subset \mathbb{R}$ は区間，$f, g : I \to \mathbb{R}^k$ が $x \in I$ で可微分とする．
(a) （**和の微分**） $f + g$ は $x \in I$ で可微分かつ $(f+g)'(x) = f'(x) + g'(x)$.
(b) （**積の微分**） $f, g : I \to \mathbb{C}$ なら fg は $x \in I$ で可微分かつ，
$$(fg)'(x) = f'(x)g(x) + f(x)g'(x).$$
(c) （**商の微分**） $f, g : I \to \mathbb{C}$, $g(x) \neq 0$ なら f/g は x で可微分かつ，
$$\left(\frac{f}{g}\right)'(x) = \frac{f'(x)g(x) - f(x)g'(x)}{g(x)^2}.$$

証明 以下，$y \in I$, $y \neq x$, $D_{x,y}(f) = \frac{f(y)-f(x)}{y-x}$ とする.

(a): $y \to x$ とするとき,

$$D_{x,y}(f+g) = D_{x,y}(f) + D_{x,y}(g) \longrightarrow f'(x) + g'(x).$$

(b): $y \to x$ とする. 命題 8.1.3 より $g(y) \to g(x)$. したがって,

$$D_{x,y}(fg) \stackrel{\text{簡単な計算}}{=} D_{x,y}(f)g(y) + f(x)D_{x,y}(g) \longrightarrow f'(x)g(x) + f(x)g'(x).$$

(c): $g(x) \neq 0$ かつ g は x で連続（命題 8.1.3）なので, $y \to x$ とする際, $g(y) \neq 0$ と仮定してよい. すると,

$$D_{x,y}(1/g) \stackrel{\text{簡単な計算}}{=} -\frac{D_{x,y}(g)}{g(x)g(y)} \longrightarrow -\frac{g'(x)}{g(x)^2}$$

となり $f \equiv 1$ の場合を得る. これと (b) から $f/g = f\frac{1}{g}$ に対する結果を得る.
\(^□^)/

◆**例 8.1.6**（双曲・三角関数の微分） **(a)** $x \in \mathbb{R}$ に対し,

$$(\operatorname{ch} x)' = \operatorname{sh} x, \quad (\operatorname{sh} x)' = \operatorname{ch} x, \quad (\cos x)' = -\sin x, \quad (\sin x)' = \cos x.$$

(b) $x \in \mathbb{R}$ なら $(\operatorname{th} x)' = 1/\operatorname{ch}^2 x$.

(c) $x \in \mathbb{R} \setminus \left(\frac{\pi}{2} + \pi\mathbb{Z}\right)$ なら $\tan' x = 1/\cos^2 x$.

証明 (a): ch, sh, cos, sin を exp で書き表す定義式（命題 6.4.1, 命題 6.4.2）と指数関数の微分（例 8.1.2），命題 8.1.5 による.

(b): $\operatorname{th}' x = \left(\dfrac{\operatorname{sh} x}{\operatorname{ch} x}\right)' \stackrel{\text{商の微分}}{=} \dfrac{\overbrace{\operatorname{sh}' x}^{\operatorname{ch} x} \cdot \operatorname{ch} x - \operatorname{sh} x \cdot \overbrace{\operatorname{ch}' x}^{\operatorname{sh} x}}{\operatorname{ch}^2 x} \stackrel{(6.34)}{=} \dfrac{1}{\operatorname{ch}^2 x}.$

(c): $\tan' x = \left(\dfrac{\sin x}{\cos x}\right)' \stackrel{\text{商の微分}}{=} \dfrac{\overbrace{\sin' x}^{\cos x} \cdot \cos x - \sin x \cdot \overbrace{\cos' x}^{-\sin x}}{\cos^2 x} \stackrel{(6.39)}{=} \dfrac{1}{\cos^2 x}.$
\(^□^)/

命題 8.1.7（連鎖律）
$$I, J \subset \mathbb{R} \text{ は区間}, \ x \in J, \ J \xrightarrow{g} I \xrightarrow{f} \mathbb{R}^k$$

とする．さらに g が $x \in J$ で可微分かつ f が $g(x) (\in I)$ で可微分なら，$f \circ g$ は x で可微分かつ，
$$(f \circ g)'(x) = f'(g(x))g'(x).$$

命題 8.1.7 の証明は少し長いので，本節末の補足で述べる．次の例は命題 8.1.7 の応用例である．

◆例 8.1.8（べき関数の微分） $x > 0, c \in \mathbb{C}$ に対し $(x^c)' = cx^{c-1}$．

証明 $x^c = e^{c \log x} = f \circ g(x)$，ただし $f(y) = e^{cy}, g(x) = \log x$．よって，
$$(x^c)' \stackrel{\text{連鎖律}}{=} f'(g(x)) g'(x) \stackrel{\text{例 8.1.6}}{=} ce^{c \log x} \frac{1}{x} = cx^{c-1}.$$

\(^□^)/

多変数関数の微分は第 13 章で述べる．一方，多変数関数の変数のうち，一変数だけに着目し，その変数のみについての微分を偏微分という．最後に偏微分の定義をしておく．

定義 8.1.9（偏微分） $D \subset \mathbb{R}^d, f : D \to \mathbb{R}$ とする．点 $x \in D$ の座標のうち $x_1, \ldots, x_{i-1}, x_{i+1}, \ldots, x_d$ を固定し i 座標のみ動かして得られる実一変数関数：
$$t \mapsto f(x_1, \ldots, x_{i-1}, t, x_{i+1}, \ldots, x_d)$$

が，$t \in (x_i - \varepsilon, x_i + \varepsilon)$ に対し定義されると仮定する ($\varepsilon > 0$)．この関数を微分することを f を x_i について**偏微分**するという．この関数が $t = x_i$ で可微分なら，f は x において x_i について**偏微分可能**であるといい，微分係数を**偏微分係数**という．偏微分係数は，
$$f_{x_i}(x), \ \partial_i f(x), \ \partial_{x_i} f(x), \ \frac{\partial}{\partial x_i} f(x), \ \frac{\partial f}{\partial x_i}(x)$$

等の記号で表す．全ての $x \in D$ で $\partial_i f(x)$ が存在するとき，関数 $\partial_i f : x \mapsto \partial_i f(x)$ を x_i についての**偏導関数**という．

問 8.1.1 $I \subset \mathbb{R}$ は区間，$f, g : I \to \mathbb{R}^k$ が $x \in I$ で可微分とする．次を示せ．$f \cdot g$ は $x \in I$ で可微分，$(f \cdot g)'(x) = f'(x) \cdot g(x) + f(x) \cdot g'(x)$．ただし・は内積を表す．

問 8.1.2 $I \subset \mathbb{R}$ は区間，$f_i : I \to \mathbb{C}$ $(i = 1, \ldots, n)$ が $x \in I$ で可微分とする．以下を示せ：(i) 積 $f = f_1 \cdots f_n$ も $x \in I$ で可微分かつ x において $f' = \sum_{i=1}^n f_1 \cdots f_{i-1} f_i' f_{i+1} \cdots f_n$．(ii) $p : \mathbb{C}^n \to \mathbb{C}$ を多項式，$f = p(f_1, \ldots, f_n)$ とするとき，f も $x \in I$ で可微分，また f' は多項式 $q : \mathbb{C}^{2n} \longrightarrow \mathbb{C}$ を用い $f' = q(f_1, \ldots, f_n, f_1', \ldots, f_n')$ と表すことができる．

問 8.1.3 $I \subset \mathbb{R}$ は区間，$f : I \to \mathbb{R}^k$ が $x \in I$ で可微分，$f(x) \neq 0$ とする．$\left(\frac{1}{|f(x)|}\right)'$, $\left(f(x) \frac{1}{|f(x)|}\right)'$ を $f(x)$ と $f'(x)$ を用いて表せ．

問 8.1.4 $g : I \to (0, \infty)$ が $x \in I$ で可微分なら，$\log g$ も x で可微分であること，および $(\log g)'(x) = g'(x)/g(x)$ を示せ．

問 8.1.5（導関数が不連続な可微分関数） $f(x) = x^2 \sin(1/x)$ $(x \in \mathbb{R} \backslash \{0\})$, $f(0) = 0$ とする．$f \in D(\mathbb{R})$，かつ f' は原点で不連続であることを示せ．

問 8.1.6 $c \in \mathbb{C}$, $v_j(x) = x^j e^{cx}$ $(x \in \mathbb{R}, j = 0, 1, \ldots, n-1)$ とする．以下を示せ．(i) $v_0, \ldots, v_{n-1}$ は一次独立である．(ii) $v_0, \ldots, v_{n-1}$ の線形和全体を V とするとき，微分：$Df \stackrel{\text{def}}{=} f'$ は V から V 自身への線形写像であり，特に $c \neq 0$ なら全単射である．

問 8.1.7 $f(t) = (t - \sin t, 1 - \cos t)$ $(t \geq 0)$ とする．$0 < t < \pi$ を任意に固定するとき，以下を示せ：(i) $f(t) \in C_t \stackrel{\text{def}}{=} \{x \in \mathbb{R}^2 \,;\, |x - (t, 1)| = 1\}$．(ii) C_π と半直線 $\{x \in \mathbb{R}^2 \,;\, x_1 \leq \pi, \ x_2 = 1 - \cos t\}$ の交点 $g(t)$ に対し $f'(t), f(\pi) - g(t)$ は平行である．

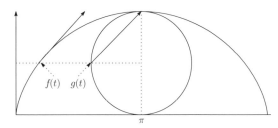

ガリレオ ガリレイは問 8.1.7 の f を**サイクロイド**と名付けた．円周 C_0 上にある原点 $(0, 0)$ に印をつけ，C_0 を x_1 軸の正の方向へ速度 1 で転がすとき，その印の時刻 t

での位置が $f(t)$ である．(ii) は，曲線上の点 $f(t)$ での接線の傾きを幾何学的に与える（1638年，フェルマーによる発見）．サイクロイドは微積分学だけでなく，力学では最速降下曲線や等時曲線，また建築では橋梁の形として知られている．

問 8.1.8 $a > 0$, $f(t) = e^{at}(\cos t, \sin t)$ $(t \in \mathbb{R})$ とする．$\tan\theta = 1/a$ をみたす $\theta \in (0, \frac{\pi}{2})$ に対し $\frac{f(t) \cdot f'(t)}{|f(t)||f'(t)|} \equiv \cos\theta$ を示せ．f は**対数螺旋**と呼ばれる曲線で，自然界には，オウム貝やアンモナイトの渦巻き模様として現れる．この問から，渦の中心（原点）と渦上の点を結ぶ直線と，その点での接線が常に一定角 θ をなすことがわかる．

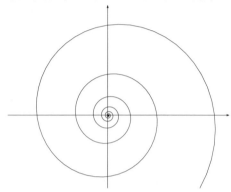

8.1 節への補足:

以下で，命題 8.1.7 を示すが，そのために次の命題を準備する：

命題 8.1.10 $(\star)$（**微分可能性の言い換え**） $I \subset \mathbb{R}$ は区間，$f : I \to \mathbb{R}^k$, $\ell \in \mathbb{R}^k$, $x \in I$ とする．このとき，次の (a), (b) は同値である：

(a) f が x で可微分かつ $f'(x) = \ell$.

(b) $\varphi(y) \stackrel{\text{def}}{=} f(y) - f(x) - \ell(y-x)$ に対し $\displaystyle\lim_{\substack{y \to x \\ y \neq x, y \in I}} \frac{\varphi(y)}{|y-x|} = 0$.

証明

(1) $$\left|\frac{f(y)-f(x)}{y-x} - \ell\right| = \left|\frac{\varphi(y)}{y-x}\right| = \frac{|\varphi(y)|}{|y-x|}.$$

$y \in I$, $y \neq x$, $y \to x$ とするとき，

(a) $\iff$ (1) の左辺 $\to 0$,

(b) $\iff$ (1) の右辺 $\to 0$.

ゆえに (a) $\iff$ (b). \(^□^)/

(⋆) 命題 8.1.7 の証明　仮定および命題 8.1.10 より，

(1)　$\varphi_1(y) \stackrel{\text{def}}{=} g(y) - g(x) - g'(x)(y-x)$ に対し　$\displaystyle\lim_{\substack{y \to x \\ y \neq x, y \in J}} \frac{\varphi_1(y)}{|y-x|} = 0.$

(2) $\begin{cases} \varphi_2(z) \stackrel{\text{def}}{=} f(z) - f(g(x)) - f'(g(x))(z - g(x)) \text{ に対し} \\ \qquad\qquad\qquad\qquad \displaystyle\lim_{\substack{z \to g(x) \\ z \neq g(x), z \in I}} \frac{\varphi_2(z)}{|z - g(x)|} = 0. \end{cases}$

実は次が成立する：

(3)　$\displaystyle\lim_{\substack{y \to x \\ y \neq x, y \in J}} \frac{\varphi_2(g(y))}{|y-x|} = 0.$

(3) の証明はひとまず後回しにし，(3) を用い，命題を示す：

$$f(g(y)) - f(g(x)) \stackrel{(2)}{=} f'(g(x))(g(y) - g(x)) + \varphi_2(g(y))$$
$$\stackrel{(1)}{=} f'(g(x))g'(x)(y-x) + \underbrace{f'(g(x))\varphi_1(y) + \varphi_2(g(y))}_{\varphi(y) \text{ とおく.}}.$$

さらに，(1), (3) から，
$$\lim_{\substack{y \to x \\ y \neq x, y \in J}} \frac{\varphi(y)}{|y-x|} = 0.$$

以上と命題 8.1.10 より結論を得る．

以下，(3) を示す．$x_n \in J \setminus \{x\}, x_n \to x$ として，

(4)　$\dfrac{\varphi_2(g(x_n))}{|x_n - x|} \longrightarrow 0$

を言えばよい．$g(x_n) = g(x)$ なら $\varphi_2(g(x_n)) = \varphi_2(g(x)) = 0$．よって，(4) を示す際には $g(x_n) \neq g(x)$ となる n だけで考えてよい．g は x で連続だから $g(x_n) \stackrel{n \to \infty}{\to} g(x)$．よって $n \to \infty$ とするとき，

$$\frac{|\varphi_2(g(x_n))|}{|x_n - x|} = \underbrace{\frac{|\varphi_2(g(x_n))|}{|g(x_n) - g(x)|}}_{\text{(2) より} \to 0} \underbrace{\frac{|g(x_n) - g(x)|}{|x_n - x|}}_{\text{(1) より有界}} \longrightarrow 0.$$

以上より (4) が示せた． \(^□^)/

8.2 高階微分

定義 8.2.1（**高階微分**） $I \subset \mathbb{R}$ を区間，$f : I \to \mathbb{R}^k$ とする．

▶ $f \in D(I)$ かつ $f' \in D(I)$ なら，さらに $(f')'$ が定義される（区間 I が端点を含むなら，それらの端点でも定義される；定義 8.1.1 参照）．$(f')'$ を f'' あるいは $f^{(2)}$ と記し，**二階導関数**と呼ぶ．以下，f が何回まで微分可能か，に応じて m **階導関数** $f^{(m)}$, $m = 1, 2, \ldots$ が定義される．また，便宜上，$f^{(0)} = f$ とする．$f^{(m)}(x)$ を次のように記すこともある：

$$(f(x))^{(m)}, \quad \frac{d^m}{dx^m} f(x), \quad \frac{d^m f}{dx^m}(x), \quad \left(\frac{d}{dx}\right)^m f(x). \tag{8.3}$$

集合 $D^m(I), C^m(I)$ $(m \in \mathbb{N})$，また $C^\infty(I)$ を以下のように定める：

▶ $D^m(I)$ は I の各点で m 回微分できる関数全体の集合（したがって $D^1(I) = D(I)$），

▶ $C^m(I)$ は $f \in D^m(I)$ かつ $f^{(0)}, \ldots, f^{(m)} \in C(I)$ をみたす関数 f 全体の集合，

▶ $C^\infty(I)$ は，任意の m に対し $f \in C^m(I)$ をみたす関数 f 全体の集合．

✔**注1** 定義 8.2.1 には，$f : I \to \mathbb{C}$ の場合も $k = 2$ として含まれる．

✔**注2** 可微分関数の連続性（命題 8.1.3）から，次が成立する：

$$D^{m+1}(I) \subset C^m(I) \subset D^m(I). \tag{8.4}$$

◆**例 8.2.2** f が実一変数の多項式，すなわち，

$$f(x) = a_n x^n + a_{n-1} x^{n-1} + \cdots + a_1 x + a_0, \quad (x \in \mathbb{R}, a_n, a_{n-1}, \ldots, a_0 \in \mathbb{C})$$

なら，$f \in C^\infty(\mathbb{R})$．実際，例 8.1.2 と和の微分（命題 8.1.5）より $f \in D(\mathbb{R})$ かつ f' も実一変数の多項式．したがって，帰納法により $f \in C^\infty(\mathbb{R})$．

命題 8.2.3 $f, g \in D^m(I)$ とする．

(a) （和の高階微分）$f+g \in D^m(I)$ で，$(f+g)^{(m)} = f^{(m)} + g^{(m)}$.

(b) （積の高階微分）$f, g : I \to \mathbb{C}$ なら $fg \in D^m(I)$ で，

$$(fg)^{(m)} = \sum_{k=0}^{m} \binom{m}{k} f^{(k)} g^{(m-k)}, \quad \text{（ライプニッツの公式）}, \quad (8.5)$$

ただし $\binom{m}{k}$ は二項係数を表す（(1.22) 参照）．

(c) （商の高階微分可能性）$f, g : I \to \mathbb{C}$ かつ全ての $x \in I$ で $g(x) \neq 0$ なら $f/g \in D^m(I)$.

(d) さらに $f, g \in C^m(I)$ を仮定すれば，上記 (a), (b), (c) でそれぞれ，$f + g \in C^m(I)$, $fg \in C^m(I)$, $f/g \in C^m(I)$.

証明 (a)：和の微分（命題 8.1.5）を繰り返し適用する．

(b)：m についての帰納法による．$m = 0$ なら示すべきことはない．今，$m \geq 1$ とし，$m - 1$ まで示されたとする：

(1) $(fg)^{(m-1)} = \sum_{k=0}^{m-1} \binom{m-1}{k} f^{(k)} g^{(m-1-k)}$.

$0 \leq k \leq m - 1$ に対し $f^{(k)}, g^{(k)} \in D(I)$ なので命題 8.1.5 より (1) の右辺は可微分で

(2) $(fg)^{(m)} = \sum_{k=0}^{m-1} \binom{m-1}{k} (f^{(k+1)} g^{(m-1-k)} + f^{(k)} g^{(m-k)})$.

二項係数についての関係式

(3) $\binom{m-1}{k-1} + \binom{m-1}{k} \stackrel{(1.22)}{=} \binom{m}{k}$

に注意し，

(2) 右辺 $\stackrel{\text{簡単な書き換え}}{=} f^{(0)} g^{(m)} + \sum_{k=1}^{m} \left\{ \binom{m-1}{k-1} + \binom{m-1}{k} \right\} f^{(k)} g^{(m-k)}$

$\stackrel{(3)}{=}$ (8.5) 右辺．

(c)：仮定, 結論を A_m, B_m と書き，「$A_m \Rightarrow B_m$」を m についての帰納法で示す．命題 8.1.5 より $A_1 \Rightarrow B_1$. そこで, $m \geq 2$ とし, A_m および「$A_{m-1} \Rightarrow B_{m-1}$」

を仮定する．$A_m \Rightarrow A_{m-1} \Rightarrow B_{m-1}$ より $f/g \in D^{m-1}(I) \subset D(I)$．さらに，

$$(f/g)' \stackrel{\text{命題 8.1.5}}{=} \frac{f'g - fg'}{g^2}, \quad f'g - fg', g^2 \stackrel{(b)}{\in} D^{m-1}(I).$$

よって $A_{m-1} \Rightarrow B_{m-1}$ を $f'g - fg'$, g^2 に適用して $(f/g)' \in D^{m-1}(I)$．これは $f/g \in D^m(I)$ を意味する．

(d): (a), (b), (c) の証明からわかる． \(^□^)/

◆例 8.2.4（ルジャンドル多項式） $q_n^{(m)}(x) \stackrel{\text{def}}{=} \frac{d^m}{dx^m}(x^2-1)^n$ ($x \in \mathbb{R}$, $m, n \in \mathbb{N}$) に対し次の微分方程式を示す：

(1) $\begin{cases} (x^2-1)q_n^{(m+2)}(x) + (2m-2n+1)xq_n^{(m+1)}(x) \\ \qquad - (m+1)(m-2m)q_n^{(m)}(x) = 0. \end{cases}$

特に $m = n$ として，**ルジャンドル多項式**：$P_n \stackrel{\text{def}}{=} \frac{1}{2^n n!} q_n^{(n)}$ に対し：

$(1-x^2)P_n''(x) - 2xP_n'(x) + n(n+1)P_n(x) = 0$，　（**ルジャンドルの微分方程式**）．

まず，$q_n^{(1)}(x) = 2nx(x^2-1)^{n-1}$．ゆえに，

(2) $\quad (x^2-1)q_n^{(1)}(x) = 2nxq_n^{(0)}(x).$

一方，

$$((x^2-1)q_n^{(1)}(x))^{(m+1)} \stackrel{(8.5)}{=} (x^2-1)q_n^{(m+2)}(x) + 2(m+1)xq_n^{(m+1)}(x) \\ + 2m(m+1)q_n^{(m)}(x),$$

$$(2nxq_n(x))^{(m+1)} \stackrel{(8.5)}{=} 2nxq_n^{(m+1)}(x) + 2n(m+1)q_n^{(m)}(x).$$

(2) より上の二式の右辺どうしは等しい．そこで両者の差をとり (1) を得る．

命題 8.2.5 （合成関数の高階微分可能性） $I, J \subset \mathbb{R}$ は区間，

$$J \xrightarrow{g} I \xrightarrow{f} \mathbb{R}^k$$

とするとき，

(a) $g \in D^m(J \to \mathbb{R})$, $f \in D^m(I \to \mathbb{R}^k)$ なら $f \circ g \in D^m(J \to \mathbb{R}^k)$．

(b) $g \in C^m(J \to \mathbb{R})$, $f \in C^m(I \to \mathbb{R}^k)$ なら $f \circ g \in C^m(J \to \mathbb{R}^k)$.

証明 (a): m についての帰納法による．$m = 0$ なら示すべきことはない．そこで $m \geq 1$ とし，$m - 1$ までの結果を仮定する．連鎖律（命題 8.1.7）より，

(1) $(f \circ g)' = (f' \circ g)g'$.

$f' \in D^{m-1}(I \to \mathbb{R}^k)$ なので帰納法の仮定から $f' \circ g \in D^{m-1}(J \to \mathbb{R}^k)$．また，$g' \in D^{m-1}(I \to \mathbb{R})$．以上と (1) より $(f \circ g)' \in D^{m-1}(J \to \mathbb{R}^k)$，すなわち $f \circ g \in D^m(J \to \mathbb{R}^k)$．

(b): (a) と同様．ただし $m = 0$ に対する証明で合成関数の連続性（命題 4.4.2 (b)）を用いる． \\(^□^)/

問 8.2.1 以下の $f : I \to \mathbb{C}$ に対し $f \in C^\infty(I)$ を示せ：(i) $I = \mathbb{R}$, $f(x) = a^x$, $\operatorname{ch} x, \operatorname{sh} x, \cos x, \sin x$ ($a > 0$)．(ii) $I = (0, \infty)$, $f(x) = \log x, x^c$ ($c \in \mathbb{C}$)．

問 8.2.2 $H_n(x) = (-1)^n e^{x^2/2} \frac{d^n}{dx^n} e^{-x^2/2}$ ($x \in \mathbb{R}$, $n \in \mathbb{N}$) とする．以下を示せ：(i) $H_0(x) \equiv 1$, $H_n'(x) = xH_n(x) - H_{n+1}(x)$．したがって帰納的に，$H_n(x)$ は n 次多項式で，x^n の係数は 1 である．H_n を**エルミート多項式**と呼ぶ．(ii) $H_{n+1}(x) = xH_n(x) - nH_{n-1}(x)$, $H_n' = nH_{n-1}$．(iii) $H_n''(x) - xH_n'(x) = -nH_n(x)$（**エルミートの微分方程式**）．

問 8.2.3 ($\star$) エルミート多項式 H_n（問 8.2.2）が n 個の相異なる零点をもつことを帰納法で示す．$H_1(x) = x$ より $n = 1$ で正しい．そこで，$H_n(x) = \prod_{j=1}^n (x - a_j)$, $(a_1 < \cdots < a_n)$ と仮定する．以下の (i)–(iii) を示し，証明を完成せよ．(i) $(-1)^{n-j} H_n'(a_j) > 0$, $j = 1, 2, \ldots, n$．(ii) $(-1)^{n-j} H_{n+1}(a_j) < 0$, $j = 1, 2, \ldots, n$．(iii) H_{n+1} は区間 (a_{j-1}, a_j) ($j = 1, \ldots, n+1$, $a_0 \stackrel{\text{def}}{=} -\infty$, $a_{n+1} \stackrel{\text{def}}{=} \infty$) 内に零点をもつ．

8.3 平均値定理

ある関数について微分法によって得られる情報のうち，今までに述べたものは，滑らかさ等の局所的な（ある点の，小さな近傍に関する）情報だった．次に述べる平均値定理により，微分法から関数についての大局的な情報（例えば，ある区間における増減）を引き出せる．その意味で，微分法は平均値定理があればこそ威力を発揮すると言っても過言ではない．平均値定理は微積分学の中

で最重要定理の一つである．

定理 8.3.1 (平均値定理) $-\infty < a < b < \infty$, $f \in C([a,b] \to \mathbb{R}) \cap D((a,b))$ とする．このとき，次をみたす $c \in (a,b)$ が存在する：

$$\frac{f(b)-f(a)}{b-a} = f'(c). \tag{8.6}$$

✔注　定理 8.3.1 で特に $f(a) = f(b)$ なら $f'(c) = 0$ である．この場合を**ロルの定理**と呼ぶ．

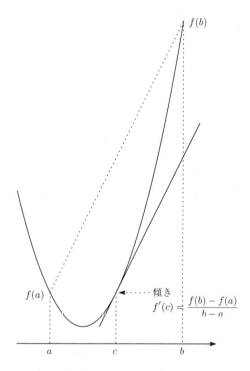

平均値定理（定理 8.3.1）は，「$c \in (a,b)$ を適当に選べば，$(c, f(c))$ における f の接線と，2 点 $(a, f(a))$, $(b, f(b))$ を結ぶ線分（弦）が平行になる」ことを意味し，絵を描いてみれば「そうならざるを得ない」と納得できる．また，平均値定理（定理 8.3.1）は今後，微分による増減判定（定理 8.4.1）や，微積分

の基本公式（定理 10.1.5）に応用される．

定理 8.3.1 の証明の前に，その応用例を述べる．

◆**例 8.3.2（変化率の評価）** $-\infty < a < b < \infty$, $f \in C([a,b] \to \mathbb{R}) \cap D((a,b))$ とする．

(a) 定数 $L \in [0,\infty)$ が，$|f'(x)| \leq L$ $(\forall x \in (a,b))$ をみたせば，

$$|f(x) - f(y)| \leq L|x - y|, \quad x, y \in [a,b]. \tag{8.7}$$

(b) $f \in D([a,b])$ とする．f' が $[a,b]$ 上 ↗ なら，

$$f'(a) \leq \frac{f(b) - f(a)}{b - a} \leq f'(b). \tag{8.8}$$

また，f' が $[a,b]$ 上 ↘ なら，

$$f'(b) \leq \frac{f(b) - f(a)}{b - a} \leq f'(a). \tag{8.9}$$

例えば，命題 6.1.4，命題 6.1.5，命題 6.2.1 の「変化率の評価」は (8.8), (8.9) の特別な場合である．

証明 (a): $x = y$ なら両辺は 0 だから $x \neq y$ としてよい．$x < y$ なら平均値定理より次のような $c \in (x,y) \subset (a,b)$ が存在する：

$$\frac{f(y) - f(x)}{y - x} = f'(c).$$

これと，仮定から (8.7) を得る．$y < x$ でも同様である．

(b): 可微分点の連続性（命題 8.1.3）より $D([a,b]) \subset C([a,b]) \cap D((a,b))$．ゆえに平均値定理より (8.6) をみたす $c \in (a,b)$ が存在する．一方，f' が $[a,b]$ 上 ↗ なら，$f'(a) \leq f'(c) \leq f'(b)$．また，$f'$ が $[a,b]$ 上 ↘ なら，不等号は共に逆になる． \(^□^)/

以下，平均値定理（定理 8.3.1）の厳密な証明にとりかかる．まずは，極大・極小の概念を一般的に定義する．

定義 8.3.3(**極大・極小**) $c \in D \subset \mathbb{R}^d, f : D \to \mathbb{R}$ とする．

▶ 次をみたす $\varepsilon > 0$ が存在するとき，$c, f(c)$ をそれぞれ f の**極大点**，**極大値**という：

$$x \in D, \ |x - c| < \varepsilon \implies f(x) \leq f(c). \tag{8.10}$$

また，(8.10) より強く，次が成立すれば $c, f(c)$ をそれぞれ f の**狭義極大点**，**狭義極大値**という：

$$x \in D, \ 0 < |x - c| < \varepsilon \implies f(x) < f(c). \tag{8.11}$$

▶ 次をみたす $\varepsilon > 0$ が存在するとき，$c, f(c)$ をそれぞれ f の**極小点**，**極小値**という：

$$x \in D, \ |x - c| < \varepsilon \implies f(c) \leq f(x). \tag{8.12}$$

また，(8.12) より強く，次が成立すれば $c, f(c)$ をそれぞれ f の**狭義極小点**，**狭義極小値**という：

$$x \in D, \ 0 < |x - c| < \varepsilon \implies f(c) < f(x). \tag{8.13}$$

▶ 極大点，極小点を総称し**極値点**，極大値，極小値を総称し**極値**と呼ぶ．

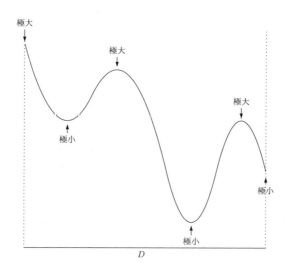

✔注　定義 8.3.3 で, c が f の最大点（すなわち $f(c) = \max_D f$）なら c は f の極大点でもある. 同様に, c が f の最小点（すなわち $f(c) = \min_D f$）なら c は f の極小点でもある.

命題 8.3.4 （端点でない極値点での微分）　$-\infty \leq a < b \leq \infty, f : (a,b) \longrightarrow \mathbb{R}, c \in (a,b)$ は f の極値点, かつ f が c で可微分なら $f'(c) = 0$.

証明　例えば c が f の極小点なら, ある $\varepsilon > 0$ に対し f は, $(c-\varepsilon, c+\varepsilon)$ において最小値 $f(c)$ をもつ. したがって $c-\varepsilon < x < c < y < c+\varepsilon$ なら,
$$\frac{f(x)-f(c)}{x-c} \leq 0 \leq \frac{f(y)-f(c)}{y-c}.$$
上式で, $x \to c, y \to c$ とすれば, $f'(c) = 0$. c が f の極大点でも同様である.
\(^□^)/

✔注　$f : [a,b] \longrightarrow \mathbb{R}, c \in \{a,b\}$ の場合は命題 8.3.4 と同じことは言えない. 実際 $f(x) = x$ を区間 $[0,1]$ 上で考えると, f は可微分かつ $0, 1$ は f の極値点だが, $f'(0) = f'(1) = 1$. この点を明らかにするために命題 8.3.4 の標題に「端点でない」と明記した.

定理 8.3.1 の証明　$\ell = \frac{f(b)-f(a)}{b-a}, F(x) = f(x) - \ell x$ とし, 次を言えばよい：
(1) $\exists c \in (a,b), \quad F'(c) = 0$.
$F \in C([a,b])$ なので最大・最小値存在定理 I（定理 7.1.1）より,
$$\exists c_1, c_2 \in [a,b], \quad F(c_1) = \max_{[a,b]} F, \quad F(c_2) = \min_{[a,b]} F.$$
$\underline{F(c_1) = F(c_2) \text{ の場合}}$：このとき F は定数. したがって全ての $c \in (a,b)$ に対し $F'(c) = 0$.
$\underline{F(c_1) > F(c_2) \text{ の場合}}$：$c_1, c_2$ は F の最大点・最小点なので共に F の極値点である. 一方,
$$F(b) - F(a) = f(b) - f(a) - \ell(b-a) = 0.$$

よって，$\{c_1, c_2\} \neq \{a, b\}$. したがって $i = 1, 2$ の少なくとも一方に対し $c_i \in (a, b)$. このとき，端点でない極値点での微分（命題 8.3.4）より $F'(c_i) = 0$. よって (1) が言えた. \(^□^)/

問 8.3.1 記号は定理 8.3.1 の通りとし，有限な極限 $\ell = \lim_{\substack{x \to a \\ x \in (a, b)}} f'(x)$ の存在を仮定する．このとき，$f(x)$ は $x = a$ で可微分，かつ $f'(a) = \ell$ であることを示せ．

問 8.3.2 $c_0, c_1, \ldots, c_n \in \mathbb{R}$, $c_0 + \frac{c_1}{2} + \cdots + \frac{c_{n-1}}{n} + \frac{c_n}{n+1} = 0$ なら，方程式 $c_0 + c_1 x + \cdots + c_n x^n = 0$ は区間 $(0, 1)$ 内に解をもつことを，定理 8.3.1 を用いて示せ．

問 8.3.3 $f \in D((0, \infty))$, $\lim_{x \to \infty} f'(x) = \ell \in \overline{\mathbb{R}}$ のとき $\lim_{x \to \infty}(f(x + 1) - f(x)) = \ell$ を示せ．

問 8.3.4 $I \subset \mathbb{R}$ を開区間，$f \in C^n(I)$, $a_0 < b_0$, $[a_0, b_0] \subset [a_1, b_1] \subset \cdots \subset [a_{n-1}, b_{n-1}] \subset I$, $f^{(m)}(a_m) = f^{(m)}(b_m) = 0$ $(m = 0, 1, \ldots, n-1)$ とする．このとき，$f^{(m)}$ $(m = 1, \ldots, n)$ は区間 (a_m, b_m) 内に少なくとも m 個の相異なる零点をもつことを示せ．

問 8.3.5（ルジャンドル多項式の零点） $q_n^{(m)}$ を例 8.2.4 の通りとし，以下を示せ：
(i) $0 \leq m \leq n - 1$ なら $q_n^{(m)}(-1) = q_n^{(m)}(1) = 0$. (ii) $1 \leq m \leq n$ なら $q_n^{(m)}$ は区間 $(-1, 1)$ 内に m 個の相異なる零点をもつ．特にルジャンドル多項式 P_n（例 8.2.4）は，区間 $(-1, 1)$ 内に n 個の相異なる零点をもつ．[ヒント：問 8.3.4.]

問 8.3.6 ($\star$) $-\infty < a < b < \infty$, $f, g \in C([a, b]) \cap D((a, b))$ とし，さらに以下を仮定する．(a) 全ての $x \in (a, b)$ で $|f'(x)| + |g'(x)| > 0$. (b) $g(b) \neq g(a)$. このとき，次をみたす $c \in (a, b)$ が存在すること（**コーシーの平均値定理**）を示せ：$g'(c) \neq 0$ かつ $\frac{f(b) - f(a)}{g(b) - g(a)} = \frac{f'(c)}{g'(c)}$.

問 8.3.7 ($\star$)（ロピタルの定理） $f, g \in C([0, \infty)) \cap D([0, \infty))$, $g(x)g'(x) \neq 0$ $(x \neq 0)$ とする．以下を示せ：(i) $f(0) = g(0) = 0$, $f'(x)/g'(x) \stackrel{x \to 0}{\to} \ell$ なら，$f(x)/g(x) \stackrel{x \to 0}{\to} \ell$. (ii) $f(x) \stackrel{x \to \infty}{\to} 0$, $g(x) \stackrel{x \to \infty}{\to} 0$, $f'(x)/g'(x) \stackrel{x \to \infty}{\to} \ell$ なら，$f(x)/g(x) \stackrel{x \to \infty}{\to} \ell$.

8.4 微分による関数の増減判定

平均値定理（定理 8.3.1）の (8.6) 式において，関数の増分 $f(b) - f(a)$ と微分係数 $f'(c)$ は同符号となる．これを用い，次の定理（定理 8.4.1）を得る．こ

の定理は，多くの等式・不等式の証明で威力を発揮する．

定理 8.4.1 (微分による関数の増減判定)　$I \subset \mathbb{R}$ を区間，$f \in C(I \to \mathbb{R}) \cap D(\mathring{I})$ とする．このとき，以下が成立する．

(a)　f が I 上 ↗ $\iff \mathring{I}$ 上 $f' \geq 0$.
(b)　f が I 上 ↘ $\iff \mathring{I}$ 上 $f' \leq 0$.
(c)　f が I 上定数 $\iff \mathring{I}$ 上 $f' = 0$.

さらに次の条件を考える：

(∗)　$s, t \in \mathring{I}$, $s < t$ なら (s,t) 上 $f' \not\equiv 0$.

このとき，以下が成立する．

(a2)　f が I 上で狭義 ↗ $\iff \mathring{I}$ 上 $f' \geq 0$ かつ条件 (∗) が成立．
(b2)　f が I 上狭義 ↘ $\iff \mathring{I}$ 上 $f' \leq 0$ かつ条件 (∗) が成立．

証明　(a), $\Longrightarrow$：f が I 上 ↗，$s, t \in \mathring{I}, s < t$ なら，
$$\frac{f(t) - f(s)}{t - s} \geq 0.$$
上式で $t \to s$ として $f'(s) \geq 0$. ゆえに $\mathring{I}$ 上 $f' \geq 0$.
(a), $\Longleftarrow$：$s, t \in I, s < t$ とし，$f(s) \leq f(t)$ を言う．$[s,t] \subset I$, $(s,t) \subset \mathring{I}$ より $f \in C([s,t]) \cap D((s,t))$. したがって平均値定理（定理 8.3.1）より，

(1)　$\exists c \in (s,t), \dfrac{f(t) - f(s)}{t - s} = f'(c)$.

$\mathring{I}$ 上 $f' \geq 0$ だから上式 ≥ 0.
(b): $-f$ を考えて (a) に帰着する．
(c): (a), (b) の帰結．
(a2), $\Longrightarrow$：(a) より (a,b) 上 $f' \geq 0$. さらに f は狭義 ↗ だから，
$$s, t \in \mathring{I}, s < t \text{ なら } f(t) - f(s) > 0.$$
したがって (1) の $c \in (s,t)$ に対し $f'(c) > 0$ となり条件 (∗) がみたされる．
(a2), $\Longleftarrow$：$s, t \in I, s < t$ とし，$f(s) < f(t)$ を言う．$s < s_1 < t_1 < t$ なる s_1, t_1 に対し，(a) より，f は I 上 ↗ だから，

(2) $\quad f(s) \le f(s_1) \le f(t_1) \le f(t)$.

また，$s_1, t_1 \in \mathring{I}$ と条件 $(*)$ より $f'(c) \ne 0$ となる $c \in (s_1, t_1)$ が存在する．これと (c) より f は $[s_1, t_1]$ 上定数ではない．ゆえに $f(s_1) < f(t_1)$．これと (2) より $f(s) < f(t)$.

(b2): $-f$ を考えれば (a2) に帰着する． \(^□^)/

✔注 定理 8.4.1 で f は実数値だが，(c) に関しては f が $\mathbb{R}^k$ $(k \ge 2)$ や $\mathbb{C}$ に値をとる場合も正しい．これは，成分（実部・虚部）に分けて考えれば明らかである．

◆例 8.4.2 $I = [a, b]$ $(-\infty < a < b < \infty)$, $f \in C(I) \cap D(\mathring{I})$, $f' : \mathring{I} \to \mathbb{R}$ を凸とするとき，

$$f'\left(\frac{a+b}{2}\right) \le \frac{f(b) - f(a)}{b - a} \le \frac{f'(a) + f'(b)}{2}.$$

証明 $c = \frac{a+b}{2}$, $\ell = b - a$ とする．$x \in (0, \frac{\ell}{2})$ に対し $c \pm x \in \mathring{I}$, $c = \frac{1}{2}(c - x) + \frac{1}{2}(c + x)$. したがって，

(1) $\qquad f'(c) \le \frac{1}{2}f'(c - x) + \frac{1}{2}f'(c + x)$.

そこで，$F(x) \stackrel{\text{def}}{=} \frac{1}{2}f(c+x) - \frac{1}{2}f(c-x) - xf'(c)$ $(x \in [0, \frac{\ell}{2}])$ に対し $x \in (0, \frac{\ell}{2})$ なら，

$$F'(x) = \tfrac{1}{2}f'(c + x) + \tfrac{1}{2}f'(c - x) - f'(c) \stackrel{(1)}{\ge} 0.$$

これと定理 8.4.1 より F は $\nearrow$，特に $0 = F(0) \le F(\frac{\ell}{2})$．これで，示すべき式の左側を得る．

次に $x \in \mathring{I}$ に対し $x = \frac{b-x}{\ell}a + \frac{x-a}{\ell}b$. したがって，

(2) $\qquad f'(x) \le \frac{b-x}{\ell}f'(a) + \frac{x-a}{\ell}f'(b)$.

そこで，$G(x) \stackrel{\text{def}}{=} \frac{(x-a)^2}{2\ell}f'(b) - \frac{(b-x)^2}{2\ell}f'(a) - f(x)$ $(x \in I)$ に対し $x \in \mathring{I}$ なら，

$$G'(x) = \frac{x - a}{\ell}f'(b) + \frac{b - x}{2\ell}f'(a) - f'(x) \stackrel{(2)}{\ge} 0.$$

これと定理 8.4.1 より G は $\nearrow$，特に $0 \le G(b) - G(a)$．これで，示すべき式の右側を得る． \(^□^)/

次に微分による凸性の判定（命題 8.4.3）を述べる．

命題 8.4.3 (微分による凸性の判定) $f \in C(I) \cap D(\mathring{I})$ なら，

$$f' \text{ が } \mathring{I} \text{ 上 } \nearrow \iff f \text{ が } I \text{ 上凸}, \tag{8.14}$$

$$f' \text{ が } \mathring{I} \text{ 上狭義 } \nearrow \iff f \text{ が } I \text{ 上狭義凸}. \tag{8.15}$$

さらに，$f \in C^1(\mathring{I}) \cap D^2(\mathring{I})$ なら，

$$\mathring{I} \text{ 上 } f'' \geq 0 \iff f \text{ が } I \text{ 上凸}, \tag{8.16}$$

$$\mathring{I} \text{ 上 } f'' \geq 0 \text{ かつ次の条件 } (*) \text{ をみたす} \iff f \text{ が } I \text{ 上狭義凸}. \tag{8.17}$$

$(*)$ $a, b \in \mathring{I}, a < b$ なら (a,b) 上 $f'' \not\equiv 0$.

証明 (8.14), (8.15) の $\implies$：命題 6.3.4 の条件 (b1), (b2) を言う．そのため，$x, y, z \in I, x < z < y$ とする．平均値定理（定理 8.3.1）より，

$$\exists c_1 \in (x, z), \exists c_2 \in (z, y), \quad \frac{f(z) - f(x)}{z - x} = f'(c_1), \quad \frac{f(y) - f(z)}{y - z} = f'(c_2).$$

よって f' が $\nearrow$ なら命題 6.3.4 の条件 (b1)，f' が狭義 $\nearrow$ なら条件 (b2) を得る．
(8.14), (8.15) の $\impliedby$：(8.15) について示す ((8.14) も同様である)．$x, y \in \mathring{I}$, $x < y$ とする．十分小さい $h > 0$ に対し $x - h, y + h \in \mathring{I}$. そこで $z = (x+y)/2$ に対し命題 6.3.4 の条件 (b2) より，

$$\frac{f(x) - f(x-h)}{h} < \frac{f(z) - f(x)}{z - x} < \frac{f(y) - f(z)}{y - z} < \frac{f(y+h) - f(y)}{h}.$$

$h \to 0$ とし，$f'(x) < f'(y)$ を得る．
(8.16), (8.17)：仮定より $f' \in C(\mathring{I}) \cap D(\mathring{I})$. したがって $f' : \mathring{I} \to \mathbb{R}$ に微分による増減判定（定理 8.4.1）を適用して，

$$\mathring{I} \text{ 上 } f'' \geq 0 \iff f' \text{ が } \mathring{I} \text{ 上 } \nearrow,$$

$$\mathring{I} \text{ 上 } f'' \geq 0 \text{ かつ条件 } (*) \text{ をみたす} \iff f' \text{ が } \mathring{I} \text{ 上狭義 } \nearrow.$$

以上と，(8.14), (8.15) から (8.16), (8.17) を得る． \\(^□^)/

問 8.4.1 $I \subset \mathbb{R}$ は開区間, $\varepsilon > 0$ とする. I 上の実数値関数 f, g が 全ての $x, y \in I$ に対し $|f(x) - f(y)| \leq g(x)|x - y|^{1+\varepsilon}$ をみたすなら, f は定数であることを示せ.

問 8.4.2 $I \subset \mathbb{R}$ を区間, $u, F, G \in C(I) \cap D(\overset{\circ}{I})$ とする. このとき, 次の (a), (b) が同値であることを示せ : **(a)** $\overset{\circ}{I}$ 上, $u' = F'u + G'e^F$. **(b)** I 上, $u = e^F(G + c)$ (c は定数).

問 8.4.3 ($\star$) $u \in C^n(\mathbb{R})$ および多項式 $P(x) = x^n + \sum_{j=0}^{n-1} a_j x^j = \prod_{j=1}^{r}(x - b_k)^{m_k}$ ($a_j, b_k \in \mathbb{C}$, $m_k \in \mathbb{N} \setminus \{0\}$, $b_1, \ldots, b_k$ は相異なる, $\sum_{k=1}^{r} m_k = n$) に対し次の (a), (b) が同値であることを示せ : **(a)** $P(D)u \overset{\text{def}}{=} u^{(n)} + \sum_{j=0}^{n-1} a_j u^{(j)} = 0$. **(b)** u は n 個の関数 : $x^j e^{b_k x}$ ($1 \leq k \leq r$, $0 \leq j \leq m_k - 1$) の線形和である.

問 8.4.4 ($\star$) 以下, $a, b, c, \ldots \in \mathbb{R}^3$ とし, **ベクトル積** $a \times b \in \mathbb{R}^3$ を次のように定める :
$$a \times b = (a_2 b_3 - b_2 a_3, a_3 b_1 - b_3 a_1, a_1 b_2 - b_1 a_2).$$
以下を示せ : (i) $b \times a = -a \times b$, 特に $a \times a = 0$. (ii) $a \times (b \times c) = (a \cdot c)b - (a \cdot b)c$ (iii) $(a \times b) \cdot c = a \cdot (b \times c) = b \cdot (c \times a)$, 特に $(a \times b) \cdot a = (a \times b) \cdot b = 0$. (iv) $(a \times b) \cdot (c \times d) = (a \cdot c)(b \cdot d) - (a \cdot d)(b \cdot c)$, 特に $|(a \times b)|^2 = |a|^2 |b|^2 - (a \cdot b)^2$. (v) $f, g \in D(I \to \mathbb{R}^3)$ なら, $(f \times g)' = f' \times g + f \times g'$.

問 8.4.5 ($\star$) (**定点から逆二乗力を受ける質点の軌道**) $x : t \mapsto x(t)$ は $C^2([0, \infty) \to \mathbb{R}^3 \setminus \{0\})$ に属し, $x(0)$ と $x'(0)$ は平行でなく, また, 常に $x'' = -\frac{k}{|x|^3} x$ とする ($k \neq 0$). 以下を示せ : (i) $a = x \times x'$ は定ベクトル, $a \neq 0$, $a \cdot x = a \cdot x' = 0$. したがって, x は平面 $P \overset{\text{def}}{=} \{z \in \mathbb{R}^2 \; ; \; a \cdot z = 0\}$ 内を動く. (ii) $b = \frac{1}{k} x' \times a - \frac{1}{|x|} x$ は定ベクトル, $a \cdot b = 0$. (iii) $|a|^2 = k(x \cdot b + |x|)$.

問 8.4.5 で, x のみたす微分方程式は, 原点に固定された質点と x の間に働く逆二乗力 ($k > 0$ なら引力, $k < 0$ なら斥力) を表す. $a/2$ は x の**面積速度**を表し, (ii) より定ベクトルである (ケプラーの第一法則). 平面 P において, (iii) の曲線は, $k > 0$ のとき, $|b| < 1, |b| = 1, |b| > 1$ に応じて楕円, 放物線, 双曲線である. また, $k < 0$ のとき, (iii) と $|x \cdot b| \leq |x||b|$ より必ず $|b| > 1$ となり, (iii) の曲線は双曲線である. 下図では, $b \neq 0$ の場合に, b 方向を横軸にとって, 曲線を図示した.

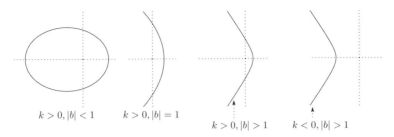

$k>0$ の場合の楕円軌道は，太陽から引力を受けた惑星，あるいは周期彗星の軌道を表す（ケプラーの第二法則）．また，$k>0$ の場合の放物線，双曲線は非周期彗星の軌道を表す．一方，$k<0$ の場合の軌道は，原子に入射された陽電子が，原子核からの斥力を受けて散乱されるときの軌道を表す（ラザフォード散乱）．

8.5 逆関数の微分

狭義単調関数の逆関数定理（定理 3.4.7）より，連続な狭義 ↗ 関数 f の逆関数 f^{-1} は連続かつ狭義 ↗ だった．さらに，$f \in D^m(\mathring{I})$ $(m \geq 1)$ なら，次の定理が成立する：

定理 8.5.1（可微分関数の逆関数定理）$I \subset \mathbb{R}$ を区間とし，次を仮定する：

$$f : I \longrightarrow \mathbb{R}, f \in C(I) \cap D^m(\mathring{I}) \ (m \geq 1), \mathring{I} \text{ 上 } f' > 0.$$

このとき，

(a) f は I 上狭義 ↗．また $J \stackrel{\text{def}}{=} f(I)$ は区間であり，逆関数：

$$g \stackrel{\text{def}}{=} f^{-1} : J \longrightarrow I$$

は連続かつ狭義 ↗ である．

(b) $g \in C(J) \cap D^m(\mathring{J})$．また，$y \in \mathring{J}, x = g(y)$ とするとき，

$$g'(y) = \frac{1}{f'(x)}. \tag{8.18}$$

(c) $m \geq 1, f \in C(I) \cap C^m(\mathring{I})$ なら $g \in C(J) \cap C^m(\mathring{J})$．

定理 8.5.1 の内容は，逆関数 g の可微分性と (8.18) であるが，要点は g の可微分性にある．実際，g の可微分性を認めれば，(8.18) は次のように簡単に導ける：$f(g(y)) = y$ の両辺を微分すると，連鎖律 (命題 8.1.7) より $f'(x)g'(y) = 1$ となり，(8.18) を得る．

一方，実用的には (8.18) も重要である．また，この関係式はグラフを使って直感的に理解することもできる．実際，f のグラフ上の点 (x, y) における f の接線 L は傾き $f'(x)$ をもつ．今，f のグラフと L を直線 $y = x$ に関し折り返すと g のグラフと，その (y, x) における接線 M が得られる．M は傾き $g'(y)$ をもつが，M は L の折り返しだから，その傾きは $1/f'(x)$ に等しい．

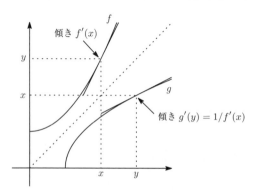

定理 8.5.1 は今後，逆三角関数 (6.7) などの具体例に応用される．定理 8.5.1 の厳密な証明は次の通りである：

証明 (a): 微分による増減判定 (定理 8.4.1) より f は I 上狭義 ↗．したがって狭義単調関数の逆関数定理 (定理 3.4.7) より $J = f(I)$ は区間であり，逆関数 $g \stackrel{\mathrm{def}}{=} f^{-1} : J \longrightarrow I$ は連続かつ狭義 ↗ である．
(b): まず，

(1) $g \in D(\mathring{J})$ と (8.18) の成立

を示す．g は狭義 ↗ だから $y \in \mathring{J}$ なら $g(y) \in \mathring{I}$．ゆえに仮定より $f'(g(y)) > 0$．今，$z \neq y$, $z \longrightarrow y$ とすると，$g(z) \neq g(y)$，また (a) より $g(z) \longrightarrow g(y)$．し

たがって,
$$\frac{g(z)-g(y)}{z-y} = \frac{g(z)-g(y)}{f(g(z))-f(g(y))} \longrightarrow \frac{1}{f'(g(y))}.$$
これで (1) を得る. 次に,

(2) $g \in D^m(\mathring{J})$

を m に関する帰納法で示す. $m=1$ の場合は (1) で示した. そこで $m \geq 2$ かつ $g \in D^{m-1}(\mathring{J})$ を仮定する. $f' \in D^{m-1}(\mathring{I})$ なので合成関数の高階微分可能性（命題 8.2.5）より,
$$f' \circ g \in D^{m-1}(\mathring{J}).$$
さらに, $\mathring{J}$ 上 $f' \circ g > 0$ なので商の高階微分可能性（命題 8.2.3）より,
$$g' = 1/(f' \circ g) \in D^{m-1}(\mathring{J}).$$
これは $g \in D^m(\mathring{J})$ を意味する.

(c): (b) の証明と同様である. \(^□^)/

◆**例 8.5.2**（逆三角関数の微分） **(a)** Arcsin $\in C^\infty((-1,1))$, $(\mathrm{Arcsin}\, y)' = \dfrac{1}{\sqrt{1-y^2}}$, $y \in (-1,1)$.

(b) Arctan $\in C^\infty(\mathbb{R})$, $(\mathrm{Arctan}\, y)' = \dfrac{1}{1+y^2}$, $y \in \mathbb{R}$.

証明 (a): $I = [-\pi/2, \pi/2]$ とすると, $\sin : I \to [-1,1]$, Arcsin $: [-1,1] \to I$ は互いに逆関数である. また, $\sin \in C^\infty(\mathring{I})$, $\mathring{I}$ 上 $\sin' = \cos > 0$. よって, 定理 8.5.1 より, Arcsin $\in C^\infty((-1,1))$. さらに, $y \in (-1,1)$ に対し Arcsin $y \in \mathring{I}$ より $\cos(\mathrm{Arcsin}\, y) > 0$. よって,

(1) $(\sin)'(\mathrm{Arcsin}\, y) = \cos(\mathrm{Arcsin}\, y) = \sqrt{1-\sin^2(\mathrm{Arcsin}\, y)} = \sqrt{1-y^2}$.

(8.18) と (1) より,

$$(\text{Arcsin } y)' \stackrel{(8.18)}{=} \frac{1}{(\sin)'(\text{Arcsin } y)} \stackrel{(1)}{=} \frac{1}{\sqrt{1-y^2}}.$$

(b): $I = (-\pi/2, \pi/2)$ とすると，$\tan : I \to \mathbb{R}$, $\text{Arctan} : \mathbb{R} \to I$ は互いに逆関数である．また，$\tan \in C^\infty(I)$, I 上 $\tan' = 1/\cos^2 > 0$．よって，定理 8.5.1 より，$\text{Arctan} \in C^\infty(\mathbb{R})$．さらに $y \in \mathbb{R}$ に対し，

(2) $\begin{cases} (\tan)'(\text{Arctan } y) &= \dfrac{1}{\cos^2(\text{Arctan } y)} \\ &\stackrel{\text{簡単な書き換え}}{=} 1 + \tan^2(\text{Arctan } y) = 1 + y^2. \end{cases}$

(8.18) と (2) より，

$$(\text{Arctan } y)' \stackrel{(8.18)}{=} \frac{1}{(\tan)'(\text{Arctan } y)} \stackrel{(2)}{=} \frac{1}{1+y^2}.$$

\(^□^)/

問 8.5.1 $T_a(x) = \cos(a \, \text{Arccos } x)$, $U_a(x) = \sin(a \, \text{Arccos } x)$ ($a \in \mathbb{C}$, $x \in [-1,1]$) とする．$x \in (-1,1)$ に対し，これらは共に次の微分方程式をみたすことを示せ：
$$(1-x^2)f''(x) - xf'(x) + a^2 f(x) = 0.$$

T_a, U_a を第一種，第二種**チェビシェフ関数**という（チェビシェフ多項式との関係については問 6.7.3 を参照されたい）．また，上の微分方程式は**チェビシェフの微分方程式**と呼ばれる．この方程式の級数解については問 8.7.5 を参照されたい．

8.6 原始関数

本節では，原始関数について述べる．

定義 8.6.1 (**原始関数**) $I \subset \mathbb{R}$ を区間，$f : \mathring{I} \to \mathbb{C}$, $F : I \to \mathbb{C}$ とする．次の条件がみたされるとき，F を f の**原始関数**という：

$$F \in D(\mathring{I}) \text{ かつ } \mathring{I} \text{ 上 } F' = f. \tag{8.19}$$

✔**注1** 定義 8.6.1 で，f, F の定義域をそれぞれ，$\mathring{I}, I$ とした．実際，具体例に現れる f, F の自然な定義域がしばしばこの形をとる．例えば $I = [0, \infty)$ に対し

$f(x) = 1/\sqrt{x}$ の定義域としては $\mathring{I} = (0, \infty)$ が自然だが,その原始関数 $F(x) = 2\sqrt{x}$ の定義域としては $I = [0, \infty)$ が自然である.$F(x)$ は $x = 0$ では可微分でないが,f, F は (8.19) をみたす.

✔ **注 2** 原始関数の定義は積分とは無関係だが,系 11.2.5 により,例えば f が有界かつ連続なとき,原始関数と不定積分は同義となる.

次の命題は原始関数の性質としてよく知られている:

命題 8.6.2 $F, G \in C(I) \cap D(\mathring{I})$ かつ F を f の原始関数とするとき,

$$G \text{ が } f \text{ の原始関数} \iff G - F = c \text{ (定数)}$$

証明 $\Longrightarrow$: $(G - F)' = f - f = 0$. したがって微分による増減判定(定理 8.4.1)より $G - F = c$(定数).
$\Longleftarrow$: 明らか. \(^□^)/

以下,与えられた関数 f に対し,その原始関数 F を求める計算法をいくつかの紹介する.こうした計算には,積分法の応用(特に部分積分,置換積分)が伝統的だが,実際には,以下で述べるように,積分法は必要ない.また,命題 8.6.2 より,原始関数を一つ求めれば,全ての原始関数が求まる.そこで以下,表現を簡潔にするため,

「原始関数を求める」とは,「原始関数を<u>一つ</u>求める」こととする.

同様に,「f の原始関数は F」とは,「f の原始関数の<u>一つ</u>は F」という意味とする.

◆**例 8.6.3** $f : \mathring{I} \to \mathbb{R}$,およびその原始関数 $F : I \to \mathbb{R}$ の具体例を列挙する ($a > 0$):

I	$f = F'$	f の原始関数 F
$\mathbb{R}$	$x^p \ (p \in \mathbb{N})$	$\frac{x^{p+1}}{p+1}$
$(0, \infty)$	$x^p \ (p \neq -1)$	$\frac{x^{p+1}}{p+1}$
$(0, \infty)$	$1/x$	$\log x$
$\mathbb{R}$	$e^{cx} \ (c \in \mathbb{C} \setminus \{0\})$	$\frac{1}{c} e^{cx}$
$(0, \infty)$	$\log x$	$x \log x - x$
$\mathbb{R}$	$\mathrm{ch}\, x$	$\mathrm{sh}\, x$
$\mathbb{R}$	$\mathrm{sh}\, x$	$\mathrm{ch}\, x$
$\mathbb{R}$	$\cos x$	$\sin x$
$\mathbb{R}$	$\sin x$	$-\cos x$
$(-\frac{\pi}{2}, \frac{\pi}{2})$	$\tan x$	$-\log \cos x$
$\mathbb{R}$	$\frac{1}{x^2 + a^2}$	$\frac{1}{a} \mathrm{Arctan}\, \frac{x}{a}$
$I \not\ni \pm a$	$\frac{1}{x^2 - a^2}$	$\frac{1}{2a} \log \left\lvert \frac{x-a}{x+a} \right\rvert$
$[-a, a]$	$\frac{1}{\sqrt{a^2 - x^2}}$	$\mathrm{Arcsin}\, \frac{x}{a}$

証明 各例について $F \in D(\mathring{I})$ かつ $\mathring{I}$ 上 $F' = f$ が確認できる. \(^□^)/

◆例 8.6.4 $s, t \in \mathbb{R}$, $s^2 + t^2 \neq 0$ に対し次の f, g の原始関数を求める:

$$f(x) = e^{sx} \cos(tx), \quad g(x) = e^{sx} \sin(tx)$$

$c = s + \mathbf{i}t$ とおくと.

(1) $f(x) + \mathbf{i}g(x) = e^{sx}(\cos(tx) + \mathbf{i}\sin(tx)) \overset{(6.38)}{=} e^{cx} \overset{例\ 8.6.3}{=} \left(\frac{e^{cx}}{c} \right)'$

一方,

(2) $\begin{cases} \dfrac{e^{cx}}{c} &= \dfrac{e^{sx}(\cos(tx) + \mathbf{i}\sin(tx))}{s + \mathbf{i}t} \\ &= \dfrac{e^{sx}}{s^2 + t^2}(\cos(tx) + \mathbf{i}\sin(tx))(s - \mathbf{i}t) \\ &= F(x) + \mathbf{i}G(x), \end{cases}$

ただし,

$$F(x) = \frac{e^{sx}}{s^2 + t^2}(s\cos(tx) + t\sin(tx)), \quad G(x) = \frac{e^{sx}}{s^2 + t^2}(s\sin(tx) - t\cos(tx))$$

ゆえに,

$$F' + \mathbf{i}G' = (F + \mathbf{i}G)' \stackrel{(2)}{=} \left(\frac{e^{cx}}{c}\right)' \stackrel{(1)}{=} f + \mathbf{i}g, \quad \text{したがって} \quad F' = f, \; G' = g.$$

以上から，F, G はそれぞれ f, g の原始関数である． \(^□^)/

◆例 **8.6.5**（有理式） $q(x) = ax^2 + 2bx + c \; (a, b, c \in \mathbb{R}, \, a \neq 0)$ とし，以下の関数の原始関数を求める：

(a) $\dfrac{1}{q(x)}$, (b) $\dfrac{x}{q(x)}$, (c) $\dfrac{1}{q(x)^2}$, (d) $\dfrac{x}{q(x)^2}$, (e) $\dfrac{x^2}{q(x)^2}$.

(a)：$D = b^2 - ac$ とすると，

(1) $aq(x) = (ax + b)^2 - D$，したがって，$\dfrac{1}{q(x)} = \dfrac{a}{(ax+b)^2 - D}$.

また一般に $F'(x) = f(x)$ なら，$(F(ax+b))' = af(ax+b)$．以上と例 8.6.3 の表より，求める原始関数は，

$$F_1(x) \stackrel{\text{def}}{=} \begin{cases} \frac{1}{2\sqrt{D}} \log \left| \frac{ax+b-\sqrt{D}}{ax+b+\sqrt{D}} \right|, & (D > 0), \\ -\frac{1}{ax+b}, & (D = 0), \\ \frac{1}{\sqrt{-D}} \operatorname{Arctan} \frac{ax+b}{\sqrt{-D}}, & (D < 0). \end{cases} \tag{8.20}$$

(b)：$\dfrac{x}{q(x)} = \dfrac{1}{a} \dfrac{(ax+b) - b}{q(x)} = \dfrac{1}{a} \left(\dfrac{1}{2} (\log q(x))' - \dfrac{b}{q(x)} \right).$

これと (a) より，求める原始関数は，

$$F_2(x) \stackrel{\text{def}}{=} \frac{1}{2a} \log q(x) - \frac{b}{a} F_1(x).$$

(c)：まず，$g(x) \stackrel{\text{def}}{=} (ax+b)^2 / q(x)^2$ の原始関数を求める.

(2) $\left(\dfrac{1}{2q(x)}\right)' = -\dfrac{ax+b}{q(x)^2}$.

したがって，

$$g(x) \stackrel{(2)}{=} -(ax+b) \left(\frac{1}{2q(x)}\right)' \stackrel{\text{積の微分}}{=} \frac{a}{2q(x)} - \left(\frac{ax+b}{2q(x)}\right)'.$$

これと (a) より，次の G は g の原始関数である：

$$G(x) \stackrel{\text{def}}{=} \frac{a}{2} F_1(x) - \frac{ax+b}{2q(x)}.$$

今, $D \neq 0$ なら,

$$\frac{1}{q(x)^2} \stackrel{(1)}{=} \frac{1}{D}\left(\frac{(ax+b)^2 - aq(x)}{q(x)^2}\right) = \frac{1}{D}\left(g(x) - \frac{a}{q(x)}\right).$$

上式と (a), および g の原始関数より, 求める原始関数は,

$$\frac{1}{D}(G(x) - aF_1(x)) = -\frac{1}{2D}\left(aF_1(x) + \frac{ax+b}{q(x)}\right).$$

$D = 0$ なら $1/q(x)^2 \stackrel{(1)}{=} a^2(ax+b)^{-4}$. したがって $-\frac{a}{3(ax+b)^3}$ は $1/q(x)^2$ の原始関数である. 以上をまとめると, 求める原始関数は,

$$F_3(x) \stackrel{\text{def}}{=} \begin{cases} -\frac{1}{2D}\left(aF_1(x) + \frac{ax+b}{q(x)}\right), & (D \neq 0), \\ -\frac{a}{3(ax+b)^3}, & (D = 0). \end{cases} \tag{8.21}$$

(d): $\quad \dfrac{x}{q(x)^2} = \dfrac{1}{a}\dfrac{(ax+b)-b}{q(x)^2} \stackrel{(2)}{=} -\dfrac{1}{a}\left(\left(\dfrac{1}{2q(x)}\right)' + \dfrac{b}{q(x)^2}\right).$

これと (c) より求める原始関数は,

$$F_4(x) \stackrel{\text{def}}{=} \begin{cases} \frac{1}{2D}\left(bF_1(x) + \frac{bx+c}{q(x)}\right), & (D \neq 0), \\ \frac{b}{3(ax+b)^3} - \frac{1}{2(ax+b)^2}, & (D = 0). \end{cases} \tag{8.22}$$

(e): $\quad \dfrac{x^2}{q(x)^2} = \dfrac{1}{a^2}\dfrac{(ax+b)^2 - 2abx - b^2}{q(x)^2}.$

これと g の原始関数, (c), (d) より, より求める原始関数は,

$$F_5(x) \stackrel{\text{def}}{=} \begin{cases} -\frac{1}{2D}\left(cF_1(x) + \frac{(2b^2-ac)x+bc}{aq(x)}\right), & (D \neq 0), \\ -\frac{b^2}{3a(ax+b)^3} + \frac{b}{a(ax+b)^2} - \frac{1}{a(ax+b)}, & (D = 0). \end{cases} \tag{8.23}$$

\(^□^)/

✔注　一般に, 有理関数の原始関数は, 有理関数, 逆正接関数, 対数関数を組み合わせて書き表せることが知られている ([野村, p.97], [杉浦, p.243]).

次に, 変数変換により原始関数を求める方法 (補題 8.6.6), を述べる. これは, 積分の文脈で「置換積分」として, 高校以来おなじみの手法だが, 以下のように積分とは独立に述べることができる.

8.6 原始関数

補題 8.6.6 (**変数変換**) $I, J \subset \mathbb{R}$ を区間, $f : I \to \mathbb{C}$, $F \in C(I) \cap D(\mathring{I})$, $g : J \to I$, $g \in C(J) \cap D(\mathring{J})$ とする. このとき,

(a)
$$F \text{ が } f \text{ の原始関数} \implies F \circ g \text{ が } (f \circ g)g' \text{ の原始関数.} \tag{8.24}$$

したがって, 次のように表せる関数に対し, $F \circ g$ はその原始関数である:

$$(F' \circ g)g'. \tag{8.25}$$

(b) 特に $g : I \to J$ は全単射, $\mathring{J}$ 上で $g' \neq 0$ なら, (8.24) の逆も成立する. したがって,

$$H : J \to \mathbb{C} \text{ が } (f \circ g)g' \text{ の原始関数} \implies H \circ g^{-1} \text{ が } f \text{ の原始関数.} \tag{8.26}$$

証明 (a): 連鎖率 (命題 8.1.7) による.

(b): まず (8.24) の逆を示す. 仮定より, $\mathring{J}$ 上 $(F \circ g)' = (f \circ g)g'$. ゆえに,

$$(F' \circ g)g' \stackrel{\text{連鎖律}}{=} (F \circ g)' = (f \circ g)g',$$

したがって $F' \circ g = f \circ g$. さらに $g : I \to J$ は全単射だから, $\mathring{I}$ 上 $F' = f$. 次に (8.26) を示す. 可微分関数の逆関数定理 (定理 8.5.1) より $g^{-1} \in C(I) \cap D(\mathring{I})$. そこで $F \stackrel{\text{def}}{=} H \circ g^{-1} \in C(I) \cap D(\mathring{I})$ に対し, (8.24) の逆を適用し, (8.26) を得る. \\(^□^)/

✔**注1** 補題 8.6.6 (a) より, 与えられた関数を (8.25) の形に変形できれば, その原始関数が得られる. あるいは, (8.26) の g, H が見つかれば, f の原始関数が得られる. g は, 多くの場合, $f \circ g$ が簡単な式になるように選ぶとうまくいく (例えば例 8.6.7). また, g のとり方に関し, よく知られた「定石」もある (例えば例 8.6.8).

✔**注2** 置換積分公式 (命題 11.3.1, 系 11.3.2) は (8.24) と微積分の基本公式 (定理 11.2.1) を組み合わせて得られる.

◆例 8.6.7（$\sqrt{\text{二次式}}$）　$a, b, c \in \mathbb{R}, a > 0, D \overset{\text{def}}{=} b^2 - ac > 0, s_{\pm} \overset{\text{def}}{=} \frac{-b \pm \sqrt{D}}{a}$
とする．このとき，$q(x) = ax^2 + 2bx + c \; (s_- < x < s_+)$ に対し，$\sqrt{-q}$ および $1/\sqrt{-q}$ の原始関数を一つずつ求める．

$\sqrt{-q}$ の平方根を外すために，

(1) $x = g(t) = \frac{-b + \sqrt{D} \sin t}{a}$　$(|t| < \frac{\pi}{2})$，　$t = g^{-1}(x) = \text{Arcsin}\left(\frac{ax+b}{\sqrt{D}}\right)$

とする．このとき，

(2) $-q(x) = \frac{1}{a}\left(D - (ax+b)^2\right) = \frac{D}{a}\cos^2 t$，　$g'(t) = \frac{\sqrt{D}}{a}\cos t$．

ゆえに，$f = \sqrt{-q}$ に対し，

$$f(g(t))g'(t) = \sqrt{-q(g(t))}\, g'(t) \overset{(2)}{=} \frac{D}{a^{3/2}}\cos^2 t = \frac{D}{2a^{3/2}}(\cos 2t + 1).$$

上式と $(\frac{1}{2}\sin 2t)' = \cos 2t$ より，次の H は $(f \circ g)g'$ の原始関数である：

(3) $H(t) = \frac{D}{2a^{3/2}}(\frac{1}{2}\sin 2t + t) = \frac{D}{2a^{3/2}}(\cos t \sin t + t)$．

すると，(8.26) より，$H(g^{-1}(x))$ は f の原始関数である．ここで，$t = g^{-1}(x)$ のとき，

(4) $\cos t \overset{(2)}{=} \sqrt{-\frac{a}{D}q(x)}$，　$\sin t \overset{(1)}{=} \frac{ax+b}{\sqrt{D}}$，　$t \overset{(1)}{=} \text{Arcsin}\left(\frac{ax+b}{\sqrt{D}}\right)$．

よって，$f = \sqrt{-q}$ の原始関数は，

$$H(g^{-1}(x)) \overset{(3),(4)}{=} \frac{ax+b}{2a}\sqrt{-q(x)} + \frac{D}{2a^{3/2}}\text{Arcsin}\left(\frac{ax+b}{\sqrt{D}}\right).$$

次に，$f = 1/\sqrt{-q}$ とすると，

$$f(g(t))g'(t) = \frac{g'(t)}{\sqrt{-q(g(t))}} \overset{(2)}{=} \frac{1}{\sqrt{a}}.$$

ゆえに，次の H は $(f \circ g)g'$ の原始関数である：

(5) $H(t) = \frac{t}{\sqrt{a}}$．

よって，(8.26) より，$f = 1/\sqrt{-q}$ の原始関数は，

$$H(g^{-1}(x)) \overset{(1),(5)}{=} \frac{1}{\sqrt{a}}\text{Arcsin}\left(\frac{ax+b}{\sqrt{D}}\right).$$

\(^□^)/

◆例 **8.6.8**（三角関数の有理式） $(0,0,0) \neq (a,b,c) \in \mathbb{R}^3$ とし，以下の $f : I \to \mathbb{R}$ の原始関数を求める：

(a) $I = (-\pi, \pi)$, $f(x) = \dfrac{1}{a\cos x + b\sin x + c}$.

(b) $I = (-\pi/2, \pi/2)$, $f(x) = \dfrac{1}{a\sin^2 x + 2b\sin x \cos x + c\cos^2 x}$.

(a): $f(x) = R(\cos x, \sin x)$（R は二変数の有理式）型の原始関数を求めるには

$$x = g(t) = 2\operatorname{Arctan} t, \quad t = g^{-1}(x) = \tan\frac{x}{2} \tag{8.27}$$

として (8.26) を用いるのが一つの定石である．実際，$g'(t) = \frac{2}{1+t^2}$,

$$\cos x = 2\cos^2 \frac{x}{2} - 1 = \frac{1-t^2}{1+t^2}, \quad \sin x = 2\cos\frac{x}{2}\sin\frac{x}{2} = \frac{2t}{1+t^2}$$

により，$f(g(t))g'(t)$ は t の有理式になる．特に (a) の f に対し，

$$f(g(t))g'(t) = \frac{2}{(c-a)t^2 + 2bt + c + a}.$$

したがって (8.20) より，$D \stackrel{\text{def}}{=} a^2 + b^2 - c^2$ に対し次の H は $(f \circ g)g'$ の原始関数である：

$$H(t) \stackrel{\text{def}}{=} \begin{cases} \frac{1}{\sqrt{D}} \log \left| \frac{(c-a)t+b-\sqrt{D}}{(c-a)t+b+\sqrt{D}} \right|, & (a \neq c, D > 0), \\ -\frac{2}{(c-a)t+b}, & (a \neq c, D = 0), \\ \frac{2}{\sqrt{-D}} \operatorname{Arctan} \frac{(c-a)t+b}{\sqrt{-D}}, & (a \neq c, D < 0), \\ \frac{1}{b} \log(a + bt), & (a = c, b \neq 0), \\ t/a, & (a = c \neq 0, b = 0). \end{cases}$$

以上と (8.26) より，$H(\tan\frac{x}{2})$ は f の原始関数である．

(b): これも「定石」(8.27) の適用範囲内だが，特に $f(x)$ が $\cos^2 x$, $\sin^2 x$, $\sin x \cos x$, $\tan x$ だけで表される特別な場合は，

$$x = g(t) = \operatorname{Arctan} t, \quad t = g^{-1}(x) = \tan x \tag{8.28}$$

として (8.26) を用いると計算量が減る．実際，$g'(t) = \frac{1}{1+t^2}$,

$$\cos^2 x = \frac{1}{1+t^2}, \quad \sin^2 x = \frac{t^2}{1+t^2}, \quad \sin x \cos x = \frac{t}{1+t^2}.$$

これらは，定石 (8.27) をそのまま適用するより簡単な式である．これにより，$f(g(t))g'(t)$ も，より簡単になる．特に (b) の f に対し，

$$f(g(t))g'(t) = \frac{1}{at^2 + 2bt + c}.$$

(8.20) より次の H は $(f \circ g)g'$ の原始関数である：

$$H(t) \stackrel{\text{def}}{=} \begin{cases} (8.20) \text{ の } F_1(t), & (a \neq 0), \\ \frac{1}{2b}\log(2bt+c), & (a = 0, b \neq 0), \\ t/c, & (a = b = 0, c \neq 0). \end{cases}$$

以上と (8.26) より，$H(\tan x)$ は f の原始関数である． \(^□^)/

✔ **注**　$f(x) = R(\cos x, \sin x)$ で，R が有理式でなくても，例 8.6.8 の「定石」が有効な場合もある（問 8.6.7 参照）．一方，R が有理式でも，$f(x)$ をよく観察することにより，例 8.6.8 の「定石」を使うまでもなく，簡単に (8.25) の形に持ち込める場合もある（問 8.6.6 参照）．

◼ **例 8.6.9**（逆関数の原始関数）　$I, J \subset \mathbb{R}$ を区間，$f : I \to J, g : J \to I$ は共に狭義 ↗ で，互いに逆関数であるとする．このとき，g が原始関数 G をもてば，次の F は f の原始関数である：

$$F(x) = xf(x) - G(f(x)), \quad x \in I. \tag{8.29}$$

証明（問 8.6.8 にも別証明がある．）　$t \in J$ に対し，

$$f(g(t))g'(t) = tg'(t) \stackrel{\text{積の微分}}{=} (tg(t))' - g(t) = (tg(t) - G(t))'$$

ゆえに $H(t) \stackrel{\text{def}}{=} tg(t) - G(t)$ は $(f \circ g)g'$ の原始関数である．したがって (8.26) より次の F は f の原始関数である：

$$F(x) = H(g^{-1}(x)) = g^{-1}(x)x - G(g^{-1}(x)) = xf(x) - G(f(x)).$$

\(^□^)/

8.6 原始関数

✔ **注** (8.29) は $y = f(x)$ とおくと，次のように書き直せる：

$$xy = F(x) + G(y). \tag{8.30}$$

こう書くと，F, G に関し対称で簡単な式になり，記憶にも留めやすい．また，例えば $x, y > 0$ の場合，原始関数の図形的意味からも (8.30) は自然である（長方形 $[0, x] \times [0, y]$ の面積を f のグラフで二つに分割した式）．

問 8.6.1 $f = \cos, \sin, \mathrm{ch}, \mathrm{sh}$ に対し f^2 の原始関数を求めよ．［ヒント：f を $\exp$ を使って表せば計算しやすい．］

問 8.6.2 $0 \neq a \in \mathbb{R}$ とする．$\frac{x^p}{x^3+a^3}$ ($p = 0, 1$) の原始関数を求めよ．［ヒント：$\frac{a^2}{x^3+a^3} = \frac{a}{2(x^2-ax+a^2)} + \frac{1}{3(x+a)} - \frac{2x-a}{6(x^2-ax+a^2)}$，$\frac{ax}{x^3+a^3} = \frac{a}{2(x^2-ax+a^2)} - \frac{1}{3(x+a)} + \frac{2x-a}{6(x^2-ax+a^2)}$．］

問 8.6.3 $f(x) = ax^4 + 2bx^2 + c$ ($a, b, c > 0$, $b^2 > ac$) とする．$x^p/f(x)$ ($p = 0, 1, 2$) の原始関数を求めよ．［ヒント：$D \stackrel{\mathrm{def}}{=} b^2 - ac$, $r \stackrel{\mathrm{def}}{=} \sqrt{\frac{b-\sqrt{D}}{a}}$, $s \stackrel{\mathrm{def}}{=} \sqrt{\frac{b+\sqrt{D}}{a}}$ に対し $f(x) = a(x^2 + r^2)(x^2 + s^2)$, $\frac{1}{f(x)} = \frac{1}{2\sqrt{D}}\left(\frac{1}{x^2+r^2} - \frac{1}{x^2+s^2}\right)$．］

問 8.6.4 $f(x) = ax^4 + 2bx^2 + c$ ($a, c > 0$, $b \in \mathbb{R}$, $b^2 < ac$) とする．$x^p/f(x)$ ($p = 0, 1, 2$) の原始関数を求めよ．［ヒント：$r \stackrel{\mathrm{def}}{=} \sqrt{\frac{c}{a}}$, $t \stackrel{\mathrm{def}}{=} \sqrt{\frac{\sqrt{ac}-b}{2a}}$ に対し $f(x) = a(x^2 + 2tx + r)(x^2 - 2tx + r)$, $\frac{1}{f(x)} = \frac{1}{4t\sqrt{ac}}\left(\frac{x+2t}{x^2+2tx+r} - \frac{x-2t}{x^2-2tx+r}\right)$, $\frac{x}{f(x)} = \frac{1}{4\sqrt{ac}}\left(\frac{1}{x^2-2tx+r} - \frac{1}{x^2+2tx+r}\right)$．］

問 8.6.5 $a, b, c \in \mathbb{R}$, $a > 0$, $q(x) = ax^2 + 2bx + c$, $D \stackrel{\mathrm{def}}{=} b^2 - ac$ とする．次の各場合に $\sqrt{q(x)}$ および $1/\sqrt{q(x)}$ の原始関数を求めよ：(i) $D > 0$, $s_\pm \stackrel{\mathrm{def}}{=} \frac{-b \pm \sqrt{D}}{a}$, $x \notin [s_-, s_+]$．［ヒント：$g(t) = \frac{-b+\sqrt{D}\mathrm{ch}\, t}{a}$ とし，(8.26) を用いる．］ (ii) $D < 0$, $x \in \mathbb{R}$．［ヒント：$g(t) = \frac{-b+\sqrt{-D}\mathrm{sh}\, t}{a}$ とし，(8.26) を用いる．］

問 8.6.6 次の関数の原始関数を求めよ：(i) $\frac{1}{\cos x}$ ($|x| < \frac{\pi}{2}$)．［ヒント：(8.27)，または $\frac{\cos x}{1-\sin^2 x}$ と変形．］ (ii) $\frac{1}{\sin x}$ ($0 < x < \pi$)．［ヒント：(8.27)，または $\frac{\sin x}{1-\cos^2 x}$ と変形．］ (iii) $\frac{1}{\mathrm{ch}\, x}$ ($x \in \mathbb{R}$)．［ヒント：$\frac{\mathrm{ch}\, x}{1+\mathrm{sh}^2 x}$ と変形．］ (iv) $\frac{1}{\mathrm{sh}\, x}$ ($x > 0$)．［ヒント：$\frac{\mathrm{sh}\, x}{\mathrm{ch}^2 x - 1}$ と変形．］ (v) $\sqrt{1 + a\cos x}$ ($0 \leq x < \pi$, $a = \pm 1$)．［ヒント：$\frac{\sin x}{\sqrt{1-a\cos x}}$ と変形．］ (vi) $\sqrt{1 + a\sin x}$ ($|x| < \frac{\pi}{2}$, $a = \pm 1$)．［ヒント：$\frac{\cos x}{\sqrt{1-a\sin x}}$ と変形．］ (vii) $\frac{(\cos x \sin x)^{p-1}}{(a\sin^p x + c\cos^p x)^2}$ ($0 < x < \pi/2$, $a, c, p > 0$)．［ヒント：$\frac{\tan^{p-1} x}{(a\tan^p x + c)^2}\frac{1}{\cos^2 x}$ と変形．］

問 8.6.7 次の関数の原始関数を求めよ．(i) $\frac{\cos x}{(1+\cos x)^2}$ ($|x| < \pi$)．(ii) $\frac{1}{\sqrt{\cos x(1+\cos x)}}$ ($|x| < \frac{\pi}{2}$)．(iii) $\frac{\cos^2 x}{a\sin^2 x + c\cos^2 x}$ ($a, c > 0$, $|x| < \pi/2$)．

(iv) $\frac{\cos^2 x}{(a\sin^2 x+2b\sin x\cos x+c\cos^2 x)^2}$ ($a,b,c \in \mathbb{R}$, $a \neq 0$, $|x| < \pi/2$).

(v) $\frac{\sin^2 x}{(a\sin^2 x+2b\sin x\cos x+c\cos^2 x)^2}$ ($a,b,c \in \mathbb{R}$, $a \neq 0$, $|x| < \pi/2$).

問 8.6.8 例 8.6.9 で $F' = f$ を示し，(8.29) の別証明を与えよ．

問 8.6.9 (8.29) を用い，次の関数の原始関数を求めよ：(i) Arcsin x ($|x| \leq 1$). (ii) Arctan x ($x \in \mathbb{R}$).

8.7 (★) べき級数の微分

$r \in (0, \infty]$, $a_n \in \mathbb{C}$ ($n \in \mathbb{N}$) とする．本節では，次のべき級数の微分を考える：

$$f(x) = \sum_{n=0}^{\infty} a_n x^n, \quad x \in I \stackrel{\text{def}}{=} (-r, r). \tag{8.31}$$

そのために補題を準備する：

補題 8.7.1 $x, y \in \mathbb{C}$, $|x| \leq r$, $|y| \leq r$ なら $n = 2, 3, \ldots$ に対し，

$$|y^n - x^n - nx^{n-1}(y-x)| \leq \frac{1}{2}n(n-1)r^{n-2}|y-x|^2.$$

証明 まず次の等式を示す：

(1) $(y-x)\sum_{j=0}^{n-1}(j+1)x^j y^{n-1-j} = \sum_{j=0}^{n-1} x^j y^{n-j} - nx^n$.

実際，

$$p(x,y) \stackrel{\text{def}}{=} \sum_{j=0}^{n-1}(j+1)x^j y^{n-1-j} = \sum_{j=1}^{n-1} jx^{j-1}y^{n-j} + nx^{n-1}$$

に対し，

$$yp(x,y) = \sum_{j=0}^{n-1}(j+1)x^j y^{n-j}, \quad xp(x,y) = \sum_{j=1}^{n-1} jx^j y^{n-j} + nx^n.$$

上式の差をとれば (1) を得る．今，

$$y^n - x^n \stackrel{(4.17)}{=} (y-x)\sum_{j=0}^{n-1} x^j y^{n-1-j},$$

したがって,
$$y^n - x^n - nx^{n-1}(y-x) = (y-x)\left(\sum_{j=0}^{n-1} x^j y^{n-1-j} - nx^{n-1}\right)$$
$$= (y-x)\left(\sum_{j=0}^{n-2} x^j y^{n-1-j} - (n-1)x^{n-1}\right)$$
$$\stackrel{(1)}{=} (y-x)^2 \sum_{j=0}^{n-2} (j+1) x^j y^{n-2-j}.$$

上式右辺の絶対値を評価すれば,容易に結論を得る. \(^□^)/

補題 8.7.2 べき級数 (8.31) が,全ての $x \in (-r, r)$ に対し絶対収束するとする.このとき,p_n が n について多項式なら,次のべき級数も全ての $x \in (-r, r)$ に対し絶対収束する.
$$\sum_{n=0}^{\infty} p_n a_n x^n.$$

証明 $|x| < r_1 < r$ となる r_1 をとると,仮定より $\sum_0^{\infty} |a_n| r_1^n < \infty$. 一方,
$$|p_n| \left(\frac{|x|}{r_1}\right)^n \stackrel{n \to \infty}{\longrightarrow} 0 \quad (\text{例 } 3.2.7).$$

よって,
$$\exists n_1 \in \mathbb{N}, \forall n \geq n_1, |p_n|(|x|/r_1)^n \leq 1.$$

したがって $n \geq n_1$ に対し $|p_n a_n||x|^n \leq |a_n| r_1^n$. これと非負項級数の比較(命題 5.3.1)より結論を得る. \(^□^)/

次の命題は,対数関数(例 8.7.4),逆三角関数(例 8.7.5, 例 8.8.3)など,多くの初等関数のべき級数展開を求める際に応用される.

命題 8.7.3 (べき級数の微分) 全ての $x \in I = (-r, r)$ に対し,べき級数 (8.31) が絶対収束するとする.このとき,$f \in C^1(I)$ かつ $x \in I$ に対し,
$$f'(x) = \sum_{n=1}^{\infty} n a_n x^{n-1} \quad (\text{右辺は絶対収束}). \tag{8.32}$$

証明 $x \in I$ とし，$|x| < s < r$ となる s をとる．$y \to x$ のとき，$|y| < s$ としてよい．このとき，補題 8.7.1 より，

(1) $|y^n - x^n - nx^{n-1}(y-x)| \leq \frac{1}{2}n(n-1)|y-x|^2 s^{n-2}$.

したがって，$y \neq x, y \to x$ なら，

$$\left| \frac{f(y) - f(x)}{y - x} - \sum_{n=1}^{\infty} n a_n x^{n-1} \right| = \left| \sum_{n=1}^{\infty} a_n \left(\frac{y^n - x^n}{y - x} - nx^{n-1} \right) \right|$$
$$\leq \sum_{n=1}^{\infty} |a_n| \left| \frac{y^n - x^n}{y - x} - nx^{n-1} \right|$$
$$\stackrel{(1)}{\leq} |y - x| \underbrace{\sum_{n=1}^{\infty} n(n-1)|a_n| s^{n-2}}_{\text{補題 8.7.2 より有限}} \longrightarrow 0.$$

以上より，(8.32) を得る．補題 8.7.2 より (8.32) 右辺は I 上絶対収束し，したがって I 上連続である（系 5.4.5）． \\(^□^)/

◆例 8.7.4（対数のべき級数） $x \in [-1, 1)$ なら，

$$-\log(1-x) = \sum_{n=1}^{\infty} \frac{x^n}{n}. \tag{8.33}$$

証明 (8.33) 右辺を $f(x)$ とおく．まず，$x \in (-1, 1)$ とする．このとき，$f(x)$ は絶対収束するので，べき級数の微分（命題 8.7.3）より，$f \in C^1((-1, 1))$ かつ，

$$f'(x) \stackrel{(8.32)}{=} \sum_{n=1}^{\infty} x^{n-1} \stackrel{(5.6)}{=} \frac{1}{1-x} = (-\log(1-x))'.$$

したがって，微分による増減判定（定理 8.4.1）より $f(x) = -\log(1-x) + c$（c は定数）．さらに $x = 0$ とし，$c = 0$．以上で $|x| < 1$ に対する (8.33) を得る．命題 5.4.6 より，$f(x)$ は $x \in [-1, 1)$ で連続である．これと，$x \in (-1, 1)$ に対する (8.33) より，$x = -1$ に対する (8.33) を得る． \\(^□^)/

◆例 **8.7.5**（逆正接のべき級数） $y \in [-1, +1]$ なら,
$$\operatorname{Arctan} y = \sum_{n=0}^{\infty} \frac{(-1)^n y^{2n+1}}{2n+1}. \tag{8.34}$$

特に $y = 1$ とすれば,
$$\frac{\pi}{4} = \sum_{n=0}^{\infty} \frac{(-1)^n}{2n+1} = 1 - \frac{1}{3} + \frac{1}{5} - \frac{1}{7} + \cdots \quad \text{(ライプニッツの級数)}.$$

証明 (8.34) 右辺を $f(y)$ とおく．まず $y \in (-1, 1)$ とする．このとき, $f(y)$ は絶対収束するので，べき級数の微分（命題 8.7.3）より $f \in C^1((-1,1))$, かつ,

(1) $$f'(y) \stackrel{(8.32)}{=} \sum_{n=0}^{\infty} (-1)^n y^{2n}.$$

ゆえに,
$$(\operatorname{Arctan} y)' \stackrel{\text{例 8.5.2}}{=} \frac{1}{1+y^2} \stackrel{(5.6)}{=} \sum_{n=0}^{\infty} (-1)^n y^{2n} \stackrel{(1)}{=} f'(y).$$

以上と微分による増減判定（定理 8.4.1）より $y \in (-1,1)$ に対し $\operatorname{Arctan} y = f(y) + c$ (c は定数)．さらに $y = 0$ とし, $c = 0$．以上で $y \in (-1, 1)$ に対する (8.34) を得る．命題 5.4.6 より, $g(x) \stackrel{\text{def}}{=} \sum_{n=0}^{\infty} \frac{x^n}{2n+1}$ は $x \in [-1, 1)$ で連続である．したがって, $f(y) = y g(-y^2)$ は $y \in [-1, 1]$ で連続である．これと, $y \in (-1, 1)$ に対する (8.34) より, $y = \pm 1$ に対する (8.34) を得る． \(^□^)/

例 8.7.4 は次のように一般化できる：

◆例 **8.7.6**（対数の主値のべき級数） $1 \neq z \in \mathbb{C}, |z| \leq 1$ なら,
$$-\operatorname{Log}(1-z) = \sum_{n=1}^{\infty} \frac{z^n}{n}. \tag{8.35}$$

証明 $z = x + \mathbf{i}y$ $(x, y \in \mathbb{R})$ とする．z は固定し，以下の関数について $f(1) = g(1)$ を言えばよい：
$$f(t) \stackrel{\text{def}}{=} -\operatorname{Log}(1-tz), \quad g(t) \stackrel{\text{def}}{=} \sum_{n=1}^{\infty} \frac{z^n t^n}{n}, \quad t \in (-1, 1].$$

命題 5.4.6 より (8.35) 右辺は z について連続である．したがって，f,g は $t \in (-1,1]$ について連続である．ゆえに $t \in (-1,1)$ に対し $f(t) = g(t)$ なら $f(1) = g(1)$ である．そこで以下 $t \in (-1,1)$ とする．$f(t) = u(t) + \mathbf{i}v(t)$，ただし，

$$u(t) \stackrel{(6.54)}{=} -\frac{1}{2}\log((1-tx)^2 + (ty)^2),$$

$$v(t) \stackrel{(6.54)}{=} -\arg(1 - tx - \mathbf{i}ty) \stackrel{(6.52)}{=} \text{Arctan}\,\frac{ty}{1-tx}.$$

上式，例 8.1.2，例 8.5.2，および連鎖律より，

(1) $\quad u'(t) = \dfrac{x(1-tx) - ty^2}{(1-tx)^2 + (ty)^2}, \quad v'(t) = \dfrac{y}{(1-tx)^2 + (ty)^2}.$

一方，

(2) $\quad \dfrac{z}{1-tz} = \dfrac{z(1-t\bar{z})}{|1-tz|^2} = \dfrac{x(1-tx) - ty^2 + \mathbf{i}y}{(1-tx)^2 + (ty)^2}.$

ゆえに，

(3) $\quad f'(t) = u'(t) + \mathbf{i}v'(t) \stackrel{(1),(2)}{=} \dfrac{z}{1-tz}.$

今，$|tz| < 1$ より $g(t)$ は絶対収束する．したがって，べき級数の微分（命題 8.7.3）より $g \in C^1((-1,1))$，

(4) $\quad g'(t) \stackrel{(8.32)}{=} \displaystyle\sum_{n=1}^{\infty} z^n t^{n-1} \stackrel{(5.6)}{=} \dfrac{z}{1-tz}.$

(3), (4) より，$t \in (-1,1)$ に対し $f'(t) \equiv g'(t)$，ゆえに $f(t) \equiv g(t) + c$（c は定数）．さらに，$t = 0$ として $c = 0$．　　　　　　　　　　\(^□^)/

◆例 8.7.7 $(r, \theta) \in D \stackrel{\text{def}}{=} ([0,1] \times [0, 2\pi)) \setminus \{(1,0)\}$ なら，

$$\sum_{n=1}^{\infty} \frac{r^n \cos(n\theta)}{n} = \begin{cases} -\frac{1}{2}\log\left(1 - 2r\cos\theta + r^2\right), & (r,\theta) \in D, \\ -\log\left(2\sin\frac{\theta}{2}\right), & \text{特に } r = 1,\, \theta \in (0, 2\pi). \end{cases} \quad (8.36)$$

$$\sum_{n=1}^{\infty} \frac{r^n \sin(n\theta)}{n} = \begin{cases} \text{Arctan}\left(\frac{r\sin\theta}{1-r\cos\theta}\right), & (r,\theta) \in D, \\ \frac{\pi - \theta}{2}, & \text{特に } r = 1,\, \theta \in (0, 2\pi). \end{cases} \quad (8.37)$$

証明 $(r,\theta) \in D$ に対し，

(1) $$\sum_{n=1}^{\infty} \frac{r^n \exp(\mathbf{i}n\theta)}{n} \stackrel{(8.35)}{=} -\text{Log}\left(1 - r\exp(\mathbf{i}\theta)\right).$$

(1) 両辺の実部をとると,

$$\sum_{n=1}^{\infty} \frac{r^n \cos(n\theta)}{n} \stackrel{(6.54)}{=} -\log|1 - r\exp(\mathbf{i}\theta)| = -\tfrac{1}{2}\log\left(1 - 2r\cos\theta + r^2\right).$$

(1) 両辺の虚部をとると,

$$\sum_{n=1}^{\infty} \frac{r^n \sin(n\theta)}{n} \stackrel{(6.54)}{=} -\arg(1 - r\exp(\mathbf{i}\theta)) \stackrel{(6.52)}{=} \text{Arctan}\left(\frac{r\sin\theta}{1 - r\cos\theta}\right).$$

以上で (8.36), (8.37) ($(r, \theta) \in D$ に対する一般形) を得る. $r = 1, \theta \in (0, 2\pi)$ の特殊形を得るために次に注意する: $1 - \cos\theta = 2\sin^2\frac{\theta}{2}$, $\sin\theta = 2\cos\frac{\theta}{2}\sin\frac{\theta}{2}$. これらを用い,

$$-\tfrac{1}{2}\log(2 - 2\cos\theta) = -\tfrac{1}{2}\log\left(4\sin^2\tfrac{\theta}{2}\right) = -\log\left(2\sin\tfrac{\theta}{2}\right),$$

$$\text{Arctan}\left(\frac{\sin\theta}{1 - \cos\theta}\right) = \text{Arctan}(1/\tan\tfrac{\theta}{2})$$

$$= \text{Arctan}(\tan(\tfrac{\pi-\theta}{2})) = \frac{\pi - \theta}{2}.$$

\(^□^)/

等式 (8.37) で $r = 1$ とする. $\theta = \frac{\pi}{2}$ とすればライプニッツの級数 (例 8.7.5) を得る. 一方, 等式は $\theta = 0$ では成立しない (左辺 = 0, 右辺 = $\frac{\pi}{2}$). したがって左辺は $\theta = 0$ で不連続である. この例は, 連続関数列の極限が不連続な例として, アーベルが提示したことでよく知られている (1826 年).

命題 8.7.8 (**べき級数の高階微分**)　記号は命題 8.7.3 の通り, 級数 (8.31) は任意の $x \in I$ に対し絶対収束するとする. このとき $f \in C^{\infty}(I)$ かつ, $x \in I$, $m = 1, 2, \ldots$ に対し,

$$f^{(m)}(x) = \sum_{n=m}^{\infty} n(n-1)\cdots(n-m+1)\, a_n x^{n-m} \quad (\text{右辺は絶対収束}). \quad (8.38)$$

特に,

$$f^{(m)}(0) = m!\, a_m. \quad (8.39)$$

証明 補題 8.7.2 より，(8.38) 右辺は絶対収束する．そこで，命題 8.7.3 を用いた帰納法より，任意の $m = 1, 2, \ldots$ に対し $f \in C^m(I)$ であること，および (8.38) を得る．また，(8.38) で $x = 0$ とすれば (8.39) を得る． \(^□^)/

◆**例 8.7.9（微分方程式の級数解）** $p_i, q_j, r_0 \in \mathbb{C}$ ($i = 0, 1, 2, j = 0, 1$) に対し $c_n \in \mathbb{C}$ が次の漸化式により帰納的に定まるとする：

(1) $p_0 c_{n+2} + (np_1 + q_0)c_{n+1} + (n(n-1)p_2 + nq_1 + r_0)c_n = 0, \ n \geq 0.$

さらに次のべき級数が $x \in (-R, R) \, (R > 0)$ の範囲で絶対収束すると仮定する：

(2) $f(x) = \sum_{n=0}^{\infty} c_n \dfrac{x^n}{n!}.$

このとき，$x \in (-R, R)$ に対し，

(3) $p(x)f''(x) + q(x)f'(x) + r_0 f(x) = 0.$

ただし，$p(x) = p_0 + p_1 x + p_2 x^2$, $q(x) = q_0 + q_1 x$.
実際，命題 8.7.8 より，$x \in (-R, R)$ で，

$$f''(x) = \sum_{n=2}^{\infty} c_n \frac{x^{n-2}}{(n-2)!} = \sum_{n=1}^{\infty} c_{n+1} \frac{x^{n-1}}{(n-1)!} = \sum_{n=0}^{\infty} c_{n+2} \frac{x^n}{n!}.$$

したがって，

$$p(x)f''(x) = p_0 \sum_{n=0}^{\infty} c_{n+2} \frac{x^n}{n!} + p_1 \sum_{n=1}^{\infty} c_{n+1} \frac{x^n}{(n-1)!} + p_2 \sum_{n=2}^{\infty} c_n \frac{x^n}{(n-2)!}$$

$$= p_0 \sum_{n=0}^{\infty} c_{n+2} \frac{x^n}{n!} + p_1 \sum_{n=0}^{\infty} n c_{n+1} \frac{x^n}{n!} + p_2 \sum_{n=0}^{\infty} n(n-1) c_n \frac{x^n}{n!}$$

$$= \sum_{n=0}^{\infty} (p_0 c_{n+2} + np_1 c_{n+1} + n(n-1)p_2) \frac{x^n}{n!}.$$

同様に，

$$q(x)f'(x) = \sum_{n=0}^{\infty} (q_0 c_{n+1} + nq_1 c_n) \frac{x^n}{n!}.$$

これらと (1) より (3) を得る．特別な場合として超幾何級数（例 5.4.3）のみたす微分方程式を導く：$\alpha, \beta, \gamma \in \mathbb{C}, -\gamma \notin \mathbb{N}$ に対し c_n を次の漸化式で定める：

$$c_0 = 1, \ (\gamma + n)c_{n+1} = (\alpha + n)(\beta + n)c_n, \ n \geq 0.$$

上式第二式は次のように書き直せる：
$$(n+\gamma)c_{n+1} - (n(n-1) + (\alpha+\beta)n + \alpha\beta)c_n = 0, \; n \geq 0.$$

これは漸化式 (1) で $(p_0, p_1, p_2) = (0, 1, -1)$, $(q_0, q_1) = (\gamma, -\alpha - \beta - 1)$, $r_0 = -\alpha\beta$ の場合である．このとき，(2) の $f(x)$ は超幾何級数であり，$|x| < 1$ で $(\{-\alpha, -\beta\} \cap \mathbb{N} \neq \emptyset$ なら全ての $x \in \mathbb{R}$ で) 絶対収束する (例 5.4.3)．したがってその範囲で次の**超幾何微分方程式**をみたす：
$$x(1-x)f''(x) + (\gamma - (\alpha+\beta+1)x)f'(x) - \alpha\beta f(x) = 0.$$

問 8.7.1 $r > 0$ とする．全ての $x \in (-r, r)$ に対し，べき級数 (8.31) が絶対収束するとする．$f^{(m)}(0) = 0$ ($\forall m \in \mathbb{N}$) なら，$a_n \equiv 0$ を示せ．

問 8.7.2 超幾何級数 (例 5.4.3) を $f_{\alpha,\beta,\gamma}(x)$ と記す．$x \in (-1, 1)$ に対し以下を示せ：
(i) $\log(1+x) = x f_{1,1,2}(-x)$. (ii) $\operatorname{Arctan} x = x f_{1,1/2,3/2}(-x^2)$.

問 8.7.3 双曲正接関数 $\operatorname{th}: \mathbb{R} \to (-1, 1)$ (問 6.6.1 参照) に対しその逆関数 $\operatorname{th}^{-1}: (-1, 1) \to \mathbb{R}$ を考える．$y \in (-1, 1)$ に対し以下を示せ：(i) $\operatorname{th}^{-1}(y) = \frac{1}{2}\log\left(\frac{1+y}{1-y}\right)$.
(ii) $(\operatorname{th}^{-1})'(y) = \frac{1}{1-y^2}$. (iii) $|y| < 1$ なら $\operatorname{th}^{-1}(y) = \sum_{n=0}^\infty \frac{y^{2n+1}}{2n+1}$.

問 8.7.4 $x \in [-1, 1]$ に対し $\sum_{n=1}^\infty \frac{x^{n+1}}{n(n+1)} = (1-x)\log(1-x) + x$ を示せ．ただし $0 \log 0 = 0$ とする．

問 8.7.5 $a, c_n \in \mathbb{C}$, $c_{n+2} = (n^2 - a^2)c_n$ ($n \in \mathbb{N}$) とする．例 8.7.9 の $f(x)$ は $|x| < 1$ で絶対収束し，チェビシェフの微分方程式をみたすことを示せ：$(1-x^2)f''(x) - xf'(x) + a^2 f(x) = 0$ (問 8.5.1 参照)．

8.8 (★) 一般二項展開

$\alpha \in \mathbb{C}$, $n \in \mathbb{N}$ に対し**一般二項係数** $\binom{\alpha}{n}$ を次で定める：
$$\binom{\alpha}{n} = \begin{cases} \alpha(\alpha-1)\cdots(\alpha-n+1)/n!, & n \geq 1, \\ 1, & n = 0. \end{cases} \tag{8.40}$$

命題 8.8.1 (**一般二項展開**) $\alpha \in \mathbb{C}$, $x \in (-1, 1)$ に対し，
$$(1+x)^\alpha = \sum_{n=0}^\infty \binom{\alpha}{n} x^n \; (右辺は絶対収束).$$

証明 $a_n = \binom{\alpha}{n}$ に対し,

$$\left|\frac{a_{n+1}}{a_n}\right| = \left|\frac{\alpha - n}{n+1}\right| \overset{n \to \infty}{\longrightarrow} 1.$$

これと命題 5.4.1 より, 示すべき等式の右辺 ($f(x)$ とおく) は $|x| < 1$ で絶対収束する. 以下, 左辺 ($g(x)$ とおく) との一致を言う. べき関数の微分 (例 8.1.8) より,

(1) $g'(x) = \alpha(1+x)^{\alpha-1}$, したがって $(1+x)g'(x) = \alpha g(x)$.

また,

(2) $(1+x)f'(x) = \alpha f(x)$.

実際,

$$(1+x)f'(x) \overset{命題\ 8.7.3}{=} (1+x)\sum_{n=0}^{\infty}\binom{\alpha}{n} nx^{n-1}$$

$$\overset{簡単な書き換え}{=} \sum_{n=0}^{\infty}\left\{\binom{\alpha}{n+1}(n+1) + \binom{\alpha}{n}n\right\}x^n$$

$$\overset{問\ 8.8.1}{=} \sum_{n=0}^{\infty}\alpha\binom{\alpha}{n}x^n = \alpha f(x).$$

(1), (2) より $f'g = g'f$. これを用い, $(-1,1)$ 上 $f = g$ を示す. $\forall z \in \mathbb{C}$ に対し $e^z \neq 0$ なので $g(x) = \exp(\alpha \log(1+x)) \neq 0$. 以上より $f/g \in D((-1,1))$ かつ,

$$\left(\frac{f}{g}\right)' = \frac{f'g - g'f}{q^2} = 0.$$

したがって $(-1,1)$ 上 $f/g = c$ (定数). ところが $c = (f/g)(0) = 1/1 = 1$.

\(^□^)/

ニュートンは, 遅くとも 1665 年には一般二項展開が $\alpha \in \mathbb{Q}$ の場合に成立することを発見し, 最初の何項かを具体的に書き下した.

◆例 8.8.2 ($(1+x)^{\pm 1/2}$ のべき級数) $n \in \mathbb{N}$ に対し，**二重階乗**を次のように定める：

$$(2n-1)!! = \begin{cases} 1, & (n=0), \\ 1 \cdot 3 \cdots (2n-1), & (n \geq 1), \end{cases}$$

$$(2n)!! = \begin{cases} 1, & (n=0), \\ 2 \cdot 4 \cdots (2n), & (n \geq 1). \end{cases} \tag{8.41}$$

以下は容易にわかる：

$$b_n \stackrel{\text{def}}{=} (-1)^n \binom{-1/2}{n} = \frac{(2n-1)!!}{(2n)!!} = \frac{1}{2^{2n}} \binom{2n}{n}, \quad n \in \mathbb{N},$$

$$c_n \stackrel{\text{def}}{=} (-1)^{n-1} \binom{1/2}{n} = \frac{(2n-3)!!}{(2n)!!} = \frac{b_{n-1}}{2n}, \quad n \in \mathbb{N}, n \geq 1.$$

$x \in (-1, 1)$ と，上記 b_n, c_n に対し一般二項展開（命題 8.8.1）より，

$$\frac{1}{\sqrt{1+x}} = \sum_{n=0}^{\infty} (-1)^n b_n x^n, \quad \sqrt{1+x} = 1 + \sum_{n=1}^{\infty} (-1)^{n-1} c_n x^n. \tag{8.42}$$

b_n は，硬貨を $2n$ 回投げてちょうど n 回表が出る確率を表し，Arcsin, sh^{-1} のべき級数展開にも登場する（例 8.8.3，問 8.8.4）．また，b_n の $n \to \infty$ での漸近挙動はウォリスの公式（例 11.3.5）で記述される．

◆例 8.8.3 (**Arcsin** のべき級数) b_n を例 8.8.2 の通り，$y \in [-1, 1]$ とするとき，

$$\text{Arcsin } y = \sum_{n=0}^{\infty} \frac{b_n y^{2n+1}}{2n+1} \quad (\text{右辺は絶対収束}). \tag{8.43}$$

証明 (8.43) の右辺を $f(y)$，$f_N(y) = \sum_{n=0}^{\infty} \frac{b_n y^{2n+1}}{2n+1}$ と書く．$|y| < 1$ なら，(8.42) 第一式右辺の絶対収束から，$f(y)$ の絶対収束もわかる．よって，べき級数の微分（命題 8.7.3）より，

(1) $f \in D((-1, 1))$，かつ $|y| < 1$ なら $f'(y) = \sum_{n=0}^{\infty} b_n y^{2n}$.

ゆえに $|y| < 1$ なら，
$$(\text{Arcsin } y)' \stackrel{\text{例 8.5.2}}{=} \frac{1}{\sqrt{1-y^2}} \stackrel{(8.42) \text{ 第一式}}{=} \sum_{n=0}^{\infty} b_n y^{2n} \stackrel{(1)}{=} f'(y).$$

以上と微分による増減判定（定理 8.4.1）より $(-1,1)$ 上 Arcsin $- f = c$（定数）．さらに $c = \text{Arcsin } 0 - f(0) = 0$．以上から，

(2) $|y| < 1$ で (8.43) が成立する．

$y = \pm 1$ に対し (8.43) を得るために，次を示す：

(3) $|y| \leq 1$ なら $f(y)$ は絶対収束する．
$$\sum_{n=0}^{\infty} \left| \frac{b_n y^{2n+1}}{2n+1} \right| \leq \sum_{n=0}^{\infty} \frac{b_n}{2n+1} = f(1).$$

よって $f(1) < \infty$ が言えればよい．ところが，$y \in (0,1)$ に対し，
$$f_N(y) \leq f(y) \stackrel{(2)}{=} \text{Arcsin } y \leq \pi/2.$$

上式で $y \to 1$ とすると $f_N(1) \leq \pi/2$．さらに $N \to \infty$ とし，$f(1) \leq \pi/2$．(3) と命題 5.4.4 より $f \in C([-1,1])$．したがって (2) で，$y \to \pm 1$ として $y = \pm 1$ に対する (8.43) を得る． \(^□^)/

問 8.8.1 一般二項係数 (8.40) について以下を示せ：(i) $\binom{\alpha-1}{n-1} + \binom{\alpha-1}{n} = \binom{\alpha}{n}$．(ii) $\binom{\alpha}{n+1}(n+1) + \binom{\alpha}{n}n = \alpha\binom{\alpha}{n}$．(iii) $\binom{-\alpha}{n} = (-1)^n \binom{\alpha+n-1}{n}$．

問 8.8.2（負の二項展開） $x \in (-1,1), m \in \mathbb{N}$ に対し次を示せ：
$$\frac{1}{(1+x)^m} = \sum_{n=0}^{\infty} (-1)^n \binom{m+n-1}{n} x^n \quad \text{（右辺は絶対収束）}.$$

係数に現れる ${}_m\mathrm{H}_n \stackrel{\text{def}}{=} \binom{m+n-1}{n}$ は n 個の物を m 種類に分ける（あるいは，m 種類の物から重複を許し n 個選ぶ）方法の総数で，**負の二項係数**，または**重複組合せ**と呼ばれる．

問 8.8.3 超幾何級数（例 5.4.3）を $f_{\alpha,\beta,\gamma}(x)$ と記す．$x \in (-1,1)$ に対し以下を示せ：(i)$(1+x)^\alpha = f_{-\alpha,\gamma,\gamma}(-x)$ $(\alpha \in \mathbb{C})$．(ii)Arcsin $x = x f_{1/2,1/2,3/2}(-x^2)$．

問 8.8.4 双曲正弦 sh $: \mathbb{R} \longrightarrow \mathbb{R}$ の逆関数 sh$^{-1} : \mathbb{R} \longrightarrow \mathbb{R}$ について以下を示せ：(i) sh$^{-1}(y) = \log(y + \sqrt{1+y^2})$．(ii)$(\text{sh}^{-1})'(y) = 1/\sqrt{1+y^2}$．(iii) $y \in [-1,1]$ なら sh$^{-1}(y) = \sum_{n=0}^{\infty} \frac{(-1)^n b_n y^{2n+1}}{2n+1}$ （ただし b_n は例 8.8.2 と同じ）．

8.9 (★) 片側微分

微分の幾何的な意味は，関数 f のグラフ上の一点 $(c, f(c))$ での接線を求めることであるが，左（右）微分とは，$x < c$ $(x > c)$ での $f(x)$ の値だけを用いて $(c, f(c))$ での接線を求めることである．

定義 8.9.1（**片側微分**） $-\infty \leq a < b \leq \infty, (a,b) \subset I \subset [a,b] \cap \mathbb{R}, f: I \to \mathbb{R}$ とする．

▶ $x \in I \setminus \{a\}$ に対し，次の極限が存在すれば，これを f の x における**左微分係数**と呼ぶ：
$$f'_-(x) \stackrel{\mathrm{def}}{=} \lim_{\substack{y \to x \\ y < x, y \in I}} \frac{f(y) - f(x)}{y - x} \in \overline{\mathbb{R}}.$$
上の極限が存在し実数値なら，f は x で**左可微分**であるという．

▶ $x \in I \setminus \{b\}$ に対し，次の極限が存在すれば，これを f の x における**右微分係数**と呼ぶ：
$$f'_+(x) \stackrel{\mathrm{def}}{=} \lim_{\substack{y \to x \\ y > x, y \in I}} \frac{f(y) - f(x)}{y - x} \in \overline{\mathbb{R}}.$$
上の極限が存在し実数値なら，f は x で**右可微分**であるという．

✔ 注 $f'_-(x)$ を次のように記すこともある：
$$(f(x))'_-, \quad \left(\frac{d}{dx}\right)_- f(x).$$
また，同様に $f'_+(x)$ を次のように記すこともある：
$$(f(x))'_+, \quad \left(\frac{d}{dx}\right)_+ f(x).$$

命題 8.9.2（**微分と片側微分の関係**） 記号は定義 8.9.1 の通り，$c \in (a,b)$，$\ell \in \mathbb{R}$ とする．このとき，次の (a), (b) は同値である：

(a) $f'_\pm(c)$ が共に存在し，$= \ell$．
(b) $f'(c)$ が存在し，$= \ell$．

証明 $x \in (a,b) \setminus \{c\}$ に対し, $F(x) = \frac{f(x)-f(c)}{x-c}$ とおく. F の c における,
極限, 右極限, 左極限がそれぞれ $f'(c), f'_+(c), f'_-(c)$ である. よって, 極限と
片側極限の関係（命題 7.3.3）より結論を得る. \(^□^)/

✔**注** $f'_\pm(c)$ が共に存在しても, それらが異なれば $f'(c)$ は存在しない. 例えば,
$f(x) = |x|$ に対し, $f'_\pm(0) = \pm 1$ だが, f は $x = 0$ で可微分でない（例 8.1.4）.

微分と片側微分の関係（命題 8.9.2）は次のような例に応用できる：

◼**例 8.9.3** $f(x) = \begin{cases} \exp(-1/x), & x > 0, \\ 0, & x \leq 0 \end{cases}$ と定めるとき, $f \in C^\infty(\mathbb{R})$.

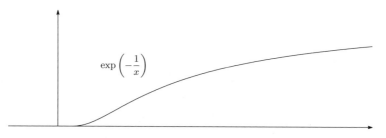

証明 (a): $m \in \mathbb{N}$ を任意とする. 次の事実が証明の鍵になる：

(1) 多項式 p_m が存在し, $\forall x > 0$ に対し $f^{(m)}(x) = p_m(1/x) f(x)$.

(2) $f \in D^m(\mathbb{R})$, $f^{(m)}(0) = 0$.

(1) は m についての帰納法で容易に示せる. m は任意だから, (2) が言えれば
証明が終わる. (2) も m に関する帰納法で示す. $m = 0$ なら示すべきことはな
い. そこで $m - 1$ まで正しいとすると, $f^{(m-1)}(0) = 0$. さらに, $x < 0$ なら
$f^{(m-1)}(x) = 0$ だから,

$$(f^{(m-1)})'_-(0) = \lim_{\substack{x \to 0 \\ x < 0}} \frac{f^{(m-1)}(x)}{x} = 0.$$

また，

$$(f^{(m-1)})'_+(0) = \lim_{\substack{x \to 0 \\ x > 0}} \frac{f^{(m-1)}(x)}{x} \stackrel{(2)}{=} \lim_{\substack{x \to 0 \\ x > 0}} (1/x) p_{m-1}(1/x) \exp(-1/x)$$
$$= \lim_{y \to \infty} y p_{m-1}(y) \exp(-y) \stackrel{例 6.2.3}{=} 0.$$

以上と命題 8.9.2 より $f^{(m)}(0)$ が存在し，$=0$．以上で (2) を得る． \(^□^)/

問 8.9.1 記号は定義 8.9.1 の通り，$c \in I$ とするとき，以下を示せ：(i) f が $c(\neq a)$ で左可微分なら f は c で左連続．(ii) f が $c(\neq b)$ で右可微分なら f は c で右連続．

問 8.9.2 $-\infty < a < b < \infty$，$f \in C([a,b]) \cap D((a,b))$ とするとき，以下を示せ：
(i) $f'(a+)$ が存在して有限なら，$f'_+(a)$ が存在し $f'(a+)$ に等しい．(ii) $f'(b-)$ が存在して有限なら，$f'_-(b)$ が存在し $f'(b-)$ に等しい．

問 8.9.3 次を示せ：$-\infty \leq a < b \leq \infty$，$f:(a,b) \longrightarrow \mathbb{R}$，$c \in (a,b)$ は f の極値点，かつ f が c で左可微分かつ右可微分なら $f'_+(c) f'_-(c) \leq 0$．

問 8.9.4 例 8.9.3 の $f(x)$ は $x \in (-r, r)$ $(r > 0)$ に対し絶対収束するべき級数で命題 8.7.8 のように表示できるか？ 理由と共に答えよ．

問 8.9.5 $0 < r < R < \infty$ とする．次のような $g \in C^\infty(\mathbb{R}^d \to [0,1])$ の存在を示せ：$g(x) = 1 \iff |x| \leq r$ かつ $g(x) = 0 \iff |x| \geq R$．

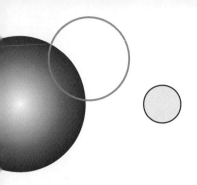

第 9 章

(⋆) 極限と連続 III
——積分への準備

第 9 章では，有界閉集合上の連続関数に関するいくつかの事柄を述べる．これらは第 10 章で積分を厳密に論じるための準備であるが，第 10 章の (⋆) 付き項目でのみ必要なので，それらを飛ばすのであれば，第 9 章も飛ばしてよい．

9.1 閉集合

$\mathbb{R}^d$ の部分集合に対し，「閉集合」の定義を $d=1$ の場合（定義 3.3.1）と全く同様に与える：

定義 9.1.1（**閉集合**） $A \subset \mathbb{R}^d$ とする．

▶ 次のような $x \in \mathbb{R}^d$ 全体の集合を $\overline{A}$ と記し，A の**閉包**と呼ぶ．

点列 a_n で，全ての $n \in \mathbb{N}$ に対し $a_n \in A$，かつ $a_n \to x$ となるものが存在する．

▶ $A = \overline{A}$ なら A は**閉**であるという．

✔**注** 一般に $A \subset \overline{A}$．実際，任意の $a \in A$ に対し $a_n \equiv a$ とすれば，$a_n \in A$ かつ $a_n \to a$．

◆**例 9.1.2（多次元区間）** 区間 $I_1,\ldots,I_d \subset \mathbb{R}$ の直積：

$$I = I_1 \times \cdots \times I_d \subset \mathbb{R}^d. \tag{9.1}$$

を $\mathbb{R}^d$ の**区間**と呼ぶ．特に $I_1,\ldots,I_d$ が全て閉（開）区間なら I を**閉（開）区間**と呼ぶ．閉区間は閉集合である．

証明 (9.1) の I を閉区間，

$$x_n = (x_{n,j})_{j=1}^d \in I,\ x = (x_j)_{j=1}^d \in \mathbb{R}^d,\ x_n \xrightarrow{n\to\infty} x$$

とする．このとき，$j = 1,\ldots,d$ に対し，

$$x_{n,j} \in I_j,\ x_{n,j} \xrightarrow{n\to\infty} x_j.$$

I_j は閉区間だから $x_j \in I_j$，したがって $x \in I$．　　　　　　　　　　　\\(^□^)/

問 9.1.1 $0 \le r \le R < \infty$ とする．$A_{r,R} = \{x \in \mathbb{R}^d\,;\, r \le |x| \le R\}$ は閉であることを示せ．[特に $A_{0,R}$ は半径 R の球，$A_{R,R}$ は球面である．]

問 9.1.2 $A, B \subset \mathbb{R}^d$ に対し以下を示せ：(i) $\overline{A}$ は閉．(ii) $A \subset B$ なら $\overline{A} \subset \overline{B}$．したがって，特に $A \subset B$ かつ B が閉なら $\overline{A} \subset B$．(iii) $\overline{A \cup B} = \overline{A} \cup \overline{B}$．(iv) $\overline{A \cap B} \subset \overline{A} \cap \overline{B}$．また，$\overline{A \cap B} \ne \overline{A} \cap \overline{B}$ となる例を挙げよ．(v) A, B が閉なら，$A \cup B, A \cap B$ も閉．

問 9.1.3 $f \in C(\mathbb{R}^d \to \mathbb{R}^m)$，$F \subset \mathbb{R}^m$ が閉なら $f^{-1}(F) \subset \mathbb{R}^d$ は閉であることを示せ．

問 9.1.4 (★) $A \subset U \subset \mathbb{R}^d$，$B \subset V \subset \mathbb{R}^m$，$f \in C(U \to V)$ とする．以下を示せ：(i) $f(\overline{A} \cap U) \subset \overline{f(A)} \cap V$．(ii) $f^{-1}(\overline{B} \cap V) \supset \overline{f^{-1}(B)} \cap U$．(iii) $d = m$，f は全単射，$f^{-1} \in C(V \to U)$ なら $f(\overline{A} \cap U) = \overline{f(A)} \cap V$．

9.2　最大・最小値存在定理 II（多変数関数）

次の定理は最大・最小値存在定理 I（定理 7.1.1）の一般化である：

定理 9.2.1（**最大・最小値存在定理 II**）　$A \subset \mathbb{R}^d$ が有界かつ閉，$f \in C(A \to \mathbb{R}^m)$ とする．このとき，

(a) $f(A)$ は有界かつ閉である．

(b) $m = 1$ なら $\max_A f, \min_A f$ が存在する．

定理 9.2.1 の証明は 9.3 節で与える．

定理 9.2.1 を用い，次の有名な定理を示すことができる：

◆**例 9.2.2（代数学の基本定理）** 定数でない多項式 $f : \mathbb{C} \to \mathbb{C}$ に対し $f(a) = 0$ となる $a \in \mathbb{C}$ が存在する．

証明 次の二つを示せばよい：

(1) $|f|$ は最小値をもつ．

(2) $|f|$ の極小値は 0 に限る．

<u>(1) の証明</u> 問 4.2.2 より $|z| \to \infty$ なら，$|f(z)| \to \infty$．これと定理 9.2.1 より $|f|$ は最小値をもつ（詳しくは問 9.2.1 を参照されたい）．

<u>(2) の証明</u> $a \in \mathbb{C}, f(a) \neq 0$ なら a は $|f|$ の極小値でないことを示せばよい．問 4.1.2 より $m \geq 1$ および多項式 g で次のようなものが存在する：$g(a) \neq 0$, $f(z) = f(a) + (z-a)^m g(z)$ $(z \in \mathbb{C})$．そこで $f(a)/g(a) = re^{i\theta}$, $(r > 0, \theta \in \mathbb{R})$, $h = \delta^{1/m} e^{i(\theta + \pi)/m}$ $(0 < \delta \leq r)$ とすると，$h^m = -\delta e^{i\theta}$, $|h^m| = \delta$．よって，

(3) $|f(a) + g(a)h^m| = |g(a)||re^{i\theta} - \delta e^{i\theta}| = |g(a)|(r-\delta) = |f(a)| - \delta|g(a)|$．

また，δ が十分小さければ $|g(a+h) - g(a)| < |g(a)|/2$．よって，

(4) $|h^m(g(a+h) - g(a))| < \delta|g(a)|/2$．

これらを用い，

$$\begin{aligned} |f(a+h)| &= |f(a) + h^m g(a+h)| \\ &\leq |f(a) + g(a)h^m| + |h^m(g(a+h) - g(a))| \\ &\stackrel{(3),\,(4)}{<} |f(a)| - \delta|g(a)| + \delta|g(a)|/2 < |f(a)|. \end{aligned}$$

ここで，δ を小さくとれば $a+h$ はいくらでも a に近くとれるから，上式より a は $|f|$ の極小点でない．以上で (2) が示せた． \(^□^)/

問 9.2.1 $F \subset \mathbb{R}^d$ が閉，$f \in C(F \to \mathbb{R})$ なら，次の (a), (b) が同値であることを示せ：(a) f は最小値をもつ．(b) $a \in F, r > 0$ であり，「$x \in F, |x-a| \geq r \Rightarrow f(a) \leq f(x)$」なるものが存在する．[特に F が非有界かつ $f(x) \xrightarrow{x \in F, |x| \to \infty} \infty$ なら，上の (b)（したがって (a)）が成立する．]

問 9.2.2 $q : \mathbb{R}^d \to [0, \infty)$ をノルム（問 4.4.1）とする．定数 $c_1, c_2 \in (0, \infty)$ が存在し，$\forall x \in \mathbb{R}^d$ に対し，$c_1|x| \leq q(x) \leq c_2|x|$ となること示せ．[ヒント：問 9.1.1 より $S = \{x \in \mathbb{R}^d \,;\, |x| = 1\}$ は閉集合．]

問 9.2.3 $\alpha > 0$ かつ $f : \mathbb{R}^d \longrightarrow \mathbb{R}$ は α 次同次とする（問 4.4.2 参照）．このとき，f が $S = \{x \in \mathbb{R}^d \,;\, |x| = 1\}$ 上で連続なら $f \in C(\mathbb{R}^d)$ であることを示せ．

問 9.2.4 $K_1, K_2 \subset \mathbb{R}^d$ に対し $K_1 + K_2 = \{x + y \,;\, x \in K_1, y \in K_2\}$ とする．(i) K_1, K_2 が共に有界かつ閉なら $K_1 + K_2 = \{x + y \,;\, x \in K_1, y \in K_2\}$ も有界かつ閉であることを示せ．(ii) ($\star$) $K_1, K_2 \subset \mathbb{R}^d$ が共に閉で $K_1 + K_2$ は閉でない例を挙げよ．

9.3 ボルツァーノ・ワイエルシュトラスの定理 II（多次元）と定理 9.2.1 の証明

ここでは，ボルツァーノ・ワイエルシュトラスの定理 I（定理 7.2.2）の多次元への拡張（ボルツァーノ・ワイエルシュトラスの定理 II，定理 9.3.1）を述べる．それに伴い，「コンパクト性」の概念も多次元に拡張する．また，定理 9.3.1 を用い，最大・最小値存在定理 II（定理 9.2.1）の証明を与える．さらに，すぐ後の 9.4 節で，一様連続性（定理 9.4.4）を論じる際にも定理 9.3.1 を用いる．これらは微分積分学を厳密に論じる上で，大変有用な道具となる．

定理 9.3.1（ボルツァーノ・ワイエルシュトラスの定理 II） $A \subset \mathbb{R}^d$ に対し，以下の条件を考える：

(b1) A は有界．

(b2) A 内の任意の点列が収束部分列をもつ（その極限は A の点でなくてもよい）．

(c1) A は有界かつ閉.

(c2) A 内の任意の点列が,A の点に収束する部分列をもつ (このとき,A は**コンパクト**であるという).

このとき,(b1) は (b2) と同値,(c1) は (c2) と同値である.

✔**注** 定理 9.3.1 より,$\mathbb{R}^d$ ではコンパクト性と「有界かつ閉」は同じで,両者を区別する必要はない.「コンパクト集合」は「有界閉集合」の別名で,特に性質 (c2) を強調したいときに使う.

定理 9.3.1 の証明 (b1) ⇒ (b2):A は有界だから十分大きな ℓ に対し $A \subset [-\ell, \ell]^d$. A の点列 $(a_k)_{k \geq 0}$ を任意にとり,収束部分列の存在を言う.

$d = 1$ の場合:定理 7.2.2 による.

$d \geq 2$ の場合:次のように,$d = 1$ の場合に帰着する.$(a_k)_{k \geq 0}$ の第 1 座標 $(a_{k,1})_{k \geq 0}$ に $d = 1$ の結果を適用し,(a_k) の部分列 $(a_{k_1(n)})_{n \geq 0}$ であり,その第 1 座標 $(a_{k_1(n),1})_{n \geq 0}$ が収束するものの存在がわかる.次に $(a_{k_1(n)})_{n \geq 0}$ の第 2 座標 $(a_{k_1(n),2})_{n \geq 0}$ に $d = 1$ の結果を適用し,$(a_{k_1(n)})_{n \geq 0}$ の部分列 $(a_{k_2(n)})_{n \geq 0}$ であり,その第 2 座標 $(a_{k_2(n),2})_{n \geq 0}$ が収束するものの存在がわかる.この際,$(a_{k_2(n)})_{n \geq 0}$ の第 1 座標 $(a_{k_2(n),1})_{n \geq 0}$ は収束数列 $(a_{k_1(n),1})_{n \geq 0}$ の部分列だから,これも収束する.したがって部分列 $(a_{k_2(n)})_{n \geq 0}$ は第 1,第 2 座標が共に収束する.このようにして,順次部分列を選ぶことにより,全ての座標が収束する部分列 $(a_{k_d(n)})_{n \geq 0}$ を得る.これが,所期の部分列である.

証明のその他の部分は定理 7.2.2 の場合と同様である.　　　　\\(^□^)/

定理 9.2.1 の証明 定理 7.2.2 の代わりに定理 9.3.1 を用いることにより,定理 7.1.1 と全く同様に証明できる.　　　　\\(^□^)/

問 9.3.1 $A = \{a_n\}_{n \in \mathbb{N}} \subset \mathbb{R}^d$, $a_n \xrightarrow{n \to \infty} a \in \mathbb{R}^d$ とする.$A \cup \{a\}$ がコンパクトであることを示せ.

問 9.3.2 $A \subset \mathbb{R}^d$ は有界かつ $f \in C(\overline{A} \to \mathbb{R}^m)$ とする.$f(\overline{A}) = \overline{f(A)}$ を示せ.

問 9.3.3 $A_n \subset \mathbb{R}^d$ はコンパクト,$A_n \supset A_{n+1} \neq \emptyset$ $(\forall n \in \mathbb{N})$ とする.$\bigcap_{n \in \mathbb{N}} A_n \neq \emptyset$ を示せ.

問 9.3.4 ($\star$) $A \subset \mathbb{R}^d$ はコンパクト, $f_n : A \to \mathbb{R}$ ($n \geq 1$) は連続, $f_n(x) \geq f_{n+1}(x)$ ($n \geq 1$, $x \in A$), $m = \sup_{x \in A} \inf_{n \geq 1} f_n(x)$, $M = \inf_{n \geq 1} \max_{x \in A} f_n(x)$ とする.以下を示せ：(i) $\{x \in A \ ;\ f_n(x) \geq M\} \neq \emptyset$ ($\forall n \geq 1$). (ii) $m = M$. ［ヒント：問 9.3.3. なお, 本問は問 16.1.7 への布石になる.］

9.4 一様連続性

連続関数であっても, その変動は極めて大きいことがある. 例えば $f(x) = x^2$ は x が大きくなると接線が限りなく急勾配となり, 大きな変動をもつ. これに対し $f(x) = x + \sin x$ は接線の傾きが一定範囲内なので, より穏やかに変動する. 9.4 節では,「穏やかな変動をもつ連続関数」である「一様連続関数」について述べ, コンパクト集合上の連続関数が一様連続であること (定理 9.4.4) を示す. 9.4 節を通じ, $D \subset \mathbb{R}^d$, $f, g, \ldots$ は D を定義域とする関数とする.

定義 9.4.1 次の 2 条件を考える：

(UC1) $a_n, b_n \in D, a_n - b_n \longrightarrow 0$ なら $f(a_n) - f(b_n) \longrightarrow 0$.

(UC2) 任意の $\varepsilon > 0$ に対し次のような $\delta > 0$ が存在する：

$$x, y \in D, |x - y| < \delta \implies |f(x) - f(y)| < \varepsilon. \tag{9.2}$$

▶ 後で示すように, 条件 (UC1), (UC2) は同値である. そこで, その一方 (したがって両方) が成り立つとき, f は**一様連続**であるという.

▶ $f : D \to \mathbb{R}$ で, D 上一様連続なもの全体の集合を $C_\mathrm{u}(D)$ と記す.

「(UC1) $\Leftrightarrow$ (UC2)」の証明はひとまず後回し (9.4 節の後半) にしよう.

✔注 (「連続」と「一様連続」の違い) D で定義された関数 f が連続であるとは, 次の条件 (C1) または (C2) と同値である：

(C1) $a, a_n \in D$ ($n = 1, 2, \ldots$) について $a_n \longrightarrow a$ なら $f(a_n) \longrightarrow f(a)$.

(C2) 任意の $\varepsilon > 0$ と $x \in D$ に対し次のような $\delta > 0$ が存在する：

$$y \in D, |x - y| < \delta \implies |f(x) - f(y)| < \varepsilon. \tag{9.3}$$

(C1) と (UC1) の比較：(UC1) で特に $b_n \equiv a \in D$ とすると (C1) が得られるから，

$$D \text{ 上一様連続なら，} D \text{ 上連続である.}$$

だが，逆は正しくない（例 9.4.3，問 9.4.2，問 9.4.3 参照）．
(C2) と (UC2) の比較：両者の差は一見すると微妙だが，この違いも重要である．(C2) は ε, x 両方に応じて δ を選べば，(9.3) が成り立つことを意味する（ε が同じでも x が違えば，それに応じて δ を取りかえる必要があるかもしれない）．これに対し，(UC2) は ε だけに応じて δ を選べば，x の位置に無関係に (9.2) が成り立つことを意味する（ε さえ決まっていれば，x ごとに δ を取りかえる必要がない）．

一様連続関数と，そうでない連続関数の違いについては，これから述べる例と問で感覚をつかむことにしよう．

◆**例 9.4.2** 関数 f に対し，次のような $L \in [0, \infty), p \in (0, 1]$ が存在するとき，f を**ヘルダー連続**（特に $p = 1$ のときは**リプシッツ連続**）であるという：

$$\text{全ての } x, y \in D \text{ に対し } |f(x) - f(y)| \leq L|x-y|^p.$$

例えば，$p \in (0, 1]$ に対し $f(x) = x^p$ $(x \geq 0)$ はヘルダー連続である（問 9.4.1）．f がヘルダー連続なら $f \in C_u(D)$. このことは，例えば定義 9.4.1 の条件 (UC1) から明らかである．

◆**例 9.4.3**（**連続だが一様連続でない例**） $f(x) = x^2$ $(x \in \mathbb{R})$ なら $f : \mathbb{R} \to \mathbb{R}$ は連続 ($f \in C(\mathbb{R})$) だが一様連続でない ($f \notin C_u(\mathbb{R})$). 実際，$a_n = n + \frac{1}{n}$, $b_n = n$ とすると，$a_n - b_n = \frac{1}{n} \to 0$ だが，

$$f(a_n) - f(b_n) = 2 + \frac{1}{n^2} \not\to 0.$$

連続だが一様連続でない例は他にも多くある（問 9.4.2，問 9.4.3 参照）．

定義 9.4.1 で (UC1) ⇔ (UC2) の証明 (UC1) ⟹ (UC2): 対偶を示す．
(UC2) を否定すると，$\varepsilon > 0$ が存在し，任意の $\delta > 0$ に対し，
$$C_{\delta,\varepsilon} \stackrel{\text{def}}{=} \{(x,y) \in D \times D\,;\, |x-y| < \delta,\, |f(x) - f(y)| \geq \varepsilon\} \neq \emptyset.$$
そこで，集合 $C_{1/n,\varepsilon}$ から点 (a_n, b_n) を選ぶ．このとき $|a_n - b_n| < 1/n$ より，
$$a_n - b_n \longrightarrow 0.$$
一方，全ての $n \geq 1$ に対し $|f(a_n) - f(b_n)| \geq \varepsilon$ より，
$$f(a_n) - f(b_n) \not\longrightarrow 0.$$
以上より (UC1) は不成立．
(UC1) ⟸ (UC2): $\varepsilon > 0$ に対し (9.2) をみたす $\delta > 0$ を選ぶ．$a_n - b_n \longrightarrow 0$ よりこの δ に対し，$n_0 \in \mathbb{N}$ が存在し，
$$n \geq n_0 \implies |a_n - b_n| < \delta.$$
すると (9.2) より，
$$n \geq n_0 \implies |f(a_n) - f(b_n)| < \varepsilon.$$
よって $f(a_n) - f(b_n) \longrightarrow 0$. \\(^□^)/

次にコンパクト集合上では全ての連続関数が一様連続であることを述べる：

定理 9.4.4 (**コンパクト集合上の連続関数は一様連続**) $K \subset \mathbb{R}^d$ がコンパクトなら $C_\mathrm{u}(K) = C(K)$.

定理 9.4.4 は，例えば，有界閉区間上の連続関数のリーマン可積分性 (定理 10.4.1) を示す際にも用いられる．実際，コーシーは連続関数の定積分を定義する際，「暗黙のうちに」この事実を用いた (1823 年)．定理 9.4.4 は現在「ハイネの定理」と呼ばれることもある[1]．

---

[1] ハイネは 1872 年の論文で，一様連続性の概念を提示し，定理 9.4.4 (K が有界閉区間の場合) を示した．だが実は，これらの事実はハイネの師，ディリクレが 1852 年に行った講義で既に述べている (発表は 1904 年)．

次に定理 9.4.4 を示す．そのために次の補題を用いる：

補題 9.4.5（**部分列による収束判定**） $a, a_n \in \mathbb{R}^d$ $(n \in \mathbb{N})$ に対し，次は同値である：

(a) $a_n \longrightarrow a$.

(b) a_n の任意の部分列 $(a_{k(n)})_{n \geq 0}$ は，更なる部分列 $(a_{\ell(n)})_{n \geq 0}$ で，$a_{\ell(n)} \longrightarrow a$ なるものを含む．

補題 9.4.5 の証明 (a) $\Rightarrow$ (b): $(a_{k(n)})_{n \geq 0}$ は a_n の部分列なので $a_{k(n)} \longrightarrow a$. したがって $\ell(n) = k(n)$ とすればよい．
(b) $\Rightarrow$ (a): 対偶を示す．(a) を否定すると，$\exists \varepsilon > 0$, $\forall \ell \in \mathbb{N}$, $\exists k \geq \ell$, $|a_k - a| \geq \varepsilon$. つまり $|a_k - a| \geq \varepsilon$ をみたす $k \in \mathbb{N}$ が無限個存在する．それらを $k(0) < k(1) < \cdots$ とするとき, $a_{k(n)}$ のいかなる部分列 $a_{\ell(n)}$ も $|a_{\ell(n)} - a| \geq \varepsilon$ をみたすので, $a_{\ell(n)}$ は収束しない．よって (b) は成立しない． \\(^□^)/

定理 9.4.4 の証明 K 内の点列 a_n, b_n で，$a_n - b_n \longrightarrow 0$ なるものを任意に選び，
$$c_n \stackrel{\text{def}}{=} f(a_n) - f(b_n) \longrightarrow 0$$
を言う．そのためには, c_n の任意の部分列 $(c_{k(n)})_{n \geq 1}$ が，更なる部分列 $(c_{\ell(n)})_{n \geq 1}$ で $c_{\ell(n)} \longrightarrow 0$ なるものを含めばよい（補題 9.4.5）．

さて, $(a_{k(n)})$ はコンパクト集合 K の点列なのである $a \in K$ に収束する部分列 $(a_{\ell(n)})_{n \geq 1}$ を含む（定理 9.3.1）．さらに, $a_n - b_n \longrightarrow 0$ より $b_{\ell(n)} \longrightarrow a$. したがって, f の連続性から,
$$c_{\ell(n)} = f(a_{\ell(n)}) - f(b_{\ell(n)}) \longrightarrow f(a) - f(a) = 0.$$

\\(^□^)/

問 9.4.1 $p \in (0,1]$, $0 \leq y < x$ に対し $0 < x^p - y^p < (x-y)^p$ を示せ．［ゆえに $f(x) = x^p$ $(x \geq 0)$ はヘルダー連続，特に一様連続である．$p > 1$ なら問 9.4.3 より一様連続でない.］

問 9.4.2　$D = (0, 1]$ とする．次の各例で $f \in C(D)$ かつ $f \notin C_u(D)$ を示せ：(i) $f(x) = 1/x$. (ii) $f(x) = \log x$. (iii) $f(x) = \sin(1/x)$.

問 9.4.3　$f \in D((0, \infty))$, f' が ↗ かつ $f'(x) \overset{x \to \infty}{\Longrightarrow} \infty$ のとき，$f \notin C_u((0, \infty))$ を示せ．

問 9.4.4　($\star$)　$D \subset \mathbb{R}^d$ が有界かつ $f \in C_u(D)$ なら f は有界であることを示せ．［ヒント：定理 9.3.1.］

問 9.4.5　($\star$)　$D \subset \mathbb{R}^d$, $f \in C_u(D)$. さらに任意の $x, y \in D$ を結ぶ線分が D に含まれると仮定する．このとき，任意の $\varepsilon > 0$ に対し次のような $K \in [0, \infty)$ の存在を示せ：$\forall x, y \in D$ に対し $|f(x) - f(y)| \leq K|x - y| + \varepsilon$.

問 9.4.6　($\star$)　$f : \mathbb{R} \to \mathbb{R}$ とする．次のような $p > 0$ が存在するとき，f を**周期関数**，p を f の**周期**という：全ての $x \in \mathbb{R}$ に対し $f(x + p) = f(x)$. 以下を示せ：(i) 周期関数 f の周期全体の集合が最小値 $p_0 > 0$ をもつとき，任意の周期は np_0 ($n \in \mathbb{N} \setminus \{0\}$) と書ける．(ii) f が連続かつ，任意に小さな周期をもてば，f は定数である．(iii) 連続な周期関数 f が定数でなければ，周期全体の集合は最小値 $p_0 > 0$ をもつ．

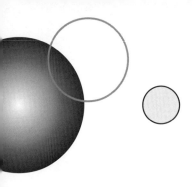

第10章

積分の基礎

1807 年,フランスの数学者・物理学者フーリエは熱伝導の研究の中で,次のように述べた[1]:「任意の $f:[0,1]\to\mathbb{R}$ は,

$$f(x) = a_0 + 2\sum_{n=1}^{\infty}(a_n\cos 2\pi nx + b_n\sin 2\pi nx) \tag{10.1}$$

と書き表せ,係数 $a_n, b_n\ (n=0,1,\ldots)$ は,

$$a_n = \int_0^1 f(x)\cos 2\pi nx dx, \quad b_n = \int_0^1 f(x)\sin 2\pi nx dx \tag{10.2}$$

で与えられる.」

フーリエはこの際,級数 (10.1) の収束や,積分 (10.2) の意味づけを顧慮しなかった.しかし,フーリエの提唱した上記仮説は,結果としてその後の解析の発展にとって一つの道標となった.例えば,コーシーは (10.2) の可積分性を考察し,一般に,連続関数が可積分であることを証明した (1823 年).また,リーマンは (10.2) を不連続関数に対しても定義する試みの中で,現在「リーマン可積分関数」と呼ばれる,不連続関数まで含むクラスにまで積分の概念を拡張した (1854 年).さらに 20 世紀初頭,ルベーグにより基礎づけられたルベーグ

---

[1] Jean Baptiste Joseph Fourier "Mémoire sur la propagation de la chaleur dans les corps solides". 1807 年に提出され,翌 1808 年に出版された.

積分論の発展にともない，現在ではフーリエが述べた「任意の f」が，どの程度「任意」か，また (10.1) がどういう意味で収束するか，が詳細かつ厳密に知られている．

本章の構成は以下の通りである．10.1 節ではまず，一次元区間上の関数の積分を定義し，続く 10.2 節では，10.1 節の内容を，多次元区間上の関数の積分に一般化する[2]．10.3–10.4 節では，積分の基本的な性質を述べる．10.3–10.4 節は，多次元の場合も含めて述べるが，10.2 節を飛ばした場合でも一次元区間の場合に限定して読むことができる．10.5 節以降は，ダルブーの定理を軸に，リーマン積分の理論面を掘り下げる．

10.1　積分の定義（一次元）

10.1 節では一次元区間上での（リーマン）積分を定義する．10.1 節を通じて次を仮定する：

$$-\infty < a \leq b < \infty, \quad (a,b) \subset I \subset [a,b], \quad I \neq \emptyset. \tag{10.3}$$

定義 10.1.1（**区間分割**）　$N = 1, 2, \ldots$,

$$a = c_0 \leq c_1 \leq \cdots \leq c_{N-1} \leq c_N = b \tag{10.4}$$

とする．

▶ 区間の列：

$$\Delta = (D_1, \ldots, D_N)$$

が次の条件みたすとき Δ を，分点 (10.4) による I の**区間分割**と呼ぶ：

$$(c_{k-1}, c_k) \subset D_k \subset [c_{k-1}, c_k] \cap I, \quad D_k \neq \emptyset, \quad k = 1, \ldots, N. \tag{10.5}$$

---

[2] この先，第 11–12 章に進むには，一次元区間上の関数の積分だけで十分なので，10.2 節は将来必要になるまで後回しにしてもよい．

▶ 分点 (10.4) による区間分割 Δ に対し次の $\mathrm{w}(\Delta)$ を Δ の**幅**と呼ぶ：

$$\mathrm{w}(\Delta) = \max_{1 \leq k \leq N}\{c_k - c_{k-1}\}.$$

✔**注1**　分点 (10.4) に対し，各 D_k を選ぶ方法は，(10.5) をみたす限りにおいて

$$(c_{k-1}, c_k),\ (c_{k-1}, c_k],\ [c_{k-1}, c_k),\ [c_{k-1}, c_k]$$

のどれでもよく，選び方が k ごとに違っても構わない．

✔**注2**　$a = b$ なら，I は一点集合である．また，分点 (10.4) で $c_{k-1} = c_k$ となる k に対し (10.5) をみたす D_k は一点集合である．実は，こうした自明な場合も含めて考える方が後で便利である（例 10.2.2(b)，例 10.2.5，系 10.3.7 の証明参照）．

積分を定義する前段階として，その近似和を定義する：

定義 10.1.2　(**リーマン和**)　$f: I \longrightarrow \mathbb{R}$ は有界，Δ は分点 (10.4) による I の区間分割とする．

▶ 分点 (10.4) による I の区間分割 Δ に対し I に値をとる数列 $\gamma = (\gamma_k)_{k=1}^N$ が次の条件をみたすとき γ を，Δ の**代表**と呼ぶ：

$$\gamma_k \in D_k,\ k = 1, \ldots, N. \tag{10.6}$$

▶ Δ およびその代表 γ に対し，次の和を f の**リーマン和**という：

$$s(f, \Delta, \gamma) = \sum_{k=1}^{N} f(\gamma_k)(c_k - c_{k-1}). \tag{10.7}$$

10.1 積分の定義（一次元）

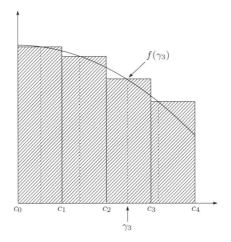

区間分割 Δ を細かくしていく $(w(\Delta) \to 0)$ ときの，リーマン和 $s(f, \Delta, \gamma)$ の極限を積分と定義する．正確に述べると，次のようになる：

定義 10.1.3（**リーマン積分**）　記号は定義 10.1.2 の通りとする．
▶ ある $s(f) \in \mathbb{R}$ が，次をみたすとき f は I 上**リーマン可積分**であるという：
$$\sup_{\gamma} |s(f, \Delta, \gamma) - s(f)| \xrightarrow{w(\Delta) \to 0} 0. \tag{10.8}$$

ここで，上記 $\sup_\gamma$ は，Δ の代表 γ の選び方全体についての上限を表す．次の記号を導入する：
$$\mathscr{R}(I) = \{f : I \longrightarrow \mathbb{R} \,;\, f \text{ は } I \text{ 上有界かつリーマン可積分}\}.$$

▶ $s(f)$ を，f の I 上での（**リーマン**）**積分**といい，次のように記す：
$$\int_I f, \quad \int_a^b f, \quad \int_I f(x)dx, \quad \int_a^b f(x)dx.$$

✔ **注**　(10.8) を ε-δ 論法で書き直すと次のようになる：

$$\left.\begin{array}{l}\text{任意の } \varepsilon > 0 \text{ に対し } \delta > 0 \text{ が存在し，} w(\Delta) < \delta \text{ をみたす } I \text{ の任意の}\\ \text{区間分割 } \Delta, \text{ およびその任意の代表 } \gamma \text{ に対し，} |s(f, \Delta, \gamma) - s(f)| < \varepsilon.\end{array}\right\} \tag{10.9}$$

$w(\Delta) \to 0$ とするときの $s(f, \Delta, \gamma)$ の極限が $s(f)$ だが,$s(f)$ の値は Δ の代表 γ の選び方に依存しない点に注意したい.

◆**例 10.1.4** $I = (a, b]$ $(-\infty < a < b < \infty)$ とする. I の N 等分点:
$$c_k = a + \frac{k}{N}(b-a), \quad k = 0, 1, \ldots, N$$
に対し,$f \in \mathscr{R}(I)$ なら,
$$\frac{b-a}{N} \sum_{k=1}^{N} f(c_k) \stackrel{N \to \infty}{\longrightarrow} \int_a^b f.$$
実際,上式左辺は,I の区間分割 $\{(c_{k-1}, c_k]\}_{k=1}^{N}$,その代表 $(c_k)_{k=1}^{N}$ に関するリーマン和である.

次の定理(定理 10.1.5)より,多くの関数のリーマン可積分性と,その積分の値がわかる.

定理 10.1.5 I は (10.3) の通り,$F \in C([a, b]) \cap D(I)$, $f = F' : I \to \mathbb{R}$ とする.

(a) (**微積分の基本公式 I**) $f \in \mathscr{R}(I)$ なら,
$$\int_a^b f = F(b) - F(a). \tag{10.10}$$

(b) f が有界かつ連続なら,$f \in \mathscr{R}(I)$. したがって (10.10) が成立する.

(10.10) は,関数 f に対しその原始関数 F を求めれば,f の積分が求まることを意味する. したがって,8.6 節で述べた多くの原始関数の例は,(10.10) を通じて,そのまま積分の計算に応用できる.

定理 10.1.5 の証明 分点 (10.4) を $c_{k-1} < c_k$ $(k = 1, \ldots, N)$ となるようにとり,対応する区間分割 Δ をとる. 平均値定理(定理 8.3.1)より $k = 1, 2, \ldots, N$ に対し,

(1) $\exists \beta_k \in (c_{k-1}, c_k)$, $F(c_k) - F(c_{k-1}) = f(\beta_k)(c_k - c_{k-1}).$

したがって，代表：$\beta = (\beta_k)_{k=1}^N$ に関する f のリーマン和は，

(2) $\begin{cases} s(f, \Delta, \beta) \stackrel{(10.7)}{=} \sum_{k=1}^N f(\beta_k)(c_k - c_{k-1}) \\ \stackrel{(1)}{=} \sum_{k=1}^N (F(c_k) - F(c_{k-1})) = F(b) - F(a). \end{cases}$

(a)：$f \in \mathscr{R}(I)$ なら (10.8) が成立する．したがって，

$$|F(b) - F(a) - \int_a^b f| \stackrel{(2)}{=} |s(f, \Delta, \beta) - \int_a^b f| \stackrel{w(\Delta) \to 0}{\longrightarrow} 0.$$

ゆえに $\int_a^b f = F(b) - F(a)$．

(b)：後に述べる一般論（定理 10.4.1）より，f が有界かつ連続なら $f \in \mathscr{R}(I)$ である．したがって (a) より (10.10) を得る．f が有界かつ一様連続（定義 9.4.1）な場合は，定理 10.4.1 を用いず初等的に示すこともできる（本節末の補足で紹介する）． \\(^□^)/

✔**注** 定理 10.1.5 で F は実数値とし，そのことを証明中でも用いた（平均値定理の適用）．一方，定理 10.1.5 の結論は，F を実部，虚部に分けて考えることにより，F が複素数値の場合でも成立することが容易にわかる（定義 10.3.8 参照）．

1660 年代前半にニュートンは，現在「微積分学の基本公式」と呼ばれる微分と積分の関係 (10.10) を発見し，これが現在の微積分学の出発点となった．一方，ライプニッツもニュートンと独立に (10.10) を発見した（1675 年）．さらに，コーシーはこれを厳密に証明した（1823 年）．定理 10.1.5 は第 11 章で少し形を変えて再登場し（定理 11.2.1），置換積分，部分積分，さらにテイラーの定理などに応用される．

区間上の関数が可積分であるための十分条件として，定理 10.1.5 で述べた以外に，単調性を挙げることができる：

命題 10.1.6（**単調関数は可積分**） $I = [a, b] \subset \mathbb{R}$, $f : I \longrightarrow \mathbb{R}$ が単調なら $f \in \mathscr{R}(I)$．

命題 10.1.6 の証明は 10.6 節で述べる．次のように，リーマン可積分でない関数も存在する．

◆例 10.1.7　$x \in \mathbb{Q}, x \in \mathbb{R} \setminus \mathbb{Q}$ に応じて $f(x) = 1, 0$ とすると，$f \notin \mathscr{R}([0,1])$.

証明　$[0,1]$ の区間分割 $\Delta = ((\frac{k-1}{N}, \frac{k}{N}])_{k=1}^{N}$ を考える．$\mathbb{Q}, \mathbb{R} \setminus \mathbb{Q}$ は共に稠密（例 2.1.6，問 3.4.7）だから，Δ の代表として $\gamma = (\gamma_k)_{k=1}^{N}$ ($\gamma_k \in \mathbb{Q}$) と $\beta = (\beta_k)_{k=1}^{N}$ ($\beta_k \in \mathbb{R} \setminus \mathbb{Q}$) を選ぶことができる．このとき，
$$s(f, \Delta, \gamma) = \sum_{k=1}^{N} 1 \cdot (1/N) = 1, \quad s(f, \Delta, \beta) = \sum_{k=1}^{N} 0 \cdot (1/N) = 0.$$
したがって，$\mathrm{w}(\Delta) \to 0$ におけるリーマン和の極限が代表の選び方により異なる（定義 10.2.4 後の注参照）．　\(^□^)/

問 10.1.1　$f: [0,1] \to \mathbb{R}$ に対し次の数列の極限を求めよ：(i) $a_n = \left(\prod_{k=1}^{n} f\left(\frac{k}{n}\right)\right)^{1/n}$ ($f > 0$ かつ $\log f \in \mathscr{R}([0,1])$). (ii) $a_n = \prod_{k=1}^{n}\left(1 + \frac{1}{n} f\left(\frac{k}{n}\right)\right)$ ($f \in \mathscr{R}([0,1])$).

(⋆) **10.1 節への補足**：f が有界かつ一様連続（定義 9.4.1）と仮定し，定理 10.1.5 (b) を初等的に証明する．定理 10.1.5 の証明の (1), (2) をそのまま引用し，$s(f) = F(b) - F(a)$ に対し (10.8) を示す．そのためには，(10.9) を言えばよい．f の一様連続性から，

(3)　　　$h(\delta) \stackrel{\text{def}}{=} \sup\{|f(x) - f(y)| \; ; \; x, y \in I, \; |x-y| \leq \delta\} \stackrel{\delta \to 0}{\longrightarrow} 0$.

ゆえに，任意の $\varepsilon > 0$ に対し $(b-a)h(\delta) < \varepsilon$ をみたす $\delta > 0$ が存在する．そこで，定理 10.1.5 の証明の最初に述べた区間分割が $\mathrm{w}(\Delta) < \delta$ をみたすとする．このとき，Δ の任意の代表 γ，および $k = 1, \ldots, N$ に対し，

(4)　　　$\beta_k, \gamma_k \in [c_{k-1}, c_k], \quad c_k - c_{k-1} \leq \mathrm{w}(\Delta) < \delta$.

よって，

(5)　　　$|f(\gamma_k) - f(\beta_k)| \stackrel{(3), (4)}{\leq} h(\delta), \quad k = 1, \ldots, N$.

以上に注意し，次のようにして (10.9) を得る：

$$|s(f, \Delta, \gamma) - s(f)| \stackrel{(2)}{=} |s(f, \Delta, \gamma) - s(f, \Delta, \beta)|$$

$$\stackrel{(10.7)}{\leq} \sum_{k=1}^{N} |f(\gamma_k) - f(\beta_k)|(c_k - c_{k-1})$$

$$\stackrel{(5)}{\leq} h(\delta) \sum_{k=1}^{N} (c_k - c_{k-1}) = h(\delta)(b-a) < \varepsilon.$$

\(^□^)/

10.2　積分の定義（多次元）

10.2 節では 10.1 節の内容を一般化して，多次元区間上の（リーマン）積分を定義する[3]．以下，10.2 節を通じ，$I = I_1 \times \cdots \times I_d \subset \mathbb{R}^d$ を有界区間，

$$\overline{I} = \overline{I_1} \times \cdots \times \overline{I_d}, \quad \mathring{I} = \mathring{I_1} \times \cdots \times \mathring{I_d}$$

とする．

定義 10.2.1（**区間分割**）　▶ I の各辺 I_j の端点を $a_j \leq b_j$ とするとき，

$$|I| \stackrel{\text{def}}{=} (b_1 - a_1) \cdots (b_d - a_d).$$

$|I|$ を I の**体積**と呼ぶ．$d = 1, 2$ なら，「体積」の代わりに「長さ」，「面積」ということもある．

▶ I の各辺 I_j に分点：

$$a_j = c_{j\,0} \leq c_{j\,1} \leq \cdots \leq c_{j\,N_j-1} \leq c_{j\,N_j} = b_j, \quad j = 1, \ldots, d \quad (10.11)$$

と，それによる I_j の区間分割 $\Delta_j = \{D_{j,k}\}_{k=1}^{N_j}$ を考える（定義 10.1.1）．$j = 1, \ldots, d$ ごとに $k_j = 1, \ldots, N_j$ をとることで次のような d 次元区間が得られる（下図参照）：

$$D_{k_1, \ldots, k_d} \stackrel{\text{def}}{=} D_{1,k_1} \times \cdots \times D_{d,k_d}.$$

このようにして得られる d 次元区間を集めた集合：

$$\Delta = \{D_{k_1, \ldots, k_d} \,;\, 1 \leq k_1 \leq N_1,\, 1 \leq k_2 \leq N_2,\, \ldots,\, 1 \leq k_d \leq N_d\} \quad (10.12)$$

---

[3]第 11–12 章に進むには，一次元区間上の関数の積分だけで十分なので，この節は将来必要になるまで後回しにしてもよい．

を分点 (10.11) による I の**区間分割**と呼ぶ．

▶ 分点 (10.11) による区間分割 Δ に対し次の $w(\Delta)$ を区間分割 Δ の**幅**と呼ぶ：

$$w(\Delta) \overset{\text{def}}{=} \max\{c_{j\,k} - c_{j\,k-1} \, ; \, j = 1, \ldots, d, \; k = 1, \ldots, N_j\}.$$

	$c_{1,0}$	$c_{1,1}$	$c_{1,2}$	$c_{1,3}$	$c_{1,4}$	$c_{1,5}$	$c_{1,6}$
$c_{2,4}$ ...	$D_{1,4}$	$D_{2,4}$	$D_{3,4}$	$D_{4,4}$	$D_{5,4}$	$D_{6,4}$	
$c_{2,3}$ ...	$D_{1,3}$	$D_{2,3}$	$D_{3,3}$	$D_{4,3}$	$D_{5,3}$	$D_{6,3}$	
$c_{2,2}$ ...	$D_{1,2}$	$D_{2,2}$	$D_{3,2}$	$D_{4,2}$	$D_{5,2}$	$D_{6,2}$	
$c_{2,1}$ ...	$D_{1,1}$	$D_{2,1}$	$D_{3,1}$	$D_{4,1}$	$D_{5,1}$	$D_{6,1}$	
$c_{2,0}$ ...							

✔ **注** 上記定義は，区間分割 Δ が体積 0 の区間を含む場合も許す．これは，一次元の場合同様一見無意味だが，その方が後で便利である（例 10.2.2(b)，例 10.2.5，系 10.3.7 の証明参照）．

◆**例 10.2.2** (a) 分点 (10.11) を $c_{j,k} = a_j + |I_j|\frac{k}{N_j}$ と与えて，得られる分割 Δ は I の体積を等分する．すなわち，任意の $D \in \Delta$ に対し $|D| = |I|/(N_1 \cdots N_d)$．

(b) I を閉区間とする．各辺 $I_j = [a_j, b_j]$ の区間分割 $\Delta_j = \{\{a_j\}, (a_j, b_j), \{b_j\}\}$ から (10.12) により I の区間分割 $\Delta = \{D_1, D_2, \ldots, D_{3^d}\}$ で $D_1 = \overset{\circ}{I}$，$|D_k| = 0 \; (k \geq 2)$ なるものを得る．この分割は I を $\overset{\circ}{I}$ と，それ以外の体積 0 の部分に分ける．

(c) 各辺に分点が与えられたとき，この分点による区間分割 Δ であって，$I = \cup_{D \in \Delta} D$ かつ $\{D\}_{D \in \Delta}$ は非交差（相異なる $D, D' \in \Delta$ に対し $D \cap D' = \emptyset$）となるものが存在する．実際，$d = 1$ で分点が (10.4) で与えられるなら，例えば，

$$D_0 = [c_0, c_1] \cap I, \; D_k = (c_{k-1}, c_k] \cap I \; (k = 2, \ldots, N)$$

10.2 積分の定義（多次元）

として求める区間分割を得る．$d \geq 2$ なら，各一次元区間 I_j の区間分割 Δ_j を上記のようにとり，Δ を (10.12) で与えればよい．

定義 10.2.3（**リーマン和**） $I \subset \mathbb{R}^d$ を有界区間，$f : I \longrightarrow \mathbb{R}$ は有界とする．

▶ I の区間分割 Δ に対し，写像 $\gamma : \Delta \to I \ (D \mapsto \gamma_D)$ が次の条件をみたすとき，γ を，区間分割 Δ の**代表**と呼ぶ：

$$\text{全ての } D \in \Delta \text{ に対し } \gamma_D \in D.$$

▶ I の区間分割 Δ およびその代表 γ に対し，次の和を f の**リーマン和**という：

$$s(f, \Delta, \gamma) = \sum_{D \in \Delta} f(\gamma_D) |D|. \tag{10.13}$$

✔**注** 区間分割 Δ は，体積 0 をもつ区間を含んでもよいが，リーマン和には $|D| = 0$ となる $D \in \Delta$ の項は寄与しない．

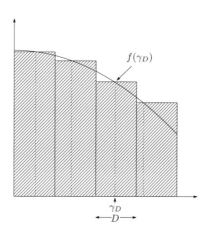

定義 10.2.4（**リーマン積分**） 記号は定義 10.2.3 の通りとする．

▶ ある $s(f) \in \mathbb{R}$ が，次をみたすとき f は I 上**リーマン可積分**であるという：

$$\sup_{\gamma} |s(f, \Delta, \gamma) - s(f)| \xrightarrow{w(\Delta) \to 0} 0. \tag{10.14}$$

ここで，上記 sup は，Δ の代表 γ の選び方全体についての上限を表す．次の記号を導入する：

$$\mathscr{R}(I) = \{f : I \longrightarrow \mathbb{R} \,;\, f \text{ は } I \text{ 上有界かつリーマン可積分}\}$$

▶ $s(f)$ を，f の I 上での（リーマン）**積分**といい，次のように記す：

$$\int_I f, \quad \int_I f(x)dx, \quad \int_I f(x_1, \ldots, x_d)dx_1 \cdots dx_d.$$

✔ **注** $d=1$ の場合と同様，(10.14) を (10.9) の形に言い換えることができる．また，$d=1$ の場合と同様，$w(\Delta) \to 0$ とするときの $s(f, \Delta, \gamma)$ の極限が $s(f)$ だが，$s(f)$ の値は Δ の代表 γ の選び方に依存しない．

次の例は一見自明なものばかりだが，それぞれ意味がある．

◆**例 10.2.5** (a) $f \equiv c$（定数）なら $f \in \mathscr{R}(I)$, $\int_I f = c|I|$.

(b) $|I| = 0$（つまり，I の辺 $I_1, \ldots, I_d$ のうち，少なくとも一つが長さ 0）なら任意の有界関数 f に対し $f \in \mathscr{R}(I)$, $\int_I f = 0$.

証明 (a): I の任意の区間分割 Δ とその代表 γ に対し，

$$s(f, \Delta, \gamma) = \sum_{D \in \Delta} c|D| = c|I|.$$

したがって，$s(f) = c|I|$ として (10.14) が成立する．

(b): I の任意の区間分割 Δ と $D \in \Delta$ に対し $|D| < |I|$, したがって $|D| = 0$, ゆえに Δ の任意の代表 γ に対し，

$$s(f, \Delta, \gamma) = \sum_{D \in \Delta} f(\gamma_D)|D| = 0.$$

したがって，$s(f) = 0$ として (10.14) が成立する． \(^□^)/

本節の締めくくりに，特別な形をもつ多変数関数の可積分性と，積分の値について述べる．

|命題 10.2.6| (**変数分離型関数の積分 I**) $I_j \subset \mathbb{R}^{d_j}$ ($j=1,2$) は有界な区間, $I = I_1 \times I_2 \subset \mathbb{R}^d$ ($d = d_1 + d_2$) とし, $x \in I$ を $x = (x_1, x_2)$ ($x_j \in I_j$) と表す. $f : I \to \mathbb{R}$ が $f(x) = f_1(x_1)f_2(x_2)$ ($f_j \in \mathscr{R}(I_j)$) と表されるとき, $f \in \mathscr{R}(I)$ かつ,

$$\int_I f = \int_{I_1} f_1 \int_{I_2} f_2. \tag{10.15}$$

証明 記号を簡単にするために, $d_1 = d_2 = 1$ の場合を述べるが, 一般の場合でも同様である. I の区間分割 Δ は I_j の区間分割 $\Delta_j = (D_{j,k_j})_{k_j=1}^{N_j}$ ($j=1,2$) を用い, 次のように表せる:

$$D = \{D_{1,k_1} \times D_{2,k_2} \,;\, 1 \leq k_1 \leq N_1, 1 \leq k_2 \leq N_2\}.$$

同様に, Δ の代表 γ は Δ_j の代表 $\gamma_j = (\gamma_{j,k_j})_{k_j=1}^{N_j}$ を用い次のように表せる:

$$\gamma = \{(\gamma_{1,k_1}, \gamma_{2,k_2}) \,;\, 1 \leq k_1 \leq N_1, 1 \leq k_2 \leq N_2\}.$$

上の記号を用いると,

(1) $\begin{cases} s(f, \Delta, \gamma) & = \displaystyle\sum_{k_1=1}^{N_1}\sum_{k_2=1}^{N_2} |D_{1,k_1}||D_{2,k_2}| f_1(\gamma_{1,k_1}) f_2(\gamma_{2,k_2}) \\ & = \displaystyle\prod_{j=1}^{2} s(f_j, \Delta_j, \gamma_j). \end{cases}$

$j = 1, 2$ に対し f_j は有界なので, $|f_j| \leq M_j$ (M_j は定数). また, 簡単のため $s_j = \int_{I_j} f_j$ とする. このとき,

(2) $|s_j| \leq M_j |I_j|, \quad |s(f_j, \Delta_j, \gamma_j)| \leq M_j |I_j|.$

さらに, 仮定より任意の $\varepsilon > 0$ に対し次のような $\delta_j > 0$ が存在する: $\mathrm{w}(\Delta_j) < \delta_j$ なら, Δ_j の任意の代表 γ_j に対し,

(3) $|s(f_j, \Delta_j, \gamma_j) - s_j| < \frac{\varepsilon}{2M_j|I_j|}.$

$\mathrm{w}(\Delta) = \mathrm{w}(\Delta_1) \vee \mathrm{w}(\Delta_2) < \delta_1 \wedge \delta_2$ とすると,

$|s(f, \Delta, \gamma) - s_1 s_2|$
$\stackrel{(1)}{\leq} |s(f_1, \Delta_1, \gamma_1) - s_1||s(f_2, \Delta_2, \gamma_2)| + |s_1||s(f_2, \Delta_2, \gamma_2) - s_2|$
$\stackrel{(2),(3)}{\leq} \varepsilon.$

以上から結論を得る. \(^□^)/

✔注　命題 10.2.6 で $f \in \mathscr{R}(I)$ を仮定すれば，定理 15.1.2（後述）から (10.15) を導くことができる．一方，定理 15.1.2 から $f \in \mathscr{R}(I)$ を示すことはできないので，論理的には命題 10.2.6 は定理 15.1.2 に帰するわけではない．

問 10.2.1　記号は定義 10.2.1 の通り，Δ を I の任意の区間分割とする．$|I| = \sum_{D \in \Delta} |D|$ を示せ．

10.3　積分の性質

以下 $I \subset \mathbb{R}^d$ は有界な区間とし，$f \in \mathscr{R}(I)$ に対する積分の基本的な性質を述べる．10.2 節を飛ばして読み進む場合，この節の内容を $d = 1$ に限定して読めばよい．

命題 10.3.1　$f, g \in \mathscr{R}(I)$ とする．

(a)　(**線形性**) $c \in \mathbb{R}$ に対し $cf, f + g \in \mathscr{R}(I)$. また,
$$\int_I cf = c \int_I f, \quad \int_I (f+g) = \int_I f + \int_I g. \tag{10.16}$$

(b)　(**単調性**) I 上 $f \leq g$ なら $\int_I f \leq \int_I g$.

証明　(a): I の任意の区間分割 Δ とその代表 γ に対し,

(1)　$s(cf, \Delta, \gamma) = cs(f, \Delta, \gamma), \quad s(f+g, \Delta, \gamma) = s(f, \Delta, \gamma) + s(g, \Delta, \gamma)$

したがって $w(\Delta) \to 0$ とするとき，(10.14)（特に $d=1$ なら (10.8)）より,

$$\sup_\gamma \left| s(cf, \Delta, \gamma) - c \int_I f \right| \stackrel{(1)}{=} |c| \sup_\gamma \left| s(f, \Delta, \gamma) - \int_I f \right| \longrightarrow 0.$$

$$\sup_\gamma \left| s(f+g, \Delta, \gamma) - \left(\int_I f + \int_I g \right) \right|$$
$$\stackrel{(1)}{\leq} \sup_\gamma \left| s(f, \Delta, \gamma) - \int_I f \right| + \sup_\gamma \left| s(g, \Delta, \gamma) - \int_I g \right| \longrightarrow 0.$$

以上より (10.16) を得る.

(b): I の任意の区間分割 Δ とその代表 γ に対し,
$$s(f, \Delta, \gamma) \leq s(g, \Delta, \gamma).$$
したがって $\mathrm{w}(\Delta) \to 0$ とすれば結論を得る. \(^□^)/

次に述べる命題の証明は 10.6 節で与える.

命題 10.3.2 $f \in \mathscr{R}(I)$ が有界閉区間 $J \subset \mathbb{R}$ に値をとり, かつ $\varphi \in C(J)$ なら $\varphi \circ f \in \mathscr{R}(I)$.

命題 10.3.2 より, 集合 $\mathscr{R}(I)$ が, 積, 商, および絶対値で閉じることがわかる:

系 10.3.3 $f, g \in \mathscr{R}(I)$ とするとき, 以下が成立する.

(a) $p > 0$ に対し $|f|^p \in \mathscr{R}(I)$.

(b) $fg \in \mathscr{R}(I)$.

(c) $f \geq c$ をみたす定数 $c > 0$ が存在すれば, $1/f \in \mathscr{R}(I)$.

証明 M を $|f|$ の上界とする.
(a): f は閉区間 $J \stackrel{\text{def}}{=} [-M, M]$ に値をとる. ゆえに, 命題 10.3.2 で $\varphi(y) = |y|^p$ として所期可積分性を得る.
(b): 命題 10.3.1 より $f \pm g \in \mathscr{R}(I)$. したがって (a) より $(f \pm g)^2 \in \mathscr{R}(I)$. 以上より,
$$fg = (f+g)^2/4 - (f-g)^2/4 \in \mathscr{R}(I).$$
(c): f は閉区間 $J \stackrel{\text{def}}{=} [c, M]$ に値をとる. ゆえに, 命題 10.3.2 で $\varphi(y) = 1/y$ として所期可積分性を得る. \(^□^)/

命題 10.3.4 (三角不等式) $f \in \mathscr{R}(I)$ なら $|f| \in \mathscr{R}(I)$ かつ $\left|\int_I f\right| \leq \int_I |f|$.

証明 系 10.3.3 より $|f| \in \mathscr{R}(I)$. また,有限和に対する三角不等式より,I の区間分割 Δ とその代表 γ に対し,

$$|s(f, \Delta, \gamma)| \leq s(|f|, \Delta, \gamma).$$

上式で $w(\Delta) \to 0$ として,所期不等式を得る.　\(^□^)/

命題 10.3.5 (**積分の区間加法性**)　$f : I \longrightarrow \mathbb{R}$ を有界とする.このとき,I の区間分割 Δ に対し,

(a)　$f \in \mathscr{R}(I) \iff$ 全ての $J \in \Delta$ に対し $f \in \mathscr{R}(J)$.

上の条件のいずれか(したがって両方)が成り立てば,

(b)　$\int_I f = \sum_{J \in \Delta} \int_J f.$

証明は 10.6 節で与えることにし,ここではいくつかの応用を述べる.

系 10.3.6　I, J を共に $\mathbb{R}^d$ の有界区間,$J \subset I$ とする.このとき,

(a)　$\mathscr{R}(I) \subset \mathscr{R}(J)$.
(b)　$f \in \mathscr{R}(I), I$ 上 $f \geq 0$ なら $\int_I f \geq \int_J f$.

証明　(a): $f \in \mathscr{R}(I)$ とし,I の区間分割 Δ を $J \in \Delta$ なるようにとる.そうすれば,命題 10.3.5 (a) より $f \in \mathscr{R}(J)$.
(b): さらに $f \geq 0$ なら,任意の $D \in \Delta$ に対し $\int_D f \geq 0$. ゆえに命題 10.3.5 (b) より,

$$\int_I f = \sum_{D \in \Delta} \int_D f \geq \int_J f.$$

\(^□^)/

系 10.3.7　$f : I \longrightarrow \mathbb{R}$ を有界とする.このとき,

(a)　$f \in \mathscr{R}(I) \iff f \in \mathscr{R}(\mathring{I})$.

上のいずれか（したがって両方）が成り立てば，

(b) $\int_I f = \int_{\mathring{I}} f.$

証明 $I \neq \mathring{I}$ の場合を言えばよい．例 10.2.2 (b) と同様に考えて，I の区間分割 $\Delta = \{D_1, D_2, \ldots\}$ で $D_1 = \mathring{I}$, $|D_k| = 0$ $(k \geq 2)$ なるものが存在する．例 10.2.5 より $k \geq 2$ に対し $f \in \mathscr{R}(D_k)$ かつ $\int_{D_k} f = 0$．したがって，区間加法性（命題 10.3.5）より結論を得る． \(^□^)/

定義 10.3.8（ベクトル値関数の積分） $V = \mathbb{R}^k$, $f : I \longrightarrow V$ とするとき ($V = \mathbb{C}$ も $k = 2$ の場合として含める),

$$f = (f_j)_{j=1}^k \text{ が } I \text{ 上可積分} \overset{\text{def}}{\iff} f_1, \ldots, f_k \in \mathscr{R}(I).$$

また，

$$\mathscr{R}(I \to V) \overset{\text{def}}{=} \text{関数 } f : I \to V \text{ で，} I \text{ 上可積分なもの全体の集合}.$$

さらに，$f \in \mathscr{R}(I \to V)$ に対し,

$$\int_I f \overset{\text{def}}{=} \left(\int_I f_1, \ldots, \int_I f_k \right).$$

特に $f : I \to \mathbb{C}$ に対し,

$$f \text{ が } I \text{ 上可積分} \overset{\text{def}}{\iff} \operatorname{Re} f, \operatorname{Im} f \in \mathscr{R}(I),$$

また，$f \in \mathscr{R}(I \to \mathbb{C})$ に対し,

$$\int_I f \overset{\text{def}}{=} \int_I \operatorname{Re} f + \mathbf{i} \int_I \operatorname{Im} f.$$

✔注1 定義 10.3.8 より，ベクトル値関数の積分の性質は，実数値関数の積分のそれに帰着する．例えば，積分の線形性（命題 10.3.1 (a)）は，明らかにベクトル値でも成立する．以下でも，定理，命題等は簡単のために実数値関数の場合に述べるが，実数値固有の性質を用いるもの（例えば命題 10.3.1 (b)）以外は容易にベクトル値に拡張される．したがって，実数値の場合に述べた事柄でも，断りなくベクトル値に応用することがある．

✔ 注 2　以後，$\mathscr{R}(I \to V)$ を $\mathscr{R}(I)$ と略記することも多い（V に値をとることを強調したい場合は前者を用いる）．

問 10.3.1（積分の平行移動不変性 I）　$f \in \mathscr{R}(I), b \in \mathbb{R}^d, b+I = \{b+x\,;\,x \in I\}$, $f_b(x) = f(x-b)$ $(x \in b+I)$ とする．このとき，$f_b \in \mathscr{R}(b+I)$ かつ $\int_{b+I} f_b = \int_I f$ を示せ．

問 10.3.2　$f, g \in \mathscr{R}(I)$, かつ全ての $x, y \in I$ に対し $(f(x)-f(y))(g(x)-g(y)) \geq 0$ とする．$|I| \int_I fg \geq \int_I f \int_I g$ を示せ．（$d=1$ かつ f, g が共に ↗ なら，f, g は条件を全てみたす．）

問 10.3.3　$1 \leq p < \infty$, $f \in \mathscr{R}(I)$ に対し $\|f\|_p = \left(\int_I |f|^p\right)^{1/p}$, $\frac{1}{p} + \frac{1}{q} = 1$ とする．以下を示せ：(i) $f, g \in \mathscr{R}(I)$ に対し $\|fg\|_1 \leq \dfrac{1}{p}\|f\|_p^p + \dfrac{1}{q}\|g\|_q^q$. (ii) $f, g \in \mathscr{R}(I)$ に対し[4] $\|fg\|_1 \leq \|f\|_p \|g\|_q$　（**ヘルダーの不等式**）．

問 10.3.4　$f \in \mathscr{R}(I)$ が有界閉区間 $J \subset \mathbb{R}$ に値をとり，かつ $\varphi : J \longrightarrow \mathbb{R}$ は連続かつ凸とする．このとき次を示せ：$\varphi\left(\frac{1}{|I|}\int_I f\right) \leq \frac{1}{|I|}\int_I \varphi \circ f$　（**イェンセンの不等式**）．

✔ 注　命題 10.3.2 より $\varphi \circ f \in \mathscr{R}(I)$ である．

問 10.3.5　$f : [0, \infty) \to \mathbb{R}, f(x) \xrightarrow{x \to \infty} c \in \mathbb{R}$, 任意の $T > 0$ に対し $f \in \mathscr{R}([0, T])$ とする．$\frac{1}{T}\int_{[0,T]} f \xrightarrow{T \to \infty} c$ を示せ．

問 10.3.6　区間の列 $I = I_0 \supset I_1 \supset I_2 \supset \cdots$ が，$|I_n| > 0$, $I_n \ni a$ ($\forall n \in \mathbb{N}$) かつ $\mathrm{diam}(I_n) \to 0$ をみたすとする．さらに $f \in \mathscr{R}(I)$ かつ f が a で連続とするとき，$\frac{1}{|I_n|}\int_{I_n} f \xrightarrow{n \to \infty} f(a)$ を示せ．

問 10.3.7　$f : I \longrightarrow \mathbb{R}$ が有界かつ不連続点が有限個なら $f \in \mathscr{R}(I)$ であることを示せ．

問 10.3.8　$-\infty < a < b < \infty$, $f \in \mathscr{R}([a,b])$, $a = a_0 < a_1 < \cdots < a_n \to b$, $h = h_0 > h_1 > \cdots > h_n \to h$ とする．$\int_a^b f = \sum_{n=0}^{\infty} \int_{a_n}^{a_{n+1}} f = \sum_{n=0}^{\infty} \int_{b_{n+1}}^{b_n} f$ を示せ．

問 10.3.9　次を示せ：$\int_0^1 \left(\frac{1}{x} - \lfloor \frac{1}{x} \rfloor\right) dx = 1 - \gamma$　（γ はオイラーの定数：問 6.1.1）．

---

[4] ヘルダーの不等式の特別な場合 ($p = q = 2$) はコーシー・シュワルツの不等式と呼ばれる．

10.4 連続関数の積分

10.4 節では,連続関数の積分について調べる. 10.4 節を通じ $I \subset \mathbb{R}^d$ は有界区間とする.また,次の記号を導入する:

$$C_{\mathrm{b}}(I) = \{f \in C(I) \,;\, f \text{ は有界 }\}. \tag{10.17}$$

定理 10.4.1 (**連続関数の可積分性**) $f : I \to \mathbb{R}$ とする.

(a) $f \in C_{\mathrm{b}}(\mathring{I})$ なら $f \in \mathscr{R}(I)$. したがって $C_{\mathrm{b}}(I) \subset \mathscr{R}(I)$.

(b) さらに一般に, I のある区間分割 Δ に対し $f \in C_{\mathrm{b}}(\cup_{D \in \Delta} \mathring{D})$ なら $f \in \mathscr{R}(I)$.

証明は 10.6 節で与える.

◆**例 10.4.2** $f(x) = \sin(1/x)$ $(x > 0)$ とすると, $f \in \mathscr{R}((0,1])$.

証明 f は $(0,1]$ 上有界かつ連続.ゆえに定理 10.4.1 より $f \in \mathscr{R}((0,1])$.
\(^□^)/

命題 10.4.3 (**強単調性**) $f, g \in C_{\mathrm{b}}(I)$, I 上 $f \le g$ とする.

(a) $f \not\equiv g$ なら $\int_I f < \int_I g$.

(b) $\int_I f = \int_I g$ なら $f \equiv g$.

証明 (a): $h = g - f$ とすると, I 上 $h \ge 0$ かつ $h \not\equiv 0$. これから, $\int_I h > 0$ を言えばよい.仮定より $\varepsilon \stackrel{\mathrm{def}}{=} h(\gamma) > 0$ をみたす $\gamma \in I$ が存在する.連続性より, γ を含む区間 $J \subset I$ であって, $|J| > 0$ かつ J 上 $h \ge \varepsilon/2$ なるものが存在.この J に対し,

$$\int_I h \stackrel{\text{系 10.3.6 (b)}}{\ge} \int_J h \ge \frac{\varepsilon}{2}|J| > 0.$$

(b): (a) の対偶である.
\(^□^)/

次に，積分に関する第一平均値定理（命題 10.4.4）を述べる．命題 10.4.4 は今後，テイラーの定理（定理 11.4.1）を示す際などにも応用される．命題 10.4.4 の証明には，強単調性（命題 10.4.3）の他，中間値定理（定理 3.4.5），最大・最小値存在定理（定理 7.1.1，定理 9.2.1）が動員される．

命題 10.4.4 （**第一平均値定理**）　$f \in C(\overline{I} \to \mathbb{R})$, $g \in C_b(I \to [0,\infty))$ とする．このとき，次のような $c \in \mathring{I}$ が存在する：

$$\int_I fg = f(c) \int_I g. \tag{10.18}$$

命題 10.4.4 は今後，$d=1$ の場合に応用される機会が多く，その場合に限れば，証明は少し簡略化できる．そこで，ここでは $d=1$ の場合に証明し，$d \geq 2$ の場合の証明は本節末の補足で述べる．

証明 ($d=1$)　g に対する仮定と強単調性（命題 10.4.3）より $G \stackrel{\mathrm{def}}{=} \int_I g > 0$. このとき，$h \stackrel{\mathrm{def}}{=} g/G$ は g と同じ仮定をみたし $\int_I h = 1$．また (10.18) は次と同値である：

$$\int_I fh = f(c). \tag{10.19}$$

最大・最小値存在定理 I（定理 7.1.1）より $c_0, c_1 \in \overline{I}$ が存在し，全ての $x \in \overline{I}$ に対し，

$$f(c_0) \leq f(x) \leq f(c_1).$$

したがって全ての $x \in I$ に対し，

$$f(c_0)h(x) \underbrace{\leq}_{(1)} f(x)h(x) \underbrace{\leq}_{(2)} f(c_1)h(x). \tag{10.20}$$

以下，二つの場合に分けて示す．

(10.20) の不等号 (1) または (2) が恒等的に等号の場合：例えば，(1) が恒等的に等号とする．g に対する仮定より $\exists c \in \mathring{I}$, $h(c) > 0$．これと等式 (1) より $f(c_0)h(c) = f(c)h(c)$．したがって $f(c_0) = f(c)$．そこで，等式 (1) で $f(c_0)$ を $f(c)$ におきかえて，両辺を積分すれば (10.19) を得る．(2) が恒等的に等号で

も同様である.

(10.20) の不等号 (1), (2) は共に恒等的には等号でない場合：このとき, (10.20) の両辺を積分すると強単調性（命題 10.4.3）より,

$$f(c_0) < m < f(c_1), \quad \text{ただし } m = \int_I fh. \tag{10.21}$$

(10.21) と中間値定理（定理 3.4.5）より次のような $c \in \overline{I}$ が存在する：

$$c_0 \wedge c_1 < c < c_0 \vee c_1, \quad f(c) = m. \tag{10.22}$$

上の c は $c \in \overset{\circ}{I}$ かつ (10.19) をみたす. \(^□^)/

10.4 節への補足：

($\star$) **命題 10.4.4 証明** ($d \geq 2$ の場合) $d = 1$ の場合と比べると, (10.21) にもっていくところまでは, 同様に議論できる. 違いは最大・最小値存在定理 I（定理 7.1.1）の代わりに最大・最小値存在定理 II（定理 9.2.1）を用いる点のみである. そこで (10.21) を仮定し, その先を議論する. 次のような $\gamma \in C([0,1] \longrightarrow \overline{I})$ が存在する：

(1) $\gamma(0) = c_0, \ \gamma(1) = c_1, t \neq 0, 1$ なら $\gamma(t) \in \overset{\circ}{I}$.

実際, $x \in \overset{\circ}{I}$ を一つ選び, $\gamma(t) = (1-2t)c_0 + 2tx \ (0 \leq t \leq \frac{1}{2})$, $\gamma(t) = 2(1-t)x + (2t-1)c_1 \ (\frac{1}{2} \leq t \leq 1)$ とすればよい.

このとき, $f \circ \gamma \in C([0,1] \to \mathbb{R})$ に対し,

$$f \circ \gamma(0) = f(c_0), \quad f \circ \gamma(1) = f(c_1).$$

したがって (10.21), 中間値定理（定理 3.4.5）より,

$$\exists t_0 \in (0,1), \ f \circ \gamma(t_0) = m.$$

さらに γ のとり方から $\gamma(t_0) \in \overset{\circ}{I}$. よって $c = \gamma(t_0)$ として, 証明が終わる.
\(^□^)/

10.5 (⋆) ダルブーの定理・ダルブーの可積分条件

本節ではリーマン積分の理論において極めて重要な二定理（定理 10.5.4, 定理 10.5.5）を述べる．まず記号を導入する．

定義 10.5.1 $D \subset \mathbb{R}^d$, $f : D \longrightarrow \mathbb{R}^k$ に対し f の**振動**を次のように定める：

$$\underset{D}{\operatorname{osc}} f = \sup_{x,y \in D} |f(x) - f(y)|.$$

定義 10.5.2 $I \subset \mathbb{R}^d$ は有界区間，$f : I \to \mathbb{R}$ は有界とする．Δ は I の区間分割とする．このとき，

$$\left.\begin{array}{rcl}\underline{s}(f,\Delta) &=& \underline{s}_I(f,\Delta) \stackrel{\text{def}}{=} \sum_{D \in \Delta} \left(\inf_D f\right) |D| \quad (f \text{ の}\textbf{不足和}), \\ \overline{s}(f,\Delta) &=& \overline{s}_I(f,\Delta) \stackrel{\text{def}}{=} \sum_{D \in \Delta} \left(\sup_D f\right) |D| \quad (f \text{ の}\textbf{過剰和}), \\ r(f,\Delta) &=& r_I(f,\Delta) \stackrel{\text{def}}{=} \sum_{D \in \Delta} \left(\underset{D}{\operatorname{osc}} f\right) |D|.\end{array}\right\} \quad (10.23)$$

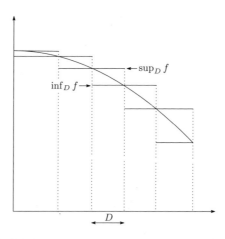

定義より Δ の任意の代表 γ に対し，

$$\left(\inf_I f\right) |I| \leq \underline{s}(f,\Delta) \leq s(f,\Delta,\gamma) \leq \overline{s}(f,\Delta) \leq \left(\sup_I f\right) |I|. \quad (10.24)$$

ただし，$s(f,\Delta,\gamma)$ はリーマン和—(10.13) 参照．また，$\underset{D}{\mathrm{osc}}\, f = \underset{D}{\sup}\, f - \underset{D}{\inf}\, f$ (問 10.5.1) より，

$$r(f,\Delta) = \overline{s}(f,\Delta) - \underline{s}(f,\Delta). \tag{10.25}$$

今後, $r(f,\Delta)$ は f の可積分性判定に，重要な役割を果たす．(10.24) より，$\overline{s}(f,\Delta)$, $\underline{s}(f,\Delta)$ はリーマン和 $s(f,\Delta,\gamma)$ を上下から近似し，その誤差が $r(f,\Delta)$ である．

定義 10.5.3 記号は定義 10.5.2 の通り，

$$\mathscr{D}(I) = \{\Delta\ ;\ \Delta\ \text{は}\ I\ \text{の区間分割}\}$$

とする．このとき，

$$\left.\begin{array}{rcl}\underline{s}(f) = \underline{s}_I(f) &\overset{\mathrm{def}}{=}& \underset{\Delta \in \mathscr{D}(I)}{\sup}\ \underline{s}(f,\Delta) \quad (f\ \text{の}\textbf{下積分}), \\ \overline{s}(f) = \overline{s}_I(f) &\overset{\mathrm{def}}{=}& \underset{\Delta \in \mathscr{D}(I)}{\inf}\ \overline{s}(f,\Delta) \quad (f\ \text{の}\textbf{上積分}).\end{array}\right\} \tag{10.26}$$

定義と (10.24) より，

$$\left(\underset{I}{\inf}\, f\right)|I| \leq \underline{s}(f,\Delta) \leq \underline{s}(f),\ \overline{s}(f) \leq \overline{s}(f,\Delta) \leq \left(\underset{I}{\sup}\, f\right)|I|. \tag{10.27}$$

次の定理はリーマン積分の理論において核心をなす．

定理 10.5.4 (**ダルブーの定理**) 記号は定義 10.5.2, 定義 10.5.3 の通りとするとき，

$$\underline{s}(f,\Delta) \overset{\mathrm{w}(\Delta)\to 0}{\longrightarrow} \underline{s}(f),\quad \overline{s}(f,\Delta) \overset{\mathrm{w}(\Delta)\to 0}{\longrightarrow} \overline{s}(f).$$

✔ **注** (10.24) と定理 10.5.4 より，

$$\underline{s}(f) \leq \overline{s}(f). \tag{10.28}$$

定理 10.5.4 から，可積分性に関する有効な判定条件が得られる：

定理 10.5.5 (**ダルブーの可積分条件**) 記号は定義 10.5.2, 定義 10.5.3 の通りとする．以下の条件は全て同値である：

- (a) $f \in \mathscr{R}(I)$.
- (b) $r(f, \Delta) \xrightarrow{w(\Delta) \to 0} 0$.
- (c) 任意の $\varepsilon > 0$ に対し，$r(f, \Delta) < \varepsilon$ をみたす $\Delta \in \mathscr{D}(I)$ が存在する．
- (d) $\underline{s}(f) = \overline{s}(f)$.

さらに，上の条件のいずれか（したがって全て）が成立するなら，

$$\underline{s}(f) = \overline{s}(f) = \int_I f. \tag{10.29}$$

以下，定理 10.5.4, 定理 10.5.5 を示す．そのために，まず補題を準備する．

補題 10.5.6 $\Delta, \widetilde{\Delta} \in \mathscr{D}(I)$ とする．I の各辺について，Δ の分点が全て $\widetilde{\Delta}$ の分点に含まれ，かつ任意の $D \in \widetilde{\Delta}$ は，ある $J \in \Delta$ に含まれるとする（このとき，$\widetilde{\Delta}$ は Δ の**細分**という．$d = 2$ の具体例として下図参照）．このとき，任意の $J \in \Delta$ に対し，

$$\widetilde{\Delta}_J \stackrel{\text{def}}{=} \{D \in \widetilde{\Delta}\,;\, D \subset J\} \tag{10.30}$$

は J の区間分割である．また，

$$\overline{s}_I(f, \widetilde{\Delta}) = \sum_{J \in \Delta} \overline{s}_J(f, \widetilde{\Delta}_J), \quad \underline{s}_I(f, \widetilde{\Delta}) = \sum_{J \in \Delta} \underline{s}_J(f, \widetilde{\Delta}_J). \tag{10.31}$$

$$\underline{s}_I(f, \Delta) \leq \underline{s}_I(f, \widetilde{\Delta}) \leq \overline{s}_I(f, \widetilde{\Delta}) \leq \overline{s}_I(f, \Delta). \tag{10.32}$$

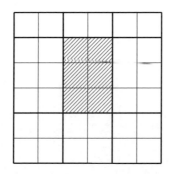

［太線の分割が Δ，太線と普通の線をあわせた分割が $\widetilde{\Delta}$．斜線部が J．斜線内の 6 個の $D \in \widetilde{\Delta}$ が $\widetilde{\Delta}_J$ に属する．］

証明 $\widetilde{\Delta}_J$ が J の区間分割であることは定義から明らか.

(10.31): 第一式を示す（他方も同様）.

(1) $$\overline{s}_I(f,\widetilde{\Delta}) = \sum_{D\in\widetilde{\Delta}} |D|\sup_D f = \sum_{\substack{D\in\widetilde{\Delta},\\|D|>0}} |D|\sup_D f.$$

また, $D\in\widetilde{\Delta}$ かつ $|D|>0$ なら, $D\in\widetilde{\Delta}_J$ となる $J\in\Delta$ が唯一存在する. したがって,

$$\text{(1) の右辺} = \sum_{J\in\Delta}\sum_{\substack{D\in\widetilde{\Delta}_J,\\|D|>0}} |D|\sup_D f = \sum_{J\in\Delta}\sum_{D\in\widetilde{\Delta}_J} |D|\sup_D f \overset{(10.23)}{=} \sum_{J\in\Delta} \overline{s}_J(f,\widetilde{\Delta}_J).$$

(10.32): 真中の不等式は既知 ((10.24)). 右端の不等式は次のようにしてわかる. まず,

(2) $$\overline{s}_J(f,\widetilde{\Delta}_J) \overset{(10.23)}{=} \sum_{D\in\widetilde{\Delta}_J} |D|\sup_D f \le |J|\sup_J f.$$

したがって,

$$\overline{s}_I(f,\widetilde{\Delta}) \overset{(10.31)}{=} \sum_{J\in\Delta} \overline{s}_J(f,\widetilde{\Delta}_J) \overset{(2)}{\le} \sum_{J\in\Delta} |J|\sup_J f \overset{(10.23)}{=} \overline{s}_I(f,\Delta).$$

左端の不等式も同様である. \(^□^)/

補題 10.5.7 $\Delta_0 \in \mathscr{D}(I)$ とする. このとき, I と Δ_0 のみによって決まる定数 C が存在し, 任意の $\Delta \in \mathscr{D}(I)$ に対し次が成立する:

$$\sum_{\substack{J\in\Delta\\ \widetilde{\Delta}_J\ne\{J\}}} |J| \le C\mathrm{w}(\Delta).$$

ここで, $\widetilde{\Delta}$ は Δ_0 と Δ の分点を併せることにより両者を細分した区間分割とし, $\widetilde{\Delta}_J$ は (10.30) で定めた.

証明 Δ_0 は I の各辺 I_i $(i=1,\ldots,d)$ に分点 $c_{i1}\le c_{i2}\le\cdots\le c_{iN_i}$ を与えて得られているとする. $J\in\Delta, \widetilde{\Delta}_J\ne\{J\}$ なら J のどれかの辺 J_i $(i=1,\ldots,d)$ が c_{ik} $(k=1,\ldots,N_i)$ を含む. そこで, $i=1,\ldots,d$ と $k=1,\ldots,N_i$ に対し,

$c_{ik} \in J_i$ をみたす $J \in \Delta$ 全体を Δ_{ik} と書くと,全ての $J \in \Delta_{ik}$ は第 i 辺 J_i を共有する(下図参照).

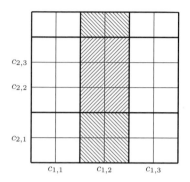

[太線の分割が Δ,普通線の分割が Δ_0.斜線内に縦に並んだ3個の $D \in \Delta$ が $\Delta_{1,2}$ に属する.]

したがって,
$$\bigcup_{J \in \Delta_{ik}} J \subset \{x \in I \,;\, x_i \in J_i\}.$$

よって, $\sum_{J \in \Delta_{ik}} |J| \leq |J_i||I|/|I_i| \leq \mathrm{w}(\Delta)|I|/|I_i|$.

以上より, $\sum_{\substack{J \in \Delta \\ \widetilde{\Delta}_J \neq \{J\}}} |J| \leq \sum_{i=1}^{d} \sum_{k=1}^{N_i} \sum_{J \in \Delta_{ik}} |J| \leq \mathrm{w}(\Delta)|I| \sum_{i=1}^{d} N_i/|I_i|.$ \\(^□^)/

定理 10.5.4 の証明 不足和について示す(過剰和でも同様). $\varepsilon > 0$ を任意とする. $\underline{s}(f)$ の定義から次のような $\Delta_0 \in \mathscr{D}(I)$ が存在する:

(1) $0 \leq \underline{s}(f) - \underline{s}(f, \Delta_0) < \varepsilon/2$.

次にこの Δ_0 に対し,C を補題 10.5.7 の定数とし,$\Delta \in \mathscr{D}(I)$ を次のようにとる:

(2) $C \operatorname*{osc}_{I}(f) \mathrm{w}(\Delta) < \varepsilon/2$.

$\widetilde{\Delta}$ は Δ_0 と Δ の分点を併せることにより両者を細分した区間分割とし,$\widetilde{\Delta}_J$ は (10.30) で定めると,

(3) $\widetilde{\Delta} = \bigcup_{J \in \Delta} \widetilde{\Delta}_J, \quad |J| = \sum_{D \in \widetilde{\Delta}_J} |D|.$

10.5 (⋆) ダルブーの定理・ダルブーの可積分条件

(4) $\displaystyle\sum_{D\in\widetilde{\Delta}_J}|D|(\inf_D f-\inf_J f)\begin{cases}=0, & \widetilde{\Delta}_J=\{J\}\text{ なら},\\ \le \operatorname{osc}_I(f)|J|, & \widetilde{\Delta}_J\ne\{J\}\text{ なら}.\end{cases}$

したがって,

(5) $\begin{cases}\underline{s}(f,\Delta_0)-\underline{s}(f,\Delta)\\ \quad\overset{(10.32)}{\le}\underline{s}(f,\widetilde{\Delta})-\underline{s}(f,\Delta)\overset{(10.23)}{=}\displaystyle\sum_{D\in\widetilde{\Delta}}|D|\inf_D f-\sum_{J\in\Delta}|J|\inf_J f\\ \quad\overset{(3)}{=}\displaystyle\sum_{J\in\Delta}\sum_{D\in\widetilde{\Delta}_J}|D|(\inf_D f-\inf_J f)\overset{(4)}{\le}\operatorname{osc}_I(f)\sum_{\substack{J\in\Delta\\ \widetilde{\Delta}_J\ne\{J\}}}|J|\\ \quad\overset{\text{補題 }10.5.7}{\le}C\operatorname{osc}_I(f)\operatorname{w}(\Delta)\overset{(2)}{<}\varepsilon/2.\end{cases}$

以上より,

$$\underline{s}(f)-\underline{s}(f,\Delta)\le\underline{s}(f)-\underline{s}(f,\Delta_0)+\underline{s}(f,\Delta_0)-\underline{s}(f,\Delta)\overset{(1),(5)}{<}\varepsilon/2+\varepsilon/2=\varepsilon.$$

\(^□^)/

定理 10.5.5 の証明 (a) ⇒ (b): 仮定より $\forall\varepsilon>0$ に対し次のような $\delta>0$ が存在する:

(1) $\Delta\in\mathscr{D}(I),\operatorname{w}(\Delta)<\delta\implies\sup_\gamma|s(f,\Delta,\gamma)-s(f)|<\varepsilon/4.$

そこで, $\Delta\in\mathscr{D}(I)$ が $\operatorname{w}(\Delta)<\delta$ をみたすとし, 以下を示す:

(2) $s(f)-\varepsilon/2<\underline{s}(f,\Delta).$

(3) $s(f)+\varepsilon/2>\overline{s}(f,\Delta).$

(2), (3) を認めれば,

$$r(f,\Delta)=\overline{s}(f,\Delta)-\underline{s}(f,\Delta)<(s(f)+\varepsilon/2)-(s(f)-\varepsilon/2)=\varepsilon.$$

となり (b) を得る.

(2), (3) の証明は次の通り:各 $D\in\Delta$ に対し,

$$\exists\gamma_D\in D,\ \exists\eta_D\in D,\ f(\gamma_D)<\inf_D f+\frac{\varepsilon}{4|I|},\ \sup_D f-\frac{\varepsilon}{4|I|}<f(\eta_D).$$

今, Δ の代表として $\gamma = \{\gamma_D\}_{D\in\Delta}$ を選ぶと,

$$s(f) - \varepsilon/4 \overset{(1)}{\leq} s(f,\Delta,\gamma) = \sum_{D\in\Delta} f(\gamma_D)|D|$$

$$\overset{\gamma\text{の選び方}}{<} \sum_{D\in\Delta} \left(\inf_D f + \frac{\varepsilon}{4|I|}\right)|D| = \underline{s}(f,\Delta) + \varepsilon/4.$$

したがって (2) が成立.

一方, Δ の代表として $\eta = \{\eta_D\}_{D\in\Delta}$ を選ぶと,

$$s(f) + \varepsilon/4 \overset{(1)}{\geq} s(f,\Delta,\eta) = \sum_{D\in\Delta} f(\eta_D)|D|$$

$$\overset{\eta\text{の選び方}}{>} \sum_{D\in\Delta} \left(\sup_D f - \frac{\varepsilon}{4|I|}\right)|D| = \overline{s}(f,\Delta) - \varepsilon/4.$$

したがって (3) が成立.

(b) $\Rightarrow$ (c): 条件 (b) より任意の $\varepsilon > 0$ に対し, 次のような $\delta > 0$ が存在する:

$$\Delta \in \mathscr{D}(I), \mathrm{w}(\Delta) < \delta \implies r(f,\Delta) < \varepsilon.$$

そうすれば $\forall \varepsilon > 0$ に対し $\mathrm{w}(\Delta) < \delta$ をみたす任意の $\Delta \in \mathscr{D}(I)$ が (c) の条件をみたすことがわかる.

(c) $\Rightarrow$ (d): 定理 10.5.4 が既知なので, (10.28) を使える. そこで, 条件 (c) の $\Delta \in \mathscr{D}(I)$ に対し,

$$0 \overset{(10.28)}{\leq} \overline{s}(f) - \underline{s}(f) \overset{(10.27)}{\leq} r(f,\Delta) < \varepsilon.$$

$\varepsilon > 0$ は任意なので $\overline{s}(f) = \underline{s}(f)$.

(d) $\Rightarrow$ (a): $s(f) = \overline{s}(f) = \underline{s}(f)$ とおく. 定理 10.5.4 より, $\forall \varepsilon > 0$ に対し次のような $\delta > 0$ が存在する:

(4) $\quad \Delta \in \mathscr{D}(I), \mathrm{w}(\Delta) < \delta \implies s(f) - \varepsilon \leq \underline{s}(f,\Delta) \leq \overline{s}(f,\Delta) \leq s(f) + \varepsilon.$

そこで, $\mathrm{w}(\Delta) < \delta$ をみたす $\Delta \in \mathscr{D}(I)$ とその任意の代表 γ に対し, (10.23), (4) より,

$$s(f,\Delta,\gamma) \begin{cases} \leq \overline{s}(f,\Delta) \leq s(f) + \varepsilon, \\ \geq \underline{s}(f,\Delta) \geq s(f) - \varepsilon. \end{cases}$$

したがって，
$$\sup_{\gamma} |s(f,\Delta,\gamma) - s(f)| \leq \varepsilon.$$

(10.29): (d) ⇒ (a) の証明からわかる． \(^□^)/

問 10.5.1 $f : D \to \mathbb{R}$ を有界とする．$\mathrm{osc}_D f = \sup_{x,y \in D}(f(x) - f(y)) = \sup_D f - \inf_D f$ を示せ．

問 10.5.2 $I \subset \mathbb{R}^d$ は有界区間，$f : I \to \mathbb{R}$ とする．任意の $n \geq 1$ に対し次のような $g_n, h_n \in \mathscr{R}(I)$ が存在すれば $f \in \mathscr{R}(I)$ であることを示せ：$g_n \leq f \leq h_n$, $\int_I h_n - \int_I g_n \leq \frac{1}{n}$.

10.6 (★) ダルブーの定理・ダルブーの可積分条件を用いたいくつかの証明

以下，定理 10.5.4, 定理 10.5.5 を用い，命題 10.1.6, 命題 10.3.2, 命題 10.3.5, 定理 10.4.1 を順次示す．

命題 10.1.6 の証明 f を ↗ とし，定理 10.5.5 の条件 (b) を検証する（↘ でも同様である）．分点：$a = c_0 \leq c_1 \leq \cdots \leq c_{N-1} \leq c_N = b$ による区間分割 $\Delta = \{D_k\}_{k=1}^N$ を考える ((10.5) 参照)．このとき[5],
$$|D_k| = c_k - c_{k-1}, \quad \mathrm{osc}_{D_k} f \leq f(c_k) - f(c_{k-1}).$$

したがって $\mathrm{w}(\Delta) \to 0$ のとき，
$$r(f,\Delta) \leq \sum_{k=1}^N (f(c_k) - f(c_{k-1})) \underbrace{(c_k - c_{k-1})}_{\leq \mathrm{w}(\Delta)}$$
$$\leq \mathrm{w}(\Delta) \underbrace{\sum_{k=1}^N (f(c_k) - f(c_{k-1}))}_{= f(b) - f(a)} \longrightarrow 0.$$

\(^□^)/

---

[5]$D_k = [c_{k-1}, c_k]$ なら $\mathrm{osc}_{D_k} f = f(c_k) - f(c_{k-1})$ だが，例えば $D_k = [c_{k-1}, c_k)$ かつ $f(c_k-) < f(c_k)$ なら $\mathrm{osc}_{D_k} f < f(c_k) - f(c_{k-1})$.

命題 10.3.2 の証明 $\varepsilon > 0$ を任意とする．φ は J 上一様連続である（定理 9.4.4）．したがって問 9.4.5 より，次のような定数 K が存在する（一般には，K は ε に依存する）．

(1) $$|\varphi(y) - \varphi(y')| \leq K|y - y'| + \frac{\varepsilon}{2|I|}, \quad (\forall y, \forall y' \in J).$$

$f \in \mathscr{R}(I)$ と定理 10.5.5 条件 (b) より，I の区間分割 Δ で $r(f, \Delta) < \frac{\varepsilon}{2K}$ なるものが存在する．このとき，任意の $D \in \Delta$ に対し，

(2) $$\underset{D}{\mathrm{osc}}\, (\varphi \circ f) \overset{(1)}{\leq} K \underset{D}{\mathrm{osc}}\, f + \frac{\varepsilon}{2|I|}.$$

したがって，

$$r(\varphi \circ f, \Delta) \overset{(10.23)}{=} \sum_{D \in \Delta} |D| \underset{D}{\mathrm{osc}}\, (\varphi \circ f) \overset{(2)}{\leq} Kr(f, \Delta) + \varepsilon/2 < \varepsilon.$$

以上と定理 10.5.5 条件 (b) より所期可積分性を得る． \(^□^)/

命題 10.3.5 を示す前に，次の補題を用意する．

補題 10.6.1 $I \subset \mathbb{R}^d$ を有界区間，Δ をその区間分割とするとき，

$$\overline{s}_I(f) = \sum_{J \in \Delta} \overline{s}_J(f), \quad \underline{s}_I(f) = \sum_{J \in \Delta} \underline{s}_J(f). \tag{10.33}$$

証明 Δ の細分 $\widetilde{\Delta}$ に対し $\widetilde{\Delta}_J \in \mathscr{D}(J)$ を (10.30) で定めるとき，

(1) $$\overline{s}_I(f, \widetilde{\Delta}) \overset{(10.31)}{=} \sum_{J \in \Delta} \overline{s}_J(f, \widetilde{\Delta}_J).$$

今，「$\widetilde{\Delta}$ は Δ の細分」という制約付きで $\mathrm{w}(\widetilde{\Delta}) \to 0$ とする．このとき，各 $J \in \Delta$ に対し $\mathrm{w}(\widetilde{\Delta}_J) \to 0$．したがって，定理 10.5.4 より，

$$\overline{s}_I(f, \widetilde{\Delta}) \longrightarrow \overline{s}_I(f), \quad \sum_{J \in \Delta} \overline{s}_J(f, \widetilde{\Delta}_J) \longrightarrow \sum_{J \in \Delta} \overline{s}_J(f).$$

(1) と上式より (10.33) 第一式を得る．第二式も同様である． \(^□^)/

命題 10.3.5 の証明 (a)：定理 10.5.5 条件 (d) より，「$f \in \mathscr{R}(I)$」は次と同値である：

(1) $\qquad \overline{s}_I(f) = \underline{s}_I(f).$

また，(10.33) より (1) は次と同値である：

(2) $\qquad \sum_{J \in \Delta} \underline{s}_J(f) = \sum_{J \in \Delta} \overline{s}_J(f).$

ところが，各 $J \in \Delta$ に対し $\underline{s}_J(f) \overset{(10.28)}{\leq} \overline{s}_J(f)$. したがって，(2) は次と同値である：

(3) $\qquad$ 各 $J \in \Delta$ に対し $\underline{s}_J(f) = \overline{s}_J(f).$

定理 10.5.5 条件 (d) より (3) は，「各 $J \in \Delta$ に対し $f \in \mathscr{R}(J)$」と同値である．
(b): $f \in \mathscr{R}(I)$ より $\overline{s}_I(f) \overset{(10.29)}{=} \int_I f$. また，各 $J \in \Delta$ に対し，$f \in \mathscr{R}(J)$ より，$\overline{s}_J(f) \overset{(10.29)}{=} \int_J f$. これと (10.33) より結論を得る． \\(^□^)/

以下，定理 10.4.1 を示すために補題を用意する：

補題 10.6.2 $\quad C(\overline{I}) \subset \mathscr{R}(I).$

証明 $f \in C(\overline{I})$ とする．最大・最小値存在定理（定理 9.2.1）より f は有界である．また，一様連続性（定理 9.4.4）より $\forall \varepsilon > 0$ に対し，次のような $\delta > 0$ が存在する：

$$A \subset I,\ \mathrm{diam}(A) < \delta \implies \underset{A}{\mathrm{osc}}\, f < \varepsilon/|I|.$$

ゆえに，

$$\Delta \in \mathscr{D}(I), \mathrm{w}(\Delta) < \delta/\sqrt{d} \implies \max_{D \in \Delta} \underset{D}{\mathrm{osc}}\, f < \varepsilon/|I|.$$

したがって，

$$r(f, \Delta) = \sum_{D \in \Delta} |D| \underset{D}{\mathrm{osc}}\, f \leq \frac{\varepsilon}{|I|} \sum_{D \in \Delta} |D| = \varepsilon$$

となり，ダルブーの可積分条件（定理 10.5.5 (b)）が成立する． \\(^□^)/

補題 10.6.3 $\quad f: I \longrightarrow \mathbb{R}$ が有界なら，次の条件は同値である：

(a) $f \in \mathscr{R}(I)$.

(b) 任意の $\varepsilon > 0$ に対し，次をみたす区間 $J \subset I$ が存在する：

$$|I| - |J| < \varepsilon \text{ かつ } f \in \mathscr{R}(J).$$

証明 (a) $\Rightarrow$ (b): $J = I$ とすればよい．

(b) $\Rightarrow$ (a): $M \in (0, \infty)$ を $|f|$ の上界とする．仮定より，区間 $J \subset I$ を次のようにとれる：

(1) $\qquad |I| - |J| < \varepsilon/(2M)$ かつ $f \in \mathscr{R}(J)$．

さらに，I の区間分割 Δ を $J \in \Delta$ なるようにとる．このとき，定理 10.5.5 条件 (d) より，

(2) $\qquad \overline{s}_J(f) = \underline{s}_J(f).$

また，$D \in \Delta$ に対し，

$$\sup_D f - \inf_D f \le \sup_I f - \inf_I f \le 2M.$$

よって，

(3) $\qquad \overline{s}_D(f) - \underline{s}_D(f) \overset{(10.27)}{\le} |D| \sup_D f - |D| \inf_D f \le 2M|D|.$

したがって，

$$0 \overset{(10.28)}{\le} \overline{s}_I(f) - \underline{s}_I(f) \overset{(10.33)}{=} \sum_{D \in \Delta} (\overline{s}_D(f) - \underline{s}_D(f)) \overset{(2)}{=} \sum_{\substack{D \in \Delta \\ D \ne J}} (\overline{s}_D(f) - \underline{s}_D(f))$$

$$\overset{(3)}{\le} 2M \sum_{\substack{D \in \Delta \\ D \ne J}} |D| = 2M(|I| - |J|) \overset{(1)}{<} \varepsilon.$$

$\varepsilon > 0$ は任意なので，$\overline{s}_I(f) = \underline{s}_I(f)$．これと定理 10.5.5 条件 (d) より (b) を得る． \\(^□^)/

定理 10.4.1 の証明 (a): 任意の $\varepsilon > 0$ に対し閉区間 $J \subset \overset{\circ}{I}$ を $|I| - |J| < \varepsilon$ なるように選べる．このとき，$f \in C(J)$ なので補題 10.6.2 より $f \in \mathscr{R}(J)$．以上と，補題 10.6.3 より $f \in \mathscr{R}(I)$．

(b): (a) と区間加法性（命題 10.3.5 (a)）による． \\(^□^)/

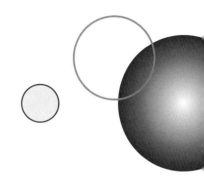

第11章

微積分の基本公式とその応用

11.1 不定積分

11.1 節では，不定積分の意味を明確にする．その後，続く 11.2 節で，原始関数と不定積分の等価性（微積分の基本公式を含む）を論じる．

まず，記号の準備から始める．

定義 11.1.1 $I \subset \mathbb{R}$ を区間，$f : \mathring{I} \to \mathbb{C}$ とする（I, f は非有界でもよい）．
▶ 次の条件がみたされるとき，f は I 上で**不定積分をもつ**という：

$$x, y \in I,\ x < y \text{ なら } f \in \mathscr{R}((x, y)). \tag{11.1}$$

▶ f が I 上で不定積分をもつとき，$x, y \in I$ に対し，

$$\int_x^y f \stackrel{\mathrm{def}}{=} \begin{cases} \int_{(x,y)} f, & x < y, \\ 0, & x = y, \\ -\int_{(y,x)} f, & y < x. \end{cases} \tag{11.2}$$

(11.2) より，x, y の大小に無関係に，

$$\int_y^x f = -\int_x^y f. \tag{11.3}$$

✔ **注1** 例えば $F \in C(I) \cap D(\mathring{I})$ に対し $f = F'$ の定義域は $\mathring{I}$ である．後々の応用のためには記号 (11.2) を，このような場合も含め使いたい（定理 11.2.1 参照）．そこで定義 11.1.1 では，f の定義域を I でなく $\mathring{I}$ とした．

✔ **注2** I が有界かつ $f \in \mathscr{R}(I)$ なら明らかに (11.1) が成立し，f は I 上不定積分をもつ．また，$f \in C(\mathring{I})$ かつ f が $\mathring{I}$ に含まれる任意の有界区間上で有界なら，定理 10.4.1 より (11.1) が成立し，f は I 上不定積分をもつ．一方，$f \in C(\mathring{I})$ は，一般には I 上不定積分をもつとは限らない．実際，$I = [0,1]$，$f(x) = 1/x^p$ $(p > 0)$ とすると，$f \in C(\mathring{I})$ である．ところが，f は $(0,1)$ 上非有界だから，(11.1) は成立しない．

積分に関する三角不等式（命題 10.3.4），区間加法性（命題 10.3.5）は，記号 (11.2) においては次の形で成立する：

補題 11.1.2 $I \subset \mathbb{R}$ を区間，$f : \mathring{I} \to \mathbb{C}$ は I 上で不定積分をもつとする ((11.1) 参照)．このとき，$x, y, z \in I$ に対し

$$\left| \int_x^y f \right| \leq \int_{x \wedge y}^{x \vee y} |f|, \tag{11.4}$$

$$\int_x^z f = \int_x^y f + \int_y^z f \quad (x, y, z \text{ の大小関係に関わらず}). \tag{11.5}$$

証明 (11.4): $J = (x \wedge y, x \vee y)$ とすると，

$$\left| \int_x^y f \right| = \left| \int_J f \right| \stackrel{\text{命題 10.3.4}}{\leq} \int_J |f| = \int_{x \wedge y}^{x \vee y} |f|.$$

(11.5): $F(x,y) = \int_x^y f$，$G(x,y,z) = F(x,y) + F(y,z) + F(z,x)$ とおく．$F(y,x) \stackrel{(11.3)}{=} -F(x,y)$ に注意すれば，(11.5) は次と同値である：

(1) $G(x,y,z) = 0$．

今，x,y,z を大きさの順に $u \leq v \leq w$ と並べ替える．このとき，(u,w) の区間分割 (u,v)，(v,w) に関して区間加法性（命題 10.3.5）を用い，

(2) $\int_u^w f = \int_u^v f + \int_v^w f$，すなわち $G(u,v,w) = 0$．

さて，x, y, z は u, v, w の置換（6個ある）のうちどれかである．G の定義式（変数の巡回置換不変性）より，

(3) $G(u, v, w) = G(v, w, u) = G(w, u, v), \quad G(w, v, u) = G(v, u, w) = G(u, w, v)$.

一方，$F(y, x) \stackrel{(11.3)}{=} -F(x, y)$ より，

(4) $G(w, v, u) = -G(u, v, w)$.

(2), (3), (4) より (1) を得る． \(^□^)/

✔注 $|\int_x^y f| \leq \int_x^y |f|$ は一般には正しくない（$\int_{(x \wedge y, x \vee y)} |f| \neq 0, x > y$ なら右辺は負！）．

命題 11.1.3 (**不定積分**) $I \subset \mathbb{R}$ を区間，$f : \overset{\circ}{I} \to \mathbb{C}$ は I 上で不定積分をもつとする ((11.1) 参照)．f は I 上で不定積分をもつとする ((11.1) 参照)．このとき，$F : I \to \mathbb{C}$ に対し次の二条件 (a), (b) は同値であり，その一方（したがって両方）が成り立つとき，F を f の**不定積分**という：

(a) 任意の $x, y \in I$ に対し，
$$\int_y^x f = F(x) - F(y). \tag{11.6}$$

（上式右辺を $[F]_y^x$ と書くこともある．）

(b) $c \in I, \gamma \in \mathbb{C}$ が存在し，全ての $x \in I$ に対し，
$$F(x) = \int_c^x f + \gamma. \tag{11.7}$$

証明 (a) $\Rightarrow$ (b): $c \in I$ を任意にとり，(11.6) で $y = c, F(y) = \gamma$ として (11.7) を得る．

(a) $\Leftarrow$ (b): 任意の $x, y \in I$ に対し，
$$F(x) - F(y) = \left(\int_c^x f + \gamma \right) - \left(\int_c^y f + \gamma \right) \stackrel{(11.5)}{=} \int_y^x f.$$

\(^□^)/

11.2 原始関数と不定積分

原始関数（定義 8.6.1）と不定積分（命題 11.1.3）は，その定義においては全く別概念である．本節では両者の関係を述べる．

次の定理は，本質的には定理 10.1.5 (a) であるが，これにより，適切な条件下で，原始関数が不定積分を与えることがわかる．

定理 11.2.1 (**微積分の基本公式 II**)　$I \subset \mathbb{R}$ を区間，$F \in C(I) \cap D(\mathring{I})$ かつ F' は I 上で不定積分をもつとする（(11.1) 参照）．このとき，

$$\text{任意の } x, y \in I \text{ に対し} \int_y^x F' = F(x) - F(y), \tag{11.8}$$

つまり，F は F' の不定積分である．

定理 11.2.1 は次のように模式化できる：

$$F \xrightarrow{微分} 導関数 \xrightarrow{積分} F.$$

証明　(i) $y < x$ の場合：定理 10.1.5 を区間 $[y, x]$ に適用して示すべき等式を得る（定理 10.1.5 証明後の注参照）．
(ii) $x < y$ の場合：(11.3) により，(i) に帰着する．　　　　　　　　\(^□^)/

定理 11.2.1 から，直ちに次の系を得る：

系 11.2.2　定理 11.2.1 で特に $|F'(x)| \leq M < \infty$ $(\forall x \in \mathring{I})$ を仮定するとき，

$$\text{任意の } x, y \in I \text{ に対し } |F(x) - F(y)| \leq M|x - y|.$$

系 11.2.2 は F が複素数値でも成立する．F が実数値なら，平均値定理（定理 8.3.1）を用いても系 11.2.2 と同様の評価（例 8.3.2）が得られるが，微積分の基本定理の応用により，これを F が複素数値の場合に拡張できたことになる．

◆例 11.2.3　(a)　$z, w \in \mathbb{C}$ に対し，

$$|\exp z - \exp w| \leq |z - w| \exp(\operatorname{Re} z \vee \operatorname{Re} w).$$

(b) $0 < y < x, c \in \mathbb{C}$, $\operatorname{Re} c = a$ とするとき,
$$|x^c - y^c| \leq (x-y)|c|(x^{a-1} \vee y^{a-1}).$$

証明[1]　(a): $t \in [0,1]$ に対し, $F(t) = \exp(tz + (1-t)w)$ とすると, $F(0) = \exp w$, $F(1) = \exp z$,

$$|F(t)| \overset{(6.19)}{=} \exp(t \operatorname{Re} z + (1-t) \operatorname{Re} w) \leq \exp(\operatorname{Re} z \vee \operatorname{Re} w),$$
$$|F'(t)| = |(z-w)F(t)| = |z-w||F(t)| \overset{\text{上式}}{\leq} |z-w| \exp(\operatorname{Re} z \vee \operatorname{Re} w).$$

ゆえに, 系 11.2.2 より結論を得る.

(b): $t \in [x, y]$ に対し, $F(t) = t^c$ とすると,

$$|F'(t)| \overset{例 8.1.8}{=} |ct^{c-1}| \overset{(6.19)}{=} |c|t^{a-1} \leq |c|(x^{a-1} \vee y^{a-1}).$$

ゆえに, 系 11.2.2 より結論を得る.　　　　　　　　　　　　　　　\(^□^)/

次の定理より, 適当な条件下で, 不定積分は原始関数を与える（定理 11.2.1 の逆）:

定理 11.2.4（**不定積分の連続性・可微分性**）$I \subset \mathbb{R}$ を区間, $f : \overset{\circ}{I} \to \mathbb{C}$ は I 上で不定積分をもつとする ((11.1) 参照). このとき, f の不定積分 $F : I \to \mathbb{C}$ について以下が成立する:

(a)　$F \in C(I)$.
(b)　f が $x \in \overset{\circ}{I}$ で連続 $\Longrightarrow$ F は x で可微分かつ $F'(x) = f(x)$.
(c)　$f \in C(\overset{\circ}{I})$ なら, F は f の原始関数である.

✔**注**　● 定理 11.2.4 は次のように模式化できる:
$$f \xrightarrow{\text{積分}} \text{不定積分} \xrightarrow{\text{微分}} f.$$

● 定理 11.2.4 (b) で f は x で連続と仮定した. 実際, この仮定なしに $F'(x)$ の存在は言えない. 例えば, $f = 1_{[0,\infty)}$ に対し $F(x) = \int_0^x f = x \vee 0$ は $x = 0$ で可

---
[1] より初等的な証明は例 6.4.3 を参照されたい.

微分でない．一方，f の不連続点で F が可微分な例もある（問 8.1.5, 問 11.2.4 参照）．

- f が $x \in I \setminus \mathring{I}$ でも定義され，かつ x で連続と仮定すると，定理 11.2.4 (b) の結論は x でも正しい．このことは，以下で述べる証明から容易に読み取れる．

定理 11.2.4 の証明 (a): $x_0, y_0 \in I$, $x_0 < y_0$ を任意とし，次を示せば十分．
$$x_0 < x < y < y_0 \implies |F(y) - F(x)| \leq M(y - x),$$
ただし M は (x_0, y_0) における $|f|$ の上界とする（$f \in \mathscr{R}((x_0, y_0))$ より $M < \infty$）．ところが，
$$|F(y) - F(x)| = \left| \int_x^y f \right| \overset{(11.4)}{\leq} \int_x^y |f| \leq M(y - x).$$

(b): $y \in I, y \neq x$ とすると，

(1) $\qquad \dfrac{F(y) - F(x)}{y - x} - f(x) \overset{(11.6)}{=} \dfrac{1}{y - x} \int_x^y (f(z) - f(x)) dz.$

f は x で連続なので，$\forall \varepsilon > 0$ に対し次のような $\delta > 0$ が存在する：

(2) $\qquad z \in \mathring{I}, |x - z| < \delta \implies |f(z) - f(x)| < \varepsilon.$

今，$|x - y| < \delta$ とする．このとき，(1) 右辺の積分変数 z についても $|x - z| < \delta$ なので，

(3) $\qquad |(1) \text{ 右辺}| \overset{(11.4)}{\leq} \dfrac{1}{|y - x|} \int_{x \wedge y}^{x \vee y} |f(z) - f(x)| dz \overset{(2)}{\leq} \varepsilon.$

(1), (3) より，$y \to x$ で，
$$\dfrac{F(y) - F(x)}{y - x} \longrightarrow f(x).$$

(c): (b) の帰結． \(^□^)/

系 11.2.5 $I \subset \mathbb{R}$ を区間，$F \in C(I) \cap D(\mathring{I})$, $f \in C(\mathring{I})$, かつ f は I 上で不定積分をもつとする（(11.1) 参照）．このとき，

$$F \text{ が } f \text{ の原始関数} \iff F \text{ が } f \text{ の不定積分}.$$

証明 定理 11.2.1 から ⇒，定理 11.2.4 (c) から ⇐ が従う．　　　\(^□^)/

問 11.2.1 $F \in C^1(\mathbb{R})$, $h \in C(\mathbb{R})$ に対し次を示せ：$F' = hF \iff F(t) = F(0)\exp\left(\int_0^t h\right)$.

問 11.2.2 $f, g \in C([0,\infty) \to (0,\infty))$ とする．$\frac{f}{g}$ が ↗ なら $t \mapsto \frac{\int_0^t f}{\int_0^t g}$ も ↗ であることを示せ．

問 11.2.3（グロンウォールの不等式[2]） $\alpha \in \mathbb{R}$, $I = [0,T]$ とする．$u \in C(I \to \mathbb{R})$, $v \in C(I \to [0,\infty))$ が，$u(t) \leq \alpha + \int_0^t vu$, $\forall t \in I$ をみたすとき，次を示せ：$u(t) \leq \alpha \exp\left(\int_0^t v\right)$ $\forall t \in I$. [ヒント：$V(t) = \int_0^t v$, $F(t) = e^{-V(t)}\int_0^t vu$, $G(t) = \alpha\left(1 - e^{-V(t)}\right)$ とおいて $F \leq G$ を示せばよい．そこで $F - G$ を微分する．]

問 11.2.4 問 8.1.5 において，f は f' の不定積分であることを示せ．

問 11.2.5（リーマンのゼータ関数再訪） $g_n(s) = \int_0^1 \frac{xdx}{(n+x)^{s+1}}$, $h_n(s) = n\left(\frac{1}{n^s} - \frac{1}{(n+1)^s}\right)$ ($s \in \mathbb{C}$, $n = 1, 2, \ldots$) とする．以下を示せ．(i) $\mathrm{Re}\,s > 0$ なら，級数 $f(s) = \sum_{n=1}^\infty g_n$ は絶対収束する．(ii) $s \neq 0, 1$ なら，$g_n(s) = \frac{1}{s-1}\left(\frac{1}{n^{s-1}} - \frac{1}{(n+1)^{s-1}}\right) - \frac{1}{s}h_n(s)$. (iii) $\mathrm{Re}\,s > 1$ なら，級数 $\sum_{n=1}^\infty h_n$ は収束し，リーマンのゼータ関数 $\zeta(s) = \sum_{n=1}^\infty \frac{1}{n^s}$ に等しい（問 6.2.6 参照）．(iv) $\mathrm{Re}\,s > 1$ なら，$\zeta(s) = \frac{s}{s-1} - sf(s)$.

問 11.2.5 (iv) の等式右辺は領域 $D = \{s \in \mathbb{C}\,;\, \mathrm{Re}\,s > 0, s \neq 1\}$ で定義されるので，この等式右辺により，$\zeta(s)$ の定義域を D に拡張できる．実は，この拡張は複素解析で，「解析接続」と呼ばれる自然な拡張と一致する．こうして定義域を拡張された $\zeta(s)$ の零点 $Z = \{s \in D\,;\, \zeta(s) = 0\}$ は素数の分布と関係が深く，古くから研究されている．リーマンは，$Z \subset \{s \in \mathbb{C}\,;\, \mathrm{Re}\,s = 1/2\}$ と予想したが（リーマン予想），本書執筆当時において未解決である．

11.3　置換積分・部分積分

以下，積分の計算や評価に有用な公式をいくつか述べる．

連鎖律と，微分積分の基本公式を組み合わせることにより，置換積分公式を得る：

命題 11.3.1（**置換積分**）　$I, J \subset \mathbb{R}$ は区間，$g: J \to I$, $g \in C(J) \cap D(\mathring{J})$ とし，さらに以下を仮定する：

---

[2]Thomas Hakon Grönwall (1877–1932). フーリエ級数や積分方程式の他，解析数論も研究した．ここで述べた不等式の証明は 1919 年．

(a) $F \in C(I) \cap D(\mathring{I})$, かつ F' は I 上で不定積分をもつ（(11.1) 参照）.

(b) $(F' \circ g)g'$ は J 上で不定積分をもつ.

このとき，任意の $s, t \in J$ に対し，
$$\int_{g(s)}^{g(t)} F' = \int_s^t (F' \circ g)g'.$$

証明 仮定 (a) と微積分の基本公式（定理 11.2.1）から，

(1) $\displaystyle\int_{g(s)}^{g(t)} F' = [F]_{g(s)}^{g(t)} = [F \circ g]_s^t.$

一方，$F \in C(I) \cap D(\mathring{I})$, かつ $g \in C(J) \cap D(\mathring{J})$ より $F \circ g \in C(J) \cap D(\mathring{J})$. さらに，

(2) $(F' \circ g)g' \stackrel{\text{連鎖律}}{=} (F \circ g)'.$

これと仮定 (b) より微積分の基本公式（定理 11.2.1）を $F \circ g$ に対し適用できる：

(3) $\displaystyle\int_s^t (F \circ g)g' \stackrel{(2)}{=} \int_s^t (F \circ g)' = [F \circ g]_s^t.$

(1), (3) より結論を得る． \(^□^)/

置換積分は次の形で応用されることが多い：

系 11.3.2 $I, J \subset \mathbb{R}$ は区間，$g : J \to I$, $g \in C(J) \cap D(\mathring{J})$ とし，さらに以下を仮定する：

(a) $f \in C(\mathring{I})$, かつ f は I 上で不定積分をもつ（(11.1) 参照）.

(b) $(f \circ g)g'$ は J 上で不定積分をもつ.

このとき，任意の $s, t \in J$ に対し，
$$\int_{g(s)}^{g(t)} f = \int_s^t (f \circ g)g'.$$

証明 F を f の不定積分とする．このとき，$f \in C(\mathring{I})$ と定理 11.2.4 より F は f の原始関数である，すなわち $F \in C(I) \cap D(\mathring{I})$, $F' = f$. したがって系 11.3.2 は命題 11.3.1 の特別な場合 $(F' = f)$ である． \(^□^)/

◆例 11.3.3 $f \in C([0,1]^2)$ に対し,

$$\int_0^1 f(t, 1-t)\, d\theta = \int_0^1 f(1-t, t)\, d\theta.$$
$$\int_0^{\pi/2} f(\cos\theta, \sin\theta)\, d\theta = \int_0^{\pi/2} f(\sin\theta, \cos\theta)\, d\theta.$$

証明 第一式は, t を $1-t$ に置換, 第二式は, θ を $\frac{\pi}{2} - \theta$ に置換して得られる. \(^□^)/

積の微分と, 微積分の基本公式を組み合わせることにより, 部分積分公式を得る:

命題 11.3.4 (**部分積分**) $I \subset \mathbb{R}$ は区間, $F, G \in C(I) \cap D(\mathring{I})$, かつ $F'G$, FG' は I 上で不定積分をもつとする ((11.1) 参照). このとき, 任意の $x, y \in I$ に対し,

$$\int_x^y F'G = [FG]_x^y - \int_x^y FG'.$$

証明 仮定から $FG \in C(I) \cap D(\mathring{I})$. また,

$$(FG)' = F'G + FG'.$$

以上と微積分の基本公式 (定理 11.2.1) より,

$$[FG]_x^y = \int_x^y (FG)' = \int_x^y (F'G + FG') = \int_x^y F'G + \int_x^y FG'.$$
\(^□^)/

次の例とその証明は, それ自身興味深いが, さらに今後, 例 11.3.6, 例 11.3.7, 例 12.3.3 にも応用される[3].

---
[3] これらについては, [高木] に倣った.

◆**例 11.3.5**(ウォリスの公式 I)　二重階乗 $m!!$ $(m \in \mathbb{N})$ を (8.41) で定めるとき,

$$\frac{1}{4^n}\binom{2n}{n} = \frac{(2n-1)!!}{(2n)!!} = \frac{1}{\sqrt{\pi n}}(1+\varepsilon_n), \quad \text{ただし } \varepsilon_n \longrightarrow 0. \quad (11.9)$$

(11.9) の左辺は,硬貨を $2n$ 回投げてちょうど n 回表が出る確率であり,この確率は $(1+x)^{-1/2}$, Arcsin , sh $^{-1}$ のべき級数展開でも登場した(例 8.8.2,例 8.8.3,問 8.8.4).(11.9) は,その確率の $n \to \infty$ での漸近挙動が,ほぼ $\frac{1}{\sqrt{\pi n}}$ と同じであることを表す.(11.9) の左辺は,円周率とは無関係に見えるが,その漸近挙動に円周率が現れるところが少し神秘的である.なお,問 11.3.8 の「ウォリスの公式 II」は,(11.9) と見かけ上異なるが,実は同じものである.

証明　(11.9) の第一式は簡単な式変形である(例 8.8.2 でも述べた).第二式を言うには次を示せばよい:$\sqrt{n}\frac{(2n-1)!!}{(2n)!!} \longrightarrow \frac{1}{\sqrt{\pi}}$. そのために $a_n \stackrel{\text{def}}{=} \int_0^{\pi/2} \sin^n$, $n \in \mathbb{N}$ に対し,以下を示す:

$$a_{2n} = \frac{\pi}{2}\frac{(2n-1)!!}{(2n)!!}, \quad a_{2n+1} = \frac{(2n)!!}{(2n+1)!!}, \quad (11.10)$$

$$\sqrt{n}a_n \stackrel{n\to\infty}{\longrightarrow} \sqrt{\pi/2}. \quad (11.11)$$

これらを認めると,次のようにして (11.9) 第二式を得る:

$$\sqrt{n}\frac{(2n-1)!!}{(2n)!!} \stackrel{(11.10)}{=} \frac{2}{\pi}\sqrt{n}\,a_{2n} = \frac{\sqrt{2}}{\pi}\sqrt{2n}\,a_{2n} \stackrel{(11.11)}{\longrightarrow} \frac{\sqrt{2}}{\pi}\cdot\sqrt{\frac{\pi}{2}} = \frac{1}{\sqrt{\pi}}.$$

まず (11.10) を示す.明らかに $a_0 = \pi/2$. また $a_1 = [-\cos]_0^{\pi/2} = 1$. さらに,$n \geq 2$ に対し,

$$a_n = \int_0^{\pi/2} \sin\cdot\sin^{n-1}$$
$$\stackrel{\text{部分積分}}{=} \underbrace{[-\cos\cdot\sin^{n-1}]_0^{\pi/2}}_{=0} + (n-1)\int_0^{\pi/2}\underbrace{\cos^2}_{=1-\sin^2}\cdot\sin^{n-2}$$
$$= (n-1)(a_{n-2}-a_n).$$

よって,

(1)
$$a_n = \frac{n-1}{n}a_{n-2}.$$

$n \geq 1$ に対し (1) から

$$a_{2n} = \frac{2n-1}{2n}a_{2n-2} = \cdots = \frac{2n-1}{2n}\frac{2n-3}{2n-2}\cdots\frac{1}{2}a_0,$$

$$a_{2n+1} = \frac{2n}{2n+1}a_{2n-1} = \cdots = \frac{2n}{2n+1}\frac{2n-2}{2n-1}\cdots\frac{2}{3}a_1.$$

以上から (11.10) を得る. 次に (11.11) を示すため $c_n = \sqrt{n}a_n$ とする. 定義から a_n は ↘. これと (1) より,

$$1 \geq \frac{a_{2n+1}}{a_{2n}} \geq \frac{a_{2n+2}}{a_{2n}} \stackrel{(1)}{=} \frac{2n+1}{2n+2}.$$

上式両辺に $\sqrt{\frac{2n+1}{2n}}$ を掛け,

$$\sqrt{\frac{2n+1}{2n}} \geq \frac{c_{2n+1}}{c_{2n}} \geq \sqrt{\frac{2n+1}{2n}}\frac{2n+1}{2n+2}.$$

上式とはさみうちの原理より,

(2)
$$\frac{c_{2n+1}}{c_{2n}} \longrightarrow 1.$$

一方,

$$a_{2n}a_{2n+1} \stackrel{(11.10)}{=} \frac{\pi}{2}\frac{(2n-1)!!}{(2n+1)!!} = \frac{\pi}{2}\frac{1}{2n+1}.$$

したがって,

(3)
$$c_{2n}c_{2n+1} = \frac{\pi}{2}\sqrt{\frac{2n(2n+1)}{(2n+1)^2}} \longrightarrow \frac{\pi}{2}.$$

(2), (3) と例 3.4.9 より,

$$c_{2n} \longrightarrow \sqrt{\frac{\pi}{2}}, \quad c_{2n+1} \longrightarrow \sqrt{\frac{\pi}{2}}.$$

これと, 偶数項・奇数項ごとの収束判定 (補題 5.3.3) より (11.11) を得る. \(^□^)/

✔**注** a_n はベータ関数 (命題 12.4.3) を用い, $a_n = \frac{1}{2}B\left(\frac{n+1}{2}, \frac{1}{2}\right)$ と表すことができる. (11.10) の一般化について問 12.4.5 を参照されたい.

(11.10) は次の例にも応用できる：

◨例 11.3.6 (⋆) $\quad \sum_{n=1}^{\infty} \frac{1}{n^2} = \frac{\pi^2}{6}.$

証明[4]

$$s \stackrel{\text{def}}{=} \sum_{n=1}^{\infty} \frac{1}{n^2} = \sum_{n=1}^{\infty} \frac{1}{(2n+1)^2} + \underbrace{\sum_{n=1}^{\infty} \frac{1}{(2n)^2}}_{=s/4}, \quad \text{よって} \quad s = \frac{4}{3} \sum_{n=1}^{\infty} \frac{1}{(2n+1)^2}.$$

ゆえに，次を示せばよい：

(1) $\quad \displaystyle\sum_{n=0}^{\infty} \frac{1}{(2n+1)^2} = \frac{\pi^2}{8}.$

$b_n = \frac{(2n-1)!!}{(2n)!!}$ $(n \in \mathbb{N})$, $f_N(x) = \sum_{n=0}^{N} \frac{b_n x^{2n+1}}{2n+1}$ とおくと，

$$\int_0^{\pi/2} f_N \circ \sin = \sum_{n=0}^{N} \frac{b_n}{2n+1} \int_0^{\pi/2} \sin^{2n+1}$$

$$\stackrel{(11.10)}{=} \sum_{n=0}^{N} \frac{b_n}{2n+1} \frac{(2n)!!}{(2n+1)!!} = \sum_{n=0}^{N} \frac{1}{(2n+1)^2}.$$

よって，

(2) $\quad \displaystyle\int_0^{\pi/2} f_N \circ \sin \stackrel{N \to \infty}{\longrightarrow} \sum_{n=0}^{\infty} \frac{1}{(2n+1)^2}.$

一方，命題 5.4.4 の証明中の (5.15)，および (8.43) より，任意の $x \in [-1,1]$ に対し，

(3) $\quad |f_N(x) - \text{Arcsin}\, x| \leq \delta_N \stackrel{\text{def}}{=} \sum_{n=N+1}^{\infty} \frac{b_n}{2n+1} \stackrel{N \to \infty}{\longrightarrow} 0.$

これと，$\text{Arcsin}\,\sin\theta = \theta$ より，

$$\left| \int_0^{\pi/2} f_N(\sin\theta)\, d\theta - \int_0^{\pi/2} \theta\, d\theta \right| \leq \int_0^{\pi/2} |f_N(\sin\theta) - \theta|\, d\theta$$

$$\stackrel{(3)}{\leq} \frac{\pi}{2} \delta_N \stackrel{N \to \infty}{\longrightarrow} 0.$$

したがって，

---

[4]別証明は，問 16.3.8，問 16.3.5，問 16.3.6 を参照されたい．

(4) $\quad\displaystyle\int_0^{\pi/2} f_N \circ \sin \stackrel{N \to \infty}{\longrightarrow} \int_0^{\pi/2} \theta\, d\theta = \frac{\pi^2}{8}.$

(2), (4) より (1) を得る. \(^□^)/

例 11.3.6 の等式はオイラーによる (1735 年). オイラーはさらに $\sum_{n=1}^\infty \frac{1}{n^k}$, $k=4,6,8,10,12$ も求めた. なお, より一般に,

$$\sum_{n=1}^\infty \frac{1}{n^{2k}} = \frac{2^{2k-1} B_k \pi^{2k}}{(2k)!}, \quad k=1,2,\ldots$$

が知られている [杉浦, II 巻, p.337]. ここで $B_1, B_2, \ldots$ はベルヌーイ数を表す (問 6.6.3).

次の命題は階乗 $n!$ が $n \nearrow \infty$ で増大する速さを具体的に書き下す漸近公式としてよく知られている:

◆**例 11.3.7** ($\star$)(**スターリングの公式 I**)

$$n! = \sqrt{2\pi n}\left(\frac{n}{e}\right)^n (1+\varepsilon_n), \quad \text{ただし } \varepsilon_n \stackrel{n\to\infty}{\longrightarrow} 0.$$

証明 $s_n \stackrel{\text{def}}{=} \frac{n!}{\sqrt{n}(n/e)^n} \longrightarrow \sqrt{2\pi}$ を示せばよい.

$$t_n \stackrel{\text{def}}{=} \log s_n = \sum_{k=1}^n \log k - \left(n+\tfrac{1}{2}\right)\log n + n$$

とし, まず次を示す:

(1) $\quad 0 \le t_n - t_{n+1} \le \dfrac{1}{4n(n+1)} = \dfrac{1}{4n} - \dfrac{1}{4(n+1)}.$

$f(x) = \log x$ に対し $f'(x) = 1/x$ は凸. そこで $f:[n,n+1] \to \mathbb{R}$ に例 8.4.2 の不等式を用い,

$$f'\left(\frac{2n+1}{2}\right) \le f(n+1) - f(n) \le \frac{f'(n)+f'(n+1)}{2},$$

すなわち,

(2) $\quad \dfrac{2}{2n+1} \le \log \dfrac{n+1}{n} \le \dfrac{1}{2n} + \dfrac{1}{2(n+1)}.$

ゆえに,

$$(3) \begin{cases} 0 \overset{(2)}{\leq} \log\dfrac{n+1}{n} - \dfrac{2}{2n+1} \overset{(2)}{\underset{\text{単純計算}}{\leq}} \dfrac{1}{2n} + \dfrac{1}{2(n+1)} - \dfrac{2}{2n+1} \\ \phantom{0 \leq \log\dfrac{n+1}{n} - \dfrac{2}{2n+1}} = \dfrac{1}{2n(n+1)(2n+1)}. \end{cases}$$

したがって,

$$t_n - t_{n+1} = -\log(n+1) - \left(n+\tfrac{1}{2}\right)\log n + \left(n+\tfrac{3}{2}\right)\log(n+1) - 1$$
$$= \dfrac{2n+1}{2}\log\dfrac{n+1}{n} - 1 \overset{(3)}{\in} [0, \tfrac{1}{4n(n+1)}].$$

以上で (1) を得る. (1) と階差級数との比較（命題 5.3.1）より，次の極限が存在する:

$$t = \lim_{n\to\infty} t_n = \underbrace{t_1}_{=1} - \sum_{j=1}^{\infty}(t_j - t_{j+1}) \in (-\infty, 1].$$

したがって,

(4) $s_n = e^{t_n} \longrightarrow e^t$.

最後に $e^t = \sqrt{2\pi}$ を示す. $n! = s_n\sqrt{n}(n/e)^n$ より,

$$\dfrac{\sqrt{n}}{4^n}\binom{2n}{n} = \dfrac{\sqrt{n}(2n)!}{4^n(n!)^2} = \dfrac{\sqrt{n}s_{2n}\sqrt{2n}(2n/e)^{2n}}{4^n s_n^2 n(n/e)^{2n}} = \dfrac{\sqrt{2}s_{2n}}{s_n^2} \overset{(4)}{\longrightarrow} \sqrt{2}e^{-t}.$$

これと, ウォリスの公式 (11.9) より $\sqrt{2}e^{-t} = \dfrac{1}{\sqrt{\pi}}$, すなわち $e^t = \sqrt{2\pi}$ を得る. \(^□^)/

✔注　例 11.3.7 の証明から, t_n は（ゆえに s_n も）↘ である. よって ε_n も ↘ である.

問 11.3.1　$f \in C([0,T])$, $f(T-x) = f(x)$ $(\forall x \in [0,T])$ とする. $\int_0^T xf(x)\,dx = \dfrac{T}{2}\int_0^T f$ を示せ.

問 11.3.2　$a > 0$ とする. 次の各場合に, $[\ldots]$ 内の置換積分により $\int_0^x f$ を求めよ:
(i) $|x| \leq a$, $f(x) = \sqrt{a^2-x^2}$, $[x = a\sin t]$. (ii) $x \in \mathbb{R}$, $f(x) = \sqrt{a^2+x^2}$, $[x = a\,\mathrm{sh}\,t]$. (iii) $x \geq a$, $f(x) = \sqrt{x^2-a^2}$, $[x = a\,\mathrm{ch}\,t]$.

問 11.3.3　問 11.3.2 の各積分を, 部分積分を用いて示せ.

11.3 置換積分・部分積分

問 11.3.4 ($\star$) $I = [a,b] (-\infty < a < b < \infty), f \in C(I), \theta \in \mathbb{R} \setminus \{0\}, \delta = \frac{1}{2|\theta|}$ とする．次を示せ：

$$2\left|\int_I f(x)e^{2\pi i \theta x}dx\right| \leq |I| \max_{\substack{x,y \in I \\ |x-y|=\delta}} |f(x) - f(y)| + 2\delta \max_I |f|,$$

したがって，$\int_I f(x)e^{2\pi i \theta x}dx \overset{|\theta| \to \infty}{\longrightarrow} 0$ (リーマン・ルベーグの補題).

[ヒント：例えば $\theta > 0$ のとき $\int_{a-\delta}^{b-\delta} f(x+\delta)e^{2\pi i \theta x}dx = -\int_a^b f(x)e^{2\pi i \theta x}dx$.]

問 11.3.5 ($\star$)(**第2平均値定理**) $I = [a,b]$ $(-\infty < a < b < \infty), f \in C_b(\overset{\circ}{I} \to \mathbb{R})$, $G \in C(I \to \mathbb{R}) \cap D(\overset{\circ}{I}), G' \in C_b(\overset{\circ}{I})$, かつ G' は $\overset{\circ}{I}$ 上定符号とする．このとき，次をみたす $c \in \overset{\circ}{I}$ の存在を示せ：

$$\int_a^b fG = G(b) \int_c^b f + G(a) \int_a^c f.$$

[ヒント：$f \in C_b(\overset{\circ}{I})$ より，f は I 上不定積分 F をもつ．また定理 11.2.1 より F は f の原始関数である．さらに G' は $\overset{\circ}{I}$ 上有界連続かつ定符号．そこで，第1平均値定理 (命題 10.4.4) を区間 $\overset{\circ}{I}$ に適用し，$\exists c \in \overset{\circ}{I}, \int_a^b FG' = F(c) [G]_a^b$.]

問 11.3.6 ($\star$) $n \in \mathbb{N}$, f は $2n$ 次以下の多項式とする．次を示せ：
$\int_0^\pi f \sin = \sum_{m=0}^n (-1)^m (f^{(2m)}(0) + f^{(2m)}(\pi))$.

問 11.3.7 ($\star$) 円周率 π は無理数であることを証明する．以下の (i)–(v) を示し，証明を完成せよ：$p, q > 0$ に対し多項式 $f_n(x) = x^n(p-qx)^n/n!$ を考える．$r = p/q$ とするとき
(i) $f_n(x) = f_n(r-x)$. (ii) $f_n(x) = \frac{1}{n!} \sum_{m=n}^{2n} \binom{n}{m-n} p^{2n-m}(-q)^{m-n} x^m$.
(iii) $0 \leq m < n$ なら $f_n^{(m)}(r) = (-1)^m f_n^{(m)}(0) = 0$, $n \leq m \leq 2n$ なら
$f_n^{(m)}(r) = (-1)^m f_n^{(m)}(0) = \frac{(-1)^m m!}{n!} \binom{n}{m-n} p^{2n-m}(-q)^{m-n}$. (iv) $I(f_n) \overset{\text{def}}{=} \int_0^r f_n \sin \overset{n \to \infty}{\longrightarrow} 0$. (v) $\pi = p/q$ $(p, q \in \mathbb{N} \setminus \{0\})$ と仮定し矛盾を導く．この p, q を用いて f_n を定義すると $I(f_n) \geq 1$. これは (iv) と矛盾する．[ヒント：(iii) と問 11.3.6 より $I(f_n) \in \mathbb{Z}$.]

問 11.3.8 ($\star$) 以下を示せ．(i) $r_n \overset{\text{def}}{=} \prod_{j=2}^n \left(1 - \frac{1}{j^2}\right) \overset{n \to \infty}{\longrightarrow} \frac{1}{2}$. (ii) **ウォリスの公式 II**：$p_n \overset{\text{def}}{=} \prod_{j=1}^n \left(1 - \frac{1}{(2j)^2}\right) \overset{n \to \infty}{\longrightarrow} \frac{2}{\pi}$. [ヒント：例 11.3.5.] (iii) $q_n \overset{\text{def}}{=} \prod_{j=1}^n \left(1 - \frac{1}{(2j+1)^2}\right) \overset{n \to \infty}{\longrightarrow} \frac{\pi}{4}$.

問 11.3.9 ($\star$) 例 11.3.7 の ε_n について，$0 \leq \varepsilon_n \leq C/n$ $(n = 1, 2, \ldots)$ をみたす定数 $C \in (0, \infty)$ の存在を示せ．

問 11.3.10 ($\star$) スターリングの公式（例 11.3.7）の証明に，ウォリスの公式 (11.9) を用いたが，逆にスターリングの公式から (11.9) を導け．

11.4 テイラーの定理

これまで，指数関数をはじめとする初等関数のべき級数表示を述べてきた．例えば，

$$\exp x = 1 + x + \frac{x^2}{2!} + \frac{x^3}{3!} + \cdots \quad (x \in \mathbb{R}),$$

$$\cos x = 1 - \frac{x^2}{2!} + \frac{x^4}{4!} - \cdots \quad (x \in \mathbb{R}),$$

$$-\log(1-x) = x + \frac{x^2}{2} + \frac{x^3}{3} + \cdots \quad (|x| < 1).$$

これらは，よく見ると，

$$f(x) = \sum_{n=0}^{\infty} \frac{f^{(n)}(0)}{n!} x^n \tag{11.12}$$

という共通の形をしている．本節で述べるテイラーの定理（定理 11.4.1）より，関数 $f \in C^n(I)$ ($I \subset \mathbb{R}$ は区間，$a \in I$) は次の形の多項式で近似できる：

$$\sum_{m=0}^{n-1} \frac{f^{(m)}(a)}{m!} (x-a)^m. \tag{11.13}$$

$a = 0$ の場合の (11.13) で $n \to \infty$ の極限をとると，少なくとも形式的には (11.12) を得る（より厳密には問 11.4.1 参照）．また，テイラーの定理で得られる，近似多項式 (11.13) と $f(x)$ 自身の誤差の表示式（(11.14), (11.16) 参照）も有用である．テイラーの定理には

- 微積分の基本公式の拡張，
- 平均値定理の拡張，

という二通りの捉え方がある．本書では，前者の立場をとる．これには証明がより自然である利点に加え，剰余項の積分表示 (11.14) が得られる利点もある．後者の立場については，例えば [杉浦, pp. 99–100] を参照されたい．

定理 11.4.1 (テイラーの定理) $I \subset \mathbb{R}$ は区間, $f \in C^n(I \to \mathbb{C})$ ($n = 1, 2, \ldots$) とする. $a, x \in I$ に対し,

$$r_{n,a}(x) \stackrel{\text{def}}{=} \int_a^x \frac{f^{(n)}(y)}{(n-1)!}(x-y)^{n-1} dy. \tag{11.14}$$

このとき,

$$f(x) = \sum_{m=0}^{n-1} \frac{f^{(m)}(a)}{m!}(x-a)^m + r_{n,a}(x). \tag{11.15}$$

特に f が実数値なら, 次をみたす $c \in (a \wedge x, a \vee x)$ が存在する:

$$r_{n,a}(x) = \frac{f^{(n)}(c)}{n!}(x-a)^n. \tag{11.16}$$

$n = 1$ なら (11.15) は微積分の基本公式である. したがって, $n \geq 2$ の場合はその自然な拡張と考えられる.

証明 次の漸化式を示す:

$$f(x) = f(a) + r_{1,a}(x), \tag{11.17}$$

$$r_{k,a}(x) = f^{(k)}(a)\frac{(x-a)^k}{k!} + r_{k+1,a}(x) \quad (1 \leq k \leq n-1). \tag{11.18}$$

この漸化式から, 帰納的に (11.15) を得る. まず, (11.17) は次のように得られる:

$$r_{1,a}(x) \stackrel{(11.14)}{=} \int_a^x f' \stackrel{(11.8)}{=} f(x) - f(a).$$

また, (11.18) は次のように得られる:

$$\begin{aligned}
r_{k,a}(x) &= \int_a^x \frac{f^{(k)}(y)}{(k-1)!}(x-y)^{k-1} dy \\
&\stackrel{\text{部分積分}}{=} \left[-\frac{f^{(k)}(y)}{k!}(x-y)^k\right]_a^x + \int_a^x \frac{f^{(k+1)}(y)}{k!}(x-y)^k dy \\
&= \frac{f^{(k)}(a)}{k!}(x-a)^k + r_{k+1,a}(x).
\end{aligned}$$

以下, f が実数値とし, (11.16) を示す.

$$r_{n,a}(x) = \int_a^x f^{(n)} g, \quad \text{ただし} \quad g(y) \stackrel{\text{def}}{=} \frac{(x-y)^{n-1}}{(n-1)!}.$$

また，g は $(a\wedge x, a\vee x)$ 上定符号．ゆえに，積分の第一平均値定理（命題 10.4.4）より，

$$\exists c \in (a \wedge x, a \vee x), \quad \int_a^x f^{(n)} g = f^{(n)}(c) \int_a^x g = \frac{f^{(n)}(c)}{n!}(x-a)^n.$$

以上から (11.16) を得る． \\(^□^)/

系 11.4.2 定理 11.4.1 で特に $|f^{(n)}(x)| \leq M_n < \infty \ (\forall x \in I)$ を仮定するとき，

$$\left| f(x) - \sum_{m=0}^{n-1} \frac{f^{(m)}(a)}{m!}(x-a)^m \right| \leq \frac{M_n|x-a|^n}{n!}, \quad (\forall x \in I).$$

証明 (11.14) より（f が実数値なら (11.16) を用いてもよい），

$$|r_{n,a}(x)| \leq \frac{M_n}{n!}|x-a|^n.$$

上式と (11.15) より結論を得る． \\(^□^)/

系 11.4.2 の応用として，(6.16) の精密化が得られる：

▣例 11.4.3 $z \in \mathbb{C}$, $n \in \mathbb{N}$ に対し，

$$\left| \exp z - \sum_{m=0}^n \frac{z^m}{m!} \right| \leq \frac{|z|^{n+1} \exp(0 \vee \operatorname{Re} z)}{(n+1)!}. \tag{11.19}$$

証明 z は固定し，関数 $f(x) = \exp(zx) \ (x \subset \mathbb{R})$ を考える．このとき，$f^{(m)}(x) = z^m \exp xz$．したがって $0 \leq x \leq 1$ に対し，

(1) $\qquad |f^{(n+1)}(x)| = |z|^{n+1} \exp(x \operatorname{Re} z) \leq |z|^{n+1} \exp(0 \vee \operatorname{Re} z).$

よって，

$$(11.19) \text{ 左辺} = \left| f(1) - \sum_{m=0}^n \frac{f^{(m)}(0)}{m!} \right| \stackrel{(1), \text{系} 11.4.2}{\leq} \frac{|z|^{n+1} \exp(0 \vee \operatorname{Re} z)}{(n+1)!}.$$

\\(^□^)/

11.4 テイラーの定理

問 11.4.1（テイラー展開） $I = [b, c] \subset \mathbb{R}$ は有界な閉区間，$a \in I$, $f \in C^\infty(I)$ は次の条件をみたすとする：$\frac{L_a^n}{n!} \max_I |f^{(n)}| \overset{n \to \infty}{\longrightarrow} 0$, ただし $L_a = (a - b) \vee (c - a)$. このとき，次を示せ：

$$\max_{x \in I} \left| f(x) - \sum_{m=0}^{n-1} \frac{f^{(m)}(a)}{m!} (x-a)^m \right| \overset{n \to \infty}{\longrightarrow} 0. \quad (11.20)$$

特に，任意の $x \in I$ に対し，

$$f(x) = \sum_{n=0}^{\infty} \frac{f^{(m)}(a)}{n!} (x-a)^n. \quad (11.21)$$

問 11.4.2 $n \geq 2$ とする．$f \in C^n(I)$ に対し，次を示せ：

$$\lim_{\substack{b \to a \\ b \neq a}} (b-a)^{-n} \left(f(b) - \sum_{m=0}^{n-1} \frac{f^{(m)}(a)}{m!} (b-a)^m \right) = \frac{f^{(n)}(a)}{n!}.$$

問 11.4.3 $f \in C^2(I), a \in \overset{\circ}{I}$ に対し，次を示せ：

$$\lim_{\substack{h \to 0 \\ h \neq 0}} h^{-2}(f(a+h) + f(a-h) - 2f(a)) = f''(a).$$

問 11.4.4 記号は定理 11.4.1 の通りとし，次を示せ：

$$r_{n,a}(x) = \int_a^x dx_1 \int_a^{x_1} dx_2 \cdots \int_a^{x_{n-1}} f^{(n)}.$$

［ヒント：上式右辺を $s_{n,a}(x)$ とし，これが $r_{n,a}(x)$ と同じ漸化式 (11.17)–(11.18) をみたすことを示す．］

問 11.4.5 定理 11.4.1 で特に $|f^{(n-1)}(x)| \leq M_{n-1} < \infty \ (\forall x \in I)$ とするとき，次を示せ：$\left| f(x) - \sum_{m=0}^{n-1} \frac{f^{(m)}(a)}{m!}(x-a)^m \right| \leq \frac{2M_{n-1}|x-a|^{n-1}}{(n-1)!} \ (\forall x \in I)$.

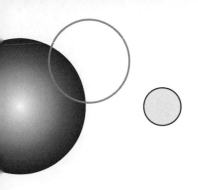

第12章

広義積分

12.1 広義積分とは？

$-\infty \leq a < b \leq \infty$, $f:(a,b) \longrightarrow \mathbb{C}$ とする. $a,b \in \mathbb{R}$, $f \in \mathscr{R}((a,b))$ なら, 定義 11.1.1 の意味で積分:

$$\int_a^b f$$

が定まる．第 12 章では区間 (a,b) が非有界，あるいは関数 f が非有界関数の場合の積分（「広義積分」という）を考察する．一般論の前に簡単な例を述べる．

◆例 12.1.1 $a \in \mathbb{R}, c \in \mathbb{C}, \operatorname{Re} c > 0$ とする．非有界区間 (a, ∞) 上の関数:

$$e^{-cx}$$

の積分を考えよう（下図は $c > 0$ の場合）．

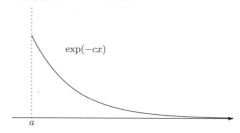

$v \in (a, \infty)$ とすると,
$$\int_a^v e^{-cx}\,dx = \left[-\frac{e^{-cx}}{c}\right]_a^v \stackrel{v \to \infty}{\longrightarrow} \frac{e^{-ca}}{c}.$$
そこで,次のように考えるのが自然である:
$$\int_a^\infty e^{-cx}\,dx = \frac{e^{-ca}}{c}.$$

◆例 **12.1.2** $a, b \in \mathbb{R}$ $(a < b)$ とし,(a, b) 上で,次の非有界関数の積分を考えよう:
$$1/\sqrt{x-a}, \quad 1/\sqrt{b-x}.$$

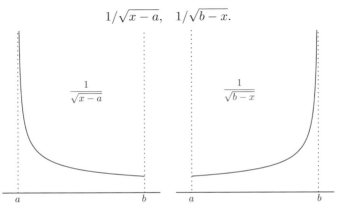

$u, v \in (a, b)$ に対し,
$$\int_a^v \frac{dx}{\sqrt{b-x}} = [-2\sqrt{b-x}]_a^v \stackrel{v \to b}{\longrightarrow} 2\sqrt{b-a},$$
$$\int_u^b \frac{dx}{\sqrt{x-a}} = [2\sqrt{x-a}]_u^b \stackrel{u \to a}{\longrightarrow} 2\sqrt{b-a}.$$
そこで次のように考えるのが自然である:
$$\int_a^b \frac{dx}{\sqrt{b-x}} = \int_a^b \frac{dx}{\sqrt{x-a}} = 2\sqrt{b-a}.$$

つまり,$f(x) = 1/\sqrt{b-x}$ のとき,f は $x \to b$ で発散するので,ひとまず $[a, v]$ $(v < b)$ で積分してから,次のように考えた:
$$\int_a^b f = \lim_{\substack{v \to b \\ v < b}} \int_a^v f.$$

また，$f(x) = 1/\sqrt{x-a}$ のとき，f は $x \to a$ で発散するので，ひとまず $[u, b]$ $(a < u)$ で積分してから，次のように考えた：

$$\int_a^b f = \lim_{\substack{u \to a \\ u > a}} \int_u^b f.$$

◆**例 12.1.3** $a, b \in \mathbb{R}$ $(a < b)$ とし，(a, b) 上で，次の非有界関数の積分を考えよう：

$$f(x) = \frac{1}{\sqrt{(x-a)(b-x)}}, \ x \in (a, b)$$

f は $x \to a, x \to b$ の両方で発散する．そこで，$c = (a+b)/2$ とし，ひとまず $[u, v](a < u < c < v < b)$ で積分すると，

$$\int_u^v f = \int_u^c f + \int_c^v f.$$

さらに，$u \to a, v \to b$ の極限をとり，次のように考えればよさそうだ：

$$\int_a^b f = \lim_{\substack{u \to a \\ u > a}} \int_u^c f + \lim_{\substack{v \to b \\ v < b}} \int_c^v f$$

(実は上式 $= \pi$：問 12.4.4 参照)．

まず，広義積分の際の，被積分関数を表す用語と記号を準備する．

12.1 広義積分とは？

定義 12.1.4 $I \subset \mathbb{R}$ を区間, $f : I \to \mathbb{C}$ とする (I, f は非有界でもよい).

▶ 任意の有界閉区間 $J \subset I$ に対し $f \in \mathscr{R}(J)$ なら f を, I 上**局所可積分**であるという.

▶ I 上の局所可積分関数全体の集合を $\mathscr{R}_{\mathrm{loc}}(I)$ と記す.

例 12.1.1–例 12.1.3 を一般化して「広義積分」を定義する.

定義 12.1.5 $-\infty \leq a < b \leq \infty$, $(a,b) \subset I \subset [a,b] \cap \mathbb{R}$, $f \in \mathscr{R}_{\mathrm{loc}}(I)$ とする.

▶ 以下の極限 $s(f)$ が存在すれば, $s(f)$ を f の I 上での**広義積分**と呼ぶ (f が実数値なら, $s(f) = \pm\infty$ も許す)：

$$s(f) = \lim_{\substack{v \to b \\ v < b}} \int_a^v f, \quad a \in \mathbb{R}, \ I = [a,b) \text{ のとき}, \tag{12.1}$$

$$s(f) = \lim_{\substack{u \to a \\ u > a}} \int_u^b f, \quad b \in \mathbb{R}, \ I = (a,b] \text{ のとき}, \tag{12.2}$$

$$s(f) = \lim_{\substack{u \to a \\ u > a}} \int_u^c f + \lim_{\substack{v \to b \\ v < b}} \int_c^v f, \quad I = (a,b) \text{ のとき}. \tag{12.3}$$

ただし (12.3) で $c \in I$ (補題 12.1.10 参照). 以下, 次の記号を用いる：

$$\int_a^b f \stackrel{\mathrm{def}}{=} s(f), \quad \int_b^a f \stackrel{\mathrm{def}}{=} -s(f). \tag{12.4}$$

▶ $s(f)$ が存在し $\neq \pm\infty$ なら, f は I 上**広義可積分**, あるいは広義積分が**収束**するという.

✔ **注1** 定義 12.1.5 で, (12.1) 型極限と (12.2) 型極限は本質的に同じで, (12.3) 型極限は両者の和である. したがって広義積分の本質は (12.1) 型極限に尽きる.

✔ **注2** 広義積分に対し, $f \in \mathscr{R}((a,b))$ に対する従来の積分を (区別のための便宜上) **狭義積分**と呼ぶことがある.

✓**注3** 定義 12.1.5 で，広義積分の定義は (12.1)–(12.3) の三種類あるが，これらの整合性，および，(12.3) の極限 $s(f)$ の有無，およびその値が $c \in (a,b)$ の選び方に依らないことは補題 12.1.10 で確かめる．また，狭義積分が広義積分の特別な場合であることも確認する．補題 12.1.10 は定義 12.1.5 の論理的整合性を保証するためだけのものであり，実用的ではないので，本節末の補足で述べるにとどめる．

次の補題の内容はごく自然だが，厳密に言うと証明を要するので，一応述べる．

補題 12.1.6 $f \in \mathscr{R}_{\mathrm{loc}}((a,b))$ に対し $\int_a^b f$ が収束するとする．このとき，

(a) $c \in (a,b)$ に対し $\int_a^b f = \int_a^c f + \int_c^b f$.

(b) $\int_a^b f = \lim_{\substack{v \to b \\ v < b}} \int_a^v f = \lim_{\substack{u \to a \\ u > a}} \int_u^b f$.

(c) $\lim_{\substack{v \to b \\ v < b}} \int_v^b f = \lim_{\substack{u \to a \\ u > a}} \int_a^u f = 0$.

証明は本節末の補足で述べる．

次の例は「$\sum_{n=1}^{\infty} \frac{1}{n^p} < \infty \iff p > 1$」(例 6.2.4) の類似である．

◆**例 12.1.7** $a, b > 0$ に対し，

$$\int_0^b \frac{dx}{x^p} = \begin{cases} \frac{b^{1-p}}{1-p}, & p < 1, \\ \infty, & p \geq 1, \end{cases} \qquad \int_a^\infty \frac{dx}{x^p} = \begin{cases} \frac{a^{1-p}}{p-1}, & p > 1, \\ \infty, & p \leq 1. \end{cases}$$

証明 前半は (12.2) で $a = 0$ の場合である．したがって，

$$\int_0^b \frac{dx}{x^p} = \lim_{u \to 0} \int_u^b \frac{dx}{x^p}.$$

さらに，

$$\frac{1}{x^p} = \begin{cases} \left(\frac{x^{1-p}}{1-p}\right)', & p \neq 1, \\ (\log x)', & p = 1, \end{cases} \quad (\text{例 8.6.3}),$$

$$\frac{u^{1-p}}{1-p} \xrightarrow{u \to 0} \begin{cases} -\infty, & p > 1, \\ 0, & p < 1, \end{cases} \qquad \log u \xrightarrow{u \to 0} -\infty.$$

したがって $p \neq 1$ なら,

$$\int_u^b \frac{dx}{x^p} = \left[\frac{x^{1-p}}{1-p}\right]_u^b = \frac{b^{1-p}}{1-p} - \frac{u^{1-p}}{1-p} \xrightarrow{u \to 0} \begin{cases} \frac{b^{1-p}}{1-p}, & p < 1, \\ \infty, & p > 1, \end{cases}$$

また $p = 1$ なら,

$$\int_u^b \frac{dx}{x} = [\log x]_u^b = \log b - \log u \xrightarrow{u \to 0} \infty.$$

後半は (12.1) で $b = \infty$ の場合である. したがって,

$$\int_a^\infty \frac{dx}{x^p} = \lim_{v \to \infty} \int_a^v \frac{dx}{x^p}.$$

さらに,

$$\frac{v^{1-p}}{1-p} \xrightarrow{v \to \infty} \begin{cases} 0, & p > 1, \\ \infty, & p < 1, \end{cases} \qquad \log v \xrightarrow{v \to \infty} \infty.$$

したがって $p \neq 1$ なら,

$$\int_a^v \frac{dx}{x^p} = \left[\frac{x^{1-p}}{1-p}\right]_a^v = \frac{v^{1-p}}{1-p} - \frac{a^{1-p}}{1-p} \xrightarrow{v \to \infty} \begin{cases} \frac{a^{1-p}}{p-1}, & p > 1, \\ \infty, & p < 1, \end{cases}$$

また $p = 1$ なら,

$$\int_a^v \frac{dx}{x} = [\log x]_a^v = \log v - \log a \xrightarrow{v \to \infty} \infty.$$

\(^□^)/

◆例 12.1.8　　　$\int_0^b \log x \, dx = b \log b - b, \quad 0 < b < \infty.$

証明　(12.2) で $a = 0$ の場合である. したがって,

$$\int_0^b \log x \, dx = \lim_{u \to 0} \int_u^b \log x \, dx.$$

また，

$$(x\log x - x)' = \log x \quad (\text{例 } 8.6.3), \quad x\log x \xrightarrow{x\to 0} 0 \quad (\text{例 } 6.2.3)$$

よって，

$$\int_u^b \log x \, dx = [x\log x - x]_u^b$$
$$= b\log b - b - (u\log u - u) \xrightarrow{u\to 0} b\log b - b.$$

\(^□^)/

◆**例 12.1.9**
$$\int_{-\infty}^{\infty} \frac{dx}{t^2 + x^2} = \frac{\pi}{t}, \quad t > 0.$$

証明 (12.3) で $a = -\infty, b = \infty$ の場合である．そこで $c = 0$ とし，

(1) $$\int_{-\infty}^{\infty} \frac{dx}{t^2 + x^2} = \lim_{u\to -\infty}\int_u^0 \frac{dx}{t^2 + x^2} + \lim_{v\to\infty}\int_0^v \frac{dx}{t^2 + x^2}.$$

さらに，

$$\left(\frac{1}{t}\text{Arctan}\frac{x}{t}\right)' = \frac{1}{t^2 + x^2} \quad (\text{例 } 8.6.3), \quad \text{Arctan } y \xrightarrow{y\to\pm\infty} \pm\frac{\pi}{2} \quad (\text{命題 } 6.7.2)$$

より，

$$\int_0^v \frac{dx}{t^2+x^2} = \left[\frac{1}{t}\text{Arctan}\frac{x}{t}\right]_0^v = \frac{1}{t}\text{Arctan}\frac{v}{t} \xrightarrow{v\to\infty} \frac{\pi}{2t},$$
$$\int_u^0 \frac{dx}{t^2+x^2} = \left[\frac{1}{t}\text{Arctan}\frac{x}{t}\right]_u^0 = -\frac{1}{t}\text{Arctan}\frac{u}{t} \xrightarrow{u\to -\infty} \frac{\pi}{2t}.$$

これと (1) より，結論を得る． \(^□^)/

問 12.1.1 以下を示せ：(i) $\int_a^b \frac{dx}{\sqrt{x^2-a^2}} = \text{ch}^{-1}\frac{b}{a}$, $(0 < a < b < \infty)$．(ii) $\int_a^b \frac{dx}{\sqrt{b^2-x^2}} = \frac{\pi}{2} - \text{Arcsin}\frac{a}{b}$, $(|a| < b < \infty)$．(iii) $\int_0^\infty \frac{dx}{x^3+1} = \int_0^\infty \frac{xdx}{x^3+1} = \frac{2\pi}{3\sqrt{3}}$．(iv) $\int_0^\infty \frac{dx}{x^4+1} = \int_0^\infty \frac{x^2 dx}{x^4+1} = \frac{\pi}{2\sqrt{2}}$, $\int_0^\infty \frac{xdx}{x^4+1} = \frac{\pi}{4}$．

問 12.1.2 $s > 0, t \in \mathbb{R}$ に対し，$\int_0^\infty e^{-sx}\cos(tx)\,dx = \frac{s}{s^2+t^2}$, $\int_0^\infty e^{-sx}\sin(tx)\,dx = \frac{t}{s^2+t^2}$ を示せ．

12.1 広義積分とは？

問 12.1.3 $a \in \mathbb{R}$, $f \in \mathscr{R}_{\mathrm{loc}}([a,b))$, かつ広義積分 $\int_a^b f$ が収束するとする. $a < u < v < b$, $u \to b$ なら $\int_u^v f \to 0$ を示せ（実は逆も正しい；系 A.2.4）.

問 12.1.4 $-\infty \le a < b \le \infty$, $f \in \mathscr{R}_{\mathrm{loc}}((a,b))$, $a = a_0 < a_1 < \cdots < a_n \to b$ とする. $\int_a^b f = \sum_{n=0}^{\infty} \int_{a_n}^{a_{n+1}} f$ を示せ.

12.1 節への補足：

補題 12.1.10 (⋆) 定義 12.1.5 において，

(a) (12.3) の極限 $s(f)$ の有無，およびその値は $c \in I$ の選び方に依らない．

(b) $f \in \mathscr{R}_{\mathrm{loc}}((a,b])$ に対し (12.1), (12.3) の極限は一致する（一方が存在すれば他方も存在して等しい）．同様に，$f \in \mathscr{R}_{\mathrm{loc}}((a,b])$ に対し，(12.2), (12.3) の極限は一致する（一方が存在すれば他方も存在して等しい）．

(c) $a, b \in \mathbb{R}$, $f \in \mathscr{R}(I)$ なら，$s(f)$ が存在し，狭義の積分に一致する．

証明 (a): 補題 11.1.2 より，
$$\int_u^c f + \int_c^v f = \int_u^v f.$$
したがって極限をとる前の式が，$c \in (a,b)$ の選び方に無関係である.
(b): $f \in \mathscr{R}_{\mathrm{loc}}([a,b))$ とする. $c, u \in [a,b)$ に対し，
$$F_c(u) = \int_c^u f = -\int_u^c f$$
が定義される．したがって，定理 11.2.4 より，$F_c(u)$ は $u \in [a,b)$ で連続．そこで，例えば (12.3) の $s(f)$ の存在を仮定すると，
$$s(f) = \lim_{\substack{u \to a \\ u > a}} \int_u^c f + \lim_{\substack{v \to b \\ v < b}} \int_c^v f = \int_a^c f + \lim_{\substack{v \to b \\ v < b}} \int_c^v f$$
$$= \lim_{\substack{v \to b \\ v < b}} \left(\int_a^c f + \int_c^v f \right) = \lim_{\substack{v \to b \\ v < b}} \int_a^v f$$
となり，(12.1) の $s(f)$ も存在し両者が等しいことがわかる．逆に (12.1) の $s(f)$ が存在すると仮定すると，上の等式を逆に辿って (12.3) の $s(f)$ が存在

し，両者が等しいことがわかる．$f \in \mathscr{R}_{\mathrm{loc}}((a,b])$ に対する議論も同様である．
(c): $a, b \in \mathbb{R}$, $f \in \mathscr{R}((a,b))$ なら，$c, u \in [a, b]$ に対し $F_c(u)$ が定義され，定理 11.2.4 より $F_c(u)$ は $u \in [a,b]$ で連続．以上より，

$$s(f) = \lim_{\substack{u \to a \\ u > a}} \int_u^c f + \lim_{\substack{v \to b \\ v < b}} \int_c^v f = \int_a^c f + \int_c^b f = \int_a^b f.$$

\(^□^)/

(⋆) **補題 12.1.6 の証明** (a): 仮定より，

(1) $\displaystyle \lim_{\substack{u \to a \\ u > a}} \int_u^c f,\ \lim_{\substack{v \to b \\ v < b}} \int_c^v f$ が存在し，両者の和が $\displaystyle \int_a^b f$．

また $f \in \mathscr{R}_{\mathrm{loc}}((a,b)) \subset \mathscr{R}_{\mathrm{loc}}((a,c]) \cap \mathscr{R}_{\mathrm{loc}}([c,b))$ だから (12.1), (12.2) より，

(2) $\displaystyle \int_a^c f = \lim_{\substack{u \to a \\ u > a}} \int_u^c f,\quad \int_c^b f = \lim_{\substack{v \to b \\ v < b}} \int_c^v f.$

(1), (2) より (a) を得る．
(b): $c \in [u, v] \subset (a, b)$ となる $u, v \in \mathbb{R}$ に対し，

$$\int_u^v f = \int_u^c f + \int_c^v f.$$

上式で $u \longrightarrow a$ とすると (2) より，

(3) $\displaystyle \int_a^v f = \int_a^c f + \int_c^v f.$

以上より，

$$\lim_{\substack{v \to b \\ v < b}} \int_a^v f \stackrel{(3)}{=} \int_a^c f + \lim_{\substack{v \to b \\ v < b}} \int_c^v f \stackrel{(2)}{=} \int_a^c f + \int_c^b f \stackrel{(a)}{=} \int_a^b f.$$

これで第一式が示せた．第二式も同様．
(c): (a) より，

$$\int_v^b f = \int_a^b f - \int_a^v f,\quad \int_a^u f = \int_a^b f - \int_u^b f.$$

上式で $u \longrightarrow a$, $v \longrightarrow b$ とすれば (b) より結論を得る． \(^□^)/

12.2　広義積分の収束判定

本節では，広義積分の基本的性質，特に収束の判定法について述べる．ここで，述べる事柄の多くは級数の性質（5.1–5.2節）と対応しているので，両者の類似性を確認しながら読み進めば，理解がより深まるだろう．本節を通じ区間 $I \subset \mathbb{R}$ は次の通りとする：

$$-\infty \leq a < b \leq \infty, \quad (a,b) \subset I \subset [a,b] \cap \mathbb{R}. \tag{12.5}$$

級数の場合（命題 5.1.4）と同様に，広義積分でも，被積分関数が非負の場合が基本的である：

命題 12.2.1（**非負値関数の広義積分**）　I は (12.5) の通り，$g \in \mathscr{R}_{\mathrm{loc}}(I)$, $g \geq 0$ とするとき，広義積分：

$$\int_a^b g \in [0, \infty]$$

が存在し，次の命題は同値である：

(a) 定数 $M < \infty$ が存在し，任意の有界閉区間 $J \subset I$ に対し $\int_J g \leq M$.

(b) $\int_a^b g < \infty$, つまり $\int_a^b g$ が収束する．

証明　定義 12.1.5 の後に注意したように，$a \in \mathbb{R}$, $I = [a,b)$ と仮定して (12.1) 型極限の場合のみ考えれば十分である．このとき，関数 $G(v) = \int_a^v g$ $(v \in I)$ は↗．ゆえに命題 7.3.4 より次の極限が存在する：

$$\ell \stackrel{\mathrm{def}}{=} \lim_{\substack{v \to b \\ v < b}} G(v) \in [0, \infty].$$

一方，定義 12.1.5 より $\ell = \int_a^b g$. したがって $\int_a^b g \in [0, \infty]$ は常に存在する．また，条件 (a), (b) は共に $\ell < \infty$ と同値である．　　　　\(^□^)/

広義積分も，級数と同様の性質をもつ（命題 5.1.5 参照）：

命題 12.2.2 (**広義積分のいくつかの性質**) I は (12.5) の通り, $f, g \in \mathscr{R}_{\mathrm{loc}}(I)$ に対し次の広義積分の収束を仮定する:
$$A = \int_a^b f, \quad B = \int_a^b g.$$
このとき,

$c_1, c_2 \in \mathbb{C}$ に対し $\int_a^b (c_1 f + c_2 g)$ が収束し $= c_1 A + c_2 B$ (**線形性**), (12.6)

$\int_a^b \overline{f}$ が収束し $= \overline{A}$, (12.7)

$|A| \leq \int_a^b |f|$ (**三角不等式**), (12.8)

f, g が実数値, (a, b) 上 $f \leq g$ なら $A \leq B$ (**単調性**). (12.9)

✔**注** 命題 12.2.1 より (12.8) 右辺の広義積分は存在し, $[0, \infty]$ に値をとる.

証明 定義 12.1.5 の後に注意したように, $a \in \mathbb{R}, f, g \in \mathscr{R}_{\mathrm{loc}}([a, b))$ と仮定して (12.1) 型極限の場合のみ考えれば十分である. $a < v < b$ とする. 命題 10.3.1, 命題 10.3.4 より,

$$\int_a^v (c_1 f + c_2 g) = c_1 \int_a^v f + c_2 \int_a^v g, \quad \int_a^v \overline{f} = \overline{\int_a^v f}, \quad \left|\int_a^v f\right| \leq \int_a^v |f|.$$

また, f, g が実数値, (a, b) 上 $f \leq g$ なら,
$$\int_a^v f \leq \int_a^v g.$$

以上四式で, $v \to b$ の極限をとると, 演算の連続性, 極限が順序を保つこと (命題 4.3.2) から (12.6)–(12.9) を得る. \(^□^)/

系 12.2.3 I は (12.5) の通り, $f \in \mathscr{R}_{\mathrm{loc}}(I)$ に対し,

$$\int_a^b f \text{ が収束} \iff \int_a^b \mathrm{Re}\, f, \int_a^b \mathrm{Im}\, f \text{ が共に収束} \quad (12.10)$$

$$\implies \int_a^b f = \int_a^b \mathrm{Re}\, f + \mathbf{i} \int_a^b \mathrm{Im}\, f. \quad (12.11)$$

証明 (12.10):

(1) $\quad f = \operatorname{Re} f + \mathbf{i}\operatorname{Im} f, \quad \overline{f} = \operatorname{Re} f - \mathbf{i}\operatorname{Im} f.$

(2) $\quad \operatorname{Re} f = \dfrac{f + \overline{f}}{2}, \quad \operatorname{Im} f = \dfrac{f - \overline{f}}{2\mathbf{i}}.$

したがって，

$$\int_a^b f \text{ が収束} \overset{(12.7)}{\iff} \int_a^b f, \int_a^b \overline{f} \text{ が収束}$$
$$\overset{(1)\text{-}(2),\,(12.6)}{\iff} \int_a^b \operatorname{Re} f, \int_a^b \operatorname{Im} f \text{ が収束}.$$

(12.11)：(1) と (12.6) による. \\(^□^)/

広義積分の絶対収束・条件収束を，級数の場合（定義 5.2.1）と同様に定める：

定義 12.2.4（**絶対収束・条件収束**）　I は (12.5) の通り，$f \in \mathscr{R}_{\mathrm{loc}}(I)$ とする．

▶ $\displaystyle\int_a^b |f| < \infty$ なら $\displaystyle\int_a^b f$ は**絶対収束**するという．次に述べる命題 12.2.5 より，絶対収束から収束が従う．

▶ $\displaystyle\int_a^b f$ が収束し，かつ $\displaystyle\int_a^b |f| = \infty$ なら $\displaystyle\int_a^b f$ は**条件収束**するという．

級数の場合，絶対収束すれば収束するが（命題 5.2.2），次の命題で述べるように，広義積分についても同様である：

命題 12.2.5（**絶対収束 ⇒ 収束**）　I は (12.5) の通り，$f, g \in \mathscr{R}_{\mathrm{loc}}(I)$ とする．このとき，

(a) $|f| \le g, \displaystyle\int_a^b g < \infty$ なら $\displaystyle\int_a^b f, \int_a^b |f|$ は共に収束する．

(b) $\displaystyle\int_a^b |f| < \infty$ なら $\displaystyle\int_a^b f$ は収束する．

証明　(a)：定義 12.1.5 の後に注意したように，$a \in \mathbb{R}, f, g \in \mathscr{R}_{\mathrm{loc}}([a,b))$ と仮定して (12.1) 型極限の場合のみ考えれば十分である．

(i) f が実数値の場合：$f^{\pm} = \frac{|f| \pm f}{2} \geq 0$ に対し，

$$\int_a^v f^{\pm} \leq \int_a^v |f| \leq \int_a^v g \leq \int_a^b g < \infty.$$

これと命題 12.2.1 より，

(1) $\int_a^b f^{\pm}$ は共に収束する．

一方，

(2) $f = f^+ - f^-,\quad |f| = f^+ + f^-.$

(1), (2) と命題 12.2.2 より，$\int_a^b f, \int_a^b |f|$ は共に収束する．

(ii) f が複素数値の場合：$\operatorname{Re} f, \operatorname{Im} f, |f|$ は実数値，

$$\left.\begin{array}{l}|\operatorname{Re} f| \\ |\operatorname{Im} f|\end{array}\right\} \leq |f| \leq g.$$

以上と (i) より，

$$\int_a^b \operatorname{Re} f,\quad \int_a^b \operatorname{Im} f,\quad \int_a^b |f|$$

が収束する．よって系 12.2.3 より $\int_a^b f, \int_a^b |f|$ が共に収束する．

(b): (a) の特別な場合 ($g = |f|$) である． \(^□^)/

系 12.2.6 (**比較定理**) $a \in \mathbb{R},\ f, g \in \mathscr{R}_{\mathrm{loc}}([a,b)),\ c \in (a,b)$，さらに $[c, b)$ 上 $|f| \leq g$ とするとき，

(a) $\int_c^b g < \infty$ なら $\int_a^b f, \int_a^b |f|$ は共に収束する．

(b) $\int_c^b |f| = \infty$ なら $\int_a^b g$ は収束しない．

証明 (a): $f, |f|, g$ について $\int_a^b$ の収束と $\int_c^b$ の収束は同値だから命題 12.2.5 に帰着する．

(b): (a) の対偶である． \(^□^)/

◼例 **12.2.7** $0 < p < 2$ に対し,

$$I_1 = \int_0^\infty \frac{\sin x}{x^p}\,dx, \quad I_2 = \int_0^\infty \frac{1-\cos x}{x^{p+1}}\,dx, \quad I_3 = \int_0^\infty \frac{\sin^2 x}{x^{p+1}}\,dx,$$

また, $1 < p < 2$ に対し,

$$I_4 = \int_0^\infty \frac{\cos x}{x^{p-1}}\,dx$$

とする. これらの広義積分は全て収束し, 次の等式が成立する[1]:

$$I_1 = pI_2 = p2^{1-p}I_3 \ (0 < p < 2), \quad I_4 = (p-1)I_1 \ (1 < p < 2). \quad (12.12)$$

$p = 1/2$ に対する I_1 は**フレネル積分**[2]と呼ばれる.

証明 まず I_2 の収束を示すため, 次に注意する:

(1) $\qquad 0 \le 1 - \cos x \le 2 \wedge \frac{x^2}{2}.$

(例えば $1 - \cos x = \int_0^x \sin y\,dy$ とすると見やすい.) (1) より,

$$0 \le \frac{1-\cos x}{x^{p+1}} \le \begin{cases} \frac{1}{2x^{p-1}}, & x \in (0, 1], \\ \frac{2}{x^{p+1}}, & x \in [1, \infty). \end{cases}$$

今, $p - 1 < 1 < p + 1$ と例 12.1.7 より上式右辺の関数はそれぞれの範囲で広義可積分である. したがって $\int_0^\infty = \int_0^1 + \int_1^\infty$ と命題 12.2.5 より I_2 は収束する. 一方 $0 < u < v < \infty$ に対し

$$\int_u^v \frac{\sin x}{x^p}\,dx = \int_u^v \frac{(1-\cos x)'}{x^p}\,dx$$
$$= \left[\frac{1-\cos x}{x^p}\right]_u^v + p\int_u^v \frac{1-\cos x}{x^{p+1}}\,dx.$$

再度 (1) に注意して $u \to 0, v \to \infty$ とすると, 上式右辺は pI_2 に収束する. したがって左辺も収束し $I_1 = pI_2$. I_3, I_4 の収束と, それらに対する (12.12) の証明は問とする (問 12.2.1). \(^□^)/

---
[1] 積分の値については例 16.4.3 ($p = 1$), 例 15.7.10 (任意の $0 < p < 2$) を参照されたい. また, $p \notin (0, 2)$ なら, これらの積分はいずれも収束しない (問 12.2.2).
[2] フレネル (1788–1827) はフランスの物理学者. フレネル積分を用いて光の回折を論じた.

◆**例 12.2.8** 例 12.2.7 の I_1 は $0 < p \le 1$ に対し条件収束する.

証明 例 12.2.7 より, I_1 は $0 < p < 2$ で収束する. そこで, $0 < p \le 1$ に対し $J \stackrel{\text{def}}{=} \int_0^\infty \frac{|\sin x|}{x^p} dx = \infty$ を言えばよい[3]. 次に注意する:任意の $k \in \mathbb{Z}$ に対し,

(1) $$\int_{(k-1)\pi}^{k\pi} |\sin| = \int_0^\pi |\sin| = \int_0^\pi \sin = [-\cos]_0^\pi = 2.$$

そこで,

$$J \ge \int_0^{n\pi} \frac{|\sin x|}{x^p} dx = \sum_{k=1}^n \int_{(k-1)\pi}^{k\pi} \frac{|\sin x|}{x^p} dx$$

$$\ge \frac{1}{\pi^p} \sum_{k=1}^n \frac{1}{k^p} \int_{(k-1)\pi}^{k\pi} |\sin| \stackrel{(1)}{=} \frac{2}{\pi^p} \sum_{k=1}^n \frac{1}{k^p}.$$

上式右辺は $n \to \infty$ で発散する (例 6.2.4). ゆえに $J = \infty$. \(^□^)/

◆**例 12.2.9（広義積分と級数の比較）** $f : [0, \infty) \longrightarrow [0, \infty)$ が ↘ なら,

$$\sum_{n=1}^\infty f(n) \le \int_0^\infty f \le \sum_{n=0}^\infty f(n).$$

したがって,

$$\sum_{n=0}^\infty f(n) < \infty \iff \int_0^\infty f \text{ が収束}.$$

証明 f は ↘ なので, 任意の有界区間上可積分である (命題 10.1.6). 今,

$$f_0, f_1 : [0, \infty) \longrightarrow [0, \infty)$$

を次のように定める: $x \in [n, n+1), n = 0, 1, \ldots$ に対し,

$$f_0(x) = f(n), \quad f_1(x) = f(n+1).$$

---

[3] 問 12.2.3 はこの一般化である.

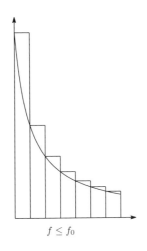
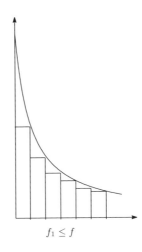

$f \le f_0$　　　　　　　　$f_1 \le f$

このとき，

(1) $\displaystyle\int_0^\infty f_0 = \sum_{n=0}^\infty f(n), \quad \int_1^\infty f_1 = \sum_{n=1}^\infty f(n).$

一方，

(2) $\begin{cases} \text{全ての } x \ge 0 \text{ で } f_1(x) \le f(x) \le f_0(x), \\ \text{したがって } \displaystyle\int_0^\infty f_1 \le \int_0^\infty f \le \int_0^\infty f_0. \end{cases}$

(1), (2) より結論を得る． \(^□^)/

✔**注**　例 12.1.7，例 12.2.9 から「$\sum_{n=1}^\infty \frac{1}{n^p} < \infty \iff p > 1$」（例 6.2.4）の別証明を得る．

次に述べるフーリエ変換は，フーリエ級数（例 6.4.5）の足し算 $\sum_{n=-\infty}^\infty$ を積分 $\int_{-\infty}^\infty$ におきかえたものと考えられる：

◆**例 12.2.10** (⋆)（**フーリエ変換とその微分**）　$f \in \mathscr{R}_{\mathrm{loc}}(\mathbb{R})$ とする．任意の $\theta \in \mathbb{R}$ に対し次の広義積分が収束するとき，これを f のフーリエ変換と呼ぶ[4]：

$$\widehat{f}(\theta) \stackrel{\mathrm{def}}{=} \int_{-\infty}^\infty f(x)\exp(\mathrm{i}\theta x)dx. \tag{12.13}$$

---
[4] 具体例は例 12.3.6，例 15.7.11 を参照されたい．

特に, $\int_{-\infty}^{\infty} |f| < \infty$ なら任意の $\theta \in \mathbb{R}$ に対し $\widehat{f}(\theta)$ は絶対収束し, $\widehat{f} \in C(\mathbb{R})$.
さらに, $\int_{-\infty}^{\infty} (1+|x|)|f(x)|dx < \infty$ を仮定すると, $\widehat{f} \in C^1(\mathbb{R})$ かつ,

$$\widehat{f}'(\theta) = \mathbf{i} \int_{-\infty}^{\infty} x f(x) \exp(\mathbf{i}\theta x) dx, \quad \theta \in \mathbb{R}. \tag{12.14}$$

証明 $|f(x)\exp(\mathbf{i}\theta x)| = |f(x)|$ と $\int_{-\infty}^{\infty} |f| < \infty$ より広義積分 (12.13) は絶対収束する. $\widehat{f} \in C(\mathbb{R})$ を言うために次を示す:

(1) $\qquad \widehat{f}(\theta + h) \xrightarrow{h \to 0} \widehat{f}(\theta).$

今,

(2) $\begin{cases} \left|\widehat{f}(\theta+h) - \widehat{f}(\theta)\right| & = \left|\int_{-\infty}^{\infty} f(x) \exp(\mathbf{i}\theta x)(\exp(\mathbf{i}hx) - 1)\, dx\right| \\ & \leq \int_{-\infty}^{\infty} |f(x)||\exp(\mathbf{i}hx) - 1|\, dx. \end{cases}$

一方, 例 11.2.3 より,

(3) $\qquad |\exp(\mathbf{i}hx) - 1| \leq 2 \wedge |hx|.$

(2) 右辺の積分を $\int_{-\infty}^{\infty} = \int_{-M}^{M} + \int_{M}^{\infty} + \int_{-\infty}^{-M}$ と分解する (M は後で決める). このうち, $\int_{M}^{\infty} + \int_{-\infty}^{-M}$ の部分には (3) 右辺の上界 "2" を用い,

(4) $\qquad \int_{M}^{\infty} + \int_{-\infty}^{-M} \leq 2 \left(\int_{M}^{\infty} + \int_{-\infty}^{-M}\right) |f(x)|dx.$

一方, $\int_{-M}^{M}$ の部分には (3) 右辺の $|h||x|$ を用い,

(5) $\qquad \int_{-M}^{M} \leq |h| \int_{-M}^{M} |x||f(x)|dx \leq |h|M \int_{-\infty}^{\infty} |f(x)|dx.$

$\varepsilon > 0$ を任意とする. このとき, 仮定から M を, (4) の右辺 $< \varepsilon/2$ となるようにとれる. この M に対し, $\delta > 0$ を, $\delta M \int_{-\infty}^{\infty} |f(x)|dx < \varepsilon/2$ なるようにとる. このとき, $0 < |h| < \delta$ なら, (5) の右辺 $< \varepsilon/2$, したがって,

$$(2) \text{ の右辺} < \varepsilon/2 + \varepsilon/2 = \varepsilon.$$

以上より (1) を得る.

同様に, $\int_{-\infty}^{\infty} (1+|x|)|f(x)|dx < \infty$ を仮定すると, (12.14) 右辺の広義積分も絶対収束し, θ について連続である. このとき, (12.14) 右辺を $g(\theta)$ とし, 次を示せば (12.14) を得る:

12.2 広義積分の収束判定

(6) $\quad \dfrac{\widehat{f}(\theta+h)-\widehat{f}(\theta)}{h} \xrightarrow{h\to 0} g(\theta).$

今,

(7) $\quad \begin{cases} \left|\dfrac{\widehat{f}(\theta+h)-\widehat{f}(\theta)}{h} - g(\theta)\right| \\ = \left|\displaystyle\int_{-\infty}^{\infty} f(x)\exp(\mathbf{i}\theta x)\left(\dfrac{\exp(\mathbf{i}hx)-1}{h} - \mathbf{i}x\right)dx\right| \\ \leq \displaystyle\int_{-\infty}^{\infty}|f(x)|\left|\dfrac{\exp(\mathbf{i}hx)-1}{h} - \mathbf{i}x\right|dx. \end{cases}$

一方, 系 11.4.2, 問 11.4.5 ($n=2$) を関数 : $x \mapsto \exp(\mathbf{i}x)$ に適用し,

$$|\exp(\mathbf{i}hx) - 1 - \mathbf{i}hx| \leq |hx|^2 \wedge 2|hx|,$$

したがって,

(8) $\quad \left|\dfrac{\exp(\mathbf{i}hx)-1}{h} - \mathbf{i}x\right| \leq |h||x|^2 \wedge 2|x|.$

(7) 右辺の積分を $\int_{-\infty}^{\infty} = \int_{-M}^{M} + \int_{M}^{\infty} + \int_{-\infty}^{-M}$ と分解する (M は後で決める). $\int_{M}^{\infty} + \int_{-\infty}^{-M}$ の部分には (8) 右辺の $2|x|$ を用い,

(9) $\quad \displaystyle\int_{M}^{\infty} + \int_{-\infty}^{-M} \leq 2\left(\int_{M}^{\infty} + \int_{-\infty}^{-M}\right)|x||f(x)|dx.$

一方, $\int_{-M}^{M}$ の部分には (8) 右辺の $|h||x|^2$ を用い,

(10) $\quad \displaystyle\int_{-M}^{M} \leq |h|\int_{-M}^{M}|x|^2|f(x)|dx \leq |h|M\int_{-\infty}^{\infty}|x||f(x)|dx.$

$\varepsilon > 0$ を任意とする. このとき, 仮定から M を, (9) の右辺 $< \varepsilon/2$ となるようにとれる. この M に対し $\delta > 0$ を, $\delta M \int_{-\infty}^{\infty}|x||f(x)|dx < \varepsilon/2$ なるようにとる. このとき, $|h| < \delta$ なら, (10) の右辺 $< \varepsilon/2$, したがって,

$$(7) \text{ の右辺} < \varepsilon/2 + \varepsilon/2 = \varepsilon.$$

以上より (6) を得る. \(^□^)/

問 12.2.1 例 12.2.7 で, I_3, I_4 の収束と, それらに対する等式 (12.12) を示せ.

問 12.2.2 例 12.2.7 で, $p \notin (0,2)$ なら I_j ($j=1,\ldots,4$) はいずれも収束しないことを示せ.

問 12.2.3 $f : [0, \infty) \to [0, \infty)$ は $\searrow$, $f(0) < \infty$, $I = \int_0^\infty f$, $J = \int_0^\infty f|\sin|$ とする.「$I < \infty \iff J < \infty$」を示せ.

問 12.2.4 $x > 0$ に対し以下を示せ：(i) 級数 $S(x) = \sum_{n=1}^\infty \frac{x}{1+n^2x^2}$ は収束する. (ii) $\frac{\pi}{2} - \text{Arctan}\, x \leq S(x) \leq \frac{x}{1+x^2} + \frac{\pi}{2} - \text{Arctan}\, x$.

12.3 置換積分と部分積分

命題 12.3.1 (広義積分に対する置換積分) $I = (a, b) \subset \mathbb{R}$, $J = (\alpha, \beta) \subset \mathbb{R}$, $f \in C(I)$, $g : J \to I$ とし，以下を仮定する：

(a) $g \in D(J)$ かつ $(f \circ g)g' \in \mathscr{R}_{\text{loc}}(J)$.

(b) 次の極限が共に存在する（$\pm \infty$ も許す）：

$$g(\alpha+) \stackrel{\text{def}}{=} \lim_{\substack{u \to \alpha \\ u > \alpha}} g(u), \quad g(\beta-) \stackrel{\text{def}}{=} \lim_{\substack{v \to \beta \\ v < \beta}} g(v).$$

このとき，次の広義積分の一方が収束すれば，他方も収束し，両者は等しい：

$$\int_{g(\alpha+)}^{g(\beta-)} f, \quad \int_\alpha^\beta (f \circ g)g'.$$

証明 $[u, v] \subset J$ とする．このとき，

(1) $g \in D([u, v])$, $(f \circ g)g' \in \mathscr{R}([u, v])$.

また，中間値定理（定理 3.4.5），最大値・最小値存在定理（定理 7.1.1）より，$I_{u,v} \stackrel{\text{def}}{=} g([u, v])$ は有界な閉区間である．したがって，再び最大値・最小値存在定理より f は $I_{u,v}$ 上有界である．特に，

(2) $f \in \mathscr{R}(I_{u,v})$.

(1), (2) と，狭義の積分に対する置換積分（系 11.3.2）より，

$$\int_{g(u)}^{g(v)} f = \int_u^v (f \circ g)g'.$$

上式で $u \longrightarrow \alpha$, $v \longrightarrow \beta$ として結論を得る． \\(^□^)/

◆**例 12.3.2（線形変換）** $f \in C(\mathbb{R})$, $c_1, c_2 \in \mathbb{R}$, $c_1 \neq 0$ に対し，次の広義積分の一方が収束すれば，他方も収束し，両者は等しい：

$$c_1 \int_{-\infty}^{\infty} f(c_1 x + c_2)\, dx, \quad \int_{-\infty}^{\infty} f.$$

証明 命題 12.3.1 で $J = \mathbb{R}$, $g(x) = c_1 x + c_2$ としたもの． \\(^□^)/

◆**例 12.3.3**

$$\ell_n = \int_0^1 (1-x^2)^{n/2} dx, \quad r_n = \int_0^{\infty} \frac{dx}{(1+x^2)^{n/2}}$$

に対し，

$$\sqrt{n}\,\ell_n \longrightarrow \sqrt{\pi/2}, \quad \sqrt{n}\,r_n \longrightarrow \sqrt{\pi/2}.$$

証明 $a_n = \int_0^{\pi/2} \sin^n$ とする．$x = \cos\theta$ に対し，$1-x^2 = \sin^2\theta$, $\frac{dx}{d\theta} = -\sin\theta$. よって，

(1) $\ell_n = \int_0^1 (1-x^2)^{n/2} dx \overset{x=\cos\theta}{=} \int_0^{\pi/2} \sin^{n+1}\theta\, d\theta = a_{n+1}$.

一方，$x = 1/\tan\theta$ に対し，$\frac{1}{1+x^2} = \sin^2\theta$, $\frac{dx}{d\theta} = -\frac{1}{\sin^2\theta}$. よって，

(2) $r_n = \int_0^{\infty} \frac{dx}{(1+x^2)^{n/2}} \overset{x=1/\tan\theta}{=} \int_0^{\pi/2} \sin^{n-2}\theta\, d\theta = a_{n-2}$.

さらに $n \to \infty$ のとき，$\sqrt{n}\,a_n \to \sqrt{\pi/2}$（例 11.3.5）．これと (1), (2) より結論を得る． \\(^□^)/

◆**例 12.3.4**

$$\int_{-\infty}^{\infty} \exp(-cx^2)\, dx = \sqrt{\frac{\pi}{c}}, \quad c > 0. \tag{12.15}$$

証明[5]

(1) $m_c \overset{\text{def}}{=} \int_{-\infty}^{\infty} e^{-cx^2} dx \overset{x=y/\sqrt{c}}{=} m_1/\sqrt{c}$.

---

[5]別証明は例 12.5.6，例 15.5.5，問 16.4.2 を参照されたい．

したがって，$m_1 = \sqrt{\pi}$ を示せばよい．$y \geq 0$ に対し，
$$1 - y \leq e^{-y}, \quad 1 + y \leq e^y.$$
ゆえに，

(2) $1 - x^2 \leq e^{-x^2} \leq \dfrac{1}{1 + x^2}.$

そこで例 12.3.3 の ℓ_n, r_n について，

(3) $\begin{cases} 2\ell_{2n} = \displaystyle\int_{-1}^{1} (1 - x^2)^n dx \overset{(2)}{\leq} \int_{-1}^{1} e^{-nx^2} dx \\ \quad \leq \displaystyle\int_{-\infty}^{\infty} e^{-nx^2} dx \overset{(2)}{\leq} \int_{-\infty}^{\infty} \frac{dx}{(1+x^2)^n} = 2r_{2n}. \end{cases}$

(3) を $\sqrt{n}$ 倍すると，(1) より，
$$2\sqrt{n}\,\ell_{2n} \leq m_1 \leq 2\sqrt{n}\,r_{2n}.$$

$n \to \infty$ とすれば，例 12.3.3 より上式両辺は $\sqrt{\pi}$ に収束する．したがって $m_1 = \sqrt{\pi}$. \\(^□^)/

✔**注** (12.15) はラプラスが最初に示した．

◧**例 12.3.5** $t > 0$ に対し，
$$\int_0^{\infty} \exp\left(-\left(x - \tfrac{t}{x}\right)^2\right) dx = t \int_0^{\infty} \exp\left(-\left(y - \tfrac{t}{y}\right)^2\right) \frac{dy}{y^2} = \frac{\sqrt{\pi}}{2}.$$

証明 左辺を I，中辺を J とすると，$I \overset{x=t/y}{=} J$. さらに，
$$\begin{aligned} 2I &= I + J = \int_0^{\infty} \exp\left(-\left(x - \tfrac{t}{x}\right)^2\right)\left(1 + \tfrac{t}{x^2}\right) dx \\ &\overset{z=x-\frac{t}{x}}{=} \int_{-\infty}^{\infty} \exp(-z^2) dz \overset{例\,12.3.4}{=} \sqrt{\pi}. \end{aligned}$$

\\(^□^)/

◧**例 12.3.6** $(\star)$
$$\int_{-\infty}^{\infty} \exp(-cx^2 + \mathbf{i}\theta x) \, dx = \sqrt{\frac{\pi}{c}} \exp\left(-\frac{\theta^2}{4c}\right), \quad (\theta \in \mathbb{R}, c > 0).$$

証明 求める積分は $f(x) = \exp(-cx^2)$ のフーリエ変換（例 12.2.10）である：

$$\widehat{f}(\theta) \stackrel{\text{def}}{=} \int_{-\infty}^{\infty} \exp(\mathbf{i}\theta x) f(x) \, dx.$$

$\int_{-\infty}^{\infty}(1+|x|)f(x)dx < \infty$ と例 12.2.10 より，$\widehat{f} \in C^1(\mathbb{R})$ かつ，

$$\widehat{f}'(\theta) \stackrel{(12.14)}{=} -\mathbf{i} \int_{-\infty}^{\infty} x \exp(\mathbf{i}\theta x) f(x) \, dx$$

$$\stackrel{\text{部分積分}}{=} \frac{\mathbf{i}}{2c} \underbrace{[\exp(\mathbf{i}\theta x) f(x)]_{-\infty}^{\infty}}_{=0} - \frac{\theta}{2c} \int_{-\infty}^{\infty} \exp(\mathbf{i}\theta x) f(x) \, dx = -\frac{\theta}{2c} \widehat{f}(\theta).$$

また，$\widehat{f}(0) = \sqrt{\pi/c}$（例 12.3.4）．よって問 11.2.1 より $\widehat{f}(\theta) = \sqrt{\pi/c} \exp(-\frac{\theta^2}{4c})$．
\\(^□^)/

◆**例 12.3.7** (★)（算術幾何平均の積分表現）　$a, b > 0$ とするとき．

(a) $I(a,b) \stackrel{\text{def}}{=} \int_0^{\infty} \frac{dx}{\sqrt{(x^2+a^2)(x^2+b^2)}} = I(\sqrt{ab}, \frac{a+b}{2})$.

(b) 特に $0 < a < b$ に対し，それらの算術幾何平均（例 3.5.4）を $m(a,b)$ とするとき，$m(a,b) = \frac{\pi}{2I(a,b)}$．

証明　(a): $y > 0$ に対し $x = \frac{1}{2}(y - \frac{ab}{y})$ とすると，$y \mapsto x : (0,\infty) \to \mathbb{R}$ は狭義 ↗ かつ $y \to 0, y \to \infty$ のときそれぞれ $x \to -\infty, x \to \infty$．また単純計算で，以下がわかる：

(1)　$x^2 + ab = \frac{1}{4y^2}(y^2 + ab)^2$,

(2)　$x^2 + \frac{(a+b)^2}{4} = \frac{1}{4y^2}(y^2+a^2)(y^2+b^2)$,

(3)　$\frac{dx}{dy} = \frac{y^2 + ab}{2y^2}$.

以上から，

$$I(\sqrt{ab}, \tfrac{a+b}{2}) = \frac{1}{2} \int_{-\infty}^{\infty} \frac{dx}{\sqrt{(x^2+ab)(x^2+\frac{(a+b)^2}{4})}}$$

$$= \frac{1}{2}\int_0^\infty \frac{2y}{y^2+ab}\frac{2y}{\sqrt{(y^2+a^2)(y^2+b^2)}}\frac{y^2+ab}{2y^2}dy$$
$$= \int_0^\infty \frac{dy}{\sqrt{(y^2+a^2)(y^2+b^2)}} = I(a,b).$$

(b): 次に注意する：

(4) $I(c,c) = \int_0^\infty \frac{dx}{c^2+x^2} \stackrel{例 12.1.9}{=} \frac{\pi}{2c}.\quad c>0.$

今，

$$a_0 = a,\ b_0 = b,\ a_{n+1} = \sqrt{a_n b_n},\ b_{n+1} = \frac{a_n+b_n}{2}\ (n\in\mathbb{N}).$$

とする．このとき，$a_n \le b_n$, $I(a_n,b_n) \stackrel{(a)}{=} I(a,b)$ $(n=1,2,\ldots)$．また，例 3.5.4 より a_n, b_n は共に $m(a,b)$ に収束する．よって，

$$I(a,b) = I(a_n,b_n) \left\{\begin{array}{l} \stackrel{a_n\le b_n}{\ge} I(b_n,b_n) \stackrel{(4)}{=} \frac{\pi}{2b_n} \\ \stackrel{b_n\ge a_n}{\le} I(a_n,a_n) \stackrel{(4)}{=} \frac{\pi}{2a_n} \end{array}\right\} \stackrel{n\to\infty}{\longrightarrow} \frac{\pi}{2m(a,b)}.$$

以上より結論を得る． \\(^□^)/

命題 12.3.8（**広義積分に対する部分積分**）　$I=(a,b)\subset\mathbb{R}$ とし，以下を仮定する：

(a)　$f,g\in D(I)$, $f'g, fg' \in \mathscr{R}_{\mathrm{loc}}(I)$.

(b)　$f(x)g(x)$ の $x\longrightarrow a$, $x\longrightarrow b$ での極限は共に存在して有限．

このとき，広義積分：

$$\int_a^b f'g,\quad \int_a^b fg'$$

の一方が収束すれば，他方も収束し，

$$\int_a^b f'g = [fg]_a^b - \int_a^b fg',$$

ただし，$[fg]_a^b \stackrel{\mathrm{def}}{=} \lim_{v\to b}f(v)g(v) - \lim_{u\to a}f(u)g(u)$.

証明 $[u,v] \subset I$ とする．このとき，
$$f, g \in D([u,v]), \quad f'g, fg' \in \mathscr{R}((u,v)).$$
したがって，狭義の積分に対する部分積分（命題 11.3.4）より，
$$\int_u^v f'g = [fg]_u^v - \int_u^v fg'.$$
$u \longrightarrow a, v \longrightarrow b$ として結論を得る． \(^□^)/

問 12.3.1 以下の広義積分 I, J の一方が収束すれば他方も収束し，両者は等しいことを示せ：

(i) $f \in C((0,\infty)), c \in (0,\infty)$ に対し，$I = \int_0^\infty f(cx)\,\dfrac{dx}{x}$, $J = \int_0^\infty f(x)\,\dfrac{dx}{x}$.

(ii) $f \in C((0,\infty))$ に対し，$I = \int_0^\infty \dfrac{f(x)}{x^2+1}\,dx$, $J = \int_0^\infty \dfrac{f(1/x)}{x^2+1}\,dx$.

(iii) $f \in C((0,\infty))$ に対し，$I = \int_1^\infty \dfrac{f(\mathrm{ch}^{-1}x)}{\sqrt{x^2-1}}\,dx$, $J = \int_0^\infty f$.

(vi) $f \in C((0,\pi/2))$ に対し，$I = \int_0^1 \dfrac{f(\mathrm{Arcsin}\,x)}{\sqrt{1-x^2}}\,dx$, $J = \int_0^{\pi/2} f$.

問 12.3.2 問 12.3.1 を利用し，以下の積分を求めよ：(i) $I = \int_0^\infty \dfrac{(\log x)^{2n+1}}{x^2+1}\,dx$ $(n \in \mathbb{N})$. (ii) $I = \int_1^\infty \dfrac{dx}{x\sqrt{x^2-1}}$. (iii) $I = p\int_0^1 \dfrac{(\mathrm{Arcsin}\,x)^{p-1}}{\sqrt{1-x^2}}\,dx$ $(p > 0)$.

問 12.3.3 第一種チェビシェフ関数：$T_a(x) = \cos(a\,\mathrm{Arccos}\,x)$ $(x \in [-1,1], a \in \mathbb{C})$ に対し次を示せ：
$$2\int_{-1}^1 \frac{T_a(x)T_b(x)}{\sqrt{1-x^2}}\,dx = \frac{\sin(a+b)\pi}{a+b} + \frac{\sin(a-b)\pi}{a-b},$$
ただし $\dfrac{\sin 0\pi}{0} = \pi$ とする．特に $a, b \in \mathbb{Z}, a \neq b$ なら上の積分 $= 0$.

問 12.3.4 関数 $\ell_n : [e_n, \infty) \to [1, \infty)$ $(n \geq 0)$ を $e_0 = 1$, $\ell_0(x) = x$, $e_n = \exp(e_{n-1})$, $\ell_n(x) = \log \ell_{n-1}(x)$ $(n \geq 1)$ で定める．次を示せ：
$$\int_{e_n}^\infty \frac{dx}{\ell_0(x)\cdots\ell_{n-1}(x)\ell_n(x)^{1+\varepsilon}} = \begin{cases} \frac{1}{\varepsilon} < \infty & \text{if } \varepsilon > 0, \\ \infty & \text{if } \varepsilon = 0. \end{cases}$$

[ヒント：$x = e^y$ と変数変換する．]

問 12.3.5 次を示せ：$\displaystyle\sum_{n=2}^{\infty} \frac{1}{n(\log n)^{1+\varepsilon}} \begin{cases} < \infty & \text{if } \varepsilon > 0, \\ = \infty & \text{if } \varepsilon = 0. \end{cases}$

問 12.3.6 広義積分 $\int_1^\infty x^r \sin(x^q)\,dx$ が収束するための $q > 0$, $r \geq 0$ に関する必要十分条件を求めよ．

問 12.3.7（正規分布） $m \in \mathbb{R}$, $v > 0$,

$$g(x) = \frac{1}{\sqrt{2\pi v}} \exp\left(\frac{-(x-m)^2}{2v}\right) \tag{12.16}$$

とする（g のグラフは下図の通り）．

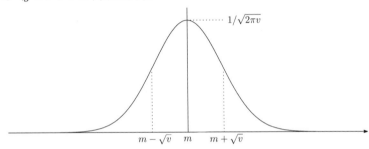

次を示せ：

$$\int_{-\infty}^{\infty} g = 1. \tag{12.17}$$

(12.17) より g は $\mathbb{R}$ 上の確率分布の密度である．この確率分布は**正規分布**と呼ばれ，確率論において基本的地位を占める．また統計学において数多く集めたデータ（特に身長，試験の点数，観測誤差）の記述にも用いられる[6]．正規分布は確率論，統計学だけでなく物理学等でも頻繁に登場する．m は分布の平均，v はばらつきの大きさを表す．

問 12.3.8 $x > 0$, $n = 0, 1, 2, \ldots$ とする．以下を示せ：
(i) $I_n(x) \stackrel{\text{def}}{=} \int_x^\infty y^{-2n} e^{-y^2/2} dy = x^{-2n-1} e^{-x^2/2} - (2n+1) I_{n+1}(x)$.
(ii) $(x^{-1} - x^{-3}) e^{-x^2/2} \leq I_0(x) \leq x^{-1} e^{-x^2/2}$.

問 12.3.9 記号は例 12.3.7 の通りとし，次を示せ：
$I(a, b) = \int_0^{\pi/2} \frac{d\theta}{\sqrt{a^2 \cos^2\theta + b^2 \sin^2\theta}}$.

---

[6] 例えば，知能指数の分布は $m = 100$, $\sqrt{v} = 15$ の正規分布である．

12.4 ガンマ関数・ベータ関数 I

以下で述べるガンマ関数・ベータ関数は数学の様々な分野,さらには物理学・工学をはじめとする応用科学でも色々な形で登場する重要な関数である.

命題 12.4.1 $t > 0$ に対し次の広義積分が収束する:

$$\Gamma(t) = \int_0^\infty x^{t-1} e^{-x}\, dx. \tag{12.18}$$

関数:$t \mapsto \Gamma(t)$ $((0,\infty) \to (0,\infty))$ を**ガンマ関数**と呼ぶ.また,$t > 0, n \in \mathbb{N}$ に対し以下が成立する:

$$\Gamma(t+1) = t\,\Gamma(t), \tag{12.19}$$

$$\Gamma(t+n) = (t+n-1)(t+n-2)\cdots(t+1)t\,\Gamma(t), \tag{12.20}$$

$$\Gamma(1+n) = n!, \tag{12.21}$$

$$\Gamma(\tfrac{1}{2}) = \sqrt{\pi}. \tag{12.22}$$

証明 (12.18) の収束:$f(x) = x^{t-1}e^{-x}$ $(x > 0)$ とする.$n \in \mathbb{N}$ に対し $e^{-x} \le n!x^{-n}$ だから,

(1) $\qquad 0 \le f(x) \le n! x^{t-1-n}.$

(1) で $n=0$ とすれば $t-1 > -1$ と例 12.1.7 より $\int_0^1 f < \infty$.また,(1) で $n > t$ とすれば,$t-1-n < -1$ と例 12.1.7 より $\int_1^\infty f < \infty$.以上より $\int_0^\infty f < \infty$.

(12.19):$\Gamma(t+1) = \displaystyle\int_0^\infty x^t e^{-x}\,dx = \underbrace{[-x^t e^{-x}]_0^\infty}_{=0} + t\underbrace{\int_0^\infty x^{t-1}e^{-x}\,dx}_{=\Gamma(t)}.$

(12.20):(12.19) を繰り返し適用する.

(12.21):$\Gamma(1) = \displaystyle\int_0^\infty e^{-x}\,dx = 1$.これと,(12.20) を併せればよい.

(12.22):$\sqrt{\pi} \stackrel{\text{例 12.3.4}}{=} 2\displaystyle\int_0^\infty e^{-y^2}\,dy \stackrel{y=\sqrt{x}}{=} \Gamma(\tfrac{1}{2})$. \(^□^)/

ガンマ関数は,積分変数の変換を通じ色々な姿に変装する.そのいくつかを紹介する:

◆例 12.4.2 $c, t \in (0, \infty)$ に対し,

$$\Gamma(t) = c^t \int_0^\infty y^{t-1} e^{-cy} \, dy \tag{12.23}$$

$$= c^t \int_0^1 \left(\log \frac{1}{z}\right)^{t-1} z^{c-1} \, dz \tag{12.24}$$

$$= 2c^t \int_0^\infty r^{2t-1} e^{-cr^2} \, dr. \tag{12.25}$$

証明 (12.18) 右辺の積分を $x = cy$ と置換して (12.23) を得る．(12.23) の積分を $e^{-y} = z$ と置換して (12.24) を得る．(12.23) の積分を $r = \sqrt{y}$ と置換して (12.25) を得る． \(^□^)/

命題 12.4.3 $s, t > 0$ に対し，次の広義積分の収束と等号が成立する：

$$\int_0^1 x^{s-1}(1-x)^{t-1} \, dx = 2 \int_0^{\pi/2} \cos^{2s-1}\theta \sin^{2t-1}\theta \, d\theta. \tag{12.26}$$

これらの積分を $B(s,t)$ と記し，**ベータ関数**と呼ぶ．$B(s,t)$ は以下の性質をもつ：

$$B(s,t) = B(t,s), \tag{12.27}$$

$$B(1,s) = B(s,1) = 1/s, \tag{12.28}$$

$$B(\tfrac{1}{2}, \tfrac{1}{2}) = \pi. \tag{12.29}$$

証明 (12.26) 左辺の収束を言うため $f(x) = x^{s-1}(1-x)^{t-1}$, $M_s = 1 \vee (1/2)^{s-1}$ とおく．

$$x \in (0, 1/2] \text{ なら } f(x) \leq M_t x^{s-1},$$
$$x \in [1/2, 1) \text{ なら } f(x) \leq M_s (1-x)^{t-1}.$$

これらと例 12.1.7 より $\int_0^{1/2} f$, $\int_{1/2}^1 f$ が収束．したがって $\int_0^1 f$ が収束する．等号は $x = \cos^2\theta$ と変換して得られる．また，
(12.26): $x = \cos^2\theta$ に対し，$\frac{dx}{d\theta} = -2\cos\theta \sin\theta$. ゆえに (12.26) を得る．
(12.27): 積分変数を $y = 1 - x$ に変換して得られる．

(12.28): $B(1,s) \stackrel{(12.27)}{=} B(s,1) = \int_0^1 x^s dx = 1/s$.

(12.29): (12.26) 右辺で $s = t = 1/2$ とすれば明らか. \(^□^)/

ベータ関数を使って表される積分の例を一つ挙げる：

◆例 12.4.4 $r, s > 0, 0 < t < rs$ とするとき,
$$\int_0^\infty \frac{x^{t-1} dx}{(1+x^r)^s} = \int_0^\infty \frac{x^{rs-t-1} dx}{(1+x^r)^s} = \frac{1}{r} B(s - \tfrac{t}{r}, \tfrac{t}{r}). \qquad (12.30)$$

証明 $y = \frac{1}{1+x^r}$ と変数変換すると,
$$x = \left(\frac{1-y}{y}\right)^{1/r}, \quad dx = -\frac{1}{r}\left(\frac{1-y}{y}\right)^{\frac{1}{r}-1} \frac{dy}{y^2}.$$

したがって示すべき等式左辺は,
$$\frac{1}{r} \int_0^1 \left(\frac{1-y}{y}\right)^{\frac{t-1}{r}} y^s \left(\frac{1-y}{y}\right)^{\frac{1}{r}-1} \frac{dy}{y^2}.$$

これを整理すると右辺になる. よって, 左辺 = 右辺. 中辺 = 右辺も同様.

\(^□^)/

問 12.4.1 $s, t, u > 0$ とする. 以下を示せ：(i) $B(s,t) = \int_0^\infty \frac{y^{t-1} dy}{(1+y)^{s+t}}$.
(ii) $\int_0^1 x^{s-1}(1-x^t)^{t-1} dx = \frac{1}{t} B(\tfrac{s}{t}, t)$. (iii) $B(s,s) = 2^{1-2s} B(s, \tfrac{1}{2})$.

問 12.4.2   以下を示せ：(i) $B(1/3, 2/3) = \frac{2\pi}{\sqrt{3}}$. (ii) $B(1/4, 3/4) = \sqrt{2}\pi$.

問 12.4.3 $s, t > 0$ に対し以下を示せ：
$$B(s+1, t) = \frac{s}{t} B(s, t+1), \quad B(s, t+1) = \frac{t}{s} B(s+1, t), \qquad (12.31)$$
$$B(s+1, t) = \frac{s}{s+t} B(s, t), \quad B(s, t+1) = \frac{t}{s+t} B(s, t). \qquad (12.32)$$

さらに $k, \ell \in \mathbb{N}$ に対し,
$$B(k+s, \ell+t) = \frac{(k-1+s)_k (\ell-1+t)_\ell}{(k+\ell-1+s+t)_{k+\ell}} B(s, t), \qquad (12.33)$$

ただし, ここで次の記号を用いた：一般に, 数列 a_n と $0 \le k \le n$ に対し,
$$(a_n)_k = \underbrace{a_n a_{n-1} \cdots a_{n-k+1}}_{k\text{ 個}}. \qquad (12.34)$$

特に,
$$B(k+1, \ell+1) = \int_0^1 x^k(1-x)^\ell \, dx = \frac{k!\ell!}{(k+\ell+1)!}. \tag{12.35}$$

問 12.4.4 $-\infty < a < b < \infty, s, t > 0$ に対し次を示せ：
$$\int_a^b (x-a)^{s-1}(b-x)^{t-1} dx = (b-a)^{s+t-1} B(s,t).$$

これと (12.35) より,
$$\int_a^b (x-a)^m (b-x)^n dx = \frac{(b-a)^{m+n+1} m! n!}{(m+n+1)!}, \quad m, n \in \mathbb{N}.$$

また, (12.29) より,
$$\int_a^b \frac{dx}{\sqrt{x-a}\sqrt{b-x}} = \pi.$$

問 12.4.5 $m, n \in \mathbb{N}$ に対し次を示せ：
$$\Gamma\left(\frac{n+1}{2}\right) = \begin{cases} \frac{(n-1)!!\sqrt{\pi}}{2^{n/2}}, & n \in 2\mathbb{N}, \\ \frac{(n-1)!!}{2^{(n-1)/2}}, & n \notin 2\mathbb{N}. \end{cases}$$
$$B\left(\frac{m+1}{2}, \frac{n+1}{2}\right) = 2\int_0^{\pi/2} \cos^m \theta \sin^n \theta \, d\theta$$
$$= \begin{cases} \pi \frac{(m-1)!!(n-1)!!}{(m+n)!!}, & \{m,n\} \subset 2\mathbb{N}, \\ 2\frac{(m-1)!!(n-1)!!}{(m+n)!!}, & \{m,n\} \not\subset 2\mathbb{N}. \end{cases}$$

12.5 （⋆）ガンマ関数・ベータ関数 II

本節でも，引き続きガンマ関数・ベータ関数を論じる．本節では，やや技術的な証明を扱うので，前節とは区切りを設け，本節には（⋆）印をつけた．

次に述べる命題 12.5.1 は，$\Gamma(t)$ の $t \to \infty$ における増大が，ほぼ $\sqrt{2\pi}\, t^{t-\frac{1}{2}} e^{-t}$ と同じ速さであることを述べている．

命題 12.5.1（スターリングの公式 II）
$$\frac{\Gamma(t)}{t^{t-\frac{1}{2}} e^{-t}} \xrightarrow{t \to \infty} \sqrt{2\pi}. \tag{12.36}$$

✔注　$n! = n\Gamma(n)$（命題 12.4.1）．したがって，命題 12.5.1 は例 11.3.7 の連続変数版と考えられる．

12.5 (⋆) ガンマ関数・ベータ関数 II

命題 12.5.1 の証明のために,$t \geq 4$ とし,次の関数を考える:

$$f(x) = x - \log(1+x), \quad x \in (-1, \infty),$$
$$f_t(x) = tf(x/\sqrt{t}), \quad x \in (-\sqrt{t}, \infty),$$
$$g_t(x) = \exp(-f_t(x)) - \exp\left(-\frac{x^2}{2}\right), \quad x \in (-\sqrt{t}, \infty).$$

補題を用意する:

補題 12.5.2

$$|g_t(x)| \leq \begin{cases} 2\exp\left(-x^2/4\right), & |x| < \sqrt{t}, \\ \frac{C|x|^3}{\sqrt{t}} \exp\left(-x^2/4\right), & x \in [-\sqrt{t}/2, \sqrt{t}], \\ 2\exp\left(-x/2\right), & x \geq \sqrt{t}, \end{cases}$$

ただし C は,x, t に無関係な定数である.

証明

(1) $\quad f_t(x) \geq \begin{cases} x^2/4, & |x| < \sqrt{t}, \\ x, & x \geq \sqrt{t}. \end{cases}$

実際,初等的な関数の増減判定より次を得る:

$$f(x) \geq \begin{cases} x^2/4, & |x| < 1, \\ x/2, & x \geq 1. \end{cases}$$

これから (1) を得る.

(2) $\quad \left| f_t(x) - \frac{x^2}{2} \right| \leq \frac{C|x|^3}{\sqrt{t}}, \quad (-\frac{1}{2}\sqrt{t} \leq x \leq \sqrt{t}).$

$\log(1+x)$ に系 11.4.2 を適用し,次のような定数 C の存在がわかる:

$$\left| \log(1+x) - x + \frac{x^2}{2} \right| \leq C|x|^3, \quad -1/2 \leq x \leq 1.$$

これから (2) を得る.以上を用いて結論を導く.まず,$|x| < \sqrt{t}$ とすると,

$$|g_t(x)| \leq \exp(-f_t(x)) + \exp\left(-x^2/2\right) \stackrel{(1)}{\leq} 2\exp\left(-x^2/4\right).$$

$x \geq \sqrt{t}$ の場合の評価も同様である．また $x \in [-\sqrt{t}/2, \sqrt{t}]$ に対し，(1) より $\frac{x^2}{4} \leq f_t(x) \wedge \frac{x^2}{2}$．一般に，

(3) $\quad a, b, c \in \mathbb{R},\ a, b \leq c \ \Rightarrow\ |e^a - e^b| \leq |a-b|e^c.$

したがって，

$$|g_t(x)| \stackrel{(3)}{\leq} \left|f_t(x) - \frac{x^2}{2}\right| \exp(-x^2/4) \stackrel{(2)}{\leq} \frac{C|x|^3}{\sqrt{t}} \exp(-x^2/4).$$

\(^□^)/

命題 12.5.1 の証明　$\Gamma(t) = \Gamma(t+1)/t$ だから，次を言えばよい：

(1) $\quad \dfrac{\Gamma(t+1)}{t^{t+\frac{1}{2}}e^{-t}} \xrightarrow{t \to \infty} \sqrt{2\pi}.$

(1) の左辺は次のように表せる：

(2) $\quad \dfrac{\Gamma(t+1)}{t^{t+\frac{1}{2}}e^{-t}} = \displaystyle\int_{-\sqrt{t}}^{\infty} \exp(-f_t(x))dx.$

実際，$y = t + \sqrt{t}x$ と変数変換すると，

$$\begin{aligned}
\Gamma(t+1) &= \int_0^\infty y^t \exp(-y)dy = \int_{-\sqrt{t}}^{\infty} \left(t + \sqrt{t}x\right)^t \exp\left(-t - \sqrt{t}x\right) \sqrt{t}\,dx \\
&= t^{t+\frac{1}{2}}e^{-t} \int_{-\sqrt{t}}^{\infty} \left(1 + \frac{x}{\sqrt{t}}\right)^t \exp\left(-\sqrt{t}x\right) dx \\
&= t^{t+\frac{1}{2}}e^{-t} \int_{-\sqrt{t}}^{\infty} \exp(-f_t(x))dx.
\end{aligned}$$

一方，例 12.3.4 より，

$$\sqrt{2\pi} = \int_{-\infty}^{\infty} \exp\left(-x^2/2\right) dx - \left(\int_{-\sqrt{t}}^{\infty} + \int_{-\infty}^{-\sqrt{t}}\right) \exp\left(-x^2/2\right) dx.$$

これと (2) より，

$$\begin{aligned}
&\frac{\Gamma(t+1)}{t^{t+\frac{1}{2}}e^{-t}} - \sqrt{2\pi} \\
&= \int_{-\sqrt{t}}^{\infty} \left(\exp(-f_t(x)) - \exp\left(-x^2/2\right)\right) dx - \int_{-\infty}^{-\sqrt{t}} \exp\left(-x^2/2\right) dx \\
&= \int_{-\sqrt{t}}^{\infty} g_t(x)dx - \int_{-\infty}^{-\sqrt{t}} \exp\left(-x^2/2\right) dx.
\end{aligned}$$

今,
$$\int_{-\infty}^{-\sqrt{t}} \exp(-x^2/2)\, dx \xrightarrow{t\to\infty} 0.$$

よって，(1) のためには，次を示せばよい：
$$\int_{-\sqrt{t}}^{\infty} g_t(x)\, dx \xrightarrow{t\to\infty} 0.$$

ところが，これは次のようにしてわかる：

$$\begin{aligned}
\int_{-\sqrt{t}}^{\infty} |g_t(x)|\, dx &= \left(\int_{\sqrt{t}}^{\infty} + \int_{-\sqrt{t}/2}^{\sqrt{t}} + \int_{-\sqrt{t}}^{-\sqrt{t}/2}\right) |g_t(x)|\, dx \\
&\overset{\text{補題 12.5.2}}{\leq} 2\int_{\sqrt{t}}^{\infty} \exp(-x/2)\, dx + \frac{C}{\sqrt{t}} \int_{-\sqrt{t}/2}^{\sqrt{t}} |x|^3 \exp(-x^2/4)\, dx \\
&\quad + 2\int_{-\sqrt{t}}^{-\sqrt{t}/2} \exp(-x^2/4)\, dx \xrightarrow{t\to\infty} 0.
\end{aligned}$$

\(^□^)/

以下では，ガウスの積公式（命題 12.5.4）を述べ，さらにその応用としてガンマ関数とベータ関数の関係式（命題 12.5.5），1/2-公式（命題 12.5.7），相補公式（命題 12.5.9）を示す[7]．出発点として，次の補題を用意する：

補題 12.5.3 $\log \Gamma(t)$ は $t > 0$ について凸である．また，$s > 0$ を固定するとき，$\log B(s,t)$ は $t > 0$ について凸である．

証明 以下，$\alpha, \beta > 0$, $\alpha + \beta = 1$, $t, t' > 0$ とする．まず，$\log \Gamma(t)$ の凸性を示す．
$$\Gamma(\alpha t + \beta t') = \int_0^{\infty} (x^{t-1} e^{-x})^{\alpha} (x^{t'-1} e^{-x})^{\beta}\, dx.$$

ヘルダーの不等式（問 10.3.3 で，狭義の積分に対して示したが，広義積分に対しても同様に示される）より，
$$\text{上式右辺} \leq \left(\int_0^{\infty} x^{t-1} e^{-x}\, dx\right)^{\alpha} \left(\int_0^{\infty} x^{t'-1} e^{-x}\, dx\right)^{\beta} = \Gamma(t)^{\alpha} \Gamma(t')^{\beta}.$$

---

[7] これらについては，[Art] を参考にした．

両辺の対数をとれば,
$$\log \Gamma\left(\alpha t + \beta t'\right) \leq \alpha \log \Gamma(t) + \beta \log \Gamma(t').$$

次に $t \mapsto \log B(s,t)$ の凸性を示す.
$$B\left(s, \alpha t + \beta t'\right) = \int_0^1 (x^{s-1}(1-x)^{t-1})^\alpha (x^{s-1}(1-x)^{t'-1})^\beta \, dx.$$

ヘルダーの不等式より,
$$\text{上式右辺} \leq \left(\int_0^1 x^{s-1}(1-x)^{t-1} \, dx\right)^\alpha \left(\int_0^1 x^{s-1}(1-x)^{t'-1} \, dx\right)^\beta$$
$$= B(s,t)^\alpha B(s,t')^\beta.$$

両辺の対数をとれば,
$$\log B\left(s, \alpha t + \beta t'\right) \leq \alpha \log B(s,t) + \beta \log B(s,t').$$

\(^□^)/

命題 12.5.4 $f : (0, \infty) \to (0, \infty)$ が次の性質をみたすとする:

(a) $f(1) = 1$, $f(t+1) = tf(t)$ $(\forall t > 0)$.

(b) $\log f$ は凸.

このとき, 任意の $t > 0$ に対し,
$$f(t) = \Gamma(t) = \lim_{n \to \infty} \frac{n! n^t}{t(t+1) \cdots (t+n)} \quad \text{(ガウスの積公式)}.$$

証明 ガンマ関数は (a), (b) をみたす (命題 12.4.1, 補題 12.5.3). したがって, 一般に (a), (b) をみたす f に対し次を言えばよい:

(1) $f(t) = \lim_{n \to \infty} \dfrac{n! n^t}{t(t+1) \cdots (t+n)}$.

そこで,
$$g(t) = \log f(t), \quad g_n(t) = \log\left(\frac{n! n^t}{t(t+1) \cdots (t+n)}\right)$$

とする. まず, (a) を繰り返し用い,

(2) $\begin{cases} g(t+n) - g(t) = \sum_{j=0}^{n-1} \underbrace{(g(t+j+1) - g(t+j))}_{\log(t+j)} \\ \qquad\qquad\qquad = \log(t(t+1)\cdots(t+n-1)). \end{cases}$

特に $t=1$ とすれば,

(3)　$g(n+1) = \log n!$.

また,

(4)　$g(t) - g_n(t) = g(t+n+1) - g(n+1) - t\log n$.

実際, (2) で n の代わりに $n+1$ とすると,

$$g(t+n+1) - g(t) = \log(t(t+1)\cdots(t+n)) = -g_n(t) + \underbrace{\log n!}_{g(n+1)} + t\log n.$$

今, $t \in (0,1]$ とする. 一方, g は凸なので, $[n, n+1]$, $[n+1, t+n+1]$, $[n+1, n+2]$ でのグラフの傾きを考えて,

$$\underbrace{g(n+1) - g(n)}_{\log n} \leq (g(t+n+1) - g(n+1))/t \leq \underbrace{g(n+2) - g(n+1)}_{\log(n+1)}$$

(命題 6.3.4). これを (4) に代入すると,

$$0 \leq g(t) - g_n(t) \leq t\log\left(1 + \frac{1}{n}\right).$$

$n \to \infty$ として, $g_n(t) \longrightarrow g(t)$. $t \in (0,1]$ に対し (1) がわかった. ここから, $t \in (0,n]$ ($n \in \mathbb{N}$ は任意) に対し (1) が成立することを n に関する帰納法で容易に示すことができる. 　　　　　　　　　　　　　　　　\(^□^)/

ガンマ関数とベータ関数は, 実は次の関係式で結ばれている:

命題 12.5.5 任意の $s, t > 0$ に対し,

$$B(s,t) = \frac{\Gamma(s)\Gamma(t)}{\Gamma(s+t)}. \tag{12.37}$$

証明[8] s を固定し，関数 $f(t) = \frac{\Gamma(s+t)}{\Gamma(s)}B(s,t)$ が命題 12.5.4 の条件 (a), (b) をみたすことを言えば (12.37) がわかる．

$$f(1) = \frac{\Gamma(s+1)}{\Gamma(s)}B(s,1) \stackrel{(12.19),(12.28)}{=} \frac{s\Gamma(s)}{\Gamma(s)}\frac{1}{s} = 1.$$

$$f(t+1) = \frac{\Gamma(s+t+1)}{\Gamma(s)}B(s,t+1) \stackrel{(12.19),(12.32)}{=} \frac{(s+t)\Gamma(s+t)}{\Gamma(s)}\frac{t}{s+t}B(s,t)$$
$$= tf(t).$$

また，

$$\log f(t) = \log \Gamma(s+t) + \log B(s,t) - \log \Gamma(s).$$

上式は t について凸関数の和である（補題 12.5.3）．よって $\log f$ は凸である．

\(^□^)/

◆**例 12.5.6** (12.37) から (12.22) および例 12.3.4 の結果が導ける．

証明

$$\pi \stackrel{(12.29)}{=} B\left(\tfrac{1}{2},\tfrac{1}{2}\right) \stackrel{(12.37)}{=} \frac{\Gamma(\tfrac{1}{2})\Gamma(\tfrac{1}{2})}{\Gamma(1)} = \Gamma\left(\tfrac{1}{2}\right)^2$$

より $\Gamma(\tfrac{1}{2}) = \sqrt{\pi}$．また，(12.22) の証明を逆に辿ると例 12.3.4 の結果を得る．

\(^□^)/

命題 12.5.7 任意の $t > 0$ に対し，

$$\Gamma(t) = \frac{2^{t-1}}{\sqrt{\pi}}\Gamma\left(\frac{t}{2}\right)\Gamma\left(\frac{t+1}{2}\right) \quad (\tfrac{1}{2} \text{ 公式}). \tag{12.38}$$

証明 関数 $f(t) = \frac{2^{t-1}}{\sqrt{\pi}}\Gamma\left(\tfrac{t}{2}\right)\Gamma\left(\tfrac{t+1}{2}\right)$ が命題 12.5.4 の条件 (a), (b) をみたせばよい．ところが，

$$f(1) = \frac{1}{\sqrt{\pi}}\Gamma\left(\frac{1}{2}\right)\Gamma(1) \stackrel{(12.21),(12.22)}{=} 1,$$

$$f(t+1) = \frac{2^t}{\sqrt{\pi}}\Gamma\left(\frac{t+1}{2}\right)\Gamma\left(\frac{t}{2}+1\right) \stackrel{(12.19)}{=} \frac{2^t}{\sqrt{\pi}}\Gamma\left(\frac{t+1}{2}\right)\frac{t}{2}\Gamma\left(\frac{t}{2}\right) = tf(t).$$

---

[8] 別証明は例 15.5.6，例 15.7.9 を参照されたい．

また，
$$\log f(t) = (t-1)\log 2 - \frac{1}{2}\log \pi + \log \Gamma\left(\frac{t}{2}\right) + \log \Gamma\left(\frac{t+1}{2}\right).$$
上式は凸関数の和である（補題 12.5.3）．よって $\log f$ は凸である． \(^□^)/

命題 12.5.9 を示すために次の補題を準備する：

補題 12.5.8 $f \in C([0,1]) \cap C^2((0,1))$ は $[0,1]$ 上正値かつ次をみたすとする：
$$f(t) = f\left(\frac{t}{2}\right)f\left(\frac{t+1}{2}\right), \ \forall t \in (0,1).$$
このとき，
$$f(t) = f(0)^{1-t}f(1)^t, \ \forall t \in [0,1].$$

証明 $g(t) = \log f(t)$ とすると，$t \in (0,1)$ に対し
$$g''(t) = \frac{1}{4}\left(g''\left(\frac{t}{2}\right) + g''\left(\frac{t+1}{2}\right)\right).$$
よって $M = \sup_{(0,1)}|g''| \geq 0$ に対し，$M \leq \frac{1}{4}(M+M) = \frac{M}{2}$．したがって $M = 0$．以上から $t \in (0,1)$ に対し $g''(t) \equiv 0$．ゆえに $t \in [0,1]$ に対し $g(t) = (1-t)g(0) + tg(1)$. \(^□^)/

$\Gamma(t)$ が $t > 0$ について C^∞ であること[9]と，補題 12.5.8 を用い，次の命題を示す．

命題 12.5.9 任意の $t \in (0,1)$ に対し，
$$\Gamma(t)\Gamma(1-t) = \frac{\pi}{\sin \pi t} \quad \textbf{(相補公式)}. \tag{12.39}$$

証明 $t \in (0,1)$ に対し $f(t) \stackrel{\text{def}}{=} \Gamma(t)\Gamma(1-t)\frac{\sin \pi t}{\pi}$ は正値連続であり，
$$f(t) \stackrel{(12.19)}{=} \begin{cases} \Gamma(1+t)\Gamma(1-t)\frac{\sin \pi t}{\pi t} \xrightarrow{t \to 0} 1, \\ \Gamma(t)\Gamma(2-t)\frac{\sin \pi(1-t)}{\pi(1-t)} \xrightarrow{t \to 1} 1. \end{cases}$$

---

[9] 例 16.5.6 で示す事柄だが，ここでは先取りして用いる．

したがって $f(0) = f(1) = 1$ と定めることにより，f は $[0,1]$ 上で正値連続である．また例 16.5.6 より $f \in C^\infty((0,1))$．さらに，

(1) $\qquad f(t) = f\left(\frac{t}{2}\right) f\left(\frac{t+1}{2}\right), \ \forall t \in (0,1).$

実際，

$$f\left(\frac{t}{2}\right) f\left(\frac{t+1}{2}\right) = \Gamma\left(\frac{t}{2}\right) \Gamma\left(1-\frac{t}{2}\right) \frac{\sin\frac{\pi t}{2}}{\pi} \Gamma\left(\frac{t+1}{2}\right) \Gamma\left(\frac{1-t}{2}\right) \frac{\cos\frac{\pi t}{2}}{\pi}.$$

また，

$$\Gamma\left(\frac{t}{2}\right) \Gamma\left(\frac{t+1}{2}\right) \stackrel{(12.38)}{=} 2^{1-t} \sqrt{\pi}\, \Gamma(t),$$

$$\Gamma\left(\frac{1-t}{2}\right) \Gamma\left(1-\frac{t}{2}\right) \stackrel{(12.38)}{=} 2^{1-(1-t)} \sqrt{\pi}\, \Gamma(1-t),$$

$$\sin\frac{\pi t}{2} \cos\frac{\pi t}{2} \stackrel{(6.37)}{=} \frac{\sin \pi t}{2}.$$

以上をあわせ，

$$f\left(\frac{t}{2}\right) f\left(\frac{t+1}{2}\right) = 2\pi \Gamma(t)\Gamma(1-t) \frac{\sin \pi t}{2\pi^2} = f(t).$$

ゆえに (1) を得る．以上と補題 12.5.8 より結論を得る． \(^□^)/

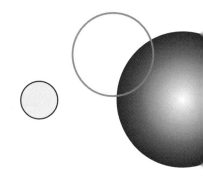

第13章

多変数関数の微分

この章以降で用いる線形代数の用語と記号を導入する.
$$\mathbb{R}^{m,d} \stackrel{\text{def}}{=} m \text{ 行 } d \text{ 列行列全体の集合} \tag{13.1}$$

とする. 特に $\mathbb{R}^{d,1}$ は $\begin{pmatrix} c_1 \\ \vdots \\ c_d \end{pmatrix}$ という形の縦ベクトル全体, $\mathbb{R}^{1,d}$ は $(c_1, \ldots, c_d)$ という形の横ベクトル全体を表す. 今後, ベクトルと行列の演算を行う上で, 縦ベクトルと横ベクトルの区別が必要になる場合がある. また,
$C = \begin{pmatrix} c_{1\,1} & \cdots & c_{1\,d} \\ \vdots & \ddots & \vdots \\ c_{m\,1} & \cdots & c_{m\,d} \end{pmatrix} \in \mathbb{R}^{m,d}$ に対し, その**転置行列** ${}^{t}C \in \mathbb{R}^{d,m}$ を次のように定める:

$${}^{t}C = \begin{pmatrix} c_{1\,1} & \cdots & c_{m\,1} \\ \vdots & \ddots & \vdots \\ c_{1\,d} & \cdots & c_{m\,d} \end{pmatrix}. \tag{13.2}$$

特に, ${}^{t}(c_1, \ldots, c_d) = \begin{pmatrix} c_1 \\ \vdots \\ c_d \end{pmatrix}$. 本来ならば, $\begin{pmatrix} c_1 \\ \vdots \\ c_d \end{pmatrix}$ と書くべき縦ベクトル

を，植字上の理由（行数の節約）で ${}^t(c_1,\ldots,c_d)$ と書くこともある．以後，$\mathbb{R}^d$ は原則として $\mathbb{R}^{d,1}$（縦ベクトル全体）と見なす．ただし，$x \in \mathbb{R}^d$ を関数 f の変数として表す場合は，これまで通り $f(x) = f(x_1,\ldots,x_d)$ と横並びにして表す．

13.1　全微分と偏微分

第 13 章では多変数関数の微分について述べる．一変数関数 f を点 a で微分するとは，

$$a \text{ の近傍で } f \text{ を}\underline{\text{一次関数で近似}}\text{ する}$$

ことでもある．つまり，微分係数 $f'(a)$ は次のように特徴づけられる．

---
x が a に近いとき，
$$f(x) = f(a) + f'(a)(x-a) + 誤差, \quad \lim_{\substack{x \to a \\ x \neq a}} \frac{1}{|x-a|}誤差 = 0. \quad (13.3)$$

この考え方を多変数ベクトル値関数まで広げるにはどうするか？

$$f : \mathbb{R}^d \to \mathbb{R}^m, \quad f(x) = \begin{pmatrix} f_1(x) \\ \vdots \\ f_m(x) \end{pmatrix}$$

とする．まず $\mathbb{R}^d$ から $\mathbb{R}^m$ への一次関数は次のように表せる：

$$x \mapsto Cx + b \quad (C \in \mathbb{R}^{m,d},\ b \in \mathbb{R}^m). \tag{13.4}$$

一次関数（$\mathbb{R}^d \to \mathbb{R}^m$）の形は (13.4) なので $f : \mathbb{R}^d \to \mathbb{R}^m$ に対しては (13.3) を次のように拡大解釈すればよさそうだ：

(13.3) において，$f'(a)(x-a)$ は $x-a \in \mathbb{R}^d$ に m 行 d 列行列 $f'(a)$ を施して得られる m 次元ベクトル，誤差も m 次元ベクトルである．

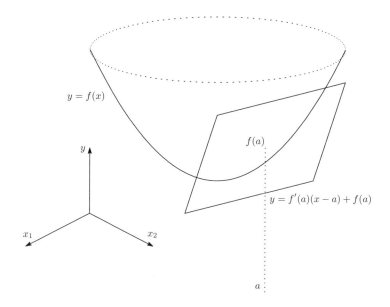

(13.4) で,$C = (c_{ij})_{\substack{1 \leq i \leq m \\ 1 \leq j \leq d}}$ とするとき,

c_{ij} は,x が x_j 方向に変位するときの $Cx+b$ の i 座標の変化率 (13.5)

であることに注意する.そこで,$f'(a) = \bigl(f'(a)_{ij}\bigr)_{\substack{1 \leq i \leq m \\ 1 \leq j \leq d}}$ とすると,(13.5) および,拡大解釈した (13.3) から

$f'(a)_{ij}$ は,x が a から,x_j 方向に微小変位するときの $f_i(x)$ の変化率を表す

ことが読み取れる.したがって,次の類推は自然である:

$$f'(a)_{ij} = \partial_j f_i(a),$$

すなわち,

$$f'(a) = \begin{pmatrix} \partial_1 f_1(a) & \ldots & \partial_d f_1(a) \\ \vdots & \ldots & \vdots \\ \partial_1 f_m(a) & \ldots & \partial_d f_m(a) \end{pmatrix}. \quad (13.6)$$

上の考え方に沿って多変数ベクトル値関数関数 f の微分を定義するが, f の定義域が部分集合 $D \subset \mathbb{R}^d$ の場合もある. $a \in D$ での微分を考えるには,

$$a \text{ に十分近い点 } x \text{ は } D \text{ に入る}$$

という性質が欲しい（(13.3) で $f(x)$ が定義できるように）. そのために「開集合」という概念を導入する. 実は「開集合」は「閉集合」（定義 9.1.1）の相対概念でもある（問 13.1.1）:

定義 13.1.1（**内点・開集合**） $A \subset \mathbb{R}^d$ とする.

▶ $x \in A$ に対し, 次のような $\varepsilon > 0$ が存在するとき, x を A の**内点**と呼ぶ:

$$y \in \mathbb{R}^d, |y - x| < \varepsilon \implies y \in A.$$

A の内点全体の集合を $\mathring{A}$ と記す.

▶ $A = \mathring{A}$, すなわち A の全ての点が A の内点なら, A は**開**であるという.

✔**注** 定義から, 常に $\mathring{D} \subset D$ である.

定義 13.1.2（**全微分**） $D \subset \mathbb{R}^d$ を開集合, $f : D \to \mathbb{R}^m, a \in D$ とする.

▶ 次のような $C \in \mathbb{R}^{m,d}$（(13.1) 参照）が存在するとき, f は a で**可微分**であるという:

$$\lim_{\substack{x \to a \\ x \neq a}} \frac{1}{|x-a|} (f(x) - f(a) - C(x-a)) = 0. \tag{13.7}$$

上式で, $C(x-a)$ は行列 C を, ベクトル $x - a$ に施して得られるベクトルを表す. このとき C を, f の a における**微分係数**といい, $f'(a)$ と記す.

▶ 全ての $x \in D$ で f が可微分なら, f は**可微分**であるという. f が可微分なら, 次の関数が定まり, これを f の**導関数**という:

$$f' : D \longrightarrow \mathbb{R}^{m,d} \ (x \mapsto f'(x)).$$

▶ f の微分係数, あるいは導関数を求めることを**微分**するという.

✔ **注 1** (13.7) は (13.3) の「$\lim_{\substack{x \to a \\ x \neq a}} \frac{1}{|x-a|}$ 誤差 $= 0$」にあたる.

✔ **注 2** 定義 13.1.2 の意味での微分を，（偏微分と区別するために）**全微分**ともいう.

✔ **注 3** $m = 1$ のとき，f のグラフ上の点 $(a, f(a)) \in \mathbb{R}^{d+1}$ で f の「接空間」（$d = 1$ の場合の接線を拡張した概念）により，微分の幾何学的解釈が与えられる（問 13.1.7 参照）.

◆**例 13.1.3** 一次関数 $f(x) = Cx + b$ ($C \in \mathbb{R}^{m,d}, b \in \mathbb{R}^m$) に対し $f'(a) = C$ ($\forall a \in \mathbb{R}^d$).

証明 $f(x) - f(a) = C(x-a)$ より (13.7) が（自明に）成立する.　\\(^□^)/

まずは，定義 13.1.2 の簡単な帰結を述べる：

命題 13.1.4 (**可微分点は連続点**)　記号は定義 13.1.2 の通りとする．f が a で可微分なら f は a で連続である.

証明 $x \neq a, x \to a$ とする．仮定より，

$$\varphi(x) \stackrel{\text{def}}{=} f(x) - f(a) - f'(a)(x-a) \text{ に対し } \frac{\varphi(x)}{|x-a|} \longrightarrow 0.$$

したがって，

$$f(x) - f(a) = f'(a)(x-a) + \varphi(x) = f'(a)(x-a) + |x-a|\frac{\varphi(x)}{|x-a|} \longrightarrow 0.$$

\\(^□^)/

次に (13.6) について考える.

命題 13.1.5 (**全微分と偏微分の関係 I**)　記号は定義 13.1.2 の通り，f は a

で可微分とする．このとき，全ての $h \in \mathbb{R}^d$ に対し，

$$\lim_{\substack{t \to 0 \\ t \neq 0}} \frac{f(a+th) - f(a)}{t} = f'(a)h. \tag{13.8}$$

特に，$\partial_j f_i(a)$ $(1 \leq i \leq m, 1 \leq j \leq d)$ が全て存在し，(13.6) が成立する．

証明 $h = 0$ なら $f(a+th) - f(a) \equiv 0$ だから $h \neq 0$ としてよい．そこで $x = a + th$ と書くと，$x \neq a$ かつ $x \to a$．よって，

$$\left| \frac{f(a+th) - f(a)}{t} - f'(a)h \right| = \frac{|h|}{|x-a|} \left| f(x) - f(a) - f'(a)(x-a) \right| \xrightarrow{(13.7)} 0.$$

以上で (13.8) を得る．以下，(13.8) で特に $h = e_j$ ((4.1) 参照，$j = 1, \ldots, d$ は任意) とする．このとき，偏微分の定義（定義 8.1.9）より，

(1) 　　　(13.8) の左辺 $= (\partial_j f_i(a))_{i=1}^m$．

したがって $\partial_j f_i(a)$ $(1 \leq i \leq m, 1 \leq j \leq d)$ が全て存在する．一方，$f'(a) = \left(f'(a)_{ij}\right)_{\substack{1 \leq i \leq m \\ 1 \leq j \leq d}}$ と書くと，行列とベクトルの算法から，

(2) 　　　(13.8) の右辺 $= \left(f'(a)_{ij}\right)_{i=1}^m$．

(13.8), (1), (2) より $f'(a)_{ij} = \partial_j f_i(a)$ $(1 \leq i \leq m, 1 \leq j \leq d)$，つまり (13.6) が成立する． \\(^□^)/

✔**注** f が a で可微分と仮定しない場合でも，$h \in \mathbb{R}^d$ に対し (13.8) 左辺の極限が存在すれば，その極限を f の a における h **方向微分**という．方向微分は文字通り，h により指定された方向に f を微分する際の微分係数 $(\in \mathbb{R}^m)$ である．

命題 13.1.5 の「逆」は次のような形で成立する：

命題 13.1.6（**全微分と偏微分の関係 II**）　記号は定義 13.1.2 の通りとし，次を仮定する：

(C^1) D 上で偏導関数 $\partial_j f_i$ $(1 \leq i \leq m, 1 \leq j \leq d)$ が存在し連続．

このとき，f は全ての $a \in D$ で可微分であり，(13.6) も成立する．

▶ 上の条件 ($\mathbf{C^1}$) をみたす f 全体の集合を $C^1(D \to \mathbb{R}^m)$ と記す.

✔注　$\partial_j f_i(a)$ $(1 \le i \le m, 1 \le j \le d)$ が存在するだけでは，f は a で連続と（したがって可微分とも）言えない．具体例は例 13.1.8 の $p, q \ge 1$ かつ $p + q \le r$ の場合を参照されたい．

命題 13.1.6 の証明は，本節末の補足で述べる．

◆**例 13.1.7**　次の $f : \mathbb{R}^d \to \mathbb{R}^d$ を微分する：

(a)　$d = 2$, $f(x, y) = \begin{pmatrix} f_1(x,y) \\ f_2(x,y) \end{pmatrix} = \exp\left(-\dfrac{x^2 + y^2}{2}\right) \begin{pmatrix} x \\ y \end{pmatrix}$, $(x, y) \in \mathbb{R}^2$.

(b)　$d = 3$, $f(x, y, z) = \begin{pmatrix} f_1(x,y,z) \\ f_2(x,y,z) \\ f_3(x,y,z) \end{pmatrix} = \begin{pmatrix} x + y + z \\ xy + yz + zx \\ xyz \end{pmatrix}$,

$(x, y, z) \in \mathbb{R}^3$.

(a):
$$\begin{pmatrix} \partial_x f_1 & \partial_y f_1 \\ \partial_x f_2 & \partial_y f_2 \end{pmatrix} = \begin{pmatrix} 1 - x^2 & -xy \\ -xy & 1 - y^2 \end{pmatrix} \exp\left(-\dfrac{x^2 + y^2}{2}\right).$$

上記行列の各成分は連続だから，命題 13.1.6 より (13.6) が成立する．ゆえに上の行列が $f'(x, y)$ を与える．

(b):
$$\begin{pmatrix} \partial_x f_1 & \partial_y f_1 & \partial_z f_1 \\ \partial_x f_2 & \partial_y f_2 & \partial_z f_2 \\ \partial_x f_3 & \partial_y f_3 & \partial_z f_3 \end{pmatrix} = \begin{pmatrix} 1 & 1 & 1 \\ y + z & x + z & x + y \\ yz & xz & xy \end{pmatrix}.$$

上記行列の各成分は連続だから，命題 13.1.6 より (13.6) が成立する．ゆえに上の行列が $f'(x, y, z)$ を与える．　　　　　　　　\(^□^)/

◆**例 13.1.8**　$p, q \in \mathbb{N}$, $r > 0$ とする．$f : \mathbb{R}^2 \to \mathbb{R}$ を次のように定める：

$$f(x, y) = \begin{cases} x^p y^q / (x^2 + y^2)^{r/2}, & (x, y) \ne (0, 0), \\ 0, & (x, y) = (0, 0). \end{cases}$$

(a) $(x,y) \neq (0,0)$ なら，f は (x,y) で可微分である．

(b) $p+q > r+1$ なら，f は全ての $(x,y) \in \mathbb{R}^2$ で可微分である．

(c) $p,q \geq 1$ なら $\partial_x f(0,0), \partial_y f(0,0)$ は共に存在し，$= 0$.

(d) $p+q \leq r$ なら f は $(0,0)$ で不連続，したがって可微分でない．

証明 (a): $(x,y) \neq (0,0)$ なら，f は x,y それぞれの変数について偏微分可能であり，

$$\partial_x f(x,y) = \frac{px^{p-1}y^q}{(x^2+y^2)^{r/2}} - \frac{rx^{p+1}y^q}{(x^2+y^2)^{\frac{r+2}{2}}},$$

$$\partial_y f(x,y) = \frac{qx^p y^{q-1}}{(x^2+y^2)^{r/2}} - \frac{rx^p y^{q+1}}{(x^2+y^2)^{\frac{r+2}{2}}}.$$

上の具体形から，$\partial_x f, \partial_y f$ は $(x,y) \neq (0,0)$ で連続である．ゆえに命題 13.1.6 より f は (x,y) で可微分であり，(13.6) が成立する．

(b): (a) より $(x,y) \neq (0,0)$ に対する結論を得る．一方，$\alpha = p+q-r > 1$ に対し，$|f(x,y)| \leq (x^2+y^2)^{\alpha/2}$．ゆえに問 13.1.4 より f は原点で可微分かつ $f'(0,0) = (0,0)$.

(c): $p, q \geq 1$ なら任意の $t \in \mathbb{R}$ に対し $f(t,0) = f(0,t) = 0$. よって偏微分の定義（定義 8.1.9）より結論を得る．

(d): $p+q \leq r$ なら問 4.4.3 より f は $(0,0)$ で不連続，よって命題 13.1.4 より $(0,0)$ で可微分でない． \(^□^)/

問 13.1.1 定義 13.1.1 について以下を示せ：(i) $\mathring{D}$ は開．(ii) $\mathbb{R}^d \setminus \mathring{D} = \overline{\mathbb{R}^d \setminus D}$. (iii) $D \subset \mathbb{R}^d$ が開 $\Leftrightarrow \mathbb{R}^d \setminus D$ は閉．

問 13.1.2 $A, B \subset \mathbb{R}^d$ に対し以下を示せ：(i) $A \subset B$ なら $\mathring{A} \subset \mathring{B}$. したがって，特に $A \subset B$ かつ A が開なら $A \subset \mathring{B}$. (ii) $(A \cap B)^\circ = \mathring{A} \cap \mathring{B}$. (iii) $(A \cup B)^\circ \supset \mathring{A} \cup \mathring{B}$. また，$(A \cup B)^\circ \neq \mathring{A} \cup \mathring{B}$ となる例を挙げよ．(iv) A, B が開なら，$A \cup B, A \cap B$ も開．

問 13.1.3 $(\star)$ $U \subset \mathbb{R}^d$ は開集合，$f \in C(U \to \mathbb{R}^m), A \subset U, B \subset \mathbb{R}^m$ とする．以下を示せ：(i) $f^{-1}(\mathring{B})$ は $f^{-1}(B)$ に含まれる開集合である．したがって，$f^{-1}(B)^\circ \supset f^{-1}(\mathring{B})$. (ii) f が単射なら $f(A)^\circ \subset f(A^\circ)$. また，$f$ が単射でなければ反例が存在する．(iii) $d = m, V \subset \mathbb{R}^d$ は開集合，$f : U \to V$ は全単射かつ $f^{-1} \in C(V \to U)$ なら $f(A)^\circ = f(A^\circ)$.

問 13.1.4 記号は定義 13.1.2 通りとする. $\alpha > 1$ かつ $|f(x) - f(a)| \le C|x-a|^\alpha$ ($\forall x \in D$) なら f は a で可微分かつ $f'(a)$ は零行列であることを示せ.

問 13.1.5 以下の $f(x,y)$ に対し $f'(x,y)$ を求めよ. ただし (i)–(vi) では $(x,y) \in \mathbb{R}^2$, (vii) では $(x,y) \in (-\pi/2, \pi/2)^2$ とする. (i) $x^3 + y^3 - 3xy$. (ii) $x^4 + y^4 - 10x^2 + 16xy - 10y^2$. (iii) $(a_1 x^2 + a_2 y^2)\exp(b_1 x^2 + b_2 y^2)$, $(a_1, a_2, b_1, b_2 \in \mathbb{R})$. (iv) $\begin{pmatrix} x\cos y \\ x\sin y \end{pmatrix}$. (v) $\begin{pmatrix} x+y \\ xy \end{pmatrix}$. (vi) $\begin{pmatrix} \operatorname{ch} x \cos y \\ \operatorname{sh} x \sin y \end{pmatrix}$. (vii) $\begin{pmatrix} \sin x / \cos y \\ \sin y / \cos x \end{pmatrix}$.

問 13.1.6 以下の $f(x,y,z)$ $((x,y,z) \in \mathbb{R}^3)$ に対し $f'(x,y,z)$ を求めよ:
(i) $\frac{1}{3}(x^3 + y^3 + z^3) - xy - yz - zx$. (ii) $x^2 + y^2 + z^2 + x - 2z - xy$. (iii) $e^{xy} + e^{yz} + e^{zx} - e^{xyz}$.

問 13.1.7 ($\star$) $D \subset \mathbb{R}^d$, $f : D \to \mathbb{R}$, f は $a \in D$ で可微分とする. このとき, 次を示せ ((4.1) 参照):

$$\left\{ \begin{pmatrix} x \\ y \end{pmatrix} \in \mathbb{R}^{d+1} \,;\, y = f'(a)(x-a) + f(a) \right\}$$
$$= \left\{ \begin{pmatrix} a \\ f(a) \end{pmatrix} + \sum_{j=1}^d t_j \begin{pmatrix} e_j \\ \partial_j f(a) \end{pmatrix} \,;\, t_j \in \mathbb{R} \right\}.$$

($\star$) **13.1 節への補足 1:命題 13.1.6 の証明** $f_1, \ldots, f_m$ それぞれの可微分性を言えばよいから, $m = 1$ の場合を示せば十分である. $a, x \in D$, $h = x - a \neq 0$

とし，$t \in [0,1]$ の関数 $\varphi_1, \ldots, \varphi_d$ を次のように定める：

$$\varphi_j(t) = f(g_j(t)), \quad \text{ただし } g_j(t) = (x_1, \ldots, x_{j-1}, a_j + th_j, a_{j+1}, \ldots, a_d).$$

（D は開だから x が a に十分近ければ $\forall t \in [0,1]$ に対し $g_j(t) \in D$）．このとき，

$$\varphi_1(0) = f(a), \ \varphi_d(1) = f(x),$$
$$\varphi_j(0) = f(x_1, \ldots, x_{j-1}, a_j, a_{j+1}, \ldots, a_d) = \varphi_{j-1}(1).$$

ゆえに，

$$f(x) - f(a) = \varphi_d(1) - \varphi_1(0) = (\varphi_d(1) - \varphi_d(0)) + (\varphi_{d-1}(1) - \varphi_1(0)).$$

よって，帰納的に次を得る：

(1) $f(x) - f(a) = \sum_{j=1}^{d} (\varphi_j(1) - \varphi_j(0))$.

一方，D 上で $\partial_j f$ が存在して連続だから $f(x)$ は変数 x_j について C^1．したがって $\varphi_j \in C^1([0,1])$．よって平均値定理より，次のような $t_j \in (0,1)$ が存在する：

(2) $\varphi_j(1) - \varphi_j(0) = \varphi_j'(t_j) = (\partial_j f)(g_j(t_j)) h_j$.

また，$x \to a$ のとき，

$$g_j(t_j) \longrightarrow a$$

かつ $\partial_j f$ は連続だから，

$$(\partial_j f)(g_j(t_j)) \longrightarrow \partial_j f(a).$$

これと，$|h_j| \leq |h|$ より，

(3) $\dfrac{|h_j|}{|h|} |(\partial_j f)(g_j(t_j)) - \partial_j f(a)| \leq |(\partial_j f)(g_j(t_j)) - \partial_j f(a)| \longrightarrow 0$.

今，$C \stackrel{\text{def}}{=} (\partial_1 f(a), \ldots, \partial_d f(a)) \in \mathbb{R}^{1,d}$ に対し $Ch = \sum_{j=1}^{d} \partial_j f(a) h_j$．そこで $x \to a$ のとき，

$$\frac{1}{|h|}(f(x) - f(a) - Ch) \stackrel{(1)}{=} \frac{1}{|h|} \sum_{j=1}^{d} (\varphi_j(1) - \varphi_j(0) - \partial_j f(a) h_j)$$

$$\stackrel{(2)}{=} \frac{1}{|h|} \sum_{j=1}^{d} ((\partial_j f)(g_j(t_j)) - \partial_j f(a)) h_j \stackrel{(3)}{\longrightarrow} 0.$$

よって，$f'(a)$ が存在し C に等しい． \(^□^)/

($\star$) **13.1 節への補足 2**：多変数関数の微分に対する理解を深めるために，少し幾何学的考察をしてみよう．そのために，次の補題を準備する：

補題 13.1.9 $C \in \mathbb{R}^{m,d}$ に対し，

$$\operatorname{Ker} C \stackrel{\text{def}}{=} \{h \in \mathbb{R}^d \,;\, Ch = 0\}, \quad \operatorname{Ran} {}^{\mathrm{t}}C \stackrel{\text{def}}{=} \{{}^{\mathrm{t}}Ck \,;\, k \in \mathbb{R}^m\},$$

ただし ${}^{\mathrm{t}}C$ は C の転置行列を表す．このとき，

$$\mathbb{R}^d = \operatorname{Ker} C \oplus \operatorname{Ran} {}^{\mathrm{t}}C \quad (\text{直交直和}).$$

証明 次を言えばよい：

(1) $\operatorname{Ker} C = (\operatorname{Ran} {}^{\mathrm{t}}C)^{\perp} \stackrel{\text{def}}{=} \{h \in \mathbb{R}^d \,;\, 全ての h' \in \operatorname{Ran} {}^{\mathrm{t}}C に対し h \cdot h' = 0\}$.

ところが，

$$h \in (\operatorname{Ran} {}^{\mathrm{t}}C)^{\perp} \iff 全ての k \in \mathbb{R}^m に対し h \cdot {}^{\mathrm{t}}Ck = 0$$
$$\iff 全ての k \in \mathbb{R}^m に対し Ch \cdot k = 0$$
$$\iff Ch = 0 \iff h \in \operatorname{Ker} C.$$

よって (1) を得る． \(^□^)/

補題 13.1.9 より，直ちに次を得る：

命題 13.1.10 記号は定義 13.1.2 の通り，f は a で可微分とし，さらに，

$$\operatorname{Ker} f'(a) \stackrel{\text{def}}{=} \{h \in \mathbb{R}^d \,;\, f'(a)h = 0\},$$
$$\operatorname{Ran} {}^{\mathrm{t}}f'(a) \stackrel{\text{def}}{=} \{{}^{\mathrm{t}}f'(a)k \,;\, k \in \mathbb{R}^m\}.$$

このとき，

$$\mathbb{R}^d = \operatorname{Ker} f'(a) \oplus \operatorname{Ran} {}^{\mathrm{t}}f'(a) \quad (\text{直交直和}). \tag{13.9}$$

命題 13.1.5 より,

- f の a での微分は $h \in \mathrm{Ker}\, f'(a)$ 方向には零となる.

一方, (13.9) より特に $\mathrm{Ker}\, f'(a) \cap \mathrm{Ran}\,{}^t f'(a) = \{0\}$. したがって,

- f の a での微分は $h \in \mathrm{Ran}\,{}^t f'(a) \setminus \{0\}$ 方向には零ではない.

また, (13.9) より, 全方向 $\mathbb{R}^d$ は f が変動しない方向 $\mathrm{Ker}\, f'(a)$ と f が変動する方向 $\mathrm{Ran}\,{}^t f'(a)$ に直交分解される. 例えば, $m=1$, $f'(a) \neq 0$ と仮定する. さらに,
$$S = \{x \in D \,;\, f(x) = f(a)\}$$
とすると, $h \in \mathrm{Ker}\, f'(a)$ は S の a における接空間:
$$\{x \in \mathbb{R}^d \,;\, f'(a)(x-a) = 0\} \quad (d=2\text{なら接線}, d=3\text{なら接平面})$$
に平行なベクトルであり, $h \in \mathrm{Ran}\,{}^t f'(a)$ は接空間に直交する (法線ベクトル).

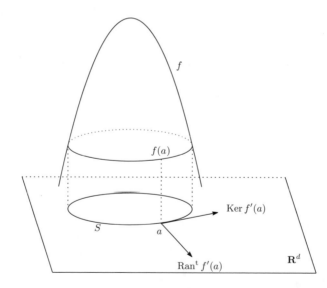

以上は $m \geq 2$ でも, $f'(a) \neq 0$ の代わりに $\mathrm{rank}\, f'(a) = m$ を仮定すれば, 同様である.

13.2 連鎖律

一変数関数の微分と同様に以下の命題が成立する：

命題 13.2.1 (**連鎖律**) $D \subset \mathbb{R}^d, E \subset \mathbb{R}^\ell$ は開集合，

$$x \in E, \quad E \xrightarrow{g} D \xrightarrow{f} \mathbb{R}^m$$

とする．このとき，

$$g \text{ が } x \text{ で可微分かつ } f \text{ が } g(x) \text{ で可微分}$$

なら，$f \circ g$ は x で可微分かつ，

$$(f \circ g)'(x) = f'(g(x)) g'(x). \tag{13.10}$$

命題 13.2.1 の証明は本節末に補足として述べる．(13.10) を行列として明示的に書くと：

$$\begin{pmatrix} \partial_1 (f \circ g)_1(x) & \cdots & \partial_\ell (f \circ g)_1(x) \\ \vdots & \cdots & \vdots \\ \partial_1 (f \circ g)_m(x) & \cdots & \partial_\ell (f \circ g)_m(x) \end{pmatrix}$$
$$= \begin{pmatrix} \partial_1 f_1(g(x)) & \cdots & \partial_d f_1(g(x)) \\ \vdots & \cdots & \vdots \\ \partial_1 f_m(g(x)) & \cdots & \partial_d f_m(g(x)) \end{pmatrix} \begin{pmatrix} \partial_1 g_1(x) & \cdots & \partial_\ell g_1(x) \\ \vdots & \cdots & \vdots \\ \partial_1 g_d(x) & \cdots & \partial_\ell g_d(x) \end{pmatrix}. \tag{13.11}$$

また，上式の (i,j) 成分は，

$$\partial_j (f \circ g)_i(x) = \sum_{k=1}^d \partial_k f_i(g(x)) \partial_j g_k(x). \tag{13.12}$$

(13.11), (13.12) は応用上，次のような別の書き方をすることもある．

- $(f \circ g)(x), g(x)$ の変数は x だから，それらに対しては ∂_j の代わりに ∂_{x_j} と書く．
- f の変数を（例えば）y と書き，f に対しては ∂_i の代わりに ∂_{y_i} と書く．

この流儀に従うと，(13.11), (13.12) はそれぞれ次のようになる：

$$
\begin{pmatrix}
\partial_{x_1}(f \circ g)_1(x) & \cdots & \partial_{x_\ell}(f \circ g)_1(x) \\
\vdots & \cdots & \vdots \\
\partial_{x_1}(f \circ g)_m(x) & \cdots & \partial_{x_\ell}(f \circ g)_m(x)
\end{pmatrix}
$$
$$
= \begin{pmatrix}
\partial_{y_1} f_1(g(x)) & \cdots & \partial_{y_d} f_1(g(x)) \\
\vdots & \cdots & \vdots \\
\partial_{y_1} f_m(g(x)) & \cdots & \partial_{y_d} f_m(g(x))
\end{pmatrix}
\begin{pmatrix}
\partial_{x_1} g_1(x) & \cdots & \partial_{x_\ell} g_1(x) \\
\vdots & \cdots & \vdots \\
\partial_{x_1} g_d(x) & \cdots & \partial_{x_\ell} g_d(x)
\end{pmatrix},
$$
(13.13)

$$\partial_{x_j}(f \circ g)_i(x) = \sum_{k=1}^{d} \partial_{y_k} f_i(g(x)) \partial_{x_j} g_k(x). \tag{13.14}$$

次の系は，平均値定理（定理 8.3.1）の d 次元への拡張と見なせる：

系 13.2.2 (**平均値定理**) $D \subset \mathbb{R}^d$ は開集合，$f : D \to \mathbb{R}$ は可微分，$a, h \in \mathbb{R}^d$，かつ全ての $0 \leq t \leq 1$ に対し $a + th \in D$ とする．このとき，次のような $c \in (0, 1)$ が存在する：

$$f(a+h) - f(a) = f'(a+ch)h. \tag{13.15}$$

特に全ての $0 < t < 1$ に対し $f'(a+th) = 0$ なら，$f(a+h) = f(a)$．

証明 $g(t) \overset{\text{def}}{=} a + th\ (0 \leq t \leq 1)$ に対し $g'(t) = h$．ゆえに連鎖律（命題 13.2.1）より $f \circ g$ は $(0, 1)$ 上可微分かつ，

(1) $\qquad (f \circ g)'(t) = f'(g(t))g'(t) = f'(a+th)h.$

また，$f \circ g \in C([0,1] \to \mathbb{R})$ と平均値定理（定理 8.3.1）より次のような $c \in (0,1)$ が存在する：

$$f(a+h) - f(a) = (f \circ g)(1) - (f \circ g)(0) = (f \circ g)'(c).$$

上式と (1) より (13.15) を得る。 \(^□^)/

◆例 13.2.3（平面極座標） $g : [0, \infty) \times \mathbb{R} \to \mathbb{R}^2$ を次の通り定める（系 6.5.7 参照）：

$$g(r, \theta) = \begin{pmatrix} r\cos\theta \\ r\sin\theta \end{pmatrix}, \quad r \geq 0,\ \theta \in \mathbb{R}.$$

微分の変換 I：極座標での微分を通常の直交座標系での微分で表そう．(13.6) より

(1) $$g'(r, \theta) = \begin{pmatrix} \mathrm{c} & -r\mathrm{s} \\ \mathrm{s} & r\mathrm{c} \end{pmatrix} \quad (\cos\theta,\ \sin\theta\ \text{を c, s と略記した}).$$

一方，$f : \mathbb{R}^2 \to \mathbb{R}$ が可微分なら，連鎖律（命題 13.2.1）より，

$$(f \circ g)'(r, \theta) = (f' \circ g)(r, \theta) g'(r, \theta),$$

よって (1) より，

(2) $$((f \circ g)_r, (f \circ g)_\theta) = (f_x \circ g, f_y \circ g) \begin{pmatrix} \mathrm{c} & -r\mathrm{s} \\ \mathrm{s} & r\mathrm{c} \end{pmatrix}.$$

すなわち，

$$\begin{aligned} (f \circ g)_r &= \mathrm{c} f_x \circ g + \mathrm{s} f_y \circ g, \\ (f \circ g)_\theta &= -r\mathrm{s} f_x \circ g + r\mathrm{c} f_y \circ g. \end{aligned} \quad (13.16)$$

上式は，(r, θ) での微分を (x, y) での微分で表す式である．

微分の変換 II：今度は逆に，(x, y) での微分を (r, θ) での微分で表そう．(2) 両辺に右から，

$$\begin{pmatrix} \mathrm{c} & -r\mathrm{s} \\ \mathrm{s} & r\mathrm{c} \end{pmatrix}^{-1} = \begin{pmatrix} \mathrm{c} & \mathrm{s} \\ -\frac{\mathrm{s}}{r} & \frac{\mathrm{c}}{r} \end{pmatrix}$$

を掛けると，

$$((f\circ g)_r, (f\circ g)_\theta)\begin{pmatrix} \text{c} & \text{s} \\ -\frac{\text{s}}{r} & \frac{\text{c}}{r} \end{pmatrix} = (f_x\circ g, f_y\circ g),$$

すなわち，

$$\begin{aligned} f_x\circ g &= \text{c}(f\circ g)_r - \tfrac{\text{s}}{r}(f\circ g)_\theta, \\ f_y\circ g &= \text{s}(f\circ g)_r + \tfrac{\text{c}}{r}(f\circ g)_\theta. \end{aligned} \tag{13.17}$$

となり，(13.16) とは逆に (x,y) での微分を (r,θ) での微分で表すことができる．

✔注 f と $f\circ g$ は，同じ関数 f を違う座標系で表したものなので，本質的に同じと考えることもできる．そこで，教科書によっては両者を同一視し，例えば (13.17) を次のように書くこともある：

$$\begin{aligned} f_x &= \text{c}f_r - \tfrac{\text{s}}{r}f_\theta, \\ f_y &= \text{s}f_r + \tfrac{\text{c}}{r}f_\theta. \end{aligned}$$

また，上式を「微分作用素の変換」と考えて次のような形式で書くこともある：

$$\begin{aligned} \partial_x &= \text{c}\partial_r - \tfrac{\text{s}}{r}\partial_\theta, \\ \partial_y &= \text{s}\partial_r + \tfrac{\text{c}}{r}\partial_\theta. \end{aligned}$$

これらの記法は簡潔である一方，誤用による混乱の恐れもあるので，本書ではより着実に，g との合成を明記することにした．

◆**例 13.2.4** (⋆)（**空間極座標**） 次の $g: [0,\infty)\times[0,\pi]\times[0,2\pi) \to \mathbb{R}^3$ は全射である：

$$g(r,\theta_1,\theta_2) = \begin{pmatrix} r\cos\theta_1 \\ r\sin\theta_1\cos\theta_2 \\ r\sin\theta_1\sin\theta_2 \end{pmatrix}, \quad (r,\theta_1,\theta_2) \in [0,\infty)\times[0,\pi]\times[0,2\pi)$$

実際，任意の $P \stackrel{\text{def}}{=} (x,y,z)$ に対し，$O=(0,0,0)$, $P_1=(x,0,0)$, $P_2=(x,y,0)$, $r=|OP|$, $\theta_1=\angle POP_1$, $\theta_2=\angle PP_1P_2$ とすると，下図の幾何的考察から $x=r\cos\theta_1$, $y=r\sin\theta_1\cos\theta_2$, $z=r\sin\theta_1\sin\theta_2$ となり，$P=g(r,\theta_1,\theta_2)$ を得る（数式による全射性の証明は問 13.2.5 を参照されたい）．

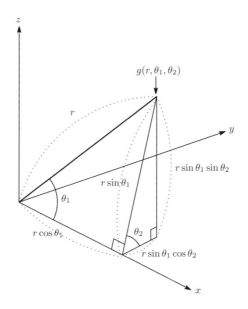

したがって $\mathbb{R}^3$ の点は $g(r,\theta_1,\theta_2)$ と表せ，この表示を $\mathbb{R}^3$ の点の**極座標**表示という．

微分の変換 I：極座標での微分を通常の直交座標系での微分で表そう．(13.6) より，

$$g'(r,\theta_1,\theta_2) = \begin{pmatrix} c_1 & -rs_1 & 0 \\ s_1c_2 & rc_1c_2 & -rs_1s_2 \\ s_1s_2 & rc_1s_2 & rs_1c_2 \end{pmatrix}$$

($\cos\theta_j$, $\sin\theta_j$ を c_j, s_j と略した)．また，$f:\mathbb{R}^3\to\mathbb{R}$ が可微分なら，連鎖律 (命題 13.2.1) より，

$$(f\circ g)'(r,\theta_1,\theta_2) = (f'\circ g)(r,\theta_1,\theta_2)g'(r,\theta_1,\theta_2).$$

したがって，

(1) $\begin{cases} (f\circ g)_r &= c_1 f_x\circ g - rs_1 f_y\circ g, \\ (f\circ g)_{\theta_1} &= s_1c_2 f_x\circ g + rc_1c_2 f_y\circ g - rs_1s_2 f_z\circ g, \\ (f\circ g)_{\theta_2} &= s_1s_2 f_x\circ g + rc_1s_2 f_y\circ g + rs_1c_2 f_z\circ g. \end{cases}$

微分の変換 II：今度は逆に，直交座標での微分を極座標での微分で表そう．

$$A \stackrel{\text{def}}{=} (0,\infty) \times (0,\pi) \times [0,2\pi), \quad B \stackrel{\text{def}}{=} \{(x,y,z) \in \mathbb{R}^3 \,;\, (y,z) \neq (0,0)\}$$

に対し $g: A \to B$ は全単射である（問 13.2.5）．以下，$(r,\theta_1,\theta_2) \in A$ とする．$g'(r,\theta_1,\theta_2)$ は，

$$T = \begin{pmatrix} c_1 & -s_1 & 0 \\ s_1 c_2 & c_1 c_2 & -s_2 \\ s_1 s_2 & c_1 s_2 & c_2 \end{pmatrix}$$

の第二列を r 倍，第三列を $\rho \stackrel{\text{def}}{=} rs_1$ 倍したものだから，(1) より，

(2) $$\left((f \circ g)_r, \frac{(f \circ g)_{\theta_1}}{r}, \frac{(f \circ g)_{\theta_2}}{\rho} \right) = (f_x \circ g, f_y \circ g, f_z \circ g)T.$$

また，

$$T = \begin{pmatrix} 1 & 0 & 0 \\ 0 & c_2 & -s_2 \\ 0 & s_2 & c_2 \end{pmatrix} \begin{pmatrix} c_1 & -s_1 & 0 \\ s_1 & c_1 & 0 \\ 0 & 0 & 1 \end{pmatrix}$$

より，T は直交行列かつ $\det T = 1$．したがって，

$$\det g'(r,\theta_1,\theta_2) = r\rho \det T = r^2 s_1 \neq 0.$$

T は直交行列だから，転置行列 ${}^t T$ は T^{-1} に等しい．よって (2) より，

(3) $$\begin{cases} (f_x \circ g, f_y \circ g, f_z \circ g) \\ = \left((f \circ g)_r, \frac{(f \circ g)_{\theta_1}}{r}, \frac{(f \circ g)_{\theta_2}}{\rho} \right) {}^t T \\ = \left((f \circ g)_r, \frac{(f \circ g)_{\theta_1}}{r}, \frac{(f \circ g)_{\theta_2}}{\rho} \right) \begin{pmatrix} c_1 & s_1 c_2 & s_1 s_2 \\ -s_1 & c_1 c_2 & c_1 s_2 \\ 0 & -s_2 & c_2 \end{pmatrix}. \end{cases}$$

(3) より直交座標での微分を，極座標での微分で表す式は次の通り：

$$f_x \circ g = c_1 (f \circ g)_r - \frac{s_1}{r} (f \circ g)_{\theta_1},$$
$$f_y \circ g = s_1 c_2 (f \circ g)_r + \frac{c_1 c_2}{r} (f \circ g)_{\theta_1} - \frac{s_2}{rs_1} (f \circ g)_{\theta_2},$$
$$f_z \circ g = s_1 s_2 (f \circ g)_r + \frac{c_1 s_2}{r} (f \circ g)_{\theta_1} + \frac{c_2}{rs_1} (f \circ g)_{\theta_2}.$$

\(^□^)/

✔注　空間極座標を $g(r,\theta_1,\theta_2) = \begin{pmatrix} r\sin\theta_1\cos\theta_2 \\ r\sin\theta_1\sin\theta_2 \\ r\cos\theta_1 \end{pmatrix}$ と定義することも多い (例 13.2.4 の定義 ${}^t(x,y,z)$ に対し ${}^t(y,z,x)$) が, 実際に色々計算してみると, 例 13.2.4 の定義の方が自然で見通しがよいことがわかる. いずれにしても, 座標を入れ替えただけの違いなので, 一方で得られた結果を他方に翻訳することは容易である.

問 13.2.1　$f \in C^1(\mathbb{R}^2 \to \mathbb{R})$ とする. 次の g に対し $(f \circ g)'$ を計算せよ:
(i) $g(x,y) = \begin{pmatrix} x\cos y \\ x\sin y \end{pmatrix}$, (ii) $g(x,y) = \begin{pmatrix} x+y \\ xy \end{pmatrix}$.

問 13.2.2　$\mathbb{R}^{d+1}$ の点を (t,x) ($t \in \mathbb{R}$, $x \in \mathbb{R}^d$) と書く. $u \in C^1(\mathbb{R}^{d+1} \to \mathbb{R})$, $g \in C^1(\mathbb{R} \to \mathbb{R}^d)$ について次の (a), (b) は同値であることを示せ. **(a)** u は一階偏微分方程式 $\partial_t u(t,x) + \sum_{j=1}^d g_j'(t) \partial_{x_j} u(t,x) = 0$ をみたす. **(b)** 全ての (t,x) に対し $u(t,x) = u(0, x+g(0)-g(t))$. [(a) $\Rightarrow$ (b) のヒント: $u(t, x+g(t))$ を t について微分する.]

問 13.2.3 (楕円座標)　$(r,\theta) \in \mathbb{R}^2$ に対し $g(r,\theta) = \begin{pmatrix} \operatorname{ch} r \cos\theta \\ \operatorname{sh} r \sin\theta \end{pmatrix}$ とする. (i) $g : [0,\infty) \times (-\pi, \pi] \to \mathbb{R}^2$ は全射であることを示せ. (ii) $g : (0,\infty) \times (-\pi, \pi] \to \mathbb{R}^2 \setminus ([-1,1] \times \{0\})$ は全単射であることを示し, (13.16), (13.17) にあたる式を求めよ.

問 13.2.4　$g(\theta_1, \theta_2) = \begin{pmatrix} \sin\theta_1/\cos\theta_2 \\ \sin\theta_2/\cos\theta_1 \end{pmatrix}$ は $A \stackrel{\text{def}}{=} \{(\theta_1, \theta_2) \in [0,\infty)^2\,;\, \theta_1 + \theta_2 < \frac{\pi}{2}\}$ から $[0,1)^2$ への全単射である (問 6.7.2). この g に対し, (13.16), (13.17) にあたる式を求めよ.

問 13.2.5 ($\star$)　例 13.2.4 の g について次を示せ: (i) $g : [0,\infty) \times [0,\pi] \times [0, 2\pi) \to \mathbb{R}^3$ へは全射である. (ii) $g : A \to B$ は全単射である.

13.2 節への補足

($\star$) 命題 13.2.1 の証明　仮定より,

(1)　$\varphi_1(y) \stackrel{\text{def}}{=} g(y) - g(x) - g'(x)(y-x)$ に対し $\displaystyle\lim_{\substack{y \to x \\ y \neq x, y \in E}} \frac{\varphi_1(y)}{|y-x|} = 0.$

(2)　$\begin{cases} \varphi_2(z) \stackrel{\text{def}}{=} f(z) - f(g(x)) - f'(g(x))(z - g(x)) \text{ に対し} \\ \displaystyle\lim_{\substack{z \to g(x) \\ z \neq g(x), z \in D}} \frac{\varphi_2(z)}{|z - g(x)|} = 0. \end{cases}$

実は次が成立する:

(3) $\displaystyle\lim_{\substack{y \to x \\ y \neq x, y \in E}} \frac{\varphi_2(g(y))}{|y - x|} = 0.$

(3) の証明はひとまず後回しにし，(3) を用い，命題を示す：

$$f(g(y)) - f(g(x)) \stackrel{(2)}{=} f'(g(x))(g(y) - g(x)) + \varphi_2(g(y))$$
$$\stackrel{(1)}{=} f'(g(x))g'(x)(y - x) + \underbrace{f'(g(x))\varphi_1(y) + \varphi_2(g(y))}_{\varphi(y) \text{ とおく．}}.$$

さらに，(1), (3) から，

$$\lim_{\substack{y \to x \\ y \neq x, y \in E}} \frac{\varphi(y)}{|y - x|} = 0.$$

以上より結論を得る．以下，(3) を示す．$x_n \in E \setminus \{x\}, x_n \to x$ として，

(4) $\displaystyle\frac{\varphi_2(g(x_n))}{|x_n - x|} \longrightarrow 0$

を言えばよい．$g(x_n) = g(x)$ なら $\varphi_2(g(x_n)) = \varphi_2(g(x)) = 0$．よって，(4) を示す際には $g(x_n) \neq g(x)$ となる n だけで考えてよい．g は x で連続だから $g(x_n) \stackrel{n \to \infty}{\to} g(x)$．よって $n \to \infty$ とするとき，

$$\frac{|\varphi_2(g(x_n))|}{|x_n - x|} = \underbrace{\frac{|\varphi_2(g(x_n))|}{|g(x_n) - g(x)|}}_{(2) \text{ より } \to 0} \underbrace{\frac{|g(x_n) - g(x)|}{|x_n - x|}}_{(1) \text{ より 有界}} \longrightarrow 0.$$

以上より (4) が示せた． \(^□^)/

13.3 高階の偏微分

定義 13.3.1 $D \subset \mathbb{R}^d$ は開集合，$f : D \to \mathbb{R}$ とする．

▶ 偏導関数 $g = \partial_i f$ が定義されるとき（定義 8.1.9 参照），これに対し更なる偏微分 $\partial_j g(x)$ を考えることができる．これを，

$$\partial_j \partial_i f(x), \quad \partial_{x_j} \partial_{x_i} f(x), \quad \frac{\partial^2 f}{\partial x_j \partial x_i}(x), \quad \frac{\partial^2}{\partial x_j \partial x_i} f(x), \quad f_{x_i \, x_j}(x)$$

等の記号で表す．特に $i = j$ なら，

$$\partial_i^2 f(x), \quad \partial_{x_i}^2 f(x), \quad \frac{\partial^2 f}{\partial x_i^2}(x), \quad \frac{\partial^2}{\partial x_i^2} f(x), \quad f_{x_i \, x_i}(x).$$

これらを**二階の偏微分係数**という．また，これらが全ての $x \in D$ で存在し，x の関数とみなすときは**二階の偏導関数**という．

▶ $k = 1, 2, \ldots$ とする．$k - 1$ 階の偏導関数 g が定義されるとき，これに対し更なる偏微分 $\partial_j g(x)$ を考えることができる．これにより，帰納的に k **階の偏微分係数**，k **階の偏導関数**が定義される．

▶ $f : D \to \mathbb{R}$ であり，k 階までの全ての偏導関数が存在して連続であるもの全体を $C^k(D)$ で表す．

✔ **注** $f_{x_i\, x_j} = (f_{x_i})_{x_j}$ なので，$f_{x_i\, x_j}$ と書くときの x_i, x_j の順番は，$\frac{\partial^2}{\partial x_j \partial x_i} f$ と書くときと逆になる．

◆**例 13.3.2** $C \in \mathbb{R}^{d,d}$, $b \in \mathbb{R}^d$,
$$f(x) = b \cdot x + x \cdot Cx, \ \ x \in \mathbb{R}^d$$
に対し，
$$\partial_j f(x) = b_j + \sum_{1 \leq k \leq d} (c_{kj} + c_{jk}) x_k, \tag{13.18}$$
$$\partial_i \partial_j f(x) = c_{ij} + c_{ji}. \tag{13.19}$$

証明 $j = 1, \ldots, d$ を一つ固定し
$$f(x) = \sum_{k=1}^d b_k x_k + \sum_{k,\ell=1}^d c_{k\ell} x_k x_\ell = f_0(x) + f_1(x) + f_2(x),$$
ただし x_j について p 次の項をまとめて $f_p(x)$ とした：
$$f_0(x) = \sum_{\substack{1 \leq k \leq d \\ k \neq j}} b_k x_k + \sum_{\substack{1 \leq k, \ell \leq d \\ k, \ell \neq j}} c_{k\ell} x_k x_\ell,$$
$$f_1(x) = b_j x_j + \sum_{\substack{1 \leq k \leq d \\ k \neq j}} c_{kj} x_k x_j + \sum_{\substack{1 \leq \ell \leq d \\ \ell \neq j}} c_{j\ell} x_j x_\ell,$$
$$f_2(x) = c_{jj} x_j^2.$$

したがって，

(1) $\partial_j f(x) = \partial_j f_1(x) + \partial_j f_2(x) = b_j + \sum_{\substack{1 \leq k \leq d \\ k \neq j}} c_{kj} x_k + \sum_{\substack{1 \leq \ell \leq d \\ \ell \neq j}} c_{j\ell} x_\ell + 2c_{jj} x_j.$

(1) の右辺を整理すれば (13.18) の右辺になる．(13.18) を x_i で偏微分し (13.19) を得る． \(^□^)/

例 13.3.2 では $\partial_j \partial_i f = \partial_i \partial_j f$ が成立するが，一般に次の命題が成立する：

命題 13.3.3 記号は定義 13.3.1 の通りとする．$\partial_j \partial_i f, \partial_i \partial_j f$ が共に D 上定義されかつ $a \in D$ で連続なら $\partial_j \partial_i f(a) = \partial_i \partial_j f(a)$.

証明は，本節末の補足で述べる．$\partial_j \partial_i f(a), \partial_i \partial_j f(a)$ が共に存在しても，a で不連続なら等しくないことがある．具体例は本節末の補足（例 13.3.9）を参照されたい．

▶例 13.3.4（平面極座標） 平面極座標（例 13.2.3）で，(x,y) に関する二階微分と，(r,θ) に関する二階微分を関連づける．以下 $f \in C^2(\mathbb{R}^2 \to \mathbb{R})$ とする．例 13.2.3 より，

(1) $f_x \circ g = \mathrm{c}(f \circ g)_r - \frac{\mathrm{s}}{r}(f \circ g)_\theta, \quad f_y \circ g = \mathrm{s}(f \circ g)_r + \frac{\mathrm{c}}{r}(f \circ g)_\theta.$

したがって，

$f_{xx} \circ g$
$= \mathrm{c}(f_x \circ g)_r - \frac{\mathrm{s}}{r}(f_x \circ g)_\theta \quad (\leftarrow (1)\text{ 第一式で } f \text{ を } f_x \text{ とした})$
$= \mathrm{c}\partial_r \left(\mathrm{c}(f \circ g)_r - \frac{\mathrm{s}}{r}(f \circ g)_\theta \right) - \frac{\mathrm{s}}{r}\partial_\theta \left(\mathrm{c}(f \circ g)_r - \frac{\mathrm{s}}{r}(f \circ g)_\theta \right)$
$= \mathrm{c}\left(\mathrm{c}(f \circ g)_{rr} + \frac{\mathrm{s}}{r^2}(f \circ g)_\theta - \frac{\mathrm{s}}{r}(f \circ g)_{r\theta} \right)$
$\quad - \frac{\mathrm{s}}{r}\left(-\mathrm{s}(f \circ g)_r + \mathrm{c}(f \circ g)_{r\theta} - \frac{\mathrm{c}}{r}(f \circ g)_\theta - \frac{\mathrm{s}}{r}(f \circ g)_{\theta\theta} \right)$
$= \mathrm{c}^2(f \circ g)_{rr} - 2\frac{\mathrm{cs}}{r}(f \circ g)_{r\theta} + \frac{\mathrm{s}^2}{r^2}(f \circ g)_{\theta\theta} + \frac{\mathrm{s}^2}{r}(f \circ g)_r + 2\frac{\mathrm{cs}}{r^2}(f \circ g)_\theta.$

同様に，

$$f_{yy} \circ g = \mathrm{s}^2 (f \circ g)_{rr} + 2\frac{\mathrm{cs}}{r}(f \circ g)_{r\theta} + \frac{\mathrm{c}^2}{r^2}(f \circ g)_{\theta\theta} + \frac{\mathrm{c}^2}{r}(f \circ g)_r - 2\frac{\mathrm{cs}}{r^2}(f \circ g)_\theta.$$

特に，

$$f_{xx} \circ g + f_{yy} \circ g = (f \circ g)_{rr} + \frac{1}{r}(f \circ g)_r + \frac{1}{r^2}(f \circ g)_{\theta\theta}.$$

\(^□^)/

◼ **例 13.3.5** $f \in C^2(\mathbb{R}^2 \to \mathbb{C})$ に対し，次の (a), (b) は同値である：

(a) 全ての $(x,y) \in \mathbb{R}^2$ で $\partial_x \partial_y f(x,y) = 0$.

(b) $f_j \in C^2(\mathbb{R} \to \mathbb{C})$ $(j=1,2)$ が存在し，全ての $(x,y) \in \mathbb{R}^2$ で $f(x,y) = f_1(x) + f_2(y)$.

証明 (a) $\Rightarrow$ (b): y を任意に固定し $x \mapsto \partial_y f(x,y)$ に対し微積分の基本公式を用いると：

(1) $\partial_y f(x,y) = \partial_y f(0,y) + \int_0^x \underbrace{\partial_x \partial_y f(x',y)}_{=0} dx' = \partial_y f(0,y).$

次に x を任意に固定し $y \mapsto f(x,y)$ に対し微積分の基本公式を用いると：

$$f(x,y) = f(x,0) + \int_0^y \partial_y f(x,y') dy' \stackrel{(1)}{=} f(x,0) + \int_0^y \partial_y f(0,y') dy'.$$

よって次の f_1, f_2 に対し (b) が言える：

$$f_1(x) = f(x,0), \quad f_2(y) = \int_0^y \partial_y f(0,y') dy'.$$

(b) $\Rightarrow$ (a): $\partial_y f(x,y) = f_2'(y)$. よって $\partial_x \partial_y f(x,y) = \partial_x f_2'(y) = 0$. \(^□^)/

◆例 13.3.6 $u \in C^2(\mathbb{R}^2 \to \mathbb{R})$ および $c > 0$ に対し次の (a), (b) は同値である：

(a) **波動方程式** $(\partial_t^2 - c^2 \partial_x^2) u(x,t) = 0$ をみたす．

(b) 関数 $w_\pm \in C^2(\mathbb{R} \to \mathbb{R})$ が存在して $u(x,t) = w_+(x+ct) + w_-(x-ct)$ と書ける．

なお，(b) の解を**ダランベール解**[1]，また，$w_-(x-ct)$ を**前進波解**，$w_+(x+ct)$ を**後進波解**という．物理的には，水平方向に無限に長い弦の，水平座標 x に対応する時刻 t での垂直座標が $u(x,t)$ である．$w_-(x-ct)$ は $w_-(x)$ で与えられる同じ形の波が，正の方向に速度 c で移動することを意味する．後進波解の物理的意味も同様である．

証明 (a)⇒(b): 次の変数変換を用いる：

(1) $(y,z) = (x+ct, x-ct)$ すなわち $(x,t) = g(y,z) \stackrel{\text{def}}{=} \left(\frac{y+z}{2}, \frac{y-z}{2c}\right)$.

次のような一変数関数 $w_\pm$ の存在を言えばよい：

(2) $u(g(y,z)) = w_+(y) + w_-(z), \quad \forall (y,z) \in \mathbb{R}^2$.

実際，$(y,z) = (x+ct, x-ct)$ を (2) に代入すれば (b) を得る．(2) のためには次を言えばよい（例 13.3.5）：

(3) $(u \circ g)_{yz} = 0$.

(3) を示すために次に注意する：一般に，$(x,t) \mapsto f(x,t)$ が可微分なら

(4) $(f \circ g)_y \stackrel{(13.14)}{=} \frac{1}{2} f_x \circ g + \frac{1}{2c} f_t \circ g, \quad (f \circ g)_z \stackrel{(13.14)}{=} \frac{1}{2} f_x \circ g - \frac{1}{2c} f_t \circ g$.

特に，

(5) $(u \circ g)_y \stackrel{(4) \text{第一式}}{=} \frac{1}{2} u_x \circ g + \frac{1}{2c} u_t \circ g$.

これらを用い，次のように (3) を得る：

$$\begin{aligned}
(u \circ g)_{yz} &\stackrel{(5)}{=} \frac{1}{2}(u_x \circ g)_z + \frac{1}{2c}(u_t \circ g)_z \\
&\stackrel{(4) \text{第二式}}{=} \frac{1}{4} u_{xx} \circ g - \frac{1}{4c} u_{xt} \circ g + \frac{1}{4c} u_{tx} \circ g - \frac{1}{4c^2} u_{tt} \circ g
\end{aligned}$$

---

[1] Jean Le Rond d'Alembert (1717–1783). フランスの数学者，物理学者，哲学者．

$$\stackrel{命題\ 13.3.3}{=} \frac{1}{4}u_{xx}\circ g - \frac{1}{4c^2}u_{tt}\circ g \stackrel{(a)}{=} 0.$$

(b) $\Rightarrow$ (a): $w_\pm(x\pm ct)$ それぞれが波動方程式をみたせばよい．ところが，それは次の計算からわかる：

$$\partial_x^2(w_\pm(x\pm ct)) = w''_\pm(x\pm ct), \quad \partial_t^2(w_\pm(x\pm ct)) = c^2 w''_\pm(x\pm ct).$$

\(^□^)/

◆例 **13.3.7** ($\star$)（**空間極座標**）　空間極座標（例 13.2.4）で，(x,y,z) についての二階微分を (r,θ_1,θ_2) についての微分で書き表そう．

$$A \stackrel{\text{def}}{=} (0,\infty)\times(0,\pi)\times[0,2\pi), \quad B \stackrel{\text{def}}{=} \{(x,y,z)\in\mathbb{R}^3\,;\,(y,z)\neq(0,0)\}$$

とし，以下 $(r,\theta_1,\theta_2)\in A$ を仮定する（例 13.2.4 より，この仮定は $(x,y,z)\in B$ と同値である）．さらに例 13.2.4 より，

$$f_x\circ g = c_1(f\circ g)_r - \frac{s_1}{r}(f\circ g)_{\theta_1},$$
$$f_y\circ g = s_1 c_2(f\circ g)_r + \frac{c_1 c_2}{r}(f\circ g)_{\theta_1} - \frac{s_2}{rs_1}(f\circ g)_{\theta_2},$$
$$f_z\circ g = s_1 s_2(f\circ g)_r + \frac{c_1 s_2}{r}(f\circ g)_{\theta_1} + \frac{c_2}{rs_1}(f\circ g)_{\theta_2}.$$

これを繰り返し用いれば x,y,z による二階以上の微分も極座標による微分で表すことができる（多少面倒だが）．ここでは，$f_{xx}+f_{yy}+f_{zz}$ を極座標による微分で表す比較的簡単な計算法を紹介する．r,θ_1,θ_2 から x,y,z を得る手順を，

$$(r,\theta_1,\theta_2) \xrightarrow{\substack{x=rc_1,\\ \rho=rs_1}} (x,\rho,\theta_2) \xrightarrow{\substack{y=\rho c_2,\\ z=\rho s_2}} (x,y,z)$$

と二段階に分け，第一，第二の変換をそれぞれ g_1,g_2 と記す：

$$g_1(r,\theta_1,\theta_2) = \begin{pmatrix} r\cos\theta_1 \\ r\sin\theta_1 \\ \theta_2 \end{pmatrix}, \quad g_2(x,\rho,\theta_2) = \begin{pmatrix} x \\ \rho\cos\theta_2 \\ \rho\sin\theta_2 \end{pmatrix}.$$

このとき，$g = g_2\circ g_1$．また，g_1 は (x,ρ) 平面における二次元極座標だから例 13.3.4 の結果より，

$$(f\circ g_2)_{xx}\circ g_1 + (f\circ g_2)_{\rho\rho}\circ g_1 = (f\circ g)_{rr} + \frac{1}{r}(f\circ g)_r + \frac{1}{r^2}(f\circ g)_{\theta_1\theta_1}.$$

さらに，g_2 の形から，
$$(f \circ g_2)_{xx} = f_{xx} \circ g_2.$$
上の二式より，

(1) $f_{xx} \circ g + (f \circ g_2)_{\rho\rho} \circ g_1 = (f \circ g)_{rr} + \frac{1}{r}(f \circ g)_r + \frac{1}{r^2}(f \circ g)_{\theta_1\theta_1}.$

一方，g_2 は (y, z) 平面において平面極座標だから例 13.3.4 の結果より

$$f_{yy} \circ g_2 + f_{zz} \circ g_2 = (f \circ g_2)_{\rho\rho} + \frac{1}{\rho}(f \circ g_2)_\rho + \frac{1}{\rho^2}(f \circ g_2)_{\theta_2\theta_2}$$
$$= (f \circ g_2)_{\rho\rho} + \frac{1}{r\mathrm{s}_1}(f \circ g_2)_\rho + \frac{1}{r^2\mathrm{s}_1^2}(f \circ g_2)_{\theta_2\theta_2}.$$

さらに，g_1 の形から，
$$(f \circ g_2)_{\theta_2\theta_2} \circ g_1 = (f \circ g_2 \circ g_1)_{\theta_2\theta_2} = (f \circ g)_{\theta_2\theta_2}.$$
上の二式より，

(2) $f_{yy} \circ g + f_{zz} \circ g = (f \circ g_2)_{\rho\rho} \circ g_1 + \frac{1}{r\mathrm{s}_1}(f \circ g_2)_\rho \circ g_1 + \frac{1}{r^2\mathrm{s}_1^2}(f \circ g)_{\theta_2\theta_2}.$

今，例 13.2.3 で y についての微分を r, θ についての微分に書き換える式を用いると，$f \circ g_2$ の ρ についての微分を r, θ_1 についての微分に書き換えることができる：

(3) $(f \circ g_2)_\rho \circ g_1 = \mathrm{s}_1(f \circ g)_r + \frac{\mathrm{c}_1}{r}(f \circ g)_{\theta_1}.$

以上より，

$f_{xx} \circ g + f_{yy} \circ g + f_{zz} \circ g$
$\overset{(1), (2)}{=} (f \circ g)_{rr} + \frac{1}{r}(f \circ g)_r + \frac{1}{r^2}(f \circ g)_{\theta_1\theta_1}$
$\qquad + \frac{1}{r\mathrm{s}_1}(f \circ g_2)_\rho \circ g_1 + \frac{1}{r^2\mathrm{s}_1^2}(f \circ g)_{\theta_2\theta_2}$
$\overset{(3)}{=} (f \circ g)_{rr} + \frac{2}{r}(f \circ g)_r + \frac{\mathrm{c}_1}{r\mathrm{s}_1}(f \circ g)_{\theta_1} + \frac{1}{r^2}(f \circ g)_{\theta_1\theta_1} + \frac{1}{r^2\mathrm{s}_1^2}(f \circ g)_{\theta_2\theta_2}.$

\(^□^)/

次に多変数関数に対するテイラーの定理を述べる．特に $n = 2$ の場合は，多変数関数の極値の判定にも用いられる．

定理 13.3.8 (テイラーの定理) $D \subset \mathbb{R}^d$ は開集合, $f \in C^n(D \to \mathbb{C})$ とする. $x \in D, h \in \mathbb{R}^d, m = 1, \ldots, n$ に対し,

$$q_m(f, x, h) \stackrel{\text{def}}{=} \sum_{i_1, \ldots, i_m = 1}^{d} \partial_{i_1} \cdots \partial_{i_m} f(x) h_{i_1} \cdots h_{i_m}. \tag{13.20}$$

$a, h \in \mathbb{R}^d$, かつ全ての $0 \leq t \leq 1$ に対し $a + th \in D$ とするとき,

$$f(a+h) - f(a) = \sum_{m=1}^{n-1} \frac{1}{m!} q_m(f, a, h) + r_n(f, a, h), \tag{13.21}$$

ただし,

$$r_n(f, a, h) = \frac{1}{(n-1)!} \int_0^1 (1-t)^{n-1} q_n(f, a+th, h) dt. \tag{13.22}$$

特に f が実数値なら, 次のような $c \in (0,1)$ が存在する:

$$r_n(f, a, h) = \frac{1}{n!} q_n(f, a+ch, h). \tag{13.23}$$

✔注 $n = 1$ の場合, (13.21) は次のように書ける:

$$f(a+h) - f(a) = \sum_{i=1}^{d} h_i \int_0^1 \partial_i f(a+th) dt. \tag{13.24}$$

これは, 微積分の基本公式（定理 11.2.1）の多変数版と見なせる. また, f が実数値で $n = 2$ の場合, (13.21), (13.23) を組み合わせると,

$$f(a+h) - f(a) = \sum_{i=1}^{d} \partial_i f(a) h_i + \frac{1}{2} \sum_{i,j=1}^{d} \partial_i \partial_j f(a+ch) h_i h_j. \tag{13.25}$$

(13.25) は, 極値の判定（13.6 節）にも応用される.

証明 次の一変数関数 g を考え, 一変数関数の場合（定理 11.4.1）に帰着させる:

(1) $\qquad g(t) = f(a+th), \quad t \in [0,1].$

まず, 次を示す:

(2) $$g^{(m)}(t) = q_m(f, a+th, h), \quad 1 \leq m \leq n.$$

実際, $m=1$ の場合は連鎖律（命題 13.2.1）より,

$$g^{(1)}(t) = \sum_{i=1}^{d} \partial_i f(a+th) h_i = q_1(f, a+th, h).$$

以下, t について繰り返し微分すれば, 帰納的に (2) を得る.

次に (2) を用いて定理を示す. $g \in C^n([0,1])$ だから一変数関数に対するテイラーの定理（定理 11.4.1）より,

(3) $$g(1) - g(0) = \sum_{m=1}^{n-1} \frac{1}{m!} g^{(m)}(0) + r_n(f, a, h),$$

ただし,

(4) $$r_n(f, a, h) = \frac{1}{(n-1)!} \int_0^1 (1-t)^{n-1} g^{(n)}(t) dt.$$

また, 特に f が実数値なら, 同じく定理 11.4.1 より次のような $c \in (0,1)$ が存在する：

(5) $$r_n(f, a, h) = \frac{1}{n!} g^{(n)}(c).$$

(1), (2) を (3), (4), (5) に代入すれば, 示すべき式を得る. \\(^□^)/

問 13.3.1 $u, v, f \in C^1(\mathbb{R}^2)$ に対し $A(f) = u f_x - v f_y$, $B(f) = v f_x + u f_y$, $f \in C^2(\mathbb{R}^2)$ に対し $A^2(f) = A(Af)$, $B^2(f) = B(Bf)$ とする. $f \in C^2(\mathbb{R}^2)$ に対し次を示せ：

$$A^2(f) + B^2(f) = (u^2 + v^2)(f_{xx} + f_{yy}) + \left(\partial_x \left(\frac{u^2+v^2}{2}\right) + u v_y - u_y v\right) f_x \\ + \left(\partial_y \left(\frac{u^2+v^2}{2}\right) + u_x v - u v_x\right) f_y.$$

問 13.3.2 例 13.3.4 で f_{xy} を極座標による微分で表せ.

問 13.3.3 $f \in C^2(\mathbb{R}^2)$ とし, $f_{xx} + f_{yy}$ を楕円座標（問 13.2.3）での微分で表せ. [ヒント：問 13.2.3, 問 13.3.1.]

問 13.3.4 $x \in \mathbb{R}^d$, $t, \nu > 0$, $h_t(x) = c t^{-d/2} \exp\left(-\frac{|x|^2}{2\nu t}\right)$ とする ($c > 0$ は定数). $h_t(x)$ に対し**熱方程式** $(\partial_t - \frac{\nu}{2}\Delta) h_t(x) = 0$ を示せ. ただし $\Delta = \partial_1^2 + \cdots + \partial_d^2$. この Δ を**ラプラシアン**という.

問 13.3.5 $x \in \mathbb{R}^d \setminus \{0\}$ とする．以下を示せ：
(i) $f \in D((0, \infty))$ に対し $\partial_j f(|x|) = f'(|x|) x_j |x|^{-1}$．
(ii) $f \in D^2((0, \infty))$ に対し
$\partial_i \partial_j f(|x|) = f''(|x|) x_i x_j |x|^{-1} + f'(|x|) (\delta_{ij} |x|^{-1} - x_i x_j |x|^{-3})$, $\Delta f(|x|) = f''(|x|) + (d-1) f'(|x|) |x|^{-1}$．

問 13.3.6 $f \in C^2(\mathbb{R}^d)$, 任意の $i, j = 1, \ldots, d$ に対し $\partial_i \partial_j f(x) \xrightarrow{|x| \to \infty} a_{ij} \in \mathbb{R}$ とする．このとき，任意の $h \in \mathbb{R}^d$ に対し極限：$\lim_{|x| \to \infty} (f(x+h) - f(x) - f'(x) \cdot h)$ の存在を示し，値を求めよ．

問 13.3.7 ($\star$) $f \in C^2(\mathbb{R})$, $g \in C^1(\mathbb{R})$ とする．次の (a), (b) が同値であることを示せ：
(a) $u \in C^2(\mathbb{R}^2)$, $(\partial_t^2 - c^2 \partial_x^2) u(x, t) = 0$, $u(x, 0) = f(x)$, $\partial_t u(x, 0) = g(x)$．
(b) $u(x, t) = \frac{1}{2} \left(f(x+ct) + f(x-ct) + c^{-1} \int_{x-ct}^{x+ct} g \right)$．
水平方向に無限に長い弦の，水平座標 x に対応する時刻 t での垂直座標が $u(x, t)$ である．初期位置 f, 初速 g が与えられたとき，上の $u(x, t)$ は時刻 t での弦の形を表す（**ストークスの公式**）．

問 13.3.8 ($\star$) $f \in C^2(\mathbb{R})$, $x \in \mathbb{R}^d \setminus \{0\}$ とする．以下を示せ：
(i) $\Delta(|x|^p f(|x|)) = |x|^p f''(|x|) + (2p+d-1) |x|^{p-1} f'(|x|) + p(p+d-2) |x|^{p-2} f(|x|)$ ($p \in \mathbb{R}$). (ii) $d = 3$, $c > 0$ とする．このとき，**三次元球面波** $u(x, t) = \frac{1}{|x|} f(|x| - ct)$ は**波動方程式** $\partial_t^2 u(x, t) = c^2 \Delta u(x, t)$ をみたす．
三次元球面波 $u(x, t)$ は，空間に音が伝わるときの位置 x, 時刻 t での音の強さを表す．特に $x \notin [-a, a]$ ($a > 0$) で $f(x) = 0$ の場合が典型的で，これは時刻 0 では $|x| \le a$ でのみ音が聞こえることを意味する（例えば，原点付近の爆発音）．その後，音は原点を中心に球対称に拡散し，原点から離れた位置 x では $\frac{|x|-a}{c} \le t \le \frac{|x|+a}{c}$ という有限な時間帯だけ音が聞こえる．

問 13.3.9 ($\star$) $u(x, t) = (c^2 t^2 - |x|^2)^{p/2}$ ($x \in \mathbb{R}^d$, $c, t > 0$, $p \in \mathbb{R}$, $|x| < ct$) とする．以下を示せ：(i) $\partial_t^2 u(x, t) = -c^2 p (c^2 t^2 - |x|^2)^{\frac{p}{2}-2} ((1-p) c^2 t^2 + |x|^2)$, $\Delta u(x, t) = -p (c^2 t^2 - |x|^2)^{\frac{p}{2}-2} (dc^2 t^2 + (2-p-d) |x|^2)$. (ii) $d = 2$, $p = -1$ のとき，**波動方程式** $\partial_t^2 u(x, t) = c^2 \Delta u(x, t)$ が成立する．
$d = 2$, $p = -1$ に対する $u(x, t)$ は平面内で，原点を波源とする波の，位置 x, 時刻 t での高さを表す．三次元の場合（問 13.3.8）と異なり，一度伝播した波は（時間の経過と共に減衰はするが）永久に残る．もしこの世が二次元なら，過去に発せられた全ての音が今も聞こえることになる！

問 13.3.10 ($\star$) (i) $x \in \mathbb{R}^d \setminus \{0\}$ に対し次の $g_0(x)$ を**グリーン核**という：
$$g_0(x) = \begin{cases} -|x|, & d=1, \\ -c_2 \log|x|, & d=2, \\ c_d|x|^{2-d}, & d \geq 3, \end{cases} \quad (c_2, c_3, \ldots \text{ は定数}). \quad \Delta g_0 = 0 \text{ を示せ } [\, g_0(x)$$
は原点に置かれた質点（点電荷）による x における位置エネルギー（静電位）を表し，$(\partial_j g_0)_{j=1}^d$ は重力場（静電場）を表す．$\Delta g_0 = 0$ は重力場（静電場）が保存力場であることを表す．] (ii) $d \geq 2$ とする．$x = (x_1, \ldots, x_d)$, $x_d > 0$ に対し次の $p(x)$ を半空間の**ポワソン核**という：$p(x) = \frac{(d-1)c_d}{2} \frac{x_d}{|x|^d}$. $p(x) = -\partial_d g_0(x)$, $\Delta p(x) = 0$ を示せ．[$\mathbb{R}^d$ の下半空間 $\mathbb{R}^{d-1} \times (-\infty, 0)$ に静電場は生じないとする（例えば金属，電解質溶液などの電気を逃がしやすい物質でみたされている場合）．このとき $0 \in \mathbb{R}^d$ に電荷をおくと $\mathbb{R}^{d-1} \times (0, \infty)$ にのみ静電場が生じ，$x \in \mathbb{R}^d \times (0, \infty)$ での電位は $p(x)$ で与えられる．]

問 13.3.11 ($\star$) $(x,t) \in \mathbb{R}^2$ の関数：$u(x,t) = \frac{c}{a} - \frac{b}{a} \mathrm{th}\left(\frac{b}{\nu}(x-ct)\right)$ (a, b, c, ν は正定数) に対し，以下を示せ：
$$\partial_t u + au\partial_x u = \frac{\nu}{2}\partial_x^2 u, \quad u(x,t) \overset{x \to \pm\infty}{\longrightarrow} (c \mp b)/a.$$

上の微分方程式を**バーガーズ方程式**[2]という．数直線を道路（正の方向に一方通行），時刻 t, 位置 x での車の密度を $f(x,t) \in [0,1]$ とする．このとき，単位時間に x を通過する車の数は，
$$q(x,t) = \frac{a}{2} f(x,t)(1 - f(x,t)) - \frac{\nu}{2}\partial_x f(x,t), \quad (a \text{ は正定数})$$

と考えられる．$f(x,t)(1 - f(x,t))$ は，$f(x,t) \leq 1/2$ なら，密度が高いほど通過する車も多いが，$f(x,t) \geq 1/2$ なら，密度が高いと渋滞し，単位時間に通過できる車は減少することを表す．また，$-\nu\partial_x f(x,t)$ は，運転者が，込み始める ($\partial_x f(x,t) > 0$) と減速，すき始める ($\partial_x f(x,t) < 0$) と加速することに起因する．このとき，密度の時間変化と，通過する車の数の空間変化の釣り合いの式は $\partial_t f(x,t) = -\partial_x q(x,t)$ となる．これは $u(x,t) = \frac{1}{2} - f(x,t)$ に対するバーガーズ方程式になる．問 13.3.11 で具体的に与えた $u(x,t)$ は「込み始め」の位置（渋滞の最後尾）が時間と共に移動する様子を表す．

問 13.3.12 ($\star$) 問 13.3.4 の $h_t(x)$ に対し，$u(x,t) = -\nu \log h_t(x)$, $v_j(x,t) = -\nu h_t(x)^{-1}\partial_j h_t(x)$ ($j = 1, \ldots, d$) とするとき，次を示せ：

(1) $\partial_t u(x,t) + \frac{1}{2}\sum_{i=1}^d |\partial_i u(x,t)|^2 = \frac{\nu}{2}\Delta u(x,t)$.

---

[2] Johannes Martinus Burgers (1895–1981). オランダの物理学者.

(2)　　$\partial_t v_j(x,t) + \sum_{i=1}^{d} v_i(x,t)\partial_i v_j(x,t) = \dfrac{\nu}{2}\Delta v_j(x,t), \quad j=1,\ldots,d.$

特に $d=1$ のとき，(2) はバーガーズ方程式 (問 13.3.11) なので，$h_t(x)$ から $v_1(x,t)$ への変換は熱方程式からバーガーズ方程式への変換である．この変換を Hopf-Cole 変換と呼ぶ．また，上記方程式 (2) に非圧縮条件：$\sum_{i=1}^{d}\partial_i v_i(x,t)=0$ を連立した方程式は**ナヴィエ・ストークス方程式**と呼ばれる，粘性流体の基礎的方程式である．

問 13.3.13 $(\star)$ $(x,t)\in\mathbb{R}^2$ の関数：

$$u(x,t) = 3c\,\mathrm{ch}^{-2}\left(\dfrac{1}{2}\sqrt{\dfrac{c}{\mu}}(x-ct)\right) \quad (c,\mu>0 \text{ は定数})$$

は次の **KdV 方程式**をみたすことを示せ：

$$\partial_t u + u\partial_x u + \mu\partial_x^3 u = 0.$$

オランダの数学者コルトベークとド フリースは，運河などの浅い水を伝わる波長の長い波が，崩れることなく長い距離を伝播する，という観測結果を，KdV 方程式により説明した (1895 年)．$u(x,t)$ は KdV 方程式の**孤立波解**，あるいは**ソリトン解**と呼ばれる．$x \mapsto u(x,t)$ は $x=ct$ に高さ $3c$ の先鋒をもつ関数で，その波形が t とともに速度 c で正の方向に形を変えず移動する様子を表す．

$(\star)$ 13.3 節への補足

命題 13.3.3 の証明　x_i, x_j 以外の変数は固定して，x_i, x_j 二変数のみ考えればよい．したがって $d=2$ の場合を示せば十分である．そこで，

$$\Delta(h) = f(a_1+h, a_2+h) - f(a_1+h, a_2) - f(a_1, a_2+h) + f(a_1, a_2), \quad h>0$$

とし，$\partial_2\partial_1 f(a), \partial_1\partial_2 f(a)$ が共に，

$$\lim_{h\to 0}\Delta(h)/h^2$$

に等しいことを示す．

まず，$\partial_2\partial_1 f(a)$ を考える．

$$\varphi_1(t) = f(t, a_2+h) - f(t, a_2)$$

とすると，

(1) $\Delta(h) = \varphi_1(a_1+h) - \varphi_1(a_1)$.

(2) $\varphi_1'(t) = \partial_1 f(t, a_2+h) - \partial_1 f(t, a_2)$.

したがって，(1) と φ_1 に対する平均値定理より次をみたす $h_1 \in (0, h)$ が存在する：

(3) $\Delta(h)/h = \varphi_1'(a_1+h_1) \stackrel{(2)}{=} \partial_1 f(a_1+h_1, a_2+h) - \partial_1 f(a_1+h_1, a_2)$.

さらに，
$$g_2(t) = \partial_1 f(a_1+h_1, t)$$

とすると，

(4) (3) の右辺 $= g_2(a_2+h) - g_2(a_2)$,

(5) $g_2'(t) = \partial_2 \partial_1 f(a_1+h_1, t)$.

したがって，(4) と g_2 に対する平均値定理から次をみたす $h_2 \in (0, h)$ が存在する．

(6) $((3) \text{ の右辺})/h = g_2'(a_2+h_2) \stackrel{(5)}{=} \partial_2 \partial_1 f(a_1+h_1, a_2+h_2)$.

$\partial_2 \partial_1 f$ は a で連続だから (3), (6) より，
$$\Delta(h)/h^2 = \partial_2 \partial_1 f(a_1+h_1, a_2+h_2) \stackrel{h \to 0}{\longrightarrow} \partial_2 \partial_1 f(a_1, a_2).$$

また，座標を入れ替えて同じ議論をすれば[3] $\Delta(h)/h^2 \stackrel{h \to 0}{\longrightarrow} \partial_1 \partial_2 f(a_1, a_2)$ を得る．ゆえに $\partial_2 \partial_1 f(a_1, a_2) = \partial_1 \partial_2 f(a_1, a_2)$. \(^□^)/

◆**例 13.3.9** $r > 0$ とし，$f : \mathbb{R}^2 \to \mathbb{R}$ を次のように定める：
$$f(x, y) = \begin{cases} \dfrac{x^{r+1} y}{(x^2+y^2)^{r/2}}, & (x, y) \neq (0, 0), \\ 0, & (x, y) = (0, 0). \end{cases}$$

このとき例 13.1.8 の計算から，任意の $t \neq 0$ に対し，
$$\partial_x f(0, t) = 0, \quad \partial_y f(t, 0) = t.$$

よって，$\partial_y \partial_x f(0, 0) = 0, \partial_x \partial_y f(0, 0) = 1$.

---

[3] $\Delta(h) = \varphi_2(a_2+h) - \varphi_2(a_2)$，ただし $\varphi_2(t) = f(a_1+h, t) - f(a_1, t)$. 次に φ_2 に平均値定理を用いる．

13.4 極値点・臨界点

$f \in C^1(\mathbb{R} \to \mathbb{R})$ に対し,極値点 (定義 8.3.3) の候補は $f'(a) = 0$ をみたす点だった (命題 8.3.4). さらに,$f \in C^2(\mathbb{R} \to \mathbb{R})$, $f'(a) = 0$ のとき,$f''(a) > 0$, $f''(a) < 0$ に応じて,a は極小点,極大点である. これら事実の多変数関数への拡張について述べる.

定義 13.4.1 (**臨界点**) $D \subset \mathbb{R}^d$ は開集合,$f : D \to \mathbb{R}, a \in D$ とする.
▶ 次の条件がみたされるとき,a は f の**臨界点**であるという:f が a で可微分かつ,

$$f'(a) = 0, \quad \text{すなわち,全ての } j = 1, \ldots, d \text{ に対し } \partial_j f(a) = 0.$$

まず,可微分関数の臨界点であることは,極値点であることの必要条件であることを述べる (十分でないことについては例 13.4.4 参照). これは,可微分関数の極値点を求める際,まず候補として臨界点を求める手順の根拠となる.

命題 13.4.2 (**極値点での微分**) $D \subset \mathbb{R}^d$ は開集合,$f : D \to \mathbb{R}, a \in D$ は f の極値点とする. ある $j = 1, \ldots, d$ に対し $\partial_j f(a)$ が存在すれば $\partial_j f(a) = 0$. 特に f が a で可微分なら a は臨界点である.

証明 D は開集合だから,$\varepsilon > 0$ が十分小さければ,

$$\varphi_j(t) = f(a + te_j), \quad t \in (-\varepsilon, \varepsilon)$$

が定義され,$t = 0$ は φ_j の極値点である. 一方,$\partial_j f(a)$ が存在するから,φ_j は $t = 0$ で可微分で $\varphi_j'(0) = \partial_j f(a)$. 以上と命題 8.3.4 より $0 = \varphi_j'(0) = \partial_j f(a)$. 特に f が a で可微分なら $f'(a) \stackrel{命題 13.1.6}{=} (\partial_j f(a))_{j=1}^d = 0$. \(^□^)/

最大点・最小点は極値点なので,命題 13.4.2 から直ちに次の系を得る. この系は具体例でしばしば用いられる.

系 13.4.3 命題 13.4.2 において，f の最大（小）点が存在すれば，それらは臨界点である．したがって，臨界点 a のうち，$f(a)$ を最大（小）にするものは f の最大（小）点である．

✔**注** f の最大（小）点が存在しない場合，臨界点 a のうち，$f(a)$ を最大（小）にするものがあっても，それは当然，f の最大（小）点でない．

◆**例 13.4.4** $b, c \in \mathbb{R}$ を定数 $\neq 0$, $p, q \in \mathbb{N}$ を偶数 $\neq 0$,
$$f(x, y) = bx^p + cy^q, \ (x, y) \in \mathbb{R}^2$$
とする．このとき原点 $(0,0)$ は f の唯一の臨界点である．また，

$(0,0)$ は $\begin{cases} b, c > 0 \text{ なら } f \text{ の極小点,} \\ b, c < 0 \text{ なら } f \text{ の極大点,} \\ bc < 0 \text{ なら } f \text{ の極値点でない.} \end{cases}$

証明 臨界点は，
$$f_x = pbx^{p-1} = 0, \ f_y = qcy^{q-1} = 0$$
の解だから $(x, y) = (0, 0)$ のみである．$b, c > 0$ なら任意の (x, y) に対し $f(x, y) \geq 0 = f(0, 0)$ より $(0, 0)$ は極小点．同様に，$b, c < 0$ なら $(0, 0)$ は極大点．一方，例えば $b > 0 > c, x, y \neq 0$ なら
$$\underbrace{f(0, y)}_{=cy^q} < \underbrace{f(0, 0)}_{=0} < \underbrace{f(x, 0)}_{=bx^p}.$$
よって，$(0, 0)$ は極値点でない．$b < 0 < c$ でも同様である． \(^□^)/

例 13.4.4 が示すように，可微分関数の臨界点であることは，極値点であることの必要条件に過ぎない．

問 13.4.1 $c_1, \ldots, c_d \in \mathbb{R} \setminus \{0\}$ を定数とする．$f(x) = c_1 x_1^2 + \cdots + c_d x_d^2$ $(x \in \mathbb{R}^d)$ について，例 13.4.4 と同様の考察を行え．

13.5 二次形式

13.6 節で，多変数関数 f に対し，f を二次関数で近似することにより，f の臨界点が極値点であるための十分条件を与える．その準備として 13.5 節で二次関数についての理解を深めておく．

13.5 節を通じ，$H = (h_{ij})_{\substack{1 \le i \le d \\ 1 \le j \le d}} \in \mathbb{R}^{d,d}$ を対称 ($h_{ij} = h_{ji}$) とし，以下の記号を用いる：

$$f(x) = x \cdot Hx, \quad x \in \mathbb{R}^d, \tag{13.26}$$

$$H_k = \begin{pmatrix} h_{11} & \ldots & h_{1k} \\ \vdots & \ldots & \vdots \\ h_{k1} & \ldots & h_{kk} \end{pmatrix}, \quad \Delta_k = \det H_k, \quad k = 1, \ldots, d \tag{13.27}$$

$f(x)$ を H の定める**二次形式**，Δ_k を H の**主小行列式**という．

次の命題が 13.5 節，13.6 節の基本をなす．

命題 13.5.1 f, Δ_k を (13.26), (13.27) の通りとし，以下の条件を考える：

(P1) 全ての $k = 1, \ldots, d$ に対し $\Delta_k > 0$．

(P2) H は**正定値**，すなわち，$x \ne 0 \Rightarrow f(x) > 0$．

(PS1) 全ての $k = 1, \ldots, d$ に対し $\Delta_k \ge 0$．

(PS2) H は**半正定値**，すなわち，任意の $x \in \mathbb{R}^d$ に対し $f(x) \ge 0$．

このとき，
$$(\text{P1}) \iff (\text{P2}) \implies (\text{PS1}) \impliedby (\text{PS2}).$$

上の命題より，$x = 0$ が $f(x)$ の (狭義) 極大点であるか否かを Δ_k ($k = 1, \ldots, d$) の符号で判定できる．なお，条件 (P1), (P2) の "P" は「正定値」(positive definite) の頭文字から，(PS1), (PS2) の "PS" は「半正定値」(positive semi-definite) の頭文字からとった．命題 13.5.1 を示すために，次の補題を用いる (補題の証明は，本節末の補足で述べる．実は H の対称性は部分的にしか必要ない)．

補題 13.5.2

$$g_{i\,j} \stackrel{\text{def}}{=} h_{1\,1}h_{i\,j} - h_{1\,j}h_{i\,1}, \quad 1 \leq i,j \leq d,$$
$$G_{k-1} \stackrel{\text{def}}{=} (g_{i\,j})_{2 \leq i,j \leq k} \in \mathbb{R}^{k-1,k-1}, \quad k = 2,\ldots,d$$

とするとき,

(a) $\det G_{k-1} = h_{11}^{k-2} \Delta_k$.

(b) $x \in \mathbb{R}^d$ に対し,

$$h_{11}f(x) = x' \cdot G_{d-1}x' + \left(\sum_{j=1}^{d} h_{1j}x_j\right)^2, \quad \text{ただし } x' = \begin{pmatrix} x_2 \\ \vdots \\ x_d \end{pmatrix}.$$

命題 13.5.1 の証明 (P1) $\Rightarrow$ (P2): d についての帰納法による. $d = 1$ なら明らか. そこで, (P1) $\Rightarrow$ (P2) が $d-1$ 次行列に対し成立すると仮定し, H が正定値であることを言う. 今, $\Delta_1 = h_{11} > 0$. したがって補題 13.5.2 より,

$$\det G_{k-1} = h_{11}^{k-2} \Delta_k > 0, \quad k = 2,\ldots,d.$$

これと, 帰納法の仮定より G_{d-1} は正定値である. さらに補題 13.5.2 より,

(1) $$h_{11}f(x) = x' \cdot G_{d-1}x' + \left(\sum_{j=1}^{d} h_{1j}x_j\right)^2.$$

$x \neq 0$ なら,

$$(2): x' \neq 0 \text{ または } (3): x' = 0, x_1 \neq 0.$$

ところが,

$$(2) \Longrightarrow h_{11}f(x) \stackrel{(1)}{\geq} x' \cdot G_{d-1}x' > 0,$$
$$(3) \Longrightarrow f(x) \stackrel{f \text{ の定義}}{=} h_{11}x_1^2 > 0.$$

以上より H は正定値である.
(P2) $\Rightarrow$ (P1): $k = 1,\ldots,d, x \in \mathbb{R}^k, x \neq 0$ とする. f は正定値なので,

(4) $$x \cdot H_k x = f(x_1, \ldots, x_k, \underbrace{0, \ldots, 0}_{d-k}) > 0.$$

今, H_k の各固有値 λ_j ($j = 1, \ldots, k$) に対し固有ベクトル $u_j \in \mathbb{R}^k$ ($|u_j| = 1$) をとる. このとき $H_k u_j = \lambda_j u_j$ より,

$$\lambda_j = u_j \cdot \lambda_j u_j = u_j \cdot H_k u_j \stackrel{(4)}{>} 0, \quad (j = 1, \ldots, k).$$

したがって $\Delta_k = \det H_k = \lambda_1 \cdots \lambda_k > 0$.

以上より (P1) $\iff$ (P2) だが, (PS1) $\impliedby$ (PS2) も同様に示せる. また, (P1) $\Rightarrow$ (PS1) は明らかである. \(^□^)/

次の条件 (N1), (N2) の "N" は「負定値」(negative definite) の頭文字, 条件 (NS1), (NS2) の "NS" は「半負定値」(negative semi-definite) の頭文字, 条件 (I) の "I" は「不定符号」(indefinite) の頭文字をとった.

系 13.5.3 記号は命題 13.5.1 の通りとし, 以下の条件を考える:

(N1) 全ての $k = 1, \ldots, d$ に対し $(-1)^k \Delta_k > 0$.

(N2) H は**負定値**, すなわち, $x \neq 0 \Rightarrow f(x) < 0$.

(NS1) 全ての $k = 1, \ldots, d$ に対し $(-1)^k \Delta_k \geq 0$.

(NS2) H は**半負定値**, すなわち, 任意の $x \in \mathbb{R}^d$ に対し $f(x) \leq 0$.

(I) H は**不定符号**である, すなわち, ある $x, y \in \mathbb{R}^d \setminus \{0\}$ に対し $f(x) < 0 < f(y)$.

このとき,

$$\text{(N1)} \iff \text{(N2)} \implies \text{(NS1)} \impliedby \text{(NS2)}, \tag{13.28}$$

$$\text{(I)} \impliedby \text{(PS1), (NS1) 共に不成立}. \tag{13.29}$$

証明 (13.28): $-H$ に対し命題 13.5.1 を適用して得られる.
(13.29): (I) は「(PS2), (NS2) が共に不成立」と同値. したがって「(PS1), (NS1) が共に不成立」と同値である. \(^□^)/

◆例 13.5.4 $C \in \mathbb{R}^{d,d}$,
$$f(x) = x \cdot Cx, \quad x \in \mathbb{R}^d$$
に対し $H = C + {}^tC$（${}^tC$ は C の転置行列を表す）とする．この H に対し命題 13.5.1, 系 13.5.3 の記号を用いると，

$$(\text{P1}) \iff (\text{P2}) \iff 0 \text{ は } f \text{ の狭義極小値,}$$
$$(\text{N1}) \iff (\text{N2}) \iff 0 \text{ は } f \text{ の狭義極大値,}$$
$$(\text{PS1}), (\text{NS1}) \text{ が共に不成立} \iff 0 \text{ は } f \text{ の極値でない.}$$

証明
$$x \cdot Cx = \sum_{i,j=1}^d c_{ij} x_i x_j = \sum_{i,j=1}^d c_{ji} x_i x_j = x \cdot {}^tCx.$$
したがって，
$$f(x) = \tfrac{1}{2} x \cdot Cx + \tfrac{1}{2} x \cdot {}^tCx = \tfrac{1}{2} x \cdot Hx.$$
したがって命題 13.5.1, 系 13.5.3 に帰着する．　　　　　　　　\(^□^)/

(⋆) **13.5 節への補足**

補題 13.5.2 の証明　以下の証明からわかるように，(a) は H 対称とは限らない一般の正方行列でも成立し，(b) は $h_{i\,1} = h_{1\,i}$ ($1 \leq i \leq d$) だけを仮定すれば成立する．

(a): H_k を次のように記す[4]．
$$H_k = (\mathbf{h}_1, \mathbf{h}_2, \ldots, \mathbf{h}_k), \quad \text{ただし} \quad \mathbf{h}_j = \begin{pmatrix} h_{1j} \\ \vdots \\ h_{kj} \end{pmatrix}.$$

$g_{i\,j} = h_{1\,1} h_{i\,j} - h_{1\,j} h_{i\,1}$ より，$1 \leq j \leq d$ に対し，

---
[4] 列ベクトル $\mathbf{h}_j$ とスカラーの h_{ij} 区別がつきやすいように，この証明に限り列ベクトルを太字にした．

(1) $g_{1\,j} = h_{1\,1}h_{1\,j} - h_{1\,j}h_{1\,1} = 0, \quad g_{j\,1} = h_{1\,1}h_{j\,1} - h_{1\,1}h_{j\,1} = 0.$

また，

(2) $\begin{cases} \mathbf{g}_j \stackrel{\text{def}}{=} \begin{pmatrix} g_{1j} \\ \vdots \\ g_{kj} \end{pmatrix} \stackrel{g_{ij}\,\text{の定義}}{=} h_{11}\begin{pmatrix} h_{1j} \\ \vdots \\ h_{kj} \end{pmatrix} - h_{1j}\begin{pmatrix} h_{11} \\ \vdots \\ h_{k1} \end{pmatrix}. \\ \phantom{\mathbf{g}_j} = h_{11}\mathbf{h}_j - h_{1j}\mathbf{h}_1 \end{cases}$

したがって，

$$h_{11}\det G_{k-1} = \det\begin{pmatrix} h_{11} & 0 & \cdots & 0 \\ h_{21} & g_{22} & \cdots & g_{2k} \\ \vdots & \vdots & \cdots & \vdots \\ h_{k1} & g_{k2} & \cdots & g_{kk} \end{pmatrix} \stackrel{(1)}{=} \det(\mathbf{h}_1, \mathbf{g}_2, \ldots, \mathbf{g}_k)$$

$$\stackrel{(2)}{=} \det(\mathbf{h}_1, h_{11}\mathbf{h}_2, \ldots, h_{11}\mathbf{h}_k) = h_{11}^{k-1}\det(\mathbf{h}_1, \mathbf{h}_2, \ldots, \mathbf{h}_k)$$

$$= h_{11}^{k-1}\Delta_k.$$

$h_{11} \neq 0$ なら上式両辺を h_{11} で割って (a) を得る．(a) の両辺は h_{11} について多項式なので，$h_{11} > 0$ に対する (a) で，$h_{11} \to 0$ の極限をとれば $h_{11} = 0$ の場合にも (a) を得る．

(b):

(3) $\sum_{i,j=1}^{d} g_{i\,j}x_ix_j \stackrel{(1)}{=} \sum_{i,j=2}^{d} g_{i\,j}x_ix_j = x' \cdot G_{d-1}x'.$

また，$h_{11}h_{i\,j} = g_{i\,j} + h_{1\,j}h_{i\,1}$. したがって

$$h_{11}f(x) = \sum_{i,j=1}^{d} g_{i\,j}x_ix_j + \sum_{i,j=1}^{d} h_{i\,1}h_{1\,j}x_ix_j$$

$$\stackrel{(3)}{=} x' \cdot G_{d-1}x' + \left(\sum_{i=1}^{d} h_{i\,1}x_i\right)\left(\sum_{j=1}^{d} h_{1\,j}x_j\right).$$

上式で $h_{i\,1} = h_{1\,i}$ に注意すると (b) の等式を得る． \(^□^)/

13.6 ヘッシアンによる極大・極小の判定

多変数関数の臨界点が，極値点であるための十分条件を二階の微分を用いて与える．そのために次の定義をおく：

定義 13.6.1 (ヘッシアン) $D \subset \mathbb{R}^d$, $f \in C^2(D \to \mathbb{R})$, $x \in \overset{\circ}{D}$, また, $k = 1, \ldots, d$ に対し，

$$f_k''(x) \overset{\text{def}}{=} \begin{pmatrix} \partial_1 \partial_1 f(x) & \cdots & \partial_1 \partial_k f(x) \\ \vdots & \cdots & \vdots \\ \partial_k \partial_1 f(x) & \cdots & \partial_k \partial_k f(x) \end{pmatrix}, \quad \Delta_k(x) \overset{\text{def}}{=} \det f_k''(x). \quad (13.30)$$

特に $f''(x) \overset{\text{def}}{=} f_d''(x)$ を f の x における**ヘッシアン**という．

✔**注** $\Delta_k(x)$ を x の関数：$\Delta_k : x \mapsto \Delta_k(x)$ と考えるときは，x を省略し，単に Δ_k と書くこともある（例 13.6.5，例 13.6.6 等）．

◆**例 13.6.2** $C \in \mathbb{R}^{d,d}$,

$$f(x) = x \cdot Cx, \ x \in \mathbb{R}^d$$

に対し例 13.3.2 より，

$$f''(x) = C + {}^t C, \ ({}^t C \text{ は } C \text{ の転置行列を表す}).$$

◆**例 13.6.3** 例 13.4.4 の $f(x,y)$ に対し，

$$f''(x,y) = \begin{pmatrix} p(p-1)bx^{p-2} & 0 \\ 0 & q(q-1)cy^{q-2} \end{pmatrix}.$$

例 13.5.4，例 13.6.2 より，ヘッシアンを用いて二次関数の極値の判定ができる．この考え方を一般化する．簡単のため $f \in C^2(\mathbb{R}^d \to \mathbb{R})$, $a, h \in \mathbb{R}^d$, とする．このとき，テイラーの定理（定理 13.3.8，特に (13.25)）より，次のような

$c \in (0,1)$ が存在する：

$$f(a+h) - f(a) = f'(a) \cdot h + \frac{1}{2} h \cdot f''(a+ch)h.$$

特に $f'(a) = 0$ かつ $|h|$ が小さければ，上式 $f''(a+ch)$ で，$a+ch \stackrel{\text{ほぼ}}{=} a$ と見なすと，

$$f(a+h) - f(a) \stackrel{\text{ほぼ}}{=} \frac{1}{2} h \cdot f''(a)h \tag{13.31}$$

と近似できる．つまり，

　　f は臨界点 a の近傍で，係数行列 $\frac{1}{2} f''(a)$ の二次関数で近似される．

(13.31), 命題 13.5.1, 系 13.5.3 から次の命題の成立が示唆される：

命題 13.6.4 (極大・極小の判定)　記号は定義 13.6.1 の通り，$a \in \overset{\circ}{D}$, $f'(a) = 0$ として，以下の条件を考える：

(**P**)　全ての $k = 1, \ldots, d$ に対し $\Delta_k(a) > 0$.

(**PS**)　全ての $k = 1, \ldots, d$ に対し $\Delta_k(a) \geq 0$.

(**N**)　全ての $k = 1, \ldots, d$ に対し $(-1)^k \Delta_k(a) > 0$.

(**NS**)　全ての $k = 1, \ldots, d$ に対し $(-1)^k \Delta_k(a) \geq 0$.

このとき，

$$(\text{P}) \implies a \text{ は } f \text{ の狭義極小点}. \tag{13.32}$$

$$(\text{N}) \implies a \text{ は } f \text{ の狭義極大点}. \tag{13.33}$$

$$(\text{PS}), (\text{NS}) \text{ 共に不成立} \implies a \text{ は } f \text{ の極値点でない}. \tag{13.34}$$

厳密な証明は 13.6 節末尾に与えることとし，ここでは証明の概略だけを述べる．(13.31) を認めて f を (13.31) の右辺におきかえて考えると，行列 $f''(a)$ が正定値，負定値であるかに応じ a は f の極小点，極大点である．命題 13.5.1, 系 13.5.3 より，そのための条件が (P), (N) で与えられる．また，(PS), (NS) 共に不成立なら，系 13.5.3 より $f''(a)$ は不定符号．したがって a は f の極値でない．

✔**注 1**　ある偶数 k に対し $\Delta_k(a) < 0$ なら (PS), (NS) 共に不成立である．

✔**注 2**　命題 13.6.4 の (PS) から，a が f の極小点とは言えない．例えば，例 13.4.4 の f で $p = 2, q \geq 4, b > 0 > c$ とする．例 13.6.3 より，

$$f''(0,0) = \begin{pmatrix} 2b & 0 \\ 0 & 0 \end{pmatrix}.$$

よって $a = (0, 0)$ において命題 13.6.4 の (PS) がみたされる．ところが例 13.4.4 より $(0, 0)$ は f の極値点でない．同様に命題 13.6.4 の条件 (NS) から a が f の極大点とは言えない．

◆**例 13.6.5**　次の関数の極値点を調べる：

$$f(x, y) = xy \exp\left(-\frac{x^2 + y^2}{2}\right), \quad (x, y) \in \mathbb{R}^2.$$

$f \in C^2(\mathbb{R}^2)$ なので極値点は臨界点 ($f_x = f_y = 0$ の解) である (命題 13.4.2)．そこでまず臨界点を求める．

$$f_x = y(1 - x^2)e^{-\frac{x^2+y^2}{2}}, \quad f_y = x(1 - y^2)e^{-\frac{x^2+y^2}{2}}.$$

したがって，臨界点は $(0, 0)$, $\pm(1, 1)$, $\pm(1, -1)$. また，

$$f''(x, y) = \begin{pmatrix} f_{xx} & f_{xy} \\ f_{yx} & f_{yy} \end{pmatrix}$$

$$= e^{-\frac{x^2+y^2}{2}} \begin{pmatrix} xy(x^2 - 3) & (1 - x^2)(1 - y^2) \\ (1 - x^2)(1 - y^2) & xy(y^2 - 3) \end{pmatrix},$$

よって (定義 13.6.1 の後の注参照)，

$$\Delta_1 = xy(x^2 - 3)e^{-\frac{x^2+y^2}{2}},$$
$$\Delta_2 = \{x^2y^2(x^2 - 3)(y^2 - 3) - (1 - x^2)^2(1 - y^2)^2\}e^{-(x^2+y^2)}.$$

これらより，

$$\Delta_2(0, 0) = (0 - 1)\exp(0) < 0.$$

よって $(0,0)$ は f の極値点でない（命題 13.6.4 後の注参照）．

$$\Delta_1(\pm(1,1)) = -2\exp(-1) < 0,$$
$$\Delta_2(\pm(1,1)) = (4-0)\exp(-2) > 0.$$

よって $\pm(1,1)$ は f の狭義極大点である．

$$\Delta_1(\pm(1,-1)) = 2\exp(-1) > 0,$$
$$\Delta_2(\pm(1,-1)) = (4-0)\exp(-2) > 0.$$

よって $\pm(1,-1)$ は f の狭義極小点である． \\(^□^)/

三変数以上の関数に対して，命題 13.6.4 を適用して極値点を調べる方法は原理的には二変数の場合（例 13.6.5）と同様だが，実際の計算は煩雑になることが多い．ここでは，比較的簡単に計算できる例を挙げる：

◆**例 13.6.6** 次の関数の極値点を調べる：
$$f(x,y,z) = \frac{1}{3}(x^3 + y^3 + z^3) - xy - yz - zx, \quad (x,y,z) \in \mathbb{R}^3.$$

$f \in C^2(\mathbb{R}^3)$ より，極値点は臨界点（$f_x = f_y = f_z = 0$ の解）である．そこでまず臨界点を求める．

(1) $f_x = x^2 - y - z, \quad f_y = y^2 - z - x, \quad f_z = z^2 - x - y.$

(x,y,z) を臨界点とすると，(1) より，

(2) $x + y = z^2 \geq 0, \quad y + z = x^2 \geq 0, \quad z + x = y^2 \geq 0.$

また，臨界点において $0 = f_x - f_y = f_y - f_z = f_z - f_x$ より，

(3) $0 = (x-y)(x+y+1) = (y-z)(y+z+1) = (z-x)(z+x+1).$

(2), (3) より，$x = y = z$．これを再び (2) に代入し，$x = y = z = 0, 2$ を得る．以上より臨界点は $(0,0,0), (2,2,2)$ である．さらに，

$$f''(x,y,z) = \begin{pmatrix} f_{xx} & f_{xy} & f_{xz} \\ f_{yx} & f_{yy} & f_{yz} \\ f_{zx} & f_{zy} & f_{zz} \end{pmatrix} = \begin{pmatrix} 2x & -1 & -1 \\ -1 & 2y & -1 \\ -1 & -1 & 2z \end{pmatrix}.$$

よって（定義 13.6.1 の後の注参照），

$$\Delta_1 = 2x, \quad \Delta_2 = 4xy - 1,$$
$$\Delta_3 = 2x(4yz - 1) - (-1)(-2z - 1) + (-1)(1 + 2y)$$
$$= 8xyz - 2(x + y + z) - 2.$$

（Δ_3 は第一行について余因子展開して求めた．）これらより，$\Delta_2(0,0,0) < 0$. よって $(0,0,0)$ は f の極値点でない（命題 13.6.4 後の注参照）．

$$\Delta_k(2,2,2) = \left\{ \begin{array}{ll} 4, & k=1, \\ 15, & k=2, \\ 50, & k=3 \end{array} \right\} > 0.$$

よって $(2,2,2)$ は f の狭義極小点である． \(^□^)/

問 13.6.1 $(x,y) \in \mathbb{R}^2$ を変数とする以下の関数の臨界点を全て求め，それらを極小点，極大点，極値点でない点に分類せよ．(i) $x^3 + y^3 - 3xy$. (ii) $x^4 + y^4 - 10x^2 + 16xy - 10y^2$. (iii) $(x^2 - y^2)e^{-x^2-y^2}$.

問 13.6.2 $(x,y,z) \in \mathbb{R}^3$ を変数とする関数 $\frac{1}{2}(x^2 + y^2 + z^2) - xyz$ の臨界点を全て求め，それらを極小点，極大点，極値点でない点に分類せよ．

(⋆) 13.6 節への補足：

命題 13.6.4 の証明 $a \in \overset{\circ}{D}$ より $B(a, \varepsilon) \subset D$ をみたす $\varepsilon > 0$ が存在する．(13.32): (P) と命題 13.5.1 より，$f''(a)$ は正定値である．全ての $k = 1, \ldots, d$ に対し $\Delta_k \in C(D \to \mathbb{R})$ かつ $\Delta_k(a) > 0$. よって，必要なら $\varepsilon > 0$ をさらに小さくとりかえて，$B(a, \varepsilon)$ 上で全ての $k = 1, \ldots, d$ に対し $\Delta_k > 0$ としてよい．今，$x \in B(a, \varepsilon) \setminus \{a\}$ を任意，$h = x - a$ とする．このとき，テイラーの定理（定理 13.3.8）と $f'(a) = 0$ より，次のような $c \in (0, 1)$ が存在する：

(1) $\quad f(x) - f(a) = \frac{1}{2} h \cdot f''(a + ch) h.$

全ての $k = 1, \ldots, d$ に対し $\Delta_k(a + ch) > 0$ だから命題 13.5.1 より $f''(a + ch)$ は正定値，したがって (1) の右辺は正である．以上より a は極小点である．
(13.33): $-f$ を考えれば (i) に帰着する．

(13.34): (PS), (NS) 共に不成立なら $f''(a)$ は不定符号である（系 13.5.3）．したがって，次のような $h_1, h_2 \in \mathbb{R}^d \setminus \{0\}$ が存在する：

(2) $\qquad h_1 \cdot f''(a) h_1 < 0 < h_2 \cdot f''(a) h_2.$

h_j を ch_j $(c>0)$ でおきかえても，同じ不等式が成り立つから，$|h_j| < 1$ と仮定してよい．また f'' は連続だから，必要なら $\varepsilon > 0$ をさらに小さくとりかえて次を仮定してよい：

(3) $\qquad b \in B(a, \varepsilon) \implies h_1 \cdot f''(b) h_1 < 0 < h_2 \cdot f''(b) h_2.$

さらに，テイラーの定理（定理 13.3.8）と $f'(a) = 0$ より，次のような $c_j \in (0,1)$ が存在する：

(4) $\qquad f(a + \varepsilon h_j) - f(a) = \frac{\varepsilon^2}{2} h_j \cdot f''(a + c_j \varepsilon h_j) h_j.$

$|c_j \varepsilon h_j| < \varepsilon$ と (3) より，(4) の右辺は $j=1$ のとき負，$j=2$ のとき正である．したがって a は f の極値点でない． \\(^□^)/

13.7 　(⋆) 条件付き極値問題 I

次のような状況を考える：

設定 13.7.1 　$D \subset \mathbb{R}^{d+m}$ $(d, m \geq 1)$ を開集合，f, g, S を次の通りとする：
$$f \in C^1(D \to \mathbb{R}), \quad g \in C^1(D \to \mathbb{R}^m), \quad S = \{x \in D\,;\, g(x) = 0\}.$$
また，f を S に制限した関数を $f|_S$ と記す：$f|_S(x) = f(x)$ $(x \in S)$．

設定 13.7.1 において $f|_S$ の極値点を調べる問題を条件付き極値問題と呼ぶ．これに対し，これまで述べてきたような極値問題（$f : D \to \mathbb{R}$ の極値点を調べること）を無条件極値問題という．条件付き極値問題の解法には次の 3 通りがある：

解 1 　設定 13.7.1 の条件式 $g(x) = 0$ を $x_{d+j} = h_j(x_1, \ldots, x_d)$ $(j = 1, \ldots, m)$ という形で解き，これを f に代入することにより，変数 $(x_1, \ldots, x_d)$ についての無条件極値問題に帰着させる．

解 2 初等的不等式と，その等号成立条件を用いる．

解 3 ラグランジュ乗数法（13.8 節）を用いる．

このうち，解 1, 2 は比較的初等的な方法であり，解 3 のラグランジュ乗数法は少し高級な道具である．実は，意外に多くの条件付き極値問題が解 1, 2 の方法だけで解ける．そこで 13.7 節ではまず，上記の解 1, 2 の例を見る．解 3 のラグランジュ乗数法は 13.8 節で述べる．

◆**例 13.7.2（直交射影）** $x \in \mathbb{R}^d$, $H = \{h \in \mathbb{R}^d \,;\, h \cdot u = k\}$ ($u \in \mathbb{R}^d$, $|u| = 1$, $k \in \mathbb{R}$) とする．例 4.1.4 で述べたように，次をみたす $m = m(x) \in H$ が唯一存在し，$m = x + (k - u \cdot x)u$ で与えられる：

(1) $\qquad |x - m| = \min_{h \in H} |x - h|.$

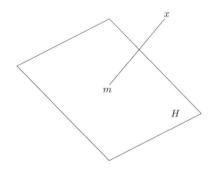

これは関数 $h \mapsto |x - h|$ に対する $h \in H$ という条件下での極値問題である．そこで，ここでは例 4.1.4 で述べたことを系 13.4.3 を用いて別証明する（設定 13.7.1 の後で述べた解法中，解 1 を採用）．$H \subset \mathbb{R}^d$ は閉，$h \mapsto |h - x|$ は連続，また，$h \in H$, $|h| \to \infty$ なら，$|h - x| \to \infty$. よって問 9.2.1 より，(1) をみたす m が存在する．$u_1, \ldots, u_d$ の全てが零ではないので，例えば $u_d \neq 0$ とする．今，$h \in H$ に対し，

(2) $\qquad u_d h_d = -\sum_{j=1}^{d-1} u_j h_j + k.$

よって,

$$u_d^2|x-h|^2 = u_d^2 \sum_{j=1}^{d-1}(h_j - x_j)^2 + (u_d h_d - u_d x_d)^2$$

$$\stackrel{(2)}{=} u_d^2 \sum_{j=1}^{d-1}(h_j - x_j)^2 + \left(\sum_{j=1}^{d-1} u_j h_j - k + u_d x_d\right)^2.$$

上式右辺は $(h_1, \ldots, h_{d-1}) \in \mathbb{R}^{d-1}$ の関数であり，これを $f : \mathbb{R}^{d-1} \to \mathbb{R}$ と書く．$|x-h|$ は $h = m$ で最小だから f は $(m_1, \ldots, m_{d-1})$ で最小である．さらに $f : \mathbb{R}^{d-1} \to \mathbb{R}$ は可微分だから $(m_1, \ldots, m_{d-1})$ は f の臨界点である（系 13.4.3）．ゆえに $i = 1, \ldots, d-1$ に対し,

$$0 = \partial_i f(m_1, \ldots, m_{d-1})$$
$$= 2u_d^2(m_i - x_i) + 2\left(\sum_{j=1}^{d-1} u_j m_j - k + u_d x_d\right) u_i$$
$$\stackrel{(2)}{=} 2u_d^2(m_i - x_i) - 2u_d(m_d - x_d) u_i.$$

したがって,

$$m_i - x_i = \frac{m_d - x_d}{u_d} u_i, \quad i = 1, \ldots, d, \quad \text{つまり} \quad m - x = \frac{m_d - x_d}{u_d} u.$$

両辺と u の内積をとり $k - x \cdot u = \frac{m_d - x_d}{u_d}$. これを再び上式に代入し，$m - x = (k - u \cdot x)u$ を得る． \\(^□^)/

◆**例 13.7.3（ヤングの不等式）** $p_1, \ldots, p_d \in (0,1), p_1 + \cdots + p_d = 1$ とする．このとき, $a \in (0, \infty)^d$ に対し,

$$a_1^{p_1} \cdots a_d^{p_d} \leq p_1 a_1 + \cdots + p_d a_d \quad (\text{等号成立} \iff a_1 = \cdots = a_d).$$

既出の不等式（問 6.3.6）だが，ここでは条件付き極値問題の観点から別証明を与える．そのためにまず次を示す：

(1) $f(x) = x_1^{p_1} \cdots x_d^{p_d}$ $(x \in [0,\infty)^d), S = \{x \in [0,\infty)^d \,;\, p_1 x_1 + \cdots + p_d x_d = 1\}$ とするとき，$(1, \ldots, 1)$ は $f|_S$ の唯一の最大点である．

(1) は条件付き極値問題であり，設定 13.7.1 の後で述べた解法中，解 1 を採用する．
$$T = \{y \in [0,\infty)^{d-1} \;;\; \sum_{j=1}^{d-1} p_j y_j \leq 1\},$$
また，$y \in T$ に対し $\widehat{y} = \left(1 - \sum_{j=1}^{d-1} p_j y_j\right)/p_d$ と記すと，

(2)　$S = \{(y, \widehat{y}) \;;\; y \in T\}.$

(3)　$\begin{cases} y \in T \implies p_d^{p_d} f((y,\widehat{y})) &= y_1^{p_1} \cdots y_{d-1}^{p_{d-1}} (p_d \widehat{y})^{p_d} \\ &= y_1^{p_1} \cdots y_{d-1}^{p_{d-1}} \left(1 - \sum_{j=1}^{d-1} p_j y_j\right)^{p_d}. \end{cases}$

(3) の最右辺を $g(y)$ ($y \in T$) と書くと，(2), (3) から，

(4)　$(y,\widehat{y}) \in S$ が $f|_S$ の最大点 $\iff$ $y \in T$ が g の最大点．

T は有界な閉集合，$g \in C(T)$ だから，g は最大点 m をもつ（定理 9.2.1）．一方，T の境界：
$$\left\{y \in [0,\infty)^{d-1} \;;\; y_1 \cdots y_{d-1} \left(1 - \sum_{j=1}^{d-1} p_j y_j\right) = 0\right\}$$
では $g = 0$. ゆえに，
$$m \in \overset{\circ}{T} = \left\{y \in (0,\infty)^{d-1} \;;\; \sum_{j=1}^{d-1} p_j y_j < 1\right\}.$$

g は $\overset{\circ}{T}$ 上可微分だから最大点は臨界点である（系 13.4.3）．ゆえに $k = 1, \ldots, d-1$ に対し，
$$0 - \partial_{l_0} g(m) = \frac{p_k}{m_k} g(m) - \frac{p_d p_k}{1 - \sum_{j=1}^{d-1} p_j m_j} g(m)$$
$$= p_k \left(\frac{1}{m_k} - \frac{1}{\widehat{m}}\right) g(m).$$

したがって $m_1 = \cdots = m_{d-1} = \widehat{m}$. これと $(m, \widehat{m}) \in S$ より $(m, \widehat{m}) = (1, \ldots, 1)$. 以上と (4) より (1) を得る．

(1) から次のようにしてヤングの不等式を示す．$b \overset{\text{def}}{=} p_1 a_1 + \cdots + p_d a_d > 0$, かつ $a/b \in S$. ゆえに (1) より $f(a)/b = f(a/b) \leq 1$. 両辺に b を掛けて所

期不等号を得る．また (1) で $f(x) = 1$ となる条件から等号成立条件もわかる．
\(^□^)/

◆例 **13.7.4** 記号は例 13.7.2 の通り，さらに $S = \{x \in \mathbb{R}^d \,;\, (x_1/r_1)^2 + \cdots + (x_d/r_d)^2 = 1\}$ $(r_j > 0)$, $q = (r_1 u_1)^2 + \cdots + (r_d u_d)^2$, $v = (r_j^2 u_j / \sqrt{q})_{j=1}^d$ とする．このとき，$x \in S$ に対し，

(a) $x \cdot u \begin{cases} \leq \sqrt{q}, & (\text{等号} \iff x = v), \\ \geq -\sqrt{q}, & (\text{等号} \iff x = -v). \end{cases}$

(b) $|x - m(x)| \leq \sqrt{q} + |k|$, ($\pm k \geq 0$ に応じ，等号 $\iff x = \mp v$).

証明 (a): 設定 13.7.1 の後で述べた解法中，解 2 を採用する．$x \in S$ に対し，

$$x \cdot u = \sum_{j=1}^d x_j u_j = \sum_{j=1}^d (x_j/r_j) r_j u_j \stackrel{(4.6)}{\leq} \sqrt{q}.$$

また，(4.6) の等号成立条件より，上式の等号成立は $x = v$ と同値である．以上で，(a) の前半を得る．u を $-u$ におきかえれば後半を得る．
(b):

$$|x - m(x)| \stackrel{\text{例 4.1.4}}{=} |x \cdot u - k| \leq |x \cdot u| + |k| \stackrel{(a)}{\leq} \sqrt{q} + |k|.$$

上式で，第一の等号成立は，$x \cdot u, k$ が異符号であることと同値である．また，第二の等号成立は，$x \cdot u = \pm \sqrt{q}$ と同値である．以上と (a) より，(b) における等号の成立条件を得る．
\(^□^)/

例 13.7.4 の意味を幾何的に考えてみる．(a) では，S 内で，u 方向への射影の最大・最小点を求めた．下図 ($d = 2, k > 0$) において，H と平行な S の接線 H_1, H_2 (H_1 は H と同じ側，H_2 は H と反対側) をとる．u は H に対し垂直だから，下図より，H_1 と S の接点 ($= v$) が u 方向への射影の最大点，H_2 と S の接点 ($= -v$) がその最小点を与える．また (b) では，S 内で，H との距離の最大点を求めた．この場合も図より，H_2 と S の接点 ($= -v$) がこの距離の最大点を与え，最大距離が $\sqrt{q} + k$ であることも図から読み取れる．

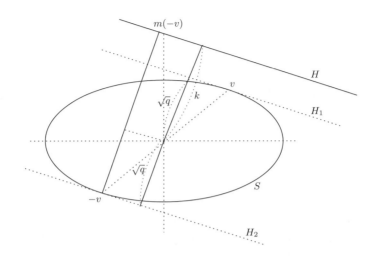

問 13.7.1 $d \geq 2$, $x \in (0,\pi)^d$, $x_1 + \cdots + x_d = 2\pi$ のとき, $\sin x_1 + \cdots + \sin x_d$ の最大値・最大点を求めよ. [$d \geq 3$ なら, 円に内接し, 円の中心を内部に含む d 角形の中で体積最大のものを求める問題. ヒント：命題 6.3.6.]

問 13.7.2 $d \geq 2$, $r_1 > r_2 \geq r_3 \geq \cdots \geq r_{d-1} > r_d > 0$ とする. 楕円体：$S = \{x \in \mathbb{R}^d ; (x_1/r_1)^2 + \cdots + (x_d/r_d)^2 = 1\}$ 上の点 x に対し $|x|$ は $x = \pm r_1 e_1$ で最大, $x = \pm r_d e_d$ で最小であり, それ以外の極値をもたないこと示せ.

問 13.7.3 $0 < |b| < 1$, $k > 0$ とする. 曲線：$x^2 + y^2 + 2bxy = 2k^2$ 上の点と原点の距離の最大・最小点を求めよ. [ヒント：$x = (s-t)/\sqrt{2}$, $y = (s+t)/\sqrt{2}$ と変数変換し, 曲線の意味を考えよ.]

問 13.7.4 $p > 0$, $r_1, \ldots, r_d > 0$ は定数, $x_1, \ldots, x_d \geq 0$, $(x_1/r_1)^p + \cdots + (x_d/r_d)^p = 1$ とし積 $x_1 \cdots x_d$ の最大点, 最大値を求めよ. [ヒント：ヤングの不等式とその等号成立条件（例 13.7.3）を使える.]

13.8 (⋆) 条件付き極値問題 II

本節では, 条件付き極値問題へのラグランジュ乗数法（命題 13.8.1）の応用を述べる[5].

---

[5] ラグランジュ乗数法の厳密な証明に陰関数定理を用いるという点では, 第 14 章で述べる方が適切かもしれない. 一方, ラグランジュ乗数法を応用する立場からは陰関数定理は必ずしも必要なく, 直感的証明なら陰関数定理なしで理解できる. そこで, 内容的まとまりの観点から本節を 13.7 節の続きに配置した.

無条件極値問題において，極値点が臨界点であること（命題 13.4.2）が，極値点を見つける手がかりとなった．条件付き極値問題においては次の命題がその役割を果たす：

命題 13.8.1 （ラグランジュ乗数法）　設定 13.7.1 において $a \in S$ は $f|_S$ の極値点とする．このとき，次のいずれかが成立する：

(a) $\operatorname{rank} g'(a) = m$ かつ，次をみたす $\lambda = (\lambda_1, \ldots, \lambda_m)$ $(\lambda_j \in \mathbb{R})$ が存在する：
$$f'(a) = \lambda g'(a). \tag{13.35}$$

(b) $\operatorname{rank} g'(a) < m$.

証明　$\operatorname{rank} g'(a) = m$ を仮定し，(13.35) をみたす $\lambda \in \mathbb{R}^{1,m}$ の存在を言えばよい．実はこの仮定のもとで次が成立する：
$$\operatorname{Ker} g'(a) \subset \operatorname{Ker} f'(a). \tag{13.36}$$

これを認めると，後は簡単である．実際，命題 13.1.10 より，

$\mathbb{R}^{d+m} = \operatorname{Ker} g'(a) \oplus \operatorname{Ran} {}^{\mathrm{t}}g'(a) = \operatorname{Ker} f'(a) \oplus \operatorname{Ran} {}^{\mathrm{t}}f'(a)$　（共に直交直和）．

これと (13.36) を併せると，

(1)　　　　　$\operatorname{Ran} {}^{\mathrm{t}}f'(a) \subset \operatorname{Ran} {}^{\mathrm{t}}g'(a)$.

ところが $\operatorname{Ran} {}^{\mathrm{t}}f'(a) = \{c\, {}^{\mathrm{t}}f'(a)\,;\, c \in \mathbb{R}\}$ より，(1) は次のような $k \in \mathbb{R}^m$ の存在と同値である：
$${}^{\mathrm{t}}f'(a) = {}^{\mathrm{t}}g'(a)k.$$

上式の両辺を転置すると，$\lambda = {}^{\mathrm{t}}k$ として (13.35) を得る．また，この議論は逆に辿ることができるので，(13.35) をみたす λ の存在と (13.36) は同値であることもわかる．

さて，(13.36) は直感的には次のように説明できる．命題 13.1.10 の後で述べたように，仮定：$\operatorname{rank} g'(a) = m$ のもとで，任意の $h \in \operatorname{Ker} g'(a)$ は S の a に

おける接空間と平行である．すなわち，h は点 x が点 a から S 内で微小変位するときの方向を表す．ところが a は $f|_S$ の極値点だから，S 内での微小変位による f の a における微分は 0 となる．ゆえに命題 13.1.5 より $h \in \mathrm{Ker}\, f'(a)$. 以上から (13.36) を得る．(13.36) の厳密な証明には後述の陰関数定理（定理 14.2.6）を先取りして用いる．上の直感では飽き足らない読者のために本節末の補足で述べる． \(^□^)/

命題 13.8.1 において，条件 (a), (b) は a が $f|_S$ の極値点となるための必要条件である．このことを利用して極値点を探す方法をラグランジュ乗数法と呼び，特に (13.35) の $\lambda = (\lambda_1, \ldots, \lambda_m)$ を**ラグランジュ乗数**と呼ぶ．

✔**注** 命題 13.8.1 で $\mathrm{rank}\, g'(a) < m$ の場合，(13.35) をみたす λ が存在しない（したがってそれと同値な (13.36) も成立しない）こともある．問 13.8.4 参照．

$f|_S$ の最大点・最小点は $f|_S$ の極値点なので，命題 13.8.1 から直ちに次の系を得る．この系は具体例でしばしば用いられる．

系 13.8.2 設定 13.7.1 において $f|_S$ が最大（小）点をもてば，それらは命題 13.8.1 の条件 (a) または (b) をみたす．したがって，命題 13.8.1 の条件 (a) または (b) をみたす a のうち，$f(a)$ を最大（小）にするものは $f|_S$ の最大（小）点である．

✔**注** $f|_S$ が最大（小）点をもたない場合，命題 13.8.1 の条件 (a) または (b) をみたす a のうち，$f(a)$ を最大（小）にするものがあっても，それは当然，$f|_S$ の最大（小）点でない．

◆**例 13.8.3（ヘルダーの不等式）** $x, y \in \mathbb{R}^d$, $p, q \in (1, \infty)$, $\frac{1}{p} + \frac{1}{q} = 1$, $\|x\|_p = (|x_1|^p + \cdots + |x_d|^p)^{1/p}$（$\|y\|_q$ も同様）とする．このとき，$x \cdot y \le \|x\|_p \|y\|_q$．また，

$$\text{等号成立} \iff x_j y_j \ge 0, \|y\|_q^q |x_j|^p = \|x\|_p^p |y_j|^q, \ j = 1, \ldots, d.$$

13.8 (⋆) 条件付き極値問題 II

問 6.3.7 では，ヤングの不等式を用いてこれを示した．ここでは，ラグランジュ乗数法による別証明を与える．まず $\|x\|_p = \|y\|_q = 1$ の場合に示す．そのために $\|y\|_q = 1$ なる $y \in \mathbb{R}^d$ を固定し，次のように定めた $f|_S$ の最大点を求める：

$$f(x) \stackrel{\text{def}}{=} x \cdot y, \quad S \stackrel{\text{def}}{=} \{x \in \mathbb{R}^d \,;\, \|x\|_p = 1\}.$$

いくつかの予備的考察から始める．S は有界な閉集合，$f|_S \in C(S)$ だから，$f|_S$ は最大点をもつ（定理 9.2.1）．

(1) $x \in S$ が $f|_S$ の最大点なら，$x_j y_j \geq 0$, $j = 1, \ldots, d$.

実際，$x_j y_j < 0$ なる $j = 1, \ldots, d$ があれば，x_j の符号を反転させることで，$f|_S$ の値をさらに大きくできるから x は最大点ではない．また，次に注意する：

$$x \in S \iff g(x) \stackrel{\text{def}}{=} \|x\|_p^p - 1 = 0,$$

$$f'(x) = y, \quad g'(x) = (p|x_j|^{p-1}\operatorname{sgn}(x_j))_{j=1}^d, \quad ((6.50)\text{ 参照}).$$

特に S 上で $g' \neq 0$．ゆえに x が $f|_S$ の最大点なら，ラグランジュ乗数法（命題 13.8.1，系 13.8.2）より次のような $\lambda \in \mathbb{R}$ が存在する：

(2) $\quad y_j = \lambda p |x_j|^{p-1}\operatorname{sgn}(x_j), \quad j = 1, \ldots, d.$

$q(p-1) = p$ に注意すると，

$$1 = \|y\|_q^q \stackrel{(2)}{=} |\lambda p|^q \|x\|_p^p = |\lambda p|^q.$$

これと，(1), (2) より $\lambda p = 1$．よって，

$$y_j = |x_j|^{p-1}\operatorname{sgn}(x_j), \quad j = 1, \ldots, d$$

すなわち，

(3) $\quad x_j = |y_j|^{q-1}\operatorname{sgn}(y_j), \quad j = 1, \ldots, d.$

以上と 系 13.8.2 より (3) の x が $f|_S$ の最大点を与える．また，この x に対し，

$$f(x) \stackrel{(3)}{=} \|y\|_q^q = 1.$$

さらに (3) は次のようにも言い換えられる：

(4) $\quad x_j y_j \geq 0, |x_j|^p = |y_j|^q, \ j = 1, \ldots, d.$

以上で $\|x\|_p = \|y\|_q = 1$ の場合がわかった．次に一般の場合を示す．所期不等式は $x = 0$ または $y = 0$ なら自明なので，$x \neq 0$ かつ $y \neq 0$, したがって $\|x\|_p\|y\|_q \neq 0$ としてよい．このとき，$u = x/\|x\|_p$, $v = y/\|y\|_q$ に対し $\|u\|_p = \|v\|_q = 1$ だから $u \cdot v \leq 1$. 辺々に $\|x\|_p\|y\|_q$ を掛けて所期不等式を得る．また，等号成立条件も (4) に帰着する． \(^□^)/

◆例 13.8.4　$k > 0$ とし，次の S 上で xyz の最大・最小値を求める．

$$S = \{(x,y,z)\,;\ x+y+z = 2k,\ x^2+y^2+z^2 = 2k^2\}.$$

次のように定めれば，この問題は設定 13.7.1 で $d = 3, m = 2$ の場合になる：

$$f(x,y,z) = xyz,\quad g(x,y,z) = \begin{pmatrix} \frac{1}{2}(x^2+y^2+z^2) - k^2 \\ x+y+z-2k \end{pmatrix}.$$

S は有界な閉集合．$f|_S \in C(S)$ だから，$f|_S$ は最大・最小点をもつ（定理 9.2.1）．まず，次のことが簡単にわかる：

(1)　S は $x = y = z$ なる点を含まない．

一方，

$$f'(x,y,z) = (yz, zx, xy),\quad g'(x,y,z) = \begin{pmatrix} x,y,z \\ 1,1,1 \end{pmatrix}.$$

これと (1) より，S 上で $\mathrm{rank}\, g' = 2$ である．(x,y,z) が最大点または最小点なら，ラグランジュ乗数法（命題 13.8.1, 系 13.8.2）より次のような $(\lambda, \mu) \in \mathbb{R}^2$ が存在する：

(2)　$(yz, zx, xy) = (\lambda, \mu)\begin{pmatrix} x,y,z \\ 1,1,1 \end{pmatrix}$, すなわち $\begin{cases} yz = \lambda x + \mu, \\ zx = \lambda y + \mu, \\ xy = \lambda z + \mu. \end{cases}$

(2) の三式を上から順に $(2)_i$ ($i = 1, 2, 3$) と書く．今，

$$xy + yz + zx = \tfrac{1}{2}(x+y+z)^2 - \tfrac{1}{2}(x^2+y^2+z^2) = k^2.$$

これに注意すると，$(2)_1 + (2)_2 + (2)_3$ から，

(3) $\qquad k^2 = 2\lambda k + 3\mu,$ したがって $\mu = (k^2 - 2k\lambda)/3.$

さらに, $(2)_1 - (2)_2, (2)_2 - (2)_3, (2)_3 - (2)_1$ より,

(4) $\qquad \begin{cases} (x-y)(z+\lambda) = 0, \\ (z-y)(x+\lambda) = 0, \\ (x-z)(y+\lambda) = 0. \end{cases}$

(1) より $x-y, y-z, z-x$ のうち, $= 0$ は高々一つである. また, x, y, z のうち, $= -\lambda$ も高々二つである. これと (4) より x, y, z のうち, ちょうど二つが $= -\lambda$ とわかる. 以下, $x = y = -\lambda$ として話を進める (対称性により, 他の場合でも最終結果は同じである). このとき, $x + y + z = 2k$ から,

(5) $\qquad (x, y, z) = (-\lambda, -\lambda, 2k + 2\lambda).$

(3), (5) を $(2)_3$ に代入し, λ についての二次方程式を得る. それを解いて $\lambda = -k, -k/3$. これと (5) より,

$$(x, y, z) = (k, k, 0), (k/3, k/3, 4k/3).$$

これらは確かに S 上の点で, それぞれに対し,

$$xyz = 0, 4k^3/27.$$

以上と系 13.8.2 より, 上記がそれぞれ $f|_S$ の最小・最大値である.   \\(^□^)/

問 13.8.1 (例 4.1.4, 例 13.7.2 の別証明) $H = \{h \in \mathbb{R}^d \, ; \, h \cdot u = k\}$ ($u \in \mathbb{R}^d$, $|u| = 1, k \in \mathbb{R}$), $x \in \mathbb{R}^d$ とする. $|x-m| = \min_{h \in H} |x-h|$ をみたす $m = m(x) \in H$ の存在を既知とし (例えば例 13.7.2 の証明参照), ラグランジュ乗数法を用いて m を求めよ.

問 13.8.2 (例 4.1.4, 例 13.7.2 の一般化) $u_1, \ldots, u_\ell \in \mathbb{R}^d$ ($\ell \leq d-1$) は互いに直交する単位ベクトル, $k_1, \ldots, k_\ell \in \mathbb{R}$, $H = \bigcap_{i=1}^\ell \{h \in \mathbb{R}^d \, ; \, h \cdot u_i = k_i\}$, $x \in \mathbb{R}^d$ とする. (i) H は非有界な閉集合であることを示せ. (ii) $|x - m| = \min_{h \in H} |x-h|$ をみたす $m = m(x) \in H$ の存在を示せ. (iii) ラグランジュ乗数法を用いて m を求めよ.

問 13.8.3 例 13.7.3 の証明において, $f|_S$ の最大点をラグランジュ乗数法を用いて求めよ.

問 13.8.4 設定 13.7.1 で $f(x,y,z) = y$, $g(x,y,z) = \begin{pmatrix} x^6 - z \\ y^3 - z \end{pmatrix}$, $a = (0,0,0)$ とする．以下を示せ：(i) a は $f|_S$ の極値である．(ii) (13.35) をみたす λ は存在しない．

補足：(13.36) の証明 $\operatorname{rank} g'(a) = m$ より，座標の番号 $\{k(1), \ldots, k(m)\} \subset \{1, \ldots, d+m\}$ を次のように選ぶことができる：

(1) $$\det\left(\frac{\partial g_i}{\partial x_{k(j)}}(a)\right)_{1 \leq i,j \leq m} \neq 0.$$

非本質的な記号の煩雑さを避けるため，以下では $k(j) = d+j$ $(j = 1, \ldots, m)$ の場合を考える．また，$x \in \mathbb{R}^{d+m}$ を $x = (y,z)$ $(y \in \mathbb{R}^d, z \in \mathbb{R}^m)$ と記し，それに応じ $a = (b,c)$ とする．(1) と陰関数定理 II（定理 14.2.6）より，b を含む開集合 $B \subset \mathbb{R}^d$，c を含む開集合 $C \subset \mathbb{R}^m$，および $h \in C^1(B \to C)$ を以下の条件をみたすようにとれる：$B \times C \subset D$ かつ，$x = (y,z) \in B \times C$ に対し，

$$g(y,z) = 0 \iff z = h(y),$$

すなわち，

(2) $$g(x) = 0 \iff x = H(y) \stackrel{\text{def}}{=} (y, h(y)).$$

このとき次が成立する：

(3) $$\operatorname{Ran} H'(b) = \operatorname{Ker} g'(a).$$

ひとまずこれを認め，(13.36) を導こう．a は $f|_S$ の極値点なので b は $F(y) \stackrel{\text{def}}{=} f(H(y))$ $(y \in B)$ の極値点である．したがって命題 13.4.2 より $F'(b) = 0$．また，

$$F'(y) \stackrel{\text{連鎖律}}{=} f'(H(y))H'(y).$$

したがって上式で $y = b$ とすると，$0 = f'(a)H'(b)$．これと (3) を併せて (13.36) を得る．

(3) は以下のように示す．(2) より $g(H(y)) = 0$．よって，

$$0 = g(H(y))' \stackrel{\text{連鎖律}}{=} g'(H(y))H'(y).$$

ゆえに $\operatorname{Ran} H'(y) \subset \operatorname{Ker} g'(H(y))$．特に $y = b$ として，

(4) $$\operatorname{Ran} H'(b) \subset \operatorname{Ker} g'(a).$$

また，$H'(y) = \begin{pmatrix} I_d \\ h'(y) \end{pmatrix}$ (I_d は d 次の単位行列)．この形から，

(5) $$\dim \operatorname{Ran} H'(y) = \operatorname{rank} H'(y) = d.$$

一方，

$$\dim \operatorname{Ker} g'(a) \stackrel{(13.9)}{=} d + m - \dim \operatorname{Ran} {}^t g'(a) = d + m - \operatorname{rank} g'(a) = d.$$

これと (5) より，(4) の両辺の次元が等しい．ゆえに (3) が成り立つ．\(^□^)/

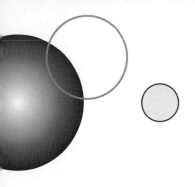

第14章

(★) 逆関数・陰関数

14.1 逆関数定理

滑らかな関数について（局所的な）逆関数の存在，およびその逆関数の滑らかさについて考える．まず，$f: \mathbb{R}^d \to \mathbb{R}^d$ が次のような一次関数としよう．

$$f(x) = b + C(x-a) \quad (C \text{ は } d \times d \text{ 行列, } b \in \mathbb{R}^d).$$

もし，$\det C \neq 0$ なら逆行列 C^{-1} が存在し，f の逆関数を，

$$g(y) = a + C^{-1}(y-b)$$

により与えることができる．一般に，$f \in C^1(\mathbb{R}^d \to \mathbb{R}^d)$ で x が a に近ければ，

$$f(x) \stackrel{\text{ほぼ}}{=} f(a) + f'(a)(x-a)$$

だから，もし，$\det f'(a) \neq 0$ なら x が a に近い範囲において f の逆関数が存在するのでは？と期待できる．この期待には次の定理が答えてくれる：

定理 14.1.1（逆関数定理）　$D \subset \mathbb{R}^d$ を開集合，$f \in C^r(D \to \mathbb{R}^d)$ $(r \geq 1)$ とする．

(a)　（逆関数の存在）　$a \in D$, $\det f'(a) \neq 0$ なら，a を含む開集合 $U \subset D$, および開集合 $V \subset \mathbb{R}^d$ で次をみたすものが存在する：

$$U \text{ 上 } \det f' \neq 0, \tag{14.1}$$

$$f : U \to V \text{ は全単射}. \tag{14.2}$$

したがって特に，$f : U \to V$ の逆関数 $g : V \to U$ が存在する．

(b)　（逆関数の可微分性）　開集合 $U, V \subset \mathbb{R}^d$ が $U \subset D$, (14.1), (14.2) をみたすとき，$g \in C^r(V \to U)$. さらに $y \in V$, $x = g(y)$ とするとき，

$$g'(y) = f'(x)^{-1}. \tag{14.3}$$

定理 14.1.1 の証明は 14.3 節で述べる．

✔**注1**　開集合 $U \subset D$ が (14.1) をみたしても f は U 上単射とは限らない．例えば，
$$f(x, y) = \begin{pmatrix} x \cos y \\ x \sin y \end{pmatrix}, \quad U = (0, \infty) \times \mathbb{R}$$
とすると，(14.1) はみたされるが，f は U 上単射でない．(14.2) のためには，さらに U を小さくとりかえる必要がある．上の例では，例えば $U = (0, \infty) \times (-\pi, \pi)$ とすればよい．こうした意味でも，定理 14.1.1(a) は<u>局所的な逆関数存在定理</u>である．

✔**注2**　定理 14.1.1 (b) は定理 8.5.1 の多次元版であり，その内容は g の可微分性と (14.3) である．また，その要点は定理 8.5.1 の場合と同様，g の可微分性にある．実際，(14.3) は g の可微分性を認めれば，次のように簡単に導ける：$y = (f \circ g)(y)$ より，
$$\text{単位行列} = (f \circ g)'(y) \overset{\text{連鎖律}}{=} f'(x) g'(y).$$
すなわち (14.3) を得る．

次の例で，具体的な関数 f に対し，開集合 U, V で (14.1), (14.2) をみたすもの，および $f : U \to V$ の逆関数 g を求めてみる．

◆**例 14.1.2**　$f(x, y) = \begin{pmatrix} x^2 - y^2 \\ 2xy \end{pmatrix}$, $(x, y) \in \mathbb{R}^2$ とする．
$$(x + \mathbf{i}y)^2 = x^2 - y^2 + 2\mathbf{i}xy$$

より, f は $z \mapsto z^2$ ($\mathbb{C} \to \mathbb{C}$) に対応する. $f(-x,-y) = f(x,y)$ より, $f: \mathbb{R}^2 \to \mathbb{R}^2$ は単射ではなく, 逆関数は存在しない. 一方,

$$f'(x,y) = \begin{pmatrix} 2x & -2y \\ 2y & 2x \end{pmatrix}, \quad \det f'(x,y) = 4(x^2+y^2).$$

したがって, 定理 14.1.1 によれば, 点 $a \in \mathbb{R}^2 \setminus \{0\}$ に対し a を含む開集合 $U \subset \mathbb{R}^2$, および開集合 $V \subset \mathbb{R}^2$ で (14.1), (14.2) をみたすもの, および $f: U \to V$ の逆関数 g が存在する. 以下 U, V, g を具体的に求める. そこで, $(x,y) \neq 0$, $v = {}^t(s,t) = f(x,y)$ とするとき, 以下が成立する (複号は全て同順):

(1) $x^2 + y^2 = |v|$,

(2) $(x \pm y)^2 = x^2 + y^2 \pm 2xy \overset{(1)}{=} |v| \pm t$,

(3) $x \pm y = 0 \overset{(2)}{\iff} |v| \pm t = 0 \iff v = (0,t)$, かつ $\pm t \leq 0$,

(4) $x \pm y \overset{(2)}{=} \operatorname{sgn}(x \pm y)\sqrt{|v| \pm t}$,

(5) $(x+y)(x-y) = s$.

そこで, 以下の開集合を導入する:

$$U_1 = \{(x,y) \in \mathbb{R}^2;\ x+y > 0\}, \quad U_2 = \{(x,y) \in \mathbb{R}^2;\ x+y < 0\},$$
$$U_3 = \{(x,y) \in \mathbb{R}^2;\ x-y > 0\}, \quad U_4 = \{(x,y) \in \mathbb{R}^2;\ x-y < 0\},$$
$$V_1 = V_2 = \mathbb{R}^2 \setminus \{(0,t)\ ;\ t \leq 0\}, \quad V_3 = V_4 = \mathbb{R}^2 \setminus \{(0,t)\ ;\ t \geq 0\}.$$

このとき, 各 $i = 1, \ldots, 4$, $(s,t) \in V_i$ に対し, (3) に注意しつつ (4), (5) を連立することにより, ${}^t(s,t) = f(x,y)$ を一意的に解き, ${}^t(x,y) = g_i(s,t) \in U_i$ と表すことができる. 例えば,

(6) $g_1(s,t) = \dfrac{1}{2\sqrt{|v|+t}} \begin{pmatrix} |v|+t+s \\ |v|+t-s \end{pmatrix}$.

以上から,

- $\{(x,y) \in \mathbb{R}^2\ ;\ \det f'(x,y) \neq 0\} = \bigcup_{i=1}^{4} U_i$.
- $f: U_i \to V_i$ は全単射で, その逆関数は g_i である $(i = 1, \ldots, 4)$.

これは，(14.1), (14.2) の具体例を与える．今，$(x,y) \neq (0,0)$ なら，
$$f'(x,y)^{-1} = \frac{1}{2(x^2+y^2)} \begin{pmatrix} x & y \\ -y & x \end{pmatrix}.$$
上式に ${}^t(x,y) = g_1(s,t)$ を代入し，(14.3) を用いると，
$$g_1'(s,t) = \frac{1}{4|v|\sqrt{|v|+t}} \begin{pmatrix} |v|+t+s & |v|+t-s \\ -(|v|+t-s) & |v|+t+s \end{pmatrix}.$$
これは，(6) を直接微分した結果とも一致する．また，$g_i'(s,t)$ $(i=2,3,4)$ も同様に求めることができる．

問 14.1.1 例 14.1.2 にならい，$f(x,y) = {}^t(x+y, xy)$, $(x,y) \in \mathbb{R}^2$ に対し，(14.1), (14.2) をみたす U, V の具体例を与えよ．また，(14.3) を用い，$f : U \to V$ の逆関数の微分を求めよ．

問 14.1.2 $V = \mathbb{R}^2 \setminus \{(x,0) \,;\, x \leq 0\}$ とする．定理 14.1.1 を用い，偏角の主値 $\arg$（命題 6.7.5 参照）について $\arg \in C^\infty(V)$ を示せ．また，(14.3) を用い，$\arg'$ を求めよ．［ヒント：$U = (0, \infty) \times (-\pi, \pi)$, $g(r,\theta) = {}^t(r\cos\theta, r\sin\theta)$ とする．$g : U \to V$ の逆写像は $h(x,y) = {}^t(\sqrt{x^2+y^2}, \arg(x,y))$, $(x,y) \in V$.］

14.2 陰関数定理

以下，14.2 節を通じ，$\mathbb{R}^{d+m}$ の点を (x,y) $(x \in \mathbb{R}^d, y \in \mathbb{R}^m)$ と表す．また，開集合 $D \subset \mathbb{R}^{d+m}$, $f \in C^1(D \to \mathbb{R}^m)$ に対し次の記号を用いる．

$$\begin{aligned}
\partial_x f(x,y) &= \begin{pmatrix} \partial_{x_1} f_1(x,y) & \cdots & \partial_{x_d} f_1(x,y) \\ \vdots & \cdots & \vdots \\ \partial_{x_1} f_m(x,y) & \cdots & \partial_{x_d} f_m(x,y) \end{pmatrix}, \\
\partial_y f(x,y) &= \begin{pmatrix} \partial_{y_1} f_1(x,y) & \cdots & \partial_{y_m} f_1(x,y) \\ \vdots & \cdots & \vdots \\ \partial_{y_1} f_m(x,y) & \cdots & \partial_{y_m} f_m(x,y) \end{pmatrix}.
\end{aligned} \quad (14.4)$$

以下で述べる「陰関数定理」とは，大体，次のように要約できる：

滑らかな関数 $f(x,y)$ で記述された方程式 $f(x,y) = 0$ を y につ
いて局所的に解くには，$\det \partial_y f(x,y) \neq 0$ を確かめればよい．ま
た，そのとき，解 $y = g(x)$ は x について滑らかである．

まず，「$f(x,y) = 0$ を y について局所的に解く」の意味を明らかにしよう．そ
れが，「陰関数」の概念である．

定義 14.2.1（**陰関数**） $D \subset \mathbb{R}^{d+m}$, $f : D \to \mathbb{R}^m$ に対し，$U \subset \mathbb{R}^d$, $V \subset \mathbb{R}^m$, $g : U \to V$ が次の条件をみたすとする：

$$\begin{aligned}&\text{(i)}\ U \times V \subset D, \\ &\text{(ii)}\ (x,y) \in U \times V \text{ に対し，} y = g(x) \iff f(x,y) = 0.\end{aligned} \quad (14.5)$$

このとき，$g : U \to V$ を，$f(x,y) = 0$ を y について解いた**陰関数**という．

✔**注** (14.5) で $\Rightarrow$ だけでなく $\Leftarrow$ も成り立つことが重要である．つまり，$y = g(x)$ は $f(x,y) = 0$ を y についての方程式とみたときの唯一の 解でないといけない．「唯一の解」になるように，うまく U, V を選ぶところが「局所的」と言われる由縁である．

◆**例 14.2.2** $D = \mathbb{R}^2$, $f(x,y) = x^2 + y^2 - 1$ とする．$|x| > 1$ なら $f(x,y) > 0$ だから，$f(x,y) = 0$ を y について解いた陰関数 $g : U \to V$ が存在するためには $U \subset [-1, 1]$ が必要．さらに，

(a) $U = [-1, 1]$, $V = [0, \infty)$, $g(x) = \sqrt{1-x^2}$ とすると，(14.5) が成り立つから，この $g : U \to V$ は $f(x,y) = 0$ を y について解いた陰関数である．$U = [-1, 1]$, $V = (-\infty, 0]$, $g(x) = -\sqrt{1-x^2}$ としても，(14.5) が成り立つから，この $g : U \to V$ も $f(x,y) = 0$ を y について解いた陰関数である．

(b) $U = [-1, 1]$, $V = \mathbb{R}$ とする．$f(x,y) = 0$ のためには $y = \sigma(x)\sqrt{1-x^2}$ ($\sigma(x) \in \{-1, +1\}$) となることが必要だが，σ をどう選んでも，$g(x) = \sigma(x)\sqrt{1-x^2}$ に対し (14.5) (ii) の $\Leftarrow$ が不成立 ($y = -g(x)$ でも $f(x,y) = 0$)．よって，この U, V に対し，$f(x,y) = 0$ を y について解いた陰関数

$g : U \to V$ は存在しない.

この例からも,$f(x, y) = 0$ を y について解いた陰関数 $g : U \to V$ が存在するためには U, V の大きさに制限が生じることがわかる.

次に陰関数定理を述べる.それに先立ち,定理が自然であることを裏付ける簡単な例を紹介する.

◆**例 14.2.3** $c \in \mathbb{R}$ は定数,$h \in C^r(\mathbb{R}^d \to \mathbb{R})$ $(r \geq 1)$, $f(x, y) = h(x)y - c$ とする ($x \in \mathbb{R}^d, y \in \mathbb{R}$).$f(x, y) = 0$ が y について解けるためには $h(x) \neq 0$ が必要十分.したがって,もし $a \in \mathbb{R}^d$ で,$h(a) \neq 0$ ならば,開集合 $U \ni a$ が存在し $x \in U$ に対し $h(x) \neq 0$.よって $x \in U$ に対し $f(x, y) = 0$ を解ける.ここで次に注意する:

(1) $\partial_x f(x, y) = h'(x)y$, $\partial_y f(x, y) = h(x)$(記法は $m = 1$ の (14.4) に従う).また,$h(x) \neq 0$(特に $x \in U$)なら $y = g(x) \stackrel{\text{def}}{=} c/h(x)$ を微分し,

$$g'(x) = -c \frac{h'(x)}{h(x)^2} = -\frac{h'(x)g(x)}{h(x)} \stackrel{(1)}{=} -\frac{\partial_x f(x, g(x))}{\partial_y f(x, g(x))}.$$

実は,上の簡単な例の一般化として次の定理が成立する(記法は $m = 1$ の (14.4) に従う):

定理 14.2.4(**陰関数定理 I**) $D \subset \mathbb{R}^{d+1}$ を開集合,$f \in C^r(D \to \mathbb{R})$ ($r \geq 1$) とする.

(a) (陰関数の存在) $(a, b) \in D$, $f(a, b) = 0$, $\partial_y f(a, b) \neq 0$ なら,a を含む開集合 $U \subset \mathbb{R}^d$,b を含む開区間 $V \subset \mathbb{R}$ で次をみたすもの:

$$U \times V \subset \{(x, y) \in D\,;\, \partial_y f(x, y) \neq 0\}, \tag{14.6}$$

および $f(x, y) = 0$ を y について解いた陰関数 $g : U \to V$ が存在する.

(b) (陰関数の可微分性) 開集合 $U \subset \mathbb{R}^d$,開区間 $V \subset \mathbb{R}$ が (14.6) をみたすとする.このとき,$g : U \to V$ が,$f(x, y) = 0$ を y について解いた

陰関数なら，$g \in C^r(U \to V)$ かつ，

$$g'(x) = -\frac{\partial_x f(x, g(x))}{\partial_y f(x, g(x))}, \quad x \in U. \tag{14.7}$$

定理 14.2.4 の証明は少し長いので後回し（14.3 節）にする．

✔**注** (14.7) は，g の可微分性を認めれば簡単に得られる．実際，$0 = f(x, g(x))$ の両辺を微分すると，

$$0 = \partial_x \left(f(x, g(x)) \right) \stackrel{\text{連鎖律}}{=} \partial_x f(x, g(x)) + \partial_y f(x, g(x)) g'(x).$$

上式両辺を $\partial_y f(x, g(x)) (\neq 0)$ で割り (14.7) を得る．

以下，例と問で定理 14.2.4 の使い方を練習する．

◆**例 14.2.5** $(x, y) \in \mathbb{R}^2$ に対し $f(x, y) = y^5 - 4xy + 2$ とすると，$\partial_y f(x, y) = 5y^4 - 4x$．今，$f(1, y) = y^5 - 4y + 2$ は奇数次の多項式だから実数解をもつ．その一つを s とすると，

(1) $\qquad f(1, s) = 0,$

(2) $\qquad \partial_y f(1, s) = 5s^4 - 4 \neq 0.$

実際，(1) は s の定め方から明らか．一方，$\partial_y f(1, y) = 5y^4 - 4 = 0$ の実数解は $\pm(4/5)^{1/4}$．一方，$f(1, \pm(4/5)^{1/4}) \neq 0$ が容易にわかるので，(1) より $s \neq \pm(4/5)^{1/4}$．したがって (2) を得る．(1), (2), および陰関数定理 I（定理 14.2.4）より，$f(x, y) = 0$ を y について解いた陰関数 $g \in C^\infty(U \to V)$ (U, V はそれぞれ $1, s$ を含む開区間) で次のようなものが存在する：

$$U \times V \subset \{(x, y) \,;\, 5y^4 - 4x \neq 0\}.$$

また，

$$g'(x) \stackrel{(14.7)}{=} -\frac{\partial_x f(x, g(x))}{\partial_y f(x, g(x))} = \frac{4g(x)}{5g(x)^4 - 4x}, \quad x \in U.$$

以上で，$f(x,y) = 0$ に対し，$(x,y) = (1,s)$ の近傍において滑らかな陰関数 $y = g(x)$ の存在を示すことができた．一方，方程式 $f(1,y) = 0$ は代数的には（四則演算とべき根によっては）解けない[1]．

陰関数定理 I（定理 14.2.4）より一般に，次の定理が成立する（記法は (14.4) に従う）：

定理 14.2.6（**陰関数定理 II**） $D \subset \mathbb{R}^{d+m}$ を開集合，$f \in C^r(D \to \mathbb{R}^m)$ $(r \geq 1)$ とする．

(a) （陰関数の存在） $(a,b) \in D$, $f(a,b) = 0$, $\det \partial_y f(a,b) \neq 0$ なら，a を含む開集合 $U \subset \mathbb{R}^d$，b を含む開集合 $V \subset \mathbb{R}^m$ で次をみたすもの：

$$U \times V \subset \{(x,y) \in D \, ; \, \det \partial_y f(x,y) \neq 0\}, \qquad (14.8)$$

および $f(x,y) = 0$ を y について解いた陰関数 $g : U \to V$ が存在する．

(b) （陰関数の可微分性） 開集合 $U \subset \mathbb{R}^d$，開集合 $V \subset \mathbb{R}^m$ が (14.8) をみたすとする．このとき，$g : U \to V$ が，$f(x,y) = 0$ を y について解いた陰関数なら，$g \in C^r(U \to V)$ かつ，

$$g'(x) = -\partial_y f(x, g(x))^{-1} \partial_x f(x, g(x)), \quad x \in U. \qquad (14.9)$$

✔**注** (14.9) 右辺は $-\partial_y f(x, g(x))^{-1} \in \mathbb{R}^{m,m}$ と $\partial_x f(x, g(x)) \in \mathbb{R}^{m,d}$ の積を表す．

定理 14.2.6 の証明も 14.3 節で与えるが，(14.9) が，g の可微分性を認めさえすれば簡単に得られることは，(14.7) の場合と同様である．次に定理 14.2.6 の使い方を練習する．

---

[1] $f(1,y)$ の増減を調べることにより，$f(1,y) = 0$ がちょうど三つの実根，したがって二つの虚根をもつことがわかる．これと，方程式の既約性から $f(1,y) = 0$ のガロア群が 5 次対称群と同型になる（したがって可解でない）ことがわかる．

◆例 14.2.7 次の関数に定理 14.2.6 を適用する：
$$f(x,y,z) = \begin{pmatrix} x+y+z \\ xy+yz+zx \end{pmatrix}, \quad (x,y,z) \in \mathbb{R}^3.$$

$$\partial_{(y,z)}f = \begin{pmatrix} 1 & 1 \\ x+z & x+y \end{pmatrix} \quad \det \partial_{(y,z)}f = y-z.$$

よって，$(a,b,c) \in \mathbb{R}^3$, $f(a,b,c) = 0$ かつ $b \neq c$ なら陰関数定理 II（定理 14.2.6）より，$f(x,y,z) = 0$ を (y,z) について解いた陰関数 $g \in C^\infty(U \to V)$ ($U \subset \mathbb{R}$ は a を含む開集合，$V \subset \mathbb{R}^2$ は (b,c) を含む開集合) が存在する．また，$\partial_x f = \begin{pmatrix} 1 \\ y+z \end{pmatrix}$ より $x \in U$, $(y,z) = g(x)$ に対し，

$$g'(x) \stackrel{(14.9)}{=} -\partial_{(y,z)}f(x,y,z)^{-1} \partial_x f(x,y,z)$$
$$= -\begin{pmatrix} 1 & 1 \\ x+z & x+y \end{pmatrix}^{-1} \begin{pmatrix} 1 \\ y+z \end{pmatrix}$$
$$= \frac{-1}{y-z} \begin{pmatrix} x+y & -1 \\ -x-z & 1 \end{pmatrix} \begin{pmatrix} 1 \\ y+z \end{pmatrix} = \frac{-1}{y-z} \begin{pmatrix} x-z \\ y-x \end{pmatrix}.$$

\(^□^)/

問 14.2.1 レムニスケイト $L = \{(x,y) \in \mathbb{R}^2 \; ; \; (x^2+y^2)^2 = 2a^2(x^2-y^2)\}$ を考える（例 6.5.9 参照）．(i) $(x,y) \in L$ に対し $|y| \leq |x| \leq \sqrt{2}a$ を示せ．(ii) $U = [-\sqrt{2}a, \sqrt{2}a]$, $V_+ = [0, \infty)$, $V_- = (-\infty, 0]$ とするとき，$(x,y) \in L$ を y について解いた陰関数 $y_\pm : U \to V_\pm$ の具体形を求めよ．

問 14.2.2 (★) $a > 0$, $x \geq -a/2$, $s_\pm(x) = 2a^2 + 2ax - x^2 \pm 2a\sqrt{a^2+2ax}$ とする．(i) $s_\pm$ の増減を調べ，$s_\pm(x) \geq 0$ となる x の区間 $U_\pm$ を求めよ．(ii) カーディオイド $C = \{(x,y) \in \mathbb{R}^2 \; ; \; (x^2+y^2-2ax)^2 = 4a^2(x^2+y^2)\}$（問 6.5.4）に対し，$(x,y) \in C$ を y について解いた陰関数 $y : U \to V$ は次のように与えられることを示せ[2]：
$$y = \begin{cases} \sqrt{s_+(x)}, & U = [0, 4a],\ V = [0, \infty)\ \text{のとき}, \\ \sqrt{s_+(x)}, & U = [-a/2, 0],\ V = [\sqrt{3}a/2, \infty)\ \text{のとき}, \\ \sqrt{s_-(x)}, & U = [-a/2, 0],\ V = [0, \sqrt{3}a/2]\ \text{のとき}. \end{cases}$$

---

[2] $y \geq 0$ の場合のみ考えた．C は x 軸に関して対称だから，$y \leq 0$ の場合は符号だけ逆にすればよい．

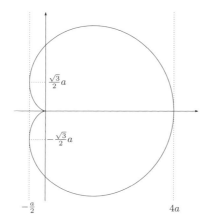

問 14.2.3 L をレムニスケイト (例 6.5.9 参照), $(x,y) \in L$, $y \neq 0$ とする. y を x の陰関数として表すとき, 次を示せ: $y' = -\frac{x(x^2+y^2-a^2)}{y(x^2+y^2+a^2)}$.

問 14.2.4 ($\star$) C をカーディオイド (問 6.5.4 参照), $(x,y) \in C$ とする. 以下を示せ: (i) $x^2 + y^2 - 2ax = 2a^2 \iff (x,y) = (-\frac{a}{2}, \pm\frac{\sqrt{3}a}{2})$. (ii) $y \neq 0$, $(x,y) \neq (-\frac{a}{2}, \pm\frac{\sqrt{3}a}{2})$ とし, y を x の陰関数として表すとき, $y' = -\frac{(x^2+y^2-2ax)(x-a)-2a^2}{2y(x^2+y^2-2ax-2a^2)}$.

問 14.2.5 以下の $f(x,y,z)$ に対し, $f(a,b,c) = 0$ なら, $f(x,y,z) = 0$ を z について解いた陰関数 $z : U \to V$ (U は (a,b) を含む開集合, V は c を含む開区間) が存在することを示せ. また, z_x, z_y を求めよ: (i) $f(x,y,z) = e^{xy} + e^{yz} + e^{zx} - e^{xyz}$, $(x,y,z \in \mathbb{R}, be^{bc} + ae^{ca} \neq abe^{abc})$. (ii) $f(x,y,z) = x^y - y^z$, $(x,y > 0)$.

問 14.2.6 $j = 1,\ldots,d$ ($d \geq 3$) に対し $f_j, g_j \in C^1(\mathbb{R} \to \mathbb{R})$, $\sum_{j=1}^d f_j(0) = \sum_{j=1}^d g_j(0) = 0$, $f'_1(0)g'_2(0) \neq f'_2(0)g'_1(0)$ とする. このとき, $0 \in \mathbb{R}^{d-2}$ を含む開集合 U および $h_1, h_2 \in C^1(U \to \mathbb{R})$ で, U 上で次をみたすものが存在することを示せ:

$$f_1 \circ h_1 + f_2 \circ h_2 + \sum_{j=3}^d f_j = g_1 \circ h_1 + g_2 \circ h_2 + \sum_{j=3}^d g_j = 0.$$

14.3 逆関数定理・陰関数定理の証明

定理 14.2.4, 定理 14.2.6, 定理 14.1.1 の順に示す.

定理 14.2.4 の証明 (a): 必要なら $-f$ を考えることにより $\partial_y f(a,b) > 0$ と仮定してよい. $\partial_y f$ は連続なので, a を含む開集合 $U_0 \subset \mathbb{R}^d$, b を含む開区間

V_0 で，次のようなものが存在する：

(1) $U_0 \times V_0 \subset \{(x,y) \in D \,;\, \partial_y f(x,y) > 0\}$.

今，$V_0 \ni y \mapsto f(a,y)$ は狭義 $\nearrow$ かつ $f(a,b) = 0$．したがって次のような $b_\pm \in V_0$ が存在する：

$$b_- < b < b_+, \quad f(a,b_-) < 0 < f(a,b_+).$$

すると，f の連続性から a を含む開集合 $U \subset U_0$ をとり，

(2) $x \in U$ なら $f(x,b_-) < 0 < f(x,b_+)$

とできる．さらに $V = (b_-, b_+)$ とすると，$U \times V \subset U_0 \times V_0 \overset{(1)}{\subset} D$ かつ，

(3) $x \in U$ なら $V \ni y \mapsto f(x,y)$ は狭義 $\nearrow$．

また，(2), (3) と，中間値定理（定理 3.4.5）より，

$$\forall x \in U,\ \exists 1 y \in V,\ f(x,y) = 0.$$

この y を $g(x)$ とおけば，(14.5) が成立する．さらに (1) と $U \times V \subset U_0 \times V_0$ より (14.6) も成立する．

(b)：まず，$g \in C(U \to V)$ を示す．そのため $x_0 \in U$ と $\varepsilon > 0$ を任意に固定し，次のような $\delta > 0$ の存在を言えばよい：

(4) $x \in B(x_0, \delta)$ なら $|g(x) - g(x_0)| < \varepsilon$．

以後，簡単のため $y_0 = g(x_0)$ とおく．$\partial_y f(x_0, y_0) \neq 0$ だが，以下，$\partial_y f(x_0, y_0) > 0$ の場合を考える（$\partial_y f(x_0, y_0) < 0$ でも同様）．このとき，次のような $\delta_0 > 0$, $\varepsilon_0 \in (0, \varepsilon)$ が存在する：

$$y_0 \pm \varepsilon_0 \in V,$$
$$x \in B(x_0, \delta_0),\ y \in [y_0 - \varepsilon_0, y_0 + \varepsilon_0] \text{ なら } \partial_y f(x,y) > 0.$$

このとき，$[y_0 - \varepsilon_0, y_0 + \varepsilon_0] \ni y \mapsto f(x_0, y)$ は狭義 $\nearrow$ なので，

$$f(x_0, y_0 - \varepsilon_0) < 0 < f(x_0, y_0 + \varepsilon_0).$$

14.3 逆関数定理・陰関数定理の証明

これと, f の連続性から, 次のような $\delta \in (0, \delta_0)$ が存在する:

$$x \in B(x_0, \delta) \text{ なら } f(x, y_0 - \varepsilon_0) < 0 < f(x, y_0 + \varepsilon_0).$$

これと, $f(x, g(x)) = 0$, および $[y_0 - \varepsilon_0, y_0 + \varepsilon_0] \ni y \mapsto f(x, y)$ が狭義 ↗ であることから,

$$y_0 - \varepsilon_0 < g(x) < y_0 + \varepsilon_0, \text{ したがって (4) が成立する.}$$

次に $g \in C^r(U \to V)$ と (14.7) を示す. $x \in U$ を任意, $h \in \mathbb{R} \setminus \{0\}$ の絶対値は十分小とする. また $k_j = g(x + he_j) - g(x)$ とする ((4.1) 参照). このとき,

$$\varphi(t) = f(x + the_j, g(x) + tk_j), \ (0 \leq t \leq 1)$$

とおくと,

$\varphi \in C^1([0,1])$, $\varphi(0) = f(x, g(x)) = 0$, $\varphi(1) = f(x + he_j, g(x + he_j)) = 0$.

したがって平均値定理 (定理 8.3.1) より, 次のような $t \in (0,1)$ が存在する:

(5) $0 = \varphi'(t) = h\partial_{x_j} f(x + the_j, g(x) + tk_j) + k_j \partial_y f(x + the_j, g(x) + tk_j).$

よって,

(6) $\dfrac{g(x + he_j) - g(x)}{h} \stackrel{(k_j \text{ の定義})}{=} \dfrac{k_j}{h} \stackrel{(5)}{=} -\dfrac{\partial_{x_j} f(x + the_j, g(x) + tk_j)}{\partial_y f(x + the_j, g(x) + tk_j)}.$

$h \to 0$ とするとき, g の連続性 (既に示した) から $k_j \to 0$. これと $\partial_x f$, $\partial_y f$ の連続性から,

(7) (6) の右辺 $\longrightarrow -\dfrac{\partial_{x_j} f(x, g(x))}{\partial_y f(x, g(x))}$, すなわち $\partial_{x_j} g(x) = -\dfrac{\partial_{x_j} f(x, g(x))}{\partial_y f(x, g(x))}.$

以上から, $\partial_{x_j} g \ (j = 1, \ldots, d)$ が全て存在し $C^{r-1}(U \to V)$ に属する. したがって $g \in C^r(U \to V)$. また, (7) より (14.7) もわかる. \(^□^)/

定理 14.2.6 の証明 (a): 定理 14.2.4 より $m = 1$ の場合は正しい. そこで $m > 1$ とし, $m - 1$ まで正しいとする. $\partial_y f$ は連続かつ $\det \partial_y f(a, b) \neq 0$ より, 開集合 $D_0 \subset \mathbb{R}^{d+m}$ で次をみたすものが存在する:

(1) $(a, b) \in D_0 \subset D$, $\det \partial_y f(x, y) \neq 0, \ \forall (x, y) \in D_0$.

また,$\det \partial_y f(a,b) \neq 0$ だから,$\partial_y f(a,b) \in \mathbb{R}^{m,m}$ の第 m 行の成分 $\partial_{y_j} f_m(a,b)$ ($j=1,\ldots,m$) のどれかは $\neq 0$. どの成分が $\neq 0$ でも以下の議論は同じだが,記号を見やすくするため次を仮定する:

(2) $\partial_{y_m} f_m(a,b) \neq 0$.

以下,$y \in \mathbb{R}^m$ に対し $\widehat{y} = (y_j)_{j=1}^{m-1}$ とする.また $\mathbb{R}^m$ 値の関数 f に対し $\widehat{f} = (f_j)_{j=1}^{m-1}$ ($\mathbb{R}^{m-1}$ 値関数) とする.陰関数定理 I (定理 14.2.4) と (2) より,$f_m(x,y)=0$ を y_m について解いた陰関数 $h \in C^r(W \to V_m)$ が存在する.ここで $W \subset \mathbb{R}^{d+m-1}$ は $(a,\widehat{b})$ を含む開集合,$V_m \subset \mathbb{R}$ は b_m を含む開区間で次をみたす:

(3) $W \times V_m \subset \{(x,y) \in D_0 \,;\, \det \partial_{y_m} f_m(x,y) \neq 0\}$.

そこで関数 $F : W \to \mathbb{R}^{m-1}$ を次のように定める:

$$F(x,\widehat{y}) = \widehat{f}(x,\widehat{y},h(x,\widehat{y})).$$

このとき,次が成立する:

$$\det(\partial_y f)(x,\widehat{y},h(x,\widehat{y})) = \partial_{y_m} f_m(x,\widehat{y},h(x,\widehat{y})) \det \partial_{\widehat{y}} F(x,\widehat{y}), \quad (x,\widehat{y}) \in W, \tag{14.10}$$

(証明は後回しにする:補題 14.3.1 参照).また,

(4) $\begin{cases} F(a,\widehat{b}) = \widehat{f}(a,\widehat{b},h(a,\widehat{b})) = \widehat{f}(a,b) = 0, \\ \det \partial_{\widehat{y}} F(a,\widehat{b}) \neq 0, \quad (\det \partial_y f(a,b) \neq 0,\ \text{および (14.10) による}). \end{cases}$

(4) と帰納法の仮定より,$F(x,\widehat{y})=0$ を $\widehat{y}$ について解いた陰関数 $k \in C^r(U \to \widehat{V})$ が存在する.ここで,U は a を含む開集合,$\widehat{V}$ は $\widehat{b}$ を含む開集合で次をみたす:

(5) $U \times \widehat{V} \subset \{(x,\widehat{y}) \in W \,;\, \det \partial_{\widehat{y}} F(x,\widehat{y}) \neq 0\}$.

そこで,$V = \widehat{V} \times V_m$ とし,$g \in C^r(U \to V)$ を次のように定める:

$$g(x) = (k(x), h(x,k(x))).$$

このとき,

(6) $U \times V = U \times \widehat{V} \times V_m \subset W \times V_m \subset D_0$.
また，$(x,y) \in U \times V$, すなわち $(x, \widehat{y}, y_m) \in U \times \widehat{V} \times V_m$ に対し,

$$\begin{array}{ccc} \widehat{f}(x,y) = 0, & \widehat{f}(x,y) = 0, & F(x,\widehat{y}) = 0, \\ f_m(x,y) = 0 & y_m = h(x,\widehat{y}) & y_m = h(x,\widehat{y}) \end{array}$$

(矢印: h の定義, F の定義)

$$\underset{k \text{ の定義}}{\Longleftrightarrow} \quad \widehat{y} = k(x), \\ y_m = h(x, \widehat{y}).$$

したがって，$f(x,y) = 0 \iff y = g(x)$. 以上より，$g: U \to V$ は $f(x,y) = 0$ を y について解いた陰関数である．また，(1), (6) より (14.8) が成立する．
(b): 任意の $a_0 \in U$ に対し，

$$f(a_0, g(a_0)) = 0 \text{ かつ } \det \partial_y f(a_0, g(a_0)) \neq 0.$$

よって (a) より $f(x,y) = 0$ を y について解いた陰関数 $g_0 \in C^r(U_0 \to V_0)$ (U_0 は a_0 を含む開集合，V_0 は $g(a_0)$ を含む開集合で $U_0 \times V_0 \subset D$ をみたす) が存在する．ところが，陰関数は (14.5) の意味で一意的だから $x \in U \cap U_0$ に対し $g(x) = g_0(x)$. a_0 は任意だったから $g \in C^r(U \to V)$ である．また，これより，定理 14.2.6 の後に述べた通り，(14.9) を得る． \\(^□^)/

補題 14.3.1　定理 14.2.6 の証明において，(14.10) が成立する．

証明　$\varphi_{ij} \stackrel{\text{def}}{=} (\partial_{y_j} f_i)(x, \widehat{y}, h(x, \widehat{y}))$ $((x, \widehat{y}) \in W, i, j = 1, \ldots, m)$ に対し，次を言えばよい：

(1) $\det(\varphi_{ij})_{i,j=1}^m = \varphi_{mm} \partial_{\widehat{y}} \det F(x, \widehat{y})$.

$i = 1, \ldots, m, j = 1, \ldots, m-1$ に対し

(2) $\begin{cases} \partial_{y_j}(f_i(x, \widehat{y}, h(x, \widehat{y}))) \\ \stackrel{\text{連鎖律}}{=} (\partial_{y_j} f_i)(x, \widehat{y}, h(x, \widehat{y})) + (\partial_{y_m} f_i)(x, \widehat{y}, h(x, \widehat{y})) \partial_{y_j} h(x, \widehat{y}). \end{cases}$

ここで，$j = 1, \ldots, m$ に対し，

$$\widehat{\varphi}_j = (\varphi_{ij})_{i=1}^{m-1} \in \mathbb{R}^{m-1}, \quad \lambda_j = \partial_{y_j} h(x, \widehat{y}) \in \mathbb{R}$$

とする．(2) の $i = 1, \ldots, m-1$ の部分より，

(3) $\partial_{y_j} F(x,\widehat{y}) = \widehat{\varphi}_j + \lambda_j \widehat{\varphi}_m, \quad j = 1, \ldots, m-1.$

また，$f_m(x, \widehat{y}, h(x, \widehat{y})) = 0, (x, \widehat{y}) \in W$ より，(2) で $i = m$ とすると，

(4) $0 = \varphi_{mj} + \lambda_j \varphi_{mm}, \quad j = 1, \ldots, m-1.$

以下，(3), (4) から，(1) を導く（ここから先は線形代数の問題である）．

$$\widehat{\Phi}_j = (\widehat{\varphi}_1, \ldots, \widehat{\varphi}_{j-1}, \widehat{\varphi}_{j+1}, \ldots, \widehat{\varphi}_m) \in \mathbb{R}^{m-1, m-1}$$

とする（行列 $\widehat{\Phi}_j$ は $\widehat{\varphi}_1, \ldots, \widehat{\varphi}_m$ のうち，$\widehat{\varphi}_j$ 以外の $m-1$ 個を順番に並べて得られる）．$\det(\varphi_{ij})_{i,j=1}^m$ を第 m 行についての余因子展開すると，

$$\det(\varphi_{ij})_{i,j=1}^m = \det\begin{pmatrix} \widehat{\varphi}_1 & \cdots & \widehat{\varphi}_m \\ \varphi_{m1} & \cdots & \varphi_{mm} \end{pmatrix} = \sum_{j=1}^m (-1)^{m+j} \varphi_{mj} \det \widehat{\Phi}_j.$$

上式と (4) より，

(5) $\det(\varphi_{ij})_{i,j=1}^m = \left(\sum_{j=1}^{m-1} (-1)^{m+j-1} \lambda_j \det \widehat{\Phi}_j + \det \widehat{\Phi}_m \right) \varphi_{mm}.$

次に (3) と，行列式の多重線形性より，

$$\det \partial_{\widehat{y}} F(x, \widehat{y}) = \det \widehat{\Phi}_m + \sum_{k=1}^{m-1} \sum_{1 \leq j_1 < \cdots < j_k \leq m-1} \lambda_{j_1} \cdots \lambda_{j_k} \det \widehat{\Phi}_m^{(j_1, \ldots, j_k)},$$

ただし，行列 $\widehat{\Phi}_m^{(j_1, \ldots, j_k)}$ は $\widehat{\Phi}_m$ の列ベクトル $\widehat{\varphi}_{j_1}, \ldots, \widehat{\varphi}_{j_k}$ を全て $\widehat{\varphi}_m$ におきかえて得られる．このとき $k \geq 2$ なら，$\det \widehat{\Phi}_m^{(j_1, \ldots, j_k)} = 0$. また $k = 1$ なら，

$$\det \widehat{\Phi}_m^{(j)} = \det(\widehat{\varphi}_1, \ldots, \overbrace{\widehat{\varphi}_m}^{\text{第 }j\text{ 列}}, \ldots, \widehat{\varphi}_{m-1}) = (-1)^{m+j-1} \det \widehat{\Phi}_j.$$

以上から，

(6) $\det \partial_{\widehat{y}} F(x, \widehat{y}) = \det \widehat{\Phi}_m + \sum_{j=1}^{m-1} (-1)^{m+j-1} \lambda_j \det \widehat{\Phi}_j.$

(5), (6) より (1) を得る． \(^□^)/

定理 14.1.1 の証明 $F \in C^r(D \times \mathbb{R}^d \to \mathbb{R}^d)$ を $F(x, y) = f(x) - y$ と定める．このとき，

(1) $(x,y) \in D \times \mathbb{R}^d$ に対し $\partial_x F(x,y) = f'(x)$.

一方，開集合 $U \subset D$，開集合 $V \subset \mathbb{R}^d$ に対し，$g : V \to U$ が，$F(x,y) = 0$ を x について解いた陰関数であることは，次と同値である：

(2) $(x,y) \in U \times V$ に対し $y = f(x) \Leftrightarrow x = g(y)$.

(2) は次とも同値である：

(3) $f : U \to V$ と $g : V \to U$ が全単射であり，互いに逆関数である．

(a): $b = f(a)$ とおくと，

$$F(a,b) = 0, \quad \det \partial_x F(a,b) \stackrel{(3)}{=} \det f'(a) \stackrel{(14.1)}{\neq} 0.$$

ゆえに，陰関数定理 II (定理 14.2.6) より $F(x,y) = 0$ を x について解いた陰関数 $g \in C^r(V \to U)$ が存在する．ここで V は b を含む開集合，U は a を含む開集合で，次が成立する：

(4) $U \times V \subset \{(x,y) \in \mathbb{R}^d \times D \,;\, \partial_x F(x,y) \neq 0\}$.

このとき，(2) と (3) の同値性より $f : U \to V$ は全単射である．また，(1), (4) より $x \in U$ に対し $\det f'(x) \neq 0$.

(b): $f : U \to V$ が (14.1), (14.2) をみたすとする．このとき，(2) と (3) の同値性より，逆関数 $g : V \to U$ は，$F(x,y) = 0$ を x について解いた陰関数であり，$(x,y) \in U \times V$ に対し次をみたす：

$$\det \partial_x F(x,y) \stackrel{(1)}{=} \det f'(x) \stackrel{(14.1)}{\neq} 0.$$

したがって，陰関数定理 II (定理 14.2.6) (b) より $g \in C^r(V \to U)$. また，これより，定理 14.1.1 の後の注で述べた通り，(14.3) を得る． \\(^口^)/

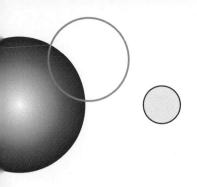

第15章

多変数関数の積分

第10章で，有界区間 $I \subset \mathbb{R}^d$ 上の有界な関数 f の積分 $\int_I f$ を定義したが，ここでは $d \geq 2$ の場合の具体的計算法について述べる．特に重要なのが，逐次積分と積分の変数変換である．また，諸科学への応用の面からも区間上の積分だけでなく，より一般な集合上の積分や，広義積分の多変数版も必要なのでそれらについても述べる．

15.1 逐次積分

$I_1, I_2 \subset \mathbb{R}$ をそれぞれ有界区間，$I = I_1 \times I_2 \subset \mathbb{R}^2$ とする．$f \in \mathscr{R}(I)$ なら，積分 $\int_I f$ が定まる（定義 10.2.4）．この積分を具体的に計算する方法の一つが，$\int_I f$ を次のように書きなおすことである（これを**逐次積分**といい，適当な条件のもとで可能である）：

$$\int_{I_1} dx \int_{I_2} f(x,y) dy \quad \text{または} \quad \int_{I_2} dy \int_{I_1} f(x,y) dx.$$

ここで，前者は $f(x,y)$ を先に $y \in I_2$ について積分して得られた関数 $x \mapsto \int_{I_2} f(x,y) dy$ を，今度は $x \in I_1$ について積分したものである．また，後者は $f(x,y)$ を先に $x \in I_1$ について積分して得られた関数 $y \mapsto \int_{I_1} f(x,y) dx$ を，今度は $y \in I_2$ について積分したものである．こうすると，$\int_I f$ を一変数についての積分の繰り返しで表せ，それぞれの段階で一変数についての積分が計算できれば $\int_I f$ 自体も求まることになる．

15.1 逐次積分

逐次積分をもう少し一般的に述べるため，設定を次のようにする：

設定 15.1.1 ▶ $I_1 \subset \mathbb{R}^{d_1}$, $I_2 \subset \mathbb{R}^{d_2}$ を共に有界区間，
▶ $I = I_1 \times I_2 \subset \mathbb{R}^d$ $(d = d_1 + d_2)$, $f : I \to \mathbb{R}$.
I の点は (x, y) $(x \in I_1, y \in I_2)$ と書けるので，$f : I \to \mathbb{R}$ も $f(x, y)$ と表示する．

定理 15.1.2 (**逐次積分**) 設定 15.1.1 のもとで，以下の条件を仮定する：

(a0) $f \in \mathscr{R}(I)$ (定義 10.2.4 参照).

(a1) 全ての $x \in I_1$ に対し関数：$I_2 \ni y \mapsto f(x, y)$ が $\mathscr{R}(I_2)$ に属し，したがって次の積分が定まる：
$$F_1(x) \stackrel{\text{def}}{=} \int_{I_2} f(x, y) dy.$$

このとき，$F_1 \in \mathscr{R}(I_1)$ かつ，
$$\int_I f(x, y) dx dy = \int_{I_1} F_1(x) dx. \tag{15.1}$$

証明は，本節末の補足で述べる．

✔ **注** $f \in C_\mathrm{b}(I)$ なら，定理 15.1.2 (および次の系 15.1.3) の条件は全てみたされる．

系 15.1.3 設定 15.1.1 のもとで，定理 15.1.2 の (a0), (a1) に加え次の条件を仮定する：

(a2) 全ての $y \in I_2$ に対し関数：$I_1 \ni x \mapsto f(x, y)$ が $\mathscr{R}(I_1)$ に属し，したがって次の積分が定まる：
$$F_2(y) \stackrel{\text{def}}{=} \int_{I_1} f(x, y) dx.$$

このとき，$F_j \in \mathscr{R}(I_j)$ $(j=1,2)$ かつ，
$$\int_I f(x,y)dxdy = \int_{I_1} F_1(x)dx = \int_{I_2} F_2(y)dy. \tag{15.2}$$

✔**注** (15.2) の $\int_{I_j} F_j$ $(j=1,2)$ は結果的には同じだが，具体的な計算は一方では可能，他方では不可能という場合もある（例 15.1.4 参照）．逆に言うと，(15.2) を用いることで，一見すると計算不可能な積分を，計算可能な積分におきかえることができる場合がある（例 15.1.5 参照）．(15.2) を次のようにも書く：
$$\int_I f = \int_{I_1} dx \int_{I_2} f(x,y)dy = \int_{I_2} dy \int_{I_1} f(x,y)dx. \tag{15.3}$$
定理 15.1.2, 系 15.1.3 の条件 (a0)–(a2) はそれほど強い仮定ではないので，多くの場合 (15.2), (15.3) が成立する．一方，これらは全く無条件では成立しない（問 15.1.6 参照）．

　一見複雑な多変数関数の積分も，定理 15.1.2 を用いて一変数ずつ積分すると計算できる場合がある．その例を見よう：

◆**例 15.1.4** $a,b>0,\ p \geq 1,\ g \in C^3(\mathbb{R})$ に対し，次の積分を求める：
$$\int_{[0,a]\times[0,b]} x^2 y^{p-1} g'''(xy^p) dxdy.$$
$f(x,y) = x^2 y^{p-1} g'''(xy^p)$ は $I \stackrel{\mathrm{def}}{=} [0,a] \times [0,b]$ 上で有界かつ連続だから定理 15.1.2 の仮定をみたす．ゆえに求める積分 $\int_I f$ は逐次積分で計算できる．
$$f(x,y) = \frac{x}{p} \partial_y(g''(xy^p)) \quad \text{より} \quad \int_0^b f(x,y)dy = \frac{x}{p}\left(g''(xb^p) - g''(0)\right).$$
よって逐次積分より，
$$\int_I f = \int_0^a dx \int_0^b f(x,y)dy = \frac{1}{p}\int_0^a xg''(xb^p)dx - \frac{a^2}{2p}g''(0).$$
さらに，
$$\int_0^a xg''(xb^p)dx \stackrel{\text{部分積分}}{=} \left[\frac{xg'(xb^p)}{b^p}\right]_{x=0}^{x=a} - \frac{1}{b^p}\int_0^a g'(xb^p)dx$$
$$= \frac{ag'(ab^p)}{b^p} - \frac{g(ab^p) - g(0)}{b^{2p}}.$$

以上より，
$$\int_I f = \frac{ag'(ab^p)}{pb^p} - \frac{g(ab^p)-g(0)}{pb^{2p}} - \frac{a^2}{2p}g''(0).$$

\(^□^)/

✔**注**　例 15.1.4 の計算は最初に y で積分し，次に x で積分した．この順序が逆だと計算できない．

次の例のように，一変数関数の積分計算に定理 15.1.2 を応用できることもある：

◆**例 15.1.5**　$0 < a < b < \infty$ に対し，
$$\int_0^1 \frac{x^b - x^a}{\log x} dx = \log \frac{b+1}{a+1}.$$

証明　$0 < x \leq 1, y > 0$ なら，
$$f(x,y) \stackrel{\text{def}}{=} x^y = \exp(y \log x) \in (0, 1].$$

よって $f \in C_b((0,1] \times (0,\infty))$. さらに $\partial_y\left(\frac{x^y}{\log x}\right) = x^y$ より，

(1) $$\int_a^b f(x,y)dy = \left[\frac{x^y}{\log x}\right]_{y=a}^{y=b} = \frac{x^b - x^a}{\log x},$$

また，$\partial_x\left(\frac{x^{y+1}}{y+1}\right) = x^y$ より，

(2) $$\int_0^1 f(x,y)dx = \left[\frac{x^{y+1}}{y+1}\right]_{x=0}^{x=1} = \frac{1}{y+1}.$$

以上より，
$$\int_0^1 \frac{x^b - x^a}{\log x} dx \stackrel{(1)}{=} \int_0^1 dx \int_a^b f(x,y)dy$$
$$\stackrel{(15.3)}{=} \int_a^b dy \int_0^1 f(x,y)dx \stackrel{(2)}{=} \int_a^b \frac{dy}{y+1} = \log \frac{b+1}{a+1}.$$

\(^□^)/

問 15.1.1 $f, g \in C^1([0,1])$, $g(0)g(1) \neq 0$, $h \in C^2(\mathbb{R})$ とする．次の積分を求めよ：$\int_{[0,1]^2} f(x)f'(x)g'(y)h''(f(x)g(y))dxdy$.

問 15.1.2 $g \in C^1(\mathbb{R})$, $g'(1) = 0$ とする．次の f に対し $\int_{(0,1]^2} f$ を求めよ．

$$f(x,y) = \begin{cases} 2yg'\left(\frac{y^2}{x^2}\right), & 0 < y < x \leq 1 \text{ のとき,} \\ 0, & 0 < x \leq y \leq 1 \text{ のとき.} \end{cases}$$

問 15.1.3 $0 \leq a < b < \infty$, $p > 0$ とする．以下の各場合に $\int_{[a,b]^2}(x+y+1)^{-p}dxdy$ を求めよ：(i) $p = 1$. (ii) $p = 2$. (iii) $p \neq 1, 2$. （問 15.1.5 を使ってもできるが，逐次積分で直接計算する方が計算の楽しみが味わえる．）

問 15.1.4 $a, b \in \mathbb{R}$ に対し次の積分を求めよ：$\int_0^1 \frac{x^{ib} - x^{ia}}{\log x} dx$.

問 15.1.5 $I = [a_1, b_1] \times [a_2, b_2] \subset \mathbb{R}^2$, $f \in C^2(I)$ に対し次を示せ：
$\int_I \partial_1 \partial_2 f = f(b_1, b_2) - f(b_1, a_2) - f(a_1, b_2) + f(a_1, a_2)$.

問 15.1.6 $f(x,y) = \begin{cases} y^{-2}, & 0 < x < y, \\ -x^{-2}, & 0 < y \leq x \end{cases}$ とする．次を示せ：$\int_0^1 f(x,y)dx = 1$, $\int_0^1 f(x,y)dy = -1$, したがって $\int_0^1 dy \int_0^1 f(x,y)dx = 1$, $\int_0^1 dx \int_0^1 f(x,y)dy = -1$.

15.1 節への補足：

定理 15.1.2 の証明 Δ_1, Δ_2 をそれぞれ I_1, I_2 の区間分割（定義 10.2.1）とする．このとき，

$$\Delta = \{D_1 \times D_2 \,;\, D_1 \in \Delta_1, D_2 \in \Delta_2\}$$

は I の区間分割を与える．このとき，f と F_1 の過剰和・不足和（定義 10.5.2）について次が成立する：

(1) $\qquad \underline{s}(f, \Delta) \leq \underline{s}_{I_1}(F_1, \Delta_1) \leq \overline{s}_{I_1}(F_1, \Delta_1) \leq \overline{s}(f, \Delta)$.

まず (1) を認めて定理を示す．$\mathrm{w}(\Delta_j) \to 0$ $(j = 1, 2)$ なら $\mathrm{w}(\Delta) \to 0$. ところが仮定 (a0) とダルブーの定理（定理 10.5.4）より，

$$\lim_{\mathrm{w}(\Delta) \to 0} \underline{s}(f, \Delta) = \lim_{\mathrm{w}(\Delta) \to 0} \overline{s}(f, \Delta) = \int_I f.$$

これと (1) から，

(2) $$\lim_{w(\Delta_1)\to 0} \underline{s}_{I_1}(F_1, \Delta_1) = \lim_{w(\Delta_1)\to 0} \overline{s}_{I_1}(F_1, \Delta_1) = \int_I f.$$

(2) とダルブーの可積分条件 (定理 10.5.5) より $F_1 \in \mathscr{R}(I_1)$ かつ $\int_I f = \int_{I_1} F_1$, すなわち定理の結論を得る.

次に (1) を示す. $D_1 \in \Delta_1$, $x \in D_1$ なら,

$$F_1(x) = \int_{I_2} f(x,y)dy = \sum_{D_2 \in \Delta_2} \int_{D_2} f(x,y)dy \leq \sum_{D_2 \in \Delta_2} |D_2| \sup_{D_1 \times D_2} f.$$

よって, $\sup_{D_1} F_1 \leq \sum_{D_2 \in \Delta_2} |D_2| \sup_{D_1 \times D_2} f$. 両辺に $|D_1|$ を掛けて, $D_1 \in \Delta_1$ について加えると,

$$\sum_{D_1 \in \Delta_1} |D_1| \sup_{D_1} F_1 \leq \sum_{D_1 \times D_2 \in \Delta} |D_1||D_2| \sup_{D_1 \times D_2} f,$$

すなわち $\overline{s}_{I_1}(F_1, \Delta_1) \leq \overline{s}(f, \Delta).$

全く同様に $\underline{s}(f, \Delta) \leq \underline{s}_{I_1}(F_1, \Delta_1)$. 以上と (10.24) より (1) を得る. \(^□^)/

15.2 体積確定集合 I

第10章で, 有界区間 $I \subset \mathbb{R}^d$ 上の有界な関数 f の積分 $\int_I f$ の定義と一般的性質を述べた. ここではそれらを, より一般的な有界集合 $A \subset \mathbb{R}^d$ 上での積分 $\int_A f$ にまで拡張する.

定義 15.2.1 (**有界集合上の積分**)　$A \subset \mathbb{R}^d$, $f : A \to \mathbb{R}$ とする.

▶ $f_A : \mathbb{R}^d \to \mathbb{R}$ を次のように定める:

$$f_A(x) = \begin{cases} f(x), & x \in A, \\ 0, & x \notin A. \end{cases}$$

特に $f \equiv 1$ の場合は

$$1_A(x) = \begin{cases} 1, & x \in A, \\ 0, & x \notin A. \end{cases}$$

▶ ある有界区間 $I \subset \mathbb{R}^d$ が次の条件をみたすとき, f は A **上可積分**であるという:
$$A \subset I \text{ かつ } f_A \in \mathscr{R}(I). \tag{15.4}$$
A 上可積分な関数全体を $\mathscr{R}(A)$ と記し, $f \in \mathscr{R}(A)$ に対し, f の A 上での積分を次のように定める:
$$\int_A f \stackrel{\text{def}}{=} \int_I f_A. \tag{15.5}$$
▶ A は有界かつ, $f \equiv 1 \in \mathscr{R}(A)$ なら, A は**体積確定**(より正確には d 次元**体積確定**)であるといい, 次の積分を A の d 次元**体積**と呼ぶ:
$$\text{vol}(A) = \text{vol}_d(A) \stackrel{\text{def}}{=} \int_A 1.$$
一次元体積は**長さ**, 二次元体積は**面積**とも呼ぶ.

✔ **注1** 有界な区間 $I \subset \mathbb{R}^d$ に対し, 定義 10.2.1 で定めた体積 $|I|$ と定義 15.2.1 で定めた体積 $\text{vol}(I)$ は一致する(例 10.2.5).

✔ **注2** $A, f : A \to \mathbb{R}$ が与えられたとき, 積分 (15.5) は (15.4) をみたす有界区間 I の選び方に依らず定まる(後述の補題 15.2.6).

具体例の中で, ある $A \subset \mathbb{R}^d$ が体積確定であることを示す際, 次の命題がしばしば有効である:

命題 15.2.2 (**縦線集合**) $A_1 \subset \mathbb{R}^{d-1}$, $h_j : A_1 \to \mathbb{R}$ ($j = 1, 2$), $h_1 \le h_2$ とする. このとき, 次の形の集合を**縦線集合**という:
$$A = \{(x, y) \in A_1 \times \mathbb{R} \, ; \, h_1(x) \le y \le h_2(x)\}. \tag{15.6}$$
A_1 が有界, $d-1$ 次元体積確定かつ $h_1, h_2 \in \mathscr{R}(A_1)$ なら, A は d 次元体積確定である. また, これは (15.6) における二つの不等号 ($\le$) の一方, または両方を真の不等号 ($<$) におきかえても正しい.

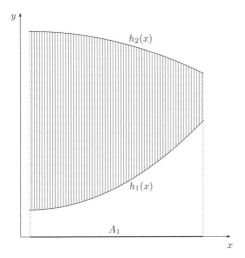

命題 15.2.2 の証明には，体積確定という概念をもう少し掘り下げる必要がある．これらについては 15.3 節で述べる．

◆**例 15.2.3**（**一般化された楕円**） $a, b, p, q > 0$ に対し，次の $A \subset \mathbb{R}^2$ は命題 15.2.2 の条件をみたす縦線集合である，したがって面積確定である：
$$A = \left\{ (x, y) \in \mathbb{R}^2 \, ; \, \left|\frac{x}{a}\right|^p + \left|\frac{y}{b}\right|^q \leq 1 \right\}.$$
$p = q = 2$ なら A は楕円，$p = q = 2/3$, $a = b$ なら A はアステロイド（例 6.5.8）である．

証明 $h(x) = b \left(1 - \left|\frac{x}{a}\right|^p\right)^{1/q}$ $(|x| \leq a)$ とすると，$h \in \mathscr{R}([-a, a])$ かつ，
$$A = \{(x, y) \in [-a, a] \times \mathbb{R} \, ; \, -h(x) \leq y \leq h(x)\}.$$

\(^□^)/

◆**例 15.2.4**（**一般化された楕円体**） $d \geq 2$, $p_j, r_j > 0$ $(j = 1, \ldots, d)$ とするとき，次の $A \subset \mathbb{R}^d$ は命題 15.2.2 の条件をみたす縦線集合である，したがって d 次元体積確定である：
$$A = \left\{ x \in \mathbb{R}^d \, ; \, \left|\frac{x_1}{r_1}\right|^{p_1} + \cdots + \left|\frac{x_d}{r_d}\right|^{p_d} \leq 1 \right\}.$$

証明 d に関する帰納法で示す．$d = 2$ の場合は例 15.2.3 で既知．そこで $d \geq 3$ かつ $d - 1$ 次元まで正しいとする．

$$h(x_1, \ldots, x_{d-1}) = \left|\frac{x_1}{r_1}\right|^{p_1} + \cdots + \left|\frac{x_{d-1}}{r_{d-1}}\right|^{p_{d-1}},$$

$$A_1 = \left\{(x_1, \ldots, x_{d-1}) \in \mathbb{R}^{d-1} \,;\, h(x_1, \ldots, x_{d-1}) \leq 1\right\}$$

とおく．帰納法の仮定より A_1 は命題 15.2.2 の条件をみたす縦線集合であり，$d - 1$ 次元体積確定である．また，A は次のように表せる：

$$A = \left\{x \in \mathbb{R}^d \,;\, (x_1, \ldots, x_{d-1}) \in A_1,\, |x_d| \leq r_d(1 - h(x_1, \ldots, x_{d-1}))^{1/p_d}\right\}.$$

したがって A は命題 15.2.2 の条件をみたす縦線集合である． \\(^□^)/

次の命題は積分の「区間加法性」（命題 10.3.5）を一般化したものである：

命題 15.2.5（**積分範囲についての加法性**） $A, B \subset \mathbb{R}^d$ は有界かつ体積確定とする．

(a) $\mathrm{vol}(A) = 0$ なら任意の有界関数 $f : A \to \mathbb{R}$ に対し $f \in \mathscr{R}(A)$ かつ $\int_A f = 0$．

(b) $f : A \cup B \to \mathbb{R}$, $f \in \mathscr{R}(A)$, $f \in \mathscr{R}(B)$ なら，$f \in \mathscr{R}(A \cup B)$, $f \in \mathscr{R}(A \cap B)$ かつ，

$$\int_{A \cup B} f + \int_{A \cap B} f = \int_A f + \int_B f. \tag{15.7}$$

特に，$\mathrm{vol}(A \cap B) = 0$ なら

$$\int_{A \cup B} f = \int_A f + \int_B f. \tag{15.8}$$

(c) $A \cup B$, $A \cap B$ は体積確定かつ，

$$\mathrm{vol}(A \cup B) + \mathrm{vol}(A \cap B) = \mathrm{vol}(A) + \mathrm{vol}(B). \tag{15.9}$$

証明 $I \subset \mathbb{R}^d$ を有界な区間，$A \cup B \subset I$ とする．

(a): f は有界なので $-C 1_A \leq f_A \leq C 1_A$ をみたす定数 C が存在する．した

がって，$1_A, f_A$ の I 上での上積分・下積分（定義 10.5.3）について，

$$-C\underline{s}(1_A) \leq \underline{s}(f_A) \leq \overline{s}(f_A) \leq C\overline{s}(1_A).$$

仮定より $\underline{s}(1_A) = \overline{s}(1_A) = 0$. したがって，$\underline{s}(f_A) = \overline{s}(f_A) = 0$. 以上とダルブーの可積分条件（定理 10.5.5）より結論を得る．

(b): 仮定より $f_A, 1_B \in \mathscr{R}(I)$. よって $f_{A\cap B} = f_A 1_B \in \mathscr{R}(I)$（系 10.3.3），すなわち f は $A \cap B$ 上可積分である．また，

$$f_{A\cup B} = f_A + f_B - f_{A\cap B}$$

より，f は $A \cup B$ 上可積分である．上式を I 上積分し積分の線形性（命題 10.3.1）を用いれば (15.7) を得る．また，$\mathrm{vol}(A \cap B) = 0$ なら (a) より $\int_{A\cap B} f = 0$. よってこのとき，(15.7) から (15.8) を得る．

(c): (b) の特別な場合（$f \equiv 1$）である． \(^□^)/

問 15.2.1 $A, B \subset \mathbb{R}^d$ が有界かつ体積確定なら，$A \setminus B$ も体積確定であることを示せ．

問 15.2.2（積分の平行移動不変性 II） $A \subset \mathbb{R}^d$ を有界，$b \in \mathbb{R}^d$ とする．以下を示せ．(i) $f \in \mathscr{R}(A)$, $b + A = \{b + x \ ; \ x \in A\}$, $f_b(x) = f(x - b)$ $(x \in b + A)$ とするとき，$f_b \in \mathscr{R}(b + A)$ かつ $\int_{b+A} f_b = \int_A f$. (ii) A が体積確定なら，$b + A$ も体積確定かつ $\mathrm{vol}(b + A) = \mathrm{vol}(A)$.

問 15.2.3（変数分離型関数の積分 II） $A_j \subset \mathbb{R}^{d_j}$ は有界，$f_j \in \mathscr{R}(A_j)$ $(j = 1, 2)$, $d = d_1 + d_2$, $A = A_1 \times A_2 \subset \mathbb{R}^d$, $f(x_1, x_2) = f_1(x_1) f_2(x_2)$ $(x_j \in A_j)$ とする．以下を示せ．(i) $f \in \mathscr{R}(A)$, $\int_A f = \int_{A_1} f_1 \int_{A_2} f_2$. (ii) $j = 1, 2$ に対し A_j が d_j 次元体積確定なら，A は d 次元体積確定かつ $\mathrm{vol}_d(A) = \mathrm{vol}_{d_1}(A_1) \mathrm{vol}_{d_2}(A_2)$.

($\star$) 15.2 節への補足：

補題 15.2.6 $I, J \subset \mathbb{R}^d$ は有界区間，$f : I \cup J \to \mathbb{R}$, $x \notin I \cap J$ なら $f(x) = 0$ とする．このとき，

$$f \in \mathscr{R}(I) \text{ なら } f \in \mathscr{R}(J) \text{ かつ } \int_I f = \int_J f.$$

証明 I, J それぞれの区間分割 Δ_1, Δ_2 を $I \cap J$ を含むようにとる. まず Δ_1 について考える. 区間加法性(命題 10.3.5)より $\forall D \in \Delta_1$ に対し $f \in \mathscr{R}(D)$. また, $D \in \Delta_1 \setminus \{I \cap J\}$ なら D 上 $f \equiv 0$ だから $\int_D f = 0$. よって,

$$\int_I f = \sum_{D \in \Delta_1} \int_D f = \int_{I \cap J} f.$$

一方, $D \in \Delta_2$ に対し $D = I \cap J$ なら $D \in \Delta_1$ より $f \in \mathscr{R}(D)$. また, $D \neq I \cap J$ なら D 上 $f \equiv 0$ だから $f \in \mathscr{R}(D)$ かつ $\int_D f = 0$. よって区間加法性(命題 10.3.5)より $f \in \mathscr{R}(J)$ かつ,

$$\int_J f = \sum_{D \in \Delta_2} \int_D f = \int_{I \cap J} f.$$

以上より補題が示された. \(^□^)/

15.3 (⋆) 体積確定集合 II

本節では,体積確定性(定義 15.2.1)の理論的側面を掘り下げ,それらを応用し命題 15.2.2 を示す.体積確定性について論じる際に,体積零という概念の果たす役割が大きい.そこでまず,次の命題を用意する.なお,以下, $\overline{s}(1_A)$, $\underline{s}(1_A)$ は 1_A の上積分・下積分を表す(定義 10.5.3 参照).

命題 15.3.1 (**体積零集合の特徴づけ**) 有界な $A \subset \mathbb{R}^d$ に対し,以下の命題は同値である:

(a) A は**体積零**である(すなわち A は体積確定かつ $\mathrm{vol}(A) = 0$).

(b) $\overline{s}(1_A) = 0$.

(c) 任意の $\varepsilon > 0$ に対し有限個の区間 $I_1, \ldots, I_n$ で次のようなものが存在する:

$$A \subset \bigcup_{j=1}^n I_j, \quad \sum_{j=1}^n |I_j| < \varepsilon.$$

証明 (a) $\Rightarrow$ (b): A が体積零なら,ダルブーの可積分条件(定理 10.5.5)より $\overline{s}(1_A) = \underline{s}(1_A) = 0$.

(a) ⇐ (b): $0 \leq \underline{s}(1_A) \stackrel{(10.27)}{\leq} \overline{s}(1_A) = 0$ より $\overline{s}(1_A) = \underline{s}(1_A) = 0$. よってダルブーの可積分条件（定理 10.5.5）より A は体積零である．

(b) ⇒ (c): $A \subset I$ をみたす有界な区間 I をとる．上積分の定義より，任意の $\varepsilon > 0$ に対し I の区間分割 Δ で，次のようなものが存在する：

(1) $\quad \varepsilon > \overline{s}_I(1_A, \Delta) \stackrel{(10.23)}{=} \sum_{\substack{D \in \Delta \\ A \cap D \neq \emptyset}} |D|$.

そこで，$\{I_1, \ldots, I_n\} = \{D \in \Delta \,;\, A \cap D \neq \emptyset\}$ とすると，

$$A \subset \bigcup_{\substack{D \in \Delta \\ A \cap D \neq \emptyset}} D = \bigcup_{j=1}^n I_j, \quad \sum_{j=1}^n |I_j| = \sum_{\substack{D \in \Delta \\ A \cap D \neq \emptyset}} |D| \stackrel{(1)}{<} \varepsilon.$$

(b) ⇐ (c): 命題 15.2.5 より，

(2) $\quad B \stackrel{\text{def}}{=} \bigcup_{j=1}^n I_j$ は体積確定．

さらに，

$$\overline{s}(1_A) \stackrel{A \subset B}{\leq} \overline{s}(1_B) \stackrel{(2)}{=} \mathrm{vol}(B) \stackrel{(15.9)}{\leq} \sum_{j=1}^n |I_j| < \varepsilon.$$

$\varepsilon > 0$ は任意なので，$\overline{s}(1_A) = 0$． \\(^□^)/

命題 15.3.1 から直ちに次が従う：

系 15.3.2 体積零集合の部分集合は体積零である．また，有限個の体積零集合の和は体積零である．

◆例 15.3.3（可積分関数のグラフ） $A_1 \subset \mathbb{R}^{d-1}$ が有界，$f \in \mathscr{R}(A_1)$ とする．このとき，次の $A \subset \mathbb{R}^d$ は d 次元体積零である：

$$A = \{(x, f(x)) \,;\, x \in A_1\}.$$

証明 $A_1 \subset I$ をみたす有界な $d-1$ 次元区間 I をとる．ダルブーの可積分条件（定理 10.5.5）より，任意の $\varepsilon > 0$ に対し I の区間分割 Δ で，次のようなものが存在する：

$$\overline{s}_I(f_{A_1}, \Delta) - \underline{s}_I(f_{A_1}, \Delta) < \varepsilon.$$

このとき，

$$A \subset \bigcup_{\substack{D \in \Delta \\ D \cap A_1 \neq \emptyset}} D \times [m_D, M_D], \quad \text{ただし} \quad m_D = \inf_D f_{A_1}, \ M_D = \sup_D f_{A_1}.$$

また，d 次元体積を vol_d と記すとき，

$$\sum_{\substack{D \in \Delta \\ D \cap A_1 \neq \emptyset}} \mathrm{vol}_d(D \times [m_D, M_D]) = \sum_{\substack{D \in \Delta \\ D \cap A_1 \neq \emptyset}} \mathrm{vol}_{d-1}(D)(M_D - m_D)$$
$$= \overline{s}_I(f_{A_1}, \Delta) - \underline{s}_I(f_{A_1}, \Delta) < \varepsilon.$$

以上と命題 15.3.1 より結論を得る． \(^□^)/

$A \subset \mathbb{R}^d$ に対し $\overline{A}$ をその閉包（定義 9.1.1），$\mathring{A}$ をその内点全体（定義 13.1.1）とするとき，次の集合 ∂A を A の**境界**と呼ぶ：

$$\partial A \stackrel{\mathrm{def}}{=} \overline{A} \setminus \mathring{A}. \tag{15.10}$$

$c \in \mathbb{R}^d$, $\ell > 0$ に対し次のように表される集合 $I \subset \mathbb{R}^d$ を**開立方体**と呼ぶ：

$$I = c + (-\ell, \ell)^d = \{c + x \ ; \ x \in (-\ell, \ell)^d\}. \tag{15.11}$$

また，次のように表される集合 $I \subset \mathbb{R}^d$ を**閉立方体**と呼ぶ：

$$I = c + [-\ell, \ell]^d = \{c + x \ ; \ x \in [-\ell, \ell]^d\}. \tag{15.12}$$

補題 15.3.4 $A \subset \mathbb{R}^d$ を有界とするとき，

$$\overline{s}(1_A) - \underline{s}(1_A) = \overline{s}(1_{\partial A}). \tag{15.13}$$

また，任意の $\varepsilon > 0$ に対し有限個の閉立方体の非交差和 A_0, 有限個の開立方体の非交差和 A_1 で次をみたすものが存在する：

$$A_0 \subset A \subset A_1, \quad \begin{array}{rcl} \mathrm{vol}(A_0) & > & \underline{s}_I(1_A) - \varepsilon, \\ \mathrm{vol}(A_1) & < & \overline{s}_I(1_A) + \varepsilon. \end{array} \tag{15.14}$$

証明 $\overline{A} \subset I$ をみたす有界な開立方体 I, および I の各辺の n 等分割により得られる区間分割 $\Delta = \Delta_n$ を, 次の条件をみたすようにとる:

(1) 全ての $D \in \Delta$ が開立方体である.

このとき, $\forall D \in \Delta$ に対し (1) より

(2) $D \cap \overline{A} \neq \emptyset \iff D \cap A \neq \emptyset$,

(3) $D \subset A° \iff D \subset A$.

また, 次の事実も直感的に明らかなので, ここでは認めることにする[1].

(4) $\partial A \cap D \neq \emptyset \iff D \cap \overline{A} \neq \emptyset$ かつ $D \not\subset A°$.

そこで, 一般に命題 P に対し, その真偽に応じ $1_P = 1, 0$ と書くことにすると,

$$\sup_D 1_A - \inf_D 1_A = 1_{D \cap A \neq \emptyset} - 1_{D \subset A}$$
$$\stackrel{(2),(3)}{=} 1_{D \cap \overline{A} \neq \emptyset} - 1_{D \subset A°} \stackrel{(4)}{=} 1_{D \cap \partial A \neq \emptyset} = \sup_D 1_{\partial A}.$$

ゆえに,

(5) $\qquad \overline{s}_I(1_A, \Delta) - \underline{s}_I(1_A, \Delta) = \overline{s}_I(1_{\partial A}, \Delta).$

ここで, $\Delta = \Delta_n$ は I の各辺の n 等分割により得られていることを思い出し, $n \to \infty$ とすると, (5) とダルブーの定理 (定理 10.5.4) より (15.13) を得る. 次に,

$$B_0 = \bigcup_{\substack{D \in \Delta \\ D \subset A}} D, \quad A_1 = \bigcup_{\substack{D \in \Delta \\ A \cap D \neq \emptyset}} D$$

とする. 明らかに $B_0 \subset A \subset A_1$. また, n を十分大きくすれば,

$$\overline{s}_I(1_A) + \varepsilon \stackrel{(10.26)}{>} \overline{s}_I(1_A, \Delta) \stackrel{(10.23)}{=} \sum_{\substack{D \in \Delta \\ A \cap D \neq \emptyset}} |D| = \mathrm{vol}(A_1),$$

$$\underline{s}_I(1_A) - \varepsilon/2 \stackrel{(10.26)}{<} \underline{s}_I(1_A, \Delta) \stackrel{(10.23)}{=} \sum_{\substack{D \in \Delta \\ D \subset A}} |D| = \mathrm{vol}(B_0).$$

---

[1] $\Rightarrow$ は ∂A の定義から直ちにわかる. $\Leftarrow$ の厳密な証明には D の連結性を用いる.

また，$\{D_1, \ldots, D_m\} = \{D \in \Delta \,;\, D \subset A\}$ とし，各 D_j $(j = 1, \ldots, m)$ の中に閉立方体 F_j をとり次のようにできる：

$$\sum_{j=1}^{m}(|D_j| - |F_j|) < \varepsilon/2.$$

そこで，$A_0 = \bigcup_{j=1}^{m} F_j$ とすると $A_0 \subset B_0 \subset A$ かつ，

$$\mathrm{vol}(B_0) - \mathrm{vol}(A_0) = \sum_{j=1}^{m}(|D_j| - |F_j|) < \varepsilon/2.$$

以上から (15.14) を得る． \\(^□^)/

補題 15.3.4 より，有界集合 $A \subset \mathbb{R}^d$ が体積確定であるための必要十分条件が二つ得られる（次の命題 15.3.5）．このうち，条件 (b) は，例えば，すぐ後の命題 15.2.2 の証明にも用いる．条件 (c) は，例えば，定理 15.5.1 の証明に用いる．

命題 15.3.5（**有界体積確定集合の特徴づけ**）　$A \subset \mathbb{R}^d$ を有界とするとき，以下の命題は同値である：

(a) A は体積確定である．

(b) ∂A は体積零である．

(c) 任意の $\varepsilon > 0$ に対し有限個の閉立方体の非交差和 A_0，有限個の開立方体の非交差和 A_1 で次をみたすものが存在する：

$$A_0 \subset A \subset A_1, \quad \mathrm{vol}(A_1 \setminus A_0) < \varepsilon.$$

証明　$I \subset \mathbb{R}^d$ を有界な区間，$\overline{A} \subset I$ とする．

(a) ⇔ (b):

$$\text{(a)} \stackrel{\text{定理 10.5.5}}{\iff} \overline{s}_I(1_A) = \underline{s}_I(1_A) \stackrel{(15.13)}{\iff} \overline{s}_I(1_{\partial A}) = 0 \iff \text{(b)}.$$

(b) ⇒ (c): A が体積確定なら $\overline{s}_I(1_A) = \underline{s}_I(1_A)$. そこで (15.14) で ε を $\varepsilon/2$ におきかえれば,

$$\mathrm{vol}(A_1 \setminus A_0) = \mathrm{vol}(A_1) - \mathrm{vol}(A_0) \overset{(15.14)}{<} (\overline{s}_I(1_A) + \varepsilon/2) - (\underline{s}_I(1_A) - \varepsilon/2) = \varepsilon.$$

(b) ⇐ (c): $\varepsilon, 1_A, 1_{A_0}, 1_{A_1}$ が問 10.5.2 の $1/n, f, g_n, h_n$ の役割を果たす.したがって, A は体積確定である. \(^□^)/

命題 15.2.2 の証明 ∂A が体積零ならよい (命題 15.3.5). $m = \inf h_1$, $M = \sup h_2$,

$$B_0 = \partial A_1 \times [m, M], \quad B_j = \{(x, h_j(x)) \,;\, x \in A_1\} \quad (j = 1, 2)$$

とするとき, $\partial A \subset \bigcup_{j=0}^{2} B_j$. したがって, B_0, B_1, B_2 が体積零ならよい (系 15.3.2). A_1 は $d-1$ 次元体積確定だから ∂A_1 は $d-1$ 次元体積零である (命題 15.3.5). したがって問 15.2.3 より, B_0 は d 次元体積確定かつ,

$$\mathrm{vol}_d(B_0) = \mathrm{vol}_{d-1}(\partial A_1)(M - m) = 0.$$

一方, 例 15.3.3 より B_1, B_2 は d 次元体積零である.以上より結論を得る.
\(^□^)/

15.4 断面による逐次積分

断面による逐次積分 (命題 15.4.5) を述べるための記号を準備する.

設定 15.4.1 $d_1, d_2 \geq 1$ を整数, $d = d_1 + d_2$ とし, $\mathbb{R}^d$ の点を (x, y) ($x \in \mathbb{R}^{d_1}$, $y \in \mathbb{R}^{d_2}$) と記す.また $A \subset \mathbb{R}^d$ を有界とし,

$A_1 \overset{\mathrm{def}}{=} \{x \in \mathbb{R}^{d_1} \,;\, (x, y) \in A$ をみたす $y \in \mathbb{R}^{d_2}$ が存在する.$\}$, （A の**台**）.

さらに $x \in A_1$ に対し,

$$A_2(x) \overset{\mathrm{def}}{=} \{y \in \mathbb{R}^{d_2} \,;\, (x, y) \in A\}, \quad （A の x による \textbf{断面}）.$$

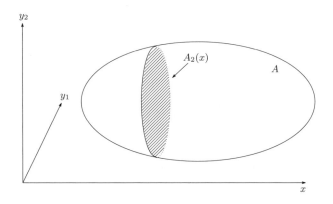

◼例 15.4.2（一般化された楕円の断面） $a, b, p, q > 0$ に対し，

$$A \stackrel{\mathrm{def}}{=} \left\{ (x,y) \in \mathbb{R}^2 \,;\, \left|\frac{x}{a}\right|^p + \left|\frac{y}{b}\right|^q \leq 1 \right\}.$$

このとき，例 15.2.3 の証明中に述べたように，$h(x) = b\left(1 - \left|\frac{x}{a}\right|^p\right)^{1/q}$ に対し，

$$A = \{(x,y) \in [-a,a] \times \mathbb{R} \,;\, -h(x) \leq y \leq h(x)\}.$$

よって，A の台，断面（設定 15.4.1 で $d_1 = d_2 = 1$）はそれぞれ次の通りである：

$$[-a,a], \quad [-h(x), h(x)] \ (x \in [-a,a]).$$

◼例 15.4.3（縦線集合の断面） $A_1 \subset \mathbb{R}^{d-1}$，$h_j : A_1 \to \mathbb{R}$ $(j=1,2)$, $h_1 \leq h_2$，さらに，

$$A = \{(x,y) \in A_1 \times \mathbb{R} \,;\, h_1(x) \leq y \leq h_2(x)\}$$

とする．A の台，断面（設定 15.4.1 で $d_1 = d-1, d_2 = 1$）はそれぞれ次の通りである：

$$A_1, \ [h_1(x), h_2(x)] \ (x \in A_1).$$

◆**例 15.4.4**(**一般化された楕円体の断面**) $d \geq 2$, $p_j, r_j > 0$ $(j = 1, \ldots, d)$ に対し,

$$A \stackrel{\mathrm{def}}{=} \left\{ z \in \mathbb{R}^d \, ; \, \left|\frac{z_1}{r_1}\right|^{p_1} + \cdots + \left|\frac{z_d}{r_d}\right|^{p_d} \leq 1 \right\}.$$

$d = d_1 + d_2$ とし,記号を以下のように定める:

$$x = (z_1, \ldots, z_{d_1}), \quad h_1(x) = \sum_{j=1}^{d_1} \left|\frac{z_j}{r_j}\right|^{p_j},$$

$$y = (z_{d_1+1}, \ldots, z_d), \quad h_2(y) = \sum_{j=d_1+1}^{d} \left|\frac{z_j}{r_j}\right|^{p_j}.$$

このとき,A の台,断面(設定 15.4.1)はそれぞれ次の通りである:

$$A_1 = \{x \in \mathbb{R}^{d_1} \, ; \, h_1(x) \leq 1\},$$
$$A_2(x) = \{y \in \mathbb{R}^{d_2} \, ; \, h_1(x) + h_2(y) \leq 1\} \quad (x \in A_1).$$

逐次積分(定理 15.1.2)は次のように一般化できる:

命題 15.4.5 (**断面による逐次積分**) 設定 15.4.1 で,さらに以下を仮定する:

(a0) $f \in \mathscr{R}(A)$.

(a1) 全ての $x \in A_1$ に対し次の関数が $\mathscr{R}(A_2(x))$ に属する:

$$A_2(x) \ni y \mapsto f(x, y).$$

したがって次の $F_1 : A_1 \to \mathbb{R}$ が定まる:

$$F_1(x) \stackrel{\mathrm{def}}{=} \int_{A_2(x)} f(x, y) dy.$$

このとき,$F_1 \in \mathscr{R}(A_1)$ かつ,

$$\int_A f(x, y) dx dy = \int_{A_1} F_1(x) dx. \tag{15.15}$$

証明 $I_1 \subset \mathbb{R}^{d_1}, I_2 \subset \mathbb{R}^{d_2}$ をそれぞれ有界な区間, $I \stackrel{\text{def}}{=} I_1 \times I_2 \supset A$ とする. このとき, $A_1 \subset I_1$ かつ全ての $x \in A_1$ に対し $A_2(x) \subset I_2$ である. $f_A : I \to \mathbb{R}$ が定理 15.1.2 の仮定をみたすことを言う. 任意の $y \in I_2$ に対し次に注意する：

(1) $\qquad x \notin A_1 \implies f_A(x,y) = 0.$

仮定 (a0) より $f_A \in \mathscr{R}(I)$. また, 仮定 (a1) より, 全ての $x \in I_1$ に対し,

$$I_2 \ni y \mapsto f_A(x,y)$$

は可積分 ((1) に注意) かつ,

$$\int_{I_2} f_A(x,y) dy = \int_{A_2(x)} f(x,y) dy = F_1(x).$$

したがって定理 15.1.2 より $F_1 \in \mathscr{R}(I_1)$ かつ,

(2) $\qquad \int_I f_A(x,y) dx dy = \int_{I_1} F_1(x) dx.$

定義 15.2.1 より, (2) の左辺 =(15.15) の左辺. また (1) より $x \notin A_1 \Rightarrow F_1(x) = 0$, ゆえに $F_1 = (F_1)_{A_1}$. したがって (2) の右辺 =(15.15) の右辺.

\(^□^)/

◆例 15.4.6 (一般化された楕円の面積) $a, b, p, q > 0$,

$$A = \left\{ (x,y) \in \mathbb{R}^2 \,;\, \left|\tfrac{x}{a}\right|^p + \left|\tfrac{y}{b}\right|^q \leq 1 \right\}$$

とするとき, $s, t \geq 1$ に対し,

$$\int_A |x|^{s-1} |y|^{t-1} dx dy = \frac{4a^s b^t}{pt + qs} B\left(\tfrac{s}{p}, \tfrac{t}{q}\right).$$

ここで, $B(s,t) = \int_0^1 y^{s-1}(1-y)^{t-1} dy$ (命題 12.4.3). 特に $s = t = 1$ として, $\int_A dx dy = \frac{4ab}{p+q} B\left(\tfrac{1}{p}, \tfrac{1}{q}\right)$ (A の面積). さらに $s = t = 1, p = q = 2$ なら $B(\tfrac{1}{2}, \tfrac{1}{2}) \stackrel{(12.29)}{=} \pi$ より, $\int_A dx dy = ab\pi$ (楕円の面積).

証明 $h(x) = b\left(1 - \left|\tfrac{x}{a}\right|^p\right)^{1/q}$ とする. 例 15.4.2 で述べたように, A の台, 断面 (設定 15.4.1 で, $d_1 = d_2 = 1$) はそれぞれ,

$$[-a, a], \quad [-h(x), h(x)].$$

よって,

(1) $\displaystyle\int_A |x|^{s-1}|y|^{t-1}dxdy \stackrel{(15.15)}{=} \int_{-a}^a |x|^{s-1}dx \int_{-h(x)}^{h(x)} |y|^{t-1}dy.$

ところが,

(2) $\displaystyle\int_{-h(x)}^{h(x)} |y|^{t-1}dy = \frac{2}{t}h(x)^t = \frac{2b^t}{t}\left(1 - \left|\frac{x}{a}\right|^p\right)^{t/q}.$

よって,

$$\int_A |x|^{s-1}|y|^{t-1}dxdy$$

$$\stackrel{(1),(2)}{=} \frac{2b^t}{t}\int_{-a}^a |x|^{s-1}\left(1 - \left|\frac{x}{a}\right|^p\right)^{t/q}dx$$

$$= \frac{4b^t}{t}\int_0^a x^{s-1}\left(1 - \left(\frac{x}{a}\right)^p\right)^{t/q}dx$$

$$= \frac{4a^sb^t}{pt}\int_0^1 y^{\frac{s}{p}-1}(1-y)^{t/q}dy \quad (\text{変数変換 } x = ay^{1/p})$$

$$= \frac{4a^sb^t}{pt}B\left(\frac{s}{p}, \frac{t}{q}+1\right) \stackrel{(12.31)}{=} \frac{4a^sb^t}{pt}\frac{\frac{t}{q}}{\frac{s}{p}+\frac{t}{q}}B\left(\frac{s}{p}, \frac{t}{q}\right)$$

$$= \frac{4a^sb^t}{pt+qs}B\left(\frac{s}{p}, \frac{t}{q}\right).$$

\(^□^)/

◆**例 15.4.7**（**縦線集合上の積分**） $A_1 \subset \mathbb{R}^{d-1}$ は有界, $h_j : A_1 \to \mathbb{R}$ ($j = 1, 2$), $h_1 \leq h_2$ に対し,

$$A \stackrel{\text{def}}{=} \{(x, y) \in A_1 \times \mathbb{R} \, ; \, h_1(x) \leq y \leq h_2(x)\}.$$

例 15.4.3 より, A の台, 断面（設定 15.4.1 で $d_1 = d-1, d_2 = 1$）はそれぞれ,

$$A_1, \quad A_2(x) = [h_1(x), h_2(x)] \, (x \in A_1).$$

そこで, $f \in \mathscr{R}(A)$ かつ, 任意の $x \in A_1$ に対し次の関数が $\mathscr{R}([h_1(x), h_2(x)])$ に属すると仮定する：

$$[h_1(x), h_2(x)] \ni y \mapsto f(x, y).$$

このとき，
$$F_1(x) = \int_{h_1(x)}^{h_2(x)} f(x,y)dy.$$
が定まるが，命題 15.4.5 より，$F_1 \in \mathscr{R}(A_1)$ かつ，
$$\int_A f(x,y)dxdy = \int_{A_1} dx \int_{h_1(x)}^{h_2(x)} f(x,y)dy.$$

◆例 15.4.8（一般化された楕円体の体積） $p_j, r_j > 0$ $(j = 1, \ldots, d)$ に対し，
$$A = \left\{ x \in \mathbb{R}^d \, ; \, \left|\frac{x_1}{r_1}\right|^{p_1} + \cdots + \left|\frac{x_d}{r_d}\right|^{p_d} \leq 1 \right\}$$
とする．このとき，A は体積確定（例 15.2.4）かつ，$s_j \geq 1$, $t_j = s_j/p_j$ $(j = 1, \ldots, d)$ とするとき，
$$\int_A |x_1|^{s_1-1} \cdots |x_d|^{s_d-1} dx = \frac{2^d}{(t_1 + \cdots + t_d)\Gamma(t_1 + \cdots + t_d)} \prod_{j=1}^d \frac{r_j^{s_j}}{p_j} \Gamma(t_j). \tag{15.16}$$

特に $p_1 = \cdots = p_d = 2$ なら A は d 次元楕円体である．このとき，(15.16) で $s_1 = \cdots = s_d = 1$ とすると，$\Gamma(\frac{1}{2}) \overset{(12.22)}{=} \frac{\sqrt{\pi}}{2}$ より，
$$\mathrm{vol}(A) = \frac{\pi^{d/2}}{\frac{d}{2}\Gamma\left(\frac{d}{2}\right)} r_1 \cdots r_d. \tag{15.17}$$

(15.17) で $r_1 = \cdots = r_d = r$ とすると，半径 r の d 次元球の体積を得る．

証明 d に関する帰納法で示す．
$$\int_{-r_1}^{r_1} |x_1|^{s_1-1} dx_1 = \frac{2r_1^{s_1}}{s_1} = \frac{2}{l_1 \Gamma(t_1)} \frac{r_1^{s_1}}{p_1} \Gamma(t_1).$$

よって (15.16) は $d = 1$ で正しい．そこで $d - 1$ 次元まで正しいと仮定する．$x_1 \in [-r_1, r_1]$ に対し A の x_1 による断面は，
$$A_2(x_1) = \left\{ (x_2, \ldots, x_d) \in \mathbb{R}^{d-1} \, ; \, \left|\frac{x_2}{r_2}\right|^{p_2} + \cdots + \left|\frac{x_d}{r_d}\right|^{p_d} \leq 1 - \left|\frac{x_1}{r_1}\right|^{p_1} \right\}$$
$$= \left\{ (x_2, \ldots, x_d) \in \mathbb{R}^{d-1} \, ; \, \left|\frac{x_2}{\rho_2}\right|^{p_2} + \cdots + \left|\frac{x_d}{\rho_d}\right|^{p_d} \leq 1 \right\},$$

15.4 断面による逐次積分

ただし $\rho_j = r_j \left(1 - \left|\frac{x_1}{r_1}\right|^{p_1}\right)^{1/p_j}$. そこで $t = t_1 + \cdots + t_d$ とおくと, $t_2 + \cdots + t_d = t - t_1$ と帰納法の仮定より,

$$\int_{A_2(x_1)} |x_2|^{s_2-1} \cdots |x_d|^{s_d-1} dx_2 \cdots dx_d$$

$$= \frac{2^{d-1}}{(t-t_1)\Gamma(t-t_1)} \prod_{j=2}^{d} \frac{\rho_j^{s_j}}{p_j} \Gamma(t_j)$$

$$= \frac{2^{d-1}}{(t-t_1)\Gamma(t-t_1)} \left(\prod_{j=2}^{d} \frac{r_j^{s_j}}{p_j} \Gamma(t_j)\right) \left(1 - \left|\frac{x_1}{r_1}\right|^{p_1}\right)^{t-t_1}.$$

これと, 断面による逐次積分 (命題 15.4.5) より, (15.16) の左辺 I は,

$$\textbf{(1)} \begin{cases} I &= \int_{-r_1}^{r_1} |x_1|^{s_1-1} dx_1 \int_{A_2(x_1)} |x_2|^{s_2-1} \cdots |x_d|^{s_d-1} dx_2 \cdots dx_d \\ &= \frac{2^{d-1}}{(t-t_1)\Gamma(t-t_1)} \left(\prod_{j=2}^{d} \frac{r_j^{s_j}}{p_j} \Gamma(t_j)\right) \\ &\quad \times \underbrace{\int_{-r_1}^{r_1} |x_1|^{s_1-1} \left(1 - \left|\frac{x_1}{r_1}\right|^{p_1}\right)^{t-t_1} dx_1}_{J \text{ とおく.}} \end{cases}$$

例 15.4.6 証明中の計算より,

$$J = \frac{2r_1^{s_1}}{p_1} \frac{t-t_1}{t} B(t_1, t-t_1).$$

さらに, 上式と命題 12.5.5 より,

(2) $\quad J = \frac{2r_1^{s_1}}{p_1} \frac{t-t_1}{t} \frac{\Gamma(t_1)\Gamma(t-t_1)}{\Gamma(t)}.$

(2) を (1) に代入し, (15.16) を得る. \\(^□^)/

✔**注** 例 15.4.6 は例 15.4.8 の $d=2$ の場合である. 両者の整合を見るには, 例 15.4.6 で求めた積分の値を次のように書き換えればよい:

$$\frac{4a^s b^t}{pt+qs} B\left(\frac{s}{p}, \frac{t}{q}\right) = \frac{4a^s b^t}{pq} \frac{1}{\frac{s}{p}+\frac{t}{q}} B\left(\frac{s}{p}, \frac{t}{q}\right) \stackrel{\text{命題 12.5.5}}{=} \frac{4a^s b^t}{pq} \frac{\Gamma\left(\frac{s}{p}\right)\Gamma\left(\frac{t}{q}\right)}{\left(\frac{s}{p}+\frac{t}{q}\right)\Gamma\left(\frac{s}{p}+\frac{t}{q}\right)}.$$

次に，線形変換と体積の関係（命題 15.4.9，証明の一部で例 15.4.7 を応用する）を述べ，本節を締めくくろう．命題 15.4.9 は変数変換公式（定理 15.5.1）を理解する上でも重要である．

命題 15.4.9 $(\star)$ $b \in \mathbb{R}^d$, $C \in \mathbb{R}^{d,d}$, $\det C \neq 0$, $f(x) = b + Cx$ $(x \in \mathbb{R}^d)$ とする．このとき，全ての有界体積確定集合 $A \subset \mathbb{R}^d$ に対し，

$$f(A) \text{ は有界体積確定，かつ } \mathrm{vol}(f(A)) = |\det C|\mathrm{vol}(A). \tag{15.18}$$

証明 もし $b = 0$ に対し (15.18) が言えれば，体積の平行移動不変性（問 15.2.2）より，任意の $b \in \mathbb{R}^d$ に対して言える．そこで，以下 $b = 0$ とする．まず以下の特別な C に対し (15.18) を示す：

(I) Cx は x の第 j 座標に γ を乗じたもの $(1 \le j \le d, \gamma \in \mathbb{R} \setminus \{0\})$.

(II) Cx は x の第 j 座標と第 k 座標 $(1 \le j < k \le d)$ を置換したもの．

(III) Cx は x の第 j 座標に，第 k 座標の γ 倍を加えたもの $(j, k = 1, \ldots, d,$ $j \neq k, \gamma \in \mathbb{R})$.

(I), (II), (III) の各場合で，それぞれ $\det C = \gamma, -1, 1$ である．(15.18) を言うには，A が有界区間の場合に (15.18) を示せば十分である（後述の補題 15.4.10）．そこで，以下，A を有界区間とする．このとき，(I), (II) の各場合には (15.18) は明らかである．そこで (III) の場合を示す．記号を見やすくするため，$j = 1$, $k = d$, $A = I \times J$（I は $d-1$ 次元区間，J は 1 次元区間）とする．このとき，

$$f(A) = \{x \in \mathbb{R}^d \,;\, (x_1, \ldots, x_{d-1}) \in I, x_d + \gamma x_1 \in J\}.$$

よって $f(A)$ は体積確定縦線集合である（命題 15.2.2）．さらに，J の端点を $s < t$ とすると，例 15.4.7 より，

$$\mathrm{vol}(f(A)) = \int_I dx_1 \cdots dx_{d-1} \int_{s-\gamma x_1}^{t-\gamma x_1} dx_d = |I|(t-s) = \mathrm{vol}(A).$$

以上で (III) の場合にも (15.18) を得る．一般に，$C \in \mathbb{R}^{d,d}$, $\det C \neq 0$ なら，C は上記 (I), (II), または (III) をみたす有限個の行列の積で表される（例えば，

[杉浦, II, p.100, 命題 3.4]). したがって, 行列式の乗法性 ($C_1, C_2 \in \mathbb{R}^{d,d}$ に対し $\det(C_1 C_2) = \det C_1 \det C_2$) を用い, これら特別な場合に対する (15.18) を繰り返し適用することにより, 一般の場合の (15.18) を得る. \\(^□^)/

命題 15.4.9 の証明中, 次の補題を用いた:

補題 15.4.10 ($\star$) $f: \mathbb{R}^d \to \mathbb{R}^d$ は単射, $c \in (0, \infty)$ とし, 全ての有界区間 $A \subset \mathbb{R}^d$ が次をみたすとする:

$$f(A) \text{ は有界体積確定, かつ } \mathrm{vol}(f(A)) = c\,\mathrm{vol}(A). \tag{15.19}$$

このとき, 全ての有界体積確定集合 $A \subset \mathbb{R}^d$ に対し, (15.19) が成立する.

証明 $A \subset \mathbb{R}^d$ を有界体積確定集合, $B = f(A)$, $\varepsilon > 0$ を任意とする. このとき, 非交差な閉立方体 $C_1, \ldots, C_m$, 非交差な開立方体 $D_1, \ldots, D_n$ をとり, $C \overset{\mathrm{def}}{=} \bigcup_{j=1}^m C_j$, $D \overset{\mathrm{def}}{=} \bigcup_{j=1}^n D_j$ が次をみたすようにできる (命題 15.3.5):

(1) $C \subset A \subset D$, $\mathrm{vol}(D \setminus C) < \varepsilon/c$.

ゆえに,

(2) $\bigcup_{j=1}^m f(C_j) \overset{\text{問 1.1.1}}{=} f(C) \overset{(1)}{\subset} B \overset{(1)}{\subset} f(D) \overset{\text{問 1.1.1}}{=} \bigcup_{j=1}^n f(D_j)$.

$f(C_1), \ldots, f(C_m)$ は仮定より有界体積確定, また f の単射性より非交差である. したがって (2) より,

(3) $\begin{cases} f(C) \text{ は } f(C_1), \ldots, f(C_m) \text{ の非交差和であり, 特に有界体積確定である} \\ (\text{命題 } 15.2.5). \end{cases}$

このことから,

(4) $\begin{cases} \underline{s}(1_B) \overset{(2)}{\geq} \underline{s}(1_{f(C)}) \overset{(3)}{=} \mathrm{vol}(f(C)) \\ \phantom{\underline{s}(1_B)} \overset{(3)}{=} \sum_{j=1}^m \mathrm{vol}(f(C_j)) \overset{(15.19)}{=} c\sum_{j=1}^m \mathrm{vol}(C_j) = c\,\mathrm{vol}(C). \end{cases}$

一方, $f(D_1), \ldots, f(D_n)$ は仮定より有界体積確定, また f の単射性より非交差である. したがって (2) より,

(5) $f(D)$ は $f(D_1), \ldots, f(D_n)$ の非交差和であり，特に有界体積確定である（命題 15.2.5）．

ゆえに (3) と同様に，

(6) $\begin{cases} \overline{s}(1_B) \stackrel{(2)}{\leq} \underline{s}(1_{f(D)}) \stackrel{(5)}{=} \mathrm{vol}(f(D)) \\ \phantom{\overline{s}(1_B)} \stackrel{(5)}{=} \sum_{j=1}^{n} \mathrm{vol}(f(D_j)) \stackrel{(15.19)}{=} c \sum_{j=1}^{n} \mathrm{vol}(D_j) = c\,\mathrm{vol}(D). \end{cases}$

以上より，

$$\overline{s}(1_B) - \underline{s}(1_B) \stackrel{(4),\,(6)}{\leq} c\,\mathrm{vol}(D) - c\,\mathrm{vol}(C) = c\,\mathrm{vol}(D \setminus C) \stackrel{(1)}{<} \varepsilon.$$

$\varepsilon > 0$ は任意なので，上式より，$\overline{s}(1_B) = \underline{s}(1_B)$．したがって，ダルブーの可積分条件（定理 10.5.5）より B は体積確定，$\mathrm{vol}(B) = \overline{s}(1_B) = \underline{s}(1_B)$ である．さらに，

$$\mathrm{vol}(B) \stackrel{(4)}{\geq} c\,\mathrm{vol}(C) \stackrel{(1)}{\geq} c\,\mathrm{vol}(D) - \varepsilon \stackrel{(1)}{\geq} c\,\mathrm{vol}(A) - \varepsilon,$$
$$\mathrm{vol}(B) \stackrel{(6)}{\leq} c\,\mathrm{vol}(D) \stackrel{(1)}{\leq} c\,\mathrm{vol}(C) + \varepsilon \stackrel{(1)}{\leq} c\,\mathrm{vol}(A) + \varepsilon.$$

$\varepsilon > 0$ は任意なので，上式より，$\mathrm{vol}(B) = c\,\mathrm{vol}(A)$． \(^□^)/

問 15.4.1 $A = \left\{(x,y) \in [0, \infty)^2 ; \left(\frac{x}{a}\right)^2 + \left(\frac{y}{b}\right)^2 \leq 1\right\}$ $(a, b > 0)$，$f(x, y) = xy(x^2 + y^2 + k^2)^{p-1}$ $(k \in \mathbb{R})$ とする．以下の各場合に $\int_A f$ を求めよ：(i) $p > 0$．(ii) $p = 0$．

問 15.4.2 $A = \left\{(x,y,z) \in [0, \infty)^3 ; \left(\frac{x}{a}\right)^2 + \left(\frac{y}{b}\right)^2 + \left(\frac{z}{c}\right)^2 \leq 1\right\}$ $(a > b > c > 0)$，$f(x, y, z) = xyz(x^2 + y^2 + z^2 + k^2)^{p-1}$ $(k \in \mathbb{R})$ とする．以下の各場合に $\int_A f$ を求めよ：(i) $p > 0$．(ii) $p = 0$．［ヒント：断面上の積分に問 15.4.1 の結果が使える．］

15.5 変数変換公式とその応用

本節の目標は次の定理の応用例を述べることである．

定理 15.5.1（積分の変数変換） 開集合 $D, U \subset \mathbb{R}^d$，有界体積確定集合 $A \subset \mathbb{R}^d$ は $U \cup \overline{A} \subset D$ をみたし，かつ $A \setminus U$ は体積零とする．さらに関数 $g \in C^1(D \to \mathbb{R}^d)$ に以下を仮定する：

(a) 開集合 V が存在し $g : U \to V$ は全単射, かつ全ての $x \in U$ に対し,

$$J_g(x) \stackrel{\text{def}}{=} \det g'(x) \neq 0. \tag{15.20}$$

(b) $B \stackrel{\text{def}}{=} g(A)$ は有界体積確定, g' は A 上有界.

このとき, 任意の $f \in C_b(B)$ に対し,

$$\int_B f = \int_A (f \circ g)|J_g|. \tag{15.21}$$

定理 15.5.1 の証明は 15.6 節で述べることとし, 以下では定理の意味を考えてみる. 定理 15.5.1 に現れる $|J_g|$ は g による局所的「体積拡大率」の意味をもつ. 実は, A が十分小さければ, 次のように近似できる:

$$\text{vol}(B) \stackrel{\text{ほぼ}}{=} |J_g(a)|\text{vol}(A) \quad (a \in A).$$

したがって $b = g(a)$ とすると,

$$f(b)\text{vol}(B) \stackrel{\text{ほぼ}}{=} f(g(a))|J_g(a)|\text{vol}(A). \tag{15.22}$$

そこで, A を十分小さな小領域に分割し, それらの小領域に対し (15.22) の近似を実行した上で, それらを足し合わせれば, 近似的に (15.21) を得る. 最後に分割を細かくする極限をとり, (15.21) の証明に至る (15.6 節でより詳しく述べる).

また, 定理 15.5.1 は, 一変数の積分に対する置換積分 (系 11.3.2) を多次元に拡張したものと考えることができる. 実際, 系 11.3.2 の結論は次の形であった:

$$\int_{g(s)}^{g(t)} f = \int_s^t (f \circ g) g'. \tag{15.23}$$

少し気になるのは, (15.23) の g' に絶対値はないのに, (15.21) の J_g に絶対値がつく点である. その理由を説明するために系 11.3.2 で, $A \stackrel{\text{def}}{=} [s, t]$, $B \stackrel{\text{def}}{=} g(A)$ と書く. また, 系 11.3.2 では, g は必ずしも単射でなくてもよいが, 定理 15.5.1 の仮定にあわせて, 以下では, 系 11.3.2 の g が単射の場合を考える. このと

き，g は ↗ または ↘ である（例 3.4.6）．g が ↗ なら $B = [g(s), g(t)]$ だから，(15.23) は次のように書ける：

$$\int_B f = \int_A (f \circ g) g' = \int_A (f \circ g) |g'|. \tag{15.24}$$

これは (15.21) と同じ形をしている．一方，g が ↘ の場合は $B = [g(t), g(s)]$ だから (15.23) は次のように書ける：

$$\int_B f = -\int_A (f \circ g) g' = \int_A (f \circ g) |g'|. \tag{15.25}$$

したがって，g' に絶対値をつけることで，g が ↗，↘ 両方の場合を同じ形で書き表せる．本質的には，これが，(15.21) で J_g に絶対値がつく理由にもなる．

◆**例 15.5.2**（**平面極座標**）　関数：$g \in C^1(\mathbb{R}^2 \to \mathbb{R}^2)$ を次で定める（系 6.5.7，例 13.2.3 参照）：

$$g(r, \theta) = \begin{pmatrix} r \cos \theta \\ r \sin \theta \end{pmatrix}, \quad (r, \theta) \in \mathbb{R}^2.$$

このとき，

$$g'(r, \theta) = \begin{pmatrix} \cos \theta & -r \sin \theta \\ \sin \theta & r \cos \theta \end{pmatrix}, \quad \text{よって} \quad J_g = r.$$

また，

$$U = (0, \infty) \times (-\pi, \pi), \quad V = \mathbb{R}^2 \setminus \{(x, 0) \,;\, x \leq 0\}$$

とすれば，$g : U \to V$ は全単射かつ U 上 $J_g = r > 0$．そこで，

$$A \subset [0, \infty) \times [-\pi, \pi], \quad B \overset{\text{def}}{=} g(A)$$

を共に有界かつ面積確定と仮定すると，

$$A \setminus U = \{(r, \theta) \in A \,;\, r = 0 \text{ または } \theta = -\pi\}$$

は面積零であり，以上で定理 15.5.1 の仮定が全てみたされる．よって任意の $f \in C_b(B)$ に対し，

$$\int_B f \overset{(15.21)}{=} \int_A f(r \cos \theta, r \sin \theta) r \, dr \, d\theta. \tag{15.26}$$

特に $f \equiv 1$ として，B の面積を極座標で求める式を得る：

$$\int_B 1 = \int_A r dr d\theta. \tag{15.27}$$

\(^□^)/

✔**注** (15.26) 右辺の $rdrd\theta$ を直感的に説明すると次のようになる：変数 r, θ がそれぞれ $dr, d\theta$ だけ微小変化すると，原点から遠ざかる方向に長さ dr，原点を中心とした円周をまわる方向に長さ $rd\theta$ の辺をもつ微小な長方形（下図斜線部）——実際には曲がった図形だが，微小なので近似的に長方形と見なせる——が生じ，その長方形の面積が $rdrd\theta$ である．

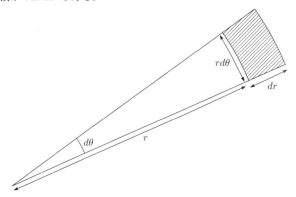

◆**例 15.5.3** $a, p > 0$ とし，$A, B \subset \mathbb{R}^2$ を次のように定める：

$A = \{(r, \theta) \in \mathbb{R}^2 \,;\, |\theta| \leq \pi/4,\, 0 \leq r \leq h(\theta)\}$, ただし $h(\theta) = a(2\cos 2\theta)^{\frac{1}{2p}}$,
$B = \{(x, y) \in \mathbb{R}^2 \,;\, x \geq 0,\, (x^2 + y^2)^{p+1} \leq 2a^{2p}(x^2 - y^2)\,\}$.

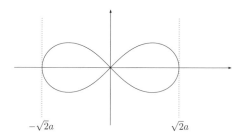

特に $p=1$ なら，B はレムニスケイト（例 6.5.9）の右半分が囲む領域である．B の面積の直接計算は容易でない．一方，A は B を極座標で表したものである（例 15.5.2 の記号で $B=g(A)$）．したがって B の面積は：

$$\int_B 1 \stackrel{(15.27)}{=} \int_A r\,dr\,d\theta.$$

命題 15.2.2 より A は面積確定な縦線集合なので，

$$\int_A r\,dr\,d\theta \stackrel{(15.15)}{=} \int_{-\pi/4}^{\pi/4} d\theta \int_0^{h(\theta)} r\,dr = \frac{1}{2}\int_{-\pi/4}^{\pi/4} h(\theta)^2 d\theta$$

$$= a^2 2^{\frac{1}{p}-1} \int_{-\pi/4}^{\pi/4} \cos^{\frac{1}{p}} 2\theta\, d\theta = a^2 2^{\frac{1}{p}} \int_0^{\pi/4} \cos^{\frac{1}{p}} 2\theta\, d\theta$$

$$\stackrel{\theta=t/2}{=} a^2 2^{\frac{1}{p}-1} \int_0^{\pi/2} \cos^{\frac{1}{p}} t\, dt \stackrel{(12.26)}{=} a^2 2^{\frac{1}{p}-2} B\left(\frac{p+1}{2p}, \frac{1}{2}\right).$$

特に $p=1$ なら，上式 $=a^2$ （レムニスケイトの右半分が囲む面積）．\(^□^)/

◆例 15.5.4 $\mathbb{S}^1$ は $\mathbb{R}^2$ の単位円周，$f \in C([0,\infty))$，$g \in C(\mathbb{S}^1)$ とする．さらに広義積分 $I \stackrel{\text{def}}{=} \int_0^\infty f(r) r\, dr$ の絶対収束を仮定する．このとき，

$$\int_{(0,R]^2} f(|z|)g\left(\frac{z}{|z|}\right) dz \stackrel{R\to\infty}{\longrightarrow} IJ, \quad \text{ただし } J = \int_0^{\pi/2} g(\cos\theta, \sin\theta) d\theta. \tag{15.28}$$

証明 $h(z) = f(|z|)g\left(\frac{z}{|z|}\right)$, $(z \in \mathbb{R}^2 \setminus \{0\})$ として次を言えばよい：

(1) $\quad \int_{(0,R]^2} h \stackrel{R\to\infty}{\longrightarrow} IJ.$

$D(R) = \{z \in (0,\infty)^2 \,;\, |z| \leq R\}$ とすると，

(2) $\quad \int_{D(R)} h \stackrel{R\to\infty}{\longrightarrow} IJ.$

実際，

$$\int_{D(R)} h \stackrel{(15.26)}{=} \int_{(0,R]\times(0,\frac{\pi}{2})} f(r)g(\cos\theta, \sin\theta) r\, dr\, d\theta$$

$$\stackrel{(15.3)}{=} \int_0^R f(r) r\, dr \int_0^{\pi/2} g(\cos\theta, \sin\theta) d\theta \stackrel{R\to\infty}{\longrightarrow} IJ.$$

(2) により，次を示せば (1) を得る：

(3) $\left| \int_{(0,R]^2} h - \int_{D(R)} h \right| \overset{R\to\infty}{\longrightarrow} 0.$

$D(R) \subset (0,R]^2 \subset D(\sqrt{2}R)$ より，

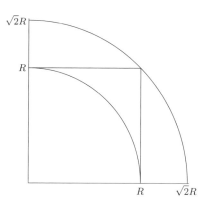

$$\left| \int_{(0,R]^2} h - \int_{D(R)} h \right| \leq \int_{(0,R]^2 \setminus D(R)} |h| \leq \int_{D(\sqrt{2}R) \setminus D(R)} |h|$$

また g は有界なので $M \in (0,\infty)$ を $|g|$ の上界とすると，$|h(z)| \leq M|f(|z|)|$. したがって，

$$\int_{D(\sqrt{2}R) \setminus D(R)} |h| \leq M \int_{D(\sqrt{2}R) \setminus D(R)} |f(|z|)| dz$$
$$\overset{(15.26)}{=} M \int_{(R,\sqrt{2}R] \times (0,\frac{\pi}{2})} |f(r)| r dr d\theta$$
$$\overset{(15.3)}{=} M \int_R^{\sqrt{2}R} |f(r)| r dr \int_0^{\pi/2} d\theta = \frac{M\pi}{2} \int_R^{\sqrt{2}R} |f(r)| r dr.$$

I は絶対収束するので，上式右辺 $\overset{R\to\infty}{\longrightarrow} 0$. 以上から (3) を得る． \(^□^)/

例 15.5.4 を用いて，例 12.3.4 の簡単な別証明が得られる：

◆**例 15.5.5**
$$\int_{-\infty}^{\infty} \exp(-x^2)\,dx = \sqrt{\pi}.$$

証明[2] 次を言えばよい：

(1) $\quad G(R) \stackrel{\text{def}}{=} \int_0^R \exp(-x^2)\,dx \stackrel{R\to\infty}{\longrightarrow} \sqrt{\pi}/2.$

今，

$$G(R)^2 = \int_0^R \exp(-x^2)\,dx \int_0^R \exp(-y^2)\,dy$$
$$\stackrel{\text{命題 }10.2.6}{=} \int_{(0,R]^2} \exp(-|z|^2)\,dz.$$

上式右辺は (15.28) で，$f(r) = \exp(-r^2),\ g \equiv 1$ の場合である．これらに対し，

$$I = \int_0^\infty f(r)r\,dr = \int_0^\infty \exp(-r^2)r\,dr = \left[-\tfrac{1}{2}\exp(-r^2)\right]_0^\infty = 1/2,$$
$$J = \int_0^{\pi/2} g(\cos\theta, \sin\theta)\,d\theta = \int_0^{\pi/2} d\theta = \pi/2.$$

以上と例 15.5.4 より $G(R)^2 \stackrel{R\to\infty}{\longrightarrow} IJ = \pi/4$，したがって (1) を得る．\(^□^)/

◆**例 15.5.6** $\quad B(s,t) = \dfrac{\Gamma(s)\Gamma(t)}{\Gamma(s+t)}, \quad s,t > 0.$

証明[3]

$$B(s,t) \stackrel{(12.31),\,(12.32)}{=} \frac{(s+t)(s+t+1)}{st} B(s+1, t+1),$$
$$\frac{\Gamma(s)\Gamma(t)}{\Gamma(s+t)} \stackrel{(12.19)}{=} \frac{(s+t)(s+t+1)}{st} \frac{\Gamma(s+1)\Gamma(t+1)}{\Gamma(s+t+2)}.$$

よって s, t を $s+1, t+1$ におきかえて所期等式を示せばよいので，はじめか

---

[2] 別証明は例 12.3.4，例 15.7.8，問 16.4.2 を参照されたい．
[3] 別証明は命題 12.5.5，例 15.7.9 を参照されたい．

ら $s, t \geq 1$ とする.

(1) $\Gamma(s) \stackrel{(12.25)}{=} 2 \int_0^\infty x^{2s-1} \exp(-x^2) dx = 2 \lim_{R \to \infty} \int_0^R x^{2s-1} \exp(-x^2) dx.$

したがって,

(2) $\begin{cases} \Gamma(s)\Gamma(t) \\ \stackrel{(1)}{=} \quad 4 \lim_{R \to \infty} \int_0^R x^{2s-1} \exp(-x^2) dx \int_0^R y^{2t-1} \exp(-y^2) dy \\ \stackrel{\text{命題 } 10.2.6}{=} 4 \lim_{R \to \infty} \int_{(0,R]^2} x^{2s-1} y^{2t-1} \exp(-(x^2+y^2)) dx dy. \end{cases}$

上式の最右辺は (15.28) において f, g を次のように選んだ場合である:

$$f(r) = 2r^{2(s+t-1)} \exp(-r^2), \quad g(u,v) = 2u^{2s-1} v^{2t-1}, \quad (u^2 + v^2 = 1).$$

$(s, t \geq 1$ より $f \in C([0, \infty)), g \in C(\mathbb{S}^1)$ である.) これらに対し,

(3) $\begin{cases} I = \int_0^\infty f(r) r dr = 2 \int_0^\infty r^{2(s+t)-1} \exp(-r^2) dr \stackrel{(1)}{=} \Gamma(s+t), \\ J = \int_0^{\pi/2} g(\cos\theta, \sin\theta) d\theta \\ = 2 \int_0^{\pi/2} \cos^{2s-1}\theta \sin^{2t-1}\theta d\theta = B(s,t). \end{cases}$

以上より,

$$\Gamma(s)\Gamma(t) \stackrel{(2),(15.28)}{=} IJ \stackrel{(3)}{=} \Gamma(s+t) B(s,t).$$

\(^□^)/

問 15.5.1 問 15.4.1 の各積分を極座標変換を用いて計算せよ.

問 15.5.2 $a > 0$ とし, $A, B \subset \mathbb{R}^2$ を次のように定める:

$A = \{(r, \theta) \in [0, \infty) \times (-\pi, \pi] \, ; \, r \leq h(\theta)\},$ ただし $h(\theta) = 2a(1 + \cos\theta),$
$B = \{(x, y) \in \mathbb{R}^2 \, ; \, (x^2 + y^2 - 2ax)^2 \leq 4a^2(x^2 + y^2)\}$

とする. B はカーディオイド (問 6.5.4) が囲む領域である. (i) 平面極座標変換 g (例 15.5.2) に対し $g(A) = B$ を示せ. (ii) B の面積を求めよ.

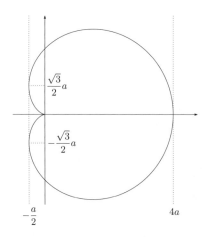

問 15.5.3 $a > 0, p \geq 1$ とし,$A, B \subset \mathbb{R}^2$ を次のように定める:

$A = \{(r, \theta) \in \mathbb{R}^2 \,;\, 0 \leq \theta \leq \pi/2,\, 0 \leq r \leq h(\theta)\}$,

$$ ただし\ h(\theta) = \frac{ap(\cos\theta \sin\theta)^{\frac{p-1}{2}}}{\cos^p \theta + \sin^p \theta}, $$

$B = \{(x, y) \in \mathbb{R}^2 \,;\, x, y \geq 0,\, x^p + y^p \leq ap(xy)^{\frac{p-1}{2}}\}$.

特に $p = 3$ なら B は,デカルトの正葉線(問 6.5.5)を第一象限に制限した部分が囲む領域を表すが,この問では $p \geq 1$ は任意とする.(i) 平面極座標変換 g(例 15.5.2)に対し $g(A) = B$ を示せ.(ii) B の面積を求めよ.

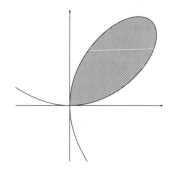

15.6 ($\star$) 変数変換公式(定理 15.5.1)の証明

まず,定理 15.5.1 を証明するための基礎となる事実を紹介する(命題 15.6.1–命題 15.6.3).

I を有界な区間, $f : I \to \mathbb{R}$ を有界とするとき, f の I における上積分を $\overline{s}(f)$ とする (定義 10.5.3). 特に $A \subset I$ が体積確定なら $\overline{s}(1_A) = \mathrm{vol}(A)$. また, A が体積零であることは, $\overline{s}(1_A) = 0$ と同値である (命題 15.3.1).

命題 15.6.1 $A \subset \mathbb{R}^d$ は有界, $g : A \to \mathbb{R}^d$ はリプシッツ連続, すなわち次のような定数 M が存在するとする:
$$|g(x) - g(y)| \leq M|x - y|, \quad (x, y \in A).$$
このとき, $C_0 = (\sqrt{d}M)^d$ とおくと, 任意の $E \subset A$ に対し,
$$\overline{s}(1_{g(E)}) \leq C_0 \overline{s}(1_E). \tag{15.29}$$
特に E が体積零なら $g(E)$ も体積零である.

証明 I を A を含む幅 L の閉立方体[4], I の区間分割 $\Delta = \Delta_n$ は, I の各辺の n 等分により得られるとする. また, $\{D_1, \ldots, D_m\} = \{D \in \Delta \,;\, D \cap E \neq \emptyset\}$ とする. このとき, 各 D_j の幅は L/n なので,

(1) $\overline{s}(1_E, \Delta) \stackrel{(10.23)}{=} \sum_{j=1}^{m} |D_j| = m(L/n)^d.$

一方, $j = 1, \ldots, n$, $x, y \in E \cap D_j$ なら,
$$|g(x) - g(y)| \leq M|x - y| \leq \sqrt{d}LM/n.$$
よって, 各 $g(E \cap D_j)$ は幅 $\sqrt{d}LM/n$ の閉立方体 F_j に含まれる. ゆえに,
$$g(E) = g\left(\bigcup_{j=1}^{m} E \cap D_j\right) \stackrel{問 1.1.1}{=} \bigcup_{j=1}^{m} g(E \cap D_j) \subset \bigcup_{j=1}^{m} F_j.$$
上の包含関係より,
$$\overline{s}(1_{g(E)}) \leq \sum_{j=1}^{m} \overline{s}(1_{F_j}) = \sum_{j=1}^{m} |F_j|$$
$$= m(\sqrt{d}LM/n)^d \stackrel{(1)}{=} (\sqrt{d}M)^d \overline{s}(1_E, \Delta).$$

---
[4] 閉立方体 (15.12) に対し, 2ℓ を, その幅と呼ぶことにする.

$n \to \infty$ とすると，ダルブーの定理（定理 10.5.4）より (15.29) を得る． \(^□^)/

命題 15.6.2 $U, V \subset \mathbb{R}^d$ を開集合，$g : U \to V$ は全単射連続，かつ逆写像も連続とする．また，$E \subset \mathbb{R}^d$ は有界かつ $\overline{E} \subset U$，さらに g は $\overline{E}$ 上リプシッツ連続とする．このとき，E が体積確定なら $g(E)$ も体積確定である．

証明 $\overline{E}$ は有界かつ閉，$\overline{E} \subset U$．よって定理 9.2.1 より $g(\overline{E})$ は（したがって $g(E)$ は）有界である．また，仮定と命題 15.3.5 より ∂E は体積零である．一方，

(1) $\overline{g(E)} \stackrel{\text{問 } 9.3.2}{=} g(\overline{E}), \quad g(E)^\circ \stackrel{\text{問 } 13.1.3}{=} g(\overset{\circ}{E}).$

したがって，

$$\partial(g(E)) \stackrel{(15.10)}{=} \overline{g(E)} \setminus g(E)^\circ \stackrel{(1)}{=} g(\overline{E}) \setminus g(\overset{\circ}{E}) \stackrel{\text{問 } 1.1.1}{=} g(\overline{E} \setminus \overset{\circ}{E}) \stackrel{(15.10)}{=} g(\partial E).$$

以上と命題 15.6.1 より $\partial(g(E))$ は体積零である．ゆえに，再度命題 15.3.5 より $g(E)$ は体積確定である． \(^□^)/

命題 15.6.3 $U, V \subset \mathbb{R}^d$ を開集合，$g \in C^1(U \to \mathbb{R}^d)$, $g : U \to V$ は全単射，かつ全ての $x \in U$ に対し (15.20) をみたすとする．$A_0 \subset U$ が有界閉なら，任意の $\varepsilon > 0$ に対し $\delta > 0$ が存在し，

$$c \in A_0,\ 0 < \ell < \delta,\ I \stackrel{\text{def}}{=} c + [-\ell, \ell]^d \subset A_0 \tag{15.30}$$

なら，$g(I)$ は体積確定かつ，

$$\left| \frac{\mathrm{vol}(g(I))}{\mathrm{vol}(I)} - |J_g(c)| \right| < \varepsilon. \tag{15.31}$$

証明 g に対する仮定と逆関数定理（定理 14.1.1）より，$g : U \to V$, $g^{-1} : V \to U$ は共に連続である．また，g' は A_0 上有界（定理 9.2.1）なので，平均値定理（系 13.2.2）より g は A_0 上でリプシッツ連続である．以上と命題 15.6.2 より $g(I)$ は体積確定である．以下，(15.31) の概要を述べる．J_g は A_0 上有界（定理 9.2.1）なので，次のような $M \in (0, \infty)$ が存在する：

(1) $\quad |J_g(x)| \leq M, \quad (\forall x \in A_0).$

この M に対し $\alpha \in (0,1)$, $\beta \in (1, \infty)$ を次のようにとる：

(2) $\quad 0 < 1 - \alpha^d < \beta^d - 1 < \varepsilon/M.$

さらに，この α, β に対し，次のような $\delta > 0$ が存在する：(15.30) をみたす c, ℓ に対し，

(3) $\quad [-\alpha\ell, \alpha\ell]^d \subset \{g'(c)^{-1}(g(c+x) - g(c)) \ ; \ x \in [-\ell, \ell]^d\} \subset [-\beta\ell, \beta\ell]^d.$

(3) が成立する理由は，$|x|$ が十分小さいとき，$x \mapsto g(c+x) - g(c)$ は線形写像 $x \mapsto g'(c)x$ で近似できて，その結果，$x \mapsto g'(c)^{-1}(g(c+x) - g(c))$ が恒等写像で近似できることによる．しかし，(3) の厳密な証明は大変技術的なので，本書では割愛する[5]．(3) の各集合に写像 $x \mapsto g(c) + g'(c)x$ を施すと次を得る：

$$\{g(c) + g'(c)x \ ; \ x \in [-\alpha\ell, \alpha\ell]^d\} \subset g(I) \subset \{g(c) + g'(c)x \ ; \ x \in [-\beta\ell, \beta\ell]^d\}.$$

上式両端辺の集合は，命題 15.4.9 より体積を求めることができる．したがって上式より，

(4) $\quad |J_g(c)|(2\alpha\ell)^d \leq \mathrm{vol}(g(I)) \leq |J_g(c)|(2\beta\ell)^d.$

さらに，$\mathrm{vol}(I) = (2\ell)^d$ より，

$$\frac{\mathrm{vol}(g(I))}{\mathrm{vol}(I)} - |J_g(c)| \begin{cases} \stackrel{(4)}{\leq} (\beta^d - 1)|J_g(c)| \stackrel{(1)}{\leq} (\beta^d - 1)M \stackrel{(2)}{<} \varepsilon, \\ \stackrel{(4)}{\geq} (\alpha^d - 1)|J_g(c)| \stackrel{(1)}{\geq} -(1 - \alpha^d)M \stackrel{(2)}{>} -\varepsilon. \end{cases}$$

以上で (15.31) を得る． $\hfill \backslash(\hat{\ }\Box\hat{\ })/$

定理 15.5.1 の証明　以下 $h = (f \circ g)|J_g|$ とし，次を示す：

(1) $\quad \int_B f = \int_A h.$

まず，$A \subset U$ の場合に帰着させるため $A' = A \cap U$, $B' = g(A')$ とする．このとき $A \setminus A' = A \setminus U$ は体積零．また命題 15.6.1 より $g(A \setminus A')$ は体積零かつ $B \setminus B' = g(A) \setminus g(A') \subset g(A \setminus A')$．したがって $A \setminus A'$, $B \setminus B'$ は共に体積零

---

[5]例えば，[杉浦, II, p.107, 命題 4.2] を参照されたい．その他，ブラウアーの不動点定理を用いる証明法もある．

であり，その結果，B' は体積確定（問 15.2.1），また，(1) は $\int_{B'} f = \int_{A'} h$ と同値である．以上から，A の代わりに A' を考えることにより $A \subset U$ の場合に (1) を示せばよい．そこで，以下 $A \subset U$ とする．

g は A 上リプシッツ連続である [杉浦 II, p.96, 命題 3.1 参照]．ゆえに (15.29) をみたす定数 C_0 が存在する（命題 15.6.1）．一方，g' が A 上有界であることと，f が B 上有界であることより，次のような定数 C_1, C_2 が存在する：

$$|J_g(x)| \leq C_1, \quad |f(y)| \leq C_2, \quad (\forall x \in A, \forall y \in B).$$

$\varepsilon > 0$ を任意とする．A は有界体積確定集合なので，命題 15.3.5 より，有限個の非交差な閉立方体 $A_1, \ldots, A_n$ を次のようにとることができる：

(2) $\qquad \mathrm{vol}(A \setminus A_0) < \dfrac{\varepsilon}{4(C_0 + C_1)C_2}, \quad$ ただし $A_0 \overset{\mathrm{def}}{=} \bigcup_{j=1}^n A_j$.

以下，$j = 1, \ldots, n$ に対し a_j は A_j の中心，$b_j = g(a_j)$，また $j = 0, 1, \ldots, n$ に対し $B_j = g(A_j)$ とする．このとき A_j は有界な閉集合，したがって B_j も然りである（定理 9.2.1）．また，$g : U \to V$ は単射だから，B_0 は $B_1, \ldots, B_n$ の非交差和である．A_0 は A の（したがって U の）閉部分集合であり，閉立方体 $A_1, \ldots, A_n \subset A_0$ の幅は十分小さいと仮定してよい．ゆえに命題 15.6.3 より次のようにできる：

(3) $\qquad \left| \dfrac{\mathrm{vol}(B_j)}{\mathrm{vol}(A_j)} - |J_g(a_j)| \right| < \dfrac{\varepsilon}{6C_2(\mathrm{vol}(A) + 1)}, \quad (1 \leq j \leq n).$

一方，$h \in C_{\mathrm{u}}(A_0), f \in C_{\mathrm{u}}(B_0)$（定理 9.4.4）．これらと，$A_1, \ldots, A_n$ の幅が十分小さい（その結果 $B_1, \ldots, B_n$ の直径も十分小さい）ことから，次のようにできる：

(4) $\qquad |h(x) - h(a_j)| < \dfrac{\varepsilon}{6(\mathrm{vol}(A) + 1)}, \quad (x \in A_j, 1 \leq j \leq n),$

(5) $\qquad |f(y) - f(b_j)| < \dfrac{\varepsilon}{6(\mathrm{vol}(B) + 1)}, \quad (y \in B_j, 1 \leq j \leq n).$

このとき，

(6) $\qquad \displaystyle\int_B f - \int_A h = P + Q - R,$

ただし、

$$P = \int_{B \setminus B_0} f, \quad Q = \int_{B_0} f - \int_{A_0} h, \quad R = \int_{A \setminus A_0} h.$$

R について、

(7) $\qquad |R| \leq C_1 C_2 \mathrm{vol}(A \setminus A_0) \overset{(2)}{\leq} \varepsilon/4.$

一方、

$$\mathrm{vol}(B \setminus B_0) = \mathrm{vol}(g(A \setminus A_0)) \overset{(15.29)}{\leq} C_0 \mathrm{vol}(A \setminus A_0) \overset{(2)}{\leq} \varepsilon/(4C_2).$$

したがって、

(8) $\qquad |P| \leq C_2 \mathrm{vol}(B \setminus B_0) \leq \varepsilon/4.$

また、

$$Q = \sum_{j=1}^n \left(\int_{B_j} f - \int_{A_j} h \right) = \sum_{j=1}^n (Q_{1,j} + Q_{2,j} + Q_{3,j}),$$

ただし、

$$Q_{1,j} = \int_{B_j} (f(y) - f(b_j))dy, \quad Q_{2,j} = f(b_j)\mathrm{vol}(B_j) - h(a_j)\mathrm{vol}(A_j),$$

$$Q_{3,j} = \int_{A_j} (h(a_j) - h(x))dx.$$

これらに対し、

$$|Q_{1,j}| \overset{(5)}{\leq} \frac{\varepsilon \mathrm{vol}(B_j)}{6(\mathrm{vol}(B)+1)}, \quad |Q_{3,j}| \overset{(4)}{\leq} \frac{\varepsilon \mathrm{vol}(A_j)}{6(\mathrm{vol}(A)+1)},$$

$$|Q_{2,j}| \leq C_2 |\mathrm{vol}(B_j) - |J_g(a_j)|\mathrm{vol}(A_j)| \overset{(3)}{\leq} \frac{\varepsilon \mathrm{vol}(A_j)}{6(\mathrm{vol}(A)+1)}.$$

よって、

(9) $\qquad |Q| \leq \varepsilon/6 + \varepsilon/6 + \varepsilon/6 = \varepsilon/2.$

(6), (7), (8), (9) より $|\int_B f - \int_A h| \leq \varepsilon$. ε は任意なので (1) を得る。\(^□^)/

15.7　多変数関数の広義積分

定義 15.2.1 では，有界集合 $A \subset \mathbb{R}^d$ に対して「体積確定」の概念を定めたが，この概念は非有界集合の場合にも次のようにして自然に拡張される．

定義 15.7.1（**体積確定集合・体積零集合**）　$A \subset \mathbb{R}^d$ とする（A は非有界でもよい）．

▶ 任意の有界閉区間 I に対し $A \cap I$ が定義 15.2.1 の意味で体積確定（すなわち $1_{A \cap I} \in \mathscr{R}(I)$）なら A は**体積確定**であるという．

▶ 任意の有界閉区間 I に対し $A \cap I$ が命題 15.3.1 の意味で体積零なら A は**体積零**であるという．

次に，多変数関数に対する広義積分を定義する．そのために次の記号を導入する：$A \subset \mathbb{R}^d$ に対し，

$$\mathscr{K}(A) \stackrel{\text{def}}{=} \{K\,;\,K \subset A,\,K \text{ は有界閉かつ体積確定}\}. \tag{15.32}$$

定義 15.7.2（**多変数関数に対する広義積分**）　$A \subset \mathbb{R}^d$ を体積確定（定義 15.7.1）とし，$\mathscr{K}(A)$ を (15.32) で定める．また $f : A \to \mathbb{R}$ とする．

▶ 任意の $K \in \mathscr{K}(A)$ に対し $f \in \mathscr{R}(K)$ なら f は A 上**局所可積分**であるという．

▶ $f : A \to [0, \infty)$ が A 上局所可積分とする．このとき，f の A 上での**広義積分** $\int_A f$ を次のように定める：

$$\int_A f = \sup \left\{ \int_K f\,;\,K \in \mathscr{K}(A) \right\} \in [0, \infty]. \tag{15.33}$$

▶ $f : A \to \mathbb{R}$ が A 上局所可積分，$f^\pm = \frac{|f| \pm f}{2}$ とする．このとき，$f^\pm : A \to [0, \infty)$ も A 上局所可積分である．したがって (15.33) により $\int_A f^\pm$ が定まる．$\int_A f^\pm$ のどちらかが有限であるとき，f は A 上**広義積分確定**であるといい，f

の A 上での**広義積分** $\int_A f$ を次のように定める:

$$\int_A f \stackrel{\text{def}}{=} \int_A f^+ - \int_A f^- \begin{cases} \in \mathbb{R}, & \int_A f^\pm < \infty \text{ なら}, \\ = \infty, & \int_A f^+ = \infty, \int_A f^- < \infty \text{ なら}, \\ = -\infty, & \int_A f^+ < \infty, \int_A f^- = \infty \text{ なら}. \end{cases} \tag{15.34}$$

特に $\int_A f^\pm$ が共に有限なら, f は A 上で**広義可積分**であるという.

◆**例 15.7.3** $A \subset \mathbb{R}^d$ が区間, $f \in C(A)$ なら f は A 上局所可積分である.
証明 任意の $K \in \mathscr{K}(A)$ に対し有界閉区間 J を $K \subset J \subset A$ なるようにとれる. このとき, $f \in \mathscr{R}(J)$ (定理 9.2.1, 定理 10.4.1). さらに K は体積確定なので, $f \in \mathscr{R}(K)$. よって定義 15.7.2 より f は A 上局所可積分である. \(^□^)/

定義 15.7.2 で定めた広義積分に対し, 定義 15.2.1 で定めた積分を「狭義積分」と呼ぶことにすると, 狭義積分は, 次の意味で広義積分の特別な場合である:

命題 15.7.4 (**広義積分と狭義積分の整合性**) A が有界な体積確定集合, $f \in \mathscr{R}(A)$ とする. このとき, 定義 15.7.2 で定めた広義積分 $\int_A f$ は定義 15.2.1 で定めた積分と一致する.

証明 ($\star$) 定義 15.2.1 で定めた積分が $f \geq 0$ の場合に (15.33) をみたすことを言う. (15.33) 右辺を S と書く. まず, $K \in \mathscr{K}(A)$ に対し $A \supset K$ だから, $\int_A f \geq S$ は明らかである. $\int_A f \leq S$ を言うため $\varepsilon > 0$ を任意, $f(x) \leq M$ ($\forall x \in A$) とする. このとき, 命題 15.3.5 より, $\exists K \in \mathscr{K}(A), \text{vol}(A \setminus K) < \varepsilon/M$. したがって,

$$\int_A f = \int_K f + \int_{A \setminus K} f \leq S + \varepsilon.$$

$\varepsilon > 0$ は任意だから, $\int_A f \leq S$. \(^□^)/

命題 15.7.5 $A, A_n \subset \mathbb{R}^d$ ($n \geq 1$) は体積確定, $A_n \subset A_{n+1} \subset A$ ($\forall n \geq 1$), また, 任意の $K \in \mathscr{K}(A)$ に対し $K \subset A_n$ をみたす n が存在するとする. さら

に, $f: A \to [0, \infty)$ が局所可積分, または $f: A \to \mathbb{R}$ が広義可積分なら,
$$\lim_{n \to \infty} \int_{A_n} f = \int_A f. \tag{15.35}$$

証明 $f: A \to [0, \infty)$ が局所可積分の場合に (15.35) を言えばよい ($f: A \to \mathbb{R}$ が広義可積分の場合は (15.34) より, $f \geq 0$ の場合に帰着する). (15.35) 左辺の極限を $L \in [0, \infty]$ とする (定理 3.5.1 より存在する). まず, $A_n \subset A$ ($n \geq 1$) より $L \leq \int_A f$. 一方, $K \in \mathscr{K}(A)$ を任意とし, $K \subset A_m$ をみたす m をとると, $A_n \subset A_{n+1}$ ($n \geq 1$) より,
$$L \geq \int_{A_m} f \geq \int_K f.$$
$K \in \mathscr{K}(A)$ について上限をとり, $L \geq \int_A f$ を得る. \(^□^)/

✔**注** 命題 15.7.5 で, 特に A_n が有界かつ $f \in \mathscr{R}(A_n)$ の場合, $\int_{A_n} f$ は狭義積分である (命題 15.7.4). したがって (15.35) は, 広義積分を狭義積分の極限で表す式になる.

次に逐次積分 (定理 15.1.2) を広義積分の場合に拡張する (定理 15.7.6). まず, 記号を用意する:
$I_1 \subset \mathbb{R}^{d_1}$, $I_2 \subset \mathbb{R}^{d_2}$ を共に区間, $I = I_1 \times I_2 \subset \mathbb{R}^d$ ($d = d_1 + d_2$), $f \in C(I)$ とする. このとき I の点は (x, y) ($x \in I_1, y \in I_2$) と書けるので, $f: I \to \mathbb{R}$ も $f(x, y)$ と表示する. $x \in I_1$ を固定するごとに $I_2 \ni y \mapsto f(x, y)$ は連続だから, 局所可積分である (例 15.7.3). したがって (15.33) より次の広義積分が定まる:
$$G_1(x) = \int_{I_2} |f(x, y)| dy.$$
同様に $y \in I_2$ を固定するごとに次の広義積分が定まる:
$$G_2(y) = \int_{I_1} |f(x, y)| dx.$$
さらに, 全ての $x \in I_1$ に対し $G_1(x) < \infty$ と仮定すると (15.34) より次の広義積分が定まる:
$$F_1(x) = \int_{I_2} f(x, y) dy, \quad x \in I_1.$$

同様に，全ての $y \in I_2$ に対し $G_2(y) < \infty$ と仮定すると次の広義積分が定まる：

$$F_2(y) = \int_{I_1} f(x,y)dx, \quad y \in I_2.$$

定理 15.7.6（**逐次の広義積分**）　記号は上の通りとし，次の仮定をおく：

(a0)　$j = 1, 2$ に対し G_j が I_j 上で局所可積分．

このとき，

$$\int_I |f| = \int_{I_1} G_1(x)dx = \int_{I_2} G_2(y)dy \quad (\text{各辺が } \infty \text{ に等しい場合も含む}). \tag{15.36}$$

さらに，以下の仮定を追加する：

(a1)　全ての $x \in I_1$ に対し $G_1(x) < \infty$ かつ $F_1 : I_1 \to \mathbb{R}$ は局所可積分．

(a2)　全ての $y \in I_2$ に対し $G_2(y) < \infty$ かつ $F_2 : I_2 \to \mathbb{R}$ は局所可積分．

(a3)　(15.36) の三つの積分のどれか（したがって全て）が有限．

このとき，f, F_1, F_2 はそれぞれ I, I_1, I_2 上広義可積分かつ，

$$\int_I f = \int_{I_1} F_1(x)dx = \int_{I_2} F_2(y)dy. \tag{15.37}$$

定理 15.7.6 はルベーグ積分論におけるフビニの定理の特別な場合である [吉田, p.101]．証明は本書の範囲を超えるので省略する．

✔注　等式 (15.36), (15.37) はそれぞれ次のように記すこともある：

$$\int_I |f| = \int_{I_1} dx \int_{I_2} |f(x,y)|dy = \int_{I_2} dy \int_{I_1} |f(x,y)|dx,$$
$$\int_I f = \int_{I_1} dx \int_{I_2} f(x,y)dy = \int_{I_2} dy \int_{I_1} f(x,y)dx.$$

◆**例 15.7.7**　$c_1, \ldots, c_d > 0$ に対し，

$$\int_{\mathbb{R}^d} \exp\left(-\sum_{j=1}^d c_j x_j^2\right) dx = \frac{\pi^{d/2}}{\sqrt{c_1 \cdots c_d}}.$$

証明 $I_k = \int_{\mathbb{R}^k} \exp\left(-\sum_{j=1}^{k} c_j x_j^2\right) dx$ $(1 \leq k \leq d)$ とする. $k \geq 2$ なら, $(x_1, \ldots, x_k)$ を $(x_1, \ldots, x_{k-1})$ と x_k に分けて定理 15.7.6 を適用すると,

$$I_k = I_{k-1} \int_{-\infty}^{\infty} \exp\left(-c_k x_k^2\right) dx_k \overset{\text{例 12.3.4}}{=} I_{k-1} \sqrt{\pi/c_k}.$$

これを繰り返すと,

$$I_d = I_{d-1}\sqrt{\pi/c_d} = \cdots = \frac{\pi^{d/2}}{\sqrt{c_1 \cdots c_d}}.$$

\(^□^)/

◆例 15.7.8 $\int_{-\infty}^{\infty} e^{-x^2} dx = \sqrt{\pi}$ (例 12.3.4) を再証明する.

証明 $I \overset{\text{def}}{=} \int_0^{\infty} e^{-x^2} dx = \frac{1}{2}\sqrt{\pi}$ を言えばよい. そこで,

$$\begin{aligned}
I^2 &= \int_0^{\infty} e^{-x^2} dx \int_0^{\infty} e^{-y^2} dy \\
&\overset{y=xz}{=} \int_0^{\infty} e^{-x^2} dx \int_0^{\infty} e^{-x^2 z^2} x\, dz \\
&\overset{\text{定理 15.7.6}}{=} \int_0^{\infty} dz \int_0^{\infty} e^{-(1+z^2)x^2} x\, dx \\
&= \frac{1}{2}\int_0^{\infty} \frac{dz}{1+z^2} \overset{\text{例 12.1.9}}{=} \frac{\pi}{4}.
\end{aligned}$$

\(^□^)/

◆例 15.7.9 $s, t > 0$ に対し $B(s,t) = \dfrac{\Gamma(s)\Gamma(t)}{\Gamma(s+t)}$ (命題 12.5.5) を再証明する.

証明[6] 例 15.5.6 の証明で述べたように, $s, t \geq 1$ の場合を示せば十分である.

$$g_s(x) = \begin{cases} x^{s-1} e^{-x}, & x > 0, \\ 0, & x \leq 0 \end{cases}$$

---

[6]別証明は, 命題 12.5.5, 例 15.5.6 を参照されたい.

とおく．$s \geq 1$ により $g_s \in C_{\mathrm{b}}(\mathbb{R})$．$g_t$ も同様である．さらに $x, y > 0$ に対し，

$$f(x,y) = g_s(x-y)g_t(y) = \begin{cases} (x-y)^{s-1}y^{t-1}e^{-x}, & 0 < y < x, \\ 0, & x \leq y \end{cases}$$

とすると $f \in C_{\mathrm{b}}((0,\infty)^2)$．また，

$$\int_0^\infty f(x,y)dx = g_t(y)\int_y^\infty g_s(x-y)dx = g_t(y)\int_0^\infty g_s(x)dx = g_t(y)\Gamma(s).$$

よって，

(1) $\quad \int_0^\infty dy \int_0^\infty f(x,y)dx = \Gamma(s)\Gamma(t).$

一方，

$$\int_0^\infty f(x,y)dy = e^{-x}\int_0^x (x-y)^{s-1}y^{t-1}dy = x^{s+t-1}e^{-x}B(s,t).$$

よって，

(2) $\quad \int_0^\infty dx \int_0^\infty f(x,y)dy = \Gamma(s+t)B(s,t).$

また定理 15.7.6 より，

(3) $\quad \int_0^\infty dy \int_0^\infty f(x,y)dx = \int_0^\infty dx \int_0^\infty f(x,y)dy.$

(1)–(3) より結論を得る． \(^□^)/

◆例 **15.7.10** $0 < p < 2$ とするとき，

$$I(p) \overset{\mathrm{def}}{=} \int_0^\infty \frac{1-\cos x}{x^{p+1}}\,dx = \frac{B(\frac{p}{2}, 1-\frac{p}{2})}{2\Gamma(p+1)}. \tag{15.38}$$

証明 まず次に注意する：$x > 0$ に対し，

$$x^{p+1}\int_0^\infty y^p e^{-xy}dy \overset{z=xy}{=} \int_0^\infty z^p e^{-z}dz = \Gamma(p+1).$$

したがって，

(1) $\quad \dfrac{\Gamma(p+1)}{x^{p+1}} = \int_0^\infty y^p e^{-xy}dy.$

これを用いて，

(2)
$$\begin{cases} J(p) \stackrel{\text{def}}{=} \Gamma(p+1) \int_0^\infty \frac{1-\cos x}{x^{p+1}}\, dx \\ \stackrel{(1)}{=} \int_0^\infty (1-\cos x)\, dx \int_0^\infty y^p e^{-xy} dy. \end{cases}$$

定理 15.7.6 より (2) の右辺の重積分は順序を交換しても値は変わらない．したがって，

(3) $\quad J(p) = \int_0^\infty y^p dy \int_0^\infty e^{-xy}(1-\cos x)\, dx.$

一方，

(4) $\quad \int_0^\infty e^{-xy}(1-\cos x)\, dx \stackrel{\text{例 8.6.4}}{=} \frac{1}{y} - \frac{y}{1+y^2} = \frac{1}{y(1+y^2)}.$

(3), (4) より，

$$J(p) = \int_0^\infty \frac{y^{p-1}}{1+y^2}\, dy \stackrel{\text{例 12.4.4}}{=} \frac{1}{2} B(1-\tfrac{p}{2}, \tfrac{p}{2}).$$

したがって，

$$I(p) = \frac{J(p)}{\Gamma(p+1)} = \frac{B(\tfrac{p}{2}, 1-\tfrac{p}{2})}{2\Gamma(p+1)}.$$

\(^□^)/

✔注　例 15.7.10 より例 12.2.7 の $I_1, \ldots, I_4$ も全て求まる．また，相補公式 (12.39) より，

$$I(p) = \frac{\pi}{2\Gamma(p+1)\sin\frac{p\pi}{2}} \quad (0 < p < 2).$$

◆**例 15.7.11** (★) $\quad \displaystyle\int_{-\infty}^\infty \frac{\exp(i\theta x)}{1+x^2}\, dx = \pi \exp(-|\theta|), \ (\theta \in \mathbb{R}).$

証明 $\theta = 0$ なら既知（例 12.1.9）．そこで，以下 $\theta \neq 0$ とする．まず次に注意する：

(1) $\quad \dfrac{1}{1+x^2} = \displaystyle\int_0^\infty e^{-(1+x^2)y} dy, \ (x \in \mathbb{R}).$

よって，

$$\text{左辺} \stackrel{(1)}{=} \int_{-\infty}^\infty \exp(i\theta x)\, dx \int_0^\infty e^{-(1+x^2)y} dy$$

$$\stackrel{(15.37)}{=} \int_0^\infty e^{-y} dy \int_{-\infty}^\infty e^{-x^2 y} \exp(\mathbf{i}\theta x) dx$$

$$\stackrel{例\ 12.3.6}{=} \sqrt{\pi} \int_0^\infty \exp\left(-y - \frac{\theta^2}{4y}\right) \frac{dy}{\sqrt{y}}.$$

さらに,

$$\int_0^\infty \exp\left(-y - \frac{\theta^2}{4y}\right) \frac{dy}{\sqrt{y}} \stackrel{z=\sqrt{y}}{=} 2\int_0^\infty \exp\left(-z^2 - \frac{\theta^2}{4z^2}\right) dz$$

$$= 2\exp(-|\theta|) \int_0^\infty \exp\left(-\left(z - \frac{|\theta|}{2z}\right)^2\right) dz$$

$$\stackrel{例\ 12.3.5}{=} \exp(-|\theta|)\sqrt{\pi}.$$

以上より結論を得る. \(^□^)/

問 15.7.1 $0 \leq a < b < \infty$ とする. 以下を示せ:

(i) $\displaystyle\int_0^\infty \frac{e^{-ax} - e^{-bx}}{x^{1+p}} dx = \begin{cases} \log \frac{b}{a}, & p = 0 \text{ かつ } a > 0, \\ \frac{\Gamma(1-p)}{p}(b^p - a^p), & 0 < p < 1. \end{cases}$

[ヒント: $\frac{e^{-ax} - e^{-bx}}{x} = \int_a^b e^{-xy} dy.$]

(ii) $\displaystyle\int_0^\infty \left(\exp\left(-\frac{a}{y^q}\right) - \exp\left(-\frac{b}{y^q}\right)\right) dy = \Gamma\left(1 - \frac{1}{q}\right)(b^{\frac{1}{q}} - a^{\frac{1}{q}}), \quad q > 1.$

15.8 広義積分に対する変数変換公式

変数変換公式（定理 15.5.1）は，広義積分に対しても次のように自然に一般化される．定理 15.5.1 とよく似ているが，定理 15.8.1 では，集合 A, B の有界性，f の有界性，g' の A 上での有界性を仮定していない．定義 15.7.1 により，「体積確定」，「体積零」の概念は非有界集合にも拡張されていることに注意する．

定理 15.8.1 (広義積分に対する変数変換) 開集合 $D, U \subset \mathbb{R}^d$，体積確定集合 $A \subset \mathbb{R}^d$ は $U \cup A \subset D$ をみたし，$A \setminus U$ は体積零とする．さらに関数 $g \in C^1(D \to \mathbb{R}^d)$ に以下を仮定する:

(a) 開集合 V が存在し $g: U \to V$ は全単射，かつ全ての $x \in U$ に対し，

$$J_g(x) \stackrel{\text{def}}{=} \det g'(x) \neq 0.$$

(b) $B \overset{\text{def}}{=} g(A)$ は体積確定.

このとき,任意の $f \in C(B)$ に対し,

$$f \text{ が } B \text{ 上広義可積分} \iff (f \circ g)|J_g| \text{ が } A \text{ 上広義可積分} \tag{15.39}$$

であり,上の一方(したがって両方)が成り立てば,

$$\int_B f = \int_A (f \circ g)|J_g|. \tag{15.40}$$

定理 15.8.1 の証明は,本節末の補足で述べることとし,以下いくつかの応用例を述べる.

◆**例 15.8.2** S を d 次正定値対称行列(命題 13.5.1)とするとき,

$$\int_{\mathbb{R}^d} \exp(-x \cdot Sx)\,dx = \frac{\pi^{d/2}}{\sqrt{\det S}}.$$

C は対角行列で,S の固有値 $0 < c_1 \le c_2 \le \cdots \le c_d$ がその対角成分とする.また,U は実直交行列で $S = {}^t UCU$ となるものとする(${}^t U$ は U の転置行列を表す).$g(x) = Ux$ とおくと $|J_g| = |\det U| = 1$. よって,

$$\int_{\mathbb{R}^d} \exp(-x \cdot Sx)\,dx = \int_{\mathbb{R}^d} \exp(-Ux \cdot CUx)\,dx$$

$$\overset{\text{定理 15.8.1}}{=} \int_{\mathbb{R}^d} \exp(-x \cdot Cx)\,dx.$$

ところが,$x \cdot Cx = c_1 x_1^2 + \cdots + c_d x_d^2$ より

$$\int_{\mathbb{R}^d} \exp(-x \cdot Cx)\,dx \overset{\text{例 15.7.7}}{=} \frac{\pi^{d/2}}{\sqrt{c_1 \cdots c_d}} = \frac{\pi^{d/2}}{\sqrt{\det S}}.$$

\(^□^)/

◆**例 15.8.3** $B = \{x \in \mathbb{R}^2 \,;\, |x| \le R\}\ (R > 0)$, $p > 0$ とし,次の積分を求める:

$$I = \int_{B \setminus \{0\}} \frac{dx}{|x|^p}, \quad J = \int_{\mathbb{R}^2 \setminus B} \frac{dx}{|x|^p}.$$

極座標変換により,

$$I = 2\pi \int_0^R \frac{rdr}{r^p} = 2\pi \int_0^R r^{1-p} dr = \begin{cases} \frac{2\pi R^{2-p}}{2-p}, & p < 2 \text{ のとき}, \\ \infty, & p \geq 2 \text{ のとき}. \end{cases}$$

$$J = 2\pi \int_R^\infty \frac{rdr}{r^p} = 2\pi \int_R^\infty r^{1-p} dr = \begin{cases} \frac{2\pi R^{2-p}}{p-2}, & p > 2 \text{ のとき}, \\ \infty, & p \leq 2 \text{ のとき}. \end{cases}$$

\(^□^)/

問 15.8.1 $\int_{\mathbb{R}^2} \frac{dx}{(1+|x|^p)^q}$ $(p, q > 0)$ を求めよ.

問 15.8.2 ($\star$) d 次正定値対称行列 S_1, S_2 に対し, $\det(\frac{1}{p}S_1 + \frac{1}{q}S_2) \geq (\det S_1)^{1/p} (\det S_2)^{1/q}$ を示せ. ただし, $p, q > 1$, $\frac{1}{p} + \frac{1}{q} = 1$.

問 15.8.3 $g(\theta_1, \theta_2) = (\sin\theta_1/\cos\theta_2, \sin\theta_2/\cos\theta_1)$ は $A \stackrel{\text{def}}{=} \{(\theta_1, \theta_2) \in [0, \infty)^2$; $\theta_1 + \theta_2 < \frac{\pi}{2}\}$ から $[0, 1)^2$ への全単射である (問 6.7.2). 以下を示せ:(i) $J_g(\theta_1, \theta_2) = 1 - \tan^2\theta_1 \tan^2\theta_2$. (ii) $\int_{[0,1)^2} \frac{dxdy}{1-x^2y^2} = \int_A d\theta_1 d\theta_2 = \frac{\pi^2}{8}$.

補足: ($\star$) **定理 15.8.1 の証明** まず次を言う:

(1) $f \geq 0$ なら $\int_B f = \int_A (f \circ g)|J_g|$, (両辺が ∞ の場合も含む).

定理 15.5.1 の証明と同様に $A \subset U$ の場合に帰着できるので, 以下, $A \subset U$ とする. 仮定 (a) と逆関数定理 (定理 14.1.1) より $g|_U, (g|_U)^{-1}$ は共に全単射連続である. したがって, 定理 9.2.1, 命題 15.6.2 より,

(2) 写像:$K \mapsto g(K)$ $(\mathcal{K}(A) \longrightarrow \mathcal{K}(B))$ は全単射である.

一方, $K \in \mathcal{K}(A)$ に対し定理 15.5.1 より,

(3) $\int_{g(K)} f = \int_K (f \circ g)|J_g|$.

以上から, 次のようにして (1) を得る.

$$\int_B f \stackrel{(15.33)}{=} \sup_{L \in \mathcal{K}(B)} \int_L f \stackrel{(2)}{=} \sup_{K \in \mathcal{K}(A)} \int_{g(K)} f$$
$$\stackrel{(3)}{=} \sup_{K \in \mathcal{K}(A)} \int_K (f \circ g)|J_g| \stackrel{(15.33)}{=} \int_B (f \circ g)|J_g|.$$

$f \geq 0$ と限らない一般の場合には, (1) を $|f|$ に適用し (15.39) を得る. さらに $f^\pm$ (定義 15.7.2 参照) に (1) を適用し, 差をとれば (15.40) を得る. \(^□^)/

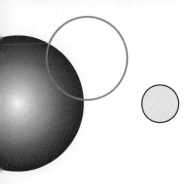

第16章

(⋆) 収束の一様性

16.1 一様収束と局所一様収束

$I \subset \mathbb{R}$ を有界な区間,$f_n, f \in C(I)$ も有界とする.さらに各点 $x \in I$ で $f_n(x) \stackrel{n\to\infty}{\longrightarrow} f(x)$ とするとき,次は成立するだろうか?

$$\int_I f_n \stackrel{n\to\infty}{\longrightarrow} \int_I f. \tag{16.1}$$

実は,(16.1) は正しいこともあれば,そうでないこともある.

◆例 **16.1.1** $I = (0, 1]$ とする.

(a) $f_n(x) = x/n$ とすると,I 上各点で $f_n \stackrel{n\to\infty}{\longrightarrow} 0$. また,

$$\int_I f_n = \frac{1}{n} \underbrace{\int_0^1 x\,dx}_{=1/2} \stackrel{n\to\infty}{\longrightarrow} 0.$$

よって (16.1) は正しい.ところで,この f_n について $\sup_I f_n = \frac{1}{n}$. したがって

(1) $\sup_I f_n \stackrel{n\to\infty}{\longrightarrow} 0.$

(b) $f_n(x) = (n - n^2 x) \vee 0 \ (x \in I, n \in \mathbb{N})$ とする.

16.1 一様収束と局所一様収束　　　401

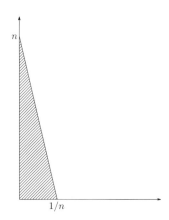

上の図から容易にわかるように I 上各点で $f_n \overset{n\to\infty}{\Longrightarrow} 0$ だが，$\int_I f_n \equiv 1/2$ (斜線部の面積)．したがって (16.1) は正しくない．ところで，この f_n について，$\sup_I f_n = n \geq 1$．よって (1) は不成立である．

もし，(16.1) のための十分条件がわかれば，その条件を確かめさえすれば，安心して (16.1) を使うことができる．その「十分条件」の一つが「一様収束」と呼ばれる概念であり，例 16.1.1 (a) の f_n がもつ性質 (1) を一般化したものと考えられる：

定義 16.1.2　D を集合，$f, f_n, n = 0, 1, \ldots$ は D 上の関数とする．

▶
$$\|f\|_D = \sup_D |f| \tag{16.2}$$

を D 上の**一様ノルム**と呼ぶ．

▶ 次の条件が成り立つとき，f_n は f に D 上**一様収束**するという：

$$\|f_n - f\|_D \overset{n\to\infty}{\Longrightarrow} 0. \tag{16.3}$$

✔**注**　次の条件が成り立つとき，f_n は f に D 上**各点収束**するという：

$$\text{全ての } x \in D \text{ に対し } f_n(x) \overset{n\to\infty}{\Longrightarrow} f(x). \tag{16.4}$$

全ての $x \in D$ に対し,$|f_n(x) - f(x)| \leq \|f_n - f\|_D$. よって (16.3), (16.4) より,

$$\text{一様収束} \implies \text{各点収束}. \tag{16.5}$$

◆例 16.1.3 $x \in [0,1]$, $f_n(x) = x^n$, $f(x) \stackrel{\text{def}}{=} \begin{cases} 0, & x \in [0,1), \\ 1, & x = 1. \end{cases}$

(a) f_n は $[0,1]$ 上 f に各点収束するが一様収束しない.

(b) $0 < \delta < 1$ のとき,f_n は $[0,\delta]$ 上 f に一様収束する.

証明 (a): 各点収束は明らか.一様収束しないことは例えば,$x_n = 1 - \frac{1}{n^2}$ に対し,

$$\|f_n - f\|_D \geq |f_n(x_n) - f(x_n)| = x_n^n \stackrel{(1.20)}{\geq} 1 - n \cdot \frac{1}{n^2} \longrightarrow 1.$$

(b): $\|f_n\|_{[0,\delta]} = \delta^n \longrightarrow 0$. \(^□^)/

◆例 16.1.4 (**多項式近似定理**) $I = [0,1]$, $f \in C(I)$ とする.このとき,多項式の列 f_n ($n \geq 1$) であり,次の性質をみたすものが存在する:

$$\|f - f_n\|_I \stackrel{n \to \infty}{\longrightarrow} 0. \tag{16.6}$$

この事実はワイエルシュトラスにより得られた (1885 年).以下ではベルンシュタインによる証明 (1911 年) を紹介する.

証明 $p_{n,k}(x) = \binom{n}{k} x^k (1-x)^{n-k}$ ($x \in I$, $n, k \in \mathbb{N}$, $k \leq n$) とする.このとき,以下が成立する:

(1) $\displaystyle\sum_{k=0}^{n} p_{n,k}(x) = 1$.

(2) $\displaystyle\sum_{\substack{0 \leq k \leq n \\ |\frac{k}{n} - x| \geq \delta}} p_{n,k}(x) \leq \frac{1}{4n\delta^2}$, $\delta > 0$.

(1) は二項展開による.(2) の証明は後回しにし,ベルンシュタイン多項式 f_n を次のように定める:

$$f_n(x) = \sum_{k=0}^{n} f(k/n) p_{n,k}(x).$$

このとき，

$$f_n(x) - f(x) \stackrel{(1)}{=} \sum_{k=0}^{n}(f(k/n) - f(x))p_{n,k}(x) = g_n(x) + h_n(x),$$

ただし，

$$g_n(x) = \sum_{\substack{0 \leq k \leq n \\ |\frac{k}{n} - x| < n^{-1/3}}} (f(k/n) - f(x))p_{n,k}(x),$$

$$h_n(x) = \sum_{\substack{0 \leq k \leq n \\ |\frac{k}{n} - x| \geq n^{-1/3}}} (f(k/n) - f(x))p_{n,k}(x).$$

上式より，

(3) $\|f_n - f\|_I \leq \|g_n\|_I + \|h_n\|_I.$

今，$f \in C_{\mathrm{u}}(I)$（定理 9.4.4）より，

$$\delta_n \stackrel{\text{def}}{=} \sup_{\substack{y,z \in I \\ |y-z| < n^{-1/3}}} |f(y) - f(z)| \stackrel{n \to \infty}{\longrightarrow} 0.$$

したがって，

$$|g_n(x)| \leq \sum_{\substack{0 \leq k \leq n \\ |\frac{k}{n} - x| < n^{-1/3}}} |f(k/n) - f(x)|p_{n,k}(x) \stackrel{(1)}{\leq} \delta_n.$$

δ_n は x に無関係なので，

(4) $\|g_n\|_I \leq \delta_n \stackrel{n \to \infty}{\longrightarrow} 0.$

一方，$|f|$ は I 上有界（定理 7.1.1）なので，その上界 M をとると，

$$|h_n(x)| \leq \sum_{\substack{0 \leq k \leq n \\ |\frac{k}{n} - x| \geq n^{-1/3}}} |f(k/n) - f(x)|p_{n,k}(x) \stackrel{(2)}{\leq} \frac{2M}{4n \cdot (n^{-1/3})^2} = \frac{M}{2n^{1/3}}.$$

上式右辺は x に無関係なので，

(5) $\|h_n\|_I \leq \dfrac{M}{2n^{1/3}} \stackrel{n \to \infty}{\longrightarrow} 0.$

(3), (4), (5) より (16.6) を得る.

最後に (2) を示す：$t \in \mathbb{R}$ に対し：

$$\varphi(t) \stackrel{\text{def}}{=} \sum_{k=0}^{n} e^{kt} p_{n,k}(x) \stackrel{(1.24)}{=} ((e^t - 1)x + 1)^n.$$

これを用いると，

(6) $\begin{cases} \sum_{k=0}^{n} k p_{n,k}(x) &= \varphi'(0) = nx, \\ \sum_{k=0}^{n} k^2 p_{n,k}(x) &= \varphi''(0) = n(n-1)x^2 + nx. \end{cases}$

ゆえに，

(7) $\begin{cases} \sum_{k=0}^{n} (k - nx)^2 p_{n,k}(x) &= \sum_{k=0}^{n} k^2 p_{n,k}(x) - 2nx \sum_{k=0}^{n} k p_{n,k}(x) + n^2 x^2 \\ &\stackrel{(6)}{=} nx(1-x) \leq n/4. \end{cases}$

よって，

$$\sum_{\substack{0 \leq k \leq n \\ |\frac{k}{n} - x| \geq \delta}} p_{n,k}(x) \leq \frac{1}{\delta^2} \sum_{\substack{0 \leq k \leq n \\ |\frac{k}{n} - x| \geq \delta}} \left(\frac{k}{n} - x\right)^2 p_{n,k}(x) \leq \frac{1}{\delta^2} \sum_{k=0}^{n} \left(\frac{k}{n} - x\right)^2 p_{n,k}(x)$$

$$= \frac{1}{n^2 \delta^2} \sum_{k=0}^{n} (k - nx)^2 p_{n,k}(x) \stackrel{(7)}{\leq} \frac{1}{4n\delta^2}.$$

\(^□^)/

定義 16.1.5 $D \subset \mathbb{R}^d$, f, f_n, $n = 0, 1, \ldots$ は D 上の関数とする．

▶ 全てのコンパクト集合 $K \subset D$ に対し，

$$\|f_n - f\|_K \stackrel{n \to \infty}{\longrightarrow} 0$$

なら，f_n は f に D 上**局所一様収束**する，あるいは**広義一様収束**という．

✔ 注　全ての $x \in D$ に対し $K = \{x\}$ はコンパクトである．また，全ての部分集合 $K \subset D$ に対し，

$$\|f_n - f\|_K \leq \|f_n - f\|_D.$$

よって，

$$\text{一様収束} \implies \text{局所一様収束} \implies \text{各点収束}. \tag{16.7}$$

連続関数列 f_n が関数 f に各点収束しても，f は連続とは限らない（例 16.1.3）．
ところが，f_n が局所一様収束するならば f の連続性が保証される：

定理 16.1.6 $D \subset \mathbb{R}^d, f_n \in C(D), n = 0, 1, \ldots$ が $f : D \longrightarrow \mathbb{C}$ に局所一様収束すれば，$f \in C(D)$．

証明 $x_m, x \in D, x_m \longrightarrow x$ とし，$f(x_m) \longrightarrow f(x)$ を言えばよい．任意の $m, n \in \mathbb{N}$ に対し，

$$|f(x_m) - f(x)| \leq \underbrace{|f(x_m) - f_n(x_m)|}_{(1)} + \underbrace{|f_n(x_m) - f_n(x)|}_{(2)} + \underbrace{|f_n(x) - f(x)|}_{(3)}.$$

$K \stackrel{\text{def}}{=} \{x_m\}_{m \geq 0} \cup \{x\}$ はコンパクトである（問 9.3.1）．$f_m \longrightarrow f$（局所一様）より，

(4) $\forall \varepsilon > 0, \exists n \in \mathbb{N}, \|f - f_n\|_K < \varepsilon/3$,

したがって，(4) の n に対し，

$$(1) + (3) < 2 \cdot \varepsilon/3.$$

一方，(4) の n に対し $f_n \in C(D)$ より，

$$\exists n_0 \in \mathbb{N}, \forall m \geq m_0, (2) < \varepsilon/3.$$

以上より $\forall m \geq m_0$ に対し，$(1) + (2) + (3) < \varepsilon$. \(^□^)/

✔注 命題 5.4.4，命題 5.4.6，問 5.4.5 で，べき級数 $f(x)$ の一様収束（(5.15)，(5.16)，(5.19) 参照）を用いて，$f(x)$ の連続性を示した．これらは定理 16.1.6 の特別な場合と考えることもできる．

問 16.1.1 一様ノルム (16.2) に関して以下を示せ：(i) $f \not\equiv 0$ なら $\|f\|_D > 0$．(ii) $c \in \mathbb{R}$ に対し $\|cf\|_D = |c|\|f\|_D$．(iii) $\|f + g\|_D \leq \|f\|_D + \|g\|_D$．

問 16.1.2 $f_n : D \to \mathbb{C}$ $(n \in \mathbb{N})$ が一様収束するなら，任意の $\varepsilon > 0$ に対し「$m, n \geq n_0 \implies \|f_m - f_n\|_D < \varepsilon$」をみたす $n_0 \in \mathbb{N}$ が存在することを示せ．
✔注 この問の逆も正しい（命題 A.2.5 参照）．

問 16.1.3 $f \in C(\mathbb{R})$ に対し $f_n : \mathbb{R} \to \mathbb{R}$ $(n = 1, 2, \ldots)$ を $x \in (\frac{k-1}{n}, \frac{k}{n}]$ $(k \in \mathbb{Z})$ なら $f_n(x) = f(\frac{k}{n})$ と定める. このとき以下を示せ：(i) 任意の $x \in \mathbb{R}$ に対し $f_n(x) \overset{n\to\infty}{\longrightarrow} f(x)$. (ii) $f \in C_{\mathrm{u}}(\mathbb{R})$ なら $\|f - f_n\|_{\mathbb{R}} \overset{n\to\infty}{\longrightarrow} 0$.

問 16.1.4 $-\infty < a < b < \infty$, $I = [a,b]$ とする. 各 $n \in \mathbb{N}$ に対し $f_n : I \to \mathbb{R}$ は↗かつ, 各 $x \in I$ に対し $f(x) = \lim_{n\to\infty} f_n(x)$ が存在し $f \in C(I)$ と仮定する. このとき, $\|f_n - f\|_I \overset{n\to\infty}{\longrightarrow} 0$ を示せ.

問 16.1.5 $D \subset \mathbb{R}^d$, $f_n : D \to \mathbb{C}$ $(n \geq 0)$ とする. 以下の三条件のうち任意の二つから残り一つが従うことを示せ：**(a)** $f_0 \in C(D)$. **(b)** $f_n \overset{n\to\infty}{\longrightarrow} f_0$ $(D$ 上局所一様$)$. **(c)** 任意の収束列 $x_n \overset{n\to\infty}{\longrightarrow} x$ に対し, $f_n(x_n) \overset{n\to\infty}{\longrightarrow} f_0(x)$.

問 16.1.6 $D \subset \mathbb{R}^d$, $f_0 : D \to \mathbb{C}$, $f_n \in C(D)$ $(n \geq 1)$, $f_n \overset{n\to\infty}{\longrightarrow} f_0$ $(D$ 上各点収束$)$ とする. 以下の二条件 (a), (b) は同値であることを示せ：**(a)** $f_n \overset{n\to\infty}{\longrightarrow} f_0$ $(D$ 上局所一様$)$. **(b)** $(f_n)_{n\geq 1}$ は**同程度連続**である, すなわち $x_m, x \in D$, $x_m \overset{m\to\infty}{\longrightarrow} x$ なら $\sup_{n\geq 1} |f_n(x_m) - f_n(x)| \overset{m\to\infty}{\longrightarrow} 0$. ［ヒント：(a), (b) どちらを仮定しても $f_0 \in C(D)$ が従う.］

問 16.1.7 (ディニの定理) $D \subset \mathbb{R}^d$, $f_n \in C(D \to \mathbb{R})$ $(n \geq 0)$. $\forall x \in D$, $\forall n \geq 1$ で, $f_n(x) \geq f_{n+1}(x)$ かつ $f_n(x) \overset{n\to\infty}{\longrightarrow} f_0(x)$ とする. このとき $f_n \overset{n\to\infty}{\longrightarrow} f_0$ $(D$ 上局所一様$)$ を示せ. ［ヒント：問 9.3.4.］

16.2 関数項級数

16.1 節で関数列の（局所）一様収束という概念を導入した. 関数列の具体例はべき級数をはじめ, 関数項級数の形で与えられることが少なくない. 16.2 節では関数項級数が（局所）一様収束するための代表的な十分条件を与える. まずは, 念のために関数項級数に対する一様収束の意味を明確にする：

定義 16.2.1 D を集合, $g_n : D \longrightarrow \mathbb{C}$ $(n \in \mathbb{N})$ とする. 関数列：
$$f_n(x) = g_0(x) + \cdots + g_n(x), \quad n \geq 0$$
が D 上で一様収束するとき, 次の関数項級数は, D 上で**一様収束**するという：
$$f(x) = \sum_{n=0}^{\infty} g_n(x). \tag{16.8}$$

また，$D \subset \mathbb{R}^d$，かつ f_n が D 上で局所一様収束するとき，f は D 上で**局所一様収束**するという．

既に見た関数項級数の例について，収束の（局所）一様性を検証する：

◆**例 16.2.2** (a) 命題 5.4.4 のべき級数 $f(x)$ は $|x| \leq r$ の範囲で一様収束する．実際，(5.15) が収束の一様性を示す．したがって，系 5.4.5 のべき級数 $f(x)$ は $|x| < r_0$ の範囲で局所一様収束する．

(b) 命題 5.4.6 のべき級数 $f(x)$ は $|x| \leq 1, |1-x| \geq \varepsilon$ の範囲で一様収束する．実際，(5.16) が収束の一様性を示す．ゆえに，この $f(x)$ は $|x| \leq 1$，$x \neq 1$ の範囲で局所一様収束する．特に，例 8.7.6 のべき級数は $|z| \leq 1$，$z \neq 1$ の範囲で局所一様収束する．

(c) 級数 (8.36), (8.37) は $r \in [0,1]$, $\theta \in [0, 2\pi)$, $(r, \theta) \neq (1, 0)$ の範囲で局所一様収束する．実際，これらは例 8.7.6 のべき級数で $z = r \exp(\mathbf{i}\theta)$ とし，実部・虚部をとったものである．

関数項級数が一様収束するための十分条件として，次の定理は最も基本的である：

定理 16.2.3 （ワイエルシュトラスの M テスト） 記号は定義 16.2.1 の通りとし，次を仮定する：
$$\sum_{n=0}^{\infty} \|g_n\|_D < \infty.$$
このとき，関数項級数 (16.8) は D の各点で絶対収束，かつ D 上一様収束する．

証明 全ての $x \in D$ に対し $\sum_{n=0}^{\infty} |g_n(x)| \leq \sum_{n=0}^{\infty} \|g_n\|_D$．よって $\left\|\sum_{n=0}^{\infty} |g_n|\right\|_D \leq \sum_{n=0}^{\infty} \|g_n\|_D$．以上から，全ての $x \in D$ に対し，

(1) $\quad \displaystyle\sum_{n=0}^{\infty} |g_n(x)| \leq \left\|\sum_{n=0}^{\infty} |g_n|\right\|_D \leq \sum_{n=0}^{\infty} \|g_n\|_D.$

(1) より $f = \sum_{n=0}^{\infty} g_n$ は D の各点で絶対収束する．また，

$$\|f - \sum_{n=0}^{N} g_n\|_D \leq \left\|\sum_{n=N+1}^{\infty} |g_n|\right\|_D \stackrel{(1)}{\leq} \sum_{n=N+1}^{\infty} \|g_n\|_D.$$

仮定より，上式右辺 $\to 0$ $(N \to \infty)$． \\(^口^)/

✔注　命題 5.4.4 のべき級数 $f(x)$ は $|x| \leq r$ の範囲で一様収束する ((5.15) 参照)．これは，定理 16.2.3 の特別な場合と見ることもできる．

◆例 16.2.4（全ての点で微分不可能な連続関数）　高木関数 $f : \mathbb{R} \to [0, \infty)$ を次のように定める：

$$f(x) = \sum_{n \geq 0} 2^{-n} g(2^n x), \quad \text{ただし} \quad g(x) = \begin{cases} x - \lfloor x \rfloor, & (x - \lfloor x \rfloor \leq \frac{1}{2}), \\ 1 - (x - \lfloor x \rfloor), & (x - \lfloor x \rfloor \geq \frac{1}{2}). \end{cases}$$

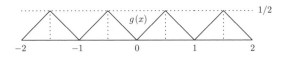

関数 f は高木貞治により導入され (1903 年)，次の性質をもつ：

(a)　$f \in C(\mathbb{R})$．

(b)　$f(x)$ は全ての $x \in \mathbb{R}$ で微分不可能である．

証明　(a)：各 n に対し $g_n(x) \stackrel{\text{def}}{=} 2^{-n} g(2^n x) \in C(\mathbb{R})$ かつ $\|g_n\|_{\mathbb{R}} = 2^{-n-1}$．したがって，ワイエルシュトラスの M テスト（定理 16.2.3）より級数 f は $\mathbb{R}$ 上一様収束し，その結果連続である（定理 16.1.6）．
(b)：$x \in \mathbb{R}$ を任意，$\langle x \rangle \stackrel{\text{def}}{=} x - \lfloor x \rfloor = 0.x_1 x_2 \ldots$（二進小数表示）とする．この際，$\langle x \rangle$ が（すなわち x が）二進有理数の場合は末尾に 0 が続く表示を採用する．以下，$h_k \stackrel{\text{def}}{=} (1 - 2 x_k) 2^{-k}$ に対し，

$$D_k(x) \stackrel{\text{def}}{=} \frac{f(x + h_k) - f(x)}{h_k}$$

が $k \to \infty$ で収束しないことを言う．まず次に注意する：

(1) $n \geq k$ に対し $g(2^n x + 2^n h_k) - g(2^n x) = 0$.

これは，g が周期 1 をもつことと，$|2^n h_k| = 2^{n-k} \geq 1$ による．さらに次の事実が証明の鍵となる：

(2) $n \leq k-1$ に対し $\dfrac{g(2^n x + 2^n h_k) - g(2^n x)}{2^n h_k} = 1 - 2x_{n+1}$.

これを認めると，

$$D_k(x) = \frac{f(x+h_k) - f(x)}{h_k} = \sum_{n \geq 0} \frac{g(2^n x + 2^n h_k) - g(2^n x)}{2^n h_k}$$

$$\stackrel{(1),(2)}{=} \sum_{n=0}^{k-1} (1 - 2x_{n+1}).$$

上式より，$|D_k(x) - D_{k-1}(x)| = |1 - 2x_k| = 1$. ゆえに $D_k(x)$ は $k \to \infty$ で収束しない．

(2) を示す．$y_k = 1 - x_k$ とすると，

$$\langle\, x + h_k \,\rangle = 0.x_1 \ldots x_{k-1} y_k x_{k+1} \ldots$$

ゆえに，$n \leq k - 1$ なら，

(3) $\begin{cases} \langle\, 2^n x \,\rangle = 0.x_{n+1} \ldots x_{k-1} x_k x_{k+1} \ldots, \\ \langle\, 2^n x + 2^n h_k \,\rangle = 0.x_{n+1} \ldots x_{k-1} y_k x_{k+1} \ldots \end{cases}$

特に，

(4) $\langle\, 2^n x \,\rangle,\ \langle\, 2^n x + 2^n h_k \,\rangle \begin{cases} \leq \tfrac{1}{2}, & (x_{n+1} = 0), \\ \geq \tfrac{1}{2}, & (x_{n+1} = 1). \end{cases}$

したがって $x_{n+1} = 0$ なら，g の定義から，

$$g(2^n x + 2^n h_k) - g(2^n h_k) \stackrel{(4)}{=} \langle\, 2^n x + 2^n h_k \,\rangle - \langle\, 2^n x \,\rangle$$

$$\stackrel{(3)}{=} (1 - 2x_k) \times 0.\underbrace{0 \ldots 01}_{k-n} 0 \ldots = 2^n h_k.$$

$x_{n+1} = 1$ でも上と同様に $g(2^n x + 2^n h_k) - g(2^n h_k) = -2^n h_k$. 以上から (2) を得る． \(^□^)/

ワイエルシュトラスの M テスト (定理 16.2.3) は関数項級数が, 絶対かつ一様に収束するための十分条件を与える. これとは別に, 必ずしも絶対収束しない関数項級数が一様収束するための十分条件 (定理 16.2.6) を与える. そのために次の補題を用意する. 補題の条件は少し複雑だが, $p_n = 1/n$, $q_n = (-1)^{n-1}$ といった具体例を念頭におくと意味がわかりやすい.

補題 16.2.5 (ディリクレの収束判定法) 数列 $p_n \in [0, \infty)$, $q_n \in \mathbb{C}$ ($n \in \mathbb{N}$) に以下の条件を考える:

(a) 全ての $n \in \mathbb{N}$ に対し $p_n \geq p_{n+1}$.

(b) $Q_n = q_0 + \cdots + q_n$ は有界.

(c1) $p_n \overset{n \to \infty}{\longrightarrow} 0$.

(c2) Q_n が収束する.

このとき, (a), (b) に加え, (c1) または (c2) を仮定すれば, 次の級数は収束する:
$$s_n = \sum_{m=0}^{n} p_m q_m.$$

また, 極限 s は, 任意の $m \in \mathbb{N}$ に対し次をみたす:
$$|s - s_m| \leq 2 p_{m+1} \sup_{j \geq m} |Q_j - Q|, \tag{16.9}$$

ただし (c1) を仮定するとき $Q \in \mathbb{C}$ は任意. また, (c2) を仮定するとき $Q = \lim_{n \to \infty} Q_n$.

証明 まず (a), (b) を仮定する. $n \geq m \geq 0$, $Q \in \mathbb{C}$ に対し $q_j = (Q_j - Q) - (Q_{j-1} - Q)$ に注意すると,

$$s_n - s_m = \sum_{j=m+1}^{n} p_j q_j = \sum_{j=m+1}^{n} p_j (Q_j - Q) - \sum_{j=m}^{n-1} p_{j+1} (Q_j - Q)$$

$$= \underbrace{\sum_{j=m+1}^{n-1} (p_j - p_{j+1})(Q_j - Q)}_{(1)} + \underbrace{p_n (Q_n - Q)}_{(2)} - p_{m+1}(Q_m - Q).$$

よって，s_n の収束を言うには，(1), (2) の収束 $(n \to \infty)$ を言えばよい．

$$\sum_{j=m+1}^{n-1} |(p_j - p_{j+1})(Q_j - Q)|$$

$$\leq \sup_{j \geq m+1} |Q_j - Q| \sum_{j=m+1}^{n-1} (p_j - p_{j+1})$$

$$\leq p_{m+1} \sup_{j \geq m+1} |Q_j - Q| \quad (n \text{ に無関係な有限値}).$$

よって，(1) は n についての級数と考えて絶対収束する．一方，(a), (b) に加え，(c1) または (c2) を仮定すれば，(2) $\stackrel{n \to \infty}{\longrightarrow} 0$. 以上から s_n の収束が言えた．また，上で得られた不等式を組み合わせると，

$$|s_n - s_m| \leq |(1)| + |(2)| + p_{m+1}|Q_m - Q|$$

$$\leq p_{m+1} \sup_{j \geq m+1} |Q_j - Q| + |(2)| + p_{m+1}|Q_m - Q|$$

$$\leq 2 p_{m+1} \sup_{j \geq m} |Q_j - Q| + |(2)|.$$

また，上の議論より (2) $\stackrel{n \to \infty}{\longrightarrow} 0$ だから上式で $n \to \infty$ とすれば (16.9) を得る．

\(^□^)/

定理 16.2.6（ディリクレの一様収束判定法） D を集合とし，関数列：

$$p_n : D \longrightarrow [0, \infty), \quad q_n : D \longrightarrow \mathbb{C}, \quad (n \in \mathbb{N})$$

について以下の条件を考える：

(a) 全ての $x \in D$, $n \in \mathbb{N}$ に対し $p_n(x) \geq p_{n+1}(x)$.

(b) $Q_n(x) = q_0(x) + \cdots + q_n(x)$ について $\sup_{n \geq 0} \|Q_n\|_D < \infty$.

(c1) $\|p_n\|_D \stackrel{n \to \infty}{\longrightarrow} 0$.

(c2) $\|p_0\|_D < \infty$ かつ Q_n が D 上一様収束する．

このとき，(a), (b) に加え，(c1) または (c2) を仮定すれば，次の関数項級数は D 上一様収束する：

$$f(x) = \sum_{n=0}^{\infty} p_n(x) q_n(x).$$

証明 各 $x \in D$ ごとに補題 16.2.5 を適用することにより，$f(x)$ は各点収束し，第 m 項までの部分和 f_m に対し次の不等式をみたす：

$$(1) \qquad |f(x) - f_m(x)| \le 2p_{m+1}(x) \sup_{j \ge m} |Q_j(x) - Q(x)|, \quad x \in D.$$

ただし (c1) を仮定するとき $Q : D \to \mathbb{C}$ は任意，また，(c2) を仮定するとき $Q(x) = \lim_{n \to \infty} Q_n(x)$．(1) より，

$$\|f - f_m\|_D \le 2\|p_{m+1}\|_D \sup_{j \ge m} \|Q_j - Q\|_D.$$

よって (c1) または (c2) を仮定すれば $\|f - f_m\|_D \overset{m \to \infty}{\longrightarrow} 0$. \(^□^)/

✔ **注** 命題 5.4.6 のべき級数 $f(x)$ は $|x| \le 1$, $|1 - x| \ge \varepsilon$ の範囲で一様収束する ((5.16) 参照)．また，問 5.4.5 のべき級数 $f(x)$ は $x \in [0,1]$ の範囲で一様収束する ((5.19) 参照)．これらは共に定理 16.2.6 の特別な場合と考えることもできる．

問 16.2.1 $f_n(x) = \sum_{j=1}^{n} \frac{1}{1+xj^2}$ は $n \to \infty$ のとき $x \in (0, \infty)$ について局所一様収束するが，一様収束はしないことを示せ．

問 16.2.2 $x \in [-1, 1]$ に対し次を示せ：$\sum_{n=0}^{\infty} \frac{(-1)^n x^{2n+1}}{(2n+1)^2} = \int_0^x \frac{\text{Arctan } y}{y} dy$. $x = 1$ のとき，この級数（積分）の値を**カタラン定数**という．

問 16.2.3 $f(x) = \sum_{n=1}^{\infty} \frac{(-1)^{n-1}}{x+n}$ は $x \in [0, \infty)$ について一様収束し，連続関数になることを示せ．

16.3 関数列の微分・積分

16.3 節では，関数列の極限と積分の交換可能性：

$$\lim_{n \to \infty} \int_I f_n = \int_I \lim_{n \to \infty} f_n,$$

（項別積分ともいう），あるいは，関数列の極限と微分の交換可能性：

$$\lim_{n \to \infty} f_n' = \big(\lim_{n \to \infty} f_n\big)'$$

（項別微分ともいう）について考える．これらについては，「収束の一様性」が鍵となる．一方，この節で述べる例や問からもわかるように，こうした微分・

積分と極限の交換可能性により，興味深い数々の等式が証明できる．今まで微分積分学を学んできた成果を実感できるのでは，と期待する．

定理 16.3.1 (**項別積分定理**) $I \subset \mathbb{R}^d$ を有界区間，$f, f_n \in \mathscr{R}(I)$ ($n \in \mathbb{N}$) とする（定義 10.2.4 参照）．このとき，以下の条件に関して (a) $\Rightarrow$ (b) $\Rightarrow$ (c) が成立する：

(a) $f_n \stackrel{n \to \infty}{\Longrightarrow} f$ (I 上一様)．

(b) $f_n \stackrel{n \to \infty}{\Longrightarrow} f$ (I 上局所一様) かつ $\sup_{n \in \mathbb{N}} \|f_n\|_I < \infty$．

(c) $\int_I |f_n - f| \stackrel{n \to \infty}{\longrightarrow} 0$．特に，$\int_I f_n \stackrel{n \to \infty}{\longrightarrow} \int_I f$．

証明 (a) $\Rightarrow$ (b) は明らか．(b) $\Rightarrow$ (c) を示す前に，(a) $\Rightarrow$ (c) が次のようにしてわかることに注意する：

$$\left| \int_I f - \int_I f_n \right| \leq \int_I |f - f_n| \leq \|f - f_n\|_I |I| \stackrel{n \to \infty}{\longrightarrow} 0.$$

(b) $\Rightarrow$ (c) を示す．$\varepsilon > 0$ と任意とし，$M = \|f\|_I \vee \sup_{n \in \mathbb{N}} \|f_n\|_I$ とおく．また，閉区間 $J \subset I$ を $|I| - |J| < \frac{\varepsilon}{4M+1}$ なるようにとる．このとき，$\|f - f_n\|_I \leq 2M$ より，

(1) $\quad \int_{I \setminus J} |f_n - f| \leq 2M(|I| - |J|) < \varepsilon/2.$

一方，(b) より，$\|f_n - f\|_J \stackrel{n \to \infty}{\longrightarrow} 0$．これと，(a) $\Rightarrow$ (c) の成立より，次のような $n_0 \in \mathbb{N}$ が存在する：

(2) $\quad n \geq n_0 \implies \int_J |f_n - f| < \varepsilon/2.$

$n \geq n_0$ とするとき，

$$\int_I |f_n - f| = \left(\int_J + \int_{I \setminus J} \right) |f_n - f| \stackrel{(1),(2)}{<} \varepsilon/2 + \varepsilon/2 = \varepsilon.$$

$\varepsilon > 0$ は任意だから (c) を得る． \\(^□^)/

✔注　定理 16.3.1 (b) よりさらに緩やかな次の条件を仮定しても (c) は成立する（ルベーグの収束定理の特別な場合，[吉田, p.52, 定理 2.4.1] 参照）：

$$f_n \longrightarrow f \text{（}I\text{ 上各点収束）かつ} \sup_{n\in\mathbb{N}} \|f_n\|_I < \infty.$$

一方，$f_n \longrightarrow f$（I 上各点収束）だけでは (c) を結論できない（例 16.1.1 参照）.

◈例 16.3.2（パーセヴァルの等式）　フーリエ級数（例 6.4.5）の部分和：

$$f_N(\theta) = \sum_{n=-N}^{N} a_n e^{\mathbf{i}n\theta}, \quad g_N(\theta) = \sum_{n=-N}^{N} b_n e^{\mathbf{i}n\theta},$$

$$(a_n, b_n \in \mathbb{C}, \ \ \theta \in I \stackrel{\text{def}}{=} (0, 2\pi))$$

および関数 $f, g : I \to \mathbb{C}$ について，$f_N \stackrel{N\to\infty}{\longrightarrow} f$, $g_N \stackrel{N\to\infty}{\longrightarrow} g$（共に I 上局所一様）かつ $\sup_N(\|f_N\|_I + \|g_N\|_I) < \infty$ とするとき，

$$\sum_{n=-\infty}^{\infty} a_n \overline{b_n} = \frac{1}{2\pi}\int_I f\overline{g}.$$

この等式はパーセヴァルによる（1799 年）.

証明

(1)　$$\frac{1}{2\pi}\int_I f_N\overline{g_N} = \frac{1}{2\pi}\sum_{m,n=-N}^{N} a_m\overline{b_n}\int_I e^{\mathbf{i}(m-n)\theta}d\theta = \sum_{n=-N}^{N} a_n\overline{b_n}.$$

仮定より $f_N g_N \stackrel{N\to\infty}{\longrightarrow} fg$（$I$ 上局所一様）かつ $\sup_N \|f_N g_N\|_I < \infty$. そこで (1) で $N \to \infty$ とし，項別積分定理（定理 16.3.1）を用いれば結論を得る. \(^□^)/

定理 16.3.3（**項別微分定理**）　$I \subset \mathbb{R}$ を区間，$m \in \mathbb{N}$, $m \geq 1$ とし，関数 $f : I \to \mathbb{C}$ および関数列 $f_n \in C^m(I)$ $(n \in \mathbb{N})$ に以下を仮定する：

(a)　全ての $x \in I$ に対し $f_n(x) \stackrel{n\to\infty}{\longrightarrow} f(x)$.

(b)　全ての $1 \leq k \leq m$ に対し $f_n^{(k)}$ は I 上局所一様収束する $(n \to \infty)$.

このとき，$f \in C^m(I)$ かつ，

$$\text{全ての } x \in I,\ 1 \leq k \leq m \text{ に対し } f_n^{(k)}(x) \stackrel{n\to\infty}{\longrightarrow} f^{(k)}(x).$$

証明[1] まず $m=1$ とする. $f'_n \in C(I)$ かつ, ある関数 $g: I \to \mathbb{C}$ に対し $f'_n \stackrel{n\to\infty}{\Longrightarrow} g$ (I 上局所一様収束). よって $g \in C(I)$ (定理 16.1.6). 一方, $a, x \in I$ を任意とするとき, 微積分の基本公式 (定理 11.2.1) より,

$$(1) \qquad f_n(x) = f_n(a) + \int_a^x f'_n.$$

$a, x \in J \subset I$ となる有界閉区間 J をとると, 仮定より, $f'_n \stackrel{n\to\infty}{\Longrightarrow} g$ (J 上一様収束). そこで (1) で $n \to \infty$ とすると, 項別積分定理 (定理 16.3.1) より,

$$f(x) = f(a) + \int_a^x g.$$

上式と定理 11.2.4 より $f \in C^1(I)$, かつ I 上で $f' = g$. これで $m=1$ の場合を得る. $m \geq 2$ の場合は m についての帰納法で示すことができる (問 16.3.9).

\(^□^)/

◆例 16.3.4 $r \in [0,1]$, $\theta \in [0, 2\pi]$ に対し,

$$\sum_{n=1}^\infty r^n \frac{1-\cos(n\theta)}{n^2} = \begin{cases} \int_0^\theta \operatorname{Arctan}\left(\frac{r\sin\varphi}{1-r\cos\varphi}\right) d\varphi, & r \in [0,1], \\ \theta(2\pi-\theta)/4, & \text{特に } r=1, \end{cases} \quad (16.10)$$

$$\sum_{n=1}^\infty r^n \frac{\sin(n\theta)}{n^2} = \begin{cases} -\frac{1}{2}\int_0^\theta \log\left(1-2r\cos\varphi+r^2\right) d\varphi, & r \in [0,1], \\ -\int_0^\theta \log\left(2\sin\frac{\varphi}{2}\right) d\varphi, & \text{特に } r=1. \end{cases} \quad (16.11)$$

特に $\theta = 2\pi$ に対し, (16.10), (16.11) の左辺は零なので

$$\int_0^{2\pi} \operatorname{Arctan}\left(\frac{r\sin\varphi}{1-r\cos\varphi}\right) d\varphi = \int_0^{2\pi} \log\left(1-2r\cos\varphi+r^2\right) d\varphi$$
$$= \int_0^{2\pi} \log\left(2\sin\frac{\varphi}{2}\right) d\varphi = 0. \quad (16.12)$$

証明 まず (16.10) を示す. $I = (0, 2\pi)$, 左辺を $f(\theta)$, 右辺を $g(\theta)$ とする. このとき, $g \in C(\overline{I}) \cap C^1(I)$. また, ワイエルシュトラスの M テスト (定理

---

[1] この証明では, 定理 16.3.1 を用いる. 問 16.3.10 で, 積分を用いない別証明も紹介する.

16.2.3) より,

$$f_N(\theta) \stackrel{\text{def}}{=} \sum_{n=1}^{N} r^n \frac{1-\cos(n\theta)}{n^2} \stackrel{N\to\infty}{\longrightarrow} f(\theta) \quad (\overline{I} \text{ 上一様}).$$

ゆえに $f \in C(\overline{I})$（定理 16.1.6）．一方，例 8.7.7, 例 16.2.2 より,

$$f_N'(\theta) = \sum_{n=1}^{N} r^n \frac{\sin(n\theta)}{n} \stackrel{N\to\infty}{\longrightarrow} g'(\theta) \quad (I \text{ 上局所一様}).$$

以上と項別微分定理（定理 16.3.3）より $f \in C^1(I)$, かつ I 上 $f' = g'$. さらに $f(0) = g(0) = 0$. 以上から $\overline{I}$ 上 $f = g$. (16.11) の証明も同様である． \(^□^)/

◆**例 16.3.5（フーリエ級数の微分）** $m \in \mathbb{N}, c_n \in \mathbb{C}, (n \in \mathbb{Z}), \sum_{n=-\infty}^{\infty} |n|^m |c_n| < \infty$ とする．このとき，フーリエ級数:

$$f(\theta) = \sum_{n=-\infty}^{\infty} c_n e^{\mathbf{i}n\theta}, \quad \theta \in \mathbb{R}$$

は一様に収束し, $f \in C^m(\mathbb{R})$. さらに,

$$f^{(k)}(\theta) = \sum_{n=-\infty}^{\infty} (\mathbf{i}n)^k c_n e^{\mathbf{i}n\theta}, \quad \theta \in \mathbb{R}, k = 1, 2, \ldots, m.$$

証明 $f_N(\theta) = \sum_{n=-N}^{N} c_n e^{\mathbf{i}n\theta}, \quad \theta \in \mathbb{R}$ とすると,

$$f_N^{(k)}(\theta) = \sum_{n=-N}^{N} (\mathbf{i}n)^k c_n e^{\mathbf{i}n\theta}, \quad \theta \in \mathbb{R}, \; k = 1, 2, \ldots$$

仮定およびワイエルシュトラスのMテスト（定理 16.2.3）より $k = 0, 1, \ldots, m$ に対し $f_N^{(k)}$ $(N \geq 1)$ は $\theta \in \mathbb{R}$ について一様収束する．ゆえに項別微分定理（定理 16.3.3）より結論を得る． \(^□^)/

問 16.3.1 $f(\theta) = \frac{1-r^2}{|1-re^{\mathbf{i}\theta}|^2}$ $(\theta \in \mathbb{R}, 0 < r < 1)$ に対し以下を示せ：(i) 全ての $\theta \in \mathbb{R}$ に対し $f(\theta) = \sum_{n=-\infty}^{\infty} r^{|n|} e^{\mathbf{i}n\theta}$（右辺は $\theta \in \mathbb{R}$ について一様収束）．[ヒント：$f(\theta) = 1 + \frac{re^{\mathbf{i}\theta}}{1-re^{\mathbf{i}\theta}} + \frac{re^{-\mathbf{i}\theta}}{1-re^{-\mathbf{i}\theta}}$.] (ii) $\frac{1}{2\pi} \int_0^{2\pi} f(\theta) e^{-\mathbf{i}n\theta} \, d\theta = r^{|n|}, (n \in \mathbb{Z})$. 上の f を単位円板の**ポワソン核**と呼ぶ．この問で f のフーリエ級数（例 6.4.5）表示が得られた．

問 16.3.2 以下を示せ：(i) $\sum_{n=1}^{\infty} \frac{(-x\log x)^n}{n!}$ は $x \in (0,1]$ について一様収束する. (ii) $\sum_{n=1}^{\infty} n^{-n} = \int_0^1 x^{-x}\,dx$. [ヒント：(12.21), (12.24).]

問 16.3.3 以下を示せ：(i) $\sum_{n=1}^{\infty} \frac{x^n}{n^2} = \int_0^x \frac{1}{t}\log\frac{1}{1-t}dt$ ($x \in [0,1]$). [ヒント：例 8.7.4.] (ii) $\int_0^{\infty} \frac{x}{e^x-1}dx = \int_0^1 \frac{1}{1-s}\log\frac{1}{s}ds = \int_0^1 \frac{1}{t}\log\frac{1}{1-t}dt = \frac{\pi^2}{6}$. [ヒント：例 11.3.6. 一般化として問 16.5.1 も参照されたい.]

問 16.3.4 以下を示せ：(i) $\int_0^{\frac{\pi}{2}} \log\cos\varphi\,d\varphi = \int_0^{\frac{\pi}{2}} \log\sin\psi\,d\psi = \frac{1}{2}\int_0^{\pi} \log\sin\frac{\theta}{2}d\theta = -\frac{\pi}{2}\log 2$. [一般化として問 16.4.3 も参照されたい.] (ii) $\int_0^1 \frac{\text{Arcsin } y}{y}dy = \int_0^{\frac{\pi}{2}} \frac{\psi}{\tan\psi}d\psi = \int_0^{\frac{\pi}{2}} \left(\frac{\pi}{2} - \varphi\right)\tan\varphi\,d\varphi = \frac{\pi}{2}\log 2$. (iii) $b_n = \frac{(2n-1)!!}{(2n)!!}$ に対し $\sum_{n=0}^{\infty} \frac{b_n}{(2n+1)^2} = \frac{\pi}{2}\log 2$. [ヒント：(ii), 命題 5.4.4, 例 8.8.3.]

問 16.3.5 (16.10) で $r = 1$, $\theta = \pi$ とすることにより，$\sum_{n=1}^{\infty} \frac{1}{n^2} = \frac{\pi^2}{6}$ を示せ. [別証明は例 11.3.6, 問 16.3.6, 問 16.3.8 を参照されたい.]

問 16.3.6 ($\star$) (8.37) ($r = 1$) に対する部分和 $f_N(\theta) = \sum_{n=1}^{N} \frac{\sin(n\theta)}{n}$ ($\theta \in I \overset{\text{def}}{=} (0, 2\pi)$) について以下を示せ：(i) $f_N(\theta) = \frac{1}{2}\int_0^{\theta} \frac{\sin\left((N+\frac{1}{2})\varphi\right)}{\sin\frac{\varphi}{2}}d\varphi - \theta$. (ii) $\sup_N \|f_N\|_I < \infty$. (iii) $\sum_{n=1}^{\infty} \frac{1}{n^2} = \frac{\pi^2}{6}$. [ヒント：(8.37), パーセヴァルの等式 (例 16.3.2). 別証明は例 11.3.6, 問 16.3.5, 問 16.3.8 を参照されたい.]

問 16.3.7 ($\star$) 以下を示せ：(i) $\sum_{n=1}^{\infty} \frac{\cos(n\theta)}{n^2} = \frac{(\theta-\pi)^2}{4} - \frac{\pi^2}{12}$, $\theta \in [0, 2\pi]$. [ヒント：(16.10).] (ii) $\sum_{n=1}^{\infty} \frac{1}{n^4} = \frac{\pi^4}{90}$. [ヒント：例 16.3.2. 問 16.3.7 の方法を繰り返せば $\sum_{n=1}^{\infty} \frac{1}{n^k}$ ($k = 4, 6, \ldots$) を順次求めることができる.]

問 16.3.8 ($\star$) 以下を示せ：(i) $\int_{[0,1)^2} \frac{dxdy}{1-x^2y^2} = \sum_{n=0}^{\infty} \frac{1}{(2n+1)^2}$. (ii) $\sum_{n=1}^{\infty} \frac{1}{n^2} = \frac{\pi^2}{6}$. [ヒント：問 15.8.3. 別証明は例 11.3.6, 問 16.3.5, 問 16.3.6 を参照されたい.]

問 16.3.9 定理 16.3.3 の証明の $m \geq 2$ の場合を示せ.

問 16.3.10 $m = 1$ に対し定理 16.3.3 の仮定をおく. このとき，$x, y \in I$ ($x \neq y$), $n \in \mathbb{N}$ に対し，次のような $z_n \in (x \wedge y, x \vee y)$ が存在する：$\frac{f_n(y)-f_n(x)}{y-x} = f_n'(z_n)$ (定理 8.3.1). これを用い，定理 16.3.3 の結論 ($m = 1$) を導け. [ヒント：問 16.1.6.]

16.4 径数付き積分

定理 16.4.1 (**径数付き積分**) $I \subset \mathbb{R}^d$ を有界閉区間, $J \subset \mathbb{R}^k$, 関数: $(x,t) \mapsto f_t(x)$ ($I \times J \longrightarrow \mathbb{C}$) は連続とする. このとき,

(a) (**連続性**) $F(t) = \int_I f_t(x)\, dx$ は $t \in J$ について連続である.

(b) (**微分**) さらに $J \subset \mathbb{R}$ が区間で, 全ての $(x,t) \in I \times J$ で $\partial_t^\ell f_t(x)$ ($\ell = 1,\ldots,m$) が存在し, $(x,t) \in I \times J$ について連続なら,

$$F \in C^m(J) \ \text{かつ} \ F^{(\ell)}(t) = \int_I \partial_t^\ell f_t(x) dx, \quad \ell = 1,\ldots,m.$$

証明 (a): $t_n, t \in J$, $t_n \longrightarrow t$ とする. このとき $K = \{t_n\}_{n \geq 1} \cup \{t\}$ はコンパクトである (問 9.3.1). ゆえに $f_t(x)$ は $(x,t) \in I \times K$ について一様連続である (定理 9.4.4). したがって補題 16.4.2 (後述) より,

$$f_{t_n}(x) \overset{n\to\infty}{\longrightarrow} f_t(x) \quad (x \in I \text{ について一様}).$$

ゆえに項別積分 (定理 16.3.1) より,

$$\int_I f_{t_n}(x)\, dx \overset{n\to\infty}{\longrightarrow} \int_I f_t(x)\, dx.$$

以上より F は連続である.

(b): まず $m=1$ の場合を示す. J の代わりに, 任意の有界閉区間 $K \subset J$ をとって結論が言えれば J 自身に対しても言える. そこで初めから J は有界閉区間とする. 次を示す:

(1) $\displaystyle \lim_{\substack{h \to 0 \\ h \neq 0}} \frac{f_{t+h}(x) - f_t(x)}{h} = \partial_t f_t(x) \quad (x \in I \text{ について一様収束}).$

仮定より $I \times J$ はコンパクト, したがって $\partial_t f_t(x)$ は $I \times J$ 上一様連続である (定理 9.4.4). ゆえに補題 16.4.2 より任意の $\varepsilon > 0$ に対し, 次のような $\delta > 0$ が存在する.

(2) $t, t' \in J$, $|t - t'| \leq \delta \implies \displaystyle\sup_{x \in I} |\partial_t f_t(x) - \partial_t f_{t'}(x)| \leq \varepsilon.$

すると, $0 < |h| \leq \delta$ なら,

$$\left| \frac{f_{t+h}(x) - f_t(x)}{h} - \partial_t f_t(x) \right| = \left| \int_0^1 (\partial_t f_{t+\theta h}(x) - \partial_t f_t(x))\, d\theta \right|$$
$$\leq \int_0^1 |\partial_t f_{t+\theta h}(x) - \partial_t f_t(x)|\, d\theta \overset{(2)}{\leq} \varepsilon.$$

上式で $x \in I$ は任意なので (1) が言えた．$h \neq 0$ に対し，
$$\frac{F(t+h) - F(t)}{h} = \int_I \frac{f_{t+h}(x) - f_t(x)}{h} dx.$$
したがって $h \longrightarrow 0$ で (1) に注意すれば，項別積分（定理 16.3.1）より，
$$F'(t) = \int_I \partial_t f_t(x) dx.$$
上式と (a) より $F' \in C(J)$．これで $m = 1$ の場合が示された．$m \geq 2$ の場合は m に関する帰納法で示すことができる（問 16.4.1）．　　　　\(^□^)/

定理 16.4.1 の証明に用いた補題を述べる：

補題 16.4.2　$A_i \subset \mathbb{R}^{d_i}$ $(i = 1, 2)$, $f \in C_u(A_1 \times A_2)$ とする．このとき，
$$x, x_n \in A_1,\ x_n \longrightarrow x \implies \sup_{y \in A_2} |f(x_n, y) - f(x, y)| \xrightarrow{n \to \infty} 0.$$

証明　仮定より，$\forall \varepsilon > 0$ に対し次のような $\delta > 0$ が存在する：
$$(x, y), (x', y') \in A_1 \times A_2,\ |(x, y) - (x', y')| \leq \delta \implies |f(x, y) - f(x', y')| \leq \varepsilon.$$
特に，$y = y'$ の場合，
$$x, x' \in A_1, y \in A_2,\ |x - x'| \leq \delta \implies |f(x, y) - f(x', y)| \leq \varepsilon.$$
$y \in A_2$ は任意なので結論を得る．　　　　\(^□^)/

◆例 16.4.3　$t \in [0, \infty)$ に対し $\displaystyle\int_0^\infty e^{-tx} \frac{\sin x}{x} dx = \frac{\pi}{2} - \operatorname{Arctan} t.$

証明　$b \in (0, \infty)$ に対し，
$$f_t(x) \stackrel{\text{def}}{=} e^{-tx} \frac{\sin x}{x}, \quad \partial_t f_t(x) = -e^{-tx} \sin x$$
は $(x, t) \in [0, b] \times [0, \infty)$ について連続である．したがって，定理 16.4.1 より $F_b(t) \stackrel{\text{def}}{=} \int_0^b f_t(x)\, dx$ は $t \in [0, \infty)$ について C^1 かつ，
$$F_b'(t) = -\int_0^b e^{-tx} \sin x\, dx \stackrel{\substack{\text{例 8.6.4,} \\ \text{定理 10.1.5}}}{=} -\left[\frac{e^{-tx}(-\cos x - t \sin x)}{1 + t^2}\right]_{x=0}^{x=b}$$

$$= -\frac{1-e^{-tb}(\cos b + t\sin b)}{1+t^2}.$$

よって，

(1) $\begin{cases} F_b(t) &= \displaystyle\int_t^\infty \frac{1-e^{-sb}(\cos b + s\sin b)}{1+s^2} + C, \quad (C \text{ は定数}), \\ &= \underbrace{\displaystyle\int_t^\infty \frac{ds}{1+s^2}}_{=\frac{\pi}{2}-\text{Arctan}\, t} - G_b(t) + C, \end{cases}$

ただし $G_b(t) = \displaystyle\int_t^\infty \frac{e^{-sb}(\cos b + s\sin b)}{1+s^2}\, ds$. ところが，

(2) $|F_b(t)| \leq \displaystyle\int_0^b |f_t| \leq \int_0^b e^{-tx}\, dx \leq \frac{1}{t} \longrightarrow 0 \;(t\longrightarrow\infty).$

また，$\frac{|\cos b + s\sin b|}{1+s^2} \leq 2$ より，

(3) $|G_b(t)| \leq 2\displaystyle\int_t^\infty e^{-sb} ds = \frac{2e^{-tb}}{b}.$

$t \to \infty$ とすると，(1), (2), (3) より $C = 0$ を得る．さらに，

$$\int_0^\infty f_t(x)\, dx = \lim_{b\to\infty} F_b(t) \stackrel{(1), (3)}{=} \frac{\pi}{2} - \text{Arctan}\, t.$$

\(^□^)/

問 16.4.1 定理 16.4.1 (b) の $m \geq 2$ の場合を示せ．

問 16.4.2 以下を示せ：(i) $t \geq 0$ に対し $\left(\int_0^t \exp(-x^2)\, dx\right)^2 + \int_0^1 \frac{\exp(-(1+x^2)t^2)}{1+x^2}\, dx = \frac{\pi}{4}$. (ii) $\int_0^\infty \exp(-x^2)\, dx = \sqrt{\pi}/2.$

問 16.4.3 $a, b \geq 0$, $q(\theta) = a\cos^2\theta + b\sin^2\theta$ とし，以下を示せ：(i) $a, b > 0$ なら $\partial_a \int_0^{\pi/2} \log q = \frac{\pi}{2\sqrt{a}(\sqrt{a}+\sqrt{b})}$. (ii) $a > 0$ または $b > 0$ なら $\int_0^{\pi/2} \log q = \pi \log \frac{\sqrt{a}+\sqrt{b}}{2}$. ［特別な場合として問 16.3.4 も参照されたい.］

問 16.4.4 以下を示せ：(i) $x \in (0, \infty)$ に対し $0 \leq 1 - \cos x \leq 2 \wedge x \wedge \frac{x^2}{2}$.
(ii) $\displaystyle\int_0^\infty \frac{1-\cos x}{x} e^{-tx} dx = \begin{cases} \log\sqrt{1+(1/t)^2}, & t > 0, \\ \infty, & t = 0. \end{cases}$
(iii) $\displaystyle\int_0^\infty \frac{1-\cos x}{x^2} e^{-tx} dx = \begin{cases} \frac{\pi}{2} - \text{Arctan}\, t - t\log\sqrt{1+(1/t)^2}, & t > 0, \\ \frac{\pi}{2}, & t = 0. \end{cases}$

なお，$1-\cos x = 2\sin^2\frac{x}{2}$ と積分変数の変換より，(iii) の左辺 $= \int_0^\infty \left(\frac{\sin x}{x}\right)^2 e^{-2tx} dx.$

16.5 関数列の広義積分

広義積分に対する項別積分(定理 16.5.3) と,その応用例を述べる.広義積分に対する項別積分は,狭義積分に対するもの(定理 16.3.1) に帰着させて証明する.そのために,「広義積分の一様収束」という概念を導入する.積分は級数の連続版と考えられるが,その観点からは,「広義積分の一様収束」は,関数項級数の一様収束に該当する.

定義 16.5.1(**広義積分の一様収束**)$I = (a,b) \subset \mathbb{R}$, J を集合,$f_t \in \mathscr{R}_{\mathrm{loc}}(I)$ $(t \in J)$ とする.各 $t \in J$ に対し広義積分 $\int_a^b f_t$ が収束し,さらに次が成立するとき,広義積分 $\int_a^b f_t$ は $t \in J$ について**一様収束**するという:

$$\lim_{\substack{u \to a \\ u > a}} \sup_{t \in J} \left| \int_a^u f_t \right| = 0 \quad \text{かつ} \quad \lim_{\substack{v \to b \\ v < b}} \sup_{t \in J} \left| \int_v^b f_t \right| = 0. \tag{16.13}$$

多くの場合,広義積分の一様収束は次の例 16.5.2 で述べる十分条件を通じて検証される.関数項級数の一様収束との類似という観点からは,例 16.5.2 (a) はワイエルシュトラスの M テスト(定理 16.2.3)に該当,また,例 16.5.2 (b) はディリクレの一様収束判定法(定理 16.2.6)に該当する.

▶**例 16.5.2**(**広義積分が一様収束するための十分条件**) 記号は定義 16.5.1 の通りとする.次のいずれかのとき,広義積分 $\int_a^b f_t$ は一様収束する.

(a) 次のような $g : I \longrightarrow [0,\infty)$ が存在する:
$$(x,t) \in I \times J \implies |f_t(x)| \le g(x),$$
$$\int_a^b g \text{ は収束する.}$$

(b) $f_t = fg_t$. ただし $f, g_t : I \longrightarrow \mathbb{C}$ は次の通りとする:
$$\int_a^b f \text{ は収束する,}$$
$$g_t \in C^1(I) \ (t \in J), \ \sup_{t \in J} \|g_t\|_I < \infty, \ \sup_{t \in J} \int_a^b |g_t'| < \infty.$$

証明 (a): 命題 12.2.5 より 各 $t \in J$ で広義積分 $\int_a^b f_t$ は収束する. (16.13) のうち, $\lim_{\substack{v \to b \\ v < b}} \sup_{t \in J} \left| \int_v^b f_t \right| = 0$ を示すが, 他方も同様である.

$$\left| \int_v^b f_t \right| \le \int_v^b |f_t| \le \int_v^b g.$$

よって,

$$\sup_{t \in J} \left| \int_v^b f_t \right| \le \int_v^b g \longrightarrow 0 \quad (v \longrightarrow b).$$

(b):

$$F(x) = \int_a^x f, \quad M = \sup_{t \in J} \left(\|g_t\|_I + \int_a^b |g_t'| \right)$$

とおく. $\int_a^b f$ の収束より,

$$\lim_{v \to b} \sup_{x \in [v,b)} |F(x) - F(b)| = 0.$$

また,

$$\int_v^b |(F(x) - F(b)) g_t'(x)| \, dx \le \sup_{x \in [v,b)} |F(x) - F(v)| M < \infty.$$

よって $f_t(x) = (F(x) - F(b))' g_t(x)$ の部分積分 (命題 12.3.8) より, $\int_v^b f_t$ の収束および, 次式を得る:

$$\int_v^b f_t \stackrel{\text{部分積分}}{=} \underbrace{-(F(v) - F(b)) g_t(v)}_{(1)} - \underbrace{\int_v^b (F(x) - F(b)) g_t'(x) \, dx}_{(2)}.$$

さらに $v \to b$ のとき,

$$|(1)| \le M|F(b) - F(v)| \longrightarrow 0, \quad |(2)| \le \sup_{x \in [v,b)} |F(x) - F(v)| M \longrightarrow 0.$$

以上より $\lim_{\substack{v \to b \\ v < b}} \sup_{t \in J} \left| \int_v^b f_t \right| = 0$ を得る. $\int_a^u f_t$ $(u \in I)$ の収束および (16.13) の他方も全く同様に示せる. \(^□^)/

項別積分 (定理 16.3.1) は次のような形で広義積分に一般化される:

定理 16.5.3（項別の広義積分） $I = (a,b) \subset \mathbb{R}$, $f_n \in \mathscr{R}_{\mathrm{loc}}(I)$ $(n \in \mathbb{N})$ とし，以下を仮定する：

(a) $f_n \stackrel{n \to \infty}{\Longrightarrow} f_0$ （I 上局所一様），

(b) 広義積分 $\int_a^b f_n$ は $n \geq 0$ について一様収束する．

このとき，
$$\int_a^b f_n \stackrel{n \to \infty}{\Longrightarrow} \int_a^b f_0.$$

証明 以下のようにして狭義積分の場合（定理 16.3.1）に帰着させる．$a < u < v < b$ とする．

$$\left| \int_a^b f_n - \int_a^b f_0 \right| = \left| \int_v^b f_n - \int_v^b f_0 + \int_u^v f_n - \int_u^v f_0 + \int_a^u f_n - \int_a^u f_0 \right|$$

$$\leq \underbrace{2 \sup_{n \geq 0} \left| \int_v^b f_n \right|}_{(1)} + \underbrace{\left| \int_u^v f_n - \int_u^v f_0 \right|}_{(2)} + \underbrace{2 \sup_{n \geq 0} \left| \int_a^u f_n \right|}_{(3)}.$$

$\varepsilon > 0$ を任意とすると，仮定 (b) より u, v を次のようにとれる：

$$(1) < \varepsilon/3, \quad (3) < \varepsilon/3.$$

さらに $[u,v]$ は有界閉区間だから，仮定 (a) より $f_n \to f_0$（$[u,v]$ 上一様）．したがって，狭義の積分に対する項別積分（定理 16.3.1）より，次のような $n_0 \in \mathbb{N}$ が存在する：

$$n \geq n_0 \implies (2) < \varepsilon/3.$$

以上から，$n \geq n_0$ なら，

$$\left| \int_a^b f_n - \int_a^b f_0 \right| < \varepsilon/3 + \varepsilon/3 + \varepsilon/3 = \varepsilon.$$

これで，定理が示された． \\(^□^)/

◆例 16.5.4 $f \in C((0,\infty))$ かつ $\int_0^\infty \frac{|f(x)|}{e^x - 1} \, dx < \infty$ なら，

$$\int_0^\infty \frac{f(x)}{e^x - 1} \, dx = \sum_{n=1}^\infty \int_0^\infty f(x) e^{-nx} \, dx,$$

（上式の，より具体的な例は問 16.5.1 を参照されたい）．

証明

$$g_0(x) \stackrel{\text{def}}{=} \frac{f(x)}{e^x - 1} = \frac{f(x)e^{-x}}{1 - e^{-x}} = \sum_{m=1}^{\infty} f(x)e^{-mx},$$

$$g_n(x) \stackrel{\text{def}}{=} \sum_{m=1}^{n} f(x)e^{-mx} = f(x)e^{-x}\frac{1 - e^{-nx}}{1 - e^{-x}}, \ n \geq 1$$

に対し，以下を検証する：

(a) $g_n \stackrel{n \to \infty}{\longrightarrow} g_0 \ ((0, \infty)$ 上局所一様$)$．

(b) 広義積分 $\int_0^{\infty} g_n$ は $n \geq 0$ について一様収束する．

これらがわかれば，項別積分（定理 16.5.3）を用い，次のように結論を得る：

$$\int_0^{\infty} g_0 \stackrel{\text{定理 16.5.3}}{=} \lim_{n \to \infty} \int_0^{\infty} g_n = \lim_{n \to \infty} \sum_{m=1}^{n} \int_0^{\infty} f(x)e^{-mx} \, dx$$

$$= \sum_{m=1}^{\infty} \int_0^{\infty} f(x)e^{-mx} \, dx.$$

(a) の検証：$\varepsilon > 0$ を任意，$I = [\varepsilon, \frac{1}{\varepsilon}]$ とし，I 上の一様収束を言えばよい．f は有界閉区間 I 上で連続だから $\|f\|_I < \infty$．よって，

$$\|g_0 - g_n\|_I = \sup_{x \in I}\left(|f(x)|e^{-x}\frac{e^{-nx}}{1 - e^{-x}}\right) \leq \|f\|_I \frac{e^{-n\varepsilon}}{1 - e^{-\varepsilon}} \stackrel{n \to \infty}{\longrightarrow} 0.$$

(b) の検証：$|g_n| \leq |g_0|$ かつ $\int_0^{\infty} |g_0| < \infty$．よって例 16.5.2 (a) より (b) を得る．
\(^□^)/

径数付き積分の微分（定理 16.4.1）を広義積分に一般化する：

定理 16.5.5（**径数付き広義積分**） $I = (a, b) \subset \mathbb{R}$, $J \subset \mathbb{R}^k$, 関数 $(x, t) \mapsto f_t(x) \ (I \times J \longrightarrow \mathbb{C})$ は連続とする．また，次の広義積分が $t \in J$ について局所一様収束するとする：

$$F(t) = \int_a^b f_t(x)dx$$

（つまり，任意のコンパクト集合 $K \subset J$ に対し上の広義積分が，$t \in K$ について一様収束する）．このとき，

(a) （**連続性**） $F \in C(J)$.

(b) （**微分**） さらに，$J \subset \mathbb{R}$ を区間とし，$\ell = 1, \ldots, m$ に対し以下を仮定する：

全ての $(x, t) \in I \times J$ に対し $\partial_t^\ell f_t(x)$ が存在し $I \times J$ 上連続である．
(16.14)

広義積分：$\int_a^b \partial_t^\ell f_t(x) dx$ が $t \in J$ について局所一様収束する．
(16.15)

このとき，$F \in C^m(J)$ かつ，$t \in J$ に対し，

$$F^{(\ell)}(t) = \int_a^b \partial_t^\ell f_t(x) dx, \quad \ell = 1, \ldots, m.$$

証明 (a): $t_n, t \in J$, $t_n \longrightarrow t$ とする．定理 16.4.1 の証明と同様に，

$$f_{t_n}(x) \stackrel{n \to \infty}{\longrightarrow} f_t(x), \quad (x \in I \text{ について局所一様}).$$

また，仮定から，広義積分 $\int_a^b f_{t_n}$ は n について一様収束する．したがって項別の広義積分（定理 16.5.3）より，

$$F(t_n) = \int_a^b f_{t_n}(x)\, dx \stackrel{n \to \infty}{\longrightarrow} \int_a^b f_t(x)\, dx = F(t).$$

よって F は連続である．

(b): 項別微分（定理 16.3.3）を用いて狭義積分の場合（定理 16.4.1）に帰着させる．$u, v \in I \cup \{a, b\}$ に対し $F_{u,v}(t) = \int_u^v f_t$ と書く．このとき，$c \in I$ に対し $F = F_{a,c} + F_{c,b}$ なので，F の代わりに $F_{a,c}$, $F_{c,b}$ に対し結果を示せば十分．そこで $F_{c,b}$ を考える．$v \in I$ なら仮定と径数付き狭義積分の微分（定理 16.4.1）より，$F_{c,v} \in C^m(J)$ かつ，

(1) $F_{c,v}^{(\ell)}(t) = \int_c^v \partial_t^\ell f_t, \quad \ell = 1, \ldots, m.$

また，広義積分 $F(t)$ の収束より，全ての $t \in J$ に対し，

(2) $\displaystyle\lim_{v \to b} F_{c,v}(t) = F_{c,b}(t)$.

さらに，(1) と仮定 (16.15) より，$\ell = 1, \ldots, m$ に対し，

(3) $\displaystyle\lim_{v \to b} F_{c,v}^{(\ell)}(t) = \int_c^b \partial_t^\ell f_t$ ($t \in J$ について局所一様).

(2), (3) と項別微分（定理 16.3.3）より $F_{c,b} \in C^m(J)$ かつ，

$$F_{c,b}^{(\ell)}(t) = \int_c^b \partial_t^\ell f_t.$$

\(^□^)/

◆**例 16.5.6** ガンマ関数：$\Gamma(t) = \int_0^\infty x^{t-1} e^{-x} dx$ ($t > 0$) は t について C^∞，かつ，

$$\Gamma^{(\ell)}(t) = \int_0^\infty x^{t-1} (\log x)^\ell e^{-x} dx, \quad t > 0, \ \ell \in \mathbb{N}.$$

証明 定理 16.5.5 を $I = J = (0, \infty)$, $f_t(x) = x^{t-1} e^{-x}$, $(x, t) \in I \times J$ として適用する．

$$\partial_t^\ell f_t(x) = x^{t-1} (\log x)^\ell e^{-x}, \ \ell \in \mathbb{N}$$

は $(x,t) \in I \times J$ について連続である．そこで，各 $\ell \in \mathbb{N}$ に対し，次の広義積分が $t \in J$ について局所一様収束すればよい．

(1) $\displaystyle\int_0^\infty \partial_t^\ell f_t(x) dx.$

任意のコンパクト集合 $K \subset J$ に対し，$K \subset [\varepsilon, 1/\varepsilon]$ となる $\varepsilon > 0$ が存在するから，広義積分 (1) が $t \in [\varepsilon, 1/\varepsilon]$ について一様収束すればよい．これを例 16.5.2 (a) の判定条件により示す．例 6.2.3 より，$x^{\varepsilon/2} |\log x|^\ell \xrightarrow{x \to 0} 0$. したがって，定数 $C \in (0, \infty)$ を次のようにとれる：

(2) $x^{\varepsilon/2} |\log x|^\ell \leq C, \ \forall x \in (0, 1]$.

$0 < x \leq 1, t \geq \varepsilon$ なら，$x^t \leq x^\varepsilon$. よって，

(3) $0 < x \leq 1$ なら，$\displaystyle\sup_{t \geq \varepsilon} |\partial_t^\ell f_t(x)| \leq x^{\varepsilon - 1} |\log x|^\ell e^{-x} \stackrel{(2)}{\leq} C x^{\varepsilon/2 - 1} e^{-x}$.

また，$x \geq 1, 0 < t \leq 1/\varepsilon$ なら $x^t \leq x^{\frac{1}{\varepsilon}}, 0 \leq \log x \leq x$ より，

(4) $x \geq 1$ なら $\sup_{0<t\leq 1/\varepsilon} |\partial_t^\ell f_t(x)| \leq x^{\frac{1}{\varepsilon}-1}(\log x)^\ell e^{-x} \leq x^{\frac{1}{\varepsilon}+\ell-1} e^{-x}$.

そこで,

$$g(x) \stackrel{\text{def}}{=} \left\{ \begin{array}{ll} Cx^{\frac{\varepsilon}{2}-1}e^{-x}, & 0 < x \leq 1, \\ x^{\frac{1}{\varepsilon}+\ell-1}e^{-x}, & x > 1 \end{array} \right\} \text{ に対し}$$

$$\sup_{\varepsilon \leq t \leq 1/\varepsilon} |\partial_t^\ell f_t(x)| \stackrel{(3),(4)}{\leq} g(x) \ (\forall x > 0).$$

また,広義積分 $\Gamma(\frac{\varepsilon}{2}-1)$, $\Gamma(\frac{1}{\varepsilon}+\ell-1)$ が収束することから,$\int_0^\infty g$ も収束する.以上と例 16.5.2 (a) より,広義積分 (1) は $t \in [\varepsilon, 1/\varepsilon]$ について一様収束する. \(^□^)/

◆**例 16.5.7** $f \in C((0,\infty))$ かつ広義積分 $\int_0^\infty f$ が収束するとする.このとき,
(a) 広義積分 $F(t) = \int_0^\infty e^{-tx} f(x)\,dx$ は $t \in [0,\infty)$ について一様収束し,

$$F(t) \stackrel{t\to 0}{\longrightarrow} \int_0^\infty f, \quad F(t) \stackrel{t\to\infty}{\longrightarrow} 0.$$

(b) $F \in C^\infty((0,\infty))$, $F^{(\ell)}(t) = \int_0^\infty (-x)^\ell e^{-tx} f(x)\,dx$.

証明 (a): 以下のように,項別の広義積分(定理 16.5.3)を用いる.$g_t(x) = e^{-tx}$, $f_t = fg_t$ とすれば例 16.5.2 (b) の仮定がみたされ,広義積分 $\int_0^\infty f_t$ は $t \in [0,\infty)$ について一様収束する.また,

$$f_t \stackrel{t\to 0}{\longrightarrow} f, \quad f_t \stackrel{t\to\infty}{\longrightarrow} 0. \ ((0,\infty) \text{ 上,局所一様}).$$

実際,任意のコンパクト集合 $K \subset (0,\infty)$ に対し,$K \subset [\varepsilon, 1/\varepsilon]$ となる $\varepsilon > 0$ が存在するから $K_\varepsilon \stackrel{\text{def}}{=} [\varepsilon, 1/\varepsilon]$ 上一様収束すればよい.ところが,

$$\|f_t - f\|_{K_\varepsilon} \leq (1 - e^{-t/\varepsilon})\|f\|_{K_\varepsilon} \stackrel{t\to 0}{\longrightarrow} 0,$$
$$\|f_t\|_{K_\varepsilon} \leq e^{-t\varepsilon}\|f\|_{K_\varepsilon} \stackrel{t\to\infty}{\longrightarrow} 0.$$

以上と,項別の広義積分(定理 16.5.3)から結果を得る.
(b): $\partial_t^\ell f_t(x) = (-x)^\ell f_t(x)$ は $(x,t) \in (-\infty,\infty)^2$ について連続だから,

$\int_0^\infty \partial_t^\ell f_t$ が $t \in (0,\infty)$ について局所一様収束することを言えば，定理 16.5.5 より結論を得る．(a) と同様に考えて，$t \in K_\varepsilon \stackrel{\text{def}}{=} [\varepsilon, 1/\varepsilon]$ について一様収束すればよい．ところが $t \in K_\varepsilon$ なら，

$$|\partial_t^\ell f_t(x)| = |x^\ell e^{-tx} f(x)| \le \varepsilon^{-\ell} e^{-\varepsilon x} \|f\|_{K_\varepsilon}.$$

右辺は $t \in K_\varepsilon$ に無関係かつ $x \in (0,\infty)$ について広義可積分だから例 16.5.2 (a) より $\int_0^\infty \partial_t^\ell f_t$ は $t \in K_\varepsilon$ について局所一様収束する． \\(^□^)/

問 16.5.1 例 16.5.4 の結果から以下の等式を導け：(i) $y \in \mathbb{R}$ に対し $\sum_{n=1}^\infty \frac{y}{y^2+n^2} = \int_0^\infty \frac{\sin xy}{e^x - 1}\, dx$. (ii) $p > 1$ に対し $\sum_{n=1}^\infty \frac{1}{n^p} = \frac{1}{\Gamma(p)} \int_0^\infty \frac{x^{p-1}}{e^x - 1}\, dx$.

問 16.5.2 例 16.4.3 で示した等式：$\int_0^\infty e^{-tx} \frac{\sin x}{x}\, dx = \frac{\pi}{2} - \operatorname{Arctan} t \ (t \in [0, \infty))$ を定理 16.5.5 を用い再証明せよ．

問 16.5.3 問 16.4.4 で示した等式を定理 16.5.5 を用い再証明せよ．

A

(⋆) 付録

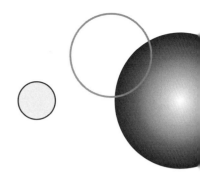

A.1 上極限・下極限

上極限・下極限は，必ずしも極限をもたない数列に対しても常に定義できる有用な概念である：

定義 A.1.1 実数列 a_n に対し，**上極限** $\varlimsup_{n\to\infty} a_n \in \overline{\mathbb{R}}$, **下極限** $\varliminf_{n\to\infty} a_n \in \overline{\mathbb{R}}$ を次のように定める：

$$\varlimsup_{n\to\infty} a_n = \inf_{m\geq 0} \sup_{n\geq m} a_n = \inf_{m\geq 0} \sup_{n\geq 0} a_{m+n},$$

$$\varliminf_{n\to\infty} a_n = \sup_{m\geq 0} \inf_{n\geq m} a_n = \sup_{m\geq 0} \inf_{n\geq 0} a_{m+n}.$$

問 A.1.1 任意の $m \in \mathbb{N}, a \in \overline{\mathbb{R}}$ に対し以下を示せ：

(i) $\inf_{n\geq m} a_n \leq \varliminf_{n\to\infty} a_n \leq \varlimsup_{n\to\infty} a_n \leq \sup_{n\geq m} a_n$.

(ii) $\varlimsup_{n\to\infty} a_n < a \iff$ 有限個の n を除き $a_n < a$.

(iii) $a < \varliminf_{n\to\infty} a_n \iff$ 有限個の n を除き $a < a_n$.

(iv) $a < \varlimsup_{n\to\infty} a_n \iff$ 無限個の n に対し $a < a_n$.

(v) $\varliminf_{n\to\infty} a_n < a \implies$ 無限個の n に対し $a_n < a$.

(vi) $\lim_{n\to\infty} a_n = a \iff \varliminf_{n\to\infty} a_n = \varlimsup_{n\to\infty} a_n = a$.

問 A.1.2 a_n, b_n を実数列, $\overline{a} = \varlimsup_{n\to\infty} a_n$, $\underline{a} = \varliminf_{n\to\infty} a_n$, $\overline{b} = \varlimsup_{n\to\infty} b_n$, $\underline{b} = \varliminf_{n\to\infty} b_n$ とする. このとき, 以下を示せ：(i) $\{\overline{a}, \overline{b}\} \neq \{-\infty, \infty\}$ なら $\varlimsup_{n\to\infty}(a_n + b_n) \leq \overline{a} + \overline{b}$. (ii) $\{\underline{a}, \underline{b}\} \neq \{-\infty, \infty\}$ なら $\underline{a} + \underline{b} \leq \varliminf_{n\to\infty}(a_n + b_n)$. (iii) $\underline{b} \in \mathbb{R}$ なら $\overline{a} + \underline{b} \leq \varlimsup_{n\to\infty}(a_n + b_n)$. (iv) $\overline{b} \in \mathbb{R}$ なら $\varliminf_{n\to\infty}(a_n + b_n) \leq \underline{a} + \overline{b}$. (v) $b_n \to b \in \mathbb{R}$ なら $\varlimsup_{n\to\infty}(a_n + b_n) = \overline{a} + b$, $\varliminf_{n\to\infty}(a_n + b_n) = \underline{a} + b$.

問 A.1.3 例 3.2.8 の記号で, $\varliminf_{n\to\infty} a_n \leq \varliminf_{n\to\infty} s_n/b_n \leq \varlimsup_{n\to\infty} s_n/b_n \leq \varlimsup_{n\to\infty} a_n$ を示せ.

問 A.1.4 実数列 (a_n) が全ての $m, n \geq 1$ に対し「$a_{m+n} \leq a_m + a_n$」をみたすとき $\lim_{n\to\infty} a_n/n = \inf_{n\geq 1} a_n/n$ (両辺 $= -\infty$ も許す) を示せ.
[ヒント：$m \geq 1$ を任意に固定し, $n \geq m$, $n = mq + r$ (q は n/m の整数部分) とすると $a_n \leq qa_m + a_r$. したがって $\varlimsup_{n\to\infty} a_n/n \leq a_m/m$.]

A.2 コーシーの収束条件

連続公理から出発し, 微積分学を厳密に構築する道筋はいくつもあり, 道筋の選び方によってはコーシーの収束条件 (命題 A.2.1) が重要な役割を果たす. 本書では, コーシーの収束条件を必要としない道筋を選んだが, 読者が他書を参照される際等の便宜のため, ここで紹介することにする.

命題 A.2.1 (**コーシーの収束条件**) $\mathbb{R}^d$ の点列 a_n に対し, 次の条件は同値である：

(a) a_n は収束する.

(b) a_n は**コーシー列**である. すなわち任意の $\varepsilon > 0$ に対し, $\ell \in \mathbb{N}$ が存在し,

$$m, n \geq \ell \text{ なら } |a_m - a_n| < \varepsilon. \tag{A.1}$$

証明 (a) $\Longrightarrow$ (b): $a_n \to a$ とする. 仮定より,

$$\forall \varepsilon > 0, \exists \ell \in \mathbb{N}, \forall n \geq \ell, |a_n - a| < \varepsilon/2.$$

したがって $m, n \geq \ell$ なら,

$$|a_m - a_n| \leq |a_m - a| + |a - a_n| < \varepsilon/2 + \varepsilon/2 = \varepsilon.$$

(b) $\implies$ (a): まず, コーシー列 a_n の有界性を示す. (A.1) で $\varepsilon = 1$ とし, これに対する ℓ をとる. $n \geq \ell$ なら,

$$|a_n| \leq |a_n - a_\ell| + |a_\ell| \leq 1 + |a_\ell|.$$

したがって,

$$\sup_{n \geq 0} |a_n| \leq \max_{0 \leq n \leq \ell} |a_n| \vee (1 + |a_\ell|) < \infty.$$

以上より a_n は有界である.

a_n が $\mathbb{R}^d$ におけるコーシー列なら, その各座標成分は $\mathbb{R}$ におけるコーシー列である. また, a_n の収束を言うには, 全ての各座標成分の収束を言えばよい. 以上から $d = 1$ の場合を示せば十分なので, 以後 $d = 1$ とする.

$$I_n = \inf_{m \geq n} a_m, \quad S_n = \sup_{m \geq n} a_m$$

とおく[1]. このとき, I_n は ↗, S_n は ↘, また, a_n の有界性より I_n, S_n は共に有界である. よって I_n, S_n は収束する (定理 3.5.1). 以上と $I_n \leq a_n \leq S_n$ より, $S_n - I_n \stackrel{n \to \infty}{\longrightarrow} 0$ なら a_n は収束する (はさみうちの原理: 命題 3.2.3). 今, (A.1) より $\forall \varepsilon$ に対し次のような m が存在する:

$$p, q \geq m \implies a_p - a_q \leq \varepsilon.$$

p について上限, q について下限をとれば $S_m - I_m \leq \varepsilon$. ゆえに $n \geq m$ なら,

$$0 \leq S_n - I_n \leq S_m - I_m \leq \varepsilon.$$

以上より, $S_n - I_n \stackrel{n \to \infty}{\longrightarrow} 0$. \(^□^)/

命題 A.2.1 も中間値定理 (定理 3.4.5) と同じ歴史を辿った. ボルツァーノは 1817 年に発表した論文の中で命題 A.2.1 の条件 (b) を定義した. その後, コー

---

[1] 以下の議論は $\varliminf_n a_n = \varlimsup_n a_n$ の証明に他ならないが, 上極限, 下極限を表に出さずに述べる.

シーはボルツァーノとは独立に，命題 A.2.1 の条件 (b) をみたす数列が収束することを述べた (1821 年)．コーシー自身はそのことを「自明」と考えていたらしいが，後年，その重要性が再認識された．例えば，19 世紀半過ぎに，実数の厳密な定義づけが多くの数学者により試みられた．その中の一つの考え方（特にカントールによるもの）が，実数を「有理数に値をとるコーシー列の極限」として捉えることだった．次にコーシーの収束定理を，関数の極限の場合に一般化する．この一般化は，後に広義積分の収束判定にも応用される．

命題 A.2.2 (一般化されたコーシーの収束条件)　記号は定義 4.3.1 の通りとするとき，以下の条件は同値である：

(a) $\lim_{x \to a} f(x) = \ell \in \mathbb{R}^k$ が存在する．

(b) 任意の $\varepsilon > 0$ に対し次のような $\delta > 0$ が存在する：

$$x, y \in D \cap B_d(a, \delta) \implies |f(x) - f(y)| < \varepsilon, \tag{A.2}$$

ここで，$B_d(a, \delta)$ は (4.27) で定める．

証明　(a) $\implies$ (b): 仮定より，任意の $\varepsilon > 0$ に対し，次のような $\delta > 0$ が存在する：

$$x \in D \cap B_d(a, \delta) \implies |f(x) - \ell| < \varepsilon/2.$$

したがって $x, y \in D \cap B_d(a, \delta)$ なら，

$$|f(x) - f(y)| \le |f(x) - \ell| + |\ell - f(y)| < \varepsilon.$$

つまり，条件 (b) が言えた．

(b) $\implies$ (a): $x_n \in D$, $x_n \longrightarrow a$ とし，以下を示せばよい：

(1) $f(x_n)$ $(n \ge 0)$ が収束する．

(2) $\ell = \lim_{n \to \infty} f(x_n)$ が点列 x_n の選び方に依らない．

(1) について：$f(x_n)$ がコーシー列であることを言えばよい（命題 A.2.1）．$\varepsilon > 0$ を任意とし，条件 (b) の δ をとる．$x_n \longrightarrow a$ より，$n_0 \in \mathbb{N}$ が存在し，

$$n \ge n_0 \implies x_n \in B_d(a, \delta).$$

ゆえに，条件 (b) より，

$$m, n \geq n_0 \implies |f(x_m) - f(x_n)| < \varepsilon.$$

したがって，$f(x_n)$ はコーシー列である．
(2) について：$x_n, x'_n \in D, x_n \longrightarrow a, x'_n \longrightarrow a$ とする．このとき，(1) より，

$$\ell = \lim_{n \to \infty} f(x_n), \ \ell' = \lim_{n \to \infty} f(x'_n)$$

が存在する．ゆえに，任意の $\varepsilon > 0$ に対し $n_0 \in \mathbb{N}$ が存在し，

$$n \geq n_0 \implies |f(x_n) - \ell| + |f(x'_n) - \ell'| < \varepsilon.$$

また，$\varepsilon > 0$ に対し，条件 (b) の δ をとる．このとき，$n_1 \in \mathbb{N}$ が存在し，

$$n \geq n_1 \implies x_n, x'_n \in B_d(a, \delta).$$

したがって，条件 (b) より，

$$n \geq n_1 \implies |f(x_n) - f(x'_n)| < \varepsilon.$$

以上より，$n \geq n_0 \vee n_1$ なら，

$$|\ell - \ell'| \leq |\ell - f(x_n)| + |f(x_n) - f(x'_n)| + |f(x'_n) - \ell'| < 2\varepsilon.$$

$\varepsilon > 0$ は任意だから $\ell = \ell'$. \(^□^)/

命題 A.2.2 より直ちに次の系を得る：

系 A.2.3 $f : (a, b) \to \mathbb{C}$ に対し以下の条件は同値である：

(a) $\lim_{x \to b} f(x) = \ell \in \mathbb{C}$ が存在する．
(b) 任意の $\varepsilon > 0$ に対し次のような $c \in (a, b)$ が存在する：

$$c < u < v < b \text{ なら } |f(v) - f(u)| < \varepsilon.$$

系 A.2.4 (広義積分に対するコーシーの条件) $f \in \mathscr{R}_{\text{loc}}([a, b))$ に対し次の条件は同値である：

(a) 広義積分 $\int_a^b f = \lim_{\substack{v \to b \\ v < b}} \int_a^v f$ が収束する.

(b) 任意の $\varepsilon > 0$ に対し, 次のような $c \in (a, b)$ が存在する:
$$c < u < v < b \text{ なら } \left| \int_u^v f \right| < \varepsilon.$$

証明 (a, b) 上の関数 $F(v) = \int_a^v f$ に系 A.2.3 を適用する. \\(^□^)/

命題 A.2.5 (**一様コーシー条件**) D を集合とする. 関数列 $f_n : D \to \mathbb{C}$ (≥ 0) に対し, 以下の条件は同値である:

(a) f_n は D 上一様収束する.

(b) **一様コーシー列**である. すなわち, 任意の $\varepsilon > 0$ に対し次をみたす $n_0 \in \mathbb{N}$ が存在する:
$$m, n \geq n_0 \implies \|f_m - f_n\|_D < \varepsilon.$$

証明 (a) $\implies$ (b): 命題 A.2.1 と同様に示される.

(b) $\implies$ (a): 仮定から各 $x \in D$ に対し, 点列 $(f_n(x))_{n \geq 0}$ はコーシー列である. したがって, 命題 A.2.1 より次の極限が存在する:
$$f(x) = \lim_{n \to \infty} f_n(x).$$
また, 改めて一様コーシー列の条件から, 任意の $\varepsilon > 0$ に対し次をみたす $n_0 \in \mathbb{N}$ が存在する:
$$m, n \geq n_0, x \in D \implies |f_m(x) - f_n(x)| < \varepsilon.$$
上式で, $m \longrightarrow \infty$ とすると, 任意の $\varepsilon > 0$ に対し次をみたす $n_0 \in \mathbb{N}$ が存在することになる:
$$n \geq n_0, x \in D \implies |f(x) - f_n(x)| < \varepsilon.$$
これは, f_n が f に一様収束することを示す. \\(^□^)/

A.2 コーシーの収束条件

問 A.2.1 $a_n \in \mathbb{R}^d$ に対し $\sum_{n=0}^{\infty} |a_n| < \infty$ なら $\sum_{n=0}^{\infty} a_n$ が収束すること（命題 5.2.2）をコーシーの収束条件を用いて示せ（問 A.2.3 も参照されたい）．

問 A.2.2 $p_n = \prod_{j=0}^{n}(1+a_j)$ ($a_j \in \mathbb{C}$, $a_j \neq -1$) に対する以下の条件について (a) $\Rightarrow$ (b) $\Leftrightarrow$ (c) を示せ（$a_j \in \mathbb{R}$ の場合は問 6.1.2 参照）: **(a)** $\sum_{n=0}^{\infty} |a_n| < \infty$. **(b)** 任意の $\varepsilon > 0$ に対し，$\ell \in \mathbb{N}$ が存在し $n \geq m \geq \ell$ なら $\left|\frac{p_n}{p_m} - 1\right| < \varepsilon$. **(c)** p_n は 0 でない値に収束する．

問 A.2.3 次の (i), (ii) を順次示すことで，命題 A.2.1 (b) $\Rightarrow$ (a) の別証明を与えよ：(i) コーシー列 a_n が収束部分列 $a_{\ell(n)}$ を含めば，a_n 自身が収束する．(ii) $\ell(0) < \ell(1) < \cdots$ を，「$p, q \geq \ell(n)$ なら $|a_p - a_q| < 2^{-n}$」なるように選ぶことができ，この $\ell(n)$ に対し $a_{\ell(n)}$ が収束する．

✔注　問 A.2.1 ではコーシーの収束条件から，絶対収束級数の収束を導いた．問 A.2.3 では逆に，絶対収束級数の収束からコーシーの収束条件を導いた．

問 A.2.4 ボルツァーノ・ワイエルシュトラスの定理（定理 9.3.1）を用い命題 A.2.1 (b) $\Rightarrow$ (a) を示せ．[ヒント：コーシー列は有界であることと，問 A.2.3 (i).]

問 A.2.5 命題 A.2.5 を応用してワイエルシュトラスの M テスト（定理 16.2.3）を示せ．

問の略解

第 1 章

問 1.1.1 (i): 明らかに $f(A \cup B) \supset f(A)$ かつ $f(A \cup B) \supset f(B)$. よって $f(A \cup B) \supset f(A) \cup f(B)$. 一方 $y \in f(A \cup B)$ なら, $\exists x \in A \cup B$, $y = f(x)$. $x \in A$, または $x \in B$. $x \in A$ なら $y \in f(A)$, $x \in B$ なら $y \in f(B)$. ゆえに $y \in f(A) \cup f(B)$. 以上から $f(A \cup B) \subset f(A) \cup f(B)$. (ii): 明らかに $f(A \cap B) \subset f(A)$ かつ $f(A \cap B) \subset f(B)$. よって $f(A \cap B) \subset f(A) \cap f(B)$. 以下, f を単射とする. $y \in f(A) \cap f(B)$ なら, $\exists a \in A$, $y = f(a), \exists b \in B, y = f(b)$. f が単射なので $a = b$, ゆえに $a \in A \cap B$, したがって $y = f(a) \in f(A \cap B)$. 以上から $f(A \cap B) \supset f(A) \cap f(B)$. (iii): (ii) と同様.

問 1.2.1 (i): A を有限集合, $B \subset A$ とする. $A = \emptyset$ なら, $B = \emptyset$ だからこの場合は自明. 一方 $A \neq \emptyset$ なら $n \in \mathbb{N} \setminus \{0\}$, f および全単射 $f : \{1, \ldots, n\} \to A$ が存在し, $A = \{f(1), \ldots, f(n)\}$. ゆえに $B = \{f(m_1), \ldots, f(m_k)\}$ なる $1 \leq m_1 < \cdots < m_k \leq n$ が存在する. このとき, $j \mapsto f(m_j)$ ($\{1, \ldots, k\} \to B$) は全単射である. (ii): ($\Rightarrow$): $A \neq \emptyset$ より, $a_1 \in A$ が存在する. また, $A \setminus \{a_1\} \neq \emptyset$ より, $a_2 \in A \setminus \{a_1\}$ が存在する. これを繰り返せば, $a_n \in A$ ($n \in \mathbb{N} \setminus \{0\}$) を, $a_n \notin \{a_1, \ldots, a_{n-1}\}$ ($n \geq 2$) をみたすように選べる. このとき, $n \mapsto a_n$ ($\mathbb{N} \setminus \{0\} \to A$) は単射である. ($\Leftarrow$): A が無限集合なら単射 $f : \mathbb{N} \setminus \{0\} \to A$ が存在する. したがって, 任意の m に対し $\{f(1), \ldots, f(m)\} \subset A$. ここで A が有限集合とすると, $n \in \mathbb{N} \setminus \{0\}$, および全単射 $g : \{1, \ldots, n\} \to A$ が存在し, $A = \{g(1), \ldots, g(n)\} \supset \{f(1), \ldots, f(m)\}$. $m > n$ に対しこれは不合理である.

問 1.2.2 (1) $\max A$ が存在する場合: $a = \max A$ とすると $U(A) = [a, \infty)$, したがって $\overline{\mathbb{R}} \setminus U(A) = [-\infty, a)$. よって $\max(\overline{\mathbb{R}} \setminus U(A))$ は存在しない (例 1.2.9). (2) $\max A$ が存在しない場合: このとき, $A \cap U(A) = \emptyset$. 今, 任意の $x \in \overline{\mathbb{R}} \setminus U(A)$ に対し $\exists a \in A, x < a$. ところが $A \cap U(A) = \emptyset$ より $a \in \overline{\mathbb{R}} \setminus U(A)$. よって, $x \neq \max(\overline{\mathbb{R}} \setminus U(A))$.

問 1.2.3 $x/d \in \mathbb{Q}$ と例 1.2.10 より $x/d \in [q, q+1)$ をみたす $q \in \mathbb{Z}$ が存在する. この q が所期のものである.

問 1.3.1 左辺の各項を (1.23) を用い, 分数で表し, 通分すればよい.

第 2 章

問 2.1.1 $\Rightarrow$ は明らか. $\Leftarrow$ を示す. $U(A)$ は区間, かつ ∞ を含む. ゆえに, ある $m \in \overline{\mathbb{R}}$

に対し $U(A) = [m, \infty]$, または $U(A) = (m, \infty]$. もし後者なら, $\overline{\mathbb{R}} \setminus U(A) = [-\infty, m]$. これは不合理（問 1.2.2）. ゆえに, $U(A) = [m, \infty]$.

問 2.1.2 (i): 仮定より, $\emptyset \neq B' \subset U(B) \cap \mathbb{R}$, $\emptyset \neq B \subset L(B') \cap \mathbb{R}$. (ii): $m \stackrel{\text{def}}{=} \sup B$, $m' \stackrel{\text{def}}{=} \inf B'$ とする. まず, 切断の条件から $m \leq m'$. 一方 $m < m'$ と仮定すると $m < c < m'$ なる $c \in \mathbb{R}$ が存在するが, $m < c$ より $c \notin B$, $c < m'$ より $c \notin B'$. よって $c \notin B \cup B' = \mathbb{R}$（矛盾）. したがって $m = m'$. (iii): $(-\infty, m) \subset B \subset (-\infty, m]$ を言えばよい. $m \in U(B)$ より $B \subset (-\infty, m]$. また $m \in L(B')$ より $B' \subset [m, \infty)$, つまり $(-\infty, m) \subset B$.

問 2.1.3 (i): 問 1.2.2 と同様. (ii): $B \stackrel{\text{def}}{=} \mathbb{R} \setminus U(A)$, $B' \stackrel{\text{def}}{=} U(A) \cap \mathbb{R}$ の対は $\mathbb{R}$ の切断である. ゆえに (i) とデーデキントの公理より $m = \min B'$ が存在し, $m \in U(A) \cap \mathbb{R}$. そこで, $m = \min U(A) = \sup A$ のためには $m \in L(U(A))$ ならよい. そこで $x \in U(A)$ として $m \leq x$ を言う. $U(A) \not\ni -\infty$ より $x \in (-\infty, \infty]$. $x \in U(A) \cap \mathbb{R}$ なら m の定義から $m \leq x$. また, $x = \infty$ なら明らかに $m \leq x$.

問 2.2.1 $x \in \overline{\mathbb{R}}$ に対し $x \in U(A) \begin{cases} \iff \gamma x + \beta \in U(\gamma A + \beta), \\ \iff -\gamma x + \beta \in L(-\gamma A + \beta). \end{cases}$

したがって $m \in \overline{\mathbb{R}}$ に対し $U(A) = [m, \infty] \begin{cases} \iff U(\gamma A + \beta) = [\gamma m + \beta, \infty], \\ \iff L(-\gamma A + \beta) = [-\infty, -\gamma m + \beta]. \end{cases}$

以上より $\sup(\gamma A + \beta) = \gamma \sup A + \beta$, $\inf(-\gamma A + \beta) = -\gamma \sup A + \beta$. 他の二式も同様.

問 2.2.2 $A^{-1} = \{1/a \, ; \, a \in A\}$ とする. $x \in [0, \infty]$ に対し, $x \in U(A) \iff 1/x \in L(A^{-1})$. したがって $m \in \overline{\mathbb{R}}$ に対し, $U(A) = [m, \infty] \iff L(A^{-1}) = [-\infty, m^{-1}]$. ゆえに $\inf(A^{-1}) = 1/\sup A$. 他方も同様.

問 2.2.3 $U(A_i) = [m_i, \infty]$ ($i = 1, 2$) とすると, $U(A_1 \cup A_2) = U(A_1) \cap U(A_2) = [m_1 \vee m_2, \infty]$. これで $\sup$ に対する等式がわかる. $\inf$ に対しても同様.

問 2.3.1 問 2.2.1 の帰結.

問 2.3.2 問 2.2.3 の帰結.

問 2.3.3 (1) 真中の不等号：(2.14) による. (2) 右端の不等号：今, $\beta = \sup_A f + \sup_A g$ なら任意の $a \in A$ に対し $(f+g)(a) \leq \beta$. したがって (2.12) より $\sup_A (f+g) \leq \beta$. (3) 左端の不等号：上と同様.

問 2.3.4 第一式を示す. 簡単のため $A = \cup_{b \in B} A_b$ とおく. (1) 左辺 $\geq$ 右辺：$\forall b \in B$ に対し $A \supset A_b$ なので $\sup A \geq \sup A_b$. したがって $\sup A \geq \sup_{b \in B} \sup A_b$. (2) 左辺 $\leq$ 右辺：$\forall a \in A$, $\exists b \in B$, $a \in A_b$. この b に対し $a \leq \sup A_b$ なので, $a \leq \sup_{b \in B} \sup A_b$. さらに $a \in A$ は任意なので, $\sup A \leq \sup_{b \in B} \sup A_b$. 第二式も上と同様に示せる.

問 2.3.5 (i), (ii): $\{f(a, b) \, ; \, (a, b) \in A \times B\} = \cup_{b \in B} \{f(a, b) \, ; \, a \in A\} = \cup_{a \in A} \{f(a, b) \, ; \, b \in B\}$ と書き, 予選決勝法（問 2.3.4）を適用する. (iii): 任意の $(a, b) \in A \times B$ に対し $f(a, b) \leq \sup_{a' \in A} f(a', b)$. したがって, 任意の $a \in A$ に対し $\inf_{b \in B} f(a, b) \leq \inf_{b \in B} \sup_{a' \in A} f(a', b)$. さらに両辺の $\sup_{a \in A}$ をとれば結論を得る.

問 2.3.6 $\forall a \in A$ に対し $a \in B$. よって $0 \leq \inf_{b \in B} |a - b| \leq |a - a| = 0$. 一方, $\forall b \in B$ に対し $\sup_{a \in A} |a - b| \geq \max_{a=0,1} |a - b| = |b| \vee |1 - b| \geq 1/2$.

問 2.3.7 仮定より，$\sup_{a \in A} f(a, b_0) \leq f(a_0, b_0) \leq \inf_{b \in B} f(a_0, b)$. したがって $\inf_{b \in B} \sup_{a \in A} f(a, b) \leq f(a_0, b_0) \leq \sup_{a \in A} \inf_{b \in B} f(a, b)$. 一方，問 2.3.5 より $\sup_{a \in A} \inf_{b \in B} f(a, b) \leq \inf_{b \in B} \sup_{a \in A} f(a, b)$.

第 3 章

問 3.1.1 (1) $a \in \mathbb{R}$ の場合：(3.1) より，$n \geq n_1$ なら $||a_n| - |a|| \leq |a_n - a| < \varepsilon$. (2) $a = \infty$ の場合：$n \geq n_1$ なら $a_n > 1/\varepsilon > 0$. ゆえに，$|a_n| = a_n > 1/\varepsilon$. (3) $a = -\infty$ の場合：$n \geq n_1$ なら $a_n < -1/\varepsilon$. ゆえに，$|a_n| = -a_n > 1/\varepsilon$.

問 3.1.2 $|a_n| = 1$ と問 3.1.1 より，a_n は発散しない．また，$a_n = \pm 1$ なる n はそれぞれ無限個存在する．したがって，例 3.1.4 より，a_n は実数値に収束もしない．

問 3.2.1 $\varepsilon > 0$ を任意とする．仮定より $\exists n_0, \forall j \geq n_0, |a_j|/j < \varepsilon$. さらに，$M = \max_{1 \leq j \leq n_0} |a_j|$ に対し $n > n_0 \vee (M/\varepsilon)$ なら
$\frac{1}{n} \max_{1 \leq j \leq n} |a_j| \leq (M/n) \vee (\max_{n_0 \leq j \leq n} |a_j|/j) < \varepsilon$.

問 3.2.2 $a_n = (-1)^n, b_n = n$ とする．a_n は収束しないが，$|s_n| = 1$ より $s_n/b_n \to 0$.

問 3.2.3 (i):
$$s_n - t_n = \sum_{j=1}^{n} a_j(b_j - b_{j-1}) + \sum_{j=1}^{n-1} (a_{j+1} - a_j)b_j$$
$$= a_n(b_n - b_{n-1}) + \sum_{j=1}^{n-1} (a_j(b_j - b_{j-1}) + (a_{j+1} - a_j)b_j)$$
$$= a_n(b_n - b_{n-1}) + \sum_{j=1}^{n-1} (a_{j+1}b_j - a_j b_{j-1})$$
$$= a_n(b_n - b_{n-1}) + a_n b_{n-1} - a_1 b_0 = a_n b_n - a_1 b_0.$$

(ii): (i) で示した等式と例 3.2.8 による．

問 3.2.4 任意の $n \geq m$ に対し，$\inf_{n \geq m} a_n \leq a_n \leq \sup_{n \geq m} a_n$. これと命題 3.2.1 による．

問 3.2.5 $a \in \mathbb{R}$ の場合：任意の $n \geq 1$ に対し $D \cap (a - 1/n, a + 1/n) \neq \emptyset$ より $a_n \in D \cap (a - 1/n, a + 1/n)$ を選べる．このとき，$|a_n - a| < 2/n \to 0$. $a = \pm \infty$ の場合も同じ考え方で示せる．

問 3.3.1 (i): $x_n \in \overline{A}, x_n \to x$ と仮定し，$x \in \overline{A}$ を言えばよい．仮定から，各 x_n に対し $x_{n,k} \overset{k \to \infty}{\to} x_n$ となる $\{x_{n,k}\}_{k \geq 1} \subset A$ が存在する．そこで，$k(n)$ を $|x_n - x_{n,k(n)}| < \frac{1}{n}$ となるようにとると，$|x - x_{n,k(n)}| \leq |x - x_n| + \frac{1}{n} \to 0$. よって $x_{n,k(n)} \overset{n \to \infty}{\to} x$. 以上から $x \in \overline{A}$. (ii): $x \in \overline{A}$ なら $x_n \to x$ となる $x_n \in A$ が存在する．このとき，$x_n \in B$ でもあるから $x \in \overline{B}$. (iii): "⊃" は (ii) からわかる．"⊂"の証明は次の通り：$x \in \overline{A \cup B}$ なら $x_n \to x$ となる $x_n \in A \cup B$ が存在する．このとき，(1) $x_n \in A$ となる n が無限個存在する，または，(2) $x_n \in B$ となる n が無限個存在する．(1) なら $x_{k(n)} \overset{n \to \infty}{\to} x$ なる $x_{k(n)} \in A$ がとれる．したがって $x \in \overline{A}$. 同様に (2) なら $x \in \overline{B}$. (iv): "⊂" は (ii) からわかる．$\neq$ の例は $A = [0, 1), B = [1, 2]$. (v): $A \cup B$ については (iii) を用いて，$A \cap B$ につ

いては (iv) を用いて示せる.

問 3.4.1 条件式で $x = a$ とし, $f(a) = g(a)$. さらに $x \leq a$ なら $0 \leq f(a) - f(x) \leq g(a) - g(x)$. $x \geq a$ なら $0 \leq f(x) - f(a) \leq g(x) - g(a)$. 以上から全ての $x \in I$ に対し $|f(x) - f(a)| \leq |g(x) - g(a)|$. したがって g が a で連続なら f も a で連続である.

問 3.4.2 任意の $s \in \mathbb{R}$ に対し, n が十分大きければ $f(b_n) \leq s \leq f(a_n)$. よって中間値定理より $s = f(c)$ をみたす $c \in \mathbb{R}$ が存在する.

問 3.4.3 $g(x) = f(x) - x$ とおくと, $g \in C([0,1] \to \mathbb{R})$, $g(0) \geq 0 \geq g(1)$. よって中間値定理より, $g(c) = 0$ となる $c \in [0,1]$ が存在する.

問 3.4.4 f が最大値 $f(m)$ をもつとする. このとき, $g(x) = f(a+x) - f(x)$ は連続かつ $g(m) \leq 0 \leq g(m-a)$. よって中間値定理より $g(b) = 0$ となる b が存在する. f が最小値をもつ場合も同様.

問 3.4.5 $f(x) = a(x + \frac{b}{2a})^2 - \frac{b^2 - 4ac}{4a}$ より $S \neq \emptyset$ と $b^2 - 4ac \geq 0$ は同値. また, $b^2 - 4ac \geq 0$ なら $f(x) = a(x - s_+)(x - s_-)$. これより, その他の事柄もわかる.

問 3.4.6 (i): 指数数列の極限（例 3.2.7）より $\forall \varepsilon \in (0,1)$, $\exists m \in \mathbb{N}$, $\forall n \geq m$, $(1-\varepsilon)^n < a < (1+\varepsilon)^n$. したがって $n \geq m$ で $1 - \varepsilon < a^{1/n} < 1 + \varepsilon$. (ii): 仮定より, $\forall \varepsilon \in (0,1)$, $\exists m \in \mathbb{N}$, $\forall n \geq m$, $a_n/a_{n-1} < a + \varepsilon$. したがって, $a_n \leq (a+\varepsilon)^{n-m} a_m$, つまり $a_n^{1/n} \leq (a+\varepsilon) \left(\frac{a_m}{(a+\varepsilon)^m}\right)^{1/n}$. (i) より, 有限個の n を除き $\left(\frac{a_m}{(a+\varepsilon)^m}\right)^{1/n} < 1 + \varepsilon$. 以上から, 有限個の n を除き $a_n^{1/n} < (a+\varepsilon)(1+\varepsilon) \leq a + (a+2)\varepsilon$. $a = 0$ の場合はこれで結論を得る. $a > 0$ なら $\forall \varepsilon \in (0, 1 \wedge a)$, $\exists m \in \mathbb{N}$, $\forall n \geq m$, $a - \varepsilon < a_n/a_{n-1}$. よって先と同様に $a_n^{1/n} \geq (a-\varepsilon) \left(\frac{a_m}{(a-\varepsilon)^m}\right)^{1/n}$. (i) より, 有限個の n を除き $\left(\frac{a_m}{(a-\varepsilon)^m}\right)^{1/n} > 1 - \varepsilon$. 以上から, 有限個の n を除き $a_n^{1/n} > (a-\varepsilon)(1-\varepsilon) \geq a - (a+1)\varepsilon$. 以上を併せれば結論を得る. (iii): $\max_{1 \leq j < n} a_j \leq \left(\sum_{j=1}^n a_j^n\right)^{1/n} \leq n^{1/n} \sup_{n \geq 1} a_n$. また (ii) より $n^{1/n} \to 1$. 以上と, はさみうちの原理より結論を得る.

問 3.4.7 (i): $\sqrt{2} \in \mathbb{Q}$ なら $\sqrt{2} = p/q$ ($p, q \in \mathbb{N}$ は互いに素) と書ける. ところがこのとき $2q^2 = p^2$ だから, $p, q \in 2\mathbb{N}$ (矛盾). (ii): (i) に帰着. (iii): $\forall x \in \mathbb{R}$ に対し $x_n \longrightarrow x$ をみたす $x_n \in \mathbb{R} \setminus \mathbb{Q}$ が存在すればよい. $x \in \mathbb{R} \setminus \mathbb{Q}$ なら $x_n \equiv x$ とすればよく, $x \in \mathbb{Q}$ ならヒントの x_n をとればよい.

問 3.5.1 f が例 3.5.3 の仮定をみたすことは容易にわかる. ゆえに例 3.5.3 より結論を得る.

問 3.5.2 (i): $g = f \circ f$ は $\nearrow$, $x_{2n+2} = g(x_{2n})$, $x_{2n+3} = g(x_{2n+1})$ だから, 例 3.5.3 より x_{2n}, x_{2n+1} はそれぞれ単調数列. また, g は有界だから, x_{2n}, x_{2n+1} も有界. したがって, x_{2n}, x_{2n+1} は収束. また, I は閉区間だから, 極限は I に属する. (ii): $x_{2n} \longrightarrow t$ とする. $x_{2n+2} = g(x_{2n})$ だから $n \to \infty$ として $t = g(t)$. よって, $s = t$. 同様に $x_{2n+1} \longrightarrow s$. 以上と補題 5.3.3 より $x_n \longrightarrow s$. (iii): $f : [0, \infty) \to \mathbb{R}$ は $\searrow$, 有界, 連続. また, $f \circ f(s) = s$ となる $s \in I$ は $s = (-b + \sqrt{b^2 + 4a})/(2a)$ のみ. よって, (ii) より $x_n \longrightarrow s$.

問 3.5.3 (i): $f(a,b) = \frac{2ab}{a+b}$, $g(a,b) = \sqrt{ab}$ が例 3.5.4 の条件 (a) をみたすことは容易に

確かめられる．ゆえに例 3.5.4 より結論を得る．(ii): α_n, β_n に対し $\beta_{n+1}^{-1} = \sqrt{\alpha_n^{-1} \beta_n^{-1}}$, $\alpha_{n+1}^{-1} = (\alpha_n^{-1} + \beta_n^{-1})/2$. したがって $m(b^{-1}, a^{-1}) = \mu(a,b)^{-1}$. 一方, $m(b^{-1}, a^{-1}) \stackrel{\text{ヒント}}{=} (ab)^{-1} m(a,b)$.

第 4 章

問 4.1.1 $|x \pm y|^2$ を (4.5) を用いて表し，加えればよい．

問 4.1.2 (4.17) より, $n-1$ 次以下の複素多項式 $f_1(z)$ で, 任意の $z \in \mathbb{C}$ に対し $f_0(z) \stackrel{\text{def}}{=} f(z) - f(a) = (z-a)f_1(z)$ をみたすものが存在する. $f_0 \not\equiv 0$ より $f_1 \not\equiv 0$. もし, $f_1(a) \neq 0$ なら f_1 が求めるものである．もし, $f_1(a) = 0$ なら, 上と同様に $n-2$ 次以下の複素多項式 $f_2(z)$ で, 任意の $z \in \mathbb{C}$ に対し $f_1(z) = (z-a)f_2(z)$ をみたすものが存在し, $f_2 \not\equiv 0$. この操作を続けると $f_{m-1}(a) = 0$ かつ $f_m(a) \neq 0$ なる $1 \le m \le n$ に至る．この $m \ge 1$, および f_m が求めるものである．

問 4.2.1 第一式は n に関する帰納法でわかる．$|z| < 1$ の場合, $|z^{2^n}| = |z|^{2^n} \to 0$ より, 第一式で $n \to \infty$ とし, 第二式を得る．

問 4.2.2 $|z|$ が十分大きければ $\sum_{j=0}^{m-1} |a_j z^{-(m-j)}| < |a_m|/2$. ゆえに, $|f(z)| = |z|^m \left| a_m + \sum_{j=0}^{m-1} a_j z^{-(m-j)} \right| \ge |a_m||z|^m/2$. この不等式より結論を得る．

問 4.4.1 $x = \sum_{i=1}^d x_i e_i$ ((4.1) 参照) より $|q(x)| \stackrel{(1),(2)}{\le} \sum_{i=1}^d |x_i| q(e_i) \stackrel{(4.9)}{\le} C|x|$, ただし $C = \sqrt{\sum_{i=1}^d q(e_i)^2}$. よって, $|q(x) - q(y)| \stackrel{(2)}{\le} q(x-y) \le |x-y|C$.

問 4.4.2 (i): 仮定より $f(0) = 0$. また, $x \in \mathbb{R}^d \setminus \{0\}$ なら $x = |x|(x/|x|)$. そこで, $\mathbb{R}^d \setminus \{0\} \ni x \to 0$ とすると, $|f(x)| = |x|^\alpha f(x/|x|) \to 0$. (ii): $\alpha = 0$, $f \not\equiv$ 定数 のとき : $y, y' \in \mathbb{R}^d$, $f(y) \neq f(y')$, $0 < t \to 0$ とする．このとき $ty \to 0$, $ty' \to 0$. ところが, $f(ty) = f(y) \neq f(y') = f(ty')$. よって $\lim_{x \to 0} f(x)$ は存在しない．$\alpha < 0$, $f \not\equiv 0$ のとき : $y, y' \in \mathbb{R}^d$, $f(y) \neq 0$, $0 < t \to 0$ とすると, $|f(ty)| = t^\alpha |f(y)| \to \infty$.

問 4.4.3 f は $x \neq 0$ では連続．$x = 0$ での連続性は問 4.4.2 により判定できる．

問 4.4.4 $\mathbb{Q}, \mathbb{R} \setminus \mathbb{Q}$ は共に稠密なので, $f(x) = 1$ をみたす x のいくらでも近くに $f(y) = 0$ をみたす y がある．また, $f(x) = 0$ をみたす x のいくらでも近くに $f(y) = 1$ をみたす y がある．

第 5 章

問 5.1.1 $\sum_{j=1}^{n-1}(a_j - a_{j+1})b_j \stackrel{\text{問 3.2.3}}{=} a_1 b_0 - a_n b_n + \sum_{j=1}^n a_j(b_j - b_{j-1})$. $n \to \infty$ とし, 結論を得る．

問 5.2.1 上に有界な非減少数列は $a_n = a_0 + \sum_{j=1}^n (a_j - a_{j-1})$ と書くことにより (b) の仮定をみたす級数である．

問 5.3.1 n が偶数の場合を述べるが, n が奇数でも同様である．$m \in \mathbb{N}$ に対して示せれば, $m \to \infty$ の極限で $m = \infty$ の場合を得る．そこで, $n = 2k$, $m \in \mathbb{N}$ とする．$m = 2\ell$ (偶数) のとき, $\sum_{j=2k}^{2\ell} a_j = \begin{cases} \sum_{j=k}^{\ell-1}(a_{2j} + a_{2j+1}) + a_{2\ell} \ge 0, \\ a_{2k} + \sum_{j=k+1}^{\ell}(a_{2j-1} + a_{2j}) \le a_{2k}. \end{cases}$ $m = 2\ell + 1$ (奇数) の

とき，$\sum_{j=2k}^{2\ell+1} a_j = \begin{cases} \sum_{j=k}^{\ell}(a_{2j}+a_{2j+1}) \geq 0, \\ a_{2k}+\sum_{j=k+1}^{\ell}(a_{2j-1}+a_{2j})+a_{2\ell+1} \leq a_{2k}. \end{cases}$

問 5.3.2 (a) ⇒ (b) は命題 5.3.1 による．また，(b) ⇒ (c) は $x_n = x_0 + \sum_{j=1}^{n}(x_j - x_{j-1})$ と書くと，右辺の級数は絶対収束することによる．

問 5.3.3 <u>一意性</u>：$x, y \in S$ が不動点なら，$|x-y| = |f(x) - f(y)| \leq r|x-y|$．これが，$r<1$ で成り立つには $x=y$ が必要．<u>存在</u>：x_n はヒントのように定める．このとき，$|x_{n+1} - x_n| = |f(x_n) - f(x_{n-1})| \leq r|x_n - x_{n-1}|$．したがって，極限 $x = \lim_{n\to\infty} x_n$ が存在する（問 5.3.2）．さらに，縮小写像の定義式で $y=x_n, n\to\infty$ とすれば，$f(x_n) \to f(x)$．そこで，$x_n = f(x_{n-1})$ で $n\to\infty$ とし，$x=f(x)$．

問 5.4.1 (i), (ii)：命題 5.4.1 と同様．(iii)：$\sum_{n=0}^{\infty} a_{2n} x^{2n}, \sum_{n=0}^{\infty} a_{2n+1} x^{2n+1}$ が共に絶対収束すれば $f(x)$ も絶対収束するので (i), (ii) に帰着する．

問 5.4.2 (i)：$a_n x^n \xrightarrow{n\to\infty} 0$（命題 5.1.2）．よって，$\exists M \in [0, \infty), \forall n \in \mathbb{N}, |a_n x^n| \leq M < \infty$（系 4.2.4）．したがって，$\sum_{n=0}^{\infty} |a_n| r^n \leq M \sum_{n=0}^{\infty}(r/|x|)^n \overset{(5.6)}{<} \infty$．(ii)：$|x| < r_0$ とする．このとき r_0 の定義から，$\exists r > |x|, \sum_{n=0}^{\infty} |a_n| r^n < \infty$．よって $\sum_{n=0}^{\infty} |a_n| |x|^n < \infty$．次に $|x| > r_0$ とする．もし $f(x)$ が収束するなら，(i) より $r \in (r_0, |x|)$ に対し $\sum_{n=0}^{\infty} |a_n| r^n < \infty$．これは r_0 の定義に反するから，$f(x)$ は収束しない．

問 5.4.3 (i)：$\alpha = 1, \beta = \gamma$ なら $c_n = n!$．(ii)：$\alpha = -m, \beta = \gamma$ なら $c_n = (-1)^n m(m-1)\cdots(m-n+1)$ $(n \leq m), c_n = 0$ $(n \geq m+1)$．

問 5.4.4 (i)：⇐ は明らかなので，⇒ のみ示す．f は偶関数だから $f(x) = \frac{f(x)+f(-x)}{2} \overset{(5.18)}{=} \sum_{n=0}^{\infty} a_{2n} x^{2n}$．これと，係数の一意性（命題 5.4.7）より結論を得る．(ii)：(i) と同様．

問 5.4.5 (i)：問 5.4.2，系 5.4.5 による．(ii)：

$$\sum_{n=N+1}^{M} a_n x^n = \sum_{n=N+1}^{M}(f_n(1) - f(1))x^n - \sum_{n=N+1}^{M}(f_{n-1}(1) - f(1))x^n$$

$$= (f_M(1) - f(1))x^M + \sum_{n=N+1}^{M-1}(f_n(1) - f(1))(x^n - x^{n+1})$$

$$- (f_N(1) - f(1))x^{N+1}.$$

この式を用い，命題 5.4.6 の証明と同様に議論する．(iii)：命題 5.4.4 の証明で (5.15) を用い，$f(x)$ の連続性を示したが，ここでも全く同様に，(i) で示した不等式から $f(x)$ の連続性を得る．

第 6 章

問 6.1.1 (i) は対数の差の評価（命題 6.1.5），(ii) は (i) による．(ii) と階差級数との比較（命題 5.3.1）より $c_n \overset{\text{def}}{=} \sum_{j=1}^{n-1}(\gamma_j - \gamma_{j+1})$ は，ある c に収束する．さらに強単調性（命題 5.1.5）より $c < \sum_{n=1}^{\infty}(\frac{1}{n} - \frac{1}{n+1}) = 1$．以上より $\gamma_n = \gamma_1 - c_n = 1 - c_n \to 1 - c > 0$．

問 6.1.2 $x \geq 0$ と $x \leq 0$ の場合に分け，対数の差の評価（命題 6.1.5）を使えば，ヒントの不等式がわかる．<u>(a) ⇒ (b)</u>：仮定より $|a_n| \to 0$．ゆえに十分大きい n に対し $|a_n| \leq 1/2$．したがって，ヒントの不等式より $|\log(1+a_n)| \leq |a_n|$．<u>(b) ⇒ (a)</u>：仮定より $\log(1+a_n) \to 0$．

よって $a_n = \exp(\log(1+a_n)) - 1 \to 0$. ゆえに十分大きい n に対し $|a_n| \leq 1/2$. したがって, ヒント不等式より $2|a_n|/3 \leq |\log(1+a_n)|$. (b) $\Rightarrow$ (c): (c) は, $\sum_{n=0}^{\infty} \log(1+a_n)$ の収束と同値である.

問 6.1.3 $a_n = n^n/n!$ に対し $a_{n+1}/a_n = \left(1 + \frac{1}{n}\right)^n \to e$. したがって, 問 3.4.6 より $a_n^{1/n} \to e$.

問 6.1.4 ヒントにおいて, $r_n \stackrel{\text{def}}{=} pn! - qs_n(1)n!$ は任意の n に対し正整数. よって $r_n \geq 1$. 一方, ヒントの不等式により $r_n \to 0$. これは矛盾.

問 6.1.5

$$\exp(x) - e_n(x) = \exp\left(\frac{x}{n}\right)^n - \left(1 + \frac{x}{n}\right)^n \stackrel{(1.19)}{\geq} n\left(1 + \frac{x}{n}\right)^{n-1}\left(\exp\left(\frac{x}{n}\right) - 1 - \frac{x}{n}\right)$$

$$\geq n\left(\exp\left(\frac{x}{n}\right) - 1 - \frac{x}{n}\right) \stackrel{(6.1)}{\geq} n \cdot \frac{1}{2}\left(\frac{x}{n}\right)^2 = \frac{x^2}{2n}.$$

問 6.1.6 収束列は有界だから, $r \in [0,\infty)$ を $|x_n|$ の上界とする. このとき,

$$|s_n(x_n) - \exp x| \leq |s_n(x_n) - \exp x_n| + |\exp x_n - \exp x|$$
$$\stackrel{(6.16)}{\leq} \frac{r^{n+1} \exp r}{(n+1)!} + |\exp x_n - \exp x| \longrightarrow 0.$$

$e_n(x_n) \longrightarrow \exp x$ も同様である.

問 6.2.1 $\log a^x \stackrel{(6.18)}{=} x \log a$. よって $(a^x)^y = \exp(y \log a^x) = \exp(xy \log a) = a^{xy}$.

問 6.2.2 $n^{xn}/n! = (n^{x-1} \cdot n/(n!)^{1/n})^n$ と問 6.1.3 による.

問 6.2.3 順に, $1, 0, 0$.

問 6.2.4 (i): $p < q, p = q, p > q$ に応じそれぞれ $0, a_p/b_p, \infty$. (ii): $p < 1, p = 1, p > 1$ に応じそれぞれ $0, 1, \infty$.

問 6.2.5 (i): 全ての $x \in \mathbb{R}$ に対し $f(x) = f(x+0) = f(x) + f(0)$ 特に $x = 0$ として $f(0) = 0$. このとき, 任意の $x \in \mathbb{R}$ に対し

(*) $\quad 0 = f(0) = f(x-x) = f(x) + f(-x)$ ゆえに $f(-x) = -f(x)$.

一方, $q \in \mathbb{Q}$ とする. $q > 0$ なら $q = n/m$, $m, n \in \mathbb{N} \cap [1,\infty)$ と書け,

$$f(n/m) = f(1/m) + f((n-1)/m) = \cdots = nf(1/m).$$

上式で $n = m$ とすると $f(1/m) = (1/m)f(1)$ がわかる. さらにこれを上式に代入して $f(q) = qf(1)$. また, $q < 0$ なら (*) より $f(q) = -f(|q|) = -|q|f(1) = qf(1)$. 以上と, f の連続性, および有理数の稠密性より結論を得る. (ii): $f(x) = \log g(x)$ として (i) に帰着する.

問 6.2.6 $M \in [0,\infty)$ を $|a_n|$ の上界とする. 命題 6.2.1, 例 6.2.4 より $\sum_{n=1}^{\infty} \left|\frac{a_n}{n^s}\right| \leq M \sum_{n=1}^{\infty} \frac{1}{n^{\text{Re}\,s}} < \infty$.

問 6.2.7 (i): $r < r_1 < 1$ なる r_1 をとる. $a_{n+1}/a_n \stackrel{n \to \infty}{\to} r < r_1$. したがって有限個の n を除き $a_{n+1} < r_1 a_n$. これと命題 5.3.1 より結論を得る. (ii): $\frac{1}{a_n} \sum_{j=n}^{\infty} a_j = \sum_{j=n}^{\infty} \left(\frac{j}{n}\right)^p r^{j-n} = \sum_{j=0}^{\infty} \left(\frac{j+n}{n}\right)^p r^j \leq \sum_{j=0}^{\infty} (j+1)^p r^j = r^{-1} \sum_{j=1}^{\infty} a_j < \infty$.

問の略解

問 6.3.1 (i): $x,y \in J$, $\alpha,\beta > 0$, $\alpha+\beta = 1$ とする．このとき，$x' \stackrel{\text{def}}{=} c_1 x + c_2 \in I$, $g(x) = f(x')$, $y' \stackrel{\text{def}}{=} c_1 y + c_2 \in I$, $g(y) = f(y')$. さらに $c_1(\alpha x + \beta y) + c_2 = \alpha x' + \beta y'$ より $g(\alpha x + \beta y) = f(\alpha x' + \beta y')$. ゆえに f が凸なら $g(\alpha x + \beta y) = f(\alpha x' + \beta y') \le \alpha f(x') + \beta f(y') = \alpha g(x) + \beta g(y)$. (ii) も (i) と同様．

問 6.3.2 $x \in [a,b]$ に対し $x = \frac{b-x}{b-a}a + \frac{x-a}{b-a}b$ より，$f(x) \le \frac{b-x}{b-a}f(a) + \frac{x-a}{b-a}f(b) \le f(a) \vee f(b)$. ゆえに $\max_{[a,b]} f \le f(a) \vee f(b)$. 逆の不等号は明らか．

問 6.3.3 $x+y > 0$ としてよい．すると，$x = \frac{x}{x+y}(x+y) + \frac{y}{x+y}0$ より $f(x) \le \frac{x}{x+y}f(x+y) + \frac{y}{x+y}f(0)$. 同様に，$f(y) \le \frac{y}{x+y}f(x+y) + \frac{x}{x+y}f(0)$. これらを加えればよい．

問 6.3.4 (i): f,g に対し (6.22) を適用し，辺々を加えればよい．(ii): f,g は共に非負，凸だから

$$(fg)(\alpha x + \beta y) \le (\alpha f(x) + \beta f(y))(\alpha g(x) + \beta g(y))$$
$$= \alpha^2 (fg)(x) + \alpha\beta f(x)g(y) + \alpha\beta f(y)g(x) + \beta^2 (fg)(y).$$

これと $\alpha - \alpha^2 = \beta - \beta^2 = \alpha\beta$ より

$$\alpha(fg)(x) + \beta(fg)(y) - (fg)(\alpha x + \beta y) \ge \alpha\beta((fg)(x) - f(x)g(y) - f(y)g(x) + (fg)(y))$$
$$= \alpha\beta(f(x) - f(y))(g(x) - g(y)).$$

以上より，等号成立条件も含め結論を得る．

問 6.3.5 (i) を示す ((ii) も同様)．$y,y' \in J$ $(y \ne y')$, $\alpha,\beta > 0$, $\alpha + \beta = 1$ とする．このとき，$y = f(x)$, $y' = f(x')$ をみたす $x,x' \in I$ $(x \ne x')$ が存在し，$f(\alpha x + \beta x') < \alpha f(x) + \beta f(x') = \alpha y + \beta y'$. また，$f^{-1}$ は狭義 ↗（命題 1.4.4）．よって $f^{-1}(\alpha y + \beta y') > f^{-1}(f(\alpha x + \beta x')) = \alpha x + \beta x' = \alpha f^{-1}(y) + \beta f^{-1}(y')$.

問 6.3.6 $a_j > 0$ $(j=1,\ldots,n)$ の場合に示せれば十分．そこで，$a_j = \exp(x_j)$ とし，exp の狭義凸性（命題 6.1.4）と命題 6.3.6 より結論を得る．

問 6.3.7 (i): 問 6.3.6 より $x_j y_j \le |x_j y_j| \le |x_j|^p/p + |y_j|^q/q$. かつ，等号成立 $\iff$ $x_j y_j \ge 0$, $|x_j|^p = |y_j|^q$, $j=1,\ldots,d$. これを j について加えれば結論を得る．(ii): $\varepsilon > 0$, このとき，$u = x/(\|x\|_p + \varepsilon)$, $v = y/(\|y\|_q + \varepsilon)$ に対し $\|u\|_p \le 1$, $\|v\|_q \le 1$ だから (i) より $u \cdot v \le \frac{1}{p} + \frac{1}{q} = 1$. 辺々に $(\|x\|_p + \varepsilon)(\|y\|_q + \varepsilon)$ を掛けて $x \cdot y \le (\|x\|_p + \varepsilon)(\|y\|_q + \varepsilon)$. $\varepsilon \to 0$ として所期不等式を得る．また，等号成立条件も (i) に帰着する．

問 6.4.1 $\cos(x/\mathbf{i}) = \operatorname{ch}(x)$, $\sin(x/\mathbf{i}) = \operatorname{sh}(x)/\mathbf{i}$. したがって，共に非有界．

問 6.4.2 等式：$\sum_{k=0}^{n} \exp(\mathbf{i}kx) = \frac{\exp(\mathbf{i}(n+1)x) - 1}{\exp(\mathbf{i}x) - 1}$ を利用する．

問 6.4.3 等式：$\sum_{n=0}^{\infty} r^n \exp(\mathbf{i}nx) = \frac{1}{1 - r\exp(\mathbf{i}x)}$ の実部・虚部．

問 6.4.4 $x \in \mathbb{C} \setminus \{0\}$ に対し $f(x) \stackrel{\text{def}}{=} (e^x - 1)/x = \sum_{n=0}^{\infty} x^n/(n+1)!$. 右辺の級数は全ての $x \in \mathbb{C}$ に対して絶対収束するので，それを $g(x)$ とおく．$x \in \mathbb{C} \setminus \{0\}$, $x \to 0$ のとき $f(x) = g(x) \stackrel{\text{例 4.2.6}}{\to} g(0) = 1$. $\sin x / x \to 1$, $(1 - \cos x)/x^2 \to 1/2$ も同様にしてわかる．

問 6.4.5 問 5.3.1 と (6.36) による．

問 6.4.6 (1)–(2) は例 6.4.4 の証明からの引用とし，さらに

(5) $\quad f_{2n, 2k+1}(x) = \cos x (1 - \sin^2 x)^{n-1-k} \sin^{2k+1} x,$

(6) $\quad f_{2n+1,2k+1}(x) = (1-\sin^2 x)^{n-k}\sin^{2k+1} x.$

よって $\sin(2nx) \stackrel{(1),(2)}{=} \sum_{k=0}^{n-1}(-1)^k \binom{2n}{2k+1} f_{2n,2k+1}(x) \stackrel{(5)}{=} \cos x S_{2n}(\sin x)$, $\sin((2n+1)x) \stackrel{(1),(2)}{=} \sum_{k=0}^{n}(-1)^k \binom{2n+1}{2k+1} f_{2n+1,2k+1}(x) \stackrel{(6)}{=} S_{2n+1}(\sin x).$

問 6.5.1 (i): $n \in p\mathbb{N}$ なら $\omega^n = 1$ より $\sum_{j=0}^{p-1}\omega^{nj} = p$. $n \notin p\mathbb{N}$ なら $\omega^n \neq 1$, $\sum_{j=0}^{p-1}\omega^{nj} \stackrel{(4.17)}{=} \frac{\omega^{np}-1}{\omega^n-1} = 0$.

(ii): $\sum_{j=0}^{p-1}\exp(\omega^j x) \stackrel{(6.1)}{=} \sum_{j=0}^{p-1}\sum_{n=0}^{\infty}\frac{\omega^{jn}x^n}{n!} = \sum_{n=0}^{\infty}\frac{x^n}{n!}\sum_{j=0}^{p-1}\omega^{jn} \stackrel{(i)}{=} p\sum_{n=0}^{\infty}\frac{x^{np}}{(np)!}.$

問 6.5.2 単射性は系 6.5.4 による. 全射性を示すため, $w \in \mathbb{C}\setminus\{0\}$ を任意とする. $w/|w|$ は単位円周上の点だから, 命題 6.5.6 より, $\exists t \in [c-\pi, c+\pi)$, $w/|w| = e^{\mathrm{i}t}$. したがって, $w = |w|e^{\mathrm{i}t} = e^{\log|w|+\mathrm{i}t}.$

問 6.5.3 (i): $n=0$ で正しいので, $E_0,\ldots,E_{n-1}$ が所期不等式をみたすとする. このとき, $\sum_{k=0}^{n-1}\frac{r^{2n-2k}}{(2n-2k)!} \stackrel{(6.30)}{\leq} \mathrm{ch}\, r - 1 = 1$. よって $\frac{|E_n|}{(2n)!} \leq \sum_{k=0}^{n-1}\frac{|E_k|}{(2n-2k)!(2k)!} \leq \sum_{k=0}^{n-1}\frac{r^{-2k}}{(2n-2k)!} = r^{-2n}$. (ii): 数列 a_n, b_n $(n \geq 0)$ を次のように定める: $a_{2n} = \frac{1}{(2n)!}$, $b_{2n} = \frac{E_n}{(2n)!}$, $a_{2n+1} = b_{2n+1} = 0$. このとき, $\mathrm{ch}\, z = \sum_{n=0}^{\infty}a_n z^n$, $\cos z = \sum_{n=0}^{\infty}(-1)^n a_n z^n$. また, (i) の評価より, べき級数 $f(z) \stackrel{\mathrm{def}}{=} \sum_{n=0}^{\infty}(-1)^n b_n z^n$, $g(z) \stackrel{\mathrm{def}}{=} \sum_{n=0}^{\infty} b_n z^n$ は $|z| < r$ の範囲で絶対収束する. さらに, $c_n \stackrel{\mathrm{def}}{=} \sum_{k=0}^{n}a_{n-k}(-1)^k b_k = (-1)^n \sum_{k=0}^{n}(-1)^{n-k}a_{n-k}b_k$ に対し, E_n の定め方から $c_0 = 1$, $c_n = 0$ $(n \geq 1)$. 以上と命題 6.1.2 より $|z| < r$ の範囲で $f(z)\mathrm{ch}\, z = g(z)\cos z \equiv 1$.

問 6.5.4 (i): $f(t)$ の定義に $\cos 2t = \cos^2 t - \sin^2 t$, $\sin 2t = 2\cos t \sin t$ を代入する. (ii): $x, y \in \mathbb{R}$, $x^2+y^2-2ax = -2a\sqrt{x^2+y^2}$ とすると, $0 \leq x^2+y^2 = 2ax - 2a\sqrt{x^2+y^2} \leq 2ax - 2a\sqrt{x^2+0} \leq 0$. よって $x = y = 0$. (iii): $C_0 \subset C_1$, $C_1 \subset C_0$, $C_1 = C_2$ を順次示す. $(x,y) \in C_0$ なら (i) より $x^2+y^2-2ax = 4a^2(1+\cos t)$, $2a\sqrt{x^2+y^2} = 4a^2(1+\cos t)$. よって $C_0 \subset C_1$. 次に $(x,y) \in C_1$ とし, $t \in \mathbb{R}$ を $\frac{1}{\sqrt{x^2+y^2}}(x,y) = (\cos t, \sin t)$ で定める. このとき, C_1 の定義より $\sqrt{x^2+y^2} = 2a\left(1 + \frac{x}{\sqrt{x^2+y^2}}\right) = 2a(1+\cos t)$. ゆえに $(x,y) = 2a(1+\cos t)(\cos t, \sin t)$. したがって $C_1 \subset C_0$. 最後に, $C_2 = C_1 \cup \{(x,y) \in \mathbb{R}^2\;;\;x^2+y^2-2ax = -2a\sqrt{x^2+y^2}\} \stackrel{\mathrm{(ii)}}{=} C_1$.

問 6.5.5 (i): 左辺, 右辺をそれぞれ C_0, C_1 と記す. $C_0 \subset C_1$ は単純計算. $C_0 \supset C_1$ を示すために $(x,y) \in C_1$ を $(x,y) = (r\cos\theta, r\sin\theta)$ $(r \geq 0, \theta \in (-\pi, \pi])$ と表す. これを $x^3+y^3 = 3axy$ に代入した式から $r = h(\theta)$. また, $x^3+y^3 = 3axy$ の両辺の符号を考慮すると $\{(x,y)\;;\;x \leq 0, y \leq 0, (x,y) \neq (0,0)\} \cap G = \emptyset$. ゆえに $-\frac{\pi}{4} < \theta < \frac{3\pi}{4}$. 以上から $(x,y) \in C_0$.

(ii): $\theta \to -\frac{\pi}{4}$ または $\theta \to \frac{3\pi}{4}$ のとき $\cos\theta\sin\theta \longrightarrow -1/2$. また $(x,y) \in C_1$ なら $3axy = x^3+y^3 = (x+y)(x^2-xy+y^2)$ より $x(\theta)+y(\theta) = \frac{3a\cos\theta\sin\theta}{1-\cos\theta\sin\theta} \longrightarrow -a$.

問 6.6.1 命題 6.4.1 による.

問 6.6.2 単純計算.

問 6.6.3 (i): $n=0$ なら正しいので, $\beta_0,\ldots,\beta_{n-1}$ が所期不等式をみたすとする. こ

のとき，$\sum_{k=0}^{n-1} \frac{r^{n+1-k}}{(n+1-k)!} \stackrel{(6.1)}{\leq} e^r - r - 1 = r$. よって $\frac{|\beta_n|}{n!} \leq \sum_{k=0}^{n-1} \frac{|b_k|}{(n+1-k)!k!} \leq \sum_{k=0}^{n-1} \frac{r^{-k}}{(n+1-k)!} = r^{-(n+1)} \sum_{k=0}^{n-1} \frac{r^{n+1-k}}{(n+1-k)!} \leq r^{-n}$. (ii): 数列 $a_n, b_n (n \geq 0)$ を $a_n = \frac{1}{(n+1)!}$, $b_n = \frac{\beta_n}{n!}$ と定める．このとき，$z \neq 0$ なら $\frac{\exp z - 1}{z} = \sum_{n=0}^{\infty} a_n z^n$. また，(i) の評価より，べき級数 $f(z) = \sum_{n=0} \beta_n z^n$ は $|z| < r$ の範囲で絶対収束する．さらに，$c_n \stackrel{\text{def}}{=} \sum_{k=0}^{n} a_{n-k} b_k$ に対し，β_n の定め方から $c_0 = 1, c_n = 0 \ (n \geq 1)$. 以上と命題 6.1.2 より $0 < |z| < r$ の範囲で $f(z) \frac{\exp z - 1}{z} \equiv 1$. (iii): $g(z) \stackrel{\text{def}}{=} \frac{z}{e^z - 1} + \frac{z}{2} \stackrel{\text{問 6.6.2}}{=} \frac{z}{2 \text{th}(z/2)}$. したがって g は偶関数．一方 (ii) と $\beta_1 = -1/2$ より，$|z| < r$ の範囲で $g(z) = \sum_{n=2}^{\infty} \frac{\beta_n}{n!} z^n$. ゆえに問 5.4.4 より $\beta_{2n+1} \equiv 0 \ (n \geq 1)$.

問 6.6.4 問 6.6.2 より問 6.6.3 に帰着する．

問 6.6.5 (i): T_n, S_n を例 6.4.4, 問 6.4.6 の通りとする．$x \in \mathbb{C} \setminus (\frac{\pi}{2} + \pi \mathbb{Z})$ に対し，

(1) $\begin{cases} \cos nx &= T_n(\cos x) = \sum_{0 \leq k \leq n/2} (-1)^k \binom{n}{2k} \cos^{n-2k} x \sin^{2k} x \\ &= \cos^n x Q_n(\tan x). \end{cases}$

これと，系 6.5.5 より結論を得る．(ii):

$\sin(2nx) \stackrel{\text{問 6.4.6}}{=} \cos x S_{2n}(\sin x) = \sum_{k=0}^{n-1} (-1)^k \binom{2n}{2k+1} \cos^{2n-1-2k} x \sin^{2k+1} x$
$= \cos^{2n} x \, P_{2n}(\tan x),$

$\sin((2n+1)x) \stackrel{\text{問 6.4.6}}{=} S_{2n+1}(\sin x) = \sum_{k=0}^{n} (-1)^k \binom{2n+1}{2k+1} \cos^{2n-2k} x \sin^{2k+1} x$
$= \cos^{2n+1} x \, P_{2n+1}(\tan x).$

したがって，

(2) $\sin(nx) = \cos^n x \, P_n(\tan x).$

(1)–(2) より結論を得る．

問 6.7.1 $\theta \stackrel{\text{def}}{=} \text{Arcsin } y \in [-\frac{\pi}{4}, \frac{\pi}{2}]$ に対し，$\sin \theta = y$, $\cos \theta = \sqrt{1 - y^2}$. よって $x = \frac{\cos \theta - \sin \theta}{\sqrt{2}} \stackrel{(6.37)}{=} \sin(\frac{\pi}{4} - \theta) \in [-1, 1]$. また，$\frac{\pi}{4} - \theta \in [-\frac{\pi}{4}, \frac{\pi}{2}]$, $x = \sin(\frac{\pi}{4} - \theta)$ より Arcsin $x = \frac{\pi}{4} - \theta$.

問 6.7.2 $c_j = \cos \theta_j$, $s_j = \sin \theta_j$, $t_j = \tan \theta_j \ (j = 1, 2)$ とする．($\Rightarrow$): $0 \leq s_1 < \sin(\frac{\pi}{2} - \theta_2) = c_2$. ゆえに $0 \leq x < 1$. 同様に，$0 \leq y < 1$. 一方，$c_2^2 - s_1^2 = c_1^2 - s_2^2$ より，$x \sqrt{\frac{1-y^2}{1-x^2}} = \frac{s_1}{c_2} \sqrt{\frac{1-(s_2/c_1)^2}{1-(s_1/c_2)^2}} = \frac{s_1}{c_1} \sqrt{\frac{c_1^2 - s_2^2}{c_2^2 - s_1^2}} = t_1$. よって $\theta_1 = \text{Arctan}\left(x\sqrt{\frac{1-y^2}{1-x^2}}\right)$. 同様に $\theta_2 = \text{Arctan}\left(y\sqrt{\frac{1-x^2}{1-y^2}}\right)$. ($\Leftarrow$): θ_j の定め方より $0 \leq \theta_j < \frac{\pi}{2}$. また，$t_1 = x\sqrt{\frac{1-y^2}{1-x^2}}$, $t_2 = y\sqrt{\frac{1-x^2}{1-y^2}}$, $c_1 = \sqrt{\frac{1}{1+t_1^2}} = \sqrt{\frac{1-x^2}{1-x^2 y^2}}$, $c_2 = \sqrt{\frac{1}{1+t_2^2}} = \sqrt{\frac{1-y^2}{1-x^2 y^2}}$. ゆえに $s_1/c_2 = t_1 c_1/c_2 = x$. 同様に，$s_2/c_1 = y$. さらに $0 \leq \theta_1 + \theta_2 < \pi$ かつ $\cos(\theta_1 + \theta_2) = c_1 c_2 - s_1 s_2 = (1 - xy) c_1 c_2 > 0$. よって $0 \leq \theta_1 + \theta_2 < \pi/2$.

問 6.7.3 (i): $\theta \stackrel{\text{def}}{=} \text{Arccos } x$ に対し $\cos \theta = x$, $\sin \theta = \sqrt{1 - x^2}$. また $\cos n\theta \stackrel{\text{例 6.4.4}}{=} T_n(\cos \theta)$, $\sin n\theta \stackrel{\text{例 6.4.4}}{=} \sin \theta V_n(\cos \theta)$.

(ii): $\sin nx \stackrel{問\ 6.4.6}{=} \begin{cases} \cos x S_n(\sin x), & (n\ が偶数), \\ S_n(\sin x), & (n\ が奇数). \end{cases}$ 今, $x = \text{Arcsin}\ y\ (|y| \leq \sin\frac{\pi}{2n})$

なら $|nx| \leq \frac{\pi}{2}$ より $nx = \begin{cases} \text{Arcsin}\ (\cos x S_n(\sin x)), & (n\ が偶数), \\ \text{Arcsin}\ S_n(\sin x), & (n\ が奇数). \end{cases}$ さらに $\sin x = y$,

$\cos x \geq 0$, したがって $\cos x = \sqrt{1-y^2}$. 以上より結論を得る. (iii): (ii) と同様に問 6.6.5 に帰着する.

問 6.7.4 P_n, Q_n を問 6.6.5 の多項式とすると, $\frac{P_4(y)}{Q_4(y)} \stackrel{問\ 6.6.5}{=} \tan 4y > -\tan\frac{\pi}{4} = -1$.

したがって $4\text{Arctan}\ y \stackrel{問\ 6.7.3}{=} \text{Arctan}\ \frac{P_4(y)}{Q_4(y)} \stackrel{例\ 6.7.3}{=} \frac{\pi}{4} - \text{Arctan}\ \frac{1-\frac{P_4(y)}{Q_4(y)}}{1+\frac{P_4(y)}{Q_4(y)}}$. 右辺を計算し結論を得る.

問 6.7.5 (i): $\theta = \text{Arcsin}\ x, \varphi = \text{Arcsin}\ y$ とすると,

(1) $\cos S = \cos(\theta + \varphi) \stackrel{(6.37)}{=} \cos\theta\cos\varphi - \sin\theta\sin\varphi = \sqrt{1-x^2}\sqrt{1-y^2} - xy$.

(2) $\text{sgn}\ (S) = \text{sgn}\ (x+y)$.

(3) $\sqrt{1-x^2}\sqrt{1-y^2} \geq xy \iff xy \geq 0, x^2 + y^2 \geq 1$.

これらを用いると, $m = 0, 1$ の場合が次のようにしてわかる:

$(x,y) \in D_0 \stackrel{(3)}{\iff} (1)\ 右辺 \geq 0 \stackrel{(1)}{\iff} \cos S \geq 0 \iff |S| \leq \frac{\pi}{2}$.

$(x,y) \in D_1 \stackrel{(3)}{\iff} \begin{array}{rcl} x+y & \geq & 0, \\ (1)\ 右辺 & \leq & 0 \end{array} \stackrel{(1),(2)}{\iff} \begin{array}{rcl} S & \geq & 0, \\ \cos S & \leq & 0 \end{array} \iff \frac{\pi}{2} \leq S \leq \pi$.

$m = -1$ の場合は $m = 1$ の場合と同様にわかる.

(ii): $m = \pm 1$ に対し,

$S = \frac{m\pi}{2} \stackrel{(i)}{\iff} (x,y) \in D_0 \cap D_m \iff \begin{cases} x, y \geq 0, x^2 + y^2 = 1, & (m=1), \\ x, y \leq 0, x^2 + y^2 = 1, & (m=-1). \end{cases}$

(iii): $x \in D_m$ とする. $S - m\pi \in [-\frac{\pi}{2}, \frac{\pi}{2}]$. さらに,

$$\sin(S - m\pi) = (-1)^m \sin S \stackrel{(6.37)}{=} (-1)^m (\sin\theta\cos\varphi + \cos\theta\sin\varphi)$$
$$= (-1)^m (x\sqrt{1-y^2} + y\sqrt{1-x^2}).$$

両辺の Arcsin をとり (iii) を得る.

問 6.7.6 (i): $\theta = \text{Arctan}\ x, \varphi = \text{Arctan}\ y$ とすると

(1) $\cos S = \cos(\theta + \varphi) \stackrel{(6.37)}{=} \cos\theta\cos\varphi - \sin\theta\sin\varphi = \frac{1-xy}{\sqrt{1+x^2}\sqrt{1+y^2}}$,

(2) $\text{sgn}\ (S) = \text{sgn}\ (x+y)$.

ゆえに

$S = \frac{\pi}{2} \iff \begin{array}{rcl} S & \geq & 0, \\ \cos S & = & 0 \end{array} \stackrel{(1),(2)}{\iff} \begin{array}{rcl} x+y & \geq & 0, \\ (1)\ 右辺 & = & 0 \end{array} \iff x, y > 0, xy = 1$.

他方も同様. (ii) 前半: $m = 0, 1$ の場合が次のようにしてわかる:

$$(x,y) \in D_0 \iff (1) \text{右辺} > 0 \overset{(1)}{\iff} \cos S > 0 \iff |S| < \frac{\pi}{2}.$$

$$(x,y) \in D_1 \iff \begin{array}{c} x+y > 0, \\ (1) \text{右辺} < 0 \end{array} \overset{(1),(2)}{\iff} \begin{array}{c} S > 0, \\ \cos S < 0 \end{array} \iff \frac{\pi}{2} < S < \pi.$$

$m = -1$ の場合は $m = 1$ の場合と同様にわかる. (ii) 後半: $(x,y) \in D_m$ なら $S - m\pi \in (-\frac{\pi}{2}, \frac{\pi}{2})$. さらに $\tan(S - m\pi) = \tan S \overset{\text{例 } 6.6.2}{=} \frac{x+y}{1-xy}$. 両辺の Arctan をとり結論を得る.

問 6.8.1 $y = \text{Arctan } x$ とおくと, $x = \tan y$, $2y \in (-\pi, \pi)$, $\exp(2\mathbf{i}y) = \cos 2y + \mathbf{i}\sin 2y = \frac{1-x^2}{1+x^2} + \mathbf{i}\frac{2x}{1+x^2} = \frac{1+\mathbf{i}x}{1-\mathbf{i}x}$. これと命題 6.8.3(b) より結論を得る.

問 6.8.2 (i): $\exp(\text{Log } z + \text{Log } w) = zw$. これと命題 6.8.3 による. 以下, $\theta = \arg z$, $\varphi = \arg w$ とする. (ii): $\text{Re } z > 0, \text{Re } w \geq 0$ なら $|\theta| < \pi/2, |\varphi| \leq \pi/2$. よって $|\theta + \varphi| < \pi$. (iii): $z, w \notin (-\infty, 0]$, $\text{Im } z \text{ Im } w \leq 0$ なら系 6.8.2 より $\theta\varphi \leq 0$. これと, $\theta, \varphi \in [-\pi, \pi)$ より $\theta + \varphi \in [-\pi, \pi)$.

第 7 章

問 7.1.1 (i): $A = \mathbb{R}, f(x) = \exp x$. (ii): $A = (0,1), f(x) = \exp\left(\frac{1}{1-x} - \frac{1}{x}\right)$.

問 7.1.2 (a) $\Rightarrow$ (b): 仮定より $f(a) = \min_\mathbb{R} f$ なる $a \in \mathbb{R}$ が存在する. この a と任意の $r > 0$ に対し (b) が成立する. (a) $\Leftarrow$ (b): $A = [a-r, a+r]$ は有界閉区間だから, 定理 7.1.1 より $f(c) = \min_A f$ となる $c \in A$ が存在する. 一方, $x \notin A$ なら $|x - a| > r$ より, $f(x) \geq f(a) \geq f(c)$. よって $f(c) = \min_\mathbb{R} f$.

問 7.1.3 f は有界な閉区間 $[0, T]$ 上で最大値 M, 最小値 m をもつ. 一方, 任意の $x \in \mathbb{R}$ に対し $x \in [kT, (k+1)T)$ となる $k \in \mathbb{Z}$ が存在する. この k に対し $x - kT \in [0, T]$ かつ $f(x) = f(x - kT)$. よって $m \leq f(x) \leq M$. ゆえに $M = \max_\mathbb{R} f$, $m = \min_\mathbb{R} f$.

問 7.2.1 (i): b_n は $b_n = a_{k(n)}$ と書くことができる. もし $k(n)$ が有界なら, $\exists m \in \mathbb{N}$, $\forall n \in \mathbb{N}$, $k(n) \leq m$. したがって, $\{b_n\}_{n \in \mathbb{N}} \subset \{a_n\}_{n=0}^m$. ゆえに $b \in \{a_n\}_{n=0}^m$. 一方, もし $k(n)$ が非有界なら, 自然数列 $\ell(n) \to \infty$ を, $k(\ell(n)) \to \infty$ なるように選ぶことができる. このとき, $b_{\ell(n)} = a_{k(\ell(n))}$. $n \to \infty$ として $b = a$. (ii): (i) より $\overline{A} \subset A \cup \{a\}$. また, $\overline{A}$ の定義から $\overline{A} \supset A \cup \{a\}$. (iii): a_n は収束するので $A \cup \{a\}$ は有界である. また (ii) より $A \cup \{a\}$ は閉である. 以上と定理 7.2.2 より $A \cup \{a\}$ はコンパクトである.

問 7.2.2 ヒントの (i), (ii) を示す. (i): K は無限集合なので, 任意の $k(1) \in K$ に対し, $k(2) \in K \cap (k(1), \infty)$ が存在する. このとき K の定義より $a_{k(1)} < a_{k(2)}$. 以下, 帰納的に $a_{k(n)} < a_{k(n+1)}$ ($n = 1, 2, \ldots$) をみたす $k(n) \in \mathbb{N}$ の存在がわかる. (ii): K は有限集合なので, $\ell(1) \in \mathbb{N}, \max K < \ell(1)$ とする. このとき, $\ell(1) \notin K$ より $a_{\ell(1)} \geq a_{\ell(2)}$ となる $\ell(2) > \ell(1)$ が存在し, $\max K < \ell(2)$. 以下, 帰納的に $a_{\ell(n)} \geq a_{\ell(n+1)}$ ($n = 1, 2, \ldots$) をみたす $\ell(n) \in \mathbb{N}$ の存在がわかる.

問 7.2.3 A 内の任意の数列 a_n は, 問 7.2.2 により単調部分列 $a_{k(n)}$ を含む. ところが, この $a_{k(n)}$ は有界でもある. したがって定理 3.5.1 より $a_{k(n)}$ は収束する.

問 7.3.1 $f(x) \overset{\text{def}}{=} (1 + cx)^{1/x}$ は ↘ (例 6.3.5). したがって $f(\infty-)$ が存在する (命題 7.3.4). ところが, $n \in \mathbb{N}$, $n \to \infty$ なら $f(1/n) \to e^c$ (命題 6.1.6). ゆえに $f(\infty-) = e^c$.

問 **7.3.2** $(a,b) \ni x \mapsto f(x-)$ の左連続性を示す（$(a,b) \ni x \mapsto f(x+)$ の右連続性も同様）．また，f は ↗ とする（↘ でも同様）．$c \in (a,b)$ を任意とし，次を言えばよい：

(1) $\sup_{x<c} f(x-) = f(c-)$.

$x \mapsto f(x-)$ は ↗ なので，(1) の $\leq$ を得る．一方，$y < c$ を任意とするとき，$x \mapsto f(x-)$ は ↗ なので，$\sup_{x<c} f(x-) = \sup_{y<x<c} f(x-) \geq f(y)$．$y \to c$ とし，(1) の $\geq$ を得る．

問 **7.3.3** g が上に有界であることは f がそうであることから明らか．また f の右連続性より，任意の $\varepsilon > 0$，任意の $x \in (a,b)$ に対し $y \in [x, x+\delta] \Rightarrow |f(x) - f(y)| < \varepsilon$ をみたす $\delta > 0$ が存在する．したがって，$y \in [x, x+\delta]$ に対し

$$g(x) \leq g(y) \leq \sup_{y \in [x, x+\delta]} f(y) \vee g(x) \leq (f(x) + \varepsilon) \vee g(x) \leq g(x) + \varepsilon.$$

したがって，g も右連続．

問 **7.3.4** ヒントに従う．(i)：$f(a+)$ が存在し有限なので，$\sup_{x \in (a,c]} |f(x) - f(a+)| < 1$ をみたす $c \in (a,b)$ が存在する．よって $a < c \leq s$．(ii)：(i) より $a < s$ なので，$f(s-)$ が存在し有限．したがって，$\sup_{x \in [c,s)} |f(x) - f(s-)| < 1$ をみたす $c \in (a,s)$ が存在する．ところが s の定義から，f は (a,c) 上有界．以上から f は (a,s) 上有界．(iii)：$s < b$ と仮定すると，$f(s+)$ が存在し有限なので $\sup_{x \in (s,c]} |f(x) - f(s+)| < 1$ をみたす $c \in (s,b)$ が存在する．これと (ii) より，f は (a,c) 上有界．これは s の定義に反する．

第 8 章

問 **8.1.1** $f(x) = (f_j(x))_{j=1}^d, g(x) = (g_j(x))_{j=1}^d$ と書くと $f(x) \cdot g(x) = \sum_{j=1}^d f_j(x) g_j(x)$．この式に命題 8.1.5 を適用する．

問 **8.1.2** n に関する帰納法による．

問 **8.1.3** $(\frac{1}{|f(x)|})' = -\frac{f(x) \cdot f'(x)}{|f(x)|^3}$, $(f(x) \frac{1}{|f(x)|})' = f'(x) \frac{1}{|f(x)|} - f(x) \frac{f(x) \cdot f'(x)}{|f(x)|^3}$．

問 **8.1.4** 命題 8.1.7 で $f(y) = \log y$ とする．

問 **8.1.5** $f(x)$ は $x \neq 0$ で可微分，$f'(x) = 2x \sin(1/x) - \cos(1/x)$．また，$\frac{f(h) - f(0)}{h} = h \sin(1/h) \overset{h \to 0}{\longrightarrow} 0$ より $f(x)$ は $x = 0$ でも可微分，$f'(0) = 0$．一方，$x \to 0$ で $x \sin(1/x) \to 0$ かつ $\cos(1/x)$ は $x \to 0$ で極限をもたないから，$f'(x)$ も $x \to 0$ で極限をもたない．ゆえに f' は原点で不連続．

問 **8.1.6** (i)：x^j ($j = 0, 1, \ldots, n-1$) の一次独立性（命題 5.4.7）に帰着する．(ii)：$Dv_0 = cv_0$, $Dv_j = jv_{j-1} + cv_j$ ($j \geq 1$) より，D は V から V 自身への線形写像であり，基底 $\{v_0, \ldots, v_{n-1}\}$ に関する D の表現行列は c を対角成分とする上半三角行列である．ゆえに $c \neq 0$ なら D は全単射である．

問 **8.1.7** (i)：$f(t) - (t,1) = -(\sin t, \cos t)$ による．(ii)：$f'(t) = (1 - \cos t, \sin t)$．一方，$f(\pi) = (\pi, 2)$, $g(t) = (\pi - \sin t, 1 - \cos t)$ より $f(\pi) - g(t) = (\sin t, 1 + \cos t)$．また $\det \begin{pmatrix} 1 - \cos t & \sin t \\ \sin t & 1 + \cos t \end{pmatrix} = 0$．以上より結論を得る．

問 **8.1.8** $|f(t)| = e^{at}$．また $f'(t) = e^{at}(a\cos t - \sin t, a\sin t + \cos t)$ より，$|f'(t)| = e^{at}\sqrt{1+a^2}$, $f(t) \cdot f'(t) = ae^{at}$．よって $\frac{f(t) \cdot f'(t)}{|f(t)||f'(t)|} = \frac{a}{\sqrt{1+a^2}} = \cos\theta$.

問の略解　　　　　　　　　　　　　　　　　　　　　　　　　　　　　　　　449

問 8.2.1　例 8.1.2，例 8.1.6，例 8.1.8，と例 8.2.2 の論法による．

問 8.2.2　(i): 積の微分による．(ii): $(e^{-x^2/2})^{(n+1)} = -(xe^{-x^2/2})^{(n)} \stackrel{(8.5)}{=} -x(e^{-x^2/2})^{(n)} - n(e^{-x^2/2})^{(n-1)}$．両辺に $(-1)^{n+1}e^{x^2/2}$ を掛けて，第一式を得る．これと (i) より第二式を得る．(iii): $H_n''(x) \stackrel{(i)}{=} H_n(x) + xH_n'(x) - H_{n+1}'(x)$, $H_{n+1}' \stackrel{(ii)}{=} (n+1)H_n$．これらを併せ所期等式を得る．

問 8.2.3　(i): $H_n'(x) = \sum_{j=1}^{n} \prod_{\substack{1 \leq k \leq n \\ k \neq j}} (x - a_k)$．よって $H_n'(a_j) = \prod_{\substack{1 \leq k \leq n \\ k \neq j}} (a_j - a_k)$．$a_j > a_k$ ($k = 1, \ldots, j-1$), $a_j < a_k$ ($k = j+1, \ldots, n$) より結論を得る．(ii): 問 8.2.2 より $H_{n+1}(x) = xH_n(x) - H_n'(x)$．ゆえに $H_{n+1}(a_j) = -H_n'(a_j)$．(iii): n が奇数なら $H_{n+1}(x) \stackrel{x \to \pm \infty}{\to} \infty$．また (ii) より $H_{n+1}(a_1) < 0, H_{n+1}(a_2) > 0, \ldots, H_{n+1}(a_n) < 0$．これと中間値定理より結論を得る．$n$ が偶数でも同様にして結論を得る．

問 8.3.1　定理 8.3.1 より任意の $x \in (a,b)$ に対し，次のような $c \in (a,x)$ が存在する：$\frac{f(x)-f(a)}{x-a} = f'(c)$．$x \to a$ とするとき，$c \to a$．これと仮定より，$\frac{f(x)-f(a)}{x-a} \to \ell$．

問 8.3.2　$f(x) = c_0 x + \frac{c_1 x^2}{2} + \cdots + \frac{c_n x^{n+1}}{n+1}$ とおくと，f は多項式だから $f \in C^\infty(\mathbb{R})$, $f'(x) = c_0 + c_1 x + \cdots + c_n x^n$．仮定より $f(0) = f(1) = 0$．よって平均値定理より $f'(x) = 0$ をみたす $x \in (0,1)$ が存在する．

問 8.3.3　$x_n \to \infty$ となる任意の数列 x_n をとる．平均値定理より $f(x_n + 1) - f(x_n) = f'(y_n)$ をみたす $y_n \in (x_n, x_n + 1)$ が存在する．$x_n < y_n$ より $y_n \to \infty$．よって，仮定より $f'(y_n) \to \ell$．以上から $f(x_n + 1) - f(x_n) \to \ell$．

問 8.3.4　$m = 1, \ldots, n$ についての帰納法による．定理 8.3.1 より $m = 1$ の場合がわかる．そこで，$c_0 \stackrel{\text{def}}{=} a_{m-1} < c_1 < \cdots < c_{m-1} < c_m \stackrel{\text{def}}{=} b_{m-1}$, $f^{(m-1)}(c_j) = 0$ ($j = 1, \ldots, m-1$) と仮定する．このとき，$f^{(m-1)}(c_j) = 0$ ($j = 0, \ldots, m$) と定理 8.3.1 より各 (c_{j-1}, c_j) ($j = 1, \ldots, m$) 内に $f^{(m)}$ の零点が存在する．

問 8.3.5　(i): $q_n^{(m)}(x) = ((x+1)^n (x-1)^n)^{(m)}$ とライプニッツの公式 (8.5) より $q_n^{(m)}(x) = (x+1)(x-1) \times (\text{多項式})$ ($0 \leq m \leq n-1$) がわかる．(ii): (i) と問 8.3.4 による．

問 8.3.6　$\delta_f = f(b) - f(a), \delta_g = g(b) - g(a)$ と書く．次の二つを示せばよい：

(1) $\exists c \in (a,b), \delta_f g'(c) = \delta_g f'(c)$．

(2) $g'(c) \neq 0$．

<u>(1) の証明</u>：$F(x) = \delta_g f(x) - \delta_f g(x)$ として $\exists c \in (a,b), F'(c) = 0$ を言えばよい．$F \in C([a,b])$ なので最大・最小値の存在定理 (定理 7.1.1) より $\exists c_1 \in [a,b], F(c_1) = \max_{[a,b]} F$．また，$\exists c_2 \in [a,b], F(c_2) = \min_{[a,b]} F$．$F(c_1) = F(c_2)$ なら，F は定数．したがって全ての $c \in (a,b)$ に対し $F'(c) = 0$．$F(c_1) > F(c_2)$ なら，$F(b) - F(a) = \delta_g \delta_f - \delta_f \delta_g = 0$ により $\{c_1, c_2\} \not\subset \{a,b\}$．したがって，$c \in \{c_1, c_2\} \setminus \{a, b\}$ とすれば $c \in (a,b)$．しかも c は F の最大点または最小点なので，命題 8.3.4 より $F'(c) = 0$．<u>(2) の証明</u>：$g'(c) = 0$ と仮定すれば (a) より $f'(c) \neq 0$．これと (1) から $\delta_g = 0$ となり (b) に反する．

問 8.3.7　(i): 問 8.3.6 より，$\forall x > 0, \exists c \in (0,x), f(x)/g(x) = f'(c)/g'(c)$．ここで $x \to 0$．(ii): $x > 0$ に対し $F(x) = f(1/x), G(x) = g(1/x)$，また $F(0) = G(0) = 0$ と定

めると $F, G \in C([0,\infty)) \cap D([0,\infty))$, $G(x)G'(x) \neq 0$ $(x \neq 0)$. これを用い (i) に帰着させる.

問 8.4.1 仮定と微分の定義から, I 上 $f' \equiv 0$. よって定理 8.4.1 より f は定数.

問 8.4.2 (a) $\Rightarrow$ (b): (a,b) 上 $(e^{-F}u - G)' = e^{-F}(-F'u + u') - G' = 0$. よって定理 8.4.1(c) より $e^{-F}u - G = c$ (定数). (a) $\Leftarrow$ (b): $u' = F'e^F(G+c) + G'e^F = F'u + G'e^F$.

問 8.4.3 (a) $\Rightarrow$ (b): n に関する帰納法による. $n = 1$ の場合は問 8.4.2 より正しい. $n-1$ まで正しいとする. 今, $Q(x) = (x - b_1)^{m_1 - 1}\prod_{j=2}^{r}(x - b_k)^{m_k}$, $v = u' - b_1 u$ とおく. 仮定より $Q(D)v = P(D)u = 0$. よって帰納法の仮定から v は $n-1$ 個の関数 $x^p e^{b_1 x}$ $(0 \leq p \leq m_1 - 2)$, $x^j e^{b_k x}$ $(2 \leq k \leq r, 0 \leq j \leq m_k - 1)$ の線形和. x^p は $\frac{x^{p+1}}{p+1}$ の微分, また $x^j e^{(b_k - b_1)x}$ は $x^i e^{(b_k - b_1)x}$ $(0 \leq i \leq j)$ の適当な線形和の微分である (問 8.1.6). したがって $e^{-b_1 x}v$ は n 個の関数 x^p $(0 \leq p \leq m_1 - 1)$, $x^j e^{(b_k - b_1)x}$ $(2 \leq k \leq r, 0 \leq j \leq m_k - 1)$ の線形和 G を用い G' と表せる. よって $u' - b_1 u = e^{b_1 x}G'$. これと問 8.4.2 より $u = e^{b_1 x}(G + c)$ (c は定数). 右辺は所期線形和である. (b) $\Rightarrow$ (a): $P(D)u$ は u に対し微分作用素 $f \mapsto f' - b_k f$ $(k = 1, \ldots, r)$ をそれぞれ m_k 回施して得られる. 一方 $x^j e^{b_k x}$ は $f \mapsto f' - b_k f$ を j 施すと 0 になる.

問 8.4.4 (i)–(iv) は単純計算. (v) は積の微分による.

問 8.4.5 (i): $x' \times x' \stackrel{問\,8.4.4(i)}{=} 0$, $x \times x'' = -(k/|x|^3)x \times x \stackrel{問\,8.4.4(i)}{=} 0$. よって $a' \stackrel{問\,8.4.4(v)}{=} x' \times x' + x \times x'' = 0$. $x(0)$ と $x'(0)$ は平行でないから $a = x(0) \times x'(0) \neq 0$. (ii): $b' = (1/k)x'' \times a + (x \cdot x'/|x|^3)x - (1/|x|)x' = -(1/|x|^3)x \times a + (x \cdot x'/|x|^3)x - (1/|x|)x' \stackrel{問\,8.4.4(ii)}{=} 0$. (iii): $x \cdot b + |x| = (1/k)x \cdot (x' \times a) \stackrel{問\,8.4.4(iii)}{=} (1/k)(x \times x') \cdot a = (1/k)|a|^2$.

問 8.5.1 単純計算 $((\mathrm{Arccos}\,x)' = -1/\sqrt{1 - x^2}$ と連鎖律を用いる).

問 8.6.1 f^2 の原始関数の一つは,
$$F(x) = \begin{cases} \frac{1}{4}\sin(2x) + \frac{1}{2}x = \frac{1}{2}(\cos x \sin x + x), & f = \cos, \\ -\frac{1}{4}\sin(2x) + \frac{1}{2}x = \frac{1}{2}(-\cos x \sin x + x), & f = \sin, \\ \frac{1}{4}\mathrm{sh}\,(2x) + \frac{1}{2}x = \frac{1}{2}(\mathrm{ch}\,x\,\mathrm{sh}\,x + x), & f = \mathrm{ch}, \\ \frac{1}{4}\mathrm{sh}\,(2x) - \frac{1}{2}x = \frac{1}{2}(\mathrm{ch}\,x\,\mathrm{sh}\,x - x), & f = \mathrm{sh}. \end{cases}$$

問 8.6.2 $p = 0, 1$ に応じ, 次の F_p は求める原始関数である:
$F_0(x) = \frac{1}{a^2\sqrt{3}}\mathrm{Arctan}\,\frac{2x-a}{a\sqrt{3}} + \frac{1}{3a^2}\log(x + a) - \frac{1}{6a^2}\log(x^2 - ax + a^2)$.
$F_1(x) = \frac{1}{a\sqrt{3}}\mathrm{Arctan}\,\frac{2x-a}{a\sqrt{3}} - \frac{1}{3a}\log(x + a) + \frac{1}{6a}\log(x^2 - ax + a^2)$.

問 8.6.3 $p = 0, 1, 2$ に応じ, 次の F_p は求める原始関数である:
$F_0(x) = \frac{1}{2\sqrt{D}}\left(\frac{1}{r}\mathrm{Arctan}\,\frac{x}{r} - \frac{1}{s}\mathrm{Arctan}\,\frac{x}{s}\right)$.
$F_1(x) = \frac{1}{4\sqrt{D}}\log\frac{x^2 + r^2}{x^2 + s^2} = \frac{1}{4\sqrt{D}}\log\frac{ax^2 + b - \sqrt{D}}{ax^2 + b + \sqrt{D}}$.
$F_2(x) = \frac{1}{2\sqrt{D}}\left(s\mathrm{Arctan}\,\frac{x}{s} - r\mathrm{Arctan}\,\frac{x}{r}\right)$.

問 8.6.4 $s \stackrel{\mathrm{def}}{=} \sqrt{\frac{\sqrt{ac}+b}{2a}}$ とする. $p = 0, 1, 2$ に応じ, 次の F_p は求める原始関数である:
$F_0(x) = \frac{1}{8t\sqrt{ac}}\log\frac{x^2 + 2tx + r}{x^2 - 2tx + r} + \frac{1}{4s\sqrt{ac}}\left(\mathrm{Arctan}\,\frac{x+t}{s} + \mathrm{Arctan}\,\frac{x-t}{s}\right)$,
$F_1(x) = \frac{1}{4s\sqrt{ac}}\left(\mathrm{Arctan}\,\frac{x-t}{s} - \mathrm{Arctan}\,\frac{x+t}{s}\right)$,

$F_2(x) = \frac{1}{8\sqrt{ac}} \log \frac{x^2-2tx+r}{x^2+2tx+r} + \frac{t}{4s\sqrt{ac}} \left(\text{Arctan } \frac{x-t}{s} + \text{Arctan } \frac{x+t}{s} \right)$.

問 8.6.5 (i), (ii) ともに $\sqrt{q(x)}$ に対し $\frac{ax+b}{2a}\sqrt{q(x)} - \frac{D}{2a^{3/2}}\log(ax+b+\sqrt{aq(x)})$, $1/\sqrt{q(x)}$ に対し $\frac{1}{\sqrt{a}}\log(ax+b+\sqrt{aq(x)})$.

問 8.6.6 (i): $\frac{1}{2}\log\left(\frac{1+\sin x}{1-\sin x}\right) (= \log\left(\frac{1+\tan\frac{x}{2}}{1-\tan\frac{x}{2}}\right))$. (ii): $\frac{1}{2}\log\left(\frac{1-\cos x}{1+\cos x}\right) (= \log\tan\frac{x}{2})$. (iii): Arctan (sh x). (iv): $\frac{1}{2}\log\left(\frac{\text{ch }x-1}{\text{ch }x+1}\right) (= \log\text{th }\frac{x}{2})$. (v): $2a\sqrt{1-a\cos x}$. (vi): $-2a\sqrt{1-a\sin x}$. (vii): $\frac{-1}{ap(a\tan^p x+b)}$.

問 8.6.7 与えられた関数を $f(x)$, 求める原始関数を $F(x)$ とする. (i): (8.27) の変数変換で, $f(g(t))g'(t) = \frac{1}{2}(1-t^2)$. よって (8.26) より, $F(x) = \frac{1}{2}\tan\frac{x}{2} - \frac{1}{6}\tan^3\frac{x}{2}$. (ii): (8.27) の変数変換で, $f(g(t))g'(t) = \sqrt{\frac{2}{1-t^2}}$. よって (8.26) より, $F(x) = \sqrt{2}\text{Arcsin }\tan\frac{x}{2}$. (iii): (8.28) の変数変換で, $h(t) \overset{\text{def}}{=} f(g(t))g'(t) = \frac{1}{at^4+(a+c)t^2+c}$. (8.26) より, h の原始関数 H により $F(x) = H(\tan x)$. そこでまず H を求める. $a \neq c$ なら, 問 8.6.3 ($D = (a-c)^2/4$, $r = 1 \land \sqrt{c/a}$, $s = 1 \lor \sqrt{c/a}$) より, $H(t) = \frac{1}{c-a}\left(\text{Arctan }t - \sqrt{\frac{a}{c}}\text{Arctan}\left(\sqrt{\frac{a}{c}}t\right)\right)$. $a = c$ なら, (8.21) より $H(t) = \frac{1}{2a}\left(\text{Arctan }t + \frac{t}{1+t^2}\right)$. 以上より $a \neq c$ なら, $F(x) = \frac{1}{c-a}\left(x - \sqrt{\frac{a}{c}}\text{Arctan}\left(\sqrt{\frac{a}{c}}\tan x\right)\right)$. $a = c$ なら $F(x) = \frac{1}{2a}(x + \cos x \sin x)$. (iv): (8.28) の変数変換で, $f(g(t))g'(t) = \frac{1}{(at^2+2bt+c)^2}$. よって (8.26) より, (8.21) の F_3 に対し $F(x) = F_3(\tan x)$. (v): (8.28) の変数変換で, $f(g(t))g'(t) = \frac{t^2}{(at^2+2bt+c)^2}$. よって (8.26) より, (8.23) の F_5 に対し $F(x) = F_5(\tan x)$.

問 8.6.8 $G'(f(x)) = g(f(x)) = x$ より, $F'(x) \overset{\text{連鎖率}}{\underset{\text{積の微分}}{=}} f(x) + xf'(x) - G'(f(x))f'(x) = f(x)$.

問 8.6.9 (i): $x\text{Arcsin }x + \sqrt{1-x^2}$. (ii): $x\text{Arctan }x - \frac{1}{2}\log(1+x^2)$.

問 8.7.1 (8.39) による.

問 8.7.2 例 5.4.3, 例 8.7.4, 例 8.7.5 で, 級数の係数を比較する.

問 8.7.3 (i), (ii) は単純計算. (iii) は (ii) の結果を用い, 例 8.7.4 の証明に倣う. あるいは, (i) の結果に $\log(1 \pm y)$ のべき級数展開 (例 8.7.4) を直接用いてもよい.

問 8.7.4 $f(x) = $ 左辺, $g(x) = $ 右辺とする. $x \in (-1, 1)$ なら $f'(x) \overset{\text{命題 8.7.3}}{=} \sum_{n=1}^{\infty} \frac{x^n}{n} \overset{\text{例 8.7.4}}{=} -\log(1-x) = g'(x)$. これと $f(0) = g(0) = 0$ より $(-1, 1)$ 上で $f = g$. さらに $f \in C([-1, 1])$ (命題 5.4.4), $g \in C([-1, 1])$ と, $(-1, 1)$ 上で $f = g$ であることから, $f(\pm 1) = g(\pm 1)$.

問 8.7.5 問 5.4.1 より $f(x)$ は $|x| < 1$ の範囲で絶対収束する. また, c_n の漸化式は例 8.7.9 で $(p_0, p_1, p_2) = (1, 0, -1)$, $(q_0, q_1) = (0, -1)$, $r_0 = a^2$ の場合なので, 所期の微分方程式を得る.

問 8.8.1 定義 (8.40) に従って単純計算すればよい.

問 8.8.2 命題 8.8.1 を $\alpha = -m$ として適用し, $\binom{-m}{n} = (-1)^n \binom{m+n-1}{n}$ に注意する.

問 8.8.3 例 5.4.3, 命題 8.8.1, 例 8.8.3 の係数を比較する.

問 8.8.4 (i), (ii) は単純計算. (iii) は (ii) の結果を用い, 例 8.7.4 の証明法に倣う.

問 8.9.1 命題 8.1.3 と同様.

問 8.9.2 (i) は問 8.3.1 と同じ問題である. (ii) は (i) と同様.

問 **8.9.3** 命題 8.3.4 の証明に倣う．

問 **8.9.4** できない．実際，べき級数で命題 8.7.8 のように表されるなら，(8.39) および $f^{(m)}(0) = 0$ より全ての $m \in \mathbb{N}$ に対し $a_m = 0$．したがって $f \equiv 0$．これは矛盾．

問 **8.9.5** 例 8.9.3 の f を用い $g(x) = \dfrac{f(R^2-|x|^2)}{f(R^2-|x|^2)+f(|x|^2-r^2)}$ とする．

第 9 章

問 **9.1.1** $x_n \in A_{r,R}$, $x_n \to x$ なら，$|x| = \lim_{n\to\infty} |x_n| \in [r, R]$ より $x \in A_{r,R}$．したがって $A_{r,R}$ は閉である．

問 **9.1.2** 問 3.3.1 と同様．

問 **9.1.3** 補題 3.4.3 と同様．

問 **9.1.4** (i): $y = f(x)$ ($x \in \overline{A} \cap U$) とする．このとき，$\exists x_n \in A$, $x_n \to x$．したがって $f(x_n) \to f(x) = y$．ゆえに $y \in \overline{f(A)} \cap V$．(ii): $x \in \overline{f^{-1}(B)} \cap U$ とする．このとき，$\exists x_n \in f^{-1}(B)$, $x_n \to x$．したがって $f(x_n) \in B$, $f(x_n) \to f(x)$．ゆえに $f(x) \in \overline{B} \cap V$．(iii): (i) より "⊃" を言えばよい．ところが，$g = f^{-1} \in C(V \to U)$ に対し (ii) を適用すると $g^{-1}(\overline{A} \cap U) \supset \overline{g^{-1}(A)} \cap V$，つまり $f(\overline{A} \cap U) \supset \overline{f(A)} \cap V$．

問 **9.2.1** (a) ⇒ (b): 仮定より $f(a) = \min_F f$ なる $a \in F$ が存在する．この a と任意の $r > 0$ に対し (b) が成立する．(a) ⇐ (b): $A = \{x \in F \,;\, |x-a| \leq r\}$ は有界かつ閉だから定理 9.2.1 より $\min_A f = f(c)$ となる $c \in A$ が存在する．一方 $x \in F \setminus A$ なら $|x-a| > r$ だから，$f(x) \geq f(a) \geq f(c)$．よって，$f(c) = \min_F f$．

問 **9.2.2** ヒントの S は有界な閉集合．ゆえに，q は S 上で最小値 c_1，最大値 c_2 をとる (定理 9.2.1)．一方，$x \in S$ なら $q(x) > 0$ なので $c_1, c_2 \in (0, \infty)$．任意の $x \in \mathbb{R}^d \setminus \{0\}$ に対し $\frac{x}{|x|} \in S$ だから $c_1 \leq q(\frac{x}{|x|}) \leq c_2$．両辺に $|x|$ を掛けて所期不等式 ($x = 0$ なら自明) を得る．

問 **9.2.3** 仮定と定理 9.2.1 より f は S 上有界である．したがって，問 4.4.2 より f は原点で連続である．次に $0 \neq x \in \mathbb{R}^d$, $x_n \to x$ とし，$f(x_n) \to f(x)$ を言う．$|x_n| \to |x|$ より $|x_n|^\alpha \to |x|^\alpha$, $x_n/|x_n| \to x/|x|$ (n が十分大きければ $x_n \neq 0$)．よって仮定より $f(x_n) = |x_n|^\alpha f(x_n/|x_n|) \to |x|^\alpha f(x/|x|) = f(x)$．

問 **9.2.4** (i): $f(x, y) = x + y$ ($x, y \in \mathbb{R}^d$) の連続性と定理 9.2.1 による．(ii): $K_1 = \{(x, y) \in \mathbb{R}^2 \,;\, x \geq 0, xy \geq 1\}$, $K_2 = \{(x, y) \in \mathbb{R}^2 \,;\, x \leq 0, xy \leq -1\}$ に対し $K_1 + K_2 = \mathbb{R} \times (0, \infty)$．

問 **9.3.1** 問 7.2.1 と同様である．

問 **9.3.2** "⊂" は問 9.1.4 で既知なので "⊃" を示すため $y \in \overline{f(A)}$ とする．このとき，点列 $x_n \in A$ で $f(x_n) \to y$ なるものが存在する．$\overline{A}$ は有界かつ閉．よって定理 9.3.1 より，$x \in \overline{A}$，および x_n の部分列 $x_{k(n)}$ で $x_{k(n)} \to x$ なるものが存在する．したがって $f(x_{k(n)}) \to f(x)$．$x_{k(n)}$ は x_n の部分列だから $f(x_{k(n)}) \to y$．以上から $y = f(x) \in f(\overline{A})$．

問 **9.3.3** 各 $n \in \mathbb{N}$ に対し $x_n \in A_n$ を選ぶ．$x_n \in A_1$ かつ A_1 はコンパクトだから $x \in A_1$，および x_n の部分列 $x_{k(n)}$ で $x_{k(n)} \overset{n\to\infty}{\longrightarrow} x$ なるものが存在する (定理 9.3.1)．次に $m \in \mathbb{N}$ を任意とするとき，$m \leq k(n)$ をみたす全ての n に対し $x_{k(n)} \in A_m$，かつ A_m は閉だから $x \in A_m$．$m \in \mathbb{N}$ は任意なので $x \in \bigcap_{n \in \mathbb{N}} A_n$．

問 9.3.4 (i): $\max_A f_n = f_n(x_n)$ となる $x_n \in A$ が存在し (定理 9.2.1), $f_n(x_n) \geq M$. (ii): $m \leq M$ は容易. 以下 $m \geq M$ を示す. $A_n \stackrel{\text{def}}{=} \{x \in A ; f_n(x) \geq M\}$ はコンパクト, $A_n \supset A_{n+1} \neq \emptyset$ ($\forall n \in \mathbb{N}$). ゆえに, $\exists x \in \bigcap_{n \in \mathbb{N}} A_n$ (問 9.3.3). この x に対し $m \geq \inf_{n \geq 1} f_n(x) \geq M$.

問 9.4.1 $f(x) = x^p$ ($x \geq 0$) は凹 (系 6.2.2). ゆえに $f(x+y) \leq f(x) + f(y)$ (問 6.3.3). $(x, y) \to (x-y, y)$ とおきかえて結論を得る.

問 9.4.2 (i)–(iii) で $f \in C(D)$ は明らか. $f \notin C_u(D)$ を言うには, $a_n, b_n \in D$ を $a_n - b_n \to 0$ かつ $f(a_n) - f(b_n) \not\to 0$ となるように選べばよい. それらの一例はそれぞれ, (i): $a_n = 1/n$, $b_n = 1/(n+1)$. (ii): $a_n = 1/n$, $b_n = 2/n$. (iii): $a_n = \frac{4n+1}{2}\pi$, $b_n = \frac{4n-1}{2}\pi$.

問 9.4.3 仮定より n が十分大きければ $f'(n) > 0$. そこで $a_n = n + \frac{1}{f'(n)}$, $b_n = n$ とすると $a_n - b_n \to 0$. また, 平均値定理から $f(a_n) - f(b_n) = f'(c_n)(a_n - b_n)$ となる $c_n \in (b_n, a_n)$ が存在し, $f(a_n) - f(b_n) = f'(c_n)(a_n - b_n) \geq f'(n)(a_n - b_n) = 1$.

問 9.4.4 $f \in C_u(D)$ なので, 次のような $\delta > 0$ が存在する. $x, y \in D$, $|x-y| < \delta \Rightarrow |f(x) - f(y)| < 1$. ここで, f が非有界と仮定する. このとき $|f(x_n)| \to \infty$ をみたす点列 $x_n \in D$ が存在する. D は有界だから x_n は収束する部分列 $x_{k(n)}$ をもつ (定理 9.3.1). ゆえに次のような $\ell \in \mathbb{N}$ が存在する : $n \geq \ell \Rightarrow |x_{k(n)} - x_{k(\ell)}| < \delta$. このとき, $n \geq \ell$ に対し $|f(x_{k(n)})| < |f(x_{k(\ell)})| + 1$. 特に $|f(x_{k(n)})|$ は有界である ($|f(x_n)| \to \infty$ と矛盾).

問 9.4.5 $\varepsilon > 0$ に対し次のような $\delta > 0$ が存在する : $x, y \in D$, $|x-y| < \delta \Rightarrow |f(x) - f(y)| < \varepsilon$. 改めて $x, y \in D$ を任意, $n \in \mathbb{N}$ は $(n-1)\delta \leq |x-y| < n\delta$ をみたすとする. $x, y \in D$ を結ぶ線分上に n 等分点 $\{x_j\}_{j=0}^n$ をとり, $x_0 = x$, $x_n = y$, $|x_j - x_{j-1}| < \delta$ ($j = 1, \ldots, n$) とする. このとき, $|f(x) - f(y)| \leq \sum_{j=1}^n |f(x_j) - f(x_{j-1})| < n\varepsilon \leq (\delta^{-1}|x-y| + 1)\varepsilon$.

問 9.4.6 (i): $q > 0$ を f の周期, $q \in [np_0, (n+1)p_0)$ とする. $f(x + np_0) = f(x) = f(x+q)$ の x を $x - np_0$ でおきかえて, $f(x) = f(x + q - np_0)$. よって, もし $q > np_0$ なら, $q - np_0$ は f の周期である. ところが, $q - np_0 < p_0$ だから, これは p_0 の最小性に反する. ゆえに $q = np_0$. (ii): 任意に $M > 0$ を固定し, $[-M, M]$ 上で定数ならよい. $f \in C_u([-M-1, M+1])$ より $\forall \varepsilon > 0$, $\exists \delta > 0$, $x, y \in [-M-1, M+1]$, $|x-y| < \delta$ $\Rightarrow |f(x) - f(y)| < \varepsilon$. そこで $0 < p < \delta \wedge 1$ となる周期 p を選ぶ. また, $x \in [-M, M]$ に対し $x \in [np, (n+1)p)$ となる $n \in \mathbb{Z}$ をとる. このとき, $x, np \in [-M-1, M+1]$, $|x - np| \leq p < \delta$ より, $\varepsilon > |f(x) - f(np)| = |f(x) - f(0)|$. ε は任意だから $f(x) = f(0)$. (iii): 周期全体の集合を P, $p_0 = \inf P$ とする. $p_n \in P$ で $p_n \to p_0$ なるものをとると, 任意の $x \in \mathbb{R}$ に対し $f(x + p_0) = \lim_{n \to \infty} f(x + p_n) = f(x)$. よって $p_0 \in P$. また, (ii) より $p_0 > 0$.

第 10 章

問 10.1.1 (i): $\exp\left(\int_0^1 \log f\right)$. (ii): $\exp\left(\int_0^1 f\right)$.

問 10.2.1 (10.12) より $|I| = |I_1| \cdots |I_d| = \sum_{k_1=1}^{N_1} \cdots \sum_{k_d=1}^{N_d} |D_{1k_1}| \cdots |D_{dk_d}| = \sum_{D \in \Delta} |D|$.

問 10.3.1 区間 $b+I$ の任意の区間分割は, I の区間分割 Δ を用い, $b+\Delta \overset{\text{def}}{=} \{b+D\,;\,D\in\Delta\}$ と表せる. また, $b+\Delta$ の任意の代表は, Δ の代表 $\gamma=\{\gamma_D\,;\,D\in\Delta\}$ を用い, $b+\gamma \overset{\text{def}}{=} \{b+\gamma_D\,;\,D\in\Delta\}$ と表せる. またこのとき, $\mathrm{w}(b+\Delta)=\mathrm{w}(\Delta)$, $s(f_b,b+\Delta,b+\gamma_D)=s(f,\Delta,\gamma)$. ゆえに, $\mathrm{w}(b+\Delta)=\mathrm{w}(\Delta)\to 0$ のとき, リーマン和 $s(f_b,b+\Delta,b+\gamma_D)$ は $\int_I f$ に収束する.

問 10.3.2 条件式より, $f(x)g(x)+f(y)g(y)\ge f(x)g(y)+f(y)g(x)$. これをまず x で, 次いで y で積分する.

問 10.3.3 問 6.3.7 と同様 ($\sum$ を $\int$ におきかえる).

問 10.3.4 命題 6.3.6 より, リーマン和に対し, $\varphi\left(\frac{1}{|I|}s(f,\Delta,\gamma)\right)\le \frac{1}{|I|}s(\varphi\circ f,\Delta,\gamma)$. $\mathrm{w}(\Delta)\to 0$ として結論を得る.

問 10.3.5 $\varepsilon>0$ を任意とする. これに対して $T_0>0$ が存在し, $x\ge T_0$ なら $|f(x)-c|<\varepsilon$. さらに, T_1 が存在し $T>T_1$ なら $\frac{T_0}{T}\sup_{[0,T_0]}|f-c|<\varepsilon$. 以上から $T>T_0\vee T_1$ に対し

$$\left|\frac{1}{T}\int_{[0,T]}f-c\right|\le \frac{1}{T}\int_{[0,T]}|f-c| = \frac{1}{T}\int_{[0,T_0]}|f-c|+\frac{1}{T}\int_{[T_0,T]}|f-c|$$
$$\le \frac{T_0}{T}\sup_{[0,T_0]}|f-c|+\frac{T-T_0}{T}\varepsilon < 2\varepsilon.$$

問 10.3.6 $\varepsilon>0$ を任意とする. これに対し $\delta>0$ が存在し, $x\in B(a,\delta)$ なら $|f(x)-f(a)|<\varepsilon$. また, n が十分大きければ $I_n\subset B(a,\delta)$ なので, $\left|\frac{1}{|I_n|}\int_{I_n}f-f(a)\right|\le \frac{1}{|I_n|}\int_{I_n}|f-f(a)|\le \varepsilon$.

問 10.3.7 f の不連続点の集合 E は有限なので, 適当な区間分割 Δ をとることで $\cup_{D\in\Delta}\mathring{D}\subset I\setminus E$ とできる. このとき, $f\in C_{\mathrm{b}}(\cup_{D\in\Delta}\mathring{D})$ だから定理 10.4.1(b) より $f\in\mathscr{R}(I)$.

問 10.3.8 f は有界なので $M\in(0,\infty)$ を $|f|$ の上界とすると, $|\int_a^b f - \sum_{j=0}^n \int_{a_j}^{a_{j+1}}f| = |\int_{a_{n+1}}^b f|\le M(b-a_{n+1})\overset{n\to\infty}{\longrightarrow}0$. 他方も同様.

問 10.3.9 $n=1,2,\ldots$ に対し $\lfloor\frac{1}{x}\rfloor = n \iff \frac{1}{n+1}<x\le\frac{1}{n}$. よって

$$\int_0^1\left(\frac{1}{x}-\left\lfloor\frac{1}{x}\right\rfloor\right)dx \overset{\text{問 10.3.8}}{=} \sum_{n\ge 1}\int_{\frac{1}{n+1}}^{\frac{1}{n}}\left(\frac{1}{x}-n\right)dx$$
$$= \sum_{n\ge 1}\left(\log(n+1)-\log n-\frac{1}{n+1}\right)$$

上式右辺 $=1-\gamma$ は容易にわかる.

問 10.5.1 (左辺)=(中辺) については $\le$ を言えば十分. ところがこれは, 任意の $x,y\in D$ に対し $|f(x)-f(y)|\le (f(x)-f(y))\vee(f(y)-f(x))\le \sup_{x,y\in D}(f(x)-f(y))$ からわかる. (中辺)=(右辺) は $\sup_{(x,y)\in D\times D}(f(x)-f(y))=\sup_{x\in D}\sup_{y\in D}(f(x)-f(y))$ による.

問 10.5.2 $0\le \overline{s}(f)-\underline{s}(f)\le \overline{s}(h_n)-\underline{s}(g_n)\overset{(10.29)}{=}\int_I h_n-\int_I g_n\le\frac{1}{n}$. n は任意なので $\overline{s}(f)=\underline{s}(f)$. よって定理 10.5.5 より $f\in\mathscr{R}(I)$.

第 11 章

問 11.2.1 ($\Rightarrow$) には，$G(t) = \exp\left(\int_0^t h\right)$ とし，$(F/G)' \equiv 0$ を示す．($\Leftarrow$) は単純計算．

問 11.2.2 仮定より $0 \leq y \leq x$ に対し $\frac{f(y)}{g(y)} \leq \frac{f(x)}{g(x)}$，すなわち $g(x)f(y) \leq f(x)g(y)$．今，$F(x) = \int_0^x f$, $G(x) = \int_0^x g$ とすると，

$$(fG - Fg)(x) = f(x)\int_0^x g - g(x)\int_0^x f = \int_0^x (f(x)g(y) - g(x)f(y))\,dy \geq 0.$$

$\left(\frac{F}{G}\right)' = \frac{F'G - FG'}{G^2} = \frac{fG - Fg}{G^2} \geq 0.$

問 11.2.3 ヒントの方針に従って $F'(t) = e^{-V(t)}\left(-v(t)\int_0^t vu + v(t)u(t)\right) \stackrel{仮定}{\leq} \alpha e^{-V(t)}v(t) = G'(t)$．よって $F - G$ は ↘，かつ $(F - G)(0) = 0$．ゆえに $F \leq G$．

問 11.2.4 $f'(x)$ は任意の有界区間の上で有界，かつ不連続点は一点 ($x=0$) のみである．ゆえに任意の有界区間上で f' は可積分である．以上と定理 11.2.1 より結論を得る．

問 11.2.5 (i): $\left|\frac{x}{(n+x)^{s+1}}\right| \stackrel{(6.19)}{=} \frac{x}{(n+x)^{\mathrm{Re}\,s+1}} \leq \frac{1}{n^{\mathrm{Re}\,s+1}}$．ゆえに $|g_n(s)| \leq \frac{1}{n^{\mathrm{Re}\,s+1}}$．これと例 6.2.4 より $\sum_{n=1}^\infty |g_n(s)|$ は収束する．(ii): $-\frac{1}{s-1}\frac{1}{(n+x)^{s-1}} + \frac{n}{s}\frac{1}{(n+x)^s}$ は $\frac{x}{(n+x)^{s+1}}$ の原始関数である．これを用い，定積分 $g_n(s)$ が求まる．(iii): 問 5.1.1 を，$a_n = n^{-s}$, $b_n = n$ として適用する．(iv): (ii) の等式を n について加え，(iii) に注意する．

問 11.3.1 $I \stackrel{\mathrm{def}}{=} \int_0^T xf(x)\,dx = \int_0^T (T-x)f(T-x)\,dx = T\int_0^T f - I$.

問 11.3.2 (i): $\int_0^x f(y)dy \stackrel{y = a\sin t}{=} a^2 \int_0^t \cos^2 s\,ds \stackrel{問\,8.6.1}{=} \frac{a^2}{2}(\cos t \sin t + t) = \frac{1}{2}xf(x) + \frac{a^2}{2}\mathrm{Arcsin}\,\frac{x}{a}$．(ii): $\frac{1}{2}xf(x) + \frac{a^2}{2}\mathrm{sh}^{-1}\frac{x}{a}$（計算は (i) と同様）．(iii): $\frac{1}{2}xf(x) + \frac{a^2}{2}\mathrm{ch}^{-1}\frac{x}{a}$（計算法は (i) と同様）．

問 11.3.3 (i): 部分積分より $I \stackrel{\mathrm{def}}{=} \int_0^x f = xf(x) + \int_0^x \frac{y^2\,dy}{f(y)}$．ところが，$\int_0^x \frac{y^2\,dy}{f(y)} = \int_0^x \frac{-(a^2-y^2)+a^2}{f(y)}\,dy = -I + a^2\mathrm{Arcsin}\,\frac{x}{a}$．これを前式に代入し，$I$ について解けばよい．(ii), (iii) も同様．

問 11.3.4 $\theta > 0$ のとき，ヒントの等式より，

$$2\int_a^b f(x)e^{2\pi i\theta x}dx = \int_a^b f(x)e^{2\pi i\theta x}dx - \int_{a-\delta}^{b-\delta} f(x+\delta)e^{2\pi i\theta x}dx$$
$$= \int_{b-\delta}^b f(x)e^{2\pi i\theta x}dx + \int_a^{b-\delta}(f(x)-f(x+\delta))e^{2\pi i\theta x}dx - \int_{a-\delta}^a f(x+\delta)e^{2\pi i\theta x}dx.$$

これより，示すべき不等式を得る．$\theta < 0$ のときも同様．

問 11.3.5

$$\int_a^b fG = \int_a^b F'G \stackrel{部分積分}{=} [FG]_a^b - \int_a^b FG' \stackrel{ヒント}{=} [FG]_a^b - F(c)[G]_a^b$$
$$= G(b)[F]_c^b + G(a)[F]_a^c = G(b)\int_c^b f + G(a)\int_a^c f.$$

問 11.3.6 $I(f) \stackrel{\mathrm{def}}{=} \int_0^\pi f\sin = f(0) + f(\pi) + \int_0^\pi f'\cos = f(0) + f(\pi) - I(f'')$．これを n 回繰り返すと，$I(f) = \sum_{m=0}^n (-1)^m(f^{(2m)}(0) + f^{(2m)}(\pi)) + (-1)^{n-1}I(f^{(2n+2)})$．ところが，$I(f^{(2n+2)}) = 0$．

問 11.3.7 (i), (ii) は容易．(iii) は (i), (ii) の帰結．(iv): $[0,r]$ 上 $0 \leq f_n \leq r^n p^n/n!$ より，$|I(f_n)| \leq \int_0^r |f_n \sin| \leq \int_0^r f_n \leq r^{n+1}p^n/n! \longrightarrow 0$. (v): (iii) より $0 \leq m \leq 2n$ に対し $f_n^{(m)}(0), f_n^{(m)}(\pi) \in \mathbb{Z}$. ゆえに問 11.3.6 より $I(f_n) \in \mathbb{Z}$. ところが $(0, \pi)$ 上 $f_n \sin > 0$ なので，連続関数の積分の強単調性より $I(f_n) > 0$.

問 11.3.9 例 11.3.7 証明中の $t_n - t_{n+1}$ の評価より $0 \leq t_n - t \leq \frac{4}{n}$. また，$t \leq t_n \leq 1$ と (6.8) より $0 \leq s_n - s \leq e(t_n - t)$.

問 11.3.8 (i): $r_n = \prod_{j=1}^n \frac{(j-1)(j+1)}{j^2} = \frac{1}{2} \frac{n+1}{n} \longrightarrow \frac{1}{2}$. (ii): $p_n = \prod_{j=1}^n \frac{(2j-1)(2j+1)}{(2j)^2} = \left(\frac{(2n-1)!!}{(2n)!!}\right)^2 (2n+1) \stackrel{(11.10)}{=} \left(\frac{2a_{2n}}{\pi}\right)^2 (2n+1) \stackrel{(11.11)}{\longrightarrow} \frac{2}{\pi}$. (iii): $p_n q_n = r_{2n}$. よって (i), (ii) より結論を得る．

問 11.3.10 例 11.3.7 の証明中 $s = \sqrt{2\pi}$ を示すために用いた等式で，$s_n \longrightarrow \sqrt{2\pi}$ とする．

問 11.4.1 任意の $a, x \in I$ に対し，定理 11.4.1 より，
$$\left| f(x) - \sum_{m=0}^{n-1} \frac{f^{(m)}(a)}{m!}(x-a)^m \right| = |r_{n,a}(x)| \leq \frac{L_a^n}{n!} \max_I |f^{(n)}|.$$
これより (11.20)，したがって (11.21) が成立する．

問 11.4.2 (11.16) より $(b-a)^{-n} \left(f(b) - \sum_{m=0}^{n-1} \frac{f^{(m)}(a)(b-a)^m}{m!} \right) = \frac{f^{(n)}(c)}{n!}$. $b \to a$ として，結論を得る．

問 11.4.3 実部，虚部を分けることにより，f は実数値としてよい．このとき定理 11.4.1 より $f(a \pm h) - f(a) = \pm f'(a)h + \frac{1}{2} f''(a \pm \theta_\pm h)h^2$ をみたす $\theta_\pm \in (0,1)$ が存在する．よって $h^{-2}(f(a+h) + f(a-h) - 2f(a)) = \frac{1}{2}(f''(a + \theta_+ h) + f''(a - \theta_- h))$. $h \to 0$ として，結論を得る．

問 11.4.4 ヒントの方針を実行する．
(1) $f^{(k)}(x) = f^{(k)}(a) + \int_a^x f^{(k+1)}$.
(1) で $k = 0$ とおいて，(11.17) を得る．
$$\begin{aligned} s_{a,k}(x) &= \int_a^x dx_1 \int_a^{x_1} dx_2 \cdots \int_a^{x_{k-1}} f^{(k)}(x_k) dx_k \\ &\stackrel{(1)}{=} \int_a^x dx_1 \int_a^{x_1} dx_2 \cdots \int_a^{x_{k-2}} dx_{k-1} \int_a^{x_{k-1}} \left(f^{(k)}(a) + \int_a^{x_k} f^{(k+1)} \right) dx_k \\ &= f^{(k)}(a) \int_a^x dx_1 \int_a^{x_1} dx_2 \cdots \int_a^{x_{k-1}} dx_k + s_{a,k+1}(x). \end{aligned}$$
上式と $\int_a^x dx_1 \int_a^{x_1} dx_2 \cdots \int_a^{x_{k-1}} dx_k = (x-a)^k/k!$ に注意し，(11.18) を得る．

問 11.4.5 (左辺) $\stackrel{(11.15)}{=} |r_{n,a}(x)| \stackrel{(11.18)}{\leq} |r_{n-1,a}(x)| + \frac{|f^{(n-1)}(a)||x-a|^{n-1}}{(n-1)!} \stackrel{\text{系 11.4.2}}{\leq} \frac{2M_{n-1}|x-a|^{n-1}}{(n-1)!}$.

第 12 章

問 12.1.1 被積分関数はいずれも原始関数が求まる ((i), (ii) は例 8.6.3，(iii) は問 8.6.2，(iv) は問 8.6.4 参照)．したがって，それぞれの不定積分において積分範囲の極限をとればよい．

問 **12.1.2** 例 12.1.1 で $c = s - \mathrm{i}t$ とし,実部・虚部をとる.

問 **12.1.3** $\int_u^v f = \int_a^b f - \int_v^b f$ だが,補題 12.1.6 より右辺の各項は $u, v \to b$ で 0 に収束する.

問 **12.1.4** $\left|\int_a^b f - \sum_{j=0}^n \int_{a_j}^{a_{j+1}} f\right| \stackrel{\text{補題 12.1.6(a)}}{=} \left|\int_{a_{n+1}}^b f\right| \stackrel{\text{補題 12.1.6(c)}}{\longrightarrow} 0 \ (n \to \infty)$.

問 **12.2.1** $\sin^2 x = \frac{1-\cos 2x}{2}$ より,$\int_u^v \frac{\sin^2 x}{x^{p+1}} dx = \frac{1}{2} \int_u^v \frac{1-\cos 2x}{x^{p+1}} dx \stackrel{x=y/2}{=} 2^{p-1} \int_{2u}^{2v} \frac{1-\cos y}{y^{p+1}} dy$. $u \to 0, v \to \infty$ とすると,上式右辺は $2^{p-1} I_2$ に収束する.したがって左辺も収束し $I_3 = 2^{p-1} I_2$. また,$\int_u^v \frac{\cos x}{x^p} dx = \int_u^v \frac{(\sin x)'}{x^{p-1}} dx = \left[\frac{\sin x}{x^{p-1}}\right]_u^v + (p-1) \int_u^v \frac{\sin x}{x^p} dx$. $|\sin x| \leq 1 \wedge |x|$ に注意して $u \to 0, v \to \infty$ とすると,上式右辺は $(p-1) I_1$ に収束する.したがって左辺も収束し $I_4 = (p-1) I_1$.

問 **12.2.2** I_1 について示すが,他についても同様である.まず $p \leq 0$ の場合.$a_n = 2n\pi + \frac{\pi}{4}$, $b_n = 2n\pi + \frac{3\pi}{4}$ とすると,$a_n, b_n \to \infty$. また,$x \in [a_n, b_n]$ に対し $\sin x \geq \frac{1}{\sqrt{2}}$. よって $\int_{a_n}^{b_n} \frac{\sin x}{x^p} dx \geq \frac{1}{\sqrt{2}(|p|+1)} \left[x^{|p|+1}\right]_{a_n}^{b_n} \not\longrightarrow 0 \ (n \to \infty)$. よって I_1 は収束しない(問 12.1.3).次に $p \geq 2$ の場合.$\lim_{x \to 0} \frac{\sin x}{x} = 1$ より次のような $c \in (0, 1)$ が存在する: $x \in (0, c)$ なら $\frac{1}{2} \leq \frac{\sin x}{x}$. したがって,$f(x) = \frac{\sin x}{x^p}$ に対し $x \in (0, c)$ なら $\frac{1}{2x^{p-1}} \leq f(x)$. 例 12.1.7,系 12.2.6 より,$\int_0^1 f$ は,$p - 1 \geq 1$ なら収束しない.したがって $\int_0^\infty f$ も収束しない.

問 **12.2.3** $\Rightarrow$ は明らか.$\Leftarrow$ を示すために $J < \infty$ を仮定する.例 12.2.8 で述べたように $\int_{n\pi}^{(n+1)\pi} |\sin| = 2$. ゆえに $\int_{n\pi}^{(n+1)\pi} |f \sin| \geq f((n+1)\pi) \int_{n\pi}^{(n+1)\pi} |\sin| = 2f((n+1)\pi)$. したがって,$\infty > J \geq \sum_{n=0}^\infty \int_{n\pi}^{(n+1)\pi} f \geq \sum_{n=0}^\infty f((n+1)\pi)$. ゆえに例 12.2.9 より $\int_0^\infty f(\pi x) dx < \infty$. よって $\int_0^\infty f < \infty$.

問 **12.2.4** $x > 0$ を固定し $f(y) = \frac{x}{1+x^2 y^2}$ とすると例 12.2.9 と同様にして積分と級数を比較して,$S(x) - \frac{x}{1+x^2} = \sum_{n=2}^\infty f(n) \leq \int_1^\infty f \leq \sum_{n=1}^\infty f(n) = S(x)$. 一方 $\int_1^\infty f = \frac{\pi}{2} - \mathrm{Arctan} x$.

問 **12.3.1** 命題 12.3.1 を用いる.

問 **12.3.2** (i): 問 12.3.1 (ii) で $f(x) = (\log x)^{2n+1}$ とし,$I = -I$. よって $I = 0$. (ii): 問 12.3.1 (iii) で $f = 1/\mathrm{ch}$ とし,$I = J \stackrel{\text{問 8.6.6}}{=} \pi/2$. (iii): 問 12.3.1 (iv) で $f(x) = px^{p-1}$ とし,$I = J = (\pi/2)^p$.

問 **12.3.3** (左辺) $\stackrel{y=\mathrm{Arccos} \, x}{=} 2 \int_0^\pi \cos ay \cos by \, dy = 2 \int_0^\pi (\cos((a+b)y) + \cos((a-b)y)) dy =$ (右辺).

問 **12.3.4** 積分を I_n とする.ヒントの変数変換で $I_n = I_{n-1} = \cdots = I_0 = \int_1^\infty \frac{dx}{x^{1+\varepsilon}}$. したがって例 12.1.7 より結論を得る.

問 **12.3.5** 例 12.2.9 と問 12.3.4 $(n = 1)$ による.

問 **12.3.6** $r < q - 1$ ($x^q = y$ と変数変換し,例 12.2.7,問 12.2.2 の結果を用いる).

問 **12.3.7** $y = (x-m)/\sqrt{2v}$ と変数変換し,例 12.3.2,例 12.3.4 の結果を用いる.

問 **12.3.8** (i): $y^{-2n} e^{-y^2/2} = -y^{-2n-1} (e^{-y^2/2})'$ に注意し部分積分.(ii): $I_n(x) > 0$ かつ $I_0(x) \stackrel{\text{i)}}{=} x^{-1} e^{-x^2/2} - I_1(x) \stackrel{\text{i)}}{=} (x^{-1} - x^{-3}) e^{-x^2/2} + 3 I_2(x)$.

問 **12.3.9** $I(a, b)$ の定義(例 12.3.7)で $x = b \tan \theta$ と変数変換する.

問 **12.4.1** (i): $y = (1-x)/x$ と置換.(ii): $y = x^t$ と置換.(iii): $B(s, s) = 2 \int_0^{1/2} (x(1-$

$x))^{s-1}dx$ を $y = 4x(1-x)$ と置換.

問 12.4.2 問 12.1.1 と例 12.4.4 による.

問 12.4.3 (12.31):
$$B(s+1,t) = \int_0^1 x^s(1-x)^{t-1}\,dx = -\frac{1}{t}\underbrace{[x^s(1-x)^t]_0^1}_{=0} + \frac{s}{t}\underbrace{\int_0^1 x^{s-1}(1-x)^t\,dx}_{=B(s,t+1)}$$
となり，第一式を得る．また第一式と (12.27) より第二式を得る．

(12.32): $B(s+1,t) = \int_0^1 \underbrace{x^s}_{=(1-(1-x))x^{s-1}}(1-x)^{t-1}\,dx = B(s,t) - \underbrace{B(s,t+1)}_{=\frac{t}{s}B(s+1,t)}$ となり,

第一式を得る．また第一式と (12.27) より第二式を得る．

(12.33): (12.32) を繰り返し用いる．

問 12.4.4 変数変換：$x = a + (b-a)y$ による．

問 12.4.5 (12.20), (12.33) による．

第 13 章

問 13.1.1 (i): $E \stackrel{\text{def}}{=} \mathring{D}$ に対し $\mathring{E} = E$ を言う．一般に $\mathring{E} \subset E$ だから逆を言えばよい. $x \in E$ なら $\exists \varepsilon > 0$, $B(x, \varepsilon) \stackrel{\text{def}}{=} \{y \in \mathbb{R}^d\,;\,|y-x| < \varepsilon\} \subset D$. ゆえに $\forall y \in B(x, \varepsilon/2)$ に対し，$B(y, \varepsilon/2) \subset D$. したがって $B(x, \varepsilon/2) \subset \mathring{D} = E$. 以上から $x \in \mathring{E}$. (ii): ($\subset$): $x \in \mathbb{R}^d \setminus \mathring{D}$ なら $\forall n \geq 1, \exists x_n \in \mathbb{R}^d \setminus D, |x - x_n| < 1/n$. このとき, $x_n \to x$ より $x \in \overline{\mathbb{R}^d \setminus D}$. ($\supset$): $x \in \overline{\mathbb{R}^d \setminus D}$ なら，$\exists x_n \in \mathbb{R}^d \setminus D, x_n \to x$. よって $x \in \mathbb{R}^d \setminus \mathring{D}$. (iii): (ii) から容易にわかる．

問 13.1.2 (i): $x \in \mathring{A}$ なら $\exists r > 0, B_d(x, r) \subset A$ ((4.27) 参照). よって, $B_d(x, r) \subset B$. (ii): (i) と同様に考えればよい．(iii): $A \cup B \supset A$ と (i) より $(A \cup B)^\circ \supset \mathring{A}$. 同様に $(A \cup B)^\circ \supset \mathring{B}$. $A = [0,1], B = [1,2]$ に対し $(A \cup B)^\circ = (0,2), \mathring{A} \cup \mathring{B} = (0,1) \cup (1,2)$. (iv): $A \cap B$ については (ii), $A \cup B$ については (iii) からわかる．

問 13.1.3 (i): $x \in f^{-1}(\mathring{B})$, すなわち $f(x) \in \mathring{B}$ とする．このとき, $\exists \varepsilon > 0, B_m(f(x), 2\varepsilon) \subset B$, したがって $B_m(f(x), \varepsilon) \subset \mathring{B}$. U が開であることと f の連続性より $\exists \delta > 0, B_d(x, \delta) \subset U$, $f(B_d(x, \delta)) \subset B_m(f(x), \varepsilon)$ ((4.27) 参照). よって $f(B_d(x, \delta)) \subset \mathring{B}$, すなわち $B_d(x, \delta) \subset f^{-1}(\mathring{B})$. 以上から $f^{-1}(\mathring{B})$ は開である．$f^{-1}(\mathring{B})$ は $f^{-1}(B)$ に含まれる開集合だから, $f^{-1}(B)^\circ$ にも含まれる．(ii): $y \in f(A)^\circ$ とする．このとき $\exists \varepsilon > 0, B_m(y, \varepsilon) \subset f(A)$. ここで $y = f(x)$ $(x \in A)$ とすると，U が開であることと f の連続性より $\exists \delta > 0$, $B_d(x, \delta) \subset U$, $f(B_d(x, \delta)) \subset B_m(y, \varepsilon)$. 以上から $f(B_d(x, \delta)) \subset f(A)$. これと, f の単射性より $B_d(x, \delta) \subset A$. 以上より $x \in \mathring{A}$. したがって $y \in f(\mathring{A})$. f が単射でない場合の反例として, $A = [-1, 0) \cup [1, 2), f(x) = |x|$. このとき, $\mathring{A} = (-1, 0) \cup (1, 2)$, $f(\mathring{A}) = (0, 1) \cup (1, 2)$. 一方, $f(A) = (0, 2)$. したがって, $f(A)^\circ = (0, 2)$. (iii): (ii) より "⊃" を言えばよい．ところが (i) を $g = f^{-1}$ に適用し, $g^{-1}(A)^\circ \supset g^{-1}(\mathring{A})$, すなわち $f(A)^\circ \supset f(\mathring{A})$.

問 13.1.4 (13.7) が $C = 0$ に対して成立する．

問 13.1.5 (i): $(3x^2 - 3y, 3y^2 - 3x)$. (ii): $(4x^3 - 20x + 16y, 4y^3 - 20y + 16x)$.

(iii): $(2x(a_1+b_1(a_1x^2+a_2y^2))e^{b_1x^2+b_2y^2}, 2y(a_2+b_2(a_1x^2+a_2y^2))e^{b_1x^2+b_2y^2})$. (iv): $\begin{pmatrix} \cos y & -x\sin y \\ \sin y & x\cos y \end{pmatrix}$. (v): $\begin{pmatrix} 1 & 1 \\ y & x \end{pmatrix}$. (vi): $\begin{pmatrix} \operatorname{sh} x\cos y & -\operatorname{ch} x\sin y \\ \operatorname{ch} x\sin y & \operatorname{sh} x\cos y \end{pmatrix}$. (vii): $\begin{pmatrix} \cos x/\cos y & \sin x\sin y/\cos^2 y \\ \sin x\sin y/\cos^2 x & \cos y/\cos x \end{pmatrix}$.

問 13.1.6 (i): $(x^2-y-z, y^2-z-x, z^2-x-y)$. (ii): $(2x-y+1, 2y-x, 2z-2)$.
(iii): $(ye^{xy}+ze^{xz}-yze^{xyz}, xe^{xy}+ze^{yz}-zxe^{xyz}, ye^{yz}+xe^{zx}-xye^{xyz})$.

問 13.1.7 左辺 $=L$, 右辺 $=R$ とする. $\begin{pmatrix}x\\y\end{pmatrix} \in L$ とする. $t_j = x_j - a_j$ とすると, $y - f(a) = f'(a)(x-a) = \sum_{j=1}^d \partial_j f(a)(x_j-a_j) = \sum_{j=1}^d \partial_j f(a) t_j$. ゆえに $\begin{pmatrix}x\\y\end{pmatrix} \in R$. 逆に $\begin{pmatrix}x\\y\end{pmatrix} \in R$ とする. このとき, $t_j = x_j - a_j$ なので, $y - f(a) = \sum_{j=1}^d \partial_j f(a) t_j = \sum_{j=1}^d \partial_j f(a)(x_j - a_j) = f'(a)(x-a)$. ゆえに $\begin{pmatrix}x\\y\end{pmatrix} \in L$.

問 13.2.1 (i): $(\cos y(\partial_x f \circ g) + \sin y(\partial_y f \circ g), -x\sin y(\partial_x f \circ g) + x\cos y(\partial_y f \circ g))$.
(ii): $((\partial_x f \circ g) + y(\partial_y f \circ g), (\partial_x f \circ g) + x(\partial_y f \circ g))$.

問 13.2.2 (a) $\Rightarrow$ (b): 任意の x に対し連鎖律より,

$$\frac{d}{dt}u(t,x+g(t)) = \partial_t u(t,x+g(t)) + \sum_{j=1}^d \partial_{x_j} u(t,x+g(t))g'_j(t) = 0.$$

ゆえに $u(t,x+g(t)) = u(0,x+g(0))$. x は任意なので, x を $x-g(t)$ におきかえて (b) を得る.
(a) $\Leftarrow$ (b): $u(t,x) = u(0,x+g(0)-g(t))$ と連鎖律より,

$$\partial_t u(t,x) = -\sum_{j=1}^d g'_j(t)\partial_{x_j} u(0,x+g(0)-g(t)) = -\sum_{j=1}^d g'_j(t)\partial_{x_j} u(t,x).$$

問 13.2.3 (i): 任意の $(x,y) \in \mathbb{R}^2$ に対し
(1) $(r,\theta) \in [0,\infty) \times (-\pi,\pi]$, $\begin{pmatrix}x\\y\end{pmatrix} = g(r,\theta)$
をみたす (r,θ) の存在を言う. まず $(x,y) \in [-1,1] \times \{0\}$ とする. このとき, $r=0$, かつ $\theta \in (-\pi,\pi]$ を $x = \cos\theta$ をみたすようにとり (1) を得る. そこで以下, $(x,y) \in \mathbb{R}^2 \setminus ([-1,1] \times \{0\})$ とし, (1) をみたす (r,θ) $(r>0)$ が唯一存在することを言う. $y=0$ なら $|x|>1$. よって $\exists 1 r > 0, |x| = \operatorname{ch} r$. また, x の正負に応じ $\theta = 0, \pi$ とすれば (1) をみたす唯一の (r,θ) $(r>0)$ を得る. $y \neq 0$ なら $f(r) \stackrel{\text{def}}{=} \frac{x^2}{\operatorname{ch}^2 r} + \frac{y^2}{\operatorname{sh}^2 r}$ は $r>0$ について狭義 $\searrow$, $f(r) \stackrel{r\to 0}{\to} \infty$, $f(r) \stackrel{r\to\infty}{\to} 0$. ゆえに $\exists 1 r > 0, f(r) = 1$. この r に対し, $\exists 1 \theta \in (-\pi,\pi]$, $(\cos\theta, \sin\theta) = (x/\operatorname{ch} r, y/\operatorname{sh} r)$. こうして (1) をみたす唯一の (r,θ) $(r>0)$ を得る. (ii): (i) の議論の $(x,y) \in \mathbb{R}^2 \setminus ([-1,1] \times \{0\})$ の場合より, 所期全単射性を得る. (13.16), (13.17) にあたる式は:

$$\begin{aligned}
(f \circ g)_r &= \operatorname{sh} r \cos\theta f_x \circ g + \operatorname{ch} r \sin\theta f_y \circ g, \\
(f \circ g)_\theta &= -\operatorname{ch} r \sin\theta f_x \circ g + \operatorname{sh} r \cos\theta f_y \circ g, \\
f_x \circ g &= \tfrac{1}{\operatorname{sh}^2 r + \sin^2 \theta}\left(\operatorname{sh} r \cos\theta(f \circ g)_r - \operatorname{ch} r \sin\theta(f \circ g)_\theta\right), \\
f_y \circ g &= \tfrac{1}{\operatorname{sh}^2 r + \sin^2 \theta}\left(\operatorname{ch} r \sin\theta(f \circ g)_r + \operatorname{sh} r \cos\theta(f \circ g)_\theta\right).
\end{aligned}$$

問 13.2.4 $c_j = \cos\theta_j$, $s_j = \sin\theta_j$, $t_j = \tan\theta_j$ $(j = 1, 2)$ と略記すると，(13.16)，(13.17) にあたる式は：

$$
\begin{aligned}
(f \circ g)_{\theta_1} &= \tfrac{c_1}{c_2} f_x \circ g + \tfrac{s_1 s_2}{c_1^2} f_y \circ g, \quad (f \circ g)_{\theta_2} = \tfrac{s_1 s_2}{c_2^2} f_x \circ g + \tfrac{c_2}{c_1} f_y \circ g, \\
f_x \circ g &= \tfrac{1}{1-t_1^2 t_2^2}\left(\tfrac{c_2}{c_1}(f \circ g)_{\theta_1} - \tfrac{s_1 s_2}{c_1^2}(f \circ g)_{\theta_2}\right), \\
f_y \circ g &= \tfrac{1}{1-t_1^2 t_2^2}\left(-\tfrac{s_1 s_2}{c_2^2}(f \circ g)_{\theta_1} + \tfrac{c_1}{c_2}(f \circ g)_{\theta_2}\right).
\end{aligned}
$$

問 13.2.5 (i): 任意の $(x, y, z) \in \mathbb{R}^3$ に対し次のような (r, θ_1, θ_2) の存在を言う：

(1) $(r, \theta_1, \theta_2) \in [0, \infty) \times [0, \pi] \times [0, 2\pi)$, $(x, y, z) = g(r, \theta_1, \theta_2)$.

まず $(y, z) = (0, 0)$ とする．このとき $r = |x|$，また x の符号に応じ，$\theta_1 = 0, \pi$ とすれば，任意の $\theta_2 \in [0, 2\pi)$ に対し (1) がみたされる．そこで，以下 $(y, z) \neq (0, 0)$ とし，(1) をみたす $(r, \theta_1, \theta_2) \in (0, \infty) \times (0, \pi) \times [0, 2\pi)$ が唯一存在することを示す．$(x, \sqrt{y^2 + z^2})$ を二次元極座標で表すことにより

(2) $\exists 1(r, \theta_1) \in (0, \infty) \times (0, \pi), (x, \sqrt{y^2 + z^2}) = (r\cos\theta_1, r\sin\theta_1)$.

また，(y, z) を二次元極座標で表すことにより

(3) $\exists 1 \theta_2 \in [0, 2\pi), (y, z) = r\sin\theta_1(\cos\theta_2, \sin\theta_2)$.

(2), (3) より結論を得る．(ii): (i) の議論の $(y, z) \neq (0, 0)$ の場合より所期全単射性を得る．

問 13.3.1 積の微分より，

$$
\begin{aligned}
A^2(f) &= u^2 f_{xx} - 2uv f_{x\,y} + v^2 f_{yy} + (uu_x - vu_y)f_x + (vv_y - uv_x)f_y, \\
B^2(f) &= v^2 f_{xx} + 2uv f_{x\,y} + u^2 f_{yy} + (vv_x + uv_y)f_x + (uu_y + vu_x)f_y.
\end{aligned}
$$

これらを加え，整理すれば所期等式を得る．

問 13.3.2 $cs\left((f \circ g)_{rr} - \tfrac{(f \circ g)_{\theta\theta}}{r^2} - \tfrac{(f \circ g)_r}{r}\right) + (c^2 - s^2)\left(\tfrac{(f \circ g)_{r\theta}}{r} - \tfrac{(f \circ g)_\theta}{r^2}\right)$.

問 13.3.3 $u(r, \theta) = \tfrac{\sh r \cos\theta}{\sh^2 r + \sin^2\theta}$, $v(r, \theta) = \tfrac{\ch r \sin\theta}{\sh^2 r + \sin^2\theta}$ とすると問 13.2.3 より $f_x \circ g = u(f \circ g)_r - v(f \circ g)_\theta$, $f_y \circ g = v(f \circ g)_r + u(f \circ g)_\theta$. また，単純計算より $u^2 + v^2 = \tfrac{1}{\sh^2 r + \sin^2\theta}$, $\partial_r\left(\tfrac{u^2+v^2}{2}\right) = u_\theta v - uv_\theta$, $\partial_\theta\left(\tfrac{u^2+v^2}{2}\right) = uv_r - u_r v$. 以上と問 13.3.1 より $f_{xx} \circ g + f_{yy} \circ g = \tfrac{1}{\sh^2 r + \sin^2\theta}((f \circ g)_{rr} + (f \circ g)_{\theta\theta})$.

問 13.3.4 $\partial_t h_t(x) = \left(-\tfrac{d}{2t} + \tfrac{|x|^2}{2\nu t^2}\right)h_t(x)$, $\partial_j^2 h_t(x) = \left(-\tfrac{1}{\nu t} + \tfrac{x_j^2}{\nu^2 t^2}\right)h_t(x)$. これらを組み合わせ，結論を得る．

問 13.3.5 $\partial_j |x| = x_j/|x|$ に注意しつつ連鎖律を使って計算する．

問 13.3.6 $x_n \in \mathbb{R}^d$ を $|x_n| \to \infty$ をみたす任意の点列とする．このとき，任意の $\theta \in (0, 1)$ に対し $|x_n + \theta h| \geq |x_n| - |h| \to \infty$. ゆえに $\partial_i \partial_j f(x_n + \theta h) \stackrel{n \to \infty}{\rightrightarrows} a_{ij}$. 一方，テイラーの定理 (定理 13.3.8) より次のような $\theta \in (0, 1)$ が存在する：$f(x_n + h) - f(x_n) - f'(x_n) \cdot h = \tfrac{1}{2}\sum_{i,j=1}^d \partial_i \partial_j f(x_n + \theta h) h_i h_j$. この式で $n \to \infty$ とすれば，右辺は $\tfrac{1}{2}\sum_{i,j=1}^d a_{ij} h_i h_j$ に収束する．

問 13.3.7 <u>(a) $\Rightarrow$ (b)</u>: 例 13.3.6 より $u(x, t) = f_+(x + ct) + f_-(x - ct)$ をみたす $f_\pm \in C^2(\mathbb{R})$ が存在する．$u(x, 0) = f(x)$, $\partial_t u(x, 0) = g(x)$ より，$f_+(x) + f_-(x) = f(x)$,

$f_+(x) - f_-(x) = \frac{1}{c}\int_0^x g + A$ (A は定数). ゆえに $f_\pm(x) = \frac{1}{2}f(x) \pm \frac{1}{2c}\int_0^x g \pm \frac{A}{2}$. 以上より (b) を得る. (a) $\Leftarrow$ (b): $f_\pm(x) \stackrel{\text{def}}{=} \frac{1}{2}f(x) \pm \frac{1}{2c}\int_0^x g$ に対し $u(x,t) = f_+(x+ct) + f_-(x-ct)$. これと例 13.3.6 より $u \in C^2(\mathbb{R}^2)$, $(\partial_t^2 - c^2\partial_x^2)u(x,t) = 0$. また, 単純計算で $u(x,0) = f(x)$, $\partial_t u(x,0) = g(x)$ を得る.

問 13.3.8 (i): 問 13.3.5 と積の微分より次式を得る: $\partial_j^2(|x|^p f(|x|)) = |x|^{p-2} x_j^2 f''(|x|) + ((2p-1)|x|^{p-3}x_j^2 + |x|^{p-1})f'(|x|) + p((p-2)|x|^{p-4}x_j^2 + |x|^{p-2})f(|x|)$. これを $j = 1, \ldots, d$ について加え, 結論を得る. (ii): $\partial_t^2 u(x,t) = \frac{c^2}{|x|}f''(|x|-ct)$. 一方, (i) で $d=3$, $p=-1$ とし, $\Delta u(x,t) = \frac{1}{|x|}f''(|x|-ct)$.

問 13.3.9 (i): 連鎖律, 積の微分を用い $\partial_t^2 u(x,t)$ の等式を得る. 一方, 連鎖律, 積の微分を用い, $\partial_{x_i}^2 u(x,t) = -p(c^2t^2 - |x|^2)^{\frac{p}{2}-2}((2-p)x_i^2 + c^2t^2 - |x|^2)$. これを $i = 1, \ldots, d$ について加え, $\Delta u(x,t)$ の等式を得る. (ii): (i) の帰結.

問 13.3.10 (i): $r > 0$ に対し $f(r) = \begin{cases} -r, & d = 1, \\ -c_2 \log r, & d = 2, \\ c_d r^{2-d}, & d \geq 3, \end{cases}$ とすると, $g_0(x) = f(|x|)$. また, $f''(r) + \frac{d-1}{r}f'(r) = 0$ も容易に確かめられる. ゆえに問 13.3.5 より $\Delta g_0 = 0$. (ii): $p(x) = -\partial_d g_0(x)$ は容易. したがって, $\Delta p(x) = -\Delta \partial_d g_0(x) = -\partial_d \Delta g_0(x) = 0$.

問 13.3.11 $y = \frac{b}{\nu}(x-ct)$ と略記し, $\partial_t u = \frac{b^2 c}{a\nu}\text{ch}^{-2}y$, $au\partial_x u = -\frac{b^2}{a\nu}(c-b\text{th }y)\text{ch}^{-2}y$, $\partial_x^2 u = \frac{2b^3}{a\nu^2}\text{th }y\,\text{ch}^{-2}y$. これらを組み合わせ, 結論を得る.

問 13.3.12 $\partial_t u(x,t) = -\nu h_t(x)^{-1}\partial_t h_t(x) \stackrel{\text{問 13.3.4}}{=} -\frac{\nu^2}{2}h_t(x)^{-1}\Delta h_t(x)$, $\sum_{i=1}^d |\partial_i u(x,t)|^2 = \nu^2 h_t(x)^{-2}\sum_{i=1}^d |\partial_i h_t(x)|^2$, $\Delta u(x,t) = \nu h_t(x)^{-2}(\sum_{i=1}^d |\partial_i h_t(x)|^2 - h_t(x)\Delta h_t(x))$. これらより (1) を得る. さらに $v_j(x,t) = \partial_j u(x,t)$ に注意すると, (1) から (2) を得る.

問 13.3.13 $y = \frac{1}{2}\sqrt{\frac{c}{\mu}}(x - ct)$ と略記し, $\partial_t u = 3c^{5/2}\mu^{-1/2}\text{ch}^{-3}y\,\text{sh }y$, $u\partial_x u = -9c^{5/2}\mu^{-1/2}\text{ch}^{-5}y\,\text{sh }y$, $\partial_x^3 u = 3c^{5/2}\mu^{-3/2}\text{ch}^{-5}y\,\text{sh }y(3 - \text{ch}^2 y)$. これらより結論を得る.

問 13.4.1 原点 0 が唯一の臨界点. $c_1, \ldots, c_d > 0$ なら 0 は極大点, $c_1, \ldots, c_d < 0$ なら 0 は極小点, それ以外なら 0 は極値点でない.

問 13.6.1 (i): 臨界点は $(0,0), (1,1)$. このうち, $(1,1)$ は極小点, $(0,0)$ は極値点でない. (ii): 臨界点は $(0,0), \pm(1,1), \pm(3,-3)$. このうち, $\pm(3,-3)$ は極小点, $(0,0)$ は極大点, $\pm(1,1)$ は極値点でない. (iii): 臨界点は $(0,0), \pm(1,0), \pm(0,1)$. このうち, $\pm(0,1)$ は極小点, $\pm(1,0)$ は極大点, $(0,0)$ は極値点でない.

問 13.6.2 臨界点は $(0,0,0), (1,1,1), (1,-1,-1), (-1,1,-1), (-1,-1,1)$. このうち, $(0,0,0)$ は極小点, その他は極値点でない.

問 13.7.1 $\sin$ は $[0,\pi]$ 上で狭義凹. よって命題 6.3.6 より $\sin x_1 + \cdots + \sin x_d \leq d\sin\frac{2\pi}{d}$ (等号成立 $\iff x_j = \frac{2\pi}{d}$).

問 13.7.2 $r_1 \geq r_j \geq r_d$ より $|x|^2 = \sum_{j=1}^d r_j^2(x_j/r_j)^2 \begin{cases} \leq \sum_{j=1}^d r_1^2(x_j/r_j)^2 = r_1^2, \\ \geq \sum_{j=1}^d r_d^2(x_j/r_j)^2 = r_d^2. \end{cases}$ また, この不等式の等号成立条件から, $|x| = r_1 \iff x = \pm r_1 e_1$, $|x| = r_d \iff x = \pm r_d e_d$. $x \neq \pm r_1 e_1, \pm r_d e_d$ なら $x_2, \ldots, x_{d-2}$ のどれかは $\neq 0$. 以下, $k = 2, \ldots, d-1$ に

対し, $x \mapsto |x|$ $(x \in S)$ は $x_k \neq 0$ なる極値点をもたないことを示す. $x \in S$, $x_k \neq 0$ なら, $(x_j)_{j \neq k} \in D \overset{\text{def}}{=} \{(x_j)_{j \neq k} \in \mathbb{R}^{d-1} \, ; \, \sum_{j:j \neq k}^{d}(x_j/r_j)^2 < 1\}$, D は開集合. また, $x \in S$ に対し

$$|x|^2 = \sum_{j:j \neq k}^{d} x_j^2 + r_k^2 \left(1 - \sum_{j:j \neq k}^{d}(x_j/r_j)^2\right) = r_k^2 + \sum_{j:j \neq k}^{d}\left(1 - (r_k/r_j)^2\right)x_j^2.$$

上式右辺を $f((x_j)_{j \neq k})$ と書く. x が $x \mapsto |x|^2$ $(S \to \mathbb{R})$ の極値点かつ $x_k \neq 0$ なら, $(x_j)_{j \neq k} \in D$ は $f : D \to \mathbb{R}$ の極値点であり, したがってその臨界点である. ところが問 13.4.1 と $(r_k/r_1)^2 < 1 < (r_k/r_d)^2$ より $f : D \to \mathbb{R}$ の唯一の臨界点 $0 \in D$ は $f : D \to \mathbb{R}$ の極値点でない.

問 13.7.3 ヒントの $(s,t) \mapsto (x,y)$ は正の向きへの $\pi/4$ 回転であり, これにより曲線は $(1+b)s^2 + (1-b)t^2 = 2k^2$ に写る. これは, 横軸, 縦軸方向にそれぞれ原点からの距離: $k\sqrt{\frac{2}{1+b}}$, $k\sqrt{\frac{2}{1-b}}$ の楕円である. したがってまず (s,t) で考えると, 問 13.7.2 より:$b > 0$ のとき, $(s,t) = \pm k\sqrt{\frac{2}{1+b}}(1,0)$ が最小点, $(s,t) = \pm k\sqrt{\frac{2}{1-b}}(0,1)$ が最大点である. また, $b < 0$ のとき, $(s,t) = \pm k\sqrt{\frac{2}{1-|b|}}(1,0)$ が最大点, $(s,t) = \pm k\sqrt{\frac{2}{1+|b|}}(0,1)$ が最小点である. もとの座標系 (x,y) に戻して, $b > 0$ のとき, $(x,y) = \pm k\sqrt{\frac{1}{1+b}}(1,1)$ が最小点, $(x,y) = \pm k\sqrt{\frac{1}{1-b}}(1,-1)$ が最大点である. また, $b < 0$ のとき, $(x,y) = \pm k\sqrt{\frac{1}{1-|b|}}(1,1)$ が最大点, $(x,y) = \pm k\sqrt{\frac{1}{1+|b|}}(1,-1)$ が最小点である.

問 13.7.4 $a_j = (x_j/r_j)^p$, $p_j = 1/d$ として, ヤングの不等式とその等号成立条件 (問 6.3.6) を使うことにより, 最大点は $x_j = r_j(1/d)^{1/p}$ $(j = 1,\ldots,d)$, 最大値は $r_1 \cdots r_d(1/d)^{d/p}$.

問 13.8.1 x を固定し, $f(y) = \frac{1}{2}|x-y|^2$, $g(y) = y \cdot u - k$ とすると, $H = \{y \in \mathbb{R}^d \, ; \, g(y) = 0\}$, $f'(y) = y - x$, $g'(y) = u \neq 0$. m は $f|_H$ の極値だから命題 13.8.1 より $m - x = \lambda u$ をみたす λ が存在する. 両辺と u の内積をとると, $m \cdot u = k$ より $k - x \cdot u = \lambda$. ゆえに $m = x + (k - x \cdot u)u$.

問 13.8.2 (i): $u_i = (u_{ij})_{1 \leq j \leq d}$, $U = (u_{ij})_{\substack{1 \leq i \leq \ell \\ 1 \leq j \leq d}}$, $k = (k_i)_{1 \leq i \leq \ell}$ とすると $H = \{h \in \mathbb{R}^d \, ; \, Uh = k\}$. $\text{rank}\, U = \ell$ より $\text{Ran}\, U = \mathbb{R}^\ell$, したがって $H \neq \emptyset$. そこで $h_0 \in H$ を一つ選ぶと, $H = h_0 + \text{Ker}\, U$. これと $\dim \text{Ker}\, U = d - \ell \geq 1$ より H は非有界な閉集合. (ii): (i) より, 例 13.7.2 の証明と同様に示せる. (iii): x を固定し, $f(y) = \frac{1}{2}|x-y|^2$, $g(y) = Uy - k$ とすると, $H = \{y \in \mathbb{R}^d \, ; \, g(y) = 0\}$, $f'(y) = y - x$, $g'(y) = U$, $\text{rank}\, U = \ell$. m は $f|_H$ の極値だから命題 13.8.1 より $m - x = \sum_{1 \leq i \leq \ell} \lambda_i u_i$ をみたす $\lambda \in \mathbb{R}^\ell$ が存在する. 両辺と u_i の内積をとると, $m \cdot u_i = k_i$ より $k_i - x \cdot u_i = \lambda_i$. ゆえに $m = x + \sum_{1 \leq i \leq \ell}(k_i - x \cdot u_i)u_i$.

問 13.8.3 S は有界かつ閉. $f|_S \in C(S)$ より $f|_S$ は最大点 m をもつ. $f|_S$ は非負かつ定数でないので $f(m) > 0$. ゆえに $m \in D \overset{\text{def}}{=} (0, \infty)^d$. そこで f を D 上で考え, 条件式 $g(x) \overset{\text{def}}{=} p_1 x_1 + \cdots + p_d x_d - 1 = 0$ の下での最大点として m を求める. $f, g \in C^1(D)$, また D 上で $\partial_j f(x) = p_j f(x)/x_j$, $\partial_j g(x) = p_j \neq 0$. ゆえにラグランジュ乗数法 (命題 13.8.1, 系 13.8.2) より次のような $\lambda \in \mathbb{R}$ が存在する:$f(m) = \lambda m_j$. ゆえに $m_1 = \cdots = m_d$. これと $m \in S$ より $m = (1, \ldots, 1)$.

問 13.8.4 (i): $g(x,y,z) = 0 \iff (y,z) = (x^2, x^6)$. したがって $f|_S(x,y,z) =$

x^2. よって $a = (0,0,0)$ は $f|_S$ の最小点である. (ii): $g'(a) = \begin{pmatrix} 0 & 0 & -1 \\ 0 & 0 & -1 \end{pmatrix}$ より $\{(\lambda_1, \lambda_2) g'(a) \; ; \; \lambda_1, \lambda_2 \in \mathbb{R}\} = \{(0,0,z) \; ; \; z \in \mathbb{R}\}$. 一方, $f'(a) = (0,1,0) \notin \{(0,0,z) \; ; \; z \in \mathbb{R}\}$.

第 14 章

問 14.1.1 $f'(x,y) = \begin{pmatrix} 1 & 1 \\ y & x \end{pmatrix}$, $\det f'(x,y) = x - y$. 一方, ${}^t(s,t) \in \mathbb{R}^2$ に対し $f(x,y) = {}^t(s,t)$ なる (x,y) を求めるには z についての二次方程式: $z^2 - sz + t = 0$ の実数解を求めればよい. 実数解の存在には $s^2 - 4t \geq 0$ が必要十分で, そのとき,

(1) $\begin{pmatrix} x \\ y \end{pmatrix} = g_1(s,t) \stackrel{\text{def}}{=} \frac{1}{2} \begin{pmatrix} s + \sqrt{s^2 - 4t} \\ s - \sqrt{s^2 - 4t} \end{pmatrix}$, または $\begin{pmatrix} x \\ y \end{pmatrix} = g_2(s,t) \stackrel{\text{def}}{=} \frac{1}{2} \begin{pmatrix} s - \sqrt{s^2 - 4t} \\ s + \sqrt{s^2 - 4t} \end{pmatrix}$.

また, (1) から, 次の対応関係がわかる:

$$\det f'(x,y) = x - y \begin{cases} > 0 & \iff s^2 > 4t, \; g(s,t) = g_1(s,t), \\ = 0 & \iff s^2 = 4t, \\ < 0 & \iff s^2 > 4t, \; g(s,t) = g_2(s,t). \end{cases}$$

そこで,

$U_1 = \{(x,y) \in \mathbb{R}^2 \; x > y\}, \quad U_2 = \{(x,y) \in \mathbb{R}^2 \; x < y\}, \quad V = \{(s,t) \in \mathbb{R}^2 \; 4t < s^2\}$

とすると,

- $\{(x,y) \in \mathbb{R}^2 \; ; \; \det f'(x,y) \neq 0\} = U_1 \cup U_2$.
- $f : U_i \to V$ は全単射で, その逆関数は g_i である $(i = 1, 2)$.

これは, (14.1), (14.2) の具体例を与える. 今, $x \neq y$ なら $f'(x,y)^{-1} = \frac{1}{x-y} \begin{pmatrix} x & -1 \\ -y & 1 \end{pmatrix}$.
これに ${}^t(x,y) = g_1(s,t)$ を代入し, (14.3) を用いると, $g_1'(s,t) = \frac{1}{\sqrt{s^2-4t}} \begin{pmatrix} \frac{s+\sqrt{s^2-4t}}{2} & -1 \\ \frac{s-\sqrt{s^2-4t}}{2} & +1 \end{pmatrix}$.
これは, (1) を直接微分した結果とも一致する ($g_2'(s,t)$ も同様).

問 14.1.2 記号はヒントの通りとする. $g \in C^\infty(U \to \mathbb{R}^2)$, かつ U 上で $\det g'(r,\theta) = r > 0$. ゆえに定理 14.1.1 より $h \in C^\infty(V \to \mathbb{R}^2)$, 特に $\arg \in C^\infty(V)$. また, $g'(r,\theta)^{-1} = \begin{pmatrix} \cos\theta & \sin\theta \\ -\frac{\sin\theta}{r} & \frac{\cos\theta}{r} \end{pmatrix}$. これに $r = \sqrt{x^2 + y^2}$, $\theta = \arg(x,y)$ を代入し, (14.3) を用いると $h'(x,y) = \begin{pmatrix} \frac{x}{\sqrt{x^2+y^2}} & \frac{y}{\sqrt{x^2+y^2}} \\ -\frac{y}{x^2+y^2} & \frac{x}{x^2+y^2} \end{pmatrix}$. 特に, $\arg'(x,y) = (-\frac{y}{x^2+y^2}, \frac{x}{x^2+y^2})$.

問 14.2.1 (i): 定義式より $y^2 \leq x^2$, すなわち $|y| \leq |x|$. また, 再び定義式より $x^4 \leq (x^2 + y^2)^2 = 2a^2(x^2 - y^2) \leq 2a^2 x^2$. よって $x^2 \leq 2a^2$, すなわち $|x| \leq \sqrt{2}a$. (ii): $(x^2 + y^2)^2 = 2a^2(x^2 - y^2)$ を y^2 に関する二次方程式として解き, $|x| \leq \sqrt{2}a$ に注意すれば, $y_\pm = \pm\sqrt{\sqrt{4a^2 x^2 + a^4} - x^2 - a^2}$ を得る.

問 14.2.2 (i): $s'_\pm(x) = -2(x-a) \pm 2a^2(2ax+a^2)^{-1/2}$ より，次の増減表を得る．特に，$U_+ = [-a/2, 4a], U_- = [-a/2, 0]$．

x	$-a/2$		$3a/2$		$4a$	
$s'_+(x)$		$+$	0	$-$		$-$
$s_+(x)$	$3a^2/4$	↗	$27a^2/4$	↘	0	↘

x	$-a/2$		0	
$s'_-(x)$		$-$		$-$
$s_-(x)$	$3a^2/4$	↘	0	↘

(ii): $(x^2 + y^2 - 2ax)^2 = 4a^2(x^2 + y^2)$ を y^2 について解くと

$$(x, y) \in C \iff x \in U_\pm, y^2 = s_\pm(x).$$

($y^2 \geq 0$ と (i) より，x の範囲が決まる)．また (i) より，$x \in [-a/2, 0]$ で $\sqrt{s_-(x)} \leq \sqrt{3}a/2 \leq \sqrt{s_+(x)}$．したがって

$$(x, y) \in C, y \geq 0 \iff y = \begin{cases} \sqrt{s_+(x)}, & (x, y) \in [0, 4a] \times [0, \infty), \\ \sqrt{s_+(x)}, & (x, y) \in [-a/2, 0] \times [\sqrt{3}a/2, \infty), \\ \sqrt{s_-(x)}, & (x, y) \in [-a/2, 0] \times [0, \sqrt{3}a/2]. \end{cases}$$

以上より結論を得る．

問 14.2.3 $f(x, y) = (x^2 + y^2)^2 - 2a^2(x^2 - y^2)$ に (14.7) を適用する．

問 14.2.4 (i): $\Leftarrow$ は明らか．一方，問 6.5.4 より，

(1) $\qquad x^2 + y^2 - 2ax = 2a\sqrt{x^2 + y^2}.$

$x^2 + y^2 - 2ax = 2a^2$ なら，これと (1) より

(2) $\qquad x^2 + y^2 = a^2.$

(2) を (1) に代入し，$x = -a/2$．これと (2) より $y = \pm\sqrt{3}a/2$. (ii): $f(x, y) = (x^2 + y^2 - 2ax)^2 - 4a^2(x^2 + y^2)$ に (14.7) を適用する．

問 14.2.5 (i): $(f_x, f_y, f_z) = (ye^{xy} + ze^{xz} - yze^{xyz}, xe^{xy} + ze^{yz} - xze^{xyz}, ye^{yz} + xe^{zx} - xye^{xyz})$．よって $f(a, b, c) = 0$, $\partial_z f(a, b, c) \neq 0$ となり定理 14.2.4 から所期陰関数の存在がわかる．また，(14.7) より $z_x = -f_x/f_z = -\frac{ye^{xy} + ze^{xz} - yze^{xyz}}{ye^{yz} + xe^{zx} - xye^{xyz}}$, $z_y = -f_y/f_z = -\frac{xe^{xy} + ze^{zx} - zxe^{xyz}}{ye^{yz} + xe^{zx} - xye^{xyz}}$. (ii): $x^y = y^z \Leftrightarrow y \log x = z \log y$ だから，$F(x, y, z) = y \log x - z \log y$ を考える．$(F_x, F_y, F_z) = (y/x, -z/y, -\log y)$．よって $F(a, b, c) = 0$, $\partial_z F(a, b, c) \neq 0$ となり定理 14.2.4 から所期陰関数の存在がわかる．また，(14.7) より $z_x = -F_x/F_z = \frac{y}{x \log y}$, $z_y = -F_y/F_z = -\frac{z}{y \log y}$.

問 14.2.6 $x \in \mathbb{R}^d$ に対し $F(x) = \begin{pmatrix} f_1(x_1) + \cdots + f_d(x_d) \\ g_1(x_1) + \cdots + g_d(x_d) \end{pmatrix}$ とする．また，$x \in \mathbb{R}^d$ を $x = (x_1, x_2, y)$ ($y = (x_3, \ldots, x_d)$) とも書く．このとき，$F(0, 0, 0) = 0$, $\det \partial_{(x_1, x_2)} F(0, 0, 0) = f'_1(0)g'_2(0) - f'_2(0)g'_1(0) \neq 0$．したがって，$F(x_1, x_2, y) = 0$ を (x_1, x_2) について解いた陰関数 $h \in C^1(U \to \mathbb{R}^2)$ (U は $0 \in \mathbb{R}^{d-2}$ の開近傍) が存在する．その座標成分を h_1, h_2 とすればよい．

第 15 章

問 15.1.1 $\frac{1}{g(1)}\left(h(f(1)g(1)) - h(f(0)g(1))\right) - \frac{1}{g(0)}\left(h(f(1)g(0)) - h(f(0)g(0))\right).$

問 15.1.2 $f : (0,1]^2 \to \mathbb{R}$ は有界かつ点 (c,c) $(0 < c \leq 1)$ 以外で連続である.一方,

$$y < x, \ (x,y) \longrightarrow (c,c) \implies 2yg\left(\frac{y^2}{x^2}\right) \longrightarrow 2cg'(1) = 0.$$

したがって $f \in C_b((0,1]^2)$ であり,f は定理 15.1.2 の条件をみたす.また,

$$\int_0^1 f(x,y)dy = 2\int_0^x yg'\left(\frac{y^2}{x^2}\right)dy = x^2\int_0^x \frac{d}{dy}\left(g\left(\frac{y^2}{x^2}\right)\right)dy$$
$$= x^2\left[g\left(\frac{y^2}{x^2}\right)\right]_{y=0}^{y=x} = (g(1) - g(0))x^2.$$

よって逐次積分より

$$\int_{(0,1]^2} f = \int_0^1 dx \int_0^1 f(x,y)dy = (g(1) - g(0))\int_0^1 x^2 dx = \frac{g(1) - g(0)}{3}.$$

問 15.1.3 (i), (ii), (iii) に応じて $F(x) = (x+1)(\log(x+1) - 1)$, $F(x) = -\log(1+x)$, $F(x) = \frac{x^{2-p}}{(p-1)(p-2)}$ とするとき,求める積分は,$F(2b) + F(2a) - 2F(a+b)$.

問 15.1.4 $f(x,y) \stackrel{\text{def}}{=} x^{\mathbf{i}y} = \exp(\mathbf{i}y\log x)$, $(x,y) \in (0,1] \times \mathbb{R}$ は有界かつ連続.また,

(1) $\qquad \int_a^b f(x,y)dy = \frac{x^{\mathbf{i}b} - x^{\mathbf{i}a}}{\mathbf{i}\log x},$

(2) $\qquad \int_0^1 f(x,y)dx = \frac{1}{\mathbf{i}y+1} = \frac{1}{1+y^2} - \mathbf{i}\frac{y}{1+y^2}.$

ゆえに

$$\int_0^1 \frac{x^{\mathbf{i}b} - x^{\mathbf{i}a}}{\log x}dx \stackrel{(1)}{=} \mathbf{i}\int_0^1 dx \int_a^b f(x,y)dy \stackrel{(15.3)}{=} \mathbf{i}\int_a^b dy \int_0^1 f(x,y)dx$$
$$\stackrel{(2)}{=} \mathbf{i}\int_a^b \left(\frac{1}{1+y^2} - \mathbf{i}\frac{y}{1+y^2}\right)dy$$
$$= \mathbf{i}(\text{Arctan}\, b - \text{Arctan}\, a) + \frac{1}{2}\log\frac{1+b^2}{1+a^2}.$$

問 15.1.5 定理 15.1.2 により,逐次積分する.

問 15.1.6 $\int_0^1 f(x,y)dx = \int_0^y y^{-2}dx - \int_y^1 x^{-2}dx = y^{-1} + [x^{-1}]_y^1 = 1$. $\int_0^1 f(x,y)dy$ も同様.

問 15.2.1 $A \cap B$ は体積確定(命題 15.2.5).また $1_{A \setminus B} = 1_A - 1_{A \cap B}$.

問 15.2.2 (i): 定義 15.2.1 の区間 I と f_A をとることで,問 10.3.1 に帰着する.(ii): $f \equiv 1$ として (i) に帰着する.

問 15.2.3 (i): 命題 10.2.6 による.(ii): (i) の特別な場合 ($f_j \equiv 1$) である.

問 15.4.1 (i): $a \neq b$ なら $\frac{b^2 F(a) - a^2 F(b)}{a^2 - b^2} + F(0)$, $a = b$ なら $\frac{a^2(a^2+k^2)^p}{4p} - F(a) + F(0)$. ただし $F(x) = \frac{(x^2+k^2)^{p+1}}{4p(p+1)}$. (ii): $a \neq b$ なら $\frac{b^2 F(a) - a^2 F(b)}{a^2 - b^2} + F(0)$, $a = b$ なら $-\frac{k^2}{4}\log(a^2+k^2) + \frac{a^2}{4} + \frac{k^2}{4}\log(k^2)$, ただし $F(x) = \frac{x^2+k^2}{4}\log(x^2+k^2)$, $0 \log 0 = 0$.

問 15.4.2 (i): $\frac{1}{8p(p+1)(p+2)}\left(F(a,b,c)+F(b,c,a)+F(c,a,b)-k^{2p+4}\right)$, ただし $F(a,b,c)=\frac{b^2c^2(a^2+k^2)^{p+2}}{(a^2-b^2)(a^2-c^2)}$. (ii): $\frac{1}{32}(F(a,b,c)+F(b,c,a)+F(c,a,b)-k^2(2\log k^2-1))$, ただし $F(a,b,c)=\frac{b^2c^2(a^2+k^2)^2(2\log(a^2+k^2)-1)}{(a^2-b^2)(a^2-c^2)}$.

問 15.5.1 問 15.4.1 の解答参照.

問 15.5.2 (i): 問 6.5.4 による. (ii): $\int_B dxdy \stackrel{(15.27)}{=} \int_A rdrd\theta \stackrel{(15.15)}{=} \int_{-\pi}^{\pi}d\theta\int_0^{h(\theta)}rdr = \frac{1}{2}\int_{-\pi}^{\pi}h(\theta)^2 d\theta = 6a^2\pi$.

問 15.5.3 (i): $r\geq 0,\ 0\leq\theta\leq\pi/2,\ (x,y)=g(r,\theta),\ c=\cos\theta,\ s=\sin\theta$ とするとき,
$$(r,\theta)\in A \iff r(\mathrm{c}^p+\mathrm{s}^p)\leq ap(\mathrm{cs})^{\frac{p-1}{2}}$$
$$\iff (rc)^p+(rs)^p\leq ap(rcrs)^{\frac{p-1}{2}} \iff (x,y)\in B.$$

(ii): 命題 15.2.2 より A は面積確定な縦線集合なので,
$$\int_B dxdy \stackrel{(15.27)}{=} \int_A rdrd\theta \stackrel{(15.15)}{=} \int_0^{\pi/2}d\theta\int_0^{h(\theta)}rdr$$
$$= \frac{1}{2}\int_0^{\pi/2}h(\theta)^2 d\theta = \frac{(ap)^2}{2}\int_0^{\pi/2}\frac{(\mathrm{cs})^{p-1}d\theta}{(\mathrm{c}^p+\mathrm{s}^p)^2}.$$

さらに $t=\tan\theta$ として $\frac{(\mathrm{cs})^{p-1}}{(\mathrm{c}^p+\mathrm{s}^p)^2}=\frac{\mathrm{t}^{p-1}\mathrm{c}^{2p-2}}{(1+\mathrm{t}^p)^2\mathrm{c}^{2p}}=\frac{\mathrm{t}^{p-1}}{(1+\mathrm{t}^p)^2}\frac{1}{\mathrm{c}^2}=-\frac{1}{p}\frac{d}{d\theta}\left(\frac{1}{1+\mathrm{t}^p}\right)$. 以上から, 求める面積は : $\int_B dxdy = -\frac{a^2p}{2}\left[\frac{1}{1+\mathrm{t}^p}\right]_0^{\pi/2}=\frac{a^2p}{2}$.

問 15.7.1 (i): $\int_0^\infty x^{-p}e^{-xy}dx = \Gamma(1-p)y^{p-1}$. したがって, 示すべき等式について,
$$(左辺)\stackrel{ヒント}{=}\int_0^\infty x^{-p}dx\int_a^b e^{-xy}dy = \int_a^b dy\int_0^\infty x^{-p}e^{-xy}dx$$
$$=\Gamma(1-p)\int_a^b y^{p-1}dy = (右辺).$$

(ii): $y=x^{-1/q}$ と変数変換すると (i) に帰着する.

問 15.8.1 $pq>2$ なら $\frac{2\pi}{p}B\left(q-\frac{2}{p},\frac{2}{p}\right)$, $pq\leq 2$ なら ∞.

問 15.8.2 $S=\frac{1}{p}S_1+\frac{1}{q}S_2$ とすると
$$\frac{(2\pi)^{d/2}}{\sqrt{\det S}} \stackrel{例\ 15.8.2}{=} \int_{\mathbb{R}^d}\exp\left(-\tfrac{1}{2}x\cdot Sx\right)dx$$
$$\stackrel{ヘルダーの不等式}{\leq} \left(\int_{\mathbb{R}^d}\exp\left(-\tfrac{1}{2}x\cdot S_1 x\right)dx\right)^{1/p}\left(\int_{\mathbb{R}^d}\exp\left(-\tfrac{1}{2}x\cdot S_2 x\right)dx\right)^{1/q}$$
$$\stackrel{例\ 15.8.2}{=} \frac{(2\pi)^{d/2}}{(\sqrt{\det S_1})^{1/p}(\sqrt{\det S_2})^{1/q}}.$$

問 15.8.3 (i): g' は問 13.1.5 で求めた. その行列式をとる. (ii):
$$\int_{[0,1)^2}\frac{dxdy}{1-x^2y^2}\stackrel{(15.40)}{=}\int_A \frac{J_g(\theta_1,\theta_2)d\theta_1 d\theta_2}{1-\tan^2\theta_1\tan^2\theta_2}=\int_A d\theta_1 d\theta_2 = \frac{\pi^2}{8}.$$

第 16 章

問 16.1.1 上限の性質（例えば，問 2.3.3）から容易にわかる．

問 16.1.2 f_n の極限を f とする．仮定より「$n \geq n_0 \implies \|f - f_n\|_D < \varepsilon/2$」をみたす $n_0 \in \mathbb{N}$ が存在する．そこで $m, n \geq n_0$ とすると $\|f_m - f_n\|_D = \|(f_m - f) - (f_n - f)\|_D \leq \|f_m - f\|_D + \|f_n - f\|_D < 2 \cdot \varepsilon/2 = \varepsilon$.

問 16.1.3 (i): $\varepsilon > 0$, $x \in \mathbb{R}$ を任意とする．これらに対し，$f \in C(\mathbb{R})$ より次のような $\delta > 0$ が存在する：

(1) $|x - y| < \delta \Rightarrow |f(x) - f(y)| < \varepsilon$.

そこで，$n > \frac{1}{\delta}$ とし，$x \in (\frac{k-1}{n}, \frac{k}{n}]$ となる $k \in \mathbb{Z}$ をとると，$|x - \frac{k}{n}| < \delta$. よって (1) より

(2) $|f(x) - f_n(x)| = |f(x) - f(k/n)| < \varepsilon$.

(2) は全ての $n > 1/\delta$ で成立するから，$\lim_{n \to \infty} |f(x) - f_n(x)| = 0$.

(ii): $f \in C_u(\mathbb{R})$ より $\delta > 0$ を一つ選び，(1) が全ての $x \in \mathbb{R}$ で成立するようにできる．$x \in \mathbb{R}$ を任意，$n > \frac{1}{\delta}$ とし，$x \in (\frac{k-1}{n}, \frac{k}{n}]$ となる $k \in \mathbb{Z}$ をとると，(2) が成立する．したがって，$\sup_{x \in \mathbb{R}} |f(x) - f_n(x)| \leq \varepsilon$. これが全ての $n > 1/\delta$ で成立するから，$\lim_{n \to \infty} \sup_{x \in \mathbb{R}} |f(x) - f_n(x)| = 0$.

問 16.1.4 $\varepsilon > 0$ を任意，$a = a_0 < \cdots < a_\ell = b$ を $[a, b]$ の ℓ 等分点，$I_j = [a_{j-1}, a_j]$ とする．$f \in C_u(I)$ より，ℓ を $\sup_{x, y \in I_j} |f(x) - f(y)| < \varepsilon/2$ ($j = 1, \ldots, \ell$) なるようにとれる．各 $j = 1, \ldots, \ell$ に対し $f_n(a_j) \overset{n \to \infty}{\to} f(a_j)$ より，$\exists n_0, \forall n \geq n_0$, $\max_{0 \leq j \leq \ell} |f_n(a_j) - f(a_j)| < \varepsilon/2$. また，$x \in I$ に対し $x \in I_j$ なる $j = 1, \ldots, \ell$ をとる．そのとき，$n \geq n_0$ に対し，

$$f_n(x) - f(x) \leq f_n(a_j) - f(x) = f_n(a_j) - f(a_j) + f(a_j) - f(x) < \varepsilon,$$
$$f_n(x) - f(x) \geq f_n(a_{j-1}) - f(x) = f_n(a_{j-1}) - f(a_{j-1}) + f(a_{j-1}) - f(x) > -\varepsilon.$$

したがって $\|f_n - f\|_I \leq \varepsilon$.

問 16.1.5 (a), (b) $\Rightarrow$ (c): 任意の収束列 $x_n \to x$ に対し $K = \{x\} \cup \{x_n\}_{n \geq 1}$ はコンパクトである（問 9.3.1）．ゆえに

$$|f_n(x_n) - f_0(x)| \leq |f_n(x_n) - f_0(x_n)| + |f_0(x_n) - f_0(x)|$$
$$\leq \|f_n - f_0\|_K + |f_0(x_n) - f_0(x)| \longrightarrow 0.$$

(a), (c) $\Rightarrow$ (b): (a), (c) が成立し，(b) が不成立とする．このときコンパクト集合 $K \subset D$, $\varepsilon > 0$, f_n の部分列 $f_{k(n)}$ で次のようなものが存在する：$\|f_{k(n)} - f_0\|_K \geq \varepsilon$ $(n = 1, 2, \ldots)$. ゆえに $x_{k(n)} \in K$ で次のようなものが存在する：

(1) $|f_{k(n)}(x_{k(n)}) - f_0(x_{k(n)})| \geq \varepsilon/2$ $(n = 1, 2, \ldots)$.

ところが K はコンパクトなので $x_{k(n)}$ は収束部分列 $x_{\ell(n)} \to x$ を含む．したがって (c) より $f_{\ell(n)}(x_{\ell(n)}) \to f_0(x)$. このとき

$$|f_{\ell(n)}(x_{\ell(n)}) - f_0(x_{\ell(n)})| \leq |f_{\ell(n)}(x_{\ell(n)}) - f_0(x)| + |f_0(x) - f_0(x_{\ell(n)})| \longrightarrow 0.$$

これは (1) に矛盾する. (b), (c) $\Rightarrow$ (a): 任意の収束列 $x_n \to x$ に対し $K = \{x\} \cup \{x_n\}_{n\geq 1}$ はコンパクトである (問 9.3.1). ゆえに

$$|f_0(x_n) - f_0(x)| \leq |f_0(x_n) - f_n(x_n)| + |f_n(x_n) - f_0(x)|$$
$$\leq \|f_n - f_0\|_K + |f_n(x_n) - f_0(x)| \longrightarrow 0.$$

問 16.1.6 (a) $\Rightarrow$ (b): $\varepsilon > 0$ は任意, $x_m, x \in D$, $x_m \to x$ とする. このとき $K = \{x\} \cup \{x_m\}_{m\geq 1}$ はコンパクトである (問 9.3.1). したがって, $\exists n_0, \forall n \geq n_0, \|f_0 - f_n\|_K < \varepsilon/3$. また, 定理 16.1.6 より $f_0 \in C(D)$. したがって, 上の n_0 に対し, $\exists m_0, \forall m \geq m_0$, $\max_{0 \leq n < n_0} |f_n(x_m) - f_n(x)| < \varepsilon/3$. $m \geq m_0$, $n \geq n_0$ に対し

$$|f_n(x_m) - f_n(x)| \leq |f_n(x_m) - f_0(x_m)| + |f_0(x_m) - f_0(x)| + |f_0(x) - f_n(x)|$$
$$\leq 2\|f_0 - f_n\|_K + |f_0(x_m) - f_0(x)| < \varepsilon.$$

以上から $\forall m \geq m_0$ に対し, $\sup_{n \geq 1} |f_n(x_m) - f_n(x)| \leq \varepsilon$. (a) $\Leftarrow$ (b): $x_m, x \in D$, $x_m \to x$ とすると

$$|f_0(x_m) - f_0(x)| = \lim_{n \to \infty} |f_n(x_m) - f_n(x)| = \sup_{n \geq 1} |f_n(x_m) - f_n(x)| \overset{m \to \infty}{\longrightarrow} 0.$$

よって $f_0 \in C(D)$. したがって問 16.1.5 より $f_m(x_m) \overset{m \to \infty}{\longrightarrow} f_0(x)$ を言えばよい. ところが,

$$|f_m(x_m) - f_0(x)| \leq |f_m(x_m) - f_m(x)| + |f_m(x) - f_0(x)|$$
$$\leq \sup_{n \geq 1} |f_n(x_m) - f_n(x)| + |f_m(x) - f_0(x)| \overset{m \to \infty}{\longrightarrow} 0.$$

問 16.1.7 $A \subset D$ がコンパクトなら, $\lim_{n \to \infty} \|f_n - f_0\|_A = \inf_{n \geq 1} \max_{x \in A}(f_n(x) - f_0(x)) \overset{問 9.3.4}{=} \sup_{x \in A} \inf_{n \geq 1}(f_n(x) - f_0(x)) = 0$.

問 16.2.1 $D = [\varepsilon, \infty)$ とすると $\sum_{j=1}^{\infty} \|\frac{1}{1+xj^2}\|_D = \sum_{j=1}^{\infty} \frac{1}{1+\varepsilon j^2} < \infty$. よって, 定理 16.2.3 より f_n は D 上一様収束する. 一方, $D = (0, \infty)$ とすると $\|f_j - f_{j-1}\|_D = \sup_{x>0} \frac{1}{1+xj^2} = 1$. よって問 16.1.2 より f_n は D 上一様収束しない.

問 16.2.2 $f(x) = $ 左辺, $g(x) = $ 右辺とする. f は $[-1, 1]$ 上一様収束する (定理 16.2.3). したがって $f \in C([-1, 1]) \cap C^1((-1, 1))$ (定理 16.1.6, 命題 8.7.3). また $g \in C^1([-1, 1])$. さらに, $x \in (-1, 1)$ なら $f'(x) \overset{命題 8.7.3}{=} \sum_{n=0}^{\infty} \frac{(-1)^n x^{2n}}{2n+1} \overset{命題 6.7.2}{=} \frac{\text{Arctan } x}{x} \overset{定理 11.2.4}{=} g'(x)$. これと $f(0) = g(0) = 0$ より $[-1, 1]$ 上で $f = g$.

問 16.2.3 定理 16.2.6 で $D = [0, \infty)$, $p_n(x) = \frac{1}{x+n}$, $q_n(x) = (-1)^{n-1}$ とすれば仮定 (a), (b), (c1) がみたされ, 一様収束がわかる. 連続性は定理 16.1.6 による.

問 16.3.1 (i): ヒントの変形を用い, 指数級数に展開する. (ii): (i) の等式を用い, 項別積分する.

問 16.3.2 (i): $\sum_{n=1}^{\infty} \frac{z^n}{n!}$ は $z \in \mathbb{C}$ について局所一様収束する (例 16.2.2). 然るに $(0, 1] \ni x \mapsto x \log x$ は有界. ゆえに $\sum_{n=1}^{\infty} \frac{(-x \log x)^n}{n!}$ は $x \in (0, 1]$ で一様収束. (ii): $x^{-x} =$

問の略解　　　　　　　　　　　　　　　　　　　　　　　　　　　　　　　　　　469

$\exp(-x\log x) = \sum_{n=1}^{\infty} \frac{(-x\log x)^n}{n!}$ は $x \in (0,1]$ で一様収束．よって $\int_0^1 x^{-x}\,dx \stackrel{\text{項別積分}}{=}$
$\sum_{n=0}^{\infty} \frac{1}{n!} \int_0^1 (-x\log x)^n dx \stackrel{(12.24)}{=} \sum_{n=0}^{\infty} \frac{1}{n!} \frac{\Gamma(n+1)}{(n+1)^{n+1}} \stackrel{(12.21)}{=} \sum_{n=0}^{\infty} \frac{1}{n!} \frac{n!}{(n+1)^{n+1}}$．

問 16.3.3 (i): 例 8.7.4 より $\sum_{n=1}^{\infty} \frac{t^{n-1}}{n} = \frac{1}{t}\log\frac{1}{1-t}$ $(0 < t < 1)$．これを用い，問 16.2.2 と同様に議論する．(ii): 三つの積分を左から順に I_1, I_2, I_3 とすると，$I_1 \stackrel{x=-\log s}{=}$
$I_2 \stackrel{s=1-t}{=} I_3 \stackrel{\text{(i),\,例\,11.3.6}}{=} \frac{\pi^2}{6}$．

問 16.3.4 (i): 三つの積分を左から順に I_1, I_2, I_3 とすると，$I_1 \stackrel{\varphi=\frac{\pi}{2}-\psi}{=} I_2 \stackrel{\psi=\theta/2}{=}$
$\frac{1}{2}I_3 \stackrel{(16.12)}{=} -\frac{\pi}{2}\log 2$．(ii): 三つの積分を左から順に I_1, I_2, I_3 とすると，$I_1 \stackrel{y=\sin\psi}{=}$
$I_2 \stackrel{\psi=\frac{\pi}{2}-\varphi}{=} I_3$．また $\tan\varphi = -(\log\cos\varphi)'$ に注意し，部分積分すると (i) から $I_3 = \frac{\pi}{2}\log 2$．
(iii): 命題 5.4.4, 例 8.8.3 より $\frac{\operatorname{Arcsin} y}{y} = \sum_{n=0}^{\infty} \frac{b_n y^{2n}}{2n+1}$（右辺は $y \in [-1,1]$ について一様収束）．両辺を $y \in [-1,1]$ について項別積分し，(ii) を用いる．

問 16.3.5 (16.10) で $r = 1, \theta = \pi$ とすると，(左辺) $= 2\sum_{n=0}^{\infty} \frac{1}{(2n+1)^2}$, (右辺) $= \pi^2/4$．これと，例 11.3.6 の証明の最初の部分から結論を得る．

問 16.3.6 (i): $2\sum_{n=0}^{N} \cos n\theta = \sum_{n=-N}^{N} e^{\mathrm{i}n\theta} = e^{-\mathrm{i}N\theta} \sum_{n=0}^{2N} e^{\mathrm{i}n\theta} = \frac{e^{(N+1)\mathrm{i}\theta} - e^{-N\mathrm{i}\theta}}{e^{\mathrm{i}\theta}-1} = \frac{\sin\left((N+\frac{1}{2})\theta\right)}{\sin\frac{\theta}{2}}$．なお，最後の変形では分母，分子に $e^{-\mathrm{i}\theta/2}$ を乗じた．上式の両辺を積分して所期等式を得る．(ii): f_N は周期 2π だから I を $(-\pi, \pi)$ におきかえても同じである．また，f_N は連続な奇関数だからさらに $(-\pi, \pi)$ を $(0, \pi)$ におきかえても同じである．結局 $g_N(\theta) \stackrel{\text{def}}{=} \int_0^{\theta} \frac{\sin\left((N+\frac{1}{2})\varphi\right)}{\sin\frac{\varphi}{2}}\,d\varphi = 2\int_0^{\theta/2} \frac{\sin((2N+1)\varphi)}{\sin\varphi}\,d\varphi$ が $(0, \pi)$ 上一様有界ならよい．$a_N = 2N+1$ として

$$g_N(\theta) = 2\underbrace{\left[\frac{1-\cos(a_N\varphi)}{a_N\sin\varphi}\right]_0^{\theta/2}}_{(1)} + 2\underbrace{\int_0^{\theta/2} \frac{(1-\cos(a_N\varphi))\cos\varphi}{a_N\sin^2\varphi}\,d\varphi}_{(2)}.$$

$\theta \geq 0$ に対し $0 \leq 1 - \cos\theta \leq \theta \wedge \theta^2$．また，$\frac{\sin\theta}{\theta}$ は $[0, \pi/2]$ 上で連続かつ正値なので，その最小値を $c > 0$ とすると $0 \leq (1) = \frac{1-\cos(a_N\theta/2)}{a_N\sin(\theta/2)} \leq \frac{a_N\theta/2}{a_N c\theta/2} = \frac{1}{c} < \infty$,
$0 \leq (2) \leq \frac{1}{c^2}\int_0^{\theta/2} \frac{1-\cos(a_N\varphi)}{a_N\varphi}\,d\varphi \leq \frac{1}{c^2}\int_0^{\infty} \frac{1-\cos\varphi}{\varphi^2}\,d\varphi < \infty$．(iii): (8.37) より $f_N(\theta) = \sum_{1 \leq |n| \leq N} \frac{e^{\mathrm{i}n\theta}}{2\mathrm{i}n} \xrightarrow{N \to \infty} \frac{\pi-\theta}{2}$ (I 上局所一様)．これと (ii), および例 16.3.2 より $\sum_{|n|\geq 1} \frac{1}{4n^2} = \frac{1}{2\pi}\int_0^{2\pi} \frac{(\pi-\theta)^2}{4}\,d\theta = \frac{\pi^2}{12}$．ゆえに $\sum_{n=1}^{\infty} \frac{1}{n^2} = \frac{\pi^2}{6}$．

問 16.3.7 (i): (16.10) ($r=1$) および $\sum_{n=1}^{\infty} \frac{1}{n^2} = \frac{\pi^2}{6}$ による．(ii): 例 16.3.2 で $a_0 = b_0 = 0\ a_n = b_n = \frac{1}{2n^2}$ ($|n| \geq 1$) とし，$\frac{1}{2}\sum_{n=1}^{\infty} \frac{1}{n^4} = \sum_{n=-\infty}^{\infty} a_n\overline{b_n} = \frac{1}{2\pi}\int_0^{2\pi} \left(\frac{(\theta-\pi)^2}{4} - \frac{\pi^2}{12}\right)^2 d\theta = \frac{\pi^4}{180}$．

問 16.3.8 (i): $0 < t < 1$ とすると，$\frac{1}{1-x^2y^2} = \sum_{n=0}^{\infty} x^{2n}y^{2n}$（右辺は $(x,y) \in [0,t]^2$ の範囲で一様収束）．したがって，

(1) $\int_{[0,t]^2} \frac{dx\,dy}{1-x^2y^2} \stackrel{\text{定理 16.3.1}}{=} \sum_{n=0}^{\infty} \int_{[0,t]^2} x^{2n}y^{2n}dx\,dy = \sum_{n=0}^{\infty} \frac{t^{4n+2}}{(2n+1)^2}$.

$t \to 1$ で，(1) 左辺 $\to \int_{[0,1)^2} \frac{dx\,dy}{1-x^2y^2}$．一方，命題 5.4.4 より，(1) 右辺は $t \in [0,1]$ について連続である．よって $t \to 1$ で，(1) 右辺 $\to \sum_{n=0}^{\infty} \frac{1}{(2n+1)^2}$．(ii): 問 15.8.3 と (i) より

$\sum_{n=0}^{\infty} \frac{1}{(2n+1)^2} = \frac{\pi^2}{8}$. よって例 11.3.6 の証明の最後の部分と同様に $\sum_{n=1}^{\infty} \frac{1}{n^2} = \frac{\pi^2}{6}$ を得る.

問 16.3.9 仮定を A_m, 結論を P_m とし,「$A_m \Rightarrow P_m$」を m についての帰納法で示す. 仮定 A_m に加え, P_{m-1} を仮定してよい (帰納法の仮定). このとき,

(a2) $f_n^{(m-1)}$ は I 上, $f^{(m-1)}$ に各点収束.

(b2) $f_n^{(m)}$ は I 上局所一様収束.

ゆえに $\{f_n^{(m-1)}\}_{n \geq 1}$ は A_1 をみたすので, $\{f_n^{(m-1)}\}_{n \geq 1}$ に P_1 を適用し, $f^{(m-1)} \in C^1(I)$ かつ全ての $x \in I$ に対し $f_n^{(m)}(x) \stackrel{n \to \infty}{\longrightarrow} f^{(m)}(x)$. これと P_{m-1} を併せ, P_m を得る.

問 16.3.10 $x \in I, \varepsilon > 0$ を任意とする. $f'_n \in C(I)$ かつ, ある関数 $g : I \to \mathbb{C}$ に対し $f'_n \stackrel{n \to \infty}{\longrightarrow} g$ (I 上局所一様収束). よって $g \in C(I)$ (定理 16.1.6), かつ f'_n は I 上同程度連続である (問 16.1.6). したがって, 次のような $\delta > 0$ が存在する:$z \in I, |z - x| < \delta \implies \sup_{n \in \mathbb{N}} |f'_n(z) - f'_n(x)| < \varepsilon$. この δ に対し, $y \in I, |y - x| < \delta$ とすると, 問で述べた z_n も $z_n \in I, |z_n - x| < \delta$ をみたす. よって,

$$\left| \frac{f(y) - f(x)}{y - x} - g(x) \right| = \lim_{n \to \infty} \left| \frac{f_n(y) - f_n(x)}{y - x} - f'_n(x) \right| = \lim_{n \to \infty} |f'_n(z_n) - f'_n(x)| < \varepsilon.$$

以上から, $f'(x) = g(x)$ となり, 結論を得る.

問 16.4.1 仮定を A_m, 結論を P_m と呼び,「$A_m \Rightarrow P_m$」を m についての帰納法で示す. その際, A_m に加え, P_{m-1} を仮定してよい (帰納法の仮定). このとき, $F \in C^{m-1}(J)$

$$F^{(m-1)}(t) = \int_I \partial_t^{m-1} f_t(x) dx.$$

また, $\frac{\partial^{m-1} f_t}{\partial t^{m-1}}(x)$ が仮定 A_1 をみたすから, 上式に P_1 を適用して, $F^{(m-1)} \in C^1(J)$, $F^{(m)}(t) = \int_I \partial_t^m f_t(x) dx$. 以上から P_m を得る.

問 16.4.2 (i): $f_t(x) = \frac{\exp(-(1+x^2)t^2)}{1+x^2}$, $F(t) = \int_0^1 f_t$, $G(t) = \left(\int_0^t \exp(-x^2) dx \right)^2$ とする. $f_t(x), \partial_t f_t(x) = -2t \exp(-(1 + x^2)t^2)$ は $(x, t) \in \mathbb{R}^2$ について連続だから定理 16.4.1 より $F \in C^1(\mathbb{R})$ かつ $F'(t) = -2te^{-t^2} \int_0^1 \exp(-x^2 t^2) \, dx = -2e^{-t^2} \int_0^t \exp(-x^2) \, dx = -G'(t)$. したがって $F + G$ は定数であり, $t = 0$ の値より $F + G \equiv \frac{\pi}{4}$. (ii): $f_t(x) \leq e^{-t^2}$ より $F(t) \leq e^{-t^2} \to 0 \ (t \to \infty)$. よって, $\left(\int_0^\infty \exp(-x^2) dx \right)^2 = \lim_{t \to \infty} (F + G)(t) = \frac{\pi}{4}$.

問 16.4.3 (i): $F(a, b) = \int_0^{\frac{\pi}{2}} \log q$ とする. $a, b > 0$ なら $\partial_a F(a, b) \stackrel{\text{定理 16.4.1}}{=} \int_0^{\frac{\pi}{2}} \partial_a \log q = \int_0^{\frac{\pi}{2}} \frac{\cos^2}{a \cos^2 + b \sin^2}$ 問 8.6.7 $= \frac{\pi}{2\sqrt{a}(\sqrt{a} + \sqrt{b})}$. (ii): まず, $a, b > 0$ とする. $F(b, b) = \frac{\pi}{2} \log b$. これと, (i) より $F(a, b) = \pi \log \frac{\sqrt{a} + \sqrt{b}}{2}$. 一方, 等式両辺は $(a, 0), (0, b)$ で連続なので, これらの点でも等式が成り立つ.

問 16.4.4 (i) は初等的評価. (ii), (iii) は例 16.4.3 の証明に倣う.

問 16.5.1 (i): 例 16.5.4 で $f(x) = \sin xy$. (ii) 例 16.5.4 で $f(x) = x^{p-1}$.

問 16.5.2 $I = J = (0, \infty), f_t(x) = e^{-tx} \frac{\sin x}{x}$ とすると,

(1) $f_t(x)$ および $\frac{\partial f_t}{\partial t}(x) = -e^{-tx} \sin x$ は $(x, t) \in I \times J$ 上連続である.

(2) 広義積分 $F(t) = \int_0^\infty f_t$ は $t \in J$ について一様収束する (例 16.5.7).

また, $t \in [u, v] \subset J$ なら $|\frac{\partial f_t}{\partial t}(x)| \leq e^{-ux}$. したがって,

(3)　広義積分 $\int_0^\infty \frac{\partial f_t}{\partial t}(x)\, dx$ は $t \in J$ について局所一様収束する (例 16.5.2 (a)).

以上と定理 16.5.5 より $F \in C^1((0, \infty))$, $F'(t) = \int_0^\infty \underbrace{\partial_t f_t(x)}_{=-e^{-tx}\sin x} dx \stackrel{問 12.1.2}{=} -\frac{1}{1+t^2} =$
$-(\text{Arctan}\, t)'$. したがって, $t > 0$ に対し

(4)　$F(t) + \text{Arctan}\, t = C$ (定数).

また, (4) と $F(t) \stackrel{t \to 0}{\longrightarrow} F(0)$ (例 16.5.7) より, (4) は $t = 0$ でも成立. さらに, $F(t) \stackrel{t \to \infty}{\longrightarrow} 0$ (例 16.5.7), $\text{Arctan}\, t \stackrel{t \to \infty}{\longrightarrow} \pi/2$ より $C = \pi/2$.

問 16.5.3　問 16.5.2 と同様.

A

問 A.1.1　(i): 両端の不等号は定義から明らか. 真中は「sup inf ≤ inf sup」(問 2.3.5) による. (ii): 次のようにしてわかる:

$$\inf_{m \geq 0} \sup_{n \geq m} a_n < a \stackrel{\inf \text{ の性質}}{\Longrightarrow} \exists m \in \mathbb{N},\, \sup_{n \geq m} a_n < a \stackrel{\sup \text{ の性質}}{\Longrightarrow} \exists m \in \mathbb{N},\, \forall n \geq m,\, a_n < a$$

$$\stackrel{\sup \text{ の性質}}{\Longrightarrow} \exists m \in \mathbb{N},\, \sup_{n \geq m} a_n \leq a \stackrel{\inf \text{ の性質}}{\Longrightarrow} \inf_{m \geq 0} \sup_{n \geq m} \leq a.$$

(iii) も同様. (iv): 次のようにしてわかる:

$$a < \inf_{m \geq 0} \sup_{n \geq m} a_n \stackrel{\inf \text{ の性質}}{\Longrightarrow} \forall m \in \mathbb{N},\, a < \sup_{n \geq m} a_n \stackrel{\sup \text{ の性質}}{\Longrightarrow} \forall m \in \mathbb{N},\, \exists n \geq m,\, a < a_n$$

$$\stackrel{\sup \text{ の性質}}{\Longrightarrow} \forall m \in \mathbb{N},\, a < \sup_{n \geq m} a_n \stackrel{\inf \text{ の性質}}{\Longrightarrow} a \leq \inf_{m \geq 0} \sup_{n \geq m} a_n.$$

(v) も同様.
(vi): $\Longrightarrow$: $\underline{\lim}_n a_n \leq \overline{\lim}_n a_n$ なので $\overline{\lim}_n a_n \leq a \leq \underline{\lim}_n a_n$ を言えばよい. $\overline{\lim}_n a_n \leq a$ を言うため, $a < \overline{\lim}_n a_n$ を仮定. このとき, $\exists x \in \mathbb{R}, a < x < \overline{a}$. そうすると無限個の n に対し $x < a_n$. これは $a_n \longrightarrow a$ に反する. $a \leq \underline{\lim}_n a_n$ の証明も同様.
$\Longleftarrow$: 仮定より以下が成立:

(∗1)　$b < a$ なら有限個の n を除き $b < a_n$　($a = \underline{\lim}_n a_n$ より).

(∗2)　$a < b'$ なら有限個の n を除き $a_n < b'$　($a = \overline{\lim}_n a_n$ より).

$a \in \mathbb{R}$ なら (∗1), (∗2) より $a_n \longrightarrow a$. $a = \infty$ なら (∗1) より $a_n \longrightarrow a$. $a = -\infty$ なら (∗2) より $a_n \longrightarrow a$.

問 A.1.2　(i): $\sup_{n \geq m}(a_n + b_n) \leq \sup_{n \geq m} a_n + \sup_{n \geq m} a_n$ で $n \to \infty$. (ii): (i) と同様. (iii): $\overline{\lim}_{n \to \infty}(-b_n) = -\underline{b} \in \mathbb{R}$. ゆえに $\overline{a} \stackrel{(i)}{\leq} \overline{\lim}_{n \to \infty}(a_n + b_n) - \underline{b}$. (iv): (iii) と同様. (v): (i)–(iv) の帰結.

問 A.1.3　右半分を示す. $\overline{a} = \overline{\lim}_n a_n$ とする. $\overline{a} = \infty$ なら示すことはないので, $\overline{a} < \infty$ とする. $\overline{a} < a$ なら, $\sup_{n \geq m} a_n \leq a$ をみたす $m \in \mathbb{N}$ が存在する. したがって $n > m$ なら,

$(*)$ $\quad \dfrac{s_n}{b_n} \leq \dfrac{s_m}{b_n} + \dfrac{(b_n - b_m)a}{b_n}.$

今，$(*)$ の右辺について，m は固定されているので，第一項，第二項は共に $n \to 0$ で 0 に収束する．したがって，演算の連続性より $\lim_{n\to\infty}((*)$ 右辺$) = a$，したがって特に $\overline{\lim}_n ((*)$ 右辺$) = a$. また，極限は順序を保つから $\overline{\lim}_n s_n/n \leq \overline{\lim}_n ((*)$ 右辺$) = a$. $a \in (\overline{a}, \infty)$ は任意なので結論を得る．左半分も同様．

問 A.2.1 $S_n = \sum_{j=0}^n a_j$, $T_n = \sum_{j=0}^n |a_j|$, $n \geq m$ に対し，$|S_n - S_m| \leq T_n - T_m$. よって T_n がコーシー列なら S_n もそう．これと命題 A.2.1 より結論を得る．

問 A.2.2 (a) $\Rightarrow$ (b): 次の不等式による：

$$\left| \frac{p_n}{p_m} - 1 \right| = \left| \prod_{j=m+1}^n (1+a_j) - 1 \right| \leq \prod_{j=m+1}^n (1+|a_j|) - 1 \leq \exp\left(\sum_{j=m+1}^n |a_j| \right) - 1.$$

(b) $\Rightarrow$ (c): 以下を示す．これらと命題 A.2.1 から (c) を得る．

(1) $c_1, c_2 \in (0, \infty)$, $\ell \in \mathbb{N}$ が存在し，$n \geq \ell$ に対し $c_1 \leq |p_n| \leq c_2$.

(2) p_n はコーシー列である．

(1): 条件 (b) で $\varepsilon = 1/2$, $m = \ell$ とすると $n \geq \ell$ に対し $|p_n - p_\ell| < \frac{1}{2}|p_\ell|$. したがって $\frac{1}{2}|p_\ell| < |p_n| < \frac{3}{2}|p_\ell|$. ゆえに $c_1 = \frac{1}{2}|p_\ell|$, $c_2 = \frac{3}{2}|p_\ell|$ で (1) が言える．(2): 条件 (b) の ℓ を (1) のもの以上にとれば，$|p_n - p_m| < \varepsilon |p_m| \leq c_2 \varepsilon$. よって (2) が言える．

(b) $\Leftarrow$ (c): $p_n \to p \neq 0$ とする．命題 A.2.1 より p_n はコーシー列だから任意の $\varepsilon > 0$ に対し，$\ell \in \mathbb{N}$ が存在し $n, m \geq \ell$ なら $|p_n - p_m| < |p|\varepsilon/2$. また，必要なら ℓ をさらに大きくとることで，$m \geq \ell$ なら $|p_m| > |p|/2$ としてよい．よって $n, m \geq \ell$ なら $\left| \dfrac{p_n}{p_m} - 1 \right| = \dfrac{|p_n - p_m|}{|p_m|} < \varepsilon$.

問 A.2.3 (i): $a_{\ell(n)} \to a$, また $\varepsilon > 0$ を任意とする．このとき，$\exists k_1 \in \mathbb{N}$, $\sup_{n \geq k_1} |a_{\ell(n)} - a| < \varepsilon/2$. 一方，コーシー列の定義から，$\exists k_2 \in \mathbb{N}$, $\sup\{|a_m - a_n|\,;\, m, n \in \mathbb{N} \cap [k_2, \infty)\} < \varepsilon/2$. そこで $k = k_1 \vee k_2$, $n \geq k$ とすれば $\ell(n) \geq n \geq k$ なので，$|a_n - a| \leq |a_n - a_{\ell(n)}| + |a_{\ell(n)} - a| < \varepsilon/2 + \varepsilon/2 = \varepsilon$. (ii): $n = 0$ に対しては (A.1) で，$\varepsilon = 1$ としたときの ℓ を $\ell(0)$ とすればよい．また，$\ell(n)$ までが選ばれたとすると，$\ell(n+1)$ は $\ell(n+1) > \ell(n)$ かつ，「$p, q \geq \ell(n+1)$ なら $|a_p - a_q| < 2^{-(n+1)}$」となるようにすればよい．このとき $|a_{\ell(n+1)} - a_{\ell(n)}| < 2^{-n}$, $n = 0, 1, \ldots$ だから，$a_{\ell(n)}$ は収束する（問 5.3.2）．

問 A.2.4 命題 A.2.1 の証明より，コーシー列 a_n は有界である．ゆえにボルツァーノ・ワイエルシュトラスの定理（定理 9.3.1）より a_n は収束部分列をもつ．これと，問 A.2.3 (i) より a_n は収束する．

問 A.2.5 $\varepsilon > 0$ を任意とする．仮定より，$\sum_{n=N_0}^\infty \|f_n\|_D < \varepsilon$ となる $N_0 \in \mathbb{N}$ が存在する．そこで，$s_N = \sum_{n=0}^N f_n$, $M > N \geq N_0$ とすると，$\|s_M - s_N\|_D \leq \sum_{n=N+1}^M \|f_n\|_D < \varepsilon$. 以上より $(s_N)_{N \geq 0}$ は D 上一様コーシー条件をみたす．したがって，命題 A.2.5 より D 上一様収束する．

記号表

- $\mathbb{R}$ 実数全体（定義 1.2.1）
- $\mathbb{N}$ 自然数全体（定義 1.2.1）
- $\mathbb{Z}$ 整数全体（定義 1.2.1）
- $\mathbb{Q}$ 有理数全体（定義 1.2.1）
- $|a|$ $\mathbb{R}$ または $\mathbb{R}^d$ の元の絶対値（定義 1.2.1，定義 4.1.1）
- $\overline{\mathbb{R}}$ 補完数直線（定義 1.2.2）
- (a,b) 開区間（定義 1.2.3）
- $[a,b]$ 閉区間（定義 1.2.3）
- $(a,b], [a,b)$ 半開区間（定義 1.2.3）
- $\sharp A$ 集合 A の元の数（定義 1.2.5）
- $\binom{\alpha}{n}$ （一般）二項係数（1.22），（8.40）
- $\max$ 最大値（定義 1.2.7，定義 2.3.1）
- $\min$ 最小値（定義 1.2.7，定義 2.3.1）
- $\nearrow$ 非減少（定義 1.4.3）
- $\searrow$ 非増加（定義 1.4.3）
- $U(A)$ 上界全体（命題 2.1.1）
- $L(A)$ 下界全体（定義 2.3.1）
- $\sup$ 上限（命題 2.1.1，定義 2.3.1）
- $\inf$ 下限（命題 2.1.1，定義 2.3.1）
- $B(a,\delta)$ 近傍（定義 3.1.1）
- $\lim_{n\to\infty} a_n$ 数列，あるいは点列の極限（定義 3.1.1，定義 4.2.1）
- $\overline{A}$ 閉包（定義 3.3.1，定義 9.1.1）
- $C(I)$ 連続関数全体（定義 3.4.1，定義 4.4.1）
- $x \cdot y$ 内積（定義 4.1.1）
- $\mathbb{C}$ 複素数全体（定義 4.1.6）
- i 虚数単位（定義 4.1.6）
- $\overline{z}$ 複素共役（定義 4.1.6）
- $\operatorname{Re} z$ 実部（定義 4.1.6）
- $\operatorname{Im} z$ 虚部（定義 4.1.6）
- $\lim_{\substack{x\to a \\ x\in y}} f(x)$ 関数の極限（定義 4.3.1）
- $\exp$ 指数関数（命題 6.1.1）
- e 自然対数の底（命題 6.1.1）
- $\log$ 対数関数（命題 6.1.5）
- ch 双曲余弦（命題 6.4.1）
- sh 双曲正弦（命題 6.4.1）
- $\cos$ 余弦（命題 6.4.2）
- $\sin$ 正弦（命題 6.4.2）
- π 円周率（命題 6.5.2）
- $\tan$ 正接（命題 6.6.1）
- th 双曲正接（問 6.6.1）
- Arcsin 逆正弦（命題 6.7.1）
- Arccos 逆余弦（命題 6.7.1）
- Arctan 逆正接（命題 6.7.2）
- Log 対数の主値（命題 6.8.3）
- $f(c\pm)$ 片側極限（定義 7.3.1）

- $D(I)$ 可微分関数全体（定義 8.1.1）
- $f'(x)$ 微分係数，導関数（定義 8.1.1, 定義 13.1.2）
- $\frac{\partial}{\partial x_i}, \partial_i, \partial_{x_i}$ 偏微分（定義 8.1.9）
- $\frac{\partial^m}{\partial x^m}, f^{(m)}$ 高階微分（定義 8.2.1）
- $D^m(I)$ m 回可微分な関数全体（定義 8.2.1）
- $C^m(I)$ m 回連続的可微分な関数全体（定義 8.2.1）
- $(2n)!!, (2n-1)!!$ 2 重階乗 (8.41)
- $f'_\pm$ 片側微分（定義 8.9.1）
- $C_u(D)$ 一様連続関数全体（定義 9.4.1）
- $w(\Delta)$ 区間分割の幅（定義 10.1.1, 定義 10.2.1）
- $s(f, \Delta, \gamma)$ リーマン和（定義 10.1.2, 定義 10.2.3）
- $\mathscr{R}(I)$ 可積分関数全体（定義 10.1.3, 定義 10.2.4, 定義 15.2.1）
- $\int_I f$ （リーマン）積分（定義 10.1.3, 定義 10.2.4）
- $|I|$ 区間の体積（定義 10.2.1）
- $\overline{s}(f, \Delta), \underline{s}(f, \Delta)$ 過剰和, 不足和（定義 10.5.2）
- $r(f, \Delta)$ 過剰和と不足和の差（定義 10.5.2）
- $\overline{s}(f), \underline{s}(f)$ 上積分，下積分（定義 10.5.3）
- $\mathscr{D}(I)$ I の区間分割全体（定義 10.5.3）
- $\mathscr{R}_{\mathrm{loc}}(I)$ 局所可積分関数全体（定義 12.1.4）
- $\mathbb{R}^{m,d}$ m 行 d 列行列全体 (13.1)
- $\mathring{A}$ 内点全体（定義 13.1.1）
- vol 体積（定義 15.2.1）
- ∂A 境界 (15.10)
- $\|f\|_D$ 一様ノルム（定義 16.1.2）

参考文献

以下に挙げる文献は，著者が本書執筆に際して参考にしたものである．

[Art]　Artin, E.: "The Gamma Function" Holt, Reinhart and Winston.

[野村]　野村隆昭　『微分積分学講義』　共立出版
創意が垣間見える良書．具体例も充実している．

[Rud]　Rudin, W.: "Principles of Mathematical Analysis-3rd Edition" McGraw-Hill Book Company.
初学者向きとは言い難いが，著者一流の切れ味のよい証明法を鑑賞するのは楽しい．

[杉浦]　杉浦光夫　『解析入門 I, II』　東京大学出版会
実数の定義から始まって，がっちりと厳密に書かれている．数学専攻向きである．

[高木]　高木貞治　『解析概論』　改訂第三版　岩波書店
日本における微積分学教科書の古典．

[吉田]　吉田伸生　『ルベーグ積分入門―使うための理論と演習』　遊星社
ルベーグ積分の入門書．（ルベーグ積分を使う方が容易だが）一年生の微積分でも解ける演習問題も多数収録されている．演習問題や微積分の歴史に関する記述を引用する．

索　引

【ア行】

アステロイド (asteroid)　108, 359
アーベル (Niels Henrik Abel, 1802–1829)　79, 173
アーベルの定理 (Abel's theorem)　79
アルキメデス (Archimedes, 287–212 B.C.)　16, 133
アルキメデス性 (Archimedean property)　16

イェンセン (J.L.W.W. Jensen, 1859–1925)　208
イェンセンの不等式 (Jensen's inequality)　208
一対一 (one to one)　3
一様収束 (converge uniformly)　401
一様ノルム (uniform norm)　401
一様連続 (uniformly continuous)　187
一般二項係数 (generalized binomial coefficient)　175
一般二項展開 (generalized binomial expansion)　175
陰関数 (implicit function)　340
陰関数定理 (implicit function theorem)　341, 343

上に有界 (bounded from above)　8

ウォリス (John Wallis, 1616–1703)　231, 237
ウォリスの公式 (Wallis' formula)　231, 237

エルミート (Charles Hermite, 1822–1901)　145
エルミート多項式 (Hermite polynomial)　145
円周率 (circular constant)　104

オイラー (Leonhard Euler, 1707–83)　55, 80, 86, 99, 112, 208, 235
オイラー数 (Euler number)　112
オイラーの定数 (Euler's constant)　86, 208
オイラーの等式 (Euler's formula)　99
凹 (concave)　92

【カ行】

開 (open)　282
開区間 (open interval)　6, 183
階乗 (factorial)　12
開立方体 (open cube)　364
ガウス (Carl Friedrich Gauss, 1777–1855)　274

索　引

ガウスの積公式 (Gauss' multiplication formula) 274
下界 (lower bound) 8
下極限 (lower limit) 429
各点収束 (converge pointwise) 401
下限 (infimum) 16
過剰和 (upper sum) 212
下積分 (lower integral) 213
カタラン (Eugéne Charles Catalan, 1814–1894) 412
カタラン定数 (Catalan's constant) 412
カーディオイド (cardioid) 112, 344, 345, 383
可微分 (differentiable) 133, 282
加法定理 (addition formulas) 97, 98
ガリレイ (Galileo Galilei, 1564–1642) 139
関数 (function) 12
ガンマ関数 (Gamma function) 267

逆関数定理 (inverse function theorem) 155, 336
逆写像 (inverse map) 3
逆正弦 (arc sine) 116
逆正接 (arc tangent) 117
逆像 (inverse image) 2
逆余弦 (arc cosine) 116
級数 (series) 65
境界 (boundary) 364
狭義凹 (strictly concave) 92
狭義単調減少 (strictly decreasing) 14
狭義単調増加 (strictly increasing) 13
狭義凸 (strictly convex) 92
強単調性 (strong monotonicity) 67, 209
共役 (conjugate) 54
極限 (limit) 24, 25, 59
極座標 (polar coordinates) 108, 293, 294, 300, 303

局所一様収束 (converge locally uniformly) 404
極小値 (local minimum) 148
極小点 (local minimizer) 148
局所可積分 (locally integrable) 245
極大値 (local maximum) 148
極大点 (local maximizer) 148
極値点 148
虚軸 (imaginary axis) 55
虚部 (imaginary part) 54
近傍 (neighborhood) 61

区間 (interval) 6, 183
区間縮小法 (method of nested intervals) 45
区間分割 (partition of an interval) 193
グリーン (George Green, 1793–1841) 308
グリーン核 (Green kernel) 308
クロネッカー (Leopold Kronecker, 1823–91) 33
クロネッカーの補題 (Kronecker's lemma) 33

KdV 方程式 (KdV equation) 309
ケプラーの第一法則 (Kepler's first law) 154
ケプラーの第二法則 (Kepler's second law) 155
原始関数 (primitive function) 158
原点 (origin) 50

広義一様収束 (converge uniformly in wider sense) 404
広義可積分 (convergent as an improper integral) 245
広義積分 (improper integral) 245
合成 (composition) 3
交代級数 (alternating series) 73

コーシー (Augustin Cauchy, 1789–1857) 40, 45, 52, 150, 192, 430
コーシー・シュワルツの不等式 (the Cauchy-Schwarz inequality) 52, 208
コーシーの収束条件 (Cauchy's convervence test) 430, 433
コーシーの平均値定理 (Cauchy's mean value theorem) 150
コーシー列 (Cauchy sequence) 430
コルトベーク (Diederik Johannes Korteweg, 1848–1941) 309
コンパクト (compact) 126, 186

【サ行】

サイクロイド (cycloid) 139
最小値 (minimum) 8
最大・最小値存在定理 (the maximum-minimum theorem) 125, 183
最大値 (maximum) 8
三角関数 (trigonometric functions) 98
三角不等式 (triangular inequality) 52
算術幾何平均 (arithmetic-geometric mean) 47, 263

指数関数 (exponential function) 81
指数法則 (exponential law) 81, 88
下に有界 (bounded from below) 8
実軸 (real axis) 55
実数列 (real sequence) 24
実部 (real part) 54
写像 (map) 2
収束 (convergence) 24, 57, 65, 245
収束半径 (radius of convergence) 79
縮小写像 (contraction map) 74
主小行列式 (principal minor) 313
主値 (principal value) 119, 122, 123

シュワルツ (K.H.A. Schwarz, 1843–1921) 52, 208
上界 (upper bound) 8
上極限 (upper limit) 429
上限 (supremum) 16
条件収束 (conditional convergence) 69, 253
上積分 (upper integral) 213
剰余定理 (remainder theorem) 10
ジョーンズ (William Jones, 1675–1749) 102
振動 (oscillation) 212

数列 (sequence) 24
スターリング (James Stirling, 1692–1770) 235, 270
スターリングの公式 (Stirling's formula) 235, 270
ストークス (George Gabriel Stokes, 1819–1903) 307, 309
ストークスの公式 (Stokes' formula) 307

正弦 (sine) 98
正接 (tangent) 113
正定値 (positive definite) 313
正の無限大 (positive infinity) 5
正葉線 (folium) 112, 384
関孝和 (?–1708) 114
正規分布 (normal distribution) 266
絶対収束 (absolute convergence) 69, 253
絶対値 (absolute value) 5
切断 (Dedekind cut) 18
全射 (surjective) 3
全単射 (bijective) 3
全微分 (total differentiation) 283

像 (image) 2
双曲正弦 (hyperbolic sine) 97

索　引　　　　479

双曲正接 (hyperbolic tangent)　114
双曲余弦 (hyperbolic cosine)　97
相補公式 (reflection formula)　277

【タ行】

第一平均値定理 (first mean value theorem)　210
対数 (logarithm)　84
代数学の基本定理 (fundamental theorem of algebra)　184
対数螺旋 (logarithmic spiral)　140
体積 (volume)　199, 358
体積確定 (Jordan measurable)　358
体積零 (volume zero)　362
第二平均値定理 (second mean value theorem)　237
代表 (representative)　194, 201
楕円座標 (elliptic coordinates)　297, 306
高木関数　408
高木貞治 (1875–1960)　408
多項式 (polynomial)　13, 63
多項式近似定理 (polynomial approximation theorem)　402
縦線集合 (ordinate set)　358
ダルブー (Jean Gaston Darboux, 1842–1917)　213
ダルブーの可積分条件 (Darboux integrability criterion)　213
ダルブーの定理 (Darboux theorem)　213
単項式 (monomial)　13, 63
単射 (injective)　3
単調関数 (monotone function)　14
単調減少 (decreasing)　14
単調増加 (increasing)　13
単調列定理 (monotone convergence theorem)　44

チェザロ (Ernesto Cesáro, 1859–1906)　32
チェザロ平均 (Cesáro mean)　32
チェビシェフ (Pafnuty L'vovich Chebyshev, 1821–94)　100, 121, 158, 175, 265
チェビシェフ関数 (Chebyshev function)　158, 265
チェビシェフ多項式 (Chebyshev polynomial)　100, 121
チェビシェフの微分方程式 (Chebyshev's differential equation)　158, 175
置換積分 (change of variable)　229, 260
中間値定理 (intermediate value theorem)　39
稠密 (dense)　17
稠密（無理数が）　43
稠密（有理数が）　17
超幾何級数 (hyper geometric series)　75, 79, 175, 178
超幾何微分方程式 (hyper geometric equation)　175
重複組合せ (combination with repetition)　178
調和幾何平均 (harmonic-geometric mean)　47
直積 (direct product)　4
直径 (diameter)　54
直交 (perpendicular to each other)　51
直交射影 (orthogonal projection)　52, 324

ディニ (Ulisse Dini, 1845–1913)　406
ディニの定理 (Dini's theorem)　406
テイラー (Brooks Taylor, 1685–1731)　239, 241, 305
テイラー展開 (Taylor expansion)　241

テイラーの定理 (Taylor's theorem) 239, 305
ディリクレ (Peter Gustav Lejeune-Dirichlet, 1805–59) 91, 189, 410, 411
ディリクレ級数 (Dirichlet series) 91
ディリクレの一様収束判定法 (Dirichlet's test for uniform convergence) 411
ディリクレの収束判定法 (Dirichlet's test) 410
デカルト (René Descartes, 1596–1650) 112, 133, 384
デーデキント (Julius Wilhelm Richard Dedekind, 1831–1916) 18
デーデキントの公理 (Dedekind axiom of continuity) 18
転置行列 (transposition) 279
点列 (sequence) 57

導関数 (derivative) 134, 282
同次 (homogeneous) 63
同程度連続 (equi-continuous) 406
凸 (convex) 92
ド フリース (Gustav de Vries, 1866–1934) 309

【ナ行】

内積 (inner product) 51
内点 (interior point) 282
長さ (length) 51, 358
ナヴィエ (Claude Navier, 1785–1836) 309
ナヴィエ・ストークス方程式 (Navier-Stokes equation) 309

二項係数 (binomial coefficient) 12
二次形式 (quadratic form) 313
二重階乗 (double factorial) 177

$\frac{1}{2}$ 公式 (Legendre's duplication formula) 276
ニュートン (Isaac Newton, 1642–1727) 133

熱方程式 (heat equation) 306

【ハ行】

ハイネ (Eduard Heine, 1821–81) 189
パーセヴァル (Marc-A. Parseval, 1755–1836) 414
パーセヴァルの等式 (Parseval's identity) 414
発散 (divergence) 25, 65
波動方程式 (wave equation) 302, 307
幅 (width) 194, 200
ハミルトン (William Hamilton, 1805–65) 55
半正定値 (positive semi-definite) 313
半負定値 (negative semi-definite) 315
非減少 (non-decreasing) 13
微積分の基本公式 (fundamental theorem of calculus) 196, 226
非増加 (non-increasing) 14
左可微分 (left differentiable) 179
左極限 (left limit) 129
左微分係数 (left differential coefficient) 179
左連続 (left continuous) 129
微(分)係数 (differential coefficient) 133, 282
標準基底 (standard basis) 50

フェルマー (Pierre de Fermat, 1601–1665) 133
複素数 (complex number) 54
複素数列 (complex sequence) 57
不足和 (lower sum) 212

不定積分 (indefinite integral) 225
　—をもつ, 223
負定値 (negative definite) 315
不定符合 (indefinite) 315
負の二項係数 (negative binomial coefficient) 178
負の二項展開 (negative binomial expansion) 178
負の無限大 (negative infinity) 5
部分積分 (integration by parts) 231, 264
部分列 (subsequence) 126
部分和 (partial sum) 65
フーリエ (Joseph Fourier, 1768–1830) 101, 192, 257, 414, 416
フーリエ級数 (Fourier series) 101, 414, 416
フーリエ変換 (Fourier transform) 257
フレネル (Augustin Jean Fresnel, 1788–1827) 255
フレネル積分 (Fresnel integral) 255

閉 (closed) 34, 182
平均値定理 (mean value theorem) 146
閉区間 (closed interval) 6, 183
閉包 (closure) 34, 182
閉立方体 (closed cube) 364
べき級数 (power series) 74, 169, 173
ベータ関数 (Beta function) 268
ヘッシアン (Hessian) 318
ヘルダー (Otto Hölder, 1859–1937) 96, 188, 208
ヘルダーの不等式 (Hölder's inequality) 96, 208, 330
ヘルダー連続 (Hölder continuous) 188
ベルヌーイ (Jakob Bernoulli, 1654–1705) 114, 235
ベルヌーイ数 (Bernoulli number) 114, 235

ベルンシュタイン (Sergei Bernstein, 1880–1968) 402
ベルンシュタイン多項式 (Bernstein polynomial) 402
偏角 (argument) 119, 122
偏導関数 (partial derivative) 139
偏微分 (partial differentiation) 138
方向微分 (directional derivative) 284
補完数直線 (extended real line) 5
ボルツァーノ (Bernard Bolzano, 1781–1848) 40, 126, 128, 185
ボルツァーノ・ワイエルシュトラスの定理 (Bolzano-Weierstrass theorem) 126, 185
ポワソン (Siméon Denis Poisson, 1781–1840) 308, 416
ポワソン核 (Poisson kernel) 308, 416

【マ行】

右可微分 (right differentiable) 179
右極限 (right limit) 129
右微分係数 (right differential coefficient) 179
右連続 (right continuous) 129

無限集合 (infinite set) 7
無限積 (infinite product) 86

面積 (area) 358

【ヤ行】

ヤング (William Henry Young, 1863–1942) 96, 325
ヤングの不等式 (Young's inequality) 96, 325

有界 (bounded) 8, 13, 54, 57

有限集合 (finite set) 7
有理式 (rational function) 13, 63
ユークリッド (Euclid, 365 B.C.?–275 B.C.?) 51, 102
ユークリッド空間 (Euclidean space) 51
ユークリッドノルム (Euclidean norm) 51

余弦 (cosine) 98

【ラ行】

ライプニッツ (Gottfried Leibniz, 1646–1716) 133, 143, 171
ライプニッツの級数 (Leibniz series) 171
ライプニッツの公式 (Leibniz rule) 143
ラグランジュ乗数 (Lagrange multiplier) 330
ラザフォード散乱 (Rutherford scattering) 155
ラプラシアン (Laplacian) 306
ラプラス (Pierre Simon Laplace, 1749–1827) 262

リプシッツ (Rudolf Otto Sigismund Lipschitz, 1832–1903) 188
リプシッツ連続 (Lipschitz continuous) 188
リーマン (Bernhard Riemann, 1826–66) 91, 192, 194, 195, 201, 229, 237
リーマン可積分 (Riemann integrable) 195, 201
リーマンのゼータ関数 (Riemann zeta function) 91, 229
リーマン予想 (Riemann conjecture) 229
リーマン・ルベーグの補題 (Riemann-Lebesgue lemma) 237
リーマン和 (Riemann sum) 194, 201
臨界点 (critical point) 311

ルジャンドル (Adrien-Marie Legendre, 1752–1833) 144
ルジャンドル多項式 (Legendre polynomial) 144
ルベーグ (Henri Lebesgue, 1875–1941) 192, 237

レムニスケイト (lemniscate) 110, 344, 345
連続 (continuous) 37, 62
連続公理 (the axiom of continuity) 16

ロピタル (Guillaume François Antoine de L'Hôpital, 1661–1704) 150
ロピタルの定理 (L'Hôpital's rule) 150
ロル (Michel Rolle, 1652–1719) 146
ロルの定理 (Rolle's theorem) 146

【ワ行】

ワイエルシュトラス (Karl Weierstrass, 1815–97) 125, 126, 128, 185, 402, 407
ワイエルシュトラスのMテスト (Weierstrass M-test) 407

〈著者紹介〉

吉田　伸生（よしだ　のぶお）δ(^ε^)δ
　1991年　京都大学大学院理学研究科博士後期課程（数学専攻）中退
　現　在　名古屋大学大学院多元数理科学研究科教授
　　　　　京都大学博士（理学）
　専　門　確率論
　著　書　『ルベーグ積分入門―使うための理論と演習』（遊星社，2006）
　　　　　『確率の基礎から統計へ』（遊星社，2012）

共立講座 数学探検　第1巻
微分積分
Calculus

2017年9月15日　初版1刷発行
2024年5月15日　初版2刷発行

著　者　吉田伸生　ⓒ2017
発行者　南條光章
発行所　共立出版株式会社
　　　　郵便番号 112-0006
　　　　東京都文京区小日向4丁目6番19号
　　　　電話 (03) 3947-2511（代表）
　　　　振替口座 00110-2-57035 番
　　　　URL www.kyoritsu-pub.co.jp
印　刷　加藤文明社
製　本　協栄製本

検印廃止
NDC 413.3
ISBN 978-4-320-11174-5

一般社団法人
自然科学書協会
会員

Printed in Japan

JCOPY ＜出版者著作権管理機構委託出版物＞
本書の無断複製は著作権法上での例外を除き禁じられています．複製される場合は，そのつど事前に，出版者著作権管理機構（TEL：03-5244-5088，FAX：03-5244-5089，e-mail：info@jcopy.or.jp）の許諾を得てください．

「数学探検」「数学の魅力」「数学の輝き」の三部からなる数学講座

共立講座 数学探検 全18巻

新井仁之・小林俊行・斎藤 毅・吉田朋広 編

数学に興味はあっても基礎知識を積み上げていくのは重荷に感じられるでしょうか？ 「数学探検」では、そんな方にも数学の世界を発見できるよう、大学での数学の従来のカリキュラムにはとらわれず、予備知識が少なくても到達できる数学のおもしろいテーマを沢山とりあげました。時間に制約されず、興味をもったトピックを、ときには寄り道もしながら、数学を自由に探検してください。

❶ 微分積分
吉田伸生著　準備／連続公理・上限・下限／極限と連続Ⅰ／他‥‥‥定価2640円

❸ 論理・集合・数学語
石川剛郎著　数学語／論理／集合／関数と写像／他‥‥‥‥‥‥定価2530円

❹ 複素数入門
野口潤次郎著　複素数／代数学の基本定理／一次変換と等角性／他　定価2530円

❻ 初等整数論 数論幾何への誘い
山崎隆雄著　整数／多項式／合同式／代数系の基礎／他‥‥‥‥定価2750円

❼ 結晶群
河野俊丈著　図形の対称性／平面結晶群／結晶群と幾何構造／他‥‥定価2750円

❽ 曲線・曲面の微分幾何
田崎博之著　準備／曲線／曲面／地図投映法／他‥‥‥‥‥‥‥定価2750円

❾ 連続群と対称空間
河添健著　群と作用／リー群と対称空間／他‥‥‥‥‥定価3190円

❿ 結び目の理論
河内明夫著　結び目の表示／結び目の標準的な例／他‥‥‥‥‥‥定価2750円

⓬ ベクトル解析
加須栄篤著　曲線と曲面／ベクトル場の微分と積分／他‥‥‥‥‥‥定価2750円

⓭ 複素関数入門
相川弘明著　複素関数とその微分／ベキ級数／他‥‥‥‥‥‥定価2750円

⓯ 常微分方程式の解法
荒井迅著　常微分方程式とは／常微分方程式を解くための準備／他　定価2750円

⓱ 数値解析
齊藤宣一著　非線形方程式／数値積分と補間多項式／他‥‥‥‥‥‥定価2750円

【各巻：A5判・並製本・税込価格】

───■ 続刊テーマ ■───

② 線形代数‥‥‥‥‥‥‥戸瀬信之著
⑤ 代数入門‥‥‥‥‥‥‥梶原 健著
⑪ 曲面のトポロジー‥‥‥橋本義武著
⑭ 位相空間‥‥‥‥‥‥‥松尾 厚著
⑯ 偏微分方程式の解法‥‥‥石村直之著
⑱ データの科学　山口和範・渡辺美智子著

※続刊テーマ、執筆者、価格は予告なく変更される場合がございます。

「数学探検」「数学の魅力」「数学の輝き」の三部からなる数学講座

共立講座 数学の魅力　全14巻 別巻1

新井仁之・小林俊行・斎藤　毅・吉田朋広 編

大学の数学科で学ぶ本格的な数学はどのようなものなのでしょうか？この「数学の魅力」では，数学科の学部3年生から4年生，修士1年で学ぶ水準の数学を独習できる本を揃えました。代数，幾何，解析，確率・統計といった数学科での講義の各定番科目について，必修の内容をしっかりと学んでください。ここで身につけたものは，ほんものの数学の力としてあなたを支えてくれることでしょう。さらに大学院レベルの数学をめざしたいという人にも，その先へと進む確かな準備ができるはずです。

④確率論
髙信　敏著

確率論の基礎概念（確率空間他）／ユークリッド空間上の確率測度（特性関数他）／大数の強法則／中心極限定理（リンデベルグの中心極限定理他）／付録

320頁・定価3520円
ISBN978-4-320-11159-2

⑤層とホモロジー代数
志甫　淳著

環と加群（射影的加群と単射的加群他）／圏（アーベル圏他）／ホモロジー代数（複体／射影的分解と単射的分解／他）／層（前層の定義と基本性質他）／付録

394頁・定価4400円
ISBN978-4-320-11160-8

⑪現代数理統計学の基礎
久保川達也著

確率／確率分布と期待値／代表的な確率分布／多次元確率変数の分布／標本分布とその近似／統計的推定／統計的仮説検定／統計的区間推定／他

324頁・定価3520円
ISBN978-4-320-11166-0

◆主な続刊テーマ◆

① 代数の基礎…………清水勇二著
② 多様体入門…………森田茂之著
③ 現代解析学の基礎……杉本　充著
⑥ リーマン幾何入門……塚田和美著
⑦ 位相幾何……………逆井卓也著
⑧ リー群とさまざまな幾何
　…………………………宮岡礼子著
⑨ 関数解析とその応用……新井仁之著
⑩ マルチンゲール……高岡浩一郎著
⑫ 線形代数による多変量解析
　……柳原宏和・山村麻理子・藤越康祝著
⑬ 数理論理学と計算理論
　…………………………田中一之著
⑭ 中等教育の数学………岡本和夫著

別巻 「激動の20世紀数学」を語る
　猪狩　惺・小野　孝・河合隆裕・
　高橋礼司・服部晶夫・藤田　宏著

【各巻：A5判・上製本・税別本体価格】
（価格は変更される場合がございます）

※続刊のテーマ，執筆者は変更される場合がございます

共立出版

www.kyoritsu-pub.co.jp
https://www.facebook.com/kyoritsu.pub

「数学探検」「数学の魅力」「数学の輝き」の三部からなる数学講座

共立講座 数学の輝き

新井仁之・小林俊行・斎藤 毅・吉田朋広 編

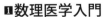

大学院に入ってもすぐに最先端の研究をはじめられるわけではありません。この「数学の輝き」では、「数学の魅力」で身につけた数学力で、それぞれの専門分野の基礎概念を学んでください。現在活発に研究が進みまだ定番となる教科書がないような分野も多数とりあげ、初学者が無理なく理解できるように基本的な概念や方法を紹介し、最先端の研究へと導きます。　　＜各巻A5判・税込価格＞

❶**数理医学入門**
鈴木 貴著　画像処理／生体磁気／逆源探索／細胞分子／他…270頁・定価4400円

❷**リーマン面と代数曲線**
今野一宏著　リーマン面と正則写像／リーマン面上の積分／他　266頁・定価4400円

❸**スペクトル幾何**
浦川 肇著　リーマン計量の空間と固有値の連続性／他……350頁・定価4730円

❹**結び目の不変量**
大槻知忠著　絡み目のジョーンズ多項式／量子群／他……288頁・定価4400円

❺***K***3**曲面**
金銅誠之著　格子理論／鏡映群とその基本領域／他………240頁・定価4400円

❻**素数とゼータ関数**
小山信也著　素数に関する初等的考察／他………………300頁・定価4400円

❼**確率微分方程式**
谷口説男著　確率論の基本概念／マルチンゲール／他……236頁・定価4400円

❽**粘性解**―比較原理を中心に―
小池茂昭著　準備／粘性解の定義／比較原理／他………216頁・定価4400円

❾**3次元リッチフローと幾何学的トポロジー**
戸田正人著………328頁・定価4950円

❿**保型関数**―古典理論とその現代的応用―
志賀弘典著　楕円曲線と楕円モジュラー関数／他　288頁・定価4730円

⓫***D***加群
竹内 潔著　D-加群の基本事項／D-加群の様々な公式／他……324頁・定価4950円

⓬**ノンパラメトリック統計**
前園宜彦著　確率論の準備／統計的推測／他………252頁・定価4400円

⓭**非可換微分幾何学の基礎**
前田吉昭・佐古彰史著　数学的準備と非可換幾何の出発点／他 292頁・定価4730円

⓮**リー群のユニタリ表現論**
平井 武著　Lie群とLie環の基礎／群の表現の基礎／他……502頁・定価6600円

⓯**離散群とエルゴード理論**
木田良才著　保測作用／保測同値関係の基礎／他………308頁・定価4950円

⓰**散在型有限単純群**
吉荒 聡著　S(5; 8; 24)系と二元ゴーレイ符号／他………2024年8月発売予定

www.kyoritsu-pub.co.jp　　共立出版　　（価格は変更される場合がございます）